Vorlesungen über Wahrscheinlichkeitstheorie

Von Prof. Dr. rer. nat. Norbert Schmitz
Universität Münster

B. G. Teubner Stuttgart 1996

Prof. Dr. rer. nat. Norbert Schmitz

Geboren 1939 in Münster. Von 1958 bis 1964 Studium der Mathematik und Physik an den Universitäten Münster und München. 1966 Promotion an der Universität Münster, 1970 Habilitation an der Universität Karlsruhe (TH). Von 1970 bis 1972 Wiss. Rat und Professor an der Freien Universität Berlin. Seit 1972 o. Professor an der Universität Münster.

Die Deutsche Bibliothek – CIP-Einheitsaufnahme

Schmitz, Norbert:
Vorlesungen über Wahrscheinlichkeitstheorie / von Norbert
Schmitz. – Stuttgart : Teubner, 1996
  (Teubner-Studienbücher : Mathematik)

ISBN-13: 978-3-519-02572-6   e-ISBN-13: 978-3-322-89225-6
DOI: 10.1007/ 978-3-322-89225-6

Vorwort

Den Titel *"Vorlesungen* über Wahrscheinlichkeitstheorie" habe ich sehr bewußt gewählt. Einerseits will und soll dieses Buch seine Entstehung aus Kursvorlesungen für Mathematik-Studenten nicht verleugnen. Der tiefere Grund liegt jedoch in der Zielsetzung und in der daraus resultierenden Art der Darstellung: Ich möchte erreichen, daß der Leser wichtige Intentionen, grundlegende Ideen und interessante Aussagen der Wahrscheinlichkeitstheorie *versteht* – sei es im Selbststudium oder sei es in Ergänzung zu Lehrveranstaltungen. Daraufhin nehmen die Motivationen der Begriffsbildungen, die Erläuterungen der Aussagen und die Illustrationen durch Beispiele – wie sie ein Dozent über die reine Stoffpräsentation hinaus seinen Hörern in Vorlesungen vermittelt – einen erheblich breiteren Raum ein als üblich. Hieraus ergibt sich andererseits, daß es mir nicht um möglichste Allgemeinheit der Aussagen oder "technisch" aufwendige Zusatzüberlegungen geht. Trotz dieser Einschränkungen hoffe ich aber, daß Studierende hiermit über eine Basis verfügen, um sich einerseits anspruchsvollere Lehrbücher und Originalliteratur erarbeiten zu können, um andererseits einen Zugang zu spezielleren Teilgebieten der Wahrscheinlichkeitstheorie (z.B. Zeitreihenanalyse, Geburts- und Todesprozesse/Warteschlangentheorie, Erneuerungstheorie, Verzweigungsprozesse, Zuverlässigkeitstheorie, Markoffsche Entscheidungsprozesse, Informationstheorie) zu finden und um schließlich die Denk- und Schlußweisen der Mathematischen Statistik verstehen zu können.

Aufgabe der Wahrscheinlichkeitstheorie ist es, mathematische Modelle für zufallsabhängige Vorgänge zu entwickeln und im Rahmen dieser abstrakten Modelle zu Aussagen zu gelangen, die bei ihrer Rückübersetzung in die Realität Gesetzmäßigkeiten sichtbar werden lassen und so als Grundlagen für rationale Entscheidungen dienen können. Im ersten Teil dieses Lehrbuchs (§§1-4) wird besonderes Gewicht auf die *Modellbildung* gelegt. Entsprechend

IV

der von A. Kolmogoroff im Jahr 1933 formulierten Axiomatik erfolgt diese im Rahmen der allgemeinen Maß- und Integrationstheorie. Diese Theorie wird in ihren Grundzügen als bekannt vorausgesetzt; die wichtigsten benötigten Begriffe und Aussagen sind in einem Anhang zusammengestellt, auf den jeweils mit (A.⋆⋆) verwiesen wird.

Im zweiten Teil (§§5-8) geht es vor allem um (Grenzwert-) Aussagen für *Folgen von stochastisch unabhängigen Zufallsgrößen*. Solche Folgen, die als mathematische Modelle für Versuchsreihen dienen, bei denen sich die Einzelexperimente gegenseitig nicht beeinflussen, sind für die Laboratoriumsexperimente der Naturwissenschaften von besonderer Bedeutung. Mit den starken Gesetzen der großen Zahlen und dem zentralen Grenzwertsatz werden für solche Folgen Begründungen für die "Erfahrungsgesetze" des Ausgleichens von Zufallseffekten und des (näherungsweisen) Auftretens der Normalverteilung gegeben.

Zufallsabhängige Entwicklungen, bei denen spezielle stochastische Abhängigkeiten zwischen den einzelnen Beobachtungen bestehen, werden im dritten Teil (§§9-11) untersucht. Solche *stochastischen Prozesse* sind insbesondere für ökonomische und für biowissenschaftliche Anwendungen von Interesse.

Da dieses Lehrbuch auf dem Umweg über mehrere Vorlesungsskripten entstanden ist, haben etliche meiner früheren Schüler mit Hinweisen und konstruktiver Kritik Einfluß auf das "Endprodukt" gehabt; ihnen allen möchte ich herzlich danken. Besonderer Dank gebührt Frau M. Forstmann, die aus unterschiedlichsten Vorlagen ein druckreifes Manuskript erstellt hat.

Münster, im Dezember 1995   Norbert Schmitz

Inhaltsverzeichnis

VI

1 Das wahrscheinlichkeitstheoretische Modell

1.1 Einleitung

Wohl jedem ist seit früher Jugend das Auftreten des *Zufalls* bei Glücks- und Gesellschaftsspielen wie „Mensch ärgere dich nicht", Monopoly, Rommée, Skat oder Lotto-Ziehungen geläufig. Hierbei tritt der Zufall in einer besonders einfachen und „durchsichtigen" Form auf, und man hat Erfahrungen über gewisse „Gesetzmäßigkeiten" sammeln können – z.B. daß beim Würfeln (mit einem ungefälschten Würfel) zwar eine sichere Vorhersage des nächsten Ergebnisses unmöglich ist, man aber dennoch im Mittel" mit einem Anteil von 1/6 an „Einsen",... rechnen kann.

Es verwundert daher nicht, daß die ersten wahrscheinlichkeits*theoretischen* Überlegungen bei Glücksspielen angestellt wurden (insbesondere im 17. und 18. Jahrhundert). Wenngleich sich hervorragende Mathematiker wie Blaise Pascal (1623-1662), Jakob Bernoulli (1654-1705), Pierre de Laplace (1749-1827) u.a.m. mit einzelnen wahrscheinlichkeitstheoretischen Problemen befaßten und Laplace auch eine wesentlich von den Glücksspielen her beeinflußte Grundlegung der Wahrscheinlichkeitstheorie anstrebte, so blieb diese doch lange Zeit ein mehr oder weniger interessantes Kuriosum, das höchstens Unterhaltungswert besaß.

Die Situation änderte sich wesentlich, als die zunächst rein deterministisch „denkende" Physik in der zweiten Hälfte des 19. Jahrhunderts immer häufiger die Erfahrung machte, daß bei Phänomenen insbesondere im molekularen Bereich ein Indeterminismus zwangsläufig aufzutreten scheint.

Daher erklärt es sich, daß der große Mathematiker David Hilbert (1862-1943) in seiner berühmten, die weitere Entwicklung der Mathematik erheblich beeinflussenden Rede 1900 auf der Pariser Weltausstellung unter den 23 Problemen, deren Lösung er für vordringlich erachtete, als sechstes nannte:

„6. Mathematische Behandlung der Axiome der Physik

Durch die Untersuchungen über die Grundlagen der Geometrie wird uns die Aufgabe nahegelegt, nach diesem Vorbilde diejenigen physikalischen Diszi-

plinen axiomatisch zu behandeln, in denen schon heute die Mathematik eine hervorragende Rolle spielt; dies sind in erster Linie die Wahrscheinlichkeitsrechnung und die Mechanik.
Was die Axiome der Wahrscheinlichkeitsrechnung angeht, so scheint es mir wünschenswert, daß mit der logischen Untersuchung derselben zugleich eine strenge und befriedigende Entwicklung der Methode der mittleren Werte in der mathematischen Physik, speziell in der kinetischen Gastheorie Hand in Hand gehe."

Für Hilbert war also die Wahrscheinlichkeitsrechnung ein Teilgebiet der *Physik.* Nach einigen vergeblichen Versuchen anderer gelang Kolmogoroff (1903-1987) im Jahre 1933 eine befriedigende Axiomatisierung, und die Wahrscheinlichkeitstheorie wurde zu einer wichtigen Disziplin der (angewandten) *Mathematik.*

Eines der wichtigsten Kennzeichen *angewandt*-mathematischer Theorien scheint in folgendem zu bestehen: Ausgehend von realen Gegebenheiten und Problemen bildet man ein mathematisches Modell, innerhalb dieses Modells deduziert man dann (unabhängig von der realen Ausgangssituation) mathematische Aussagen und übersetzt diese Resultate schließlich in die Realität zurück.

Die *Wahrscheinlichkeitstheorie* hat sich dabei die Aufgabe gestellt, reale „zufallsabhängige" Vorgänge in mathematischen Modellen zu erfassen und anhand dieser Modelle Gesetzmäßigkeiten aufzuzeigen – überspitzt könnte man es als Ziel der Wahrscheinlichkeitstheorie formulieren, in Situationen, bei denen keine sicheren Prognosen möglich sind, dennoch sinnvolle Vorhersagen zu erarbeiten. Wenn man dabei überhaupt noch zu mathematischen Aussagen kommen will, darf man i.a. nicht fordern, daß *jedes Detail* der Realität eine Entsprechung im mathematischen Modell findet. Von einem sinnvollen Modell ist jedoch zu verlangen, daß es *alle relevanten Strukturen* enthält, damit die im Modell gewonnenen Resultate bei ihrer Rückübersetzung zur genaueren Beschreibung der Realität und als Grundlage für Entscheidungen dienen können.

Daraufhin benötigt man ein abstraktes Modell zufälliger Ereignisse, das einerseits allgemein genug ist, um alle in den Anwendungen auftretenden Situationen erfassen zu können, und andererseits speziell genug, um eine reiche Struktur zu besitzen und eine mathematische Untersuchung zu ermöglichen.

Dieser Anspruch der Wahrscheinlichkeitstheorie, Modelle für reale Vorgänge zu schaffen und zu analysieren, bedeutet dabei auch, daß sie sich bei ihrer Entwicklung als mathematische Theorie stets die Überprüfung gefallen lassen muß, inwieweit ihre Ergebnisse bei der Rückübersetzung in die Realität sinnvoll bleiben – den Nachweis ihrer Nützlichkeit und ihres Erfolges hat die Wahrscheinlichkeitstheorie seit ihrem Entstehen in immer neuen Gebieten bewiesen (Versicherungswesen, Qualitätskontrolle, Operations-Research, Informationstheorie, Statistik u.a.m.).

Einige „Erfahrungsgesetze" bei zufallsabhängigen Situationen, die im mathematischen Modell ihre Erklärung bzw. Begründung finden sollten, seien (recht vage) formuliert:

(1.1) *Bei wiederholter Durchführung desselben zufallsabhängigen Experimentes gleichen sich die Zufallseffekte aus; es kommt zu einer Stabilisierung des Durchschnittswertes.*

(1.2) *Die durch solche Versuchswiederholungen erreichbare Genauigkeitssteigerung verursacht quadratisch steigende Kosten, insbesondere: Eine Verdoppelung der Genauigkeit erfordert eine Vervierfachung der Beobachtungsanzahl, die Absicherung einer weiteren Dezimalstelle eine Verhundertfachung des Aufwands usw.*

(1.3) *Bei vielen Experimenten, in denen sich etliche kleine Wirkungen zu einem Gesamteffekt kumulieren, tritt – zumindest näherungsweise – die berühmte (Gaußsche) „Glockenkurve" auf.*

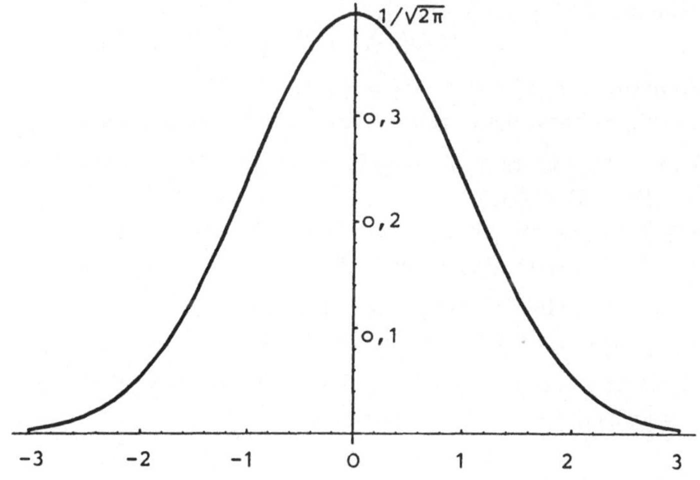

Beim Aufbau der Theorie wollen wir nicht auf die historischen Irrwege eingehen, die wegen ihrer Plausibilität nahelagen und -liegen, sondern gleich die maßtheoretische Formulierung angeben, die sich zur Beschreibung des „Zufalls" als zweckmäßig und erfolgreich erwiesen hat. Dadurch wird die Theorie zwar sofort recht abstrakt; es soll aber versucht werden, jeweils auch die anschauliche Bedeutung der Begriffe und Aussagen sichtbar werden zu lassen.

1.2 Die Axiome von Kolmogoroff

Als erstes Merkmal eines zufallsabhängigen Vorgangs notieren wir die Gesamtheit der dabei möglichen bzw. denkbaren Beobachtungswerte:

(1.4) Bezeichnung

> *Die Menge der (bei einem gegebenem zufallsabhängigen Vorgang) „denkbaren" Ergebnisse heißt der* Ergebnisraum *(Merkmalsraum)* Ω; *die Elemente* $\omega \in \Omega$ *heißen* Ergebnisse.

Zur Illustration seien einige Beispiele notiert:

(1.5) Beispiele

a) Würfelwurf: $\Omega_W = \{1, \ldots, 6\}, \omega \in \Omega_W \sim$ gewürfelte Augenzahl.

b) Münzwurf: $\Omega_M = \{K, W, S\}$,
$$K \sim \text{Kopf, } W \sim \text{Wappen, } S \sim \text{Rand.}$$

c) Roulette (europäisches): $\Omega_R = \{0, 1, \ldots, 36\}$,
$\omega \in \Omega_R \sim$ Zahl, die durch die Roulette-Kugel angezeigt wird.

d) Warten auf die erste „6" beim Würfeln (mit einem ungefälschten Würfel):
$\Omega = \overline{\mathbb{N}} := \mathbb{N} \cup \{\infty\}$,
$n \in \Omega \sim$ die erste „6" tritt im n-ten Würfelwurf auf,
$\infty \in \Omega \sim$ es tritt niemals eine „6" auf.

e) Defektstelle einer Leitung (Gas, Telefon,...) der Länge 1 km:
$\Omega = [0; 1], \omega \in \Omega \sim$ Defekt an der Stelle ω.

f) Richtung einer (im Nullpunkt des Einheitskreises) abfliegenden Taube:
$\Omega = [0; 2\pi)$,

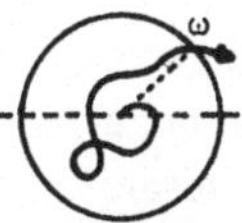

$\omega \in \Omega \sim$ die Taube passiert
den Rand des Einheitskreises in dem
durch ω beschriebenen Punkt.

g) Wartezeit bis zum Beginn der Bedienung an einer Kasse eines Super-
marktes:
$\Omega = [0; 9{,}5), \omega \in \Omega \sim$ Zeit bis zum Beginn der Bedienung.

h) Temperaturverlauf am Tage x an der Wetterstation Münster:
$\Omega = \{ f : [0; 24) \to [-273; \infty), f \text{ stetig } \}$
$f \in \Omega \sim$ Temperaturverlauf $f(t)$ in °C im Zeitintervall $[0; 24)$
(ganz offensichtlich sind hier sehr viele praktisch unmögliche Tempera-
turverläufe – z.B. $f \equiv -273$ – als „denkbar" zum Ergebnisraum hinzuge-
nommen, um die Beschreibung zu vereinfachen). $\square$

In allen diesen Beispielen können wir nicht exakt vorhersagen, welches
Ergebnis $\omega \in \Omega$ (bei einer künftigen Durchführung des Experiments) auftreten wird. In den ersten 4 Beispielen hat man jedoch den Eindruck, daß man
(aus Symmetriegründen) die „Gesetzmäßigkeit" des Zufalls leicht beschreiben kann: Im Fall a) z.B. wird man bei einem homogenen Würfel als Chance
des Eintretens von $\omega \in \Omega_W$ 1/6 angeben; analog im Fall

b): Chance von K und W je 1/2, von S gleich 0
c): Chance von $\omega \in \Omega_R : 1/37$
d): Chance von $\omega \in \mathbb{N} : \left(\frac{5}{6}\right)^{\omega-1} \frac{1}{6}$; von ∞ gleich 0.

Damit ist dann jeweils auch die Chance von Teilmengen $E \subset \Omega$ gegeben:

$$\text{Chance von } E : \sum_{\omega \in E} \text{Chance von } \omega.$$

Es liegt also nahe, die folgende Axiomatisierung zu versuchen:

Bei einem Zufallsexperiment mit dem Ergebnisraum $\Omega = \{\omega_0, \omega_1, \ldots\}$ *ist
jedem* $\omega_i \in \Omega$ *eine Zahl* $p(\omega_i) \in [0; 1]$ *zugeordnet, welche die „Chance des
Auftretens" von* ω_i *bei einer zukünftigen Durchführung des Zufallsexperiments angibt; es gilt dabei* $\sum_i p(\omega_i) = 1$. *Die Chance des Eintretens eines
Ereignisses* $E \subset \Omega$ *ergibt sich gemäß*

$$P(E) = \sum_{i : \omega_i \in E} p(\omega_i).$$

Für Zufallsexperimente mit abzählbar vielen denkbaren Ergebnissen genügt eine solche Axiomatisierung durchaus[1], in den Beispielen (1.5) e)-h) reicht sie aber i.a. nicht aus: Bei einer homogenen Leitung wird man z.B. annehmen, daß jede Stelle mit der gleichen Chance als Defektstelle in Frage kommt. Kein Punkt $\omega \in [0;1]$ kann jedoch eine positive Chance $p(\omega)$ haben, die Defektstelle zu sein: Gäbe es ein $\omega_0 \in \Omega$ mit $p(\omega_0) = \varepsilon > 0$, so müßte für alle Punkte $\omega \in \Omega$ wegen der „Chancengleichheit" ebenfalls $p(\omega) = \varepsilon$ gelten. Von diesen genügen aber bereits endlich viele $(n(\varepsilon))$, um durch

$$\sum_{j=1}^{n(\varepsilon)} p(\omega_j) = n(\varepsilon) \cdot \varepsilon$$

den Normierungswert 1 zu überschreiten (der die Chance von ganz Ω angibt). Jeder einzelne Punkt $\omega \in \Omega$ muß also – wie anschaulich zu erwarten – die Chance $p(\omega) = 0$ haben, als Defektstelle aufzutreten. Diese $p(\omega) = 0$ sind aber nicht geeignet, das Zufallsexperiment adäquat zu beschreiben: Die Chance beispielsweise, daß die Defektstelle im ersten Drittel der Leitung auftritt, – die wegen der „Chancengleichheit" gleich 1/3 sein sollte – wird auf diese Weise nicht erfaßt. In diesem Beispiel (1.5)e) liegt es andererseits nahe, für jede Menge $E \subset [0;1]$ die Chance dafür, daß ein Defekt in einem Punkt aus E auftritt, durch die euklidische Länge von E – d.h. den Anteil von E an der Gesamtlänge 1 von $[0;1]$ – zu messen. Stellt man dabei noch die naheliegende Forderung, daß die Chance des Eintretens eines Defekts in einer disjunkten Vereinigung

$$\sum_{j=1}^{\infty} E_j, \quad E_j \subset [0;1], \quad j \in \mathbb{N},$$

gleich der Summe der Einzelchancen ist, so will man in diesem Beispiel die Zufallseffekte durch eine Funktion

$$\tilde{P} : \mathcal{P}([0;1]) \to \mathbb{R}^1$$

mit den Eigenschaften

$$(1.6) \quad \begin{cases} (i) & \tilde{P}(E) \geq 0 \qquad \forall E \subset [0;1] \\ (ii) & \tilde{P}([0;1]) = 1 \\ (iii) & \tilde{P}(\sum_{j=1}^{\infty} E_j) = \sum_{j=1}^{\infty} \tilde{P}(E_j),\ E_j \subset [0;1],\ j \in \mathbb{N}, \\ (iv) & \tilde{P}(E_1) = \tilde{P}(E_2),\ \text{falls } E_1 \subset [0;1] \text{ und } E_2 \subset [0;1] \text{ kongruent} \end{cases}$$

---

[1] Insbesondere dürfte sie für den Stochastik-Unterricht an den Schulen ausreichen.

beschreiben.

Allgemein wird man dann ein generelles Modell für Zufallsexperimente dadurch aufbauen wollen, daß man jeder Teilmenge $E \subset \Omega$ deren Realisierungschance $P(E)$ zuordnet, d.h. eine Funktion

$$P : \mathcal{P}(\Omega) \to \mathrm{IR}^1$$

mit den Eigenschaften

$$(1.7) \qquad \begin{cases} \text{(i)} & P(E) \geq 0 \quad \forall E \subset \Omega \\ \text{(ii)} & P(\Omega) = 1 \\ \text{(iii)} & P(\sum_{j=1}^{\infty} E_j) = \sum_{j=1}^{\infty} P(E_j), \ E_j \subset \Omega, \end{cases}$$

angibt.

Die Unlösbarkeit des klassischen Maßproblems (A.46) zeigt jedoch, daß es (bei Akzeptierung des Auswahlaxioms) keine Funktion $\tilde{P}$ mit den in (1.6) geforderten Eigenschaften gibt – und daß (vgl. auch den Satz von Ulam (A.47)) auch der generelle Ansatz (1.7) scheitern muß.

Für ein allgemeines Modell von Zufallsexperimenten, bei dem man die Realisierungschancen von Ereignissen $E \subset \Omega$ durch reelle Zahlen $P(E)$ angibt, darf man also nur schwächere Forderungen stellen. Verzichte kommen

(a) bei den Eigenschaften (1.7) von P
(b) bei dem Definitionsbereich von P

in Frage. Da die Eigenschaften (1.7) für eine Funktion, welche die Realisierungschancen von Ereignissen angeben soll, äußerst plausibel sind[2], hat man sich für die zweite Möglichkeit, d.h. eine Einschränkung des Definitionsbereichs von P, entschieden: Man ordnet nicht mehr *allen* Teilmengen E des Ergebnisraums Ω eine Realisierungschance zu.

Wenn man jedoch trotz dieser Einschränkung noch zu einem zufriedenstellenden mathematischen Modell für Zufallsexperimente gelangen will, muß das verbleibende System $\mathcal{S} \subset \mathcal{P}(\Omega)$ der mit Realisierungschancen belegten Mengen $E \subset \Omega$ gewisse Mindestanforderungen erfüllen. Um Hinweise für derartige Forderungen zu erhalten, betrachten wir – nicht zuletzt wegen des Zusammenhangs mit der euklidischen Längenmessung – nochmals das Beispiel (1.5)e), das uns dazu geführt hat, nicht mehr allen $E \subset \Omega$ Realisierungschancen zuzuordnen:

Falls ein Defekt auftritt, wird dieser mit Sicherheit an einem der Punkte $\omega \in [0;1] = \Omega$ auftreten; das *sichere Ereignis* Ω sollte also die Chance

---

[2](1.7)(iii) insbesondere dann, wenn man Grenzwertuntersuchungen (s. (1.1),(1.3)) durchführen will.

$P(\Omega) = 1$ tragen. Als erste Forderung an das System $\mathcal{S}$ wird man also stellen

$$\Omega \in \mathcal{S}.$$

Wenn $E \subset \Omega$ die Chance $P(E)$ trägt, daß die Defektstelle in E liegt, so sollte die Chance dafür, daß die Defektstelle *nicht* in E – d.h. in E^c – liegt, gerade die Restchance $1 - P(E)$ sein. Als zweite Forderung an $\mathcal{S}$ wird man also formulieren

$$E \in \mathcal{S} \Rightarrow E^c \in \mathcal{S}.$$

Sind schließlich E_1 und E_2 Teilmengen von Ω, die Realisierungschancen tragen, so sollte auch das Ereignis, daß die Defektstelle in E_1 *oder* E_2 liegt, eine Realisierungschance haben, d.h. es sollte gelten

$$E_1, E_2 \in \mathcal{S} \Rightarrow E_1 \cup E_2 \in \mathcal{S};$$

allgemeiner verlangt man

$$E_i \in \mathcal{S},\ i \in \mathbb{N} \Rightarrow \bigcup_{i \in \mathbb{N}} E_i \in \mathcal{S}.$$

Damit fordert man also von dem System $\mathcal{S}$ der mit Realisierungschancen belegten Mengen $E \subset \Omega$, daß es eine σ-Algebra (s. (A.17)) bildet.

Bezüglich der numerischen Quantifizierung der Realisierungschancen $P(E)$ hatten wir bereits formuliert, daß das

> sichere Ereignis Ω die Chance $P(\Omega) = 1$
> *unmögliche Ereignis* $\emptyset$ die Chance $1 - P(\Omega) = 0$

tragen sollte. Für die übrigen $E \in \mathcal{S}$ wird man fordern, daß ihre Realisierungschance zwischen diesen beiden Extremen liegt:

$$0 \leq P(E) \leq 1 \qquad \forall E \in \mathcal{S}.$$

Da die euklidische Länge disjunkter Intervalle additiv ist, wird man in Beispiel (1.5)e) außerdem für $E_1, E_2 \in \mathcal{S}$ mit $E_1 \cap E_2 = \emptyset$ verlangen $P(E_1 + E_2) = P(E_1) + P(E_2)$; allgemeiner

$$\left.\begin{array}{l} E_i \in \mathcal{S},\ i \in \mathbb{N}, \\ E_i \cap E_j = \emptyset\ \forall i \neq j \end{array}\right\} \ \Rightarrow P\left(\sum_{i=1}^{\infty} E_i\right) = \sum_{i=1}^{\infty} P(E_i).$$

Insgesamt stellt man damit gerade *auf S* die Forderungen (1.7). *Als mathematisches Modell für die Quantifizierung der Realisierungschancen verwendet man also ein normiertes Maß (s. (A.27)) über dem meßbaren Raum (Ω, S) (s. (A.24))*.

1933 machte A.N. Kolmogoroff den Vorschlag, die Wahrscheinlichkeitstheorie allgemein auf diese Weise in die *Maßtheorie* einzubetten; diese Axiomatisierung hat sich seither als sehr erfolgreich erwiesen. Wir formulieren:

(1.8) Axiome von Kolmogoroff

Ein Zufallsexperiment *oder* Wahrscheinlichkeitsraum *ist ein Tripel* (Ω, S, P)*, bei dem*

(i)   *Ω eine nicht-leere Menge (der Ergebnisraum) ist; die Elemente $\omega \in \Omega$ heißen* Ergebnisse,

(ii)   *S eine σ-Algebra über Ω ist; die Elemente $E \in S$ heißen (zufällige)* Ereignisse,

(iii)   *P ein Wahrscheinlichkeitsmaß, d.h. ein Maß mit $P(\Omega) = 1$, auf S ist; für $E \in S$ heißt $P(E)$ die* Wahrscheinlichkeit *von E. P wird auch* Wahrscheinlichkeitsverteilung *(über (Ω, S)) genannt.*

Aus den Eigenschaften von (Wahrscheinlichkeits-)Maßen ergeben sich sofort einige einfache Eigenschaften von Wahrscheinlichkeitsverteilungen:

(1.9) Anmerkungen

(i)   Für $E \in S$ gilt $P(E^c) = 1 - P(E)$. $\hfill$ ((A.28))

(ii)   Für $E_1, E_2 \in S$ mit $E_1 \subset E_2$ gilt $P(E_1) \leq P(E_2)$. $\hfill$ ((A.28))

(iii)   Für $E_i \in S$, $i \in \mathbb{N}$, gilt $P(\bigcup_{i=1}^{\infty} E_i) \leq \sum_{i=1}^{\infty} P(E_i)$. $\hfill$ ((A.29))

(iv)   Für $E_1, E_2 \in S$ gilt

$$P(E_1 \cup E_2) = P(E_1) + P(E_2) - P(E_1 \cap E_2),$$

allgemein für $n \in \mathbb{N}$, $E_1, \ldots, E_n \in S$

$$P(\bigcup_{i=1}^{n} E_i) = \sum_{1 \leq k \leq n} (-1)^{k-1} \sum_{1 \leq i_1 < \ldots < i_k \leq n} P(\bigcap_{j=1}^{k} E_{i_j}).$$

(v)   Für $E_i \in S$, $i \in \mathbb{N}$, gilt

$$\left. \begin{array}{l} P(\limsup_i E_i) \geq \limsup_i P(E_i) \\ P(\liminf_i E_i) \leq \liminf_i P(E_i) \\ \lim_i E_i = E \Rightarrow \lim_i P(E_i) = P(E). \end{array} \right\} \qquad ((A.85))$$

1.3   Realität – Modell

Als Aufgabe der Wahrscheinlichkeitstheorie hatten wir formuliert, reale zufallsabhängige *(stochastische)* Vorgänge in mathematischen Modellen zu erfassen und dann in diesem Rahmen Gesetzmäßigkeiten aufzuzeigen. Nachdem wir nun mit den Axiomen von Kolmogoroff die grundlegende Modellbildung vorgenommen haben, wollen wir anhand einer Tabelle auflisten, welche Zuordnungen zwischen anschaulichen/realen Begriffen und mathematischen Objekten wir damit insbesondere durchgeführt haben; dies ist vor allem auch für die *Interpretation* von späteren Ergebnissen von Wichtigkeit.

(1.10) Realität/Interpretation	Math. Objekt
Ergebnisraum: Menge der denkbaren Ergebnisse	$\Omega \; (\neq \emptyset)$
denkbares Ergebnis	$\omega \in \Omega$
System der (mit W. belegten) Ereignisse	$\mathcal{S}$ (σ-Algebra über Ω)
Ereignis	$E \in \mathcal{S}$
sicheres Ereignis	Ω
unmögliches Ereignis	$\emptyset$
Ereignis E tritt ein	$\omega \in E$
Ereignis E tritt nicht ein	$\omega \in E^c$
Ereignis A oder Ereignis B tritt ein	$\omega \in A \cup B$
Ereignis A und Ereignis B treten ein	$\omega \in A \cap B$
das Eintreten von A impliziert das Eintreten von B	$A \subset B$
die Ereignisse A und B können nicht beide eintreten (A und B sind unverträglich)	$A \cap B = \emptyset$ (A und B sind disjunkt)
eines der beiden unverträglichen Ereignisse A und B tritt ein	$\omega \in A + B$ (s. (A.2))
mindestens eines der Ereignisse $E_i, i \in I$, tritt ein	$\omega \in \bigcup_{i \in I} E_i$
alle Ereignisse $E_i, i \in I$, treten ein	$\omega \in \bigcap_{i \in I} E_i$

unendlich viele der E_i, $i \in \mathbb{N}$, treten ein	$\omega \in \limsup_i E_i$ (s. (A.4))
fast alle der $E_i, i \in \mathbb{N}$, treten ein	$\omega \in \liminf_i E_i$
Wahrscheinlichkeit, daß das Ereignis E eintritt (Wahrscheinlichkeit von E)	$P(E)$
E tritt fast sicher ein	$P(E) = 1$ (s.(A.49))
E ist fast unmöglich	$P(E) = 0$
A ist wahrscheinlicher als B	$P(A) > P(B)$
A und B sind gleichwahrscheinlich	$P(A) = P(B)$
E tritt mit mindestens a % Sicherheit ein	$P(E) \geq \frac{a}{100}$

Diese Liste wird im folgenden noch ergänzt werden.

1.4 Aufgaben

(I.1) A, B und C seien Ereignisse. Beschreiben Sie die folgenden Aussagen im wahrscheinlichkeitstheoretischen Modell:

   (i) Alle drei Ereignisse treten ein.

   (ii) Mindestens zwei der Ereignisse treten ein.

   (iii) Höchstens zwei der Ereignisse treten ein.

   (iv) Genau eines der Ereignisse tritt ein.

(I.2) $E_i, i \in \mathbb{N}$, seien Ereignisse. Beschreiben Sie die folgenden Aussagen im wahrscheinlichkeitstheoretischen Modell:

   (i) Es treten nur endlich viele der E_i ein.

   (ii) Unendlich viele der E_i treten ein und unendlich viele der E_i treten nicht ein.

(I.3) $E_i, i \in I \subset \mathbb{N}$, seien Ereignisse mit $P(E_i) = 1 - \varepsilon_i, i \in I$. Zeigen Sie, daß gilt

$$P(\bigcap_{i \in I} E_i) \geq 1 - \sum_{i \in I} \varepsilon_i.$$

(I.4) $E_i, i \in I$, seien fast sichere Ereignisse.

   (i) Zeigen Sie, daß für $I \subset \mathbb{N}$ auch $\bigcap_{i \in I} E_i$ ein fast sicheres Ereignis ist.

   (ii) Ist $\bigcap_{i \in I} E_i$ auch für beliebiges I ein fast sicheres Ereignis, falls $\bigcap_{i \in I} E_i \in \mathcal{S}$?

(I.5) A und B seien Ereignisse mit

$$P(A) = 1/4, P(B) = 1/2, P(A \triangle B) \geq 11/16.$$

Zeigen Sie, daß dann $P(A \cap B) \leq 1/32$ gilt.

(I.6) Es seien $E_1, \ldots, E_n$ Ereignisse und für $k \leq n$ G_k das Ereignis, daß genau k der E_i eintreten, M_k das Ereignis, daß mindestens k der E_i eintreten. Zeigen Sie, daß gilt

(i) $\displaystyle P(G_k) = \sum_{j \geq k} \binom{j}{k} (-1)^{j-k} \sum_{1 \leq i_1 < \ldots < i_j \leq n} P(\bigcap_{r=1}^{j} E_{i_r}).$

(ii) $\displaystyle P(M_k) = \sum_{j \geq k} \binom{j-1}{k-1} (-1)^{j-k} \sum_{1 \leq i_1 < \ldots < i_j \leq n} P(\bigcap_{r=1}^{j} E_{i_r}).$

(I.7) Zeigen Sie, daß in (1.10)(iv) die Partialsummen der rechten Seite abwechselnd eine obere bzw. untere Schranke für die linke Seite bilden.

(I.8) Es seien $E_i, i \in \mathbb{N}$, Ereignisse mit $\sum_{i=1}^{\infty} P(E_i) < \infty$. Zeigen Sie, daß dann $P(\liminf_i E_i) = P(\limsup_i E_i) = 0$ gilt *(1. Borel-Cantelli-Lemma)*.

2 Beispiele für Wahrscheinlichkeitsräume

Im folgenden wollen wir anhand einiger Klassen von Beispielen zeigen, daß die Kolmogoröffsche Axiomatisierung von Zufallsexperimenten flexibel genug ist, um verschiedenartigste reale Situationen adäquat zu beschreiben.

2.1 Laplace-Experimente

Insbesondere bei einfachen Glücksspielen liegt häufig die Situation vor, daß jedes der endlich vielen möglichen Ergebnisse mit der gleichen Chance realisiert wird (vgl. die Beispiele (1.5)a),c)) – für Laplace war die Wahrscheinlichkeitsrechnung sogar so sehr an Glücksspiele gebunden, daß er eine Grundlegung der Theorie mit Hilfe dieser Gleichwahrscheinlichkeit versuchte. Es seien also Ω eine nicht-leere, endliche Menge und $p(\omega) = 1/|\Omega| \quad \forall \omega \in \Omega$.

(2.1) Definition

Die durch

$$(\star) \qquad P_L(E) = \sum_{\omega \in E} p(\omega) = \frac{|E|}{|\Omega|}, \quad E \subset \Omega \ (0 < |\Omega| < \infty)$$

definierte Abbildung

$$P_L : \mathcal{P}(\Omega) \to [0; 1]$$

heißt Laplacesche Wahrscheinlichkeitsverteilung (kurz: Laplace-Verteilung*) über* Ω*; das Zufallsexperiment* $(\Omega, \mathcal{P}(\Omega), P_L)$ *heißt* Laplace-Experiment.

Nach (A.8)/(A.17) ist $\mathcal{P}(\Omega)$ (stets) eine σ-Algebra, nach (A.30) ist P_L ein Wahrscheinlichkeitsmaß; die Definition (2.1) ist also mit (1.8) konsistent. Die Gleichung $(\star)$ formuliert man auch als

$$(\mathbf{2.2}) \qquad P_L(E) = \frac{\text{Anzahl der (für } E\text{) günstigen Fälle}}{\text{Anzahl der möglichen Fälle}}.$$

(2.3) Beispiele

a) Der Würfelwurf mit einem „ungefälschten" Würfel[1] (vgl. (1.5)a)) wird durch das Laplace-Experiment mit $\Omega_W = \{1,\dots,6\}$ beschrieben; es ergibt sich z.B. für

$$E_1 \sim \text{„ungerade Augenzahl": } P_L(E_1) = \tfrac{3}{6} = 1/2;$$

$$E_2 \sim \text{„mindestens 5 Augen": } P_L(E_2) = \tfrac{2}{6} = 1/3.$$

b) Das (europäische) Roulette (vgl. (1.5)c) wird als Laplace-Experiment mit $\Omega_R = \{0,1,\dots,36\}$ behandelt; es ergibt sich z.B. für

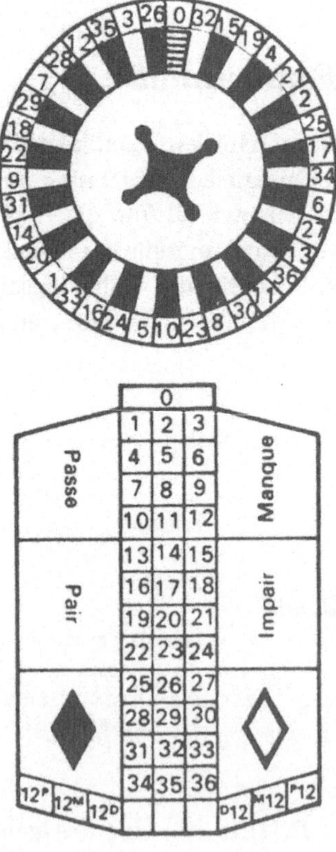

---

[1]Tatsächlich wird die „Ungefälschtheit" oder „Fairneß"eines Würfels bzw. einer Münze i.a. erst dadurch vollständig präzisiert, daß die modellmäßige Beschreibung durch ein Laplace-Experiment adäquat ist.

$$E_1 \sim \text{Douze premier: } P_L(E_1) = 12/37$$
$$E_2 \sim \text{Manque: } P_L(E_2) = 18/37$$
$$E_3 \sim \text{Zero: } P_L(E_3) = 1/37$$

(vgl. Abbildung).

c) Der Wurf mit einer „fairen" Münze (ohne die Möglichkeit des Randes) wird als Laplace-Experiment mit $\Omega_M = \{K, W\}$ behandelt (vgl. (1.5)b)).

d) Der n-fache faire Würfelwurf (oder Wurf mit n fairen Würfeln), $n \in \mathbb{N}$, wird als Laplace-Experiment mit

$$\Omega_W^n = \{(\omega_1, \ldots, \omega_n) : \omega_i \in \Omega_W, 1 \leq i \leq n\} \qquad \text{(vgl. (A.90))}$$

beschrieben. $\qquad\qquad\qquad\qquad\qquad\qquad\qquad\qquad\qquad\qquad\qquad\qquad\qquad$ □

Für diese einfachen Beispiele lassen sich bereits einige Fragen behandeln, deren Antworten nicht evident sind:

(2.4) Beispiele (dem Chevalier de Méré zugeschrieben[2])

a) Beim Würfeln mit 3 fairen Würfeln wird jeweils die Augensumme gebildet. Ist es ebenso wahrscheinlich, eine Augensummenzahl 11 wie eine Summe 12 zu erzielen? (De Méré soll dies daraus geschlossen haben, daß jeweils 6 Möglichkeiten

$$146, 155, 236, 245, 344, 335 \sim 11$$
$$156, 246, 255, 336, 345, 444 \sim 12$$

auf diese Augensummen führen.) Von den 216 Möglichkeiten von Ω_W^3 sind

$$27 \text{ für das Ereignis } E_{11} \sim \text{Augensumme 11}$$
$$25 \text{ für das Ereignis } E_{12} \sim \text{Augensumme 12}$$

günstig; es ergibt sich also

$$P_L(E_{11}) = \frac{27}{216} = 0,1250 > 0,1157 \approx \frac{25}{216} = P_L(E_{12}).$$

De Mérés Fehler beruhte also darauf, daß er die unterschiedlichen Anzahlen von Anordnungsmöglichkeiten (bei gleichen bzw. ungleichen Würfelergebnissen) nicht berücksichtigte.

---

[2]Bzgl. „De Mérés legend" vgl. L.E. Maistrov: Probability Theory. Academic Press, N.Y., 1974; S. 40-43 sowie F.N. David: Games, Gods and Gambling. Ch. Griffin, London, 1962; S. 84 ff.

b) Welches der beiden Ereignisse

E_1 : Bei vier Würfen mit einem fairen Würfel tritt mindestens
   eine „Sechs" auf

E_2' : Bei 24 Würfen mit je zwei fairen Würfeln tritt mindestens
   eine „Doppel-Sechs" auf

ist wahrscheinlicher? Die von de Méré – entgegen seiner Vermutung –
experimentell gefundene Antwort $P(E_1) > P'(E_2')$ trifft zu: Aus (2.3)d),
angewendet auf die beiden verschiedenen Würfelexperimente, ergibt sich

$$\Omega = \Omega_W^4 \quad \text{bzw.} \quad \Omega' = (\Omega_W^2)^{24}$$

und somit nach (2.2)

$$P(E_1^c) \;=\; \frac{|\{1,\ldots,5\}^4|}{|\{1,\ldots,6\}^4|} = \frac{5^4}{6^4} \approx 0,48225$$

$$P'(E_2'^c) \;=\; \frac{|\{(\omega_1,\omega_2) \in \Omega_W^2 : (\omega_1,\omega_2) \neq (6,6)\}^{24}|}{|(\Omega_W^2)^{24}|} = \frac{35^{24}}{36^{24}} \approx 0,50860;$$

also

$$P(E_1) \approx 0,51775 > 0,49140 \approx P'(E_2'). \qquad \square$$

Mit den Laplace-Verteilungen werden *diskrete Gleichverteilungen* über endlichen Mengen im wahrscheinlichkeitstheoretischen Modell erfaßt; dementsprechend beschreibt man die „*rein zufällige*" Auswahl aus einer endlichen
Menge Ω durch die Laplace-Verteilung über Ω.

Bei Laplace-Experimenten sind gemäß (2.2) jeweils *Anzahlen* von
möglichen bzw. günstigen Fällen zu bestimmen. Da dieses Auszählen oft
recht mühsam ist – in (2.4)b) gibt es bei Ω' beispielsweise bereits mehr als
$2,2 \cdot 10^{37}$ verschiedene mögliche Fälle –, bedient man sich dabei häufig kom-
binatorischer Hilfsmittel. Einige elementare Formeln seien kurz zusammengestellt[3]:

(2.5) Permutationen mit Wiederholung

*Aus einer Menge $\Omega = \{\omega_1, \ldots, \omega_n\}$ von n Elementen kann man auf
n^r verschiedene Arten geordnete Proben mit Wiederholungen vom
Umfang r entnehmen.*

(2.5) wurde in den Beispielen (2.4) angewendet.

---

[3]Beweise dieser Aussagen sind in jeder Einführung in die Kombinatorik, aber auch in
vielen elementaren Stochastik-Lehrbüchern zu finden.

(2.6) Permutationen ohne Wiederholung

Aus einer Menge $\Omega = \{\omega_1, \ldots, \omega_n\}$ von n Elementen kann man auf $\frac{n!}{(n-r)!}$ verschiedene Arten geordnete Proben ohne Wiederholungen vom Umfang $r \leq n$ entnehmen.

(2.7) Kombinationen mit Wiederholung

Aus einer Menge $\Omega = \{\omega_1, \ldots, \omega_n\}$ von n Elementen kann man auf $\binom{n+r-1}{r}$ verschiedene Arten ungeordnete Proben mit Wiederholungen vom Umfang r entnehmen.

(2.8) Kombinationen ohne Wiederholung

Aus einer Menge $\Omega = \{\omega_1, \ldots, \omega_n\}$ von n Elementen kann man auf $\binom{n}{r}$ verschiedene Arten ungeordnete Proben ohne Wiederholungen vom Umfang r entnehmen, $r \leq n$.

Bei größeren Werten von n bzw. r erfordert die Berechnung der in den Formeln (2.5)-(2.8) auftretenden Fakultäten beträchtlichen Aufwand; als bemerkenswert gute Approximation hat sich die Stirlingsche Formel erwiesen:

(2.9) Stirlingsche Formel

Für jedes $n \in \mathrm{I\!N}$ gilt

$$n^n \, e^{-n} \sqrt{2\pi n} e^{1/(12n+1)} < n! < n^n \, e^{-n} \sqrt{2\pi n} e^{1/12n}.$$

Diese Abschätzung benutzt man häufig zu der einfach zu handhabenden Näherung

$$n! \approx \left(\frac{n}{e}\right)^n \sqrt{2\pi n}.$$

Fragt man z.B. nach der Anzahl N der Möglichkeiten, r nicht-unterscheidbare Partikel auf n „Zellen" des (gequantelten) Phasenraums zu verteilen, wobei sich in jeder „Zelle" höchstens ein Partikel befinden darf (dieses *Fermi-Dirac*-Modell ist beispielsweise bei Teilchen sinnvoll, die dem *Pauli-Verbot* der Quantentheorie unterliegen (Elektronen, Neutronen, Protonen)), so ergibt sich nach (2.8) $N = \binom{n}{r}$; für $n = 40$, $r = 20$ erhält man durch Ausmultiplizieren als exakten Wert

$$137.846.528.820,$$

während die Stirlingsche Näherung sofort

$$2^{40}/\sqrt{20\pi} \approx 1,3871 \cdot 10^{11}$$

liefert (der relative Fehler ist also $< 6,3 \cdot 10^{-3}$).

2.2 Diskrete Zufallsexperimente

Durch die Laplace-Experimente haben wir Situationen beschrieben, bei denen endlich viele mögliche Ergebnisse mit jeweils derselben Chance realisiert werden. Bereits bei der Untersuchung eines *gefälschten* Würfels, einer *verbogenen* Münze oder einer *schiefen* Rouletteschüssel – erst recht bei komplexeren stochastischen Systemen – erscheint diese Beschreibung jedoch völlig unplausibel: Zwar können in den drei genannten Beispielen weiterhin nur jeweils endlich viele mögliche Ergebnisse auftreten – und zwar dieselben wie bei den „fairen" Versionen –, die Annahme der Chancengleichheit ist aber durch nichts gerechtfertigt. Andererseits wird man aber auch hier davon überzeugt sein, daß die einzelnen denkbaren Ergebnisse ω_i eine objektive – allerdings dem Beobachter i.a. unbekannte – Chance $P(\{\omega_i\})$ haben, realisiert zu werden. Diese Werte

$$p_i := P(\{\omega_i\})$$

reichen auch bereits zur Beschreibung des Zufallsexperiments aus, da sich daraus (wegen (1.7)(iii)) gemäß

$$P(E) = \sum_{\omega_i \in E} p_i$$

die Wahrscheinlichkeiten von Ereignissen E bestimmen. Daraufhin definieren wir allgemein:

(2.10) Definition

Es seien $\Omega \neq \emptyset$ und $\Omega_0 = \{\omega_0, \omega_1, \ldots\}$ eine abzählbare (d.h. endliche oder abzählbar unendliche) Teilmenge von Ω. Jedem $\omega_i \in \Omega_0$ sei ein $p_i = p(\omega_i) \in [0;1]$ zugeordnet mit $\sum\limits_{i:\omega_i \in \Omega_0} p_i = 1$. Dann heißt der durch

$$(\Omega, \mathcal{P}(\Omega), P)$$

mit $P(E) = \sum\limits_{i:\omega_i \in E} p_i$ definierte Wahrscheinlichkeitsraum (s. (A.30)) ein diskretes Zufallsexperiment.

(2.11) Anmerkungen

(i) Die Erweiterung von Ω_0 – der Menge der „interessanten" Ergebnisse – zu einer beliebigen Obermenge Ω kann ohne Einschränkung vorgenommen werden; es treten keine maßtheoretischen Schwierigkeiten auf, da die hinzugenommene Menge eine P-Nullmenge (s. (A.42)) ist. Ω_0 heißt *Träger* von P.

(ii) Diskrete Zufallsexperimente genügen gerade (bei entsprechender Iden-
tifizierung) der auf S. 5 genannten „Axiomatik".

Zur Veranschaulichung seien einige Beispiele angegeben:

(2.12) Beispiel (Laplace-Verteilungen)

Mit $\Omega = \Omega_0 = \{\omega_0, \ldots, \omega_n\}$, $p_i = \frac{1}{|\Omega_0|} = 1/(n+1)$ erweisen sich die
Laplace-Experimente (2.1) als Spezialfälle von (endlich-) diskreten Zufalls-
experimenten.

(2.13) Beispiel (Binomialverteilungen)

Es seien $p \in [0; 1], \Omega_0 = \{0, \ldots, n\}$, $n \in \mathrm{I\!N}$, und

$$p_i := \binom{n}{i} p^i (1-p)^{n-i}, \ 0 \leq i \leq n.$$

Dann gilt $p_i \geq 0$ und (nach der binomischen Formel)

$$\sum_{i=0}^{n} p_i = (p + (1-p))^n = 1;$$

daher ist $(\Omega_0, \mathcal{P}(\Omega_0), P)$ mit $P(E) = \sum_{i \in E} p_i, E \subset \Omega_0$, ein (endlich-) diskretes
Zufallsexperiment. P heißt *Binomialverteilung mit den Parametern n und
p*, als Bezeichnung für diese Verteilung verwendet man das Symbol $\mathcal{B}(n, p)$;
die Verteilung $\mathcal{B}(1, p)$ wird auch *Bernoulli-Verteilung mit dem Parameter
p* genannt.

Es wird sich zeigen, daß diese Verteilung insbesondere dann vorliegt,
wenn ein Versuch, bei dem das Ergebnis 1 („Erfolg", „Heilung",...) mit
der Wahrscheinlichkeit p und das Ergebnis 0 („Mißerfolg",...) mit der Rest-
wahrscheinlichkeit $1-p$ auftritt *(Bernoulli-Experiment)*, n-mal unabhängig
wiederholt und die Anzahl der „1" registriert wird. $\qquad\square$

(2.14) Beispiel (geometrische Verteilung)

Für $p \in (0; 1]$ wird durch $\Omega_0 = \mathrm{I\!N}$ und $p_i = p(1-p)^{i-1}$, $i \in \mathrm{I\!N}$, ein diskretes
Zufallsexperiment definiert; die zugehörige Wahrscheinlichkeitsverteilung
heißt *geometrische Verteilung mit dem Parameter p*.

Es wird sich zeigen, daß sich diese Verteilung insbesondere als Wartezeit-
verteilung beim Warten auf den ersten „Erfolg" in einer Folge unabhängiger
Bernoulli-Experimente ergibt (z.B. bei (1.5)d)). $\qquad\square$

(2.15) Beispiel (Poisson-Verteilungen)

Es seien $a > 0, \Omega_0 = \mathbb{N}_0$ und

$$p_i := \frac{a^i}{i!} e^{-a}, \; i \in \mathbb{N}_0.$$

Wegen $p_i > 0$ und $\sum_{i=0}^{\infty} p_i = e^{-a} \sum_{i=0}^{\infty} \frac{a^i}{i!} = 1$ ist $(\mathbb{N}_0, \mathcal{P}(\mathbb{N}_0), P)$ mit $P(E) = \sum_{i \in E} p_i$ ein diskretes Zufallsexperiment. P heißt *Poisson-Verteilung mit Parameter* a; Bezeichnung $P = \mathcal{P}(a)$.

(i) Es wird sich zeigen, daß Poisson-Verteilungen insbesondere bei Zerfallsprozessen auftreten; zur Illustration sei bereits ein Beispiel angegeben: Bei ihren berühmten Versuchen über den Zerfall radioaktiver Substanzen beobachteten Rutherford und Geiger[4] u.a. in einem Experiment die Anzahlen der α-Teilchen, die von einem radioaktiven Präparat in $n = 2608$ Zeitabschnitten von je 7,5 sec emittiert wurden (insgesamt 10097). In der folgenden Tabelle bedeutet n_i jeweils die Anzahl der Zeitabschnitte, in denen genau i α-Teilchen emittiert wurden.

Die durchschnittliche Anzahl a der in 7,5 sec emittierten α-Teilchen betrug

$$a = \frac{1}{n} \sum_i i \cdot n_i = \frac{10097}{2608} \approx 3,87.$$

Berechnet man mit diesem a die Werte p_i der $\mathcal{P}(a)$-Verteilung, so ergeben sich für $n \cdot p_i$ die angegebenen Werte, die in guter Übereinstimmung mit den beobachteten Werten sind.

i	n_i	np_i	$\sum_{j=0}^{i} n_j$	$n \sum_{j=0}^{i} p_j$
0	57	54,314	57	54,314
1	203	210,281	260	264,595
2	383	407,057	643	671,652
3	525	525,313	1168	1196,965
4	532	508,444	1700	1705,409
5	408	393,693	2108	2099,102
6	273	254,034	2381	2353,136
7	139	140,501	2520	2493,637

---

[4]Zitiert nach E.W. Schpolski: Atomphysik II, D. Verl. Wiss., Berlin; 1958.

i	n_i	np_i	$\sum_{j=0}^{i} n_j$	$n\sum_{j=0}^{i} p_j$
8	45	67,994	2565	2561,631
9	27	29,249	2592	2590,880
10	10	11,324	2602	2602,204
11	4	3,986	2606	2606,190
12	0	1,286	2606	2607,476
13	1	0,383	2607	2607,859
14	1	0,106(+0,035)	2608	2607,965(+0,035)
	2608	2608	2608	2608

(ii) Aus den Archiven der preußischen Armee ermittelte Bortkiewicz die Anzahl der Soldaten aus 10 Kavallerieregimentern, die in einem Zeitraum von 20 Jahren aufgrund eines Pferde-Huftritts starben.[5] Insgesamt gab es 122 Tote; die mittlere „Todesrate" a pro Regiment und Jahr betrug also

$$122/200 = 0,61.$$

In der folgenden Tabelle sind die mit diesem a berechneten Werte p_i der $\mathcal{P}(a)$-Verteilung den relativen Anzahlen $n_i/200$ der Jahre mit i Todesfällen durch Huftritte in einem Kavallerieregiment gegenübergestellt:

i	n_i	$n_i/200$	p_i
0	109	0,545	0,543
1	65	0,325	0,331
2	22	0,110	0,101
3	3	0,015	0,021
$(\geq)$ 4	1	0,005	0,004
	200	1	1

Beispiele wie diese führten dazu, daß die Poisson-Verteilung auch „Gesetz der seltenen Ereignisse" genannt wurde (eine Rechtfertigung dieser Bezeich-

---

[5]Zitiert nach M. Fisz: Wahrscheinlichkeitsrechnung und mathematische Statistik. D. Verl. Wiss., Berlin, 1976; (8. Aufl.); die Zeichnung ist (in geänderter Form) aus J.D. Williams: The Compleat Strategyst. McGraw-Hill, New York 1966; S. 11 übernommen.

nung wird sich bei der Untersuchung von Folgen unabhängiger Bernoulli-Experimente daraus ergeben, daß für Folgen $(p_n)_{n\in\mathbb{N}}$ mit $\lim_{n\to\infty} p_n = 0$, $\lim_{n\to\infty} np_n = a > 0$ für alle $i \in \mathbb{N}_0$ gilt

$$\lim_{n\to\infty} \binom{n}{i} p_n^i (1 - p_n)^{n-i} = \frac{a^i}{i!} e^{-a},$$

d.h. Binomialverteilungen mit kleinem p und großem n durch die Poisson-Verteilung mit Parameter np approximiert werden können). $\square$

2.3   Riemannsche Dichten

In den bisher vorgestellten Beispielen von Wahrscheinlichkeitsverteilungen ließen sich die Wahrscheinlichkeiten $P(E)$ von Ereignissen E jeweils aus den Einzelwahrscheinlichkeiten

$$p_i = p(\omega_i) = P(\{\omega_i\}), \ \omega_i \in \Omega_0$$

bestimmen; als σ-Algebra $\mathcal{S}$ der Ereignisse trat jeweils die Potenzmenge $\mathcal{P}(\Omega)$ auf. Im folgenden wird nun ein völlig anderer Typ von Wahrschein-lichkeitsverteilungen vorgestellt:

Es sei $f : \mathbb{R}^1 \to \mathbb{R}^1$ eine nicht-negative, im Riemannschen Sinne un-eigentlich integrable Funktion mit

$$\int_{-\infty}^{+\infty} f(x)dx = 1.$$

Dann gilt für die durch

$$F(x) := \int_{-\infty}^{x} f(t)dt$$

definierte Funktion $F : \mathbb{R}^1 \to [0;1]$:

(i) $x_1 < x_2 \Rightarrow F(x_2) - F(x_1) = \int_{x_1}^{x_2} f(t)dt \geq 0$,
       d.h. F ist monoton nicht-fallend.

(ii)   Existiert das eigentliche Riemann-Integral $\int_{x_0}^{x} f(t)dt$, so folgt (wegen der Beschränktheit von f auf $[x_0;x]$)

$$\lim_{x\downarrow x_0} \int_{x_0}^{x} f(t)dt = 0;$$

da die uneigentlichen Riemann-Integrale gerade durch die Stetigkeit der Integrale in den Integrationsgrenzen definiert sind, folgt somit für alle $x_0 \in \mathbb{R}^1$

$$\lim_{x\downarrow x_0}(F(x) - F(x_0)) = \lim_{x\downarrow x_0}\int_{x_0}^{x} f(t)dt = 0,$$

d.h. F ist rechtsseitig stetig.

(iii) Nach der Definition des uneigentlichen Riemann-Integrals gilt

$$\lim_{x\to-\infty} F(x) = \lim_{x\to-\infty}\int_{-\infty}^{x} f(t)dt = 0 =: F(-\infty)$$

$$\lim_{x\to\infty} F(x) = \lim_{x\to\infty}\int_{-\infty}^{x} f(t)dt = 1 =: F(\infty).$$

F induziert also (vgl. (A.40)) ein Lebesgue-Stieltjes'sches Maß P_F über $(\mathbb{R}^1, \mathbb{B}^1)$ mit

$$P_F(\mathbb{R}^1) = F(\infty) - F(-\infty) = 1.$$

(2.16) Definition

Es sei $f \geq 0$ im Riemannschen Sinne uneigentlich integrabel mit $\int_{-\infty}^{+\infty} f(t)dt = 1$. Dann heißt das durch $F(x) = \int_{-\infty}^{x} f(t)dt$ definierte Lebesgue-Stieltjes'sche Wahrscheinlichkeitsmaß P_F eine absolut stetige Wahrscheinlichkeitsverteilung mit der (Riemannschen) Wahrscheinlichkeitsdichte f.

$f(x)$ gibt die „Konzentration der Wahrscheinlichkeit" in der Umgebung von x an: Unter geeigneten Voraussetzungen (z.B. für Punkte x, in denen f stetig ist) gilt

$$\lim_{h\downarrow 0}\frac{1}{h}P_F((x - h/2;\ x + h/2)) = f(x);$$

dies erklärt die Bezeichnung Wahrscheinlichkeits*dichte*.

Wieder seien zur Veranschaulichung einige Beispiele angegeben:

(2.17) Beispiel (Rechteckverteilungen)

Es seien $a, b \in \mathbb{R}^1$ mit $a < b$; für

$$f(x) = 1_{\langle a;b\rangle}(x)/(b - a)$$

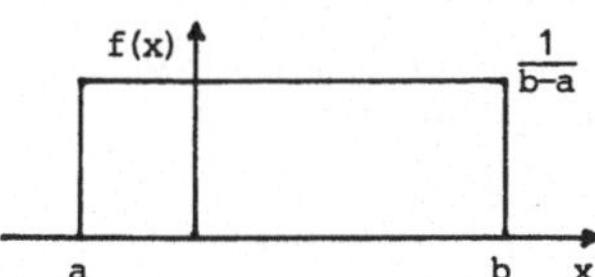

folgt

$$F(x) = \begin{cases} 0 & x \leq a \\ (x-a)/(b-a) & \text{für} \quad x \in [a;b] \\ 1 & x \geq b \end{cases}$$

und somit $P_F = \frac{1}{b-a} 1_{\langle a;b \rangle} \lambda^1$, d.h.

$$P_F(B) = \frac{1}{b-a} \lambda^1 (B \cap \langle a;b \rangle) \qquad \text{für alle } B \in I\!\!B^1$$

(da $\lambda^1(\{x\}) = 0$ für alle $x \in I\!\!R^1$, ist es gleichgültig, ob die Punkte a, b zum Intervall gehören oder nicht). P_F heißt *Rechteckverteilung über* $\langle a;b \rangle$; Bezeichnung $P_F = \mathcal{R}(a,b)$.

Die Rechteckverteilung $\mathcal{R}(a,b)$ beschreibt eine gleichmäßig über das Intervall $\langle a;b \rangle$ „verschmierte" Wahrscheinlichkeitsverteilung; da außerhalb von $(a;b)$ keinerlei Wahrscheinlichkeit liegt, ergeben

$$(I\!\!R^1, I\!\!B^1, \mathcal{R}(a,b)) \quad \text{und} \quad \left(\langle a;b \rangle, I\!\!B^1_{|\langle a;b \rangle}, \frac{1}{b-a} \lambda^1_{|\langle a;b \rangle}\right)$$

„dasselbe" Zufallsexperiment.

Insbesondere wird man das bereits ausführlich diskutierte Beispiel (1.5)e) durch

$$([0;1], I\!\!B^1_{|[0;1]}, \lambda^1_{|[0;1]}) \quad \text{bzw.} \quad (I\!\!R^1, I\!\!B^1, \mathcal{R}(0,1))$$

beschreiben. $\qquad\qquad\qquad\qquad\qquad\qquad\qquad\qquad\qquad\qquad\qquad\qquad\quad \square$

(2.18) Beispiel (Normalverteilungen)

Es seien $a \in I\!\!R^1$, $\sigma > 0$ und $f : I\!\!R^1 \to I\!\!R^1$ definiert durch

$$f(x) = \frac{1}{\sqrt{2\pi}\sigma} e^{-(x-a)^2/2\sigma^2}$$

(f beschreibt also eine „Glockenkurve", wie sie bereits in (1.3) erwähnt wurde). f ist nicht-negativ und stetig; es bleibt also nur noch zu zeigen, daß gilt

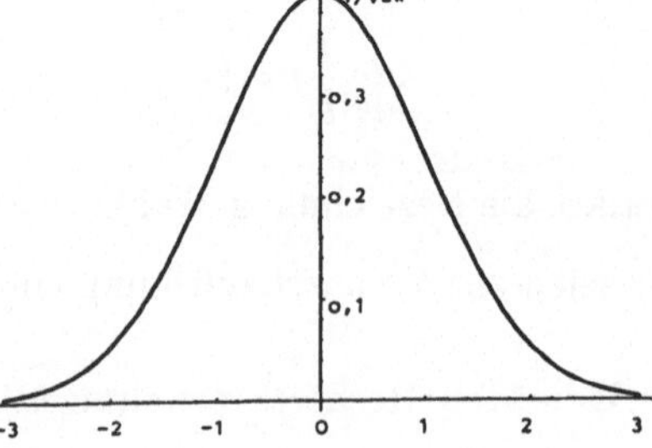

$$\Phi := \int_{-\infty}^{+\infty} f(x)dx \underset{(y=(x-a)/\sigma)}{=} \frac{1}{\sqrt{2\pi}} \int_{-\infty}^{+\infty} e^{-y^2/2}dy = 1.$$

Dies ergibt sich aber aus

$$\Phi^2 \quad = \quad \frac{1}{2\pi} \int_{-\infty}^{+\infty} \int_{-\infty}^{+\infty} e^{-(y^2+z^2)/2} dy\, dz$$

$$\underset{\substack{y=r\,\sin\phi \\ z=r\,\cos\phi}}{=} \quad \frac{1}{2\pi} \int_0^{2\pi} \int_0^{\infty} re^{-r^2/2} dr\, d\phi$$

$$= \quad \int_0^{\infty} re^{-r^2/2} dr = -e^{-r^2/2}\big|_0^{\infty} = 1.$$

Die gemäß (2.16) zu f gehörige Wahrscheinlichkeitsverteilung P heißt *Normalverteilung (Gaußverteilung) mit den Parametern a und σ^2;* Bezeichnung $P = \mathcal{N}(a, \sigma^2)$.

In (1.3) hatten wir bereits angemerkt, daß diese Normalverteilungen – zumindest näherungsweise – bei vielen Experimenten auftreten, in denen sich etliche verschiedene Wirkungen zu einem Gesamteffekt kumulieren – die $\mathcal{N}(0,1)$-Normalverteilung wird daher gelegentlich auch „das" *Fehlergesetz* genannt. Eine Begründung für dieses (approximative) Auftreten der Normalverteilungen wird durch den zentralen Grenzwertsatz (in Kap. 6) geliefert werden. $\qquad\qquad\square$

(2.19) Beispiel (Exponentialverteilungen)

Bei Wartezeit- und Lebensdauermessungen (z.B. Bedienungszeiten an Kassen, Dauer der Funktiontüchtigkeit technischer Systeme, Länge von Telefongesprächen) ergibt sich häufig (näherungsweise) eine W-Verteilung[6] mit der durch

$$f_\lambda(x) = \lambda e^{-\lambda x} 1_{[0;\infty)}(x) = \begin{cases} \lambda e^{-\lambda x} & x \geq 0 \\ & \text{für} \\ 0 & x < 0 \end{cases} \quad ; \lambda > 0$$

definierten Riemannschen W-Dichte (die stückweise stetige, nicht-negative Funktion f_λ ist wegen $\int_{-\infty}^{+\infty} \lambda e^{-\lambda x} dx = -e^{-\lambda x}\big|_0^{\infty} = 1$ eine Dichte gemäß (2.16)). Die zu f_λ gehörige W-Verteilung P nennt man

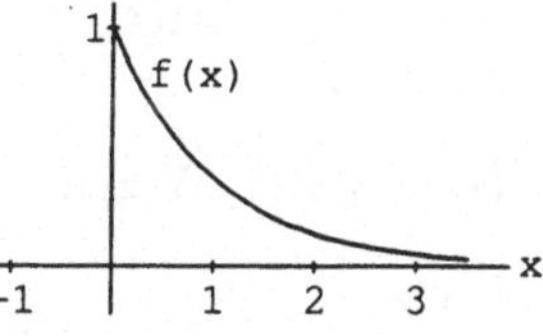

Exponentialverteilung mit dem Parameter λ; Bezeichnung $P = \text{Exp}(\lambda)$.

---

[6]Zur Vereinfachung kürzen wir den Zusatz „Wahrscheinlichkeits" im folgenden häufig durch „W-" ab.

Bei der Untersuchung bedingter Verteilungen werden wir eine Begründung dafür geben können, warum die Exponentialverteilungen häufig als Wartezeitverteilungen auftreten.   □

In den nächsten Abschnitten wird eine Fülle weiterer Beispiele von W-Verteilungen mit Riemannschen W-Dichten besprochen werden.

2.4   Allgemeine Wahrscheinlichkeitsdichten

Die diskreten Zufallsexperimente und diejenigen mit Riemannschen W-Dichten sind für die Anwendungen besonders wichtig. Wenngleich diese beiden Typen von W-Räumen sehr unterschiedlich sind, so lassen sie sich doch als Spezialfälle einer allgemeineren Begriffsbildung auffassen:

(2.20) Definition (vgl. (A.81)(ii))

> *Es seien $(\Omega, \mathcal{S}, \mu)$ ein Maßraum und $f \geq 0$ eine μ-integrable Funktion mit $\int_\Omega f \, d\mu = 1$. Dann heißt f eine μ-Dichte des durch*
>
> $$P(A) := \int_A f \, d\mu, \qquad A \in \mathcal{S},$$
>
> *definierten W-Maßes P.*

(2.21) Beispiele

a) Es seien $(\Omega, \mathcal{P}(\Omega), P)$ ein diskretes Zufallsexperiment (s. (2.10)) mit $\Omega_0 = \{\omega_0, \omega_1, \dots\} \subset \Omega$ und $p : \Omega \to [0; 1]$ definiert durch

$$p(\omega) := \begin{cases} p_i & \text{für } \omega = \omega_i \in \Omega_0 \\ 0 & \text{sonst} \end{cases} ;$$

μ_a sei das auf Ω fortgesetzte abzählende Maß auf Ω_0, d.h.

$$\mu_a(E) := \begin{cases} n & |E \cap \Omega_0| = n, \; n \in \mathbb{N}_0 \\ & \text{falls} \\ \infty & \text{sonst} \end{cases}$$

(s. (A.30)e). Wegen

$$P(E) = \sum_{i:\omega_i \in E} p_i = \int_E p \, d\mu_a \qquad \text{für alle } E \in \mathcal{P}(\Omega)$$

ist dann p eine μ_a-Dichte von P. Man nennt p daher auch die *Zähldichte* der *diskreten Wahrscheinlichkeitsverteilung P*.

b) Es sei $(\mathbb{R}^1, \mathbb{B}^1, P_F)$ eine absolut stetige Wahrscheinlichkeitsverteilung mit der (Riemannschen) Wahrscheinlichkeitsdichte f (s. (2.16)). Aufgrund der Zusammenhänge zwischen Riemann- und Lebesgue-Integral (s. (A.89)) folgt dann

$$P_F(E) = \int_E f \, d\lambda^1 \quad \text{für alle } E \in \mathbb{B}^1,$$

d.h. f ist eine λ^1-Dichte von P_F.

c) Für die Rechteckverteilung $\mathcal{R}(a,b)$ liefert

$$f(x) = 1_{\langle a,b \rangle}(x)/(b-a)$$

nach (2.17)/(2.21)b) eine λ^1-(Lebesgue-)Dichte. Aber auch die nicht im Riemannschen Sinne integrable Funktion

$$g(x) = 1_{(a;b) \cap Q^c}(x)/(b-a)$$

ist eine λ^1-Dichte von $\mathcal{R}(a,b)$. $\qquad\qquad\qquad\qquad\qquad\qquad\square$

Allgemein liegen μ-Dichten nur bis auf μ-Nullmengen eindeutig fest (vgl. (A.73)).

Aus jeder W-Verteilung über $(\mathbb{R}^1, \mathbb{B}^1)$ kann man die beiden für die Praxis besonders wichtigen „Anteile" mit Zähldichten (s. (2.10)/(2.21)a)) bzw. Lebesgue-Dichten (s. (2.16)/(2.21)b)) herausziehen:

(2.22) Lemma

> *P sei eine W-Verteilung über $(\mathbb{R}^1, \mathbb{B}^1)$. Dann existiert eine eindeutige Zerlegung*
> $$P = \nu_1 + \nu_2 + \nu_3,$$
> *wobei ν_1 ein λ^1-stetiges Maß, ν_2 ein diskretes Maß und ν_3 ein λ^1-singuläres Maß mit $\nu_3(\{x\}) = 0$ für alle $x \in \mathbb{R}^1$ ist.*

Beweis: Nach (A.101) (Lebesgue-Zerlegung) gibt es eine eindeutige Zerlegung von P in ein λ^1-stetiges Maß ν_1 und ein λ^1-singuläres Maß ν_0. Wegen der Endlichkeit von ν_0 ist

$$\Omega_0 := \{x \in \mathbb{R}^1 : \nu_0(\{x\}) > 0\}$$

abzählbar. Daher erhält man mit

$$\nu_2(A) := \nu_0(A \cap \Omega_0), \quad \nu_3(A) := \nu_0(A \cap \Omega_0^c), \quad A \in \mathbb{B}^1,$$

die gewünschte Darstellung.   □

Man kann also jede W-Verteilung P als konvexe Kombination

$$P = \gamma_1 P_1 + \gamma_2 P_2 + \gamma_3 P_3$$

(mit $\gamma_i \geq 0, \gamma_1 + \gamma_2 + \gamma_3 = 1$) darstellen, wobei P_1 nach (A.102) eine λ^1-Dichte und P_2 eine Zähldichte besitzt sowie P_3 eine λ^1-singuläre W-Verteilung mit $P_3(\{x\}) = 0$ für alle $x \in \mathbb{R}^1$ ist: Mit $\gamma_i := \nu_i(\mathbb{R}^1)$ und

$$P_i := \left\{ \begin{array}{ll} \nu_i/\gamma_i & \text{für } \gamma_i > 0 \\ \text{beliebig} & \text{für } \gamma_i = 0 \end{array} \right. , \quad 1 \leq i \leq 3,$$

erhält man die gewünschte Darstellung. Ein Beispiel für eine λ^1-singuläre W-Verteilung P mit $P(\{x\}) = 0 \; \forall x \in \mathbb{R}^1$ wird in (3.8) angegeben.

Aus dem Satz von Radon-Nikodym (A.102) ergibt sich andererseits unmittelbar:

(2.23) Anmerkung

Es seien P eine W-Verteilung und μ ein σ-endliches Maß über $(\Omega, \mathcal{S})$. P besitzt genau dann eine μ-Dichte f, wenn P μ-stetig ist. Es gilt dann $f = dP/d\mu$ μ-fast sicher.

2.5   Zufallsgrössen; induzierte Wahrscheinlichkeitsverteilungen

Bei vielen „Zufallsexperimenten" interessiert man sich nicht für die (möglicherweise sehr komplizierten) tatsächlichen Ergebnisse $\omega \in \Omega$, sondern registriert nur daraus gewonnene (einfachere) Größen: Wenn man beim Roulette auf „Rouge" gesetzt hat, interessiert man sich nur dafür, ob eine der Zahlen

$$1, 3, 5, 7, 9, 12, 14, 16, 18, 19, 21, 23, 25, 27, 30, 32, 34, 36,$$

auftritt, nicht jedoch dafür, welche dieser Zahlen es ist; vom Temperaturverlauf $f(t)$ während eines Tages werden nur Minimal- und Maximalwert als (Zeitungs-) Meldung gebracht; die Ablesung eines Geiger-Zählers liefert nur die Anzahl der Teilchen, die während der Meßzeit zerfallen sind, nicht aber die Zeitpunkte der einzelnen Zerfälle usw.

Es fragt sich, ob es möglich ist, auch im mathematischen Modell von ursprünglichen Ergebnissen $\omega \in \Omega$ zu den daraus gewonnenen Größen überzugehen, ohne dabei die Beschreibung der Zufallseffekte aufgeben zu müssen. Zur Veranschaulichung untersuchen wir zunächst ein (bereits bekanntes) einfaches Beispiel:

(2.24) Beispiel („passe dix"; vgl. (2.4)a))

Es werden drei ungefälschte Würfel geworfen und die Summe der gewürfelten Augenzahlen registriert. Wie groß ist die Wahrscheinlichkeit, daß diese Summe größer als 10 ist? Entsprechend (2.3)d) wird man die Ausgangssituation durch das Laplace-Experiment

$$(\Omega_W^3, \mathcal{P}(\Omega_W^3), P_L)$$

beschreiben. Für die Ereignisse

$$A_m := \{\omega = (i,j,k) \in \Omega_W^3 : i+j+k = m\}, \quad 3 \leq m \leq 18,$$

die Augensumme m zu erzielen, ergibt sich daher nach (2.2)

m	3	4	5	6	7	8	9	10
$P_L(A_m)$	1/216	3/216	6/216	10/216	15/216	21/216	25/216	27/216.
m	18	17	16	15	14	13	12	11

Das Ereignis $A := \sum_{m=11}^{18} A_m = \{\omega = (i,j,k) \in \Omega_W^3 : i+j+k > 10\}$ hat also die Wahrscheinlichkeit

$$P_L(A) = \sum_{m=11}^{18} P_L(A_m) = \frac{108}{216} = \frac{1}{2}.$$

Die Auflistung der Werte $\tilde{p}_m := P_L(A_m)$ zeigt, daß die Bildung der Summe

$$S((i,j,k)) = i+j+k, \quad (i,j,k) \in \Omega_W^3,$$

zu einem neuen (endlich-)diskreten Zufallsexperiment

$$(\mathcal{X}, \mathcal{B}, P^S)$$

mit

$$\mathcal{X} = \{3,\ldots,18\}, \quad \mathcal{B} = \mathcal{P}(\mathcal{X}), \quad P^S(B) = \sum_{m \in B} \tilde{p}_m$$

führt. P^S beschreibt dabei die „Realisierungschancen" all derjenigen Ereignisse B, die *nach* der Summenbildung noch von Interesse sein können. Die Werte $\tilde{p}_m$ ergaben sich dadurch, daß man feststellte, welche $\omega = (i,j,k) \in \Omega_W^3$ eine Summe m liefern, d.h. durch

$$\tilde{p}_m = P_L(A_m) = P_L(S^{-1}(\{m\})). \qquad \square$$

Entsprechend der Einbettung der Wahrscheinlichkeitstheorie in die Maßtheorie liegt es daher nahe, solche Situationen, bei denen man sich nur noch für die Funktion $X : \Omega \to \mathcal{X}$ des ursprünglichen (stochastischen) Ergebnisses interessiert, durch die Konzepte der meßbaren Abbildungen (vgl. (A.51)) bzw. der induzierten Maße (vgl. (A.64)) zu erfassen:

(2.25) Definition

(i)   *Es seien $(\Omega, \mathcal{S}, P)$ ein W-Raum und $(\mathcal{X}, \mathcal{B})$ ein meßbarer Raum. Dann heißt $X : \Omega \to \mathcal{X}$ eine* Zufallsgröße *(über Ω)* mit Werten in $\mathcal{X}$*, wenn X eine $(\mathcal{S}, \mathcal{B})$-meßbare Abbildung von Ω nach $\mathcal{X}$ ist.*

(ii)   *Für eine Zufallsgröße X mit Werten in $\mathcal{X}$ heißt das induzierte Maß P^X die* Verteilung von X*.*

(iii) *Bei Zufallsgrößen mit $(\mathcal{X}, \mathcal{B}) = (\mathrm{I\!R}^1, \mathrm{I\!B}^1)$ wird der Zusatz „mit Werten in $\mathrm{I\!R}^1$" weggelassen; Zufallsgrößen mit $(\mathcal{X}, \mathcal{B}) = (\mathrm{I\!R}^n, \mathrm{I\!B}^n)$, $n > 1$, werden auch* Zufallsvektoren *genannt.*

Um anzudeuten, daß mit einer Zufallsgröße X stets eine induzierte Verteilung P^X verbunden ist, benutzen wir die Bezeichnung

$$X : (\Omega, \mathcal{S}, P) \to (\mathcal{X}, \mathcal{B}, P^X).$$

Dadurch wird auch deutlich, daß durch eine Zufallsgröße ein neuer W-Raum, nämlich $(\mathcal{X}, \mathcal{B}, P^X)$, gegeben ist. Die Berechnung von Verteilungen von Zufallsgrößen stellt eine der wichtigsten Aufgaben der Wahrscheinlichkeitstheorie dar. Da nach der „Verarbeitung" von Beobachtungsdaten i.a. die genaue Struktur des ursprünglichen W-Raumes $(\Omega, \mathcal{S}, P)$ nicht mehr von Bedeutung ist, sondern ausschließlich der induzierte W-Raum $(\mathcal{X}, \mathcal{B}, P^X)$ interessiert, betrachtet man auch nur noch diesen Raum (ohne $(\Omega, \mathcal{S}, P)$ und die Abbildung $X : (\Omega, \mathcal{S}) \to (\mathcal{X}, \mathcal{B})$ explizit anzugeben). Die W-Maße sind dann also jeweils Verteilungen von Zufallsgrößen (mit Werten in $\mathcal{X}$). Da für $(\mathcal{X}, \mathcal{B}) = (\Omega, \mathcal{S})$ die Identität trivialerweise $(\mathcal{S}, \mathcal{B})$-meßbar ist, läßt sich sogar jedes W-Maß als Verteilung einer Zufallsgröße auffassen.

Auch für die Bestimmung der W-Verteilung bei einer weiteren „Verarbeitung" der Beobachtungsdaten verliert man durch die Beschränkung auf den induzierten W-Raum nichts: Sind X eine Zufallsgröße mit Werten in $\mathcal{X}$ und der Verteilung P^X und

$$Z : (\mathcal{X}, \mathcal{B}) \to (\mathcal{Y}, \mathcal{C})$$

eine weitere meßbare Abbildung, so ist

$$Y := Z \circ X : \Omega \to \mathcal{Y}$$

nach (A.55) $(\mathcal{S}, \mathcal{C})$-meßbar, d.h. eine Zufallsgröße mit Werten in $\mathcal{Y}$. Für die Verteilung von Y gilt

$$P^Y(C) = P(Y^{-1}(C)) = P(X^{-1}(Z^{-1}(C))) = P^X(Z^{-1}(C)), \ C \in \mathcal{C};$$

P^Y läßt sich also (auch ohne Kenntnis von $(\Omega, \mathcal{S}, P)$) aus P^X bestimmen.

Die im Beispiel (2.24) für die Berechnung von P^S benutzte Methode, bei den einzelnen Werten $m \in \mathcal{X}$ festzustellen, welche ω den Wert $S(\omega) = m$ liefern, und deren Wahrscheinlichkeiten aufzusummieren, können wir allgemein für diskrete Zufallsexperimente formulieren:

(2.26) Anmerkung

Es seien $(\Omega, \mathcal{P}(\Omega), P)$ ein diskretes Zufallsexperiment, Ω_0 ein abzählbarer Träger von P und

$$X : (\Omega, \mathcal{P}(\Omega), P) \to (\mathcal{X}, \mathcal{B}, P^X)$$

eine Zufallsgröße, wobei o.B.d.A.[7] $\mathcal{B} = \mathcal{P}(\mathcal{X})$ gelte. Dann folgt
(i) Die Menge

$$\mathcal{X}_0 := \{x \in \mathcal{X} : \exists \omega \in \Omega_0 \text{ mit } X(\omega) = x\} = X(\Omega_0)$$

ist (wegen $|X(\Omega_0)| \leq |\Omega_0|$) abzählbar.
(ii) Für $B \in \mathcal{B}$ ergibt sich

$$P^X(B) = P(X^{-1}(B)) = \sum_{\omega \in \Omega_0 : \omega \in X^{-1}(B)} P(\{\omega\})$$

$$= \sum_{x \in \mathcal{X}_0 : x \in B} \left(\sum_{\omega \in \Omega_0 : X(\omega) = x} P(\{\omega\}) \right);$$

---

[7]Trivialerweise ist jede Abbildung $X : \Omega \to \mathcal{X}$ für jede σ-Algebra $\mathcal{B}$ über $\mathcal{X}$ $(\mathcal{P}(\Omega), \mathcal{B})$-meßbar.

mit der Bezeichnung $\tilde{p}(x) := \sum_{\omega \in \Omega_0 : X(\omega)=x} P(\{\omega\})$ gilt also

$$P^X(B) = \sum_{x \in \mathcal{X}_0 : x \in B} \tilde{p}(x).$$

$(\mathcal{X}, \mathcal{P}(\mathcal{X}), P^X)$ ist also ebenfalls ein diskretes Zufallsexperiment; $\mathcal{X}_0$ ist ein Träger von P^X. $\qquad\qquad\square$

Zur Illustration seien einige Beispiele angegeben:

(2.27) Beispiel

Es seien $(\Omega, \mathcal{S}, P)$ das Laplace-Experiment über $\Omega = \{0,1\}^n = \{(\omega_1, \ldots, \omega_n) : \omega_i \in \{0,1\}, 1 \le i \le n\}$ und $X : \Omega \to \{0, \ldots, n\}$ die Summenabbildung

$$X(\omega_1, \ldots, \omega_n) = \sum_{i=1}^{n} \omega_i.$$

Dann folgt nach (2.26) für $k \in \{0, \ldots, n\}$

$$
\begin{aligned}
P^X(\{k\}) \;&=\; \sum_{(\omega_1,\ldots,\omega_n)\in\Omega : X(\omega_1,\ldots,\omega_n)=k} \frac{1}{2^n} && \text{(nach (2.5))} \\[2mm]
&=\; \sum_{(\omega_1,\ldots,\omega_n)\in\Omega :\, k \text{ der } \omega_i \text{ sind } 1} \frac{1}{2^n} && (\text{da } \omega_i \in \{0,1\},\ 1 \le i \le n) \\[2mm]
&=\; \frac{1}{2^n} \binom{n}{k} && \text{(nach (2.8))} \\[2mm]
&=\; \binom{n}{k} \left(\frac{1}{2}\right)^k \left(1 - \frac{1}{2}\right)^{n-k},
\end{aligned}
$$

d.h. es gilt $P^X = \mathcal{B}(n, \frac{1}{2})$. $\qquad\qquad\square$

(2.28) Beispiel (Trapezverteilungen)

Es sei $(\Omega, \mathcal{S}, P)$ das Laplace-Experiment über $\Omega = \{a, a+1, \ldots, a+n\} \times \{b, b+1, \ldots, b+m\}$ mit $a, b \in \mathbb{Z}$, $n, m \in \mathbb{N}$. Dann gilt für die Summenabbildung X

$$X((a+j, b+k)) := a + b + j + k :$$

$$P^X(\{r\}) = \sum_{(a+j, b+k)\in\Omega :\, a+b+j+k=r} \frac{1}{(n+1)(m+1)}$$

$$= \sum_{j \in \{0,\ldots,n\}:0 \le r-a-b-j \le m} \frac{1}{(n+1)(m+1)}$$

$$= \sum_{j=\max(0,r-a-b-m)}^{\min(n,r-a-b)} \frac{1}{(n+1)(m+1)}$$

für $r \in \{a+b, a+b+1, \ldots, a+b+n$ $+m\}$. P^X heißt *diskrete Trapezverteilung* über $\{a+b,\ldots,a+b+n+m\}$; für $a=b=1, n=2, m=6$ z.B. ergibt sich für $P^X(\{k\})$ der nebenstehende Graph:

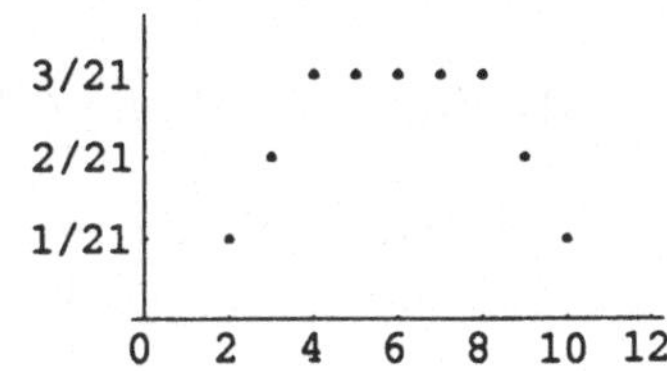

(2.29) Beispiel (Hypergeometrische Verteilungen)

In einer Sendung von n Produktionsstücken seien m defekt. Wie groß ist die Wahrscheinlichkeit, daß sich bei der Prüfung von k „zufällig" entnommenen Produktionsstücken ($k \le n$) genau r als defekt erweisen?

Wählt man o.B.d.A. die Numerierung der Produktionsstücke so, daß die Stücke $1,\ldots,m$ defekt sind, so liegt die Beschreibung der Situation als Laplace-Experiment mit

$$\Omega = \{\omega \subset \{1,\ldots,n\} : |\omega| = k\}$$

nahe, bei dem man sich für die Zufallsgröße $X : \Omega \to \mathcal{X} = \{0,\ldots,k\}$ mit

$$X(\omega) := |\omega \cap \{1,\ldots,m\}|$$

interessiert. Nach (2.8) gilt $|\Omega| = \binom{n}{k}$; wiederum nach (2.8) ergibt sich

$$P^X(\{r\}) = P(\{\omega : X(\omega) = r\}) =$$

$$= \begin{cases} \binom{m}{r}\binom{n-m}{k-r}/\binom{n}{k} & \text{für } r \in \mathbb{N}_0 \text{ mit} \\ & \max(0, k+m-n) \le r \le \min(k,m) \\ 0 & \text{sonst} \end{cases}.$$

Die zugehörige diskrete Verteilung P^X auf $\mathcal{X}$ heißt *hypergeometrische Verteilung mit den Parametern* n, m, k; Bezeichnung

$$P^X = \mathcal{H}(n, m, k).$$

In der Praxis *(statistische Qualitätskontrolle)* wird natürlich der Wert m unbekannt sein; man versucht dann, aus dem Beobachtungswert r möglichst genau auf m zu schließen (behandelt im Rahmen der Mathematischen Statistik). $\square$

(2.30) Beispiel

$(\Omega, \mathcal{S}, P)$ beschreibe das Würfeln von zwei ungefälschten Würfeln; d.h. es gelte entsprechend (2.3)d)

$$\Omega = \Omega_W^2 = \{(i,j) : i,j \in \{1,\ldots,6\}\}, \ \mathcal{S} = \mathcal{P}(\Omega), P = P_L.$$

X sei die Projektion auf die erste Komponente, d.h. $X(i,j) = i$ für alle $(i,j) \in \Omega$. Für diese Zufallsgröße

$$X : (\Omega, \mathcal{S}, P) \to (\Omega_W, \mathcal{P}(\Omega_W), P^X)$$

gilt

$$P^X(\{i\}) = P_L(\{(i,j) : j \in \{1,\ldots,6\}\}) = \frac{6}{36} = \frac{1}{6},$$

d.h. P^X ist – in Übereinstimmung damit, daß X die Registrierung des Ergebnisses des ersten Würfels bedeutet – die Laplace-Verteilung über Ω_W. $\square$

(2.31) Beispiel (Erzeugen einer vorgegebenen diskreten Verteilung)

Es seien $(\Omega, \mathcal{S}, P) = ([0;1), \mathrm{IB}^1_{|[0;1)}, \lambda^1_{|[0;1)})$ (bzw. $(\mathrm{IR}^1, \mathrm{IB}^1, \mathcal{R}(0,1))$) und $\mathcal{X} = \{x_0, x_1, \ldots\}$ eine abzählbare Menge; zu jedem $x_i \in \mathcal{X}$ sei ein $\tilde{p}_i = \tilde{p}(x_i) \in [0;1]$ mit $\sum_{i:x_i \in \mathcal{X}} \tilde{p}_i = 1$ gegeben. Dann gilt für $X : \Omega \to \mathcal{X}$ mit

$$X(\omega) = x_i \ \text{für} \ i = \min\{j : \sum_{k=0}^{j} \tilde{p}_k \geq \omega\} :$$

$$\{\omega : X(\omega) = x_i\} = \{\omega : \sum_{k=0}^{i-1} \tilde{p}_k < \omega \leq \sum_{k=0}^{i} \tilde{p}_k\}^8 \in \mathrm{IB}^1,$$

d.h. X ist $(\mathrm{IB}^1, \mathcal{P}(\mathcal{X}))$-meßbar und somit eine Zufallsgröße mit Werten in $\mathcal{X}$. Für P^X folgt

$$P^X(\{x_i\}) = P(\{\omega : \sum_{k=0}^{i-1} \tilde{p}_k < \omega \leq \sum_{k=0}^{i} \tilde{p}_k\}) = \lambda^1((\sum_{k=0}^{i-1} \tilde{p}_k; \sum_{k=0}^{i} \tilde{p}_k]) = \tilde{p}_i,$$

---

[8] Die leere Summe – insbesondere $\sum_{k=j}^{j-1} \ldots$ – wird stets 0 gesetzt.

d.h. P^X ist die durch die $\tilde{p}_i$ definierte diskrete Verteilung über $\mathcal{X}$.

Durch die Zufallsgröße X kann man also die durch die $\tilde{p}_i$ vorgegebene Verteilung auf $\mathcal{X}$ „herstellen". Dies ist insbesondere für die *Erzeugung von Zufallszahlen* im Rahmen von *mathematischen Simulationen* von Bedeutung[9]:

(2.32) Anwendungen

Im Programmpaket NAG wird die Methode aus (2.31) in der Routine

(i)   G∅5EXF zur Erzeugung von allgemeinen diskreten Verteilungen (s. (2.10)/(A.30))

(ii)   G∅5EBF zur Erzeugung von Laplace-Verteilungen (s. (2.1))

(iii)   G∅5EDF zur Erzeugung von Binomialverteilungen (s. (2.13))

(iv)   G∅5ECF zur Erzeugung von Poisson-Verteilungen (s. (2.15))

(v)   G∅5EEF zur Erzeugung von negativen Binomialverteilungen (s. (II.12)/(2.14))

(vi)   G∅5EFF zur Erzeugung von hypergeometrischen Verteilungen (s. (2.25))

benutzt. Im IMSL-Paket wird (2.31) in der Routine

(vii)   GGPOS zur Erzeugung von Poisson-Verteilungen

(viii)   GGBNR zur Erzeugung von negativen Binomialverteilungen

verwendet.   □

Weitere Beispiele ergeben sich in §3 a); dort wird nämlich für Zufallsgrößen

$$X : (\mathbb{R}^1, \mathbb{B}^1, P) \to (\mathbb{R}^1, \mathbb{B}^1, P^X)$$

mit absolut stetigen W-Verteilungen ein Hilfsmittel bereitgestellt, das häufig eine einfache Berechnung der induzierten Verteilung P^X ermöglicht.

Zum Abschluß dieses Paragraphen wollen wir die Liste (1.11) der Zuordnungen zwischen anschaulichen stochastischen Begriffen und Objekten innerhalb des mathematischen Modells weiter ergänzen:

---

[9]Vgl. z.B. B.D. Ripley: Stochastic Simulation. J. Wiley, N.Y. 1987; Ch. 3 oder N. Schmitz/F. Lehmann: Monte-Carlo-Methoden I, Erzeugen und Testen von Zufallszahlen. Skripten Math. Statistik Nr. 4, Münster 1985 (3. Aufl.).

(2.33) Realität/Interpretation	Math. Objekt
Rein zufällige Wahl aus einer endlichen Menge Ω	Laplace-Experiment $(\Omega, \mathcal{P}(\Omega), P_L)$
(diskrete) Gleichverteilung über Ω	Laplace-Verteilung über Ω
Wahrscheinlichkeitskonzentration im Punkte x	$f(x)$ (f Riemannsche W-Dichte)
Gleichverteilung zwischen a und b /rein zufällige Wahl aus $\langle a; b \rangle$	Rechteckverteilung $\mathcal{R}(a, b)$
„Verarbeitung" der Beobachtungsdaten	meßbare Abbildung/ Zufallsgröße
Realisierungschancen bei den verarbeiteten Daten	induzierte Verteilung

2.6 Aufgaben

(II.1)   Zeigen Sie, daß für $r, n \in \mathbb{N}$ mit $r \leq n$ gilt

$$\text{(i)} \quad \binom{n}{r-1} + \binom{n}{r} = \binom{n+1}{r} \qquad \text{(ii)} \quad \sum_{j=r}^{n} \binom{j}{r} = \binom{n+1}{r+1}$$

$$\text{(iii)} \quad \sum_{j=0}^{r} \binom{m}{j}\binom{n}{r-j} = \binom{m+n}{r} \qquad \text{(iv)} \quad \sum_{j=0}^{n} \binom{n}{j}^2 = \binom{2n}{n}.$$

$$\text{(v)} \quad \sum_{j=1}^{n} j\binom{n}{j} = n2^{n-1}. \qquad\qquad \text{(vi)} \quad \sum_{j=1}^{n} \frac{1}{j} = \sum_{j=1}^{n} \binom{n}{j}(-1)^{j+1}\frac{1}{j}.$$

(II.2)   Ein Skatspiel wird nach gründlichem Mischen verteilt: Drei Spieler erhalten jeweils 10 Karten, 2 Karten bleiben als „Skat" auf dem Tisch liegen. Wie groß ist die Wahrscheinlichkeit dafür, daß

(i)   ein Spieler alle 4 Buben erhält

(ii)   jeder Spieler mindestens einen Buben erhält

(iii)   ein bestimmter Spieler keinen Buben erhält.

(II.3)   Wie groß ist die Wahrscheinlichkeit, beim Zahlenlotto „6 aus 49" mit einem Tip

(i)   6 „Richtige" zu haben,

(ii)   5 „Richtige" und Zusatzzahl zu haben?

(II.4)   Auf einem leeren Schachbrett werden zwei (verschiedenfarbige)

(i)   Damen   (ii)   Türme

(iii)   Läufer   (iv)   Springer

„rein zufällig" aufgestellt. Wie groß ist die Wahrscheinlichkeit, daß die eine Figur die andere schlagen kann?

(II.5) In einem gründlich vermengten Teig befinden sich r Rosinen. Der Teig wird zu n gleich großen „Rosinenbrötchen" verbacken. Wie groß ist die Wahrscheinlichkeit dafür, daß mindestens eines dieser Brötchen seine Bezeichnung nicht verdient (d.h. keine einzige Rosine enthält)?

(II.6) Bei der Olympialotterie 1971 wurden die 7-ziffrigen Gewinnzahlen auf folgende Art ermittelt: Aus einer Trommel mit 70 gleichgroßen und gleichschweren Kugeln, von denen jeweils 7 Kugeln mit den Ziffern $0, \dots, 9$ beschriftet waren, wurden nach gründlichem Mischen sukzessive 7 Kugeln entnommen und deren Ziffern zu einer Zahl angeordnet. Bestimmen Sie den Quotienten der Wahrscheinlichkeiten, daß die (gleichteuren) Lose 1 2 3 4 5 6 7 bzw. 1 1 1 1 1 1 1 bei einer Verlosung die Gewinnzahl tragen.

(II.7) Bei einem Computer können zur Sicherung von Dateien „passwords" mit bis zu 8 Buchstaben benutzt werden. Wie groß ist die Wahrscheinlichkeit, bei 100 Versuchen mit rein zufällig gewählten unterschiedlichen „passwords" eines von 50 verschiedenen vorgegebenen „passwords" zu treffen? (Verwenden Sie zur numerischen Berechnung geeignete Approximationen für $\prod_{i=1}^{n}(1 - \varepsilon_i)$).

(II.8) In zufälliger Reihenfolge stellen sich $k, k \in 2\mathbb{N}$, Sekretärinnen unterschiedlicher Qualifikation zu Einstellungsgesprächen vor. Von diesen ist eine auszuwählen, und zwar unmittelbar nach dem jeweiligen Einstellungsgespräch.

   (i) Zeigen Sie, daß für die Stoppregel, zunächst $k/2$ Sekretärinnen zu interviewen und dann die erste zu wählen, deren Qualifikation höher ist als die aller vorhergehenden (falls keine solche mehr erscheint, die k-te), gilt: Die Wahrscheinlichkeit, die beste Sekretärin auszuwählen, ist $> 0,25$.

   (ii) Zeigen Sie, daß die in (i) genannte Wahrscheinlichkeit sogar $> 0,31$ ist.

   (iii) Zeigen Sie, daß die in (i) genannte Wahrscheinlichkeit für $k \geq 10$ kleiner als 0,39 ist.

(II.9) 80 Studenten kaufen (in zufälliger Reihenfolge) nacheinander ein Skriptum, das 5,- DM kostet. 50 Studenten haben je eine 5-DM-Münze, 30 Studenten nur 10-DM-Scheine; zu Beginn ist die Skripten-Kasse leer. Wie groß ist die Wahrscheinlichkeit, daß im Verlauf des Verkaufs keine Wechselgeld-Probleme auftreten?

(II.10) P sei eine Poisson-Verteilung mit dem Parameter a. Zeigen Sie, daß gilt

$$P(\{2n : n \in \mathbb{N}_0\}) = (1 + e^{-2a})/2.$$

(II.11) Es gelte $P_n = \mathcal{B}(n, p_n), n \in \mathbb{N}$, mit $\lim_{n\to\infty} np_n = a > 0$ und $P = \mathcal{P}(a)$. Zeigen Sie, daß für jedes $k \in \mathbb{N}_0$ gilt $\lim_{n\to\infty} P_n(\{k\}) = P(\{k\})$.

(II.12) Zeigen Sie, daß für $p \in [0; 1]$ und $n \in \mathbb{N}$ durch $\Omega_0 = \mathbb{N}_0$

$$p_i := \binom{n + i - 1}{i} p^n (1 - p)^i, \; i \in \mathbb{N}_0,$$

ein diskretes Zufallsexperiment definiert wird. Die zugehörige Verteilung heißt *negative Binomialverteilung (oder Pascal-Verteilung) mit den Parametern n und p*; Bezeichnung $\mathcal{NB}(n, p)$. Diese Bezeichnung ist nicht einheitlich; häufig wird auch die durch $p_i := \binom{i-1}{n-1} p^n (1 - p)^{i-n}, i \geq n$, definierte Verteilung als negative Binomialverteilung mit den Parametern n und p bezeichnet.

(II.13) Zeigen Sie, daß für die „Abschnittssummen" der $\mathcal{B}(n, p)$-Verteilung gilt

$$\sum_{j=k}^{n} \binom{n}{j} p^j (1 - p)^{n-j} = n \binom{n - 1}{k - 1} \int_0^p x^{k-1}(1 - x)^{n-k} dx$$

(auf der rechten Seite tritt eine (vertafelte) unvollständige Beta-Funktion auf).

(II.14) Es seien $(\Omega', \mathcal{P}(\Omega'), P')$ und $(\Omega'', \mathcal{P}(\Omega''), P'')$ mit

$$\Omega_0' = \{\omega_0', \omega_1', \ldots\} \subset \Omega', p_i' = p'(\omega_i'), \; \Omega_0'' = \{\omega_n'', \omega_1'', \ldots\}, p_i'' = p''(\omega_i'')$$

zwei diskrete Zufallsexperimente. Zeigen Sie, daß durch

$$\Omega := \Omega' \times \Omega'', \Omega_0 := \Omega_0' \times \Omega_0'', P_{(i,j)} = p((\omega_i', \omega_j'')) := p_i' p_j''$$

ein diskretes Zufallsexperiment definiert wird.

(II.15) Es seien $n \in \mathbb{N}$ und $q_j \in [0; 1]$, $1 \leq j \leq k$, mit $\sum_{j=1}^{k} q_i = 1$. Zeigen Sie, daß durch $\Omega = \{0, \ldots, n\}^k$ und

$$p_{(i_1,\ldots,i_k)} = p((i_1, \ldots, i_k)) = \frac{n!}{i_1! \cdot \ldots \cdot i_k!} q_1^{i_1} \cdot \ldots \cdot q_k^{i_k},$$

für $(i_1, \ldots, i_k) \in \mathbb{N}_0^k$ mit $\sum_{j=1}^k i_j = n$, ein diskretes Zufallsexperiment definiert wird (die zugehörige Verteilung heißt *Multinomialverteilung mit den Parametern n und $q_1, \ldots, q_k$*).

(II.16) Es gelte $P_n = \mathcal{B}(n,p)$ und $P = \mathcal{P}(a)$. Bestimmen Sie, für welche $k \in \mathbb{N}_0$

$$(i) \quad P_n(\{k\}) \qquad\qquad (ii) \quad P(\{k\})$$

maximal ist.

(II.17) P sei eine geometrische Verteilung (über $\mathbb{N}$) mit dem Parameter p. Bestimmen Sie für $k \in \mathbb{N}$, $\ell \in \mathbb{N}$ die Wahrscheinlichkeit

$$P(k\,\mathbb{N}_0 + \ell) := P(\{kn + \ell : n \in \mathbb{N}_0\}).$$

(II.18) Zeigen Sie, daß für eine absolut stetige W-Verteilung mit der Riemannschen W-Dichte f gilt: f ist eine Dichte von P_F bzgl. λ^1 (vgl. (A.81), (A.89)).

(II.19) Zeigen Sie, daß für jedes $a \in \mathbb{R}^1$ und $b > 0$ die durch

$$f(x) = \frac{1}{\pi} \frac{b}{b^2 + (x - a)^2}, \ x \in \mathbb{R}^1,$$

definierte Funktion f eine Riemannsche W-Dichte ist (die zugehörige W-Verteilung heißt *Cauchy-Verteilung mit den Parametern a und b*).

(II.20) Zeigen Sie, daß für jedes $a \in \mathbb{R}^1$ und jedes $b > 0$ die durch

$$f(x) = \frac{\exp(-(x - a)/b)}{b(1 + \exp(-(x - a)/b))^2}$$

definierte Funktion f eine Riemannsche W-Dichte ist (die zugehörige W-Verteilung heißt *logistische Verteilung mit den Parametern a und b*).

(II.21) Es seien $(\Omega, \mathcal{S}, P)$ das Laplace-Experiment mit $\Omega = \{1, \ldots, n\}$ und $X : \Omega \to \mathbb{R}^1$ eine lineare Transformation $X(\omega) = a\omega + b$, $a, b \in \mathbb{R}^1$. Bestimmen Sie die induzierte Verteilung P^X.

(II.22) Es seien P die Multinomialverteilung (über $\Omega = \{(i_1, \ldots, i_k) : i_j \in \{0, \ldots, n\}, 1 \le j \le k\}$) mit den Parametern n und $q_1, \ldots, q_k$ (vgl. (II.15)) und X die Projektion auf die erste Komponente

$$X((i_1, \ldots, i_k)) = i_1 \quad \forall (i_1, \ldots, i_k) \in \Omega.$$

Bestimmen Sie die induzierte Verteilung P^X.

(II.23) Durch $(\mathbb{N}_0^2, \mathcal{P}(\mathbb{N}_0^2), P)$ mit

$$P_{(ij)} = \frac{a^i}{i!}e^{-a}\frac{b^j}{j!}e^{-b}$$

ist ein diskretes Zufallsexperiment definiert (vgl. (II.14)). Bestimmen Sie für die Summenabbildung $X((i,j)) = i + j$ die induzierte Verteilung P^X.

(II.24) Bestimmen Sie zu $(\mathbb{R}^1, \mathbb{B}^1, \mathcal{R}(0,1))$ eine Zufallsgröße X so, daß X die (logischen) Werte „TRUE" mit der Wahrscheinlichkeit p, „FALSE" mit der $1 - p$ annimmt (P^X: *Boolesche Verteilung mit dem Parameter p* (NAG-Routine GØ5DZF)).

(II.25) Bestimmen Sie für die Zufallsgröße

$$[id] : (\mathbb{R}^1, \mathbb{B}^1, \mathrm{Exp}(\lambda)) \to (\mathbb{Z}, \mathcal{P}(\mathbb{Z}))$$

($[a] := \sup\{n \in \mathbb{Z} : n \leq a\}$, $a \in \mathbb{R}^1$, *Gaußklammer*) die induzierte Verteilung $p^{[id]}$.

3 Kenngrößen von Wahrscheinlichkeitsverteilungen über $(\mathbb{R}^n, \mathbb{B}^n)$

In der Kolmogoroffschen Axiomatik (1.9) werden Zufallsgrößen als Tripel $(\Omega, \mathcal{S}, P)$ definiert, wobei $(\Omega, \mathcal{S})$ ein meßbarer Raum ist und P ein normiertes Maß auf $\mathcal{S}$. Zur Beschreibung eines Zufallsexperiments ist also insbesondere die Angabe der Funktion $P : \mathcal{S} \to [0; 1]$ erforderlich, deren Definitionsbereich $\mathcal{S}$ im allgemeinen sehr groß ist – selbst bei abzählbar unendlichem Ω ist die σ-Algebra $\mathcal{S}$ in allen nicht-trivialen Fällen bereits überabzählbar. Es fragt sich daher, ob sich einige Kenngrößen von W-Verteilungen finden lassen, die zwar keine vollständige Charakterisierung, aber doch einen gewissen „Eindruck" von der Verteilung geben.

Besonders nahe liegen diese Fragen im Fall $(\Omega, \mathcal{S}) = (\mathbb{R}^n, \mathbb{B}^n)$, da einerseits der Raum $\mathbb{R}^n$ sehr oft als Modell bei quantitativen Messungen (z.B. bei räumlichen Koordinaten, Zeitangaben, Zeigerausschlägen,...) auftritt und andererseits die σ-Algebra $\mathbb{B}^n$ unübersehbar groß ist (vgl. (A.23)a)) – und wenn $(\mathbb{R}^n, \mathbb{B}^n)$ nicht den Grundraum $(\Omega, \mathcal{S})$ bildet, so tritt er häufig zumindest als Bildraum $(\mathcal{X}, \mathcal{B})$ bei der „Verarbeitung" der Meßdaten auf. In den ersten drei Abschnitten wollen wir uns dabei auf den Fall $n = 1$ beschränken.

3.1 Eindimensionale Verteilungsfunktionen

Während man eine diskrete W-Verteilung P über $(\mathbb{R}^1, \mathbb{B}^1)$ durch die Einzelwahrscheinlichkeiten $p(\omega) := P(\{\omega\})$, $\omega \in \mathbb{R}^1$, d.h. durch eine reelle *Punkt*funktion, charakterisieren kann (vgl. (2.10)), ist dies schon bei W-Verteilungen mit Riemannschen Dichten (vgl. (2.16)) nicht direkt möglich – dort gilt $P(\{\omega\}) = 0$ für alle $\omega \in \mathbb{R}^1$. Da jedoch *Punktfunktionen* auf $\mathbb{R}^1$ i.a. viel handlicher sind als *Mengenfunktionen* auf $\mathbb{B}^1$, wird man nach Punktfunktionen suchen, die allgemein zur Beschreibung von W-Verteilungen über $(\mathbb{R}^1, \mathbb{B}^1)$ geeignet sind. Dazu merken wir an, daß durch ein W-Maß auf $\mathbb{B}^1$ insbesondere die Wahrscheinlichkeiten der Intervalle $(-\infty; x]$, $x \in \mathbb{R}^1$, gegeben sind:

(3.1) Definition

P sei eine W-Verteilung über $(\mathrm{I\!R}^1, \mathrm{I\!B}^1)$. *Dann heißt die durch*

$$F(x) := P((-\infty; x])$$

definierte Funktion $F : \mathrm{I\!R}^1 \to [0; 1]$ *die zu P gehörige (eindimensionale)* Verteilungsfunktion[1].

Zur Illustration seien einige Beispiele betrachtet:

(3.2) Beispiel (vgl. (2.3))

Als Modell für den Würfelwurf mit einem ungefälschten Würfel hatten wir das Laplace-Experiment mit $\Omega_W = \{1, \ldots, 6\}$ gewählt. Als zugehörige Verteilungsfunktion ergibt sich die Treppenfunktion mit Sprüngen der Höhe 1/6 an den Stellen $1, \ldots, 6$.

Daß als Verteilungsfunktionen solche Treppenfunktionen auftreten, ist typisch für diskrete Zufallsexperimente:

(3.3) Anmerkung

Das diskrete Zufallsexperiment $(\Omega, \mathcal{P}(\Omega), P)$ *sei gegeben durch den Träger* $\Omega_0 = \{\omega_0, \omega_1, \ldots\} \subset \mathrm{I\!R}^1$ *mit*[2] $\omega_0 < \omega_1 < \ldots$ *und die Einzelwahrscheinlichkeiten* $p_i = p(\omega_i)$. *Dann ist die zugehörige Verteilungsfunktion eine Treppenfunktion mit den Sprungstellen* ω_i *und den Sprunghöhen* $p_i, i \in \mathrm{I\!N}_0$.

Zum Beweis ist nur anzumerken, daß für $\omega_{i-1} \leq x < \omega_i$ gilt

$$F(x) = P((-\infty; x]) = P((-\infty; \omega_{i-1}]) + P((\omega_{i-1}; x]) = F(\omega_{i-1}), \; i \in \mathrm{I\!N}. \; \square$$

(3.4) Beispiel

Ist P_F eine absolut stetige W-Verteilung mit der Riemannschen Dichte f (s. (2.16)), so ergibt sich aus der Definition von Lebesgue-Stieltjesschen W-Maßen (vgl. (A.31), (A.40)), daß die zugehörige Verteilungsfunktion gerade die zur Definition benutzte Funktion F mit

$$F(x) = \int_{-\infty}^{x} f(t)dt$$

---

[1]Gelegentlich werden Verteilungsfunktionen auch durch $P((-\infty; x))$ definiert.

[2]Es läßt sich nicht jede abzählbar unendliche Teilmenge des $\mathrm{I\!R}^1$ in dieser Weise anordnen.

ist.

Insbesondere erhält man:

(i) Die zur $\mathcal{R}(a,b)$-Verteilung (s. (2.17)) gehörige Verteilungsfunktion ist

$$F(x) = \begin{cases} 0 & x \le a \\ (x-a)/(b-a) & \text{für} \quad x \in [a;b]. \\ 1 & x \ge b \end{cases}$$

(ii) Für die zur $\mathcal{N}(0,1)$-Verteilung (s. (2.18)) gehörige Verteilungsfunktion

$$\Phi(x) = \frac{1}{\sqrt{2\pi}} \int_{-\infty}^{x} e^{-t^2/2} dt$$

ist keine geschlossene Form bekannt, es gibt jedoch umfangreiche Vertafelungen (z.B. „Tables of Normal Probability Functions" US National Bureau of Standards; Appl. Math. Nr. 23, 1952).

(iii) Die zur $\text{Exp}(\lambda)$-Verteilung (s. (2.19)) gehörige Verteilungsfunktion ist

$$F(x) = (1 - e^{-\lambda x}) 1_{[0;\infty)}(x). \qquad \qquad \square$$

Aus der Definition (3.1) ergeben sich leicht einige Eigenschaften von Verteilungsfunktionen:

(3.5) Lemma
  P sei eine W-Verteilung über $(\mathbb{R}^1, \mathbb{B}^1)$. Dann gilt

  (i)   *F ist monoton nicht-fallend*

  (ii) *F ist rechtsseitig stetig .*

  (iii) $\lim_{x \to -\infty} F(x) = 0$, $\lim_{x \to +\infty} F(x) = 1$.

Zum Beweis ist nur anzumerken, daß

(i) $F(x_2) - F(x_1) = P((-\infty; x_2]) - P((-\infty; x_1]) = P((x_1; x_2]) \ge 0$
      für alle $x_1, x_2 \in \mathbb{R}^1$ mit $x_1 < x_2$,

(ii) $F(x_n) - F(x_0) = P((x_0; x_n]) \downarrow 0$, falls $x_n \downarrow x_0$ (s. (A.35)),

(iii) aus $(-\infty; x_n] \downarrow \emptyset$ für $x_n \to -\infty$ und $(-\infty; x_n] \uparrow \mathbb{R}^1$ für $x_n \to +\infty$
      nach (A.35) die Behauptungen folgen. $\qquad \qquad \square$

Mit den Definitionen $F(-\infty) := 0$, $F(\infty) := 1$ besitzt somit jede Verteilungsfunktion die zur Festlegung eines Lebesgue-Stieltjesschen Maßes erforderlichen Eigenschaften (s. (A.31)/(A.36)); es ergibt sich also aus (A.40):

(3.6) Satz (Korrespondenzsatz)

Zu jeder Funktion $F : \mathbb{R}^1 \to \mathbb{R}^1$ mit den Eigenschaften (i)-(iii) aus (3.5) gibt es genau eine W-Verteilung P_F über $(\mathbb{R}^1, \mathbb{B}^1)$, so daß F die zu P_F gehörige Verteilungsfunktion ist.

Eine W-Verteilung P über $(\mathbb{R}^1, \mathbb{B}^1)$ ist somit *vollständig* durch die zugehörige *Punkt*funktion

$$F(x) = P((-\infty; x])$$

beschrieben – damit haben wir also unsere eingangs dieses Abschnitts gestellte Frage positiv beantworten können.

Sprungstellen von der in (3.2)/(3.3) genannten Art sind natürlich Unstetigkeitsstellen der jeweiligen Verteilungsfunktion. Es zeigt sich nun, daß *nur* solche Unstetigkeitsstellen möglich sind und daß höchstens abzählbar unendlich viele Unstetigkeitsstellen auftreten können.

(3.7) Satz

Jede eindimensionale Verteilungsfunktion besitzt höchstens abzählbar unendlich viele Unstetigkeitsstellen.

Beweis: Wegen der Monotonie (s. (3.5)(i)) und der rechtsseitigen Stetigkeit (s. (3.5)(ii)) von Verteilungsfunktionen F können nur Unstetigkeitsstellen vom Typ

$$F(x) - \lim_{x' \uparrow x} F(x') > 0 \qquad \text{(Sprungstellen)}$$

auftreten. Wegen $0 \le F(x) \le 1 \ \forall x \in \mathbb{R}^1$ (s. (3.5)(iii)) sind dabei höchstens n Sprungstellen mit Höhen aus $(\frac{1}{n+1}; \frac{1}{n}]$ möglich ($n \in \mathbb{N}$); die Sprungstellen lassen sich also entsprechend abzählen. $\qquad \Box$

Daß dennoch unerwartete Aspekte auftreten können, zeigt das folgende – recht artifizielle – Beispiel:

(3.8) Beispiel (Cantor-Verteilung)

Die Funktion $F : \mathbb{R}^1 \to \mathbb{R}^1$ sei definiert durch

$$F(x) = \begin{cases} 0 & x \le 0 \\ & \text{für} \\ 1 & x \ge 1 \end{cases}$$

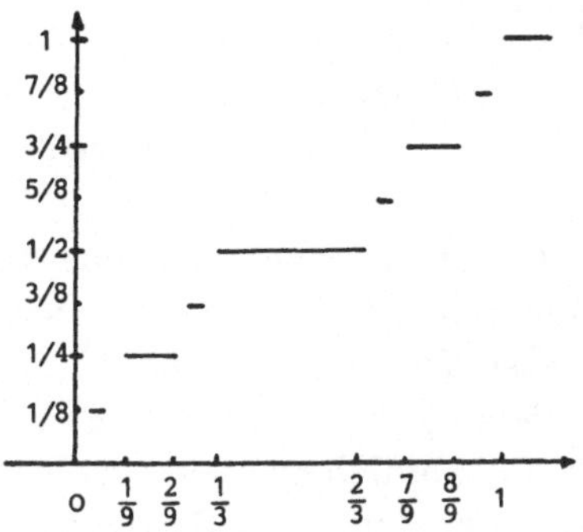

und (induktiv)

$$F(x) = \frac{1}{2} \quad \text{für} \ x \in \left(\frac{1}{3}; \frac{2}{3}\right)$$

$$F(x) = \begin{cases} \frac{1}{4} & \left(\frac{1}{9}; \frac{2}{9}\right) \\ & \text{für} \ x \in \\ \frac{3}{4} & \left(\frac{7}{9}; \frac{8}{9}\right) \end{cases}$$

......

$$F(x) = \sum_{i=1}^{n-1} \frac{\delta_i}{2^i} + \frac{1}{2^n} \quad \text{für} \ x \in \left(\sum_{i=1}^{n-1} 2\frac{\delta_i}{3^i} + \frac{1}{3^n}; \ \sum_{i=1}^{n-1} 2\frac{\delta_i}{3^i} + \frac{2}{3^n}\right)$$

$$\text{mit} \ \delta_i \in \{0,1\}, \ 1 \le i < n; \ n \in \mathbb{N}, \ n \ge 2.$$

Da F auf den hierbei auftretenden disjunkten Intervallen konstant und somit stetig ist, ist F auf

$$B_0 := \sum_{n=2}^{\infty} \sum_{\substack{(\delta_1,\ldots,\delta_{n-1}): \\ \delta_i \in \{0,1\}}} \left(\sum_{i=1}^{n-1} 2\frac{\delta_i}{3^i} + \frac{1}{3^n}; \sum_{i=1}^{n-1} 2\frac{\delta_i}{3^i} + \frac{2}{3^n}\right) + \left(\frac{1}{3}; \frac{2}{3}\right)$$

stetig und aufgrund der Definition nicht-fallend. Da B_0 nach der Konstruktion in $(0;1)$ dicht liegt, existieren für die Punkte aus der „Restmenge"

$$D := (0;1) - B_0 \qquad \textit{(Cantorsches Diskontinuum)}$$

die rechts- und linksseitigen Limiten. Diese stimmen überein, da die jeweiligen Sprunghöhen in jedem Induktionsschritt halbiert werden. Damit ist F zu einer *stetigen* Funktion fortsetzbar, die überdies monoton nicht-fallend ist mit $\lim_{x\to-\infty} F(x) = 0$, $\lim_{x\to+\infty} F(x) = 1$. Die zugehörige W-Verteilung P_C über $(\mathbb{R}^1, \mathbb{B}^1)$ heißt *Cantor*-Verteilung. Es gilt

$$P_C(D) = 1 - P_C(B_0) =$$

$$1 - \sum_{n=2}^{\infty} \sum_{\substack{(\delta_1,\ldots,\delta_{n-1}): \\ \delta_i \in \{0,1\}}} \left(F\left(\sum_{i=1}^{n-1} 2\frac{\delta_i}{3^i} + \frac{2}{3^n}\right) - F\left(\sum_{i=1}^{n-1} 2\frac{\delta_i}{3^i} + \frac{1}{3^n}\right)\right)$$

$$- \left(F\left(\frac{2}{3}\right) - F\frac{1}{3}\right) = 1$$

und

$$\lambda^1(D) = 1 - \frac{1}{3} - \sum_{n=2} \sum_{\substack{(\delta_1,\dots,\delta_{n-1}):\\ \delta_i \in \{0,1\}}}^{\infty} \frac{1}{3^n} = 1 - \sum_{n=1}^{\infty} \frac{2^{n-1}}{3^n} = 0,$$

d.h. P_C ist auf einer Lebesgue-Nullmenge – nämlich dem Cantorschen Diskontinuum D – konzentriert, obwohl die zugehörige Verteilungsfunktion stetig ist. P_C ist somit eine λ^1-singuläre W-Verteilung mit $P_C(\{x\}) = 0$ für alle $x \in \mathrm{IR}^1$ (s. (2.24)). Es sei noch angemerkt, daß D ein Beispiel einer überabzählbaren Lebesgue-Nullmenge ist: D besteht aus allen Punkten $x \in (0;1)$ mit einer Darstellung

$$x = \sum_{n=1}^{\infty} a_n \, 3^{-n} \quad \text{mit} \quad a_n \in \{0,2\}, \quad n \in \mathrm{IN} \qquad \square$$

3.2 Anwendungen bei induzierten Wahrscheinlichkeitsverteilungen

Die Möglichkeit, eine W-Verteilung über $(\mathrm{IR}^1, \mathrm{IB}^1)$ durch die zugehörige Verteilungsfunktion zu *charakterisieren*, macht man sich insbesondere oft bei der Berechnung von Verteilungen von Zufallsgrößen (mit Werten in IR^1) zunutze:

(3.9) Beispiel

Es seien $(\Omega, \mathcal{S}, P) = (\mathrm{IR}^1, \mathrm{IB}^1, \mathcal{N}(a, \sigma^2))$ und X die durch $X(\omega) = c\omega + d$, $c, d \in \mathrm{IR}^1$, $c \neq 0$, definierte lineare Abbildung. X ist als stetige Abbildung $(\mathrm{IB}^1, \mathrm{IB}^1)$-meßbar (s. (A.54)); für die Verteilungsfunktion F^X der Verteilung von X gilt:

$$
\begin{aligned}
F^X(x) \;&=\; P^X((-\infty;x]) = P(X^{-1}((-\infty;x])) \\[2mm]
&=\; \begin{cases} P((-\infty; \frac{x-d}{c}]) & c > 0 \\[2mm] \qquad\qquad \text{falls} \\[2mm] P([\frac{x-d}{c}; \infty)) & c < 0 \end{cases} \\[4mm]
&=\; \begin{cases} \dfrac{1}{\sqrt{2\pi}\sigma} \displaystyle\int_{-\infty}^{(x-d)/c} e^{-(t-a)^2/2\sigma^2}\,dt & c > 0 \\[3mm] \qquad\qquad \text{falls} \\[3mm] \dfrac{1}{\sqrt{2\pi}\sigma} \displaystyle\int_{(x-d)/c}^{+\infty} e^{-(t-a)^2/2\sigma^2}\,dt & c < 0 \end{cases}
\end{aligned}
$$

$$\underset{s=ct+d}{=} \quad \frac{1}{\sqrt{2\pi}\sigma} \int_{-\infty}^{x} e^{-(\frac{s-d}{c}-a)^2/2\sigma^2} \frac{1}{|c|} ds$$

$$= \int_{-\infty}^{x} \frac{1}{\sqrt{2\pi}|c|\sigma} e^{-(s-(ca+d))^2/2(c\sigma)^2} ds, \quad x \in \mathbb{R}^1.$$

Aus dem Korrespondenzsatz (3.6) folgt daher $P^X = \mathcal{N}(ca + d, (c\sigma)^2)$; bei linearen Transformationen von Normalverteilungen erhält man also wieder Normalverteilungen. Insbesondere kann man aus einer $\mathcal{N}(0,1)$-Verteilung jede andere $\mathcal{N}(a,\sigma^2)$-Verteilung durch die lineare Transformation $\omega \mapsto \sigma\omega + a$ gewinnen (dies wird z.B. bei der Routine G∅5DDF des NAG-Programmpakets zur Erzeugung von normalverteilten Zufallszahlen benutzt); umgekehrt kann man eine $\mathcal{N}(a,\sigma^2)$-Verteilung durch $\omega \mapsto (\omega - a)/\sigma$ auf eine $\mathcal{N}(0,1)$-Verteilung transformieren (so daß man mit der Vertafelung der $\mathcal{N}(0,1)$-Verteilungsfunktion (s. (3.4)) auskommt). $\quad\square$

Die in diesem Beispiel benutzte Methode läßt sich allgemeiner verwenden:

(3.10) Anmerkung

P sei eine absolut stetige W-Verteilung mit der W-Dichte f; $X : \mathbb{R}^1 \to \mathbb{R}^1$ sei eine stetig differenzierbare Abbildung, deren Ableitung nirgends verschwindet. Dann ist die Umkehrfunktion X^{-1} auf $X(\mathbb{R}^1)$ definiert, und es ergibt sich

$$\begin{aligned} P^X((-\infty; x]) \quad &= \quad P(X^{-1}((-\infty; x])) \\ &= \quad \int_{X^{-1}((-\infty;x])} f(t)dt, \\ &\qquad \text{da } X^{-1}((-\infty; x]) \text{ ein Intervall in } \mathbb{R}^1 \text{ ist} \\ \underset{s=X(t)}{=} \quad &\int_{(-\infty;x]\cap X(\mathbb{R}^1)} f(X^{-1}(s))\left|\frac{dX^{-1}(s)}{ds}\right|ds, \quad x \in \mathbb{R}^1. \end{aligned}$$

Nach (3.6) und (2.16) ist P^X also eine absolut stetige W-Verteilung mit der durch

$$f^X(s) = \begin{cases} f(X^{-1}(s))|dX^{-1}(s)/ds| & \text{für } s \in X(\mathbb{R}^1) \\ 0 & \text{sonst} \end{cases}$$

definierten Riemannschen W-Dichte. $\quad\square$

Diese Aussage läßt sich unmittelbar auf den Fall übertragen, daß P auf ein Intervall $\langle a; b \rangle$ konzentriert ist und X auf $\langle a; b \rangle$ die Bedingungen aus (3.10) erfüllt:

(3.11) Beispiel

Eine punktförmige Lichtquelle strahle mit gleicher Intensität in alle Richtungen einer Ebene; man sucht die Intensitätsverteilung auf einem linearen Schirm in dieser Ebene. Als (physikalisches) Modell für diese Situation bietet sich die folgende Beschreibung an:

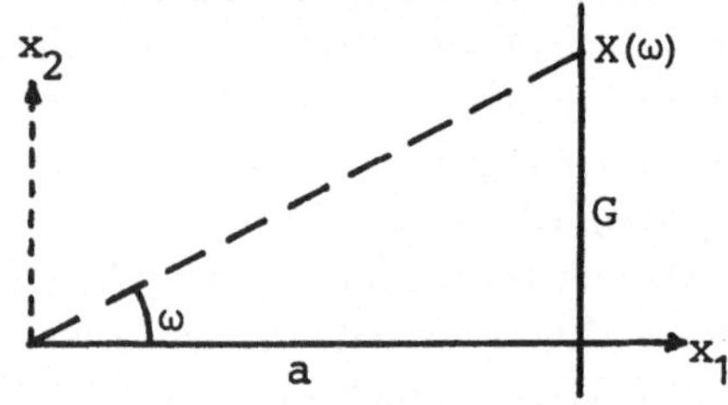

Ein (Licht-)Teilchen startet im Nullpunkt des IR^2 gradlinig in den rechten Halbraum $H = \{(x_1, x_2) \in \mathrm{IR}^2 : x_1 > 0\}$, wobei alle Winkel zwischen $-\frac{\pi}{2}$ und $\frac{\pi}{2}$ gleichwahrscheinlich sind; an der Geraden

$$G = \{(x_1, x_2) \in \mathrm{IR}^2 : x_1 = a\}, \quad a > 0,$$

wird es absorbiert. Gesucht ist die Verteilung der Zufallsgröße, welche die Ordinate des Absorptionspunktes angibt. Als wahrscheinlichkeitstheoretisches Modell wird man daraufhin den W-Raum

$$(\mathrm{IR}^1, \mathrm{IB}^1, \mathcal{R}(-\pi/2,\ \pi/2))$$

wählen und nach der Verteilung P^X der durch $X(\omega) := a \tan(\omega)$ definierten Zufallsgröße X fragen. Aus

$$X^{-1}(s) = \arctan(s/a),\, dX^{-1}(s)/ds = a/(a^2 + s^2)$$

folgt, daß die durch

$$f^X(s) := \frac{1}{\pi} \cdot \frac{a}{a^2 + s^2},\ s \in \mathrm{IR}^1,$$

definierte Funktion f^X eine Riemannsche W-Dichte von P^X ist; P^X ist also (vgl. (II.19)) eine Cauchy-Verteilung mit den Parametern 0 und a. $\qquad\square$

Ist X zwar nicht injektiv, läßt sich aber IR^1 in eine P-Nullmenge und abzählbar viele disjunkte Intervalle I_i zerlegen, auf denen X jeweils eine stetig differenzierbare Abbildung X_i mit $X_i' \neq 0$ liefert, so kann man (3.10) für die einzelnen „Zweige" anwenden und erhält durch

$$f^X(s) := \sum_i f(X_i^{-1}(s))|dX_i^{-1}(s)/ds|1_{X(I_i)}(s)$$

eine (Riemannsche) W-Dichte von P^X:

(3.12) Beispiel

P sei eine absolut stetige W-Verteilung über $(\mathbb{R}^1, \mathbb{B}^1)$ mit der Riemannschen W-Dichte f. Dann gilt für die Verteilung P^X der Zufallsgröße $X = (id)^2$: Da sich der $\mathbb{R}^1$ in die P-Nullmenge $\{0\}$ und die Intervalle $I_1 = (-\infty; 0)$, $I_2 = (0; \infty)$ mit

$$X_1^{-1}(s) = -\sqrt{s}, \; X_2^{-1}(s) = +\sqrt{s}, \; s > 0,$$

zerlegen läßt, liefert

$$f^X(s) = \begin{cases} (f(\sqrt{s}) + f(-\sqrt{s}))/2\sqrt{s} & s > 0 \\ & \text{für} \\ 0 & s \leq 0 \end{cases}$$

eine W-Dichte von P^X.

Für den Spezialfall $P = \mathcal{N}(0,1)$ erhält man beispielsweise

$$f(\sqrt{s}) = f(-\sqrt{s}) = \frac{1}{\sqrt{2\pi}}e^{-s/2}$$

und somit

$$f^X(s) = \frac{1}{\sqrt{2\pi s}}e^{-s/2}1_{(0;\infty)}(s).$$

Die zugehörige Verteilung heißt *zentrale χ^2-Verteilung mit einem Freiheitsgrad* (kurz: *χ_1^2-Verteilung*). $\qquad\qquad\qquad\qquad\qquad\qquad\qquad\qquad$ $\square$

Grundlage der sogenannten *Inversionsmethode* bei der Erzeugung von Zufallszahlen mit einer vorgegebenen Verteilung ist die folgende Aussage:

(3.13) Lemma

Es seien $(\Omega, \mathcal{S}, P) = (\mathbb{R}^1, \mathbb{B}^1, \mathcal{R}(0,1))$ und F eine Verteilungsfunktion (vgl. (3.6)). Dann besitzt die durch

$$X(\omega) := \inf\{x : F(x) \geq \omega\}$$

definierte Zufallsgröße X die Verteilungsfunktion F.

Beweis: Da für jedes $x \in \mathbb{R}^1$ gilt

$$\{\omega \in \mathbb{R}^1 : X(\omega) \leq x\} \; = \; \{\omega \in \mathbb{R}^1 : \inf\{y : F(y) \geq \omega\} \leq x\}$$
$$= \; \{\omega \in \mathbb{R}^1 : \omega \leq F(x)\},$$

ist X meßbar und es folgt

$$F^X(x) = P(\{\omega \in \mathbb{R}^1 : X(\omega) \leq x\}) = P((-\infty; F(x)]) = F(x).$$

Ist dabei die Funktion F streng monoton (und stetig), so gilt $X = F^{-1}$. $\square$

(3.14) Anwendungen

a) Die Exp(λ)-Verteilung hat (s. (3.4)(iii)) die Verteilungsfunktion

$$F(x) = (1 - e^{-\lambda x}) \, 1_{[0;\infty)}(x).$$

Für $(\Omega, \mathcal{S}, P) = (\mathbb{R}^1, \mathbb{B}^1, \mathcal{R}(0,1))$ liefert also

$$X(\omega) := -\frac{1}{\lambda} \ln(1 - \omega)$$

nach (3.13) eine Zufallsgröße mit $P^X = \text{Exp}(\lambda)$. Diese Aussage liegt z.B.
den Routinen GGEXN des IMSL-Pakets und GØ5DBF des NAG-Pakets
zugrunde.

b) Die Cauchy-Verteilung mit den Parametern a und b (s. (II.19)) besitzt
die Verteilungsfunktion

$$F(x) = \frac{1}{2} + \frac{1}{\pi} \arctan((x - a)/b).$$

Für $(\Omega, \mathcal{S}, P) = (\mathbb{R}^1, \mathbb{B}^1, \mathcal{R}(0,1))$ liefert (3.13), daß

$$X(\omega) := a + b \cdot \tan(\pi(\omega - \frac{1}{2}))$$

eine Zufallsgröße mit einer solchen Cauchy-Verteilung ist.

c) Dem Beispiel (2.31) (sowie den Anwendungen (2.32)) lag implizit die
Aussage von (3.13) zugrunde. $\square$

Die folgende, in gewissem Sinne zu (3.13) duale Aussage erweist sich in der
nicht-parametrischen Statistik als wichtig:

(3.15) Lemma

X sei eine Zufallsgröße, deren Verteilung P^X die Verteilungsfunktion F besitzt, F sei stetig. Dann gilt

$$P^{F \circ X} = \mathcal{R}(0,1).$$

Beweis: Nach (A.56) ist $F \circ X$ meßbar. Für $y \in [0;1]$ sei definiert

$$\tilde{F}(y) := \sup\{x : F(x) \le y\}, \quad \text{wobei} \quad \sup \emptyset := -\infty, \ \sup \mathrm{IR}^1 := +\infty.$$

Da F stetig ist, folgt

$$F(\tilde{F}(y)) = y \quad \forall y \in [0;1] \qquad (\text{mit } F(-\infty) = 0, \ F(\infty) = 1).$$

Es ergibt sich daher für die Verteilungsfunktion von $F \circ X$

$$P(\{\omega \in \Omega : F(X(\omega)) \le y\}) =$$
$$= P(\{\omega \in \Omega : X(\omega) \le \tilde{F}(y)\}) = F(\tilde{F}(y)) = y \quad \text{für alle } y \in [0;1].$$

Der Korrespondenzsatz (3.6) liefert die Behauptung. $\qquad\qquad\qquad \square$

3.3 Erwartungswerte; schwaches Gesetz der großen Zahlen

Bei eindimensionalen Verteilungen enthalten die Verteilungsfunktionen die *gesamten* Informationen über die Zufallseinflüsse. Dementsprechend sind i.a. auch Verteilungsfunktionen noch sehr kompliziert; insbesondere sind zwei Verteilungsfunktionen i.a. nicht bzgl. ihrer „Größe" vergleichbar. Für solche „Größenvergleiche" von Verteilungen interessiert man sich aber z.B. bei den Fragen, welches von zwei Glücksspielen günstiger ist, welcher von mehreren Typen technischer Geräte die höchste Lebensdauer besitzt, welcher von verschiedenen Werbeträgern die größte Resonanz findet oder welches Arzneimittel die beste Heilwirkung besitzt.

Um hier zu Kenngrößen von Verteilungen zu gelangen, die (einfache) Vergleiche erlauben, wird man auf etliche Detailinformationen verzichten (müssen).

Ein erstes Kriterium zur Beurteilung der „Größe" einer Verteilung über $(\mathrm{IR}^1, \mathrm{IB}^1)$ wird der „im Mittel zu erwartende Wert" sein:

(3.16) Beispiel

Bei einem Glücksspiel möge man die Beträge

$$0 \qquad 1 \qquad 2 \qquad 5 \qquad 11 \qquad DM$$

mit den Wahrscheinlichkeiten

$$\frac{1}{2} \qquad \frac{1}{4} \qquad \frac{1}{8} \qquad \frac{1}{16} \qquad \frac{1}{16} \qquad DM$$

gewinnen können. Bei welchem Einsatz würde man dieses Glücksspiel als „fair" bezeichnen? Würde man dieses Glücksspiel einem anderen Glücksspiel vorziehen, bei dem man die Beträge

$$0 \qquad 1 \qquad 2 \qquad 5 \qquad DM$$

mit den Wahrscheinlichkeiten

$$\frac{1}{2} \qquad \frac{1}{8} \qquad \frac{1}{8} \qquad \frac{1}{4} \qquad DM$$

gewinnen kann?

Entsprechend diesen Angaben wird man im ersten Fall

$$0 \cdot \frac{1}{2} + 1 \cdot \frac{1}{4} + 2 \cdot \frac{1}{8} + 5 \cdot \frac{1}{16} + 11 \cdot \frac{1}{16} = \frac{3}{2}$$

als „durchschnittlich zu erwartende" zu erwartende Auszahlung bezeichnen und dementsprechend[3] das Glücksspiel bei einem Einsatz von 1,50 DM „fair" nennen wollen.

Obwohl bei dem zweiten Glücksspiel die mögliche Maximalauszahlung (5,- DM) geringer ist als beim ersten (11,- DM) und die Wahrscheinlichkeiten für keine Auszahlung in beiden Fällen gleich sind, wird man dennoch wegen der „zu erwartenden Auszahlung"

$$0 \cdot \frac{1}{2} + 1 \cdot \frac{1}{8} + 2 \cdot \frac{1}{8} + 5 \cdot \frac{1}{4} = \frac{13}{8} = 1,625$$

das zweite Glücksspiel für günstiger als das erste einschätzen.   □

Bei W-Verteilungen über $(\mathbb{R}^1, \mathbb{B}^1)$ – insbesondere bei Verteilungen von reellwertigen Zufallsgrößen – wird also das mit dem W-Maß „gewogene" Mittel der möglichen Ergebnisse eine wichtige Kenngröße sein. Daraufhin definiert man allgemein:

---

[3]Dabei wird allerdings der „Reiz des Ungewissen" bzw. die „Angst vor dem Risiko" nicht berücksichtigt.

(3.17) Definition

> X *sei eine Zufallsgröße (über Ω) mit Werten in $(\overline{\mathrm{IR}^1}, \overline{\mathrm{IB}^1})$.*

> a) *Ist X P-integrabel (s. (A.72)), so heißt*
>
> $$EX := \int_\Omega X \, dP = \int_{\overline{\mathrm{IR}^1}} id \, dP^X$$
>
> *der* Erwartungswert *von* X.

> b) *Für P-quasiintegrables X heißt $\int_\Omega X \, dP$ der Erwartungswert von X im weiteren Sinne.*

> c) *Für $\Omega = \overline{\mathrm{IR}^1}$ wird der Erwartungswert (im weiteren Sinne) von id auch als Erwartungswert (im weiteren Sinne) der Verteilung P bezeichnet.*

Aus den Eigenschaften der Maß-Integrale (s. (A.76)) ergibt sich sofort

(3.18) Lemma (Eigenschaften von Erwartungswerten)
Existieren die Erwartungswerte EX und EY, so gilt[4]

> (i) $E(\alpha X + \beta Y) = \alpha EX + \beta EY$ *für alle* $\alpha, \beta \in \mathrm{IR}^1$

> (ii) $E\alpha = \alpha$ $\forall \alpha \in \mathrm{IR}^1$

> (iii) $EX \leq EY$, *falls* $X \leq Y$ *P-f.s.*

> (iv) $EX = EY$, *falls* $X = Y$ *P-f.s.*

(Analoge Aussagen gelten für Erwartungswerte im weiteren Sinne).

Für die in der Praxis besonders wichtigen Fälle der diskreten Verteilungen und derjenigen mit Riemannschen W-Dichten ergibt sich:

(3.19) Anmerkung

Die Verteilung P^X der Zufallsgröße X sei diskret (mit Träger $\mathcal{X} = \{x_0, x_1, \ldots\}$) und $g \circ X$ sei P-integrabel. Dann gilt

$$E(g \circ X) = \sum_{i=0}^{\infty} g(x_i) P^X(\{x_i\}).$$

---

[4]αX bzw. βY seien auf der P-Nullmenge $\{\omega \in \Omega : \alpha X(\omega) = \pm\infty \wedge \beta Y(\omega) = \mp\infty\}$ so abgeändert, daß $\alpha X + \beta Y$ überall definiert ist.

Beweis: Wegen $P^X(\mathcal{X}^c) = 0$ gilt

$$\int_\Omega g \circ X \, dP \underset{(A.87)}{=} \int_{\overline{\mathbb{R}}} g \, dP^X \underset{(A.79)}{=} \int_{\mathcal{X}} g \, dP^X + \int_{\mathcal{X}^c} g \, dP^X$$

$$\underset{(A.82)}{=} \sum_{i=0}^{\infty} g(x_i) P^X(\{x_i\}). \qquad \square$$

(3.20) Anmerkung

Die Verteilung P^X der Zufallsgröße X besitze die Riemannsche W-Dichte f^X, die Funktionen gf^X und $|gf^X|$ seien uneigentlich Riemann-integrabel. Dann gilt

$$E(g \circ X) = \int_{-\infty}^{+\infty} g(x) f^X(x) dx.$$

Beweis: Nach (A.87) gilt $\int_\Omega g \circ X \, dP = \int_{\overline{\mathbb{R}^1}} g \, dP^X$. Die Gleichheit

$$\int_{\overline{\mathbb{R}^1}} g \, dP^X = \int_{\overline{\mathbb{R}^1}} g \, f^X \, d\lambda^1 \left(= \int_{-\infty}^{+\infty} g(x) \, f^X(x) dx\right)$$

zeigt man durch *algebraische Induktion* (entsprechend der schrittweisen Definition von Maß-Integralen):

(i)   Für $g = 1_B, B \in \mathbb{B}^1$, gilt, da $f^X \lambda^1$-f.ü. mit einer meßbaren Funktion übereinstimmt (s. (A.89)),

$$\int_{\overline{\mathbb{R}^1}} g \, dP^X = P^X(B) \underset{(II.18)}{=} \int_B f^X d\lambda^1 = \int_{\overline{\mathbb{R}^1}} g \, f^X d\lambda^1.$$

(ii) Für $g = \sum_{i=1}^{k} x_i \cdot 1_{B_i} \geq 0$, $B_i \in \mathbb{B}^1$, folgt die Behauptung aus der Linearität der Maß-Integrale (s. (A.71)).

(iii) Für meßbares $g \geq 0$ existieren primitive Funktionen $g_n \geq 0$ mit $g_n \uparrow g$; wegen $0 \leq g_n f^X \uparrow g f^X$ und (ii) folgt die Behauptung aus dem Satz von der monotonen Konvergenz ((A.80)).

(iv) Für beliebiges meßbares g gilt die Gleichheit, falls $\int_{\overline{\mathbb{R}^1}} g f^X \, d\lambda^1$ existiert. Da aber gf^X und $|gf^X|$ uneigentlich Riemann-integrabel sind, folgt nach (A.89) die Existenz von $\int_{\overline{\mathbb{R}^1}} g f^X \, d\lambda^1$ sowie die Gleichheit mit

$$\int_{-\infty}^{+\infty} g(x) f^X(x) dx. \qquad \square$$

Zur Illustration seien einige Beispiele angegeben:

(3.21) Beispiele

(i) Für $P^X = \mathcal{P}(a)$ gilt nach (3.19)

$$EX = \sum_{i=0}^{\infty} i\, P^X(\{i\}) = \sum_{i=0}^{\infty} i\frac{a^i}{i!}e^{-a} = ae^{-a}\sum_{i=1}^{\infty}\frac{a^{i-1}}{(i-1)!} = a;$$

der Parameter a ist also gerade der Erwartungswert.

(ii) P^X sei die Laplace-Verteilung über $\{1,\dots,n\}$. Dann folgt nach (3.19)

$$EX = \sum_{i=1}^{n} i\, P^X(\{i\}) = \frac{1}{n}\sum_{i=1}^{n} i = \frac{n+1}{2};$$

der Erwartungswert ist also das arithmetische Mittel der möglichen Ergebnisse.

(iii) Für $P^X = \mathcal{R}(a,b)$ gilt nach (3.20)

$$EX = \int_a^b x\frac{1}{b-a}dx = \frac{b^2-a^2}{2(b-a)} = (a+b)/2.$$

(iv) Für $P^X = \mathcal{N}(a,\sigma^2)$ folgt nach (3.20)

$$\begin{aligned}
EX &= \int_{-\infty}^{+\infty} x\frac{1}{\sqrt{2\pi}\sigma}e^{-(x-a)^2/2\sigma^2}dx \\
&= \int_{-\infty}^{+\infty} (x-a)\frac{1}{\sqrt{2\pi}\sigma}e^{-(x-a)^2/2\sigma^2}dx \\
&\quad + a\int_{-\infty}^{+\infty} \frac{1}{\sqrt{2\pi}\sigma}e^{-(x-a)^2/2\sigma^2}dx = a,
\end{aligned}$$

da zum einen das erste Integral (auch über den Absolutbetrag) existiert und wegen der Symmetrie den Integralwert 0 besitzt, zum anderen das zweite Integral $P^X(\mathbb{R}^1) = 1$ liefert. Der Parameter a der $\mathcal{N}(a,\sigma^2)$-Verteilung gibt also gerade deren Erwartungswert an.

(v) Für $P^X = \mathrm{Exp}(\lambda)$ ergibt sich mit partieller Integration

$$EX = \int_0^{\infty} x\,\lambda e^{-\lambda x}dx = \int_0^{\infty} e^{-\lambda x}dx = \frac{1}{\lambda}.$$

(vi) P^X sei eine Cauchy-Verteilung mit den Parametern a und b (s. (II.19)).
Da für $M \geq \max(|a|, b)$ gilt

$$\int_0^M x\frac{1}{\pi}\frac{b}{b^2 + (x-a)^2}\,dx \;\geq\; \frac{b}{\pi}\int_{\max(|a|,b)}^M \frac{x}{x^2 + (2x)^2}\,dx$$

$$= \;\frac{b}{5\pi}\ln(M/\max(|a|,b))$$

und analog

$$\int_{-M}^0 |x\frac{1}{\pi}\frac{b}{b^2 + (x-a)^2}|\,dx \geq \frac{b}{5\pi}\ln(M/\max(|a|,b)),$$

folgt $EX^+ = EX^- = +\infty$, d.h. der Erwartungswert von X existiert
nicht (auch nicht im weiteren Sinne). $\square$

Diese Beispiele zeigen, daß der Erwartungswert als „gewogenes" Mittel der
möglichen Ergebnisse zwar eine interessante Kenngröße der jeweiligen Zufallsgröße bzw. Verteilung ist, daß er aber natürlich die Verteilung nicht
charakterisiert. Man wird daher weitere Kenngrößen angeben wollen:

(3.22) Beispiel

X_1 nehme wie in Beispiel (3.16) die Werte

   0   1   2   5   11

mit den Wahrscheinlichkeiten

$$\frac{1}{2}\quad \frac{1}{4}\quad \frac{1}{8}\quad \frac{1}{16}\quad \frac{1}{16}$$

an; X_2 nehme dieselben Werte mit den Wahrscheinlichkeiten

$$0\quad \frac{1}{2}\quad \frac{1}{2}\quad 0\quad 0$$

an. Dann gilt zwar

$$EX_1 = EX_2 = \frac{3}{2},$$

bei X_2 sind aber die „Abweichungen" vom Erwartungswert erheblich geringer, die Verteilung P^{X_2} ist deutlich „konzentrierter" als P^{X_1}. $\square$

Als wichtiges Maß für die „Breite" einer Verteilung erweist sich die
erwartete quadratische Abweichung vom Erwartungswert:

(3.23) Definition

X sei eine Zufallsgröße mit Werten in $(\overline{\mathbb{R}^1}, \overline{\mathbb{B}^1})$, für die der Erwartungswert EX existiert. Existiert

$$Var\, X := E(X - EX)^2,$$

so heißt Var X die Varianz *(oder Streuung) von X; $+\sqrt{Var\, X}$ wird die* Standardabweichung *von X genannt.*

Die Rechenregeln für Maß-Integrale (A.76) liefern unmittelbar

(3.24) Lemma (Eigenschaften der Varianz)

Falls jeweils die Erwartungswerte existieren, gilt

(i)   *$Var\, X \geq 0$.*

(ii)   *$Var\, X = 0$ genau dann, wenn X fast sicher konstant ist.*

(iii) *$Var\, X = EX^2 - (EX)^2$ (Verschiebungssatz)*

(iv) *$Var(cX) = c^2\, Var\, X$ für alle $c \in \mathbb{R}^1$.*

(v)   *$Var(X + c) = Var\, X$ für alle $c \in \mathbb{R}^1$.*

Es sei aber darauf hingewiesen, daß i.a. gilt

$$Var(X_1 + X_2) \neq Var\, X_1 + Var\, X_2;$$

in

$$Var(X_1+X_2) = E(X_1-EX_1)^2+2E[(X_1-EX_1)(X_2-EX_2)]+E(X_2-EX_2)^2$$

ist nämlich i.a. der „gemischte" Term von 0 verschieden.

Zur Illustration werden wieder einige Beispiele angegeben (vgl. (3.21)):

(3.25) Beispiele

(i)   Für $P^X = \mathcal{P}(a)$ gilt $EX = a$ (s. (3.21)(i)) und (nach (3.19))

$$EX^2 = \sum_{i=0}^{\infty} i^2 p^X(\{i\}) = a \sum_{i=1}^{\infty} (i - 1 + 1)\frac{a^{i-1}}{(i - 1)!}e^{-a} = a^2 + a;$$

nach (3.24)(iii) und (3.21)(i) folgt also

$$Var\, X = a.$$

(ii) P^X sei die Laplace-Verteilung über $\{1, \ldots, n\}$. Dann folgt wegen

$$
\begin{aligned}
EX^2 &= \sum_{i=1}^{n} i^2/n = \frac{1}{n}\frac{n(n+1)(2n+1)}{6} = (n+1)(2n+1)/6 \\
Var\,X &= EX^2 - (EX)^2 = (4(n+1)(2n+1) - 6(n+1)^2)/24 \\
&= (n^2-1)/12.
\end{aligned}
$$

(iii) Für $P^X = \mathcal{R}(a,b)$ gilt nach (3.20)

$$
EX^2 = \int_a^b x^2 \frac{1}{b-a}dx = \frac{1}{b-a}\frac{b^3-a^3}{3} = (a^2+ab+b^2)/3
$$

und somit

$$
Var\,X = EX^2 - (EX)^2 = \frac{a^2+ab+b^2}{3} - \frac{a^2+2ab+b^2}{4} = \frac{(b-a)^2}{12}.
$$

(iv) Für $P^X = \mathcal{N}(a,\sigma^2)$ folgt

$$
Var\,X = E(X-a)^2 = \frac{1}{\sqrt{2\pi}\sigma}\int_{-\infty}^{+\infty}(x-a)^2 e^{-(x-a)^2/2\sigma^2}dx
$$

$$
\underset{y=\frac{x-a}{\sqrt{2\sigma^2}}}{=} \frac{2\sqrt{2}\sigma^3}{\sqrt{2\pi}\sigma}\int_{-\infty}^{+\infty}y^2 e^{-y^2}dy = 2\sigma^2 \frac{\Gamma(\frac{3}{2})}{\sqrt{\pi}} = \sigma^2;
$$

die Parameter a und σ^2 der $\mathcal{N}(a,\sigma^2)$-Verteilung geben also gerade den Erwartungswert und die Varianz an.

(v) Für $P^X = \mathrm{Exp}(\lambda)$ ergibt sich nach (3.21)(v)

$$
\begin{aligned}
EX^2 &= \int_0^\infty x^2 \lambda e^{-\lambda x}dx = \int_0^\infty 2x\,e^{-\lambda x} = 2/\lambda^2 \\
Var\,X &= EX^2 - (EX)^2 = 1/\lambda^2. \qquad\qquad \square
\end{aligned}
$$

Erwartungswert und Varianz sind die wichtigsten Kenngrößen reellwertiger Zufallsgrößen; daneben sind gelegentlich noch weitere Kenngrößen von Interesse:

(3.26) Definition

Es seien X eine Zufallsgröße mit Werten in $(\mathrm{I\!R}^1, \mathrm{I\!B}^1)$ und $k \in \mathrm{I\!N}$.

a) *Existiert $\alpha_k := EX^k$, so heißt α_k das k-te Moment von X.*

b) *Existiert* $\beta_k := E|X|^k$, *so heißt* β_k *das* k-te absolute Moment *von* X.

c) *Existieren* EX *und* $\mu_k := E(X - EX)^k$, *so heißt* μ_k *das* k-te zentrale Moment *von* X.

Falls die jeweiligen Erwartungswerte existieren, gilt

$$\alpha_1 = EX, \ \mu_1 = 0, \ \mu_2 = Var\ X.$$

(3.27) Bemerkung

Für die Zufallsgröße X existiere das k-te Moment α_k, $k \in \mathbb{N}$. Dann gilt

(i)   Es existieren die Momente α_j, $j \leq k$.

(ii)   Es existieren die absoluten Momente β_j, $j \leq k$.

(iii) Es existieren die zentralen Momente μ_j, $j \leq k$.

Beweis: Da für $j \leq k$ in

$$E|X|^j = \int_{\{\omega \in \Omega: |X(\omega)| \leq 1\}} |X|^j dP + \int_{\{\omega \in \Omega: |X(\omega)| > 1\}} |X|^j\, dP$$

der erste Summand durch $P^X([-1;1])$ abgeschätzt werden kann, der zweite durch $\int_{\{\omega \in \Omega: |X(\omega)| > 1\}} |X|^k\, dP$, ergeben sich die Aussagen (i) und (ii). Daraufhin folgt aus der Linearität der Erwartungswerte auch die Existenz der μ_j mit $j \leq k$. $\qquad \square$

(3.28) Beispiele

(i)   Für $P^X = \mathcal{R}(a; b)$ gilt

$$\alpha_k = \int_a^b x^k \frac{1}{b-a} dx = \frac{b^{k+1} - a^{k+1}}{(k+1)(b-a)}, \ k \in \mathbb{N},$$

(d.h. es existieren Momente von beliebiger Ordnung),

$$\begin{aligned}
\mu_k &= \int_a^b (x - \frac{a+b}{2})^k \frac{1}{b-a} dx = \frac{(x - \frac{a+b}{2})^{k+1}}{(k+1)(b-a)}\Bigg|_a^b \\
&= \begin{cases} \dfrac{(b-a)^k}{(k+1)2^k} & \text{für gerades } k \\ 0 & \text{für ungerade } k. \end{cases}
\end{aligned}$$

(ii)   Für $P^X = \mathcal{N}(a, \sigma^2)$ gilt

$$
\begin{aligned}
\mu_k \;&=\; \frac{1}{\sqrt{2\pi}\sigma} \int_{-\infty}^{+\infty} (x-a)^k e^{-(x-a)^2/2\sigma^2}\,dx \\[2mm]
&=\; \frac{\sigma^2}{\sqrt{2\pi}\sigma}\, (x-a)^{k-1} e^{-(x-a)^2/2\sigma^2}\Big|_{-\infty}^{+\infty} \\[2mm]
&\quad +\; \frac{(k-1)\sigma^2}{\sqrt{2\pi}\sigma} \int_{-\infty}^{+\infty} (x-a)^{k-2} e^{-(x-a)^2/2\sigma^2}\,dx \\[2mm]
&=\; (k-1)\sigma^2\,\mu_{k-2}, \; k \geq 3,
\end{aligned}
$$

und somit (wegen $\mu_1 = 0, \mu_2 = \sigma^2$)

$$
\mu_k = \begin{cases} \sigma^k \prod_{j=1}^{k/2}(2j-1) & \text{für gerades } k \\[2mm] 0 & \text{für ungerades } k. \end{cases}
$$

(iii)   Für $P^X = \text{Exp}(\lambda)$ gilt (wegen (3.21)(v), (3.25)(v))

$$
\begin{aligned}
\mu_3 \;&=\; \int_0^\infty (x - \tfrac{1}{\lambda})^3 \lambda e^{-\lambda x}\,dx \\[2mm]
&=\; \int_0^\infty x^3 \lambda e^{-\lambda x}\,dx - \frac{3}{\lambda}\frac{2}{\lambda^2} + \frac{3}{\lambda^2}\cdot\frac{1}{\lambda} - \frac{1}{\lambda^3} = \frac{2}{\lambda^3}\,. \qquad\qquad \square
\end{aligned}
$$

μ_3 bezeichnet man auch als *Schiefe*; für die zum Erwartungswert symmetrischen Verteilungen $\mathcal{R}(a,b)$ und $\mathcal{N}(a,\sigma^2)$ gilt $\mu_3 = 0$, für die „nach rechts schiefe" Verteilung $\text{Exp}(\lambda)$ gilt $\mu_3 > 0$.

Entsprechend den anschaulichen Interpretationen des Erwartungswerts und der Varianz einer Zufallsgröße als „Schwerpunkt" bzw. als Streuung um diesen Schwerpunkt wollen wir eine Abschätzung für die Abweichungen vom Erwartungswert mit Hilfe der Varianz angeben. Diese Abschätzung ergibt sich als Spezialfall der folgenden Aussage:

(3.29) Satz (Markoffsche Ungleichung)
   Es seien $X : (\Omega, \mathcal{S}, P) \to (\mathcal{X}, \mathcal{B})$ eine Zufallsgröße mit Werten in $\mathcal{X}$, $g : (\mathcal{X}, \mathcal{B}) \to (\mathbb{R}^1, \mathbb{B}^1)$ eine meßbare Abbildung und $r > 0$. Dann gilt für jedes $c > 0$

$$
P(\{\omega \in \Omega : |g \circ X| \geq c\}) \leq \frac{E|g \circ X|^r}{c^r}\,.
$$

Beweis: Für $c > 0$ gilt

$$
E|g \circ X|^r = \int_{\{x : |g(x)| \geq c\}} |g|^r\,dP^X + \int_{\{x : |g(x)| < c\}} |g|^r\,dP^X
$$

$$\geq c^r \, P^X(\{x : |g(x)| \geq c\}) = c^r \, P(\{\omega \in \Omega : |g \circ X| \geq c\}).^5$$

Für den Spezialfall $g \circ X = |X - EX|$ und $r = 2$ ergibt sich hieraus

(3.30) Korollar (Tschebyscheffsche Ungleichung)

> *Ist X eine Zufallsgröße mit dem Erwartungswert $a = EX$ und der Varianz $\sigma^2 = Var\, X$, so gilt für jedes $\varepsilon > 0$*

$$P(|X - a| \geq \varepsilon) \leq \sigma^2/\varepsilon^2.$$

Diese simple Ungleichung erweist sich insbesondere für Konvergenzuntersuchungen bei Zufallsgrößen als nützlich; so ergibt sich z.B.:

(3.31) Satz (Schwaches Gesetz der großen Zahlen)

> *Es seien X_i, $i \in \mathrm{IN}$, Zufallsgrößen mit Erwartungswerten $a_i = EX_i$ und Varianzen $\sigma_i^2 = Var\, X_i$ und*

$$\overline{X}_{(n)} := \frac{1}{n} \sum_{i=1}^{n} X_i, \quad \overline{a}_{(n)} := \frac{1}{n} \sum_{i=1}^{n} a_i.$$

> *Falls gilt*

$$\lim_{n \to \infty} \left(\frac{1}{n^2} Var\left(\sum_{i=1}^{n} X_i \right) \right) = 0 \quad \text{(Markoff-Bedingung)},$$

> *folgt für jedes $\varepsilon > 0$*

$$\lim_{n \to \infty} P(|\overline{X}_{(n)} - \overline{a}_{(n)}| \geq \varepsilon) = 0.$$

Beweis: Nach (3.18)(i) gilt

$$E\overline{X}_{(n)} = \frac{1}{n} \sum_{i=1}^{n} EX_i = \overline{a}_{(n)};$$

entsprechend folgt aus (3.24)(iv)[6]

$$Var\, \overline{X}_{(n)} = \frac{1}{n^2} Var\left(\sum_{i=1}^{n} X_i \right).$$

---

[5]Anstatt $P(\{\omega \in \Omega : X(\omega) \in B\})$ schreiben wir auch kürzer $P(X \in B)$, anstatt $P(\{\omega \in \Omega : X(\omega) \leq c\})$ kürzer $P(X \leq c)$; analoge Abkürzungen verwenden wir für $=, \neq, <, \geq, >$.

[6]Aus (3.57) wird sich ergeben, daß die in der Markoff-Bedingung implizit vorausgesetzte *Existenz* von $Var(\sum_{i=1}^{n} X_i)$ bereits aus der Existenz der σ_i^2 folgt.

Die Tschebyscheffsche Ungleichung (3.30) liefert daher für jedes $\varepsilon > 0$

$$P(|\overline{X}_{(n)} - \overline{a}_{(n)}| \geq \varepsilon) \leq Var(\sum_{i=1}^{n} X_i)/\varepsilon^2 n^2;$$

da die Markoff-Bedingung erfüllt ist, folgt daraus die Behauptung.   □

Sind insbesondere $X_i, i \in \mathbb{N}$, Zufallsgrößen mit jeweils derselben Verteilung, d.h. $P^{X_i} = \hat{P} \; \forall i \in \mathbb{N}$, für die Erwartungswert $a = EX_i$ und Varianz $\sigma^2 = Var \; X_i$ existieren, so folgt

$$\overline{a}_{(n)} = \frac{1}{n} \sum_{i=1}^{n} EX_i = a.$$

Ist also die Markoff-Bedingung erfüllt, so gilt nach (3.31) für jedes $\varepsilon > 0$

$$\lim_{n \to \infty} P(\{\omega \in \Omega : |\overline{X}_{(n)}(\omega) - a| \geq \varepsilon\}) = 0,$$

d.h. die Wahrscheinlichkeit dafür, daß sich das arithmetische Mittel vom Erwartungswert um mindestens ε unterscheidet, geht (für noch so kleines $\varepsilon > 0$) mit wachsendem n gegen 0. Es liegt dann also eine Art „Konvergenz gegen a" vor – allerdings nicht die übliche punktweise Konvergenz. Damit haben wir bereits eine erste Erklärung für das „Erfahrungsgesetz" (1.1) – die Stabilisierung des Durchschnittswertes bei wiederholter Durchführung desselben Zufallsexperiments – gefunden. Allerdings ist diese Antwort noch relativ unbefriedigend: Es fehlen einerseits *einfache* (hinreichende) Bedingungen dafür, daß die Markoff-Bedingung erfüllt ist, und andererseits wird man genauere Kenntnisse über die „Konvergenz" haben wollen; diesen beiden Aspekten werden wir im folgenden nachgehen.

3.4 Mehrdimensionale Verteilungsfunktionen

Im eindimensionalen Fall beinhaltet eine Verteilungsfunktion die gesamten Informationen über die zugehörige Verteilung – das ist gerade die Aussage des Korrespondenzsatzes (3.6). Es liegt daher die Frage nahe, ob man in ähnlicher Weise auch mehrdimensionale Verteilungen durch Punktfunktionen charakterisieren kann.

Es sei also P eine W-Verteilung über $(\mathbb{R}^n, \mathbb{B}^n), n \in \mathbb{N}$. Da die σ-Algebra $\mathbb{B}^n$ von dem ($\cap$-stabilen) System $\mathcal{E}^n$ der Intervalle $(a; b]_{(n)}$ mit $a, b \in \overline{\mathbb{R}^n}, a \leq b$, erzeugt wird, liegt die folgende Verallgemeinerung der Begriffsbildung (3.1) nahe:

(3.32) Definition

P sei eine W-Verteilung über $(\mathbb{R}^n, \mathbb{B}^n), n \in \mathbb{N}$. Dann heißt die durch

$$F(x) := F(x_1, \ldots, x_n) := P((-\infty; x]_{(n)})$$

definierte Abbildung $F : \mathbb{R}^n \to [0; 1]$ die zu P gehörige (n-dimensionale) Verteilungsfunktion.

Völlig analog zu (3.5) ergibt sich dann

(3.33) Lemma

P sei eine W-Verteilung über $(\mathbb{R}^n, \mathbb{B}^n), n \in \mathbb{N}$. Dann gilt für die zu P gehörige Verteilungsfunktion:

(i) *F ist in jeder Komponente monoton nicht-fallend.*

(ii) *F ist „rechtsseitig" stetig, d.h.*

$$\lim_{h \downarrow 0} F(x + h) = F(x) \quad \forall x \in \mathbb{R}^n.$$

(iii) $\lim_{x \to (\infty, \ldots, \infty)} F(x) = 1,$
     $\lim_{x_i \to \infty} F(x_1, \ldots, x_n) = 0$
     für alle $(x_1, \ldots, x_{i-1}, x_{i+1}, \ldots, x_n) \in \mathbb{R}^{n-1}, i \in \{1, \ldots, n\}$.

Beweis: (i) Für $x^{(1)} = (x_1, \ldots, x_i^{(1)}, \ldots, x_n), x^{(2)} = (x_1, \ldots, x_i^{(2)}, \ldots, x_n)$ mit $x_i^{(1)} < x_i^{(2)}$, $i \in \{1, \ldots, n\}$ gilt

$$
\begin{aligned}
F(x^{(2)}) - F(x^{(1)}) &= P((-\infty; x^{(2)}]_{(n)}) - P((-\infty; x^{(1)}]_{(n)}) \\
&= P((-\infty; x^{(2)}]_{(n)} \setminus (-\infty; x^{(1)}]_{(n)}) \geq 0.
\end{aligned}
$$

(ii) Wegen $(-\infty; x + h]_{(n)} \downarrow (-\infty; x]_{(n)}$ für $h \downarrow 0$ folgt die Behauptung aus (A.35).

(iii) Analog ergeben sich die übrigen Behauptungen aus

$$((-\infty, \ldots, -\infty); (x_1, \ldots, x_n)]_{(n)} \downarrow \emptyset \text{ für } x_i \to -\infty, i \in \{1, \ldots, n\}$$

bzw.

$$((-\infty, \ldots, -\infty); (x_1, \ldots, x_n)]_{(n)} \uparrow \mathbb{R}^n \text{ für } x_i \uparrow \infty \quad \forall i \in \{1, \ldots, n\} . \quad \square$$

Das folgende Beispiel zeigt aber, daß diese Eigenschaften allein noch nicht zur Charakterisierung von Verteilungsfunktionen ausreichen:

(3.34) Beispiel

$F : \mathbb{R}^2 \to [0; 1]$ sei definiert durch

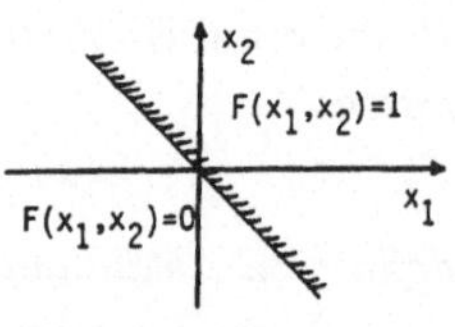

$$F(x_1, x_2) = \begin{cases} 1 & x_1 + x_2 \geq 0 \\ & \text{für} \\ 0 & x_1 + x_2 < 0. \end{cases}$$

Dann sind die Eigenschaften (i)-(iii) aus (3.33) offensichtlich erfüllt. Es kann jedoch keine W-Verteilung P über $(\mathbb{R}^2, \mathbb{B}^2)$ geben, deren Verteilungsfunktion F ist, weil insbesondere für

$$((-1, -1); (1, 1)]_{(2)} = ((-\infty, -\infty); (1, 1)]_{(2)} \setminus ((-\infty, -\infty); (1, -1)]_{(2)}$$
$$\setminus (((-\infty, -\infty); (-1, 1)]_{(2)} \setminus ((-\infty, -\infty); (-1, -1)]_{(2)})$$

gelten müßte

$$0 \leq P(((-1, -1); (1, 1)]_{(2)}) =$$
$$= F(1, 1) - F(1, -1) - (F(-1, 1) - F(-1, -1))$$
$$= 1 - 1 - 1 + 0 = -1. \qquad \qquad \square$$

Zur *Charakterisierung* von mehrdimensionalen Verteilungsfunktionen wird man also (zumindest) den Monotonie-Begriff geeignet auf höhere Dimensionen verallgemeinern müssen.

(3.35) Definition

a) *Für $F : \mathbb{R}^n \to \mathbb{R}^1$ und $x = (x_1, \ldots, x_n), h = (h_1, \ldots, h_n)$ werde bezeichnet*

$$\Delta_x^{x+h} F := F(x_1 + h_1, \ldots, x_n + h_n) +$$
$$+ \sum_{j=1}^{n} (-1)^j \sum_{1 \leq i_1 < \ldots < i_j \leq n} F\Big(x_1 + (1 - 1_{\{i_1, \ldots, i_j\}})(1))h_1, \ldots,$$
$$x_n + (1 - 1_{\{i_1, \ldots, i_j\}}(n))h_n\Big).$$

b) *$F : \mathbb{R}^n \to \mathbb{R}^1$ heißt* rechtecks-monoton, *wenn für alle $x, h \in \mathbb{R}^n$ mit [7] $h \geq 0$ gilt*

$$\Delta_x^{x+h} F \geq 0.$$

Zur Illustration seien zwei Beispiele angegeben:

---

[7] Analog zu (A.15) bedeute $h = (h_1, \ldots, h_n) \geq 0$, daß gilt $h_i \geq 0 \; \forall i \in \{1, \ldots, n\}$.

(3.36) Beispiele

a) Für die Funktion $F : \mathrm{IR}^2 \to \mathrm{IR}^1$ aus (3.34) gilt

$$\Delta^{(1,1)}_{(-1,-1)}F = F(1,1) - F(1,-1) - F(-1,1) + F(-1,-1) = -1,$$

d.h. F ist *nicht* rechtecks-monoton.

b) Es seien $a, b \in \mathrm{IR}^2$ mit $a < b$ und $F : \mathrm{IR}^2 \to \mathrm{IR}^1$ definiert durch

$$F(x_1, x_2) := \begin{cases} 0 & \text{für } x_1 \leq a_1 \text{ oder } x_2 \leq a_2 \\ \dfrac{(x_1 - a_1)(x_2 - a_2)}{(b_1 - a_1)(b_2 - a_2)} & \text{für } (x_1, x_2) \in (a, b)_{(2)} \\ (x_1 - a_1)/(b_1 - a_1) & \text{für } x_1 \in (a_1; b_1), x_2 \geq b_2 \\ (x_2 - a_2)/(b_2 - a_2) & \text{für } x_1 \geq b_1, x_2 \in (a_2; b_2) \\ 1 & \text{für } x_1 \geq b_1, x_2 \geq b_2. \end{cases}$$

(vgl. Abbildung).
Durch Diskussion der verschiedenen
Fälle kann man zeigen, daß F
rechtecks-monoton ist.

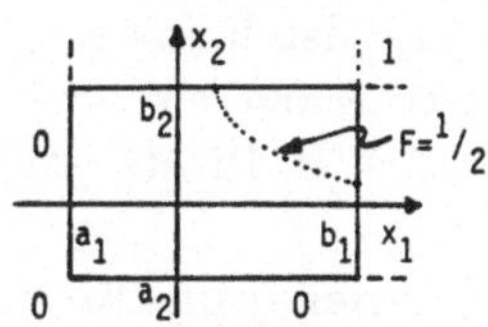

Daß die Monotonie-Definition (3.35)b) eine zweckmäßige Verallgemeinerung der eindimensionalen Begriffsbildung ist, zeigt die folgende Aussage:

(3.37) Lemma
> *P sei eine W-Verteilung über $(\mathrm{IR}^n, \mathrm{IB}^n), n \in \mathrm{IN}$. Dann ist die zu P gehörige Verteilungsfunktion rechtecks-monoton.*

Beweis: Es seien $x = (x_1, \ldots, x_n), h = (h_1, \ldots, h_n) \in \mathrm{IR}^n$ mit $h \geq 0$. Mit den Bezeichnungen

$$x_i^{(j)} := \begin{cases} x_i & i < j \\ & \text{für} \\ x_i + h_i & i \geq j \end{cases}, \quad y_i^{(j)} := \begin{cases} -\infty & i < j \\ & \text{für} \\ x_i & i \geq j \end{cases}.$$

$$x^{(j)} := (x_1^{(j)}, \ldots, x_n^{(j)}), y^{(j)} := (y_1^{(j)}, \ldots, y_n^{(j)}), \quad 1 \leq j \leq n,$$

gilt

$$\begin{aligned}
\Delta_x^{x^{(n)}} F &= F(x_1, \ldots, x_n + h_n) - F(x_1, \ldots, x_n) \\
&= P((-\infty; x^{(n)}]_{(n)}) - P((-\infty; x]_{(n)}) = P((y^{(n)}; x^{(n)}]_{(n)})
\end{aligned}$$

und (induktiv) für $1 < j \leq n$

$$\begin{aligned}
\Delta_x^{x^{(j-1)}} F &= P((y^{(j)}; x^{(j-1)}]_{(n)}) - P((y^{(j)}; x^{(j)}]_{(n)}) \\
&= P((y^{(j-1)}; x^{(j-1)}]_{(n)});
\end{aligned}$$

insbesondere also

$$\Delta_x^{x+h} F = P((x; x+h]_{(n)}) \geq 0. \qquad \square$$

Die komponentenweise Monotonie aus (3.33) (i) bedeutet, daß für alle $x \in \mathbb{R}^n$ und $h_i \geq 0$, $1 \leq i \leq n$, gilt

$$\Delta_{(x_1,\ldots,x_n)}^{(x_1,\ldots,x_i+h_i,\ldots,x_n)} F \geq 0.$$

Das Beispiel (3.34)/(3.36)a) zeigt, daß hieraus i.a. *nicht* die Rechtecks-Monotonie folgt.

Die Begriffsbildung aus (3.35)b) erweist sich sogar als geeignet für die Charakterisierung der mehrdimensionalen Verteilungsfunktionen (zum Beweis vgl. z.B. H. Richter: Wahrscheinlichkeitstheorie §I.5).

(3.38) Anmerkung (Korrespondenzsatz)

Zu jeder Funktion $F : \mathbb{R}^n \to \mathbb{R}^1$ mit den Eigenschaften

(i)　F ist rechtecks-monoton,

(ii)　F ist „rechtsseitig" stetig (s. (3.33)),

(iii)　$\lim_{x \to (\infty,\ldots,\infty)} F(x) = 1$,
$\lim_{x_i \to -\infty} F(x_1,\ldots,x_n) = 0$
für alle $(x_1,\ldots,x_{i-1}, x_{i+1},\ldots,x_n) \in \mathbb{R}^{n-1}, i \in \{1,\ldots,n\}$

gibt es genau eine W-Verteilung P_F über $(\mathbb{R}^n, \mathbb{B}^n)$, so daß F die zu P gehörige Verteilungsfunktion ist.

Für theoretische Untersuchungen bietet dieses relativ schwerfällige, überdies auf den Spezialfall $(\Omega, \mathcal{S}) = (\mathbb{R}^n, \mathbb{B}^n)$ beschränkte Konzept mehrdimensionaler Verteilungsfunktionen zwar kaum Vorteile, in einigen praktischen Problemen ist diese Möglichkeit der Darstellung von Verteilungen aber nützlich.

Insbesondere kann man für die folgende Verallgemeinerung von eindimensionalen Verteilungen mit Riemannschen Dichten (s. (2.16)) die Verteilungsfunktion leicht angeben:

(3.39) Definition (vgl. (2.20))

Es sei $f : \mathrm{IR}^n \to \mathrm{IR}^1$ eine nicht-negative (Riemann-) integrable Funktion mit

$$\int_{\mathrm{IR}^n} f \, d\lambda^n \ \left(= \int_{-\infty}^{\infty} \cdots \int_{-\infty}^{\infty} f(x_1,\ldots,x_n) dx_1,\ldots,dx_n\right) = 1.$$

Das durch

$$P(B) := \int_B f \, d\lambda^n$$

über $(\mathrm{IR}^n, \mathrm{IB}^n)$ definierte W-Maß (s. (A.81)) heißt absolut stetige W-Verteilung *mit der (Riemannschen) W-Dichte f.*

Ist P eine derartige absolut stetige Verteilung, so ergibt sich für die zugehörige Verteilungsfunktion unmittelbar, daß gilt

$$F(x) = \int_{(-\infty;x]_{(n)}} f \, d\lambda^n \ \left(= \int_{-\infty}^{x_n} \cdots \int_{-\infty}^{x_1} f(t_1,\ldots,t_n) dt_1 \ldots dt_n\right).$$

Zur Illustration seien einige Beispiele angegeben:

(3.40) Beispiel (mehrdimensionale Rechteckverteilungen)

Für $a,b \in \mathrm{IR}^2$ mit $a < b$ sei $f : \mathrm{IR}^2 \to \mathrm{IR}^1$ definiert durch

$$f(x_1,x_2) := \begin{cases} \dfrac{1}{b_1 - a_1}\dfrac{1}{b_2 - a_2} & \text{für } (x_1,x_2) \in (a,b)_{(2)} \\ 0 & \text{sonst} \end{cases}$$

(d.h. durch das Produkt der Dichten einer $\mathcal{R}(a_1,b_1)$ und einer $\mathcal{R}(a_2,b_2)$-Verteilung). Wegen der Nicht-Negativität und

$$\int_{a_2}^{b_2} \int_{a_1}^{b_1} f(x_1,x_2) dx_1 \, dx_2 = 1$$

ist f eine Riemannsche W-Dichte. Als zugehörige Verteilungsfunktion ergibt sich

$$
\begin{aligned}
F(x_1,x_2) \ &= \ \int_{-\infty}^{x_2} \int_{-\infty}^{x_1} f(t_1,t_2) dt_1 dt_2 \\[2mm]
&= \ \begin{cases} 0 & \text{falls } x_1 \le a_1 \text{ oder } x_2 \le a_2 \\[2mm] \dfrac{(x_1 - a_1)(x_2 - a_2)}{(b_1 - a_1)(b_2 - a_2)} & \text{für } (x_1,x_2) \in (a;b)_{(2)} \\[2mm] (x_1 - a_1)/(b_1 - a_1) & \text{für } x_1 \in (a_1;b_1),\ x_2 \ge b_2 \\[1mm] (x_2 - a_2)/(b_2 - a_2) & \text{für } x_1 \ge b_1,\ x_2 \in (a_2;b_2) \\[1mm] 1 & \text{für } x_1 \ge b_1,\ x_2 \ge b_2, \end{cases}
\end{aligned}
$$

d.h. gerade die Funktion aus dem Beispiel (3.36)b).

Allgemein nennt man für $a, b \in \mathbb{R}^n$ mit $a < b$ die durch die Dichte f

$$
f(x_1, \ldots, x_n) = \begin{cases} \prod_{i=1}^n \frac{1}{b_i - a_i} & \text{für } (x_1, \ldots, x_n) \in (a; b)_{(n)} \\ 0 & \text{sonst} \end{cases}
$$

definierte W-Verteilung über $(\mathbb{R}^n, \mathbb{B}^n)$ eine *n-dimensionale Rechteckverteilung* (s. (2.17)). $\square$

Produkte von (eindimensionalen) W-Dichten, wie sie in Beispiel (3.40) auftraten, liefern stets mehrdimensionale W-Dichten:

(3.41) Anmerkung

Es seien $f_i : \mathbb{R}^1$ W-Dichten bzgl. $\mu_i, 1 \leq i \leq n$. Dann ist die durch

$$
f(x_1, \ldots, x_n) := \prod_{i=1}^n f_i(x_i)
$$

definierte Funktion $f : \mathbb{R}^n \to \mathbb{R}^1$ eine W-Dichte bzgl. $\bigotimes_{i=1}^n \mu_i$ (das Integral über die nicht-negative Funktion f ist offensichtlich gleich 1).

Selbstverständlich ist aber nicht jede mehrdimensionale W-Dichte von dieser speziellen Form:

(3.42) Beispiel (*n*-dimensionale Normalverteilung)

Es seien $a \in \mathbb{R}^n, \sum$ eine (reelle) symmetrische und positiv definite $n \times n$-Matrix und $f : \mathbb{R}^n \to \mathbb{R}^1$ definiert durch

$$
f(x) = \frac{1}{\sqrt{(2\pi)^n |\sum|}} e^{-\frac{1}{2}(x-a) \sum^{-1} (x-a)^t}.
$$

(Im Fall $n = 1$ ergibt sich gerade die Dichte einer (eindimensionalen) Normalverteilung gemäß (2.18).)

Offensichtlich ist f nicht-negativ; zum Nachweis, daß f eine W-Dichte bzgl. λ^n ist, bleibt also noch

$$
\int_{\mathbb{R}^n} f \, d\lambda^n = 1
$$

zu beweisen. Dazu dient die folgende

(3.43) Anmerkung

Es seien $a \in \mathbb{R}^n$ und Q eine (reelle) symmetrische $n \times n$-Matrix. Dann ist die durch

$$q(x) := e^{(x-a)Q(x-a)^t}$$

definierte Funktion $q : \mathbb{R}^n \to \mathbb{R}^1$ genau dann λ^n-integrabel, wenn Q negativ-definit ist.

Beweis: Aus der Symmetrie von Q folgt (mit dem Satz von der Hauptachsentransformation) die Existenz einer orthogonalen Matrix B mit

$$B\,Q\,B^t = (\beta_i \delta_{ij})_{n \times n},$$

wobei die β_i die Eigenwerte von Q sind. Die durch

$$\ell(x) := (x-a)B^t, \quad x \in \mathbb{R}^n,$$

definierte Bewegung ℓ im $\mathbb{R}^n$ ist als stetige Abbildung meßbar; λ^n ist gegenüber ℓ invariant. Wegen $(x-a)Q(x-a)^t = (x-a)B^t BQB^t B(x-a)^t$ folgt daraufhin nach der Transformationsformel (A.87)

$$
\begin{aligned}
\int_{\mathbb{R}^n} q \, d\lambda^n &= \int_{\mathbb{R}^n} e^{\ell(\beta_i \delta_{ij})_{n \times n} \ell^t} d\lambda^n \\
&= \int_{\mathbb{R}^n} e^{id(\beta_i \delta_{ij})_{n \times n} id^t} d(\lambda^n)^\ell \\
&= \int_{-\infty}^{+\infty} \cdots \int_{-\infty}^{+\infty} \exp\left(\sum_{i=1}^n \beta_i \, t_i^2\right) dt_1 \ldots dt_n \\
&= \prod_{i=1}^n \int_{-\infty}^{+\infty} e^{\beta_i t^2} dt.
\end{aligned}
$$

Es gilt also $\int_{\mathbb{R}^n} q\,d\lambda^n < \infty$ genau dann, wenn alle $\beta_i < 0$ sind, d.h. wenn Q negativ-definit ist.

Falls q λ^n-integrabel ist, ergibt sich mit Hilfe von (2.18) aus der letzten Darstellung

$$\int_{\mathbb{R}^n} q\,d\lambda^n = \prod_{i=1}^n \sqrt{-\pi/\beta_i} = \sqrt{(-\pi)^n/|Q|}.$$

Da aus der Positiv-Definitheit von $\sum$ die Existenz von $\sum^{-1}$ und die Negativ-Definitheit von $Q := (-2\sum)^{-1}$ folgt, erhält man für die o.g. Funktion

$$f(x) = \frac{1}{\sqrt{(2\pi)^n |\sum|}} e^{-\frac{1}{2}(x-a)\sum^{-1}(x-a)^t},$$

daß gilt

$$\int_{\mathrm{I\!R}^n} f\, d\lambda^n = \frac{1}{\sqrt{(2\pi)^n |\sum|}} \sqrt{\frac{(-\pi)^n(-2)^n}{|\sum|^{-1}}} = 1.$$

Die zu f gehörige W-Verteilung P über $(\mathrm{I\!R}^n, \mathrm{I\!B}^n)$ heißt *n-dimensionale Normalverteilung mit den Parametern a und $\sum$*; Bezeichnung

$$P = \mathcal{N}(a, \textstyle\sum). \qquad\qquad\qquad \square$$

In Verallgemeinerung von Beispiel (3.9) läßt sich zeigen:

(3.44) Anmerkung

Es gelte $P^X = \mathcal{N}(a, \sum)$, und es seien C eine nicht-singuläre $n \times n$-Matrix und $d \in \mathrm{I\!R}^n$. Dann gilt für $Z := X \cdot C + d$

$$P^Z = \mathcal{N}(aC + d, C^t \textstyle\sum C).$$

Beweis: Für jedes Intervall $(-\infty; y]_{(n)}$ gilt wegen der Transformationsformel n-dimensionaler Riemann-Integrale für $Y : \mathrm{I\!R}^n \to \mathrm{I\!R}^n$ mit $Y(x) = x \cdot C + d$

$$P^Y((-\infty; y]_{(n)}) = P^X(Y^{-1}((-\infty; y]_{(n)}))$$

$$= \int_{Y^{-1}((-\infty;y]_{(n)})} f^X \, d\lambda^n = \int_{(-\infty;y]_{(n)}} f^X \circ Y^{-1} ||J_{Y^{-1}}|| \, d\lambda^n,$$

wobei $J_{Y^{-1}}$ die Funktionalmatrix von Y^{-1} bedeutet

$$= \int_{(-\infty;y]_{(n)}} \frac{1}{\sqrt{(2\pi)^n |\sum|}} e^{-\frac{1}{2}((id-d)C^{-1}-a)\sum^{-1}((id-d)C^{-1}-a)^t} \frac{1}{||C||} d\lambda^n,$$

da $Y^{-1}(y) = (y - d)C^{-1}$ und $|J_{Y^{-1}}| = 1/|C|$

$$= \int_{(-\infty;y]_{(n)}} \frac{1}{\sqrt{(2\pi)^n |C\sum C^t|}} e^{-\frac{1}{2}(id-aC-d)C^{-1}\sum^{-1}(C^{-1})^t(id-aC-d)^t} d\lambda^n;$$

aus (A.38) folgt also die Behauptung. $\qquad\qquad \square$

Mit einer W-Verteilung P über $(\mathrm{I\!R}^n, \mathrm{I\!B}^n)$ sind auch die (niederdimensionalen) Marginalmaße über $(\mathrm{I\!R}^k, \mathrm{I\!B}^k)$, $k < n$, gegeben (s. (A.94)): Es seien $K = \{i_1, \ldots, i_k\} \subset \{1, \ldots, n\}$ und

$$\pi_K : \mathrm{I\!R}^n \to \mathrm{I\!R}^k$$

die Projektion auf K, d.h.

$$\pi_K(\omega_1,\ldots,\omega_n) = (\omega_{i_1},\ldots,\omega_{i_k}) \qquad \forall(\omega_1,\ldots,\omega_n) \in \mathbb{R}^n.$$

Die induzierten W-Verteilungen P^{π_K} sind Verteilungen über $(\mathbb{R}^k,\mathbb{B}^k)$, lassen sich also durch Verteilungsfunktionen F^{π_K} charakterisieren.

(3.45) Anmerkung

Für die Verteilungsfunktion F^{π_K} der k-dimensionalen Marginalverteilung P^{π_K} gilt

$$\begin{aligned}
F^{\pi_K}(x_{i_1},\ldots,x_{i_k}) &= F(\infty,\ldots,\infty,x_{i_1},\infty,\ldots,x_{i_k},\ldots,\infty) \\
&:= \lim_{\substack{x_i\to\infty \\ \forall i\notin\{i_1,\ldots,i_k\}}} F(x_1,\ldots,x_n) \quad \forall(x_{i_1},\ldots,x_{i_k}) \in \mathbb{R}^k.
\end{aligned}$$

Zum Beweis ist nur anzumerken, daß gilt

$$\pi_K^{-1}(((-\infty,\ldots,-\infty),(x_{i_1},\ldots,x_{i_k})]_{(k)}) =$$
$$= ((-\infty,\ldots,-\infty);(\infty,\ldots,\infty,x_{i_1},\infty,\ldots,x_{i_k},\ldots,\infty)]_{(n)}.$$

Die Verteilungsfunktion F^{π_K} erhält man also aus F dadurch, daß man alle nicht mehr auftretenden Komponenten gleich $+\infty$ setzt.

3.5 Momente von Zufallsvektoren

Als wichtige Kenngrößen (eindimensionaler) Zufallsgrößen hatten wir den Erwartungswert und die Varianz kennengelernt. Bei *Zufallsvektoren*

$$X = (X_1,\ldots,X_n)$$

werden daher die Werte EX_i und $Var\, X_i, 1 \leq i \leq n$, erste Hinweise auf die „Art" der Verteilung geben können.

(3.46) Definition

  Es sei $X = (X_1,\ldots,X_n)$ ein Zufallsvektor.

  a) *Existiert*

$$EX_i := \int_\Omega X_i\, dP = \int_{\mathbb{R}^n} \pi_i\, dP^{X_1,\ldots,X_n} = \int_{\mathbb{R}^1} id\, dP^{X_i},$$

  so heißt EX_i der Erwartungswert der i-ten Komponente,
  $1 \leq i \leq n$.

b) *Existieren die Erwartungswerte EX_i aller Komponenten, so heißt*

$$EX := (EX_1, \ldots, EX_n)$$

der Erwartungsvektor[8] *von X.*

Zur Illustration seien einige Beispiele angegeben:

(3.47) Beispiel

Ist P^{X_1,X_2} die zweidimensionale Rechteckverteilung mit den Parametern $a = (a_1, a_2)$ und $b = (b_1, b_2)$ (s. (3.40)), so folgt

$$EX_1 = \int_{a_2}^{b_2} \int_{a_1}^{b_1} x_1 \frac{1}{(b_1 - a_1)(b_2 - a_2)} dx_1\, dx_2 = \frac{b_1^2 - a_1^2}{2(b_1 - a_1)} = \frac{a_1 + b_1}{2}.$$
$$EX_2 = (a_2 + b_2)/2,$$

d.h. $EX = ((a_1 + b_1)/2, (a_2 + b_2)/2)$.   □

Allgemein gilt für die in (3.41) auftretenden Produktdichten:

(3.48) Anmerkung

$f_i : \mathbb{R}^1 \to \mathbb{R}^1$ seien W-Dichten bzgl. $\mu_i, 1 \le i \le n$, $P^{X_1,\ldots,X_n}$ besitze die durch

$$f(x_1, \ldots, x_n) = \prod_{i=1}^{n} f_i(x_i)$$

definierte W-Dichte. Falls die Integrale

$$\int_{\mathbb{R}^1} |id| f_i\, d\mu_i$$

existieren, gilt

$$EX = (\int_{\mathbb{R}^1} id\, f_1\, d\mu_1, \ldots, \int_{\mathbb{R}^1} id\, f_n d\mu_n).$$

Zum Beweis ist nur anzumerken, daß

$$EX_i = \int_{\mathbb{R}^n} \pi_i\, dP^{X_1,\ldots,X_n} = \int_{\mathbb{R}^n} \pi_i \prod_{j=1}^{n} f_j d\, (\mu_1 \otimes \ldots \otimes \mu_n)$$

$$\underset{(A.99)}{=} \int_{\mathbb{R}^1} id\, f_i\, d\mu_i,\; 1 \le i \le n,$$

---

[8]Die Verallgemeinerung auf Zufallsmatrizen ist evident.

gilt, falls diese Integrale existieren. $\qquad\Box$

Aus der Linearität der Integrale folgt unmittelbar

(3.49) Anmerkung

Für den Zufallsvektor $X = (X_1, \ldots, X_n)$ existiere der Erwartungsvektor; es seien C eine $n \times k$-Matrix und $d \in \mathbb{R}^k, k \in \mathbb{N}$. Dann besitzt

$$Y := X \cdot C + d$$

den Erwartungsvektor

$$EY = EX \cdot C + d.$$

Diese beiden Anmerkungen sind insbesondere für das folgende Beispiel nützlich.

(3.50) Beispiel (n-dimensionale Normalverteilung):

Es gelte $P^X = \mathcal{N}(a, \sum)$. Dann folgt

$$EX = a.$$

Beweis: Es sei B eine orthogonale Matrix mit

$$B\textstyle\sum B^t = (\beta_i\, \delta_{ij})_{n \times n}$$

(vgl. (3.43)), da $\sum$ positiv definit ist, sind alle β_i positiv. Es sei nun Z ein Zufallsvektor mit

$$P^Z = \mathcal{N}(0, (\beta_i \delta_{ij})_{n \times n}),$$

d.h.

$$f^Z(z_1, \ldots, z_n) = \frac{1}{\sqrt{(2\pi)^n \prod_{i=1}^n \beta_i}} e^{-\frac{1}{2}\sum_{i=1}^n z_i^2/\beta_i} = \prod_{i=1}^n \frac{1}{\sqrt{2\pi\beta_i}} e^{-z_i^2/2\beta_i}.$$

Nach (3.48) folgt also

$$EZ = 0.$$

Für $Y := Z \cdot B + a$ gilt dann nach (3.44)

$$P^Y = \mathcal{N}(EZ \cdot B + a,\ B^t(\beta_i\delta_{ij})_{n \times n}B)) = \mathcal{N}(a, \textstyle\sum) = P^X$$

und somit $EY = EX$. Aus (3.49) folgt daher die Behauptung. $\qquad\Box$

Bei mehrdimensionalen Normalverteilungen $\mathcal{N}(a,\textstyle\sum)$ bedeutet also der erste Parameter den Erwartungsvektor.

Als Maßzahlen für die „Streuung" eines Zufallsvektors $X = (X_1,\ldots,X_n)$ wird man insbesondere die Varianzen

$$Var\ X_i = \int_\Omega (X_i - EX_i)^2 dP = EX_i^2 - (EX_i)^2$$

der Projektionen auf die n Koordinatenachsen benutzen.

Sowohl der Erwartungsvektor als auch der Vektor der Varianzen der X_i sagen jedoch nur etwas über die einzelnen Komponenten und nichts über deren Zusammenhang aus.

(3.51) Beispiel

$X = (X_1, X_2)$ besitze die zweidimensionale Rechteckverteilung mit den Parametern $(-1,-1)$ und $(1,1)$, d.h. $P^{(X_1,X_2)} = \mathcal{R}((-1,-1),(1,1))$, und es seien $Y := (X_1, X_1), Z := (-X_2, X_2)$. Dann ergibt sich aus (3.47)

$$EX = (0,0).$$

Da

$$Y = X \cdot \begin{pmatrix} 1 & 1 \\ 0 & 0 \end{pmatrix}, \quad Z = X \cdot \begin{pmatrix} 0 & 0 \\ -1 & 1 \end{pmatrix}$$

gilt, folgt aus (3.49), daß $EY = (0,0) = EZ$, d.h. die Erwartungsvektoren aller drei Zufallsvektoren stimmen überein. Außerdem gilt

$$Var\ X_i = \int_{-1}^{1} \int_{-1}^{1} x_i^2 \cdot \frac{1}{4} dx_1 dx_2 = \frac{x_i^3}{6}\Big|_{-1}^{1} = \frac{1}{3};$$

die Varianz-Vektoren von X, Y und Z sind somit jeweils gleich $(1/3, 1/3)$. Im Unterschied zu X bestehen jedoch bei Y und Z starke „Abhängigkeiten" zwischen den Komponenten: Aus dem Wert der ersten ergibt sich die Größe der zweiten Komponente (und umgekehrt). Dabei ist Y auf der „positiven"

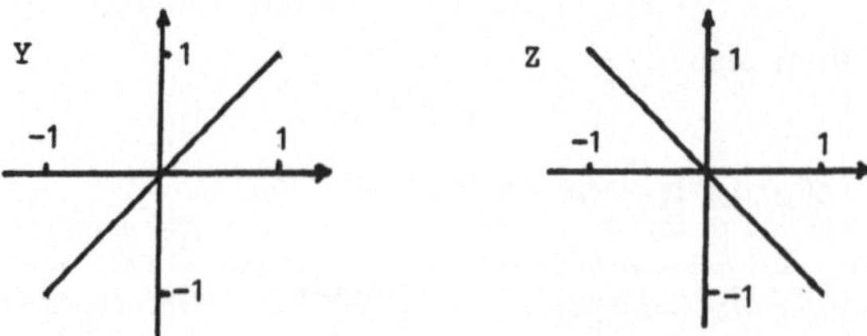

Diagonale $\{(t_1, t_2) \in \mathbb{R}^2 : t_1 = t_2\}$, Z auf der „negativen" Diagonalen

$\{(t_1, t_2) \in \mathbb{R}^2 : t_1 = -t_2\}$ des $\mathbb{R}^2$ konzentriert. Dies führt insbesondere dazu, daß bei Y das *Produkt* der Komponenten stets nicht-negativ, bei Z jedoch stets nicht-positiv ist. $\qquad\qquad\square$

Dem Erfassen von (linearen) Zusammenhängen zwischen eindimensionalen Zufallsgrößen dient die folgende Begriffsbildung:

(3.52) Definition

X_1 und X_2 seien Zufallsgrößen, deren Erwartungswerte EX_1 bzw. EX_2 existieren.

a) *Existiert $E(X_1 X_2)$, so heißt*

$$Cov(X_1, X_2) := E(X_1 - EX_1)(X_2 - EX_2) = E(X_1 X_2) - EX_1 EX_2$$

die Kovarianz *von X_1 und X_2.*

b) *Ist $X_1 X_2$ quasiintegrabel und gilt*

$$E(X_1 - EX_1)(X_2 - EX_2) \left\{ \begin{array}{l} > \\ = 0, \\ < \end{array} \right.$$

so heißen X_1 und X_2

$$\left\{ \begin{array}{l} \text{positiv korreliert} \\ \text{unkorreliert} \\ \text{negativ korreliert.} \end{array} \right.$$

Im Beispiel (3.51) ergibt sich

$$Cov(X_1, X_2) = \int_{-1}^{1} \int_{-1}^{1} x_1 x_2 \frac{1}{4} dx_1 dx_2 = 0,$$

d.h. X_1 und X_2 sind unkorreliert,

$$Cov(X_1, X_1) = \int_{-1}^{1} \int_{-1}^{1} x_1^2 \frac{1}{4} dx_1 dx_2 = 1/3 = Var\, X_1,$$

d.h. X_1 und X_1 sind positiv korreliert, und

$$Cov(-X_2, X_2) = \int_{-1}^{1} \int_{-1}^{1} -x_2^2 \frac{1}{4} dx_1 dx_2 = -1/3 = -Var\, X_2,$$

d.h. $-X_2$ und X_2 sind negativ korreliert – die Nomenklatur ist also hier mit der außermathematischen Bedeutung der Begriffe konsistent.

Aus der Definition der Kovarianz folgt unmittelbar:

(3.53) Lemma (Eigenschaften der Kovarianz)

Falls die jeweiligen Erwartungswerte existieren, gilt

(i) $Cov(X, X) = Var\, X$

(ii) $Cov(X_1, X_2) = Cov(X_2, X_1)$

(iii) $Cov(c_1 X_1 + d_1, c_2 X_2 + d_2) = c_1 c_2\, Cov(X_1, X_2)$

(iv) $Cov(X_1 + X_2, X_3) = Cov(X_1, X_3) + Cov(X_2, X_3).$

Es zeigt sich, daß die in (3.52)a) vorausgesetzte Existenz von $E(X_1 X_2)$ aus der Existenz von EX_1^2 und EX_2^2 folgt:

(3.54) Lemma (Cauchy-Schwarzsche Ungleichung)

X_1 und X_2 seien Zufallsgrößen mit existierenden zweiten Momenten. Dann existiert $E(X_1 X_2)$, und es gilt

$$(EX_1 X_2)^2 \leq EX_1^2\, EX_2^2.$$

Beweis: Aus $EX_1^2 = 0$ folgt $X_1 = 0$ P-f.s. und somit $X_1 X_2 = 0$ P-f.s. und

$$(EX_1 X_2)^2 = 0 = EX_1^2\, EX_2^2.$$

Daraus, daß für jedes $c \in \mathbb{R}^1$

$$0 \leq E(c|X_1| + |X_2|)^2 = c^2\, EX_1^2 + 2cE|X_1 X_2| + EX_2^2$$

gilt, folgt für $EX_1^2 > 0$

(i)   aus dem Spezialfall $c = -1$, daß $E|X_1 X_2|$ existiert

(ii) aus dem Fall $c := -E|X_1 X_2|/EX_1^2$, daß

$$0 \leq \frac{(E|X_1 X_2|)^2}{EX_1^2} - 2\frac{(E|X_1 X_2|)^2}{EX_1^2} + EX_2^2$$

und somit insgesamt

$$(EX_1 X_2)^2 = (|EX_1 X_2|)^2 \leq (E|X_1 X_2|)^2 \leq EX_1^2\, EX_2^2. \qquad \square$$

Der durch die Kovarianz $Cov(X_1, X_2)$ ausgedrückte Zusammenhang zwischen den Zufallsgrößen X_1 und X_2 hängt noch von den jeweils benutzten Meßskalen (Dimensionen) ab. Um diese Abhängigkeit zu vermeiden und um die Angaben über die Zusammenhänge verschiedener Zufallsgrößen vergleichbar zu machen, nimmt man die folgende Normierung vor:

(3.55) Definition

X_1 *und* X_2 *seien Zufallsgrößen mit positiven Varianzen. Dann heißt*

$$\rho(X_1, X_2) := \frac{Cov(X_1, X_2)}{\sqrt{Var\, X_1\, Var\, X_2}}$$

Korrelationskoeffizient von X_1 *und* X_2.

Es gilt:

(3.56) Lemma

X_1 *und* X_2 *seien Zufallsgrößen mit positiven Varianzen. Dann gilt:*

(i) $\rho(c_1 X_1 + d_1, c_2 X_2 + d_2) = \rho(X_1, X_2)$
    für alle $c_1, c_2, d_1, d_2 \in \mathbb{R}^1 : c_1 c_2 > 0$.

(ii) $-1 \leq \rho(X_1, X_2) \leq 1$.

(iii) *Es ist* $|\rho(X_1, X_2)| = 1$ *genau dann, wenn* $c, d \in \mathbb{R}^1, c \neq 0$ *existieren mit* $X_2 = cX_1 + d$ $P-f.s..$

Beweis: (i) Für $c_1, c_2, d_1, d_2 \in \mathbb{R}^1$ mit $c_1 c_2 > 0$ gilt nach (3.24)/(3.53)

$$\rho(c_1 X_1 + d_1, c_2 X_2 + d_2) = \frac{c_1 c_2\, Cov(X_1, X_2)}{\sqrt{c_1^2 Var\, X_1}\sqrt{c_2^2 Var\, X_2}} = \rho(X_1, X_2),$$

d.h. der Korrelationskoeffizient ist unabhängig von linearen (Meß-)Skalentransformationen.
(ii) Für $Y_1 := (X_1 - EX_1), Y_2 := (X_2 - EX_2)$ folgt aus (3.54)

$$\left(E(X_1 - EX_1)(X_2 - EX_2)\right)^2 \leq Var\, X_1\, Var\, X_2$$

und somit die Behauptung.
(iii) Aus dem Beweis von (3.54) folgt, daß in (ii) das Gleichheitszeichen genau dann gilt, wenn für geeignetes $\hat{c} \neq 0$ gilt

$$\hat{c}(X_1 - EX_1) + (X_2 - EX_2) = 0 \qquad P - f.s.;$$

mit $c := -\hat{c}, d := \hat{c}\, EX_1 + EX_2$ folgt der noch ausstehende Beweisteil. $\square$

In Beispiel (3.51) ergibt sich

$$\rho(X_1, X_2) = 0, \quad \rho(X_1, X_1) = 1, \quad \rho(-X_2, X_2) = -1.$$

Als Kenngrößen für Zufallsvektoren $X = (X_1, \ldots, X_n)$ stehen also neben den Werten EX_i und $Var\, X_i$, welche die einzelnen Komponenten betreffen, die Größen $Cov(X_i, X_j)$ zur Verfügung, die Hinweise auf Zusammenhänge zwischen den X_i und X_j geben. Mit Hilfe dieser Kovarianzen kann man dann auch die Varianz von Summen von Zufallsgrößen bestimmen (vgl. S. 57):

(3.57) Anmerkung

$X = (X_1, \ldots, X_n)$ sei ein Zufallsvektor mit existierenden Varianzen $Var\, X_i$. Dann existiert auch die Varianz von $\sum_{i=1}^{n} X_i$ und es gilt

$$Var(\sum_{i=1}^{n} X_i) = \sum_{1 \leq i,j \leq n} Cov(X_i, X_j) = \sum_{i=1}^{n} Var\, X_i + 2 \sum_{1 \leq i < j \leq n} Cov(X_i, X_j).$$

Beweis: Nach (3.53)(i), (iii) kann man o.B.d.A. annehmen, daß $E(X_i) = 0$ gilt, $1 \leq i \leq n$. Dann folgt aus

$$Var(\sum_{i=1}^{n} X_i) = E(\sum_{i=1}^{n} X_i)^2 = \sum_{1 \leq i,j \leq n} E(X_i X_j)$$

mit Hilfe der Cauchy-Schwarzschen Ungleichung die Existenz dieser Varianz; aus

$$\sum_{1 \leq i,j \leq n} E(X_i X_j) = \sum_{i=1}^{n} E(X_i^2) + \sum_{\substack{1 \leq i,j \leq n \\ i \neq j}} E(X_i X_j)$$

ergibt sich daher die Behauptung. $\square$

Insbesondere folgt also für paarweise unkorrelierte Zufallsgrößen X_i, $1 \leq i \leq n$, mit existierenden Varianzen, daß

$$Var(\sum_{i=1}^{n} X_i) = \sum_{i=1}^{n} Var\, X_i.$$

Für den Spezialfall von identisch verteilten Zufallsgrößen liefert diese Aussage eine (erste) hinreichende Bedingung für die Markoff-Bedingung (aus (3.31)):

(3.58) Anmerkung

$X_i, i \in \mathbb{N}$, seien paarweise unkorrelierte Zufallsgrößen mit derselben Verteilung, für die der Erwartungswert $a = EX_i$ und die Varianz $\sigma^2 = Var\, X_i$ existieren. Dann gilt für jedes $\varepsilon > 0$

$$\lim_{n \to \infty} P(|\overline{X}_{(n)} - a| \geq \varepsilon) = 0.$$

Beweis: Wegen der paarweisen Unkorreliertheit der X_i gilt

$$Var\, \overline{X}_{(n)} = \frac{1}{n^2} Var(\sum_{i=1}^{n} X_i) = \frac{1}{n^2} \sum_{i=1}^{n} Var\, X_i = \frac{\sigma^2}{n},$$

d.h. die Markoff-Bedingung ist erfüllt. Das schwache Gesetz der großen Zahlen (3.31) liefert daher die Behauptung. $\qquad\square$

Bei identisch verteilten Zufallsgrößen mit existierenden Varianzen ist also die paarweise Unkorreliertheit eine hinreichende Bedingung für die „Stabilisierung des Durchschnittswertes" (vgl. (1.1)).

Während die Varianzen $Var\, X_i$ eines Zufallsvektors $X = (X_1, \ldots, X_n)$ nur Aussagen über die „Streuung" der Projektionen auf die Koordinatenachsen machen, liefern die Kovarianzen auch die „Streuungen" der Projektionen von X auf beliebige Geraden durch den Nullpunkt:

(3.59) Anmerkung

Es seien $X = (X_1, \ldots, X_n)$ ein Zufallsvektor mit existierenden Varianzen $Var\, X_i, 1 \leq i \leq n$, und $e = (e_1, \ldots, e_n)$ ein Vektor der Länge 1. Dann gilt für die Projektion

$$eX^t = \sum_{i=1}^{n} e_i X_i$$

von X auf die durch e bestimmte Gerade:

$$Var(eX^t) = \sum_{1 \leq i,j \leq n} e_i e_j\, Cov(X_i, X_j).$$

Beweis: Aus (3.57) und (3.53) folgt

$$Var(eX^t) = Var(\sum_{i=1}^{n} e_i X_i) = \sum_{1 \leq i,j \leq n} Cov(e_i X_i, e_j X_j)$$

$$= \sum_{1 \leq i,j \leq n} e_i e_j\, Cov(X_i, X_j). \qquad\square$$

Die Kovarianzen $Cov(X_i, X_j)$ geben also Hinweise auf die „Gesamtstruktur" der Verteilung des Zufallsvektors $X = (X_1, \ldots, X_n)$.

(3.60) Definition

$X = (X_1, \ldots, X_n)$ *sei ein Zufallsvektor mit existierenden Varianzen* $Var\, X_i$, $1 \leq i \leq n$. *Dann heißt die* $n \times n$-*Matrix*

$$Cov(X) := (Cov(X_i, X_j))_{1 \leq i < n, 1 \leq j \leq n}$$

die Kovarianzmatrix von X.

(3.61) Satz (Eigenschaften der Kovarianzmatrix)

$Cov(X)$ *sei die Kovarianzmatrix von* $X = (X_1, \ldots, X_n)$. *Dann gilt*

(i) $Cov(X) = E(X - EX)^t(X - EX) = E(X^t X) - EX^t EX$.

(ii) $Cov(X)$ *ist symmetrisch und positiv semidefinit.*

(iii) *Sind* C *eine* $n \times k$-*Matrix und* $d \in \mathbb{R}^k$, $k \in \mathbb{N}$, *so gilt*

$$Cov(X \cdot C + d) = C^t\, Cov(X)C.$$

(iv) $Cov(X)$ *ist genau dann singulär, wenn eine Hyperebene* H *des* $\mathbb{R}^n$ *mit*

$$P(X \in H) = 1$$

existiert (dann heißt X *degeneriert).*

Beweis: (i) folgt unmittelbar aus der Definition (3.52).

(ii): Die Symmetrie folgt aus (3.53)(ii); die Definitheit ergibt sich aus (3.59):

$$c\, Cov(X)c^t = \sum_{1 \leq i,j \leq n} c_i c_j\, Cov(X_i, X_j) = Var(cX^t) \geq 0 \quad \text{für alle } c \in \mathbb{R}^n.$$

(iii): Die Existenz der Kovarianzen folgt aus (3.57); für $C = (c_{rs})_{1 \leq r \leq n, 1 \leq s \leq k}$ liefert

$$(Cov(X \cdot C + d))_{i,j} = Cov(\sum_{r=1}^{n} c_{ri} X_r + d_i, \sum_{t=1}^{n} c_{tj} X_t + d_j)$$

$$\underset{(3.53)(iii)}{=} \sum_{1 \leq r,t \leq n} c_{ri}\, c_{tj}\, Cov(X_r, X_t)$$

$$= (C^t Cov(X)C)_{i,j}, \quad i,j \in \{1, \ldots, k\},$$

die Behauptung.

(iv): Die symmetrische Matrix $Cov(X)$ ist genau dann singulär, wenn es ein $c \in \mathbb{R}^n, c \neq 0$, gibt, für das

$$0 = c\, Cov(X)c^t = Var(cX^t)$$

bzw. (nach (3.24)(ii))

$$P(cX^t = E(cX^t)) = 1$$

gilt. $H := \{x \in \mathbb{R}^n : cx^t = E(cX^t)\}$ ist aber für $c \neq 0$ gerade eine Hyperebene des $\mathbb{R}^n$. $\qquad\square$

Zur Illustration seien einige Beispiele angegeben:

(3.62) Beispiel

$f_i : \mathbb{R}^1 \to \mathbb{R}^1$ seien W-Dichten bzgl. $\mu_i, 1 \leq i \leq n$, die Verteilung von $X = (X_1, \ldots, X_n)$ besitze die durch

$$f(x_1, \ldots, x_n) = \prod_{i=1}^{n} f_i(x_i)$$

definierte W-Dichte bzgl. $\mu_1 \otimes \ldots \otimes \mu_n$, und die Varianzen $Var\, X_i, 1 \leq i \leq n$, mögen existieren. Dann gilt

$$Cov(X) = (\delta_{ij}\, Var\, X_i)_{n \times n};$$

insbesondere sind also die $X_i, 1 \leq i \leq n$, paarweise unkorreliert.

Beweis: (3.53)(i) liefert $Cov(X_i, X_i) = Var\, X_i, 1 \leq i \leq n$; für $i \neq j$ gilt

$$Cov(X_i, X_j) = \int_{\mathbb{R}^n} (\pi_i - EX_i)(\pi_j - EX_j)f\, d\mu_1 \otimes \ldots \otimes \mu_n$$

$$\underset{\text{(A.99)}}{=} \int_{\mathbb{R}^2} (\pi_i - EX_i)(\pi_j - EX_j)f_i f_j\, d\mu_i\, d\mu_j = 0. \qquad\square$$

Sind in (3.62) die f_i Dichten von $\mathcal{N}(a_i, \sigma_i^2)$-Verteilungen, so ergibt sich einerseits

$$Cov(X) = (\sigma_i^2 \delta_{ij})_{n \times n},$$

andererseits

$$f(x_1, \ldots, x_n) = \frac{1}{\sqrt{(2\pi)^n \prod_{i=1}^{n} \sigma_i^2}} e^{-\frac{1}{2} \sum_{i=1}^{n} (x_i - a_i)^2 / \sigma_i^2},$$

d.h. die Dichte einer n-dimensionalen Normalverteilung mit den Parametern $a = (a_1, \ldots, a_n)$ und $\sum = (\sigma_i^2 \delta_{ij})_{n \times n}$. Der zweite Parameter ist hier also gerade die Kovarianzmatrix.

Es zeigt sich, daß diese Aussage nicht auf diesen speziellen Typ von mehrdimensionalen Normalverteilungen beschränkt ist:

(3.63) Beispiel (n-dimensionale Normalverteilung)

$X = (X_1, \ldots, X_n)$ besitze eine n-dimensionale Normalverteilung mit den Parametern a und $\sum$, d.h. $P^X = \mathcal{N}(a, \sum)$. Dann gilt

$$Cov(X) = \sum.$$

Beweis: Wie in (3.50) sei B eine orthogonale Matrix mit

$$B \sum B^t = (\beta_i \delta_{ij})_{n \times n}.$$

Dann gilt nach (3.44) für $Z := (X - a)B^t$

$$P^Z = \mathcal{N}(0, (\beta_i \delta_{ij})_{n \times n})$$

und somit nach (3.62) $Cov(Z) = (\beta_i \delta_{ij})_{n \times n}$. Daher folgt aus (3.61)(iii) für $X = ZB + a$

$$Cov(X) = B^t \, Cov(Z) \, B = B^t \, B \sum B^t \, B = \sum. \qquad \qquad \square$$

Der zweite Parameter der $\mathcal{N}(a, \sum)$-Verteilung gibt also stets die Kovarianzmatrix an. Mehrdimensionale Normalverteilungen spielen in der Wahrscheinlichkeitstheorie und Statistik eine wichtige Rolle – z.B. in der klassischen Theorie der linearen Modelle, in der Versuchsplanung und bei asymptotischen Schätz- und Testverfahren. Eine Begründung für ihre große Bedeutung wird in §7 gegeben werden.

3.6   Aufgaben

(III.1)   Es sei P eine W-Verteilung über $(\mathbb{R}^1, \mathbb{B}^1)$ mit $P(\{x\}) = 0$ für alle $x \in \mathbb{R}^1$. Zeigen Sie, daß zu jedem $\alpha \in [0; 1]$ ein $B_\alpha \in \mathbb{B}^1$ existiert mit $P(B_\alpha) = \alpha$.

(III.2)   Es sei P eine W-Verteilung über $(\mathbb{R}^1, \mathbb{B}^1)$ mit $P(B) \in \{0, 1\}$ für alle $B \in \mathbb{B}^1$. Zeigen Sie, daß ein $x \in \mathbb{R}^1$ existiert, so daß P das Dirac-Maß auf x ist (d.h. $P(\{x\}) = 1$ gilt).

(III.3)   Es sei P eine W-Verteilung über $(\mathrm{I\!R}^1, \mathrm{I\!B}^1)$. $\alpha \in \mathrm{I\!R}^1$ heißt ein *Median* von P, wenn $P((-\infty; \alpha]) \geq 1/2$ und $P([\alpha; \infty)) \geq 1/2$ gilt. Zeigen Sie, daß die Menge der Mediane von P ein kompaktes Intervall bildet.

(III.4)   Es sei P eine W-Verteilung über $(\mathrm{I\!R}^1, \mathrm{I\!B}^1)$ mit der zugehörigen Verteilungsfunktion F; für jedes $x \in \mathrm{I\!R}$ gelte $P(\{x\}) = 0$. Zeigen Sie, daß dann für jedes $n \in \mathrm{I\!N}$ gilt

$$\int F^n dP = \frac{1}{n+1}.$$

(III.5)   Es sei Φ die Verteilungsfunktion der $\mathcal{N}(0,1)$-Verteilung. Zeigen Sie, daß für alle $x > 0$ gilt

$$\frac{1}{\sqrt{2\pi}}\left(\frac{1}{x} - \frac{1}{x^3}\right)\exp\left(-\frac{1}{2}x^2\right) < 1 - \Phi(x) < \frac{1}{\sqrt{2\pi}}\frac{1}{x}\exp\left(-\frac{1}{2}x^2\right).$$

(III.6)   Es seien $(\Omega, \mathcal{S}, P) = (\mathrm{I\!R}^1, \mathrm{I\!B}^1, P_C(a,b))$, wobei $P_C(a,b)$ die Cauchy-Verteilung mit den Parametern a und b bezeichne, und $X : \mathrm{I\!R}^1 \to \mathrm{I\!R}^1$ die durch

$$X(\omega) = c\omega + d, \ b, c \in \mathrm{I\!R}^1,$$

definierte Zufallsgröße. Bestimmen Sie P^X.

(III.7)   Es seien $(\Omega, \mathcal{S}, P) = (\mathrm{I\!R}^1, \mathrm{I\!B}^1, \mathcal{N}(0,1))$ und X die durch $X(\omega) = e^{a+\sigma\omega}$ definierte Zufallsgröße. Bestimmen Sie P^X. Diese Verteilung heißt *lognormale Verteilung mit den Parametern a und σ^2* (die o.g. Erzeugungsmethode wird in den Routinen GØ5DEF im NAG-Paket und GGNLG in IMSL verwendet).

(III.8)   Berechnen Sie den Erwartungswert und die Varianz der Zufallsgröße X, falls gilt

a) P^X ist die χ_1^2-Verteilung (s. (3.12));

b) P^X ist die geometrische Verteilung mit dem Parameter p (s. (2.14));

c) P^X ist die hypergeometrische Verteilung $\mathcal{H}(n,m,k)$ (s. (2.25));

d) P^X ist die diskrete Trapezverteilung mit $a = b = 1, n = m = 5$ (s. (2.24)).

(III.9) X sei eine Zufallsgröße mit Werten in $(\overline{{\rm I\!R}}^1, \overline{{\rm I\!B}}^1)$, für die der Erwartungswert EX existiert. Zeigen Sie, daß EX Minimalstelle der durch

$$c \to E(X - c)^2$$

definierten Abbildung ist.

(III.10) X sei eine Zufallsgröße mit Werten in $({\rm I\!R}^1, {\rm I\!B}^1)$. Zeigen Sie, daß jeder Median von P^X eine Minimalstelle der durch

$$c \to E|X - c|$$

definierten Abbildung ist.

(III.11)   Es sei X eine Zufallsgröße mit Werten in $[0; \infty)$ und F^X die zugehörige Verteilungsfunktion. Zeigen Sie, daß dann gilt

$$EX = \int_{[0;\infty)} (1 - F^X)d\lambda^1.$$

(III.12)   Geben Sie einen W-Raum $(\Omega, \mathcal{S}, P)$ und eine Zufallsgröße X mit $EX = 0$ und $Var\, X = \infty$ an.

(III.13)   Es seien X eine reellwertige Zufallsgröße und $k \in {\rm I\!N}$ so, daß das k-te absolute Moment von X existiert. Zeigen Sie, daß gilt

$$\lim_{t \to \infty} t^k\, P(|X| \geq t) = 0.$$

Verallgemeinern Sie die Aussage auf den Fall, daß $|X|^\gamma$ für $\gamma \in (0; \infty)$ P-integrabel ist.

(III.14) X sei eine Zufallsgröße mit Werten in $(\overline{{\rm I\!R}}^1, \overline{{\rm I\!B}}^1)$, für die EX^2 existiert. Zeigen Sie, daß für jedes $c \geq 0$ gilt

$$P(X - EX > c) \leq \frac{Var\, X}{c^2 + Var\, X}$$

(*Ungleichung von Cantelli*).

[Hinweis: Wenden Sie die Markoffsche Ungleichung (3.29) auf

$$P((X - EX + t)^2 \geq (c + t)^2)$$

an und bestimmen Sie eine Minimalstelle von $t \mapsto (Var\, X + t^2)/(c + t)^2$.]

4 Gekoppelte Zufallsexperimente; stochastische Unabhängigkeit

Den n-fachen „fairen" Würfelwurf hatten wir stets durch das Laplace-Experiment mit

$$\Omega_W^n = \{(\omega_1, \ldots, \omega_n) : \omega_i \in \Omega_W = \{1, \ldots, 6\}, \quad 1 \leq i \leq n\},$$

d.h. durch *ein* Zufallsexperiment beschrieben (s. z.B. (2.3)d)). Andererseits ist offensichtlich, daß dieses Zufallsexperiment aus n Teilexperimenten, nämlich den n einzelnen Würfelwürfen, zusammengesetzt ist – dementsprechend ergab sich in (2.26) bei der Projektion auf die erste Komponente als induzierte Verteilung die Laplace-Verteilung über Ω_W.

Im folgenden wollen wir uns allgemein mit Situationen beschäftigen, bei denen Zufallsexperimente aus einfacheren Experimenten aufgebaut sind.

4.1 Produkte von meßbaren Räumen

Um dabei auch zeitabhängige Vorgänge – wie z.B. im Ausgangsbeispiel (1.5)h) (Temperaturverlauf) – geeignet beschreiben zu können, verallgemeinern wir zunächst die Begriffe des kartesischen Produkts zweier Mengen bzw. der Zylindermenge (A.90) auf beliebige Produkte:

(4.1) Definition

> *Es sei $T \neq \emptyset$ eine beliebige Indexmenge; für jedes $t \in T$ sei eine Menge Ω_t gegeben.*
>
> a) *Dann heißt*
>
> $$\underset{t \in T}{\times}\, \Omega_t := \{\omega : T \to \bigcup_{t \in T} \Omega_t \ \text{ mit } \omega(t) \in \Omega_t \ \text{ für alle } t \in T\}$$
>
> *das* kartesische Produkt *der $\Omega_t, t \in T$.*
>
> b) *Für jedes $t \in J \subset T$ mit $|J| < \infty$ sei eine Menge $A_t \subset \Omega_t$ gegeben. Dann heißt*
>
> $$\{\omega \in \underset{t \in T}{\times}\, \Omega_t : \omega(t) \in A_t \quad \forall t \in J\}$$

eine (endlich-dimensionale) Zylindermenge *mit der Basis*
$$A_J := \underset{t \in J}{\text{\Large$\times$}} A_t.$$

Für $\omega \in \underset{t \in T}{\text{\Large$\times$}} \Omega_t$ wird $\omega(t)$ auch mit ω_t bezeichnet und die t-te *Komponente* von ω genannt; dementsprechend wird dann ω auch mit $(\omega_t)_{t \in T}$ bezeichnet.

Für endliches T sind diese Begriffsbildungen mit den gewohnten Definitionen in Einklang (s. (A.90)). Ist T abzählbar unendlich, so ist $\Omega_T := \underset{t \in T}{\text{\Large$\times$}} \Omega_t$ ein Folgenraum – der Ergebnisraum des abzählbar-unendlichen Würfelwerfens (das etwa beim Warten auf die erste „6" auftritt) ist beispielsweise ein solcher Folgenraum (mit $T = \mathbb{N}, \Omega_t = \{1, \ldots, 6\}\ \forall t \in T$). In unserem Ausgangsbeispiel (1.5)h) (Temperaturverlauf) haben wir $\Omega \subset \underset{t \in T}{\text{\Large$\times$}} \Omega_t$ mit $T = [0; 24), \Omega_t = [-273; \infty)\ \forall t \in T$.

Ist für jedes $t \in T$ über Ω_t eine σ-Algebra $\mathcal{S}_t$ ausgezeichnet, so ist bei *endlichem T* die Produkt-σ-Algebra (s. (A.91))

$$\underset{t \in T}{\bigotimes} \mathcal{S}_t := \sigma(\{ \underset{t \in T}{\text{\Large$\times$}} A_t : A_t \in \mathcal{S}_t \quad \forall t \in T \})$$

die „kanonische" σ-Algebra über $\underset{t \in T}{\text{\Large$\times$}} \Omega_t$ (vgl. (A.92)). Überträgt man diese Definition auf beliebige Familien von σ-Algebren, so erhält man zwar noch für abzählbar unendliche Indexmengen T, jedoch nicht mehr für *überabzählbar unendliches T* einen brauchbaren Begriff (einerseits gehen dann die Beziehungen zwischen den Produktabbildungen und ihren Komponenten verloren, zum anderen wird die σ-Algebra zu groß, um noch „hinreichend viele" Maße zuzulassen; (vgl. (A.47)).

Es zeigt sich jedoch, daß die *Eigenschaft* der Produkt-σ-Algebra von endlich vielen $\mathcal{S}_t$, die kleinste σ-Algebra zu sein, so daß die Projektionen π_t meßbar sind (s. (A.92)(i)), eine sinnvolle *Definition* liefert:

(4.2) Definition

Es seien $(\Omega_t, \mathcal{S}_t), t \in T \neq \emptyset$, meßbare Räume und $\Omega_T = \underset{t \in T}{\text{\Large$\times$}} \Omega_t$. Dann heißt die σ-Algebra

$$\underset{t \in T}{\bigotimes} \mathcal{S}_t := \sigma(\underset{t \in T}{\bigcup} \pi_t^{-1}(\mathcal{S}_t))$$

über Ω_T die Produkt-σ-Algebra *der $\mathcal{S}_t, t \in T$.*
$(\underset{t \in T}{\text{\Large$\times$}} \Omega_t, \underset{t \in T}{\bigotimes} \mathcal{S}_t)$ heißt der Produktraum *der $(\Omega_t, \mathcal{S}_t), t \in T$.*

(4.3) Beispiel

Es seien $T \neq \emptyset$ und $(\Omega_t, \mathcal{S}_t) = (\mathrm{IR}^1, \mathrm{IB}^1)$ für alle $t \in T$ sowie $\mathrm{IR}^T := \underset{t \in T}{\times} \Omega_t$.
Dann heißt

$$\mathrm{IB}^T := \bigotimes_{t \in T} \mathcal{S}_t$$

die *Kolmogoroffsche σ-Algebra*. Für $T = \{t_1, \ldots, t_n\}$ ergibt sich $\mathrm{IB}^T \simeq \mathrm{IB}^n$, für $T = \{t_1, t_2, \ldots\}$ die σ-Algebra $\mathrm{IB}^{\mathrm{IN}}$ der „abzählbar-dimensionalen" Borelschen Mengen. $\qquad \square$

Nach der Definition (4.2) ist $\underset{t \in T}{\bigotimes} \mathcal{S}_t$ die kleinste σ-Algebra über $\Omega_T = \underset{t \in T}{\times} \Omega_t$, so daß jede (einzelne) Projektion $\pi_t : \Omega_T \to \Omega_t$ meßbar ist. Neben diesen Einzelprojektionen sind jedoch für $K \subset T$ auch die Projektionen

$$\pi_K : \Omega_T \to \Omega_K := \underset{t \in K}{\times} \Omega_t$$

von Interesse – beispielsweise dann, wenn nur die Werte zu den „Zeitpunkten" $t \in K$ von Bedeutung sind – und allgemein für $K \subset L \subset T$ auch die Projektionen

$$\pi_K^L : \Omega_L \to \Omega_K$$

(wobei $\pi_K = \pi_K^T$ und $\pi_{\{t\}}^L = \pi_t^L$). Da für $J \subset K \subset L \subset T$

$$\pi_J^L = \pi_J^K \circ \pi_K^L$$

gilt, kann man diese Projektionen mehrstufig ausführen. Es zeigt sich nun, daß bei der σ-Algebra $\underset{t \in T}{\bigotimes} \mathcal{S}_t$ für beliebige *endliche* Teilmengen $J \subset T$ die Projektionen π_J meßbar sind:

(4.4) Lemma

$$\bigotimes_{t \in T} \mathcal{S}_t = \sigma\left(\bigcup_{\substack{J \subset T \\ 0 < |J| < \infty}} \pi_J^{-1}\left(\bigotimes_{j \in J} \mathcal{S}_j \right) \right).$$

Beweis: Offensichtlich ist nur die Inklusion „$\supset$" zu zeigen. Entsprechend (A.92) ist für endliches J das System

$$\mathcal{E}_J := \bigcup_{j \in J} (\pi_j^J)^{-1}(\mathcal{S}_j)$$

von Zylindermengen ein Erzeugendensystem von $\bigotimes_{j \in J} S_j$. Dabei gibt es für jedes $A \in \mathcal{E}_J$ ein $j_0 \in J$ und ein $A_{j_0} \in S_{j_0}$ mit

$$A = (\pi_{j_0}^J)^{-1}(A_{j_0})$$

und somit $\pi_J^{-1}(A) = (\pi_{j_0}^J \circ \pi_J)^{-1}(A_{j_0}) = \pi_{j_0}^{-1}(A_{j_0})$.

Wegen der Meßbarkeit von π_{j_0} folgt also

$$\pi_J^{-1}(A) \in \bigotimes_{t \in T} S_t;$$

(A.21) liefert daher die Behauptung. $\square$

Die Elemente von $\bigotimes_{t \in T} S_t$ lassen sich in der folgenden Weise charakterisieren:

(4.5) Lemma

Es sei $T \neq \emptyset$; für jedes $t \in T$ sei ein meßbarer Raum (Ω_t, S_t) gegeben. Dann gilt

$$\bigotimes_{t \in T} S_t = \hat{S} := \{A \subset \underset{t \in T}{\times} \Omega_t : \exists\, T_A \subset T \text{ abzählbar}: A \in \pi_{T_A}^{-1}(\bigotimes_{t \in T_A} S_t)\}$$

Beweis: Durch Überprüfen der definierenden Eigenschaften (s. (A.7)/(A.17)) zeigt man, daß das nicht-leere Mengensystem $\hat{S}$ eine σ-Algebra über $\underset{t \in T}{\times} \Omega_t$ ist; da insbesondere $\pi_t^{-1}(S_t) \subset \hat{S}$ für alle $t \in T$ gilt, ergibt sich außerdem

$$\bigotimes_{t \in T} S_t \subset \hat{S}.$$

Ist umgekehrt $A \in \hat{S}$, so folgt aus

(i) $t \in T_A, A_t \in S_t \Rightarrow \pi_t^{-1}(A_t) = \pi_{T_A}^{-1}((\pi_t^{T_A})^{-1}(A_t)) \in \pi_{T_A}^{-1}(\bigotimes_{t \in T_A} S_t)$,

(ii) $\bigcup_{t \in T_A} (\pi_t^{T_A})^{-1}(S_t)$ ist ein Erzeugendensystem von $\bigotimes_{t \in T_A} S_t$ und

$$\pi_{T_A}^{-1}(\bigcup_{t \in T_A} (\pi_t^{T_A})^{-1}(S_t)) = \bigcup_{t \in T_A} \pi_t^{-1}(S_t),$$

daß gilt

$$\sigma(\bigcup_{t \in T_A} \pi_t^{-1}(S_t)) = \pi_{T_A}^{-1}(\bigotimes_{t \in T_A} S_t).$$

Aus

$$\bigotimes_{t\in T} \mathcal{S}_t = \sigma(\bigcup_{t\in T} \pi_t^{-1}(\mathcal{S}_t)) \supset \sigma(\bigcup_{t\in T_A} \pi_t^{-1}(\mathcal{S}_t)) = \pi_{T_A}^{-1}(\bigotimes_{t\in T_A} \mathcal{S}_t),$$

folgt daher $A \in \bigotimes_{t\in T} \mathcal{S}_t$, d.h. insgesamt $\hat{\mathcal{S}} \subset \bigotimes_{t\in T} \mathcal{S}_t$. $\qquad\square$

Für eine überabzählbare Indexmenge T bedeutet diese Aussage, daß jedes Element von $\bigotimes_{t\in T} \mathcal{S}_t$ bereits durch abzählbar viele Komponenten festgelegt ist – diese Koordinaten können jedoch mit den jeweiligen $A \in \bigotimes_{t\in T} \mathcal{S}_t$ variieren. Jede Teilmenge von $\underset{t\in T}{\bigtimes} \Omega_t$, zu deren Charakterisierung überabzählbar viele Komponenten notwendig sind, ist also *nicht* $\bigotimes_{t\in T} \mathcal{S}_t$-meßbar. Für die Kolmogoroffsche σ-Algebra $\mathrm{I\!B}^T$ bedeutet dies z.B., daß für überabzählbares T die einelementigen Teilmengen des $\mathrm{I\!R}^T$ nicht zu $\mathrm{I\!B}^T$ gehören – die „Punkte" $\omega = (\omega_t)_{t\in T}$ sind dann also nicht meßbar.

Produkträume spielen insbesondere bei der Untersuchung von *Zufallsfunktionen/stochastischen Prozessen* (§9 ff) eine wichtige Rolle: Wenn ein „Prozeß" in jedem Zeitpunkt $t \in T$ durch einen „Zustand" ω_t eines Raumes Ω_t beschrieben wird, dann bedeutet der Raum $\underset{t\in T}{\bigtimes} \Omega_t$ die Gesamtheit der möglichen zeitlichen Entwicklungen des Prozesses, $\bigotimes_{t\in T} \mathcal{S}_t$ gibt die als „Ereignisse" zu interpretierenden Teilmengen von $\underset{t\in T}{\bigtimes} \Omega_t$ an.

4.2 Koppelung von Zufallsexperimenten, Satz von Kolmogoroff

Bei der mathematischen Beschreibung eines Zufallsexperimentes ist neben dem Ausgangsraum Ω und der Ereignis-σ-Algebra $\mathcal{S}$ die Angabe eines W-Maßes P auf $\mathcal{S}$ erforderlich. Um also die Koppelung von Zufallsexperimenten $(\Omega_t, \mathcal{S}_t, P_t), t \in T$, zu einem Gesamtexperiment $(\Omega, \mathcal{S}, P)$ erfassen zu können, benötigen wir neben

$$\Omega = \underset{t\in T}{\bigtimes} \Omega_t \quad \text{und} \quad \mathcal{S} = \bigotimes_{t\in T} \mathcal{S}_t$$

noch ein W-Maß P, das die „Zufallsabhängigkeit" in diesem Gesamtexperiment beschreibt. Zur Illustration sei an das Beispiel (3.51) erinnert:

(4.6) Beispiel

Es seien

$$(\hat{\Omega}, \hat{\mathcal{S}}, \hat{P}) = (\mathbb{R}^2, \mathbb{B}^2, P^{(X_1, X_2)}) = (\mathbb{R}^2, \mathbb{B}^2, \mathcal{R}((-1,-1),(1,1))),$$
$$(\hat{\hat{\Omega}}, \hat{\hat{\mathcal{S}}}, \hat{\hat{P}}) = (\mathbb{R}^2, \mathbb{B}^2, P^Y) \text{ mit } Y = (X_1, X_1).$$

Für die zugehörigen (eindimensionalen) Marginalverteilungen gilt (nach (3.45))

$$\hat{P}^{\pi_1} = \mathcal{R}(-1,1) = \hat{\hat{P}}^{\pi_1}, \qquad \hat{P}^{\pi_2} = \mathcal{R}(-1,1) = \hat{\hat{P}}^{\pi_2},$$

d.h. für die beiden völlig unterschiedlichen Zufallsexperimente ergeben sich dieselben Marginalverteilungen. $\square$

Dies zeigt bereits, daß die Angabe von Einzelexperimenten $(\Omega_t, \mathcal{S}_t, P_t)$ – in Beispiel (4.6) die Angabe der Marginalexperimente – i.a. *nicht* zur Festlegung des Gesamtexperimentes ausreicht. An dem Beispiel (3.51)/(4.6) erkennt man außerdem, daß dies darauf zurückzuführen ist, daß aus der Angabe der Einzelexperimente i.a. nichts über deren Zusammenhang hervorgeht: Während bei dem Experiment $(\hat{\hat{\Omega}}, \hat{\hat{\mathcal{S}}}, \hat{\hat{P}})$ die beiden Marginalexperimente entsprechend der Definition von Y in einer extrem starken Abhängigkeit stehen, kann man bei $(\hat{\Omega}, \hat{\mathcal{S}}, \hat{P})$ aus der Kenntnis eines Marginalexperimentes keinerlei Rückschlüsse auf das andere Experiment ziehen: Für alle $B_1, B_2 \in \mathbb{B}^1$ gilt

$$(\star) \qquad \hat{P}(B_1 \times B_2) = \int_{B_1 \times B_2} \frac{1}{4} 1_{(-1;1)^2} d\lambda^2 = \hat{P}^{\pi_1}(B_1)\hat{P}^{\pi_2}(B_2),$$

d.h. $\hat{P}$ ist das Produktmaß (s. (A.97)) der Marginalmaße – eine Änderung in einer Seite der Rechteckmenge $B_1 \times B_2$ wirkt sich nur in der Änderung der entsprechenden Marginalwahrscheinlichkeit aus, ohne den anderen Faktor zu beeinflussen.

Da allgemein das Produktmaß $P_1 \otimes P_2$ zweier (W-)Maße $P_i | \mathcal{S}_i$ gerade durch die Eigenschaft

$$P_1 \otimes P_2(A_1 \times A_2) = P_1(A_1)P_2(A_2) \qquad \forall\, A_i \in \mathcal{S}_i,\ i = 1,2$$

charakterisiert ist (s. (A.97)), *definiert* man die Unabhängigkeit von Zufallsexperimenten in der folgenden Weise:

(4.7) Definition

Gilt für das Zufallsexperiment $(\Omega, \mathcal{S}, P)$

$$\Omega = \underset{i=1}{\overset{n}{\times}} \Omega_i, \quad \mathcal{S} = \bigotimes_{i=1}^{n} \mathcal{S}_i,$$

wobei die $\mathcal{S}_i$ σ-*Algebren über* Ω_i *sind, und*

$$P = \bigotimes_{i=1}^{n} P_i,$$

wobei die P_i *W-Maße auf* $\mathcal{S}_i$ *sind, so heißt* $(\Omega, \mathcal{S}, P)$ *die* (stochastisch) unabhängige Koppelung *der Zufallsexperimente* $(\Omega_i, \mathcal{S}_i, P_i)$, $1 \leq i \leq n$.

Unabhängige Koppelungen von Zufallsexperimenten stellen somit den Spezialfall dar, daß die „gemeinsame" Verteilung das Produktmaß der Einzelverteilungen ist. Für die „Praxis" hat die Definition (4.7) insofern den Charakter eines Axioms (im Sinne der Listen (1.11) und (2.29)), als dadurch ein mathematisches Modell für zufallsabhängige Experimente, die sich gegenseitig nicht beeinflussen, angegeben wird.

Während man also bei einem gegebenen W-Maß P über $(\underset{i=1}{\overset{n}{\times}} \Omega_i, \overset{n}{\underset{i=1}{\bigotimes}} \mathcal{S}_i)$ stets durch $P_i := P^{\pi_i}$, $1 \leq i \leq n$, eindeutig bestimmte Marginalmaße über den $(\Omega_i, \mathcal{S}_i)$ erhält, $1 \leq i \leq n$, benötigt man für die umgekehrte Richtung – die Festlegung von P aufgrund der Kenntnis von Marginalmaßen P_i – zusätzliche Informationen. Die „gegenseitige Nicht-Beeinflussung" ist z.B. eine solche Information – sie führt zum Produktmaß. Im allgemeinen wird man es jedoch bei zufallsabhängigen „Experimenten" nicht mit unabhängigen Koppelungen zu tun haben – so werden z.B. Körpergröße und Gewicht (von Menschen) i.a. „positiv korreliert" sein, bei zeitlichen Entwicklungen wie z.B. Temperaturverläufen (s. (1.5)h)) wird die Vergangenheit die Gegenwart erheblich beeinflussen.

Im folgenden wollen wir nun der Frage nachgehen, wann zu vorgegebenen Einzelverteilungen ein Wahrscheinlichkeitsmaß auf dem Produktraum existiert, das die vorgegebenen Verteilungen als Marginalverteilungen besitzt.

Es seien also wieder $T \neq \emptyset$ eine beliebige Indexmenge, $(\Omega_t, \mathcal{S}_t)_{t \in T}$ eine Familie meßbarer Räume, und $\mathcal{H} = \mathcal{H}(T) := \{J \subset T : 0 < |J| < \infty\}$

das System der endlichen nicht-leeren Teilmengen von T. Als erstes vermerken wir, daß (nach (4.4)) alle Projektionen

$$\pi_J : \underset{t\in T}{\times}\, \Omega_t \to \underset{t\in J}{\times}\, \Omega_t$$

$(\underset{t\in T}{\bigotimes} \mathcal{S}_t, \underset{t\in J}{\bigotimes}\mathcal{S}_t)$-meßbar sind und daß daher für den Fall, daß über dem Produktraum $(\underset{t\in T}{\times}\, \Omega_t, \underset{t\in T}{\bigotimes}\mathcal{S}_t)$ ein Wahrscheinlichkeitsmaß P gegeben ist, die induzierten Maße P^{π_J} Wahrscheinlichkeitsmaße über $(\underset{t\in J}{\times}\, \Omega_t, \underset{t\in J}{\bigotimes}\mathcal{S}_t)$ sind.

(4.8) Definition

Ist P ein W-Maß über $(\underset{t\in T}{\times}\, \Omega_t, \underset{t\in T}{\bigotimes}\mathcal{S}_t)$ und gilt $J \in \mathcal{H}(T)$, so heißt
P^{π_J} *die $|J|$-dimensionale* Rand- *oder* Marginalverteilung *von P über*
$(\underset{t\in J}{\times}\, \Omega_t, \underset{t\in J}{\bigotimes}\mathcal{S}_t)$.

Wegen $\pi_J = \pi_J^K \circ \pi_K$ für alle $K \in \mathcal{H}(T)$ mit $K \supset J$ sind dabei die endlich-dimensionalen Randverteilungen in dem Sinne *verträglich*, daß gilt

$$P^{\pi_J} = (P^{\pi_K})^{\pi_J^K}.$$

(4.9) Definition

Für alle $J \in \mathcal{H}(T)$ seien W-Maße P_J über $(\underset{t\in J}{\times}\, \Omega_t, \underset{t\in J}{\bigotimes}\mathcal{S}_t)$ gegeben.

Dann heißt die Gesamtheit

$$\{P_J : J \in \mathcal{H}(T)\}$$

verträglich *oder* konsistent, *wenn gilt*

$$P_J = (P_K)^{\pi_J^K} \qquad \forall J, K \in \mathcal{H}(T) : J \subset K.$$

Insbesondere gilt also

(4.10) Anmerkung

Die endlich-dimensionalen Marginalmaße P^{π_J} eines W-Maßes P auf $(\underset{t\in T}{\times}\, \Omega_t, \underset{t\in T}{\bigotimes}\mathcal{S}_t)$ sind konsistent. $\qquad\qquad\square$

Wenn wir nun die Frage stellen, ob zu gegebenen Wahrscheinlichkeitsverteilungen P_J über $(\underset{t\in J}{\times}\, \Omega_t, \underset{t\in J}{\bigotimes}\mathcal{S}_t)$ ein Wahrscheinlichkeitsmaß P über

$(\underset{t\in T}{\times}\, \Omega_t, \underset{t\in T}{\bigotimes}\, \mathcal{S}_t)$ existiert, dessen Marginalverteilungen P^{π_J} gerade die P_J sind, so werden wir nach (4.10) wenigstens verlangen müssen, daß die P_J konsistent sind.

Wir wollen nun zeigen, daß diese Bedingung zumindest im Fall $(\mathrm{I\!R}^T, \mathrm{I\!B}^T)$ auch bereits hinreichend ist.

(4.11) Satz (von Kolmogoroff)

> *Es sei T eine beliebige nicht-leere Indexmenge; zu jedem $J \in \mathcal{H}(T)$ sei ein W-Maß P_J über $(\mathrm{I\!R}^J, \mathrm{I\!B}^J)$ gegeben. Dann gilt: Es gibt ein W-Maß P über $(\mathrm{I\!R}^T, \mathrm{I\!B}^T)$ mit $P_J = P^{\pi_J}$ für alle $J \in \mathcal{H}(T)$ genau dann, wenn $\{P_J : J \in \mathcal{H}(T)\}$ konsistent ist. Das W-Maß P ist dann eindeutig bestimmt.*

Beweis: a) Die Konsistenz der P^{π_J} bei gegebenem P wurde in (4.10) angemerkt.

b) Es ist also zu zeigen, daß aus der Konsistenz von $\{P_J : J \in \mathcal{H}(T)\}$ die Existenz eines P auf $(\mathrm{I\!R}^T, \mathrm{I\!B}^T)$ mit $P_J = P^{\pi_J}$ für alle $J \in \mathcal{H}(T)$ folgt. Dabei ist für endliches T nichts zu beweisen, da insbesondere P_T gegeben ist; im weiteren sei also vorausgesetzt, daß T unendlich ist. Der Beweis verläuft nun in vier Schritten:

1. Definition einer Mengenfunktion P_0 auf den endlich-dimensionalen Zylindermengen.

2. Nachweis, daß P_0 ein normierter Inhalt auf dem System der endlich-dimensionalen Zylindermengen ist.

3. Nachweis, daß P_0 auf einer geeigneten Mengenalgebra σ-additiv ist.

4. Folgerung der Behauptung von (4.11) mit Hilfe des Maßerweiterungssatzes (A.39).

(vgl. auch H. Bauer: „Wahrscheinlichkeitstheorie " (4. Aufl.) S. 60-64, 307-309). In den beiden ersten Schritten wird dabei noch der allgemeine Fall $(\underset{t\in T}{\times}\, \Omega_t, \underset{t\in T}{\bigotimes}\, \mathcal{S}_t)$ betrachtet; erst dann geht die spezielle Struktur ein.

zu 1: Zur Vereinfachung der Sprechweise sei entsprechend (4.1)b) vereinbart:

(4.12) Bezeichnungen

a) Für $J \in \mathcal{H}(T)$ heißt

$$Z \in \mathcal{Z}_J := \pi_J^{-1}\Big(\bigotimes_{j \in J} \mathcal{S}_j\Big)$$

eine J-Zylindermenge (mit meßbarer Basis); $\mathcal{Z}_J$ heißt σ-Algebra der J-Zylindermengen (mit meßbarer Basis).

b) $\mathcal{Z} := \bigcup_{J \in \mathcal{H}(T)} \mathcal{Z}_J$ heißt System der endlich-dimensionalen Zylindermengen (mit meßbarer Basis).

Nach (A.50) ist $\mathcal{Z}_J$ tatsächlich (für jedes $J \in \mathcal{H}(T)$) eine σ-Algebra über $\Omega_T := \underset{t \in T}{\times}\, \Omega_t$; durch Überprüfen der definierenden Eigenschaften (A.7) zeigt man, daß $\mathcal{Z}$ eine Mengenalgebra über Ω_T ist.

Wenn nun überhaupt ein W-Maß P mit den gewünschten Eigenschaften existiert, dann muß es jeder Zylindermenge $Z = \pi_J^{-1}(A)$ mit $J \in \mathcal{H}(T), A \in \bigotimes_{j \in J} \mathcal{S}_j$, den Wert $P(Z) = P_J(A)$ zuordnen. Damit dies aber zu einer sinnvollen Definition einer Mengenfunktion auf $\mathcal{Z}$ führt, darf der Wert $P(Z)$ nur von Z selbst, nicht jedoch von der speziellen Darstellung von Z abhängen:

(4.13) Hilfssatz
　　　Durch

$$P_0(\pi_J^{-1}(A)) := P_J(A), \qquad J \in \mathcal{H}, \ A \in \bigotimes_{t \in J} \mathcal{S}_t$$

wird eine Funktion $P_0 : \mathcal{Z} \to \mathbb{R}^1$ *definiert.*

Beweis: Es ist die Wohldefiniertheit zu zeigen: dazu seien $Z = \pi_J^{-1}(A) = \pi_K^{-1}(B)$ zwei Darstellungen von Z mittels $J, K \in \mathcal{H}, A \in \bigotimes_{t \in J} \mathcal{S}_t, B \in \bigotimes_{t \in K} \mathcal{S}_t$.

a) Es gelte $J \subset K$. Dann folgt wegen $\pi_J^{-1}(A) = \pi_K^{-1}((\pi_J^K)^{-1}(A))$ für $B' := (\pi_J^K)^{-1}(A)$

$$\pi_K^{-1}(B) = \pi_K^{-1}(B').$$

Als Projektion ist $\pi_K : \Omega_T \to \Omega_K$ surjektiv und somit gilt $B = B' = (\pi_J^K)^{-1}(A)$ und weiter wegen $(P_K)^{\pi_J^K} = P_J$

$$P_K(B) = P_J(A).$$

b) Sind J und K beliebig, so setze man $L := J \cup K$. Dann gibt es wegen $\mathcal{Z}_J \subset \mathcal{Z}_L, \mathcal{Z}_K \subset \mathcal{Z}_L$ ein $C \in \bigotimes_{t \in L} \mathcal{S}_t$ mit $\pi_J^{-1}(A) = \pi_L^{-1}(C) = \pi_K^{-1}(B)$ und somit folgt nach a)

$$P_J(A) = P_L(C) = P_K(B). \qquad \qquad \square$$

zu 2:

(4.14) Hilfssatz
Die in (4.13) definierte Funktion P_0 ist ein Inhalt auf $\mathcal{Z}$.

Beweis: Die Eigenschaften (i) $P_0(\emptyset) = 0$ und (ii) $P_0(Z) \geq 0 \; \forall Z \in \mathcal{Z}$ (aus (A.27)a)) sind offensichtlich erfüllt.

(iii) Für $Z_1, Z_2 \in Z$ mit $Z_1 \cap Z_2 = \emptyset$ gibt es nach dem vorigen Beweis ein (gemeinsames) $J \in \mathcal{H}$ mit $Z_i \in \pi_J^{-1}(\bigotimes_{t\in J} \mathcal{S}_t)$, d.h. es gibt $A, B \in \bigotimes_{t\in J} \mathcal{S}_t$ mit $Z_1 = \pi_J^{-1}(A), Z_2 = \pi_J^{-1}(B)$, wobei wegen $Z_1 \cap Z_2 = \emptyset$ auch $A \cap B = \emptyset$ gilt. Wegen $Z_1 + Z_2 = \pi_J^{-1}(A + B)$ ergibt sich somit

$$P_0(Z_1 + Z_2) = P_J(A + B) = P_J(A) + P_J(B) = P_0(Z_1) + P_0(Z_2),$$

d.h. P_0 ist (endlich) additiv; überdies gilt $P_0(\Omega_T) = P_{t_0}(\Omega_{t_0}) = 1$ ($t_0 \in T$ beliebig). $\qquad\qquad\square$

Für $\mathcal{A}_J := \alpha(\{\pi_J^{-1}(A_J) : A_J = \underset{t\in J}{\times} E_t, E_t \in \mathcal{E}^1\}) = \pi_J^{-1}(\mathcal{A}^{|J|})$ (vgl. (A.15), (A.16)) gilt dabei insbesondere $\mathcal{A}_J \subset \mathcal{Z}_J$ für alle $J \in \mathcal{H}$ und somit $\mathcal{A} := \bigcup_{J\in\mathcal{H}} \mathcal{A}_J \subset \mathcal{Z}$. Andererseits ergibt sich $\sigma(\mathcal{A}_J) = \mathcal{Z}_J \; \forall J \in \mathcal{H}$ und somit

$$\mathcal{Z} = \bigcup_{J\in\mathcal{H}} \sigma(\mathcal{A}_J) \subset \sigma(\bigcup_{J\in\mathcal{H}} \mathcal{A}_J)$$

d.h.

$$\bigotimes_{t\in T} \mathcal{S}_t = \sigma(\mathcal{Z}) = \sigma(\mathcal{A}).$$

Schließlich ist $\mathcal{A}$ (ebenso wie Z) eine Mengenalgebra über $\Omega_T = \mathrm{IR}^T$; nach dem obigen ist somit P_0 auch ein Inhalt auf $\mathcal{A}$.

zu 3:

Zum Nachweis der σ-Additivität von $P_0|\mathcal{A}$ zeigen wir (s. (A.34)) die Stetigkeit von P_0 in $\emptyset$: Es sei also $(G_n)_{n\in\mathrm{IN}}$ eine antitone Folge von Mengen $G_n \in \mathcal{A}$ mit $r := \inf_n P_0(G_n) > 0$; es ist dann zu zeigen, daß $\bigcap_{n=1}^{\infty} G_n \neq \emptyset$ gilt. Jedes G_n ist von der Form

$$(\star) \qquad\qquad G_n = \pi_{J_n}^{-1}(A_n) \quad \text{mit} \quad A_n \in \mathcal{A}^{|J_n|}, J_n \in \mathcal{H},$$

wobei man o.B.d.A. annehmen kann, daß $J_n \subset J_{n+1}$ für alle $n \in \mathrm{IN}$ (sonst würde man zu $J_n' := \bigcup_{\nu \leq n} J_\nu$ übergehen). Die Elemente $A \in \mathcal{A}^{|J_n|}$ sind nach (A.16) endliche Summen von $|J_n|$-fachen Produkten linksseitig offener, rechtsseitig abgeschlossener Intervalle. Diese lassen sich dem Maß P_J nach von innen her beliebig genau durch endliche Summen von Produkten abgeschlossener Intervalle approximieren (Stetigkeit von P_J). Daraufhin wählen wir zu jedem A_n in $(\star)$ ein $B_n \in \mathrm{I\!B}^{J_n}$ mit $B_n \subset A_n, B_n$ kompakt, $P_{J_n}(A_n - B_n) \leq r/2^{n+1}$. Dann gilt für $G'_n := \pi_{J_n}^{-1}(B_n)$

$$G'_n \subset G_n, \quad P_0(G_n - G'_n) = P_{J_n}(A_n - B_n) \leq r/2^{n+1}.$$

Um wieder eine antitone Folge zu erhalten, definieren wir $G''_n := \bigcap_{i \leq n} G'_i$; es gilt dann

$$(\star\star) \qquad\qquad G''_{n+1} \subset G''_n \subset G_n.$$

Aus der Antitonie der G_n folgt

$$G_n - G''_n = G_n \cap (G''_n)^c = \bigcup_{i \leq n}(G_n \cap G'^c_i) \subset \bigcup_{i \leq n}(G_i \cap G'^c_i) = \bigcup_{i \leq n}(G_i - G'_i);$$

weil $P_0|\mathcal{Z}$ ein Inhalt ist, erhält man also

$$P_0(G_n - G''_n) \leq \sum_{i \leq n} P_0(G_i - G'_i) \leq \frac{r}{2}.$$

Hieraus folgt zusammen mit der Annahme $\inf_n P_0(G_n) = r > 0$, daß

$$P_0(G''_n) = P_0(G_n) - P_0(G_n - G''_n) \geq \frac{r}{2}$$

ist, also auch $G''_n \neq \emptyset$ für alle $n \in \mathrm{I\!N}$.

Behauptung: Für alle $n \in \mathrm{I\!N}$ gilt

$$G''_n = \pi_{J_n}^{-1}(C_n), \quad \text{wobei} \quad C_n \in \mathrm{I\!B}^{J_n}, \ C_n \text{ kompakt.}$$

Beweis: Es ist $G''_1 = G'_1 = \pi_{J_1}^{-1}(B_1)$, wobei $C_1 := B_1$ kompakt ist. Durch vollständige Induktion folgt wegen $J_n \subset J_{n+1}$ und somit $\pi_{J_n} = \pi_{J_n}^{J_{n+1}} \circ \pi_{J_{n+1}}$:

$$G''_{n+1} = G'_{n+1} \cap G''_n = \pi_{J_{n+1}}^{-1}(B_{n+1}) \cap \pi_{J_n}^{-1}(C_n) = \pi_{J_{n+1}}^{-1}(B_{n+1} \cap (\pi_{J_n}^{J_{n+1}})^{-1}(C_n)),$$

wobei B_{n+1} kompakt ist und $(\pi_{J_n}^{J_{n+1}})^{-1}(C_n)$ gleich dem Urbild einer kompakten Menge bei der stetigen Abbildung

$$\pi_{J_n}^{J_{n+1}} : \mathrm{I\!R}^{J_{n+1}} \to \mathrm{I\!R}^{J_n},$$

insbesondere also abgeschlossen ist.

$$C_{n+1} := B_{n+1} \cap (\pi_{J_n}^{J_{n+1}})^{-1}(C_n)$$

ist also eine kompakte Menge aus $\mathrm{I\!B}^{J_{n+1}}$ mit $G''_{n+1} = \pi_{J_{n+1}}^{-1}(C_{n+1})$. $\qquad\square$

Da die G''_n nicht-leer sind, gibt es für jedes $n \in \mathrm{I\!N}$ Punkte $x_n \in \mathrm{I\!R}^T$ mit $x_n \in G''_n$. Wegen $(\star\star)$ und der obigen Behauptung gilt dann für diese Punkte

$$x_{n+m} \in \bar{G}''_{n+m} \subset G''_n = \pi_{J_n}^{-1}(C_n) \quad \text{für alle } n \in \mathrm{I\!N},\ m \in \mathrm{I\!N},$$

d.h. also $\pi_{J_n}(x_{n+m}) \in C_n$ für alle $n \in \mathrm{I\!N}, m \in \mathrm{I\!N}$. Es gilt also insbesondere $\pi_{J_1}(x_{1+m}) \in C_1$ für alle $m \in \mathrm{I\!N}$, so daß wegen der Kompaktheit von C_1 eine Teilfolge $(m_{1,j})_{j\in\mathrm{I\!N}}$ von $(1+m)_{m\in\mathrm{I\!N}}$ existiert und ein $y_1 \in C_1$ mit $\lim_{j\to\infty} \pi_{J_1}(x_{m_{1j}}) = y_1$. Induktiv folgert man nun für alle $k \in \mathrm{I\!N}$ die Existenz von Teilfolgen $(m_{k,j})_{j\in\mathrm{I\!N}}$ von $(m_{k-1,j})_{j\in\mathrm{I\!N}}$ mit $m_{k,1} > k$ und Punkten $y_k \in C_k$ mit $\lim_{j\to\infty} \pi_{J_k}(x_{m_{k,j}}) = y_k$. Dabei gilt außerdem wegen der Stetigkeit der Projektion und $J_{k-1} \subset J_k$

$$\lim_{j\to\infty} \pi_{J_{k-1}}(x_{m_{k,j}}) = \lim_{j\to\infty} \pi_{J_{k-1}}^{J_k}(\pi_{J_k}(x_{m_{k,j}})) = \pi_{J_{k-1}}^{J_k}(y_k),$$

andererseits wegen der Teilfolgeeigenschaft von $(m_{k,j})_{j\in\mathrm{I\!N}}$

$$\lim_{j\to\infty} \pi_{J_{k-1}}(x_{m_{k,j}}) = y_{k-1},$$

insgesamt ergibt sich also

$$(\star\star\star) \qquad\qquad \pi_{J_{k-1}}^{J_k}(y_k) = y_{k-1}.$$

Daraufhin gilt insbesondere $\lim_{j\to\infty} \pi_{J_i}(x_{m_{k,j}}) = y_i$ für alle $i \leq k$. Wählt man nun die Diagonalfolge $(m_{k,k})_{k\in\mathrm{I\!N}}$, so folgt für alle $i \in \mathrm{I\!N}$

$$\lim_{k\to\infty} \pi_{J_i}(x_{m_{k,k}}) = y_i.$$

Definiert man nun $x \in \mathrm{I\!R}^T$ durch

$$x_t := \begin{cases} \pi_t(y_i), & \text{falls } \exists i \in \mathrm{I\!N} \text{ mit } t \in J_i \\ 0 & \text{falls } t \in T - \bigcup_{i=1}^{\infty} J_i, \end{cases}$$

so ist das eine sinnvolle Definition, da nach Konstruktion $(\star\star\star)$

$$\pi_t(y_i) = \pi_t(y_\ell) \quad \text{falls} \quad t \in J_i \cap J_\ell.$$

Behauptung: Für alle $n \in \mathbb{N}$ gilt

$$\pi_{J_n}(x) = y_n.$$

Beweis: Für $n = 1$ ist die Behauptung nach Definition richtig. Der Induktionsschritt ergibt sich aus

$$\pi_{J_{n+1}}(x) = \begin{cases} \pi_{J_n}(x) & \text{auf } J_n \\ \pi_{J_{n+1}}(x) & \text{auf } J_{n+1} - J_n \end{cases} = \begin{cases} y_n & \text{auf } J_n \\ \pi_{J_{n+1}}(y_{n+1}) & \text{auf } J_{n+1}-J_n \end{cases}$$

$$= \begin{cases} \pi_{J_n}^{J_{n+1}}(y_{n+1}) & \text{auf } J_n \\ \pi_{J_{n+1}}(y_{n+1}) & \text{auf } J_{n+1} - J_n \end{cases} = y_{n+1}.$$

Es gilt also $\pi_{J_n}(x) = y_n \in C_n$ für alle $n \in \mathbb{N}$ und somit $x \in \pi_{J_n}^{-1}(C_n) = G_n''$ für alle $n \in \mathbb{N}$. Also folgt

$$x \in \bigcap_{n=1}^{\infty} G_n'' \subset \bigcap_{n=1}^{\infty} G_n$$

und somit $\bigcap_{n=1}^{\infty} G_n \neq \emptyset$.

zu 4:

Damit sind alle Hilfsmittel zum Beweis von (4.11) bereitgestellt: Wenn überhaupt ein Maß P mit der angegebenen Eigenschaft existiert, dann muß es auf $\mathcal{Z}$ mit P_0 übereinstimmen. Nach 2. und 3. ist P_0 aber ein normiertes Prämaß auf $\mathcal{A} \subset \mathcal{Z}$, wobei gilt $\mathbb{B}^T = \sigma(\mathcal{A})$. Der Maßerweiterungssatz (A.39) liefert also, daß es genau eine Fortsetzung von $P_0|\mathcal{A}$ zu einem Wahrscheinlichkeitsmaß P auf $\mathbb{B}^T$ gibt. Wegen $P|\mathcal{A} = P_0|\mathcal{A}$ gilt dann auch

$$P(\pi_J^{-1}(A_J)) = P_J(A_J) \, \forall A_J = \underset{t \in J}{\times} E_t, \quad E_t \in \mathcal{E}^1,$$

und somit nach dem Eindeutigkeitssatz (A.38) $P^{\pi_J} = P_J$ für alle $J \in \mathcal{H}$, insbesondere also auch $P|\mathcal{Z} = P_0|\mathcal{Z}$. $\square$

(4.15) Bemerkung

Die Implikation des Satzes von Kolmogoroff gilt natürlich auch für den Fall, daß für alle $t \in T$ gilt

$$(\Omega_t, \mathcal{S}_t) = (\mathbb{R}^{n_t}, \mathbb{B}^{n_t}) \text{ mit } n_t \in \mathbb{N}.$$

Eine weitere Verallgemeinerung auf polnische Räume (d.h. topologische Räume mit abzählbarer Basis, für die eine die Topologie definierende vollständige Metrik existiert) ist möglich (vgl. Bauer l.c.). Man kommt jedoch nicht ohne topologische Voraussetzungen an die meßbaren Räume $(\Omega_t, \mathcal{A}_t)$ aus (E.S. Andersen/B. Jessen: On the introduction of measures in infinite product sets (1964)).

Wendet man den Satz von Kolmogoroff insbesondere auf den Fall an, daß die P_J die Produktmaße $P_J = \bigotimes_{t \in J} P_t$ sind, so ist die Konsistenzbedingung trivialerweise erfüllt

$$P_J(A) = P_J(A) \cdot \underbrace{P_{K-J}(\underset{t \in K-J}{\times} \Omega_t)}_{=1} = P_K(A \overset{.}{\times} \underset{t \in K-J}{\times} \Omega_t)$$

(wobei in $A \overset{.}{\times} \underset{t \in K-J}{\times} \Omega_t$ die „richtige"Reihenfolge der Faktorenmengen gemeint ist), d.h. $P_J = (P_K)^{\pi_J^K}$ für alle $J, K \in \mathcal{H}(T)$ mit $J \subset K$.

Daraufhin liefert der Satz von Kolmogoroff (4.11)

(4.16) Satz (Spezialfall des Produktwahrscheinlichkeitssatzes von Andersen/Jessen)

$(\Omega_t, \mathcal{S}_t, P_t)_{t \in T}$ *sei eine Familie von Wahrscheinlichkeitsräumen mit* $(\Omega_t, \mathcal{S}_t) = (\mathbb{R}^1, \mathbb{B}^1)\ \forall t \in T$. *Dann gibt es genau ein Maß P auf* $\bigotimes_{t \in T} \mathcal{S}_t$ *mit*

$$(+) \qquad\qquad P^{\pi_J} = P_J \quad \forall J \in \mathcal{H}(T).$$

P ist ein Wahrscheinlichkeitsmaß.

Es sei jedoch angemerkt, daß man den Produktwahrscheinlichkeitssatz auch ohne topologische Voraussetzungen beweisen kann.

Insbesondere hat hier also jede Menge $A = \pi_J^{-1}(\underset{t \in J}{\times} A_t)$ mit $A_t \in \mathcal{S}_t$ die Wahrscheinlichkeit

$$P(A) = P(\pi_J^{-1}(\underset{t \in J}{\times} A_t)) = P^{\pi_J}(\underset{t \in J}{\times} A_t) = P_J(\underset{t \in J}{\times} A_t) = \prod_{t \in J} P_t(A_t).$$

In Verallgemeinerung unserer früheren Begriffsbildung (4.7) definieren wir daher:

(4.17) Definition

    a) *Das zu $(\Omega_t, \mathcal{S}_t, P_t)_{t \in T}$ eindeutig bestimmte Wahrscheinlichkeitsmaß P mit der Eigenschaft* (+) *heißt* Produktmaß *der* $(P_t)_{t \in T}$; *es wird mit* $\bigotimes_{t \in T} P_t$ *bezeichnet.*

b) *Das Zufallsexperiment*

$$\left(\bigtimes_{t\in T} \Omega_t, \bigotimes_{t\in T} \mathcal{S}_t, \bigotimes_{t\in T} P_t \right)$$

heißt Produktwahrscheinlichkeitsraum *oder* (stochastisch) unabhängige Koppelung *der Zufallsexperimente* $(\Omega_t, \mathcal{S}_t, P_t)_{t\in T}$; *es wird auch mit* $\bigotimes_{t\in T}(\Omega_t, \mathcal{S}_t, P_t)$ *bezeichnet.*

Insbesondere ist mit dem Satz (4.16) sichergestellt, daß ein mathematisches Modell für die unendlich-oft-malige unabhängige Wiederholung eines Zufallsexperiments – z.B. eines Würfelwurfs mit einem „fairen" Würfel – bereitsteht: Gilt für $(\Omega_n, \mathcal{S}_n, P_n)$

$$\Omega_n = \hat{\Omega}, \mathcal{S}_n = \hat{\mathcal{S}}, P_n = \hat{P} \quad \text{für alle } n \in \mathbb{N},$$

so schreibt man für

$$\bigotimes_{n\in\mathbb{N}}(\Omega_n, \mathcal{S}_n, P_n) = \left(\bigtimes_{n\in\mathbb{N}} \Omega_n, \bigotimes_{n\in\mathbb{N}} \mathcal{S}_n, \bigotimes_{n\in\mathbb{N}} P_n \right)$$

auch $\bigotimes_{n\in\mathbb{N}}(\hat{\Omega}, \hat{\mathcal{S}}, \hat{P})$ und verwendet diesen Wahrscheinlichkeitsraum als Modell für die unendliche unabhängige Wiederholung von $(\hat{\Omega}, \hat{\mathcal{S}}, \hat{P})$ – z.B. beim Würfelwurf mit $\hat{\Omega} = \{1, \ldots, 6\}, \hat{\mathcal{S}} = \mathcal{P}(\{1, \ldots, 6\}), \hat{P} = P_L|\{1, \ldots, 6\}$.

Daraufhin steht auch das Rüstzeug bereit, um demnächst (s. §6) (starke) Konvergenzaussagen für Folgen von Zufallsgrößen machen zu können – zur Beschreibung einer stochastisch unabhängigen *Folge* von Zufallsexperimenten benötigt man gerade ein (abzählbar) unendliches Produktmaß.

Zunächst soll jedoch der Begriff der stochastischen Unabhängigkeit genauer untersucht werden.

4.3 Stochastisch unabhängige Ereignisse; 0-1-Gesetze

Als Modell für das Ausführen von zwei sich gegenseitig nicht beeinflussenden Zufallsexperimenten $(\Omega_i, \mathcal{S}_i, P_i), i = 1, 2$, benutzen wir die (stochastisch) unabhängige Koppelung

$$(\Omega_1 \times \Omega_2, \mathcal{S}_1 \otimes \mathcal{S}_2, \ P_1 \otimes P_2)$$

(vgl. (4.7)). Dabei gilt für die Zylindermengen

$$\tilde{A}_1 = A_1 \times \Omega_2, \ A_1 \in \mathcal{S}_1, \ \text{bzw.} \ \tilde{A}_2 = \Omega_1 \times A_2, \ A_2 \in \mathcal{S}_2,$$

die offensichtlich zu $\mathcal{S}_1 \otimes \mathcal{S}_2$ gehören:

$$(P_1 \otimes P_2)((A_1 \times \Omega_2) \cap (\Omega_1 \times A_2)) = (P_1 \otimes P_2)(A_1 \times A_2)$$
$$= P_1(A_1) \cdot P_2(A_2) = (P_1 \otimes P_2)(A_1 \times \Omega_2) \cdot (P_1 \otimes P_2)(\Omega_1 \times A_2),$$

also

$$(P_1 \otimes P_2)(\tilde{A}_1 \cap \tilde{A}_2) = (P_1 \otimes P_2)(\tilde{A}_1) \cdot (P_1 \otimes P_2)(\tilde{A}_2).$$

Umgekehrt führte diese Eigenschaft gerade zu der Bezeichnung „(stochastisch) *unabhängige* Koppelung der Zufallsexperimente $(\Omega_i, \mathcal{S}_i, P_i)$".

Andererseits kann die Produktrelation

$$P(B_1 \cap B_2) = P(B_1) \cdot P(B_2)$$

aber natürlich auch für Ereignisse B_i in einem Zufallsexperiment $(\Omega, \mathcal{S}, P)$ gelten, bei dem weder Ω das kartesische Produkt zweier Räume Ω_i, noch $\mathcal{S}$ eine Produkt-σ-Algebra, noch P ein Produktmaß ist.

(4.18) Beispiel

Es seien

$$\Omega = \{1, \ldots, 6\}, \mathcal{S} = \mathcal{P}(\Omega), \ p_i = \frac{1}{6}, \ i \in \{1, \ldots, 6\}$$

(Würfelwurf mit einem „fairen" Würfel) und $A_1 = \{2, 4, 6\}, \ A_2 = \{1, 2\}$. Dann gilt

$$P(A_1 \cap A_2) = \frac{1}{6} = \frac{1}{2} \cdot \frac{1}{3} = P(A_1) \cdot P(A_2).$$

Dies spiegelt eine gewisse „Unabhängigkeit" der Ereignisse A_1 und A_2 wider: Aus der Kenntnis „A_1 tritt ein" kann man zwar schließen, daß von den beiden Werte 1 und 2 nur die 2 vorliegen kann, da die 2 jedoch gerade einer der drei gleichwahrscheinlichen Werte 2,4,6 ist, bleibt weiterhin die Chance, daß A_2 eintritt, gleich $\frac{1}{3}$. Das Eintreffen von A_1 gibt also keinerlei Hinweise auf die Chance des Eintretens von A_2. Umgekehrt ergeben sich aus der Kenntnis, daß A_2 eintritt, keinerlei Hinweise auf die Chance des Eintretens von A_1. Für $A_3 = \{1\}$ gilt dagegen

$$P(A_1 \cap A_3) = P(\emptyset) = 0 \neq \frac{1}{2} \cdot \frac{1}{6} = P(A_1) \cdot P(A_3)$$

– und tatsächlich folgt aus dem Eintreten von A_1, daß A_3 sicherlich nicht eintreten kann – sowie

$$P(A_2 \cap A_3) = P(\{1\}) = \frac{1}{6} \neq \frac{1}{3} \cdot \frac{1}{6} = P(A_2) \cdot P(A_3). \qquad \square$$

(4.19) Definition

$(\Omega, \mathcal{S}, P)$ *sei ein Wahrscheinlichkeitsraum. Zwei Ereignisse A und $B \in \mathcal{S}$ heißen* stochastisch unabhängig *(unter P), wenn gilt*

$$P(A \cap B) = P(A) \cdot P(B),$$

sonst stochastisch abhängig*.*

Um diesen Begriff etwas genauer kennenzulernen, stellen wir zunächst einige *Eigenschaften stochastisch unabhängiger Ereignisse* zusammen:

(4.20) Lemma

a) *Mit A und B sind auch A und B^c, A^c und B, A^c und B^c stochastisch unabhängig.*

b) *Sind A und B sowie C und B stochastisch unabhängig und gilt $C \subset A$, so sind auch $A \backslash C$ und B stochastisch unabhängig.*

c) *Sind $A_n, n = 1, 2, \ldots$, paarweise disjunkt und sind A_n und B stochastisch unabhängig für alle $n \in \mathbb{N}$, so sind $\sum_{n \in \mathbb{N}} A_n$ und B stochastisch unabhängig.*

d) *Gilt für $N \in \mathcal{S}$, daß $P(N) = 0$ oder $P(N) = 1$, und ist $B \in \mathcal{S}$ beliebig, so sind N und B stochastisch unabhängig.*

e) *Ist $(A_n)_{n \in \mathbb{N}}$ eine isotone oder eine antitone Folge und sind A_n und B stochastisch unabhängig für jedes $n \in \mathbb{N}$, so sind $\lim_{n \to \infty} A_n$ und B stochastisch unabhängig.*

Beweis: a) $P(A \cap B^c) = P(A) - P(A \cap B) = P(A) \cdot (1 - P(B)) = P(A) \cdot P(B^c)$; analog folgt $P(A^c \cap B) = P(A^c) \cdot P(B)$ sowie $P(A^c \cap B^c) = P(A^c) \cdot P(B^c)$.
b) $P((A \backslash C) \cap B) = P(A \cap B) - P(C \cap B) = [P(A) - P(C)] \cdot P(B) =$

$P(A \backslash C) \cdot P(B)$.

c) $P(\sum_{n \in \mathbb{N}} A_n \cap B) = \sum_{n \in \mathbb{N}} P(A_n \cap B) = \sum_{n \in \mathbb{N}} P(A_n) \cdot P(B)$
$= P(\sum_{n \in \mathbb{N}} A_n) \cdot P(B)$.

d) Aus $P(N) = 0$ folgt $P(N \cap B) = 0 = P(N) \cdot P(B)$, und aus $P(N) = 1$
folgt $P(N \cap B) = P(B) = P(N) \cdot P(B)$; insbesondere sind also

$$\emptyset \text{ und beliebiges } B \text{ sowie } \Omega \text{ und beliebiges } B$$

stochastisch unabhängig.

e) Für $A_n \uparrow$ gilt nach b): $(A_n \backslash A_{n-1})$ und B sind stochastisch unabhängig
für $n \in \mathbb{N}, n > 1$. Somit sind nach c) $A_1 + \sum_{n=2}^{\infty}(A_n \backslash A_{n-1}) = \bigcup_{n=1}^{\infty} A_n =$
$\lim_{n \to \infty} A_n$ und B stochastisch unabhängig. Mit a) ergibt sich daraus auch
die Behauptung für $A_n \downarrow$. $\qquad\qquad\qquad\qquad\qquad\qquad\qquad\qquad\square$

Den Begriff der stochastischen Unabhängigkeit wird man über die paarweise Unabhängigkeit hinaus verallgemeinern wollen. Dabei liegt es nahe,
bei n Ereignissen $A_1, \ldots, A_n$ zu fordern

$$P(A_1 \cap \ldots \cap A_n) = P(A_1) \cdot \ldots \cdot P(A_n).$$

Da aber bei der Interpretation der stochastischen Unabhängigkeit als gegenseitige „Nichtbeeinflussung" z.B. die Wahrscheinlichkeit von $A_1 \cap \ldots \cap A_r$,
$r < n$, nicht davon berührt werden sollte, daß man dann noch $(n - r)$-mal
die triviale Angabe macht, daß irgendein $\omega \in \Omega$ eintritt, sollte dann auch
gelten

$$P(A_1 \cap \ldots \cap A_r) = P(A_1) \cdot \ldots \cdot P(A_r).$$

Daraufhin definiert man allgemein:

(4.21) Definition

> *Eine Familie $(A_i)_{i \in I}$ von Ereignissen $A_i \in \mathcal{S}$ heißt stochastisch unabhängig (bzgl. P), wenn für jedes $J \in \mathcal{H}(I)$ gilt:*

$$P(\bigcap_{i \in J} A_i) = \prod_{i \in J} P(A_i).$$

Häufig wird $I = \{1, \ldots, n\}$ oder $I = \mathbb{N}$ sein. In diesem Fall sagt man dann,
$A_1, \ldots, A_n$ bzw. $A_1, A_2, \ldots$, seien stochastisch unabhängig.

Daß man aus

$$P(A_1 \cap \ldots \cap A_n) = P(A_1) \cdot \ldots \cdot P(A_n)$$

nicht auf die stochastische Unabhängigkeit der A_i – nicht einmal auf die *paarweise stochastische Unabhängigkeit* der A_i, d.h. $P(A_i \cap A_j) = P(A_i)P(A_j)$ $\forall i \neq j$ schließen kann, zeigt das folgende Beispiel:

(4.22) Beispiel („3-facher Münzwurf")

Es seien

$\Omega = \{0,1\}^3, \mathcal{S} = \mathcal{P}(\Omega), p(\omega) = \frac{1}{8}$ $\forall \omega \in \Omega$ (Laplace-Verteilung über Ω),
$A = \{(0,0,0),(0,0,1),(0,1,0),(1,0,0)\}$ (mindestens zweimal 0),
$B = \{(1,0,0),(1,0,1),(1,1,0),(1,1,1)\}$ (erster Wurf 1)

und $C = A$.

Dann gilt zwar einerseits

$$P(A \cap B \cap C) = P(\{(1,0,0)\}) = \frac{1}{8} = P(A) \cdot P(B) \cdot P(C),$$

andererseits jedoch

$$P(A \cap C) = P(A) = \frac{1}{2} \neq \frac{1}{2}\frac{1}{2} = P(A) \cdot P(C). \qquad \square$$

Auch umgekehrt kann man nicht allgemein aus der paarweisen Unabhängigkeit auf die (globale) stochastische Unabhängigkeit schließen:

(4.23) Beispiel („2-facher Münzenwurf")

Es seien

$\Omega = \{0,1\}^2, \mathcal{S} = \mathcal{P}(\Omega), p(\omega) = \frac{1}{4}$ $\forall \omega \in \Omega$ (Laplace-Verteilung über Ω),
$A = \{(0,0),(0,1)\}$ (beim ersten Wurf 0)
$B = \{(0,0),(1,0)\}$ (beim zweiten Wurf 0)
$C = \{(0,1),(1,0)\}$ (zwei verschiedene Ergebnisse).

Dann ergibt sich zwar

$$P(A \cap B) = P(\{(0,0)\}) = \frac{1}{4} = P(A) \cdot P(B),$$

$$P(A \cap C) = P(\{(0,1)\}) = \frac{1}{4} = P(A) \cdot P(C),$$

$$P(B \cap C) = P(\{(1,0)\}) = \frac{1}{4} = P(B) \cdot P(C),$$

jedoch gilt

$$P(A \cap B \cap C) = P(\emptyset) = 0 \neq \frac{1}{8} = P(A) \cdot P(B) \cdot P(C). \qquad \square$$

Für unendliches I kann man jedoch aus der stochastischen Unabhängigkeit der Familie $(A_i)_{i \in I}$, die ja eine Produkteigenschaft nur für endliche Durchschnitte verlangt, auf die Produkteigenschaft für abzählbare Durchschnitte $\bigcap_{j \in I_a} A_j, I_a \subset I, I_a$ abzählbar, schließen:

(4.24) Anmerkung

$(A_i)_{i \in I}$ sei eine unabhängige Familie von Ereignissen, $J \subset I$ sei eine abzählbare Indexmenge. Dann gilt

$$P(\bigcap_{j \in J} A_j) = \prod_{j \in J} P(A_j).$$

Beweis: Wegen (A.35) gilt (o.B.d.A. sei $J = \mathbb{N}$):

$$
\begin{aligned}
P(\bigcap_{j=1}^{\infty} A_j) &= P(\lim_{n \to \infty} \bigcap_{j=1}^{n} A_j) = \lim_{n \to \infty} P(\bigcap_{j=1}^{n} A_j) \\
&= \lim_{n \to \infty} \prod_{j=1}^{n} P(A_j) = \prod_{j=1}^{\infty} P(A_j). \qquad \square
\end{aligned}
$$

Weiß man also z.B. bei jeweils endlich vielen Würfen einer unendlichen Würfelfolge, daß die Ergebnisse (stochastisch) unabhängig sind, so folgt daraus (s. (4.20)c)), daß sich die Wahrscheinlichkeit einer unendlichen Ereignisfolge als Produkt der (unendlich vielen) Einzelwahrscheinlichkeiten ergibt.

Zu Beginn hatten wir bemerkt, daß bei einer unabhängigen Koppelung

$$(\Omega_1 \times \Omega_2, \mathcal{S}_1 \otimes \mathcal{S}_2, P_1 \otimes P_2)$$

von Experimenten $(\Omega_i, \mathcal{S}_i, P_i)$ für alle Zylindermengen $\tilde{A}_1 = A_1 \times \Omega_2$ bzw. $\tilde{A}_2 = \Omega_1 \times A_2$ die Produktdarstellung

$$(P_1 \otimes P_2)(\tilde{A}_1 \cap \tilde{A}_2) = (P_1 \otimes P_2)(\tilde{A}_1) \cdot (P_1 \otimes P_2)(\tilde{A}_2)$$

gilt, d.h. die stochastische Unabhängigkeit für Systeme von Ereignissen $(\tilde{\mathcal{S}}_i = \pi_i^{-1}(\mathcal{S}_i))$ gegeben ist. Man wird daraufhin eine stochastische Unabhängigkeit auch für *Ereignissysteme* definieren.

(4.25) Definition

Es seien $(\Omega, \mathcal{S}, P)$ ein Wahrscheinlichkeitsraum, $I \neq \emptyset$ eine (beliebige) Indexmenge und $(\mathcal{J}_i)_{i \in I}$ eine Familie von Ereignissystemen

mit $\mathcal{J}_i \subset \mathcal{S}, i \in I$. $(\mathcal{J}_i)_{i \in I}$ heißt stochastisch unabhängig *(unter P),
wenn für jedes $J \in \mathcal{H}(I)$ gilt*

$$P(\bigcap_{i \in J} A_i) = \prod_{i \in J} P(A_i) \qquad \forall\, A_i \in \mathcal{J}_i,\ i \in J;$$

andernfalls stochastisch abhängig.

In dieser Terminologie bedeutet die obige Bemerkung, daß bei einer (stochastisch) unabhängigen Koppelung $(\Omega_1 \times \Omega_2, \mathcal{S}_1 \otimes \mathcal{S}_2, P_1 \otimes P_2)$ der Zufallsexperimente $(\Omega_i, \mathcal{S}_i, P_i)$, $i = 1, 2$, die σ-Algebren $\tilde{\mathcal{S}}_i$ der Zylindermengen mit $\mathcal{S}_i$-meßbarer Basis (unter $P_1 \otimes P_2$) stochastisch unabhängig sind. Nach dem Produktmaßsatz (A.97) sind also die $\tilde{\mathcal{S}}_i$ genau dann stochastisch unabhängig unter P, wenn P das Produktmaß seiner Marginalverteilungen ist. Nach dem Satz von Andersen/Jessen (4.16) gilt eine analoge Aussage für beliebige Indexmengen I.

Wie bei anderen Eigenschaften liegt auch hier die Frage nahe, ob man stets die Produktdarstellung für alle $A_{i_j} \in \mathcal{J}_{i_j}$ zu überprüfen hat, oder ob man sich – z.B. wenn die $\mathcal{J}_{i_j}$ σ-Algebren sind – eventuell auf Teilmengen $\mathcal{E}_{i_j}$ – z.B. Erzeugendensysteme – beschränken kann:

(4.26) Satz
   Es sei $(\mathcal{E}_i)_{i \in I}$ eine stochastisch unabhängige Familie von $\cap$-stabilen Ereignissystemen $\mathcal{E}_i \subset \mathcal{S}$. Dann ist $(\sigma(\mathcal{E}_i))_{i \in I}$ stochastisch unabhängig.

Beweis: Es seien $n \in \mathbb{N}, i_1, \dots, i_n \in I$ paarweise verschieden, sowie für $\nu \in \{1, \dots, n\}$

$$\mathcal{D}_{i_\nu} := \{A \in \mathcal{S} : (\mathcal{E}_{i_1}, \dots, \mathcal{E}_{i_{\nu-1}}, \{A\}, \mathcal{E}_{i_{\nu+1}}, \dots, \mathcal{E}_{i_n})\ \text{stoch. unabhängig}\}.$$

Dann gilt:

(i) $\Omega \in \mathcal{D}_{i_\nu}$, da für paarweise verschiedene $j_\rho \in \{i_1, \dots, i_n\} \setminus \{i_\nu\}$ und beliebige $A_{j_\rho} \in \mathcal{E}_{j_\rho}, 1 \le \rho \le r, r \in \mathbb{N}, r \le n$, gilt

$$P(A_{j_1} \cap \dots \cap A_{j_r} \cap \Omega) = P(A_{j_1} \cap \dots \cap A_{j_r}) = P(A_{j_1}) \cdot \dots \cdot P(A_{j_r}) P(\Omega).$$

(ii) Für $A \in \mathcal{D}_{i_\nu}$ gilt nach (i) und (4.20)b): $A^c = \Omega \setminus A \in \mathcal{D}_{i_\nu}$.

(iii) Für $A := \sum_{k=1}^{\infty} A_k$ mit $A_k \in \mathcal{D}_{i_\nu}$ gilt nach (4.20)c) auch $A \in \mathcal{D}_{i_\nu}$.

(4.27) Anmerkungen

1. Mengensysteme $\mathcal{D} \subset \mathcal{P}(\Omega)$ mit

(i) $\Omega \in \mathcal{D}$ (ii) $A \in \mathcal{D} \Rightarrow A^c \in \mathcal{D}$

(iii) $A_i \in \mathcal{D}, i \in \mathbb{N}$, paarweise disjunkt $\Rightarrow \sum_{i=1}^{\infty} A_i \in \mathcal{D}$

heißen *Dynkin-Systeme* (vgl. H. Bauer „Maß- und Integrationstheorie ",
S. 7).

2. $\mathcal{D}$ sei ein Dynkin-System. Dann gilt

a) $A, B \in \mathcal{D}, A \subset B \Rightarrow B \backslash A \in \mathcal{D}$

b) $\mathcal{D}$ ist genau dann eine σ-Algebra, wenn $\mathcal{D}$ $\cap$-stabil ist.

Beweis zu a): $A, B \in \mathcal{D}, A \subset B \Rightarrow B^c \in \mathcal{D}, A + B^c \in \mathcal{D}, (A + B^c)^c = B \cap A^c = B \backslash A \in \mathcal{D}$.

zu b): Es ist nur zu zeigen, daß ein $\cap$-stabiles Dynkin-System eine σ-Algebra ist, d.h. auch gegenüber beliebigen abzählbaren Vereinigungen abgeschlossen ist. Wegen $\emptyset \in \mathcal{D}$ und $A \cup B = (A \cap B^c) \cup B, (A \cap B^c) \cap B = \emptyset$ ist $\mathcal{D}$ (wegen der $\cap$-Stabilität nach (iii)) abgeschlossen gegenüber endlichen Vereinigungsbildungen. Für jede Folge $(A_i)_{i \in \mathbb{N}}$ mit $A_i \in \mathcal{D}$ folgt daher aus der Darstellung

$$\bigcup_{i=1}^{\infty} A_i = A_1 + \sum_{i=1}^{\infty} (\bigcup_{k \leq i+1} A_k \backslash \bigcup_{k \leq i} A_k)$$

die Behauptung.

3. Wie bei Mengenalgebren (s. (A.10)) und bei σ-Algebren (s. (A.19)) gibt es zu jedem $\mathcal{E} \subset \mathcal{P}(\Omega)$ ein kleinstes Dynkin-System $\delta(\mathcal{E})$, das $\mathcal{E}$ umfaßt.

4. Ist $\mathcal{E} \subset \mathcal{P}(\Omega)$ $\cap$-stabil, so gilt $\delta(\mathcal{E}) = \sigma(\mathcal{E})$.

Beweis: Es ist nur $\delta(\mathcal{E}) \supset \sigma(\mathcal{E})$ zu beweisen; dazu genügt es (nach 2.) zu zeigen, daß $\delta(\mathcal{E})$ $\cap$-stabil ist. Für $D \in \delta(\mathcal{E})$ ist

$$\mathcal{D}_D := \{A \subset \Omega : A \cap D \in \delta(\mathcal{E})\}$$

ein Dynkin-System. Da $\mathcal{E}$ $\cap$-stabil ist, gilt dabei

$$E \in \mathcal{E} \quad \Rightarrow \quad \mathcal{E} \subset \mathcal{D}_E \Rightarrow \delta(\mathcal{E}) \subset \mathcal{D}_E \Rightarrow D \cap E \in \delta(\mathcal{E})$$
$$\Rightarrow \quad E \in \mathcal{D}_D, \mathcal{E} \subset \mathcal{D}_D, \delta(\mathcal{E}) \subset \mathcal{D}_D \Rightarrow D' \cap D \in \delta(\mathcal{E}) \; \forall D' \in \delta(\mathcal{E}). \quad \square$$

Im Beweis zu (4.26) gilt also, daß $\mathcal{D}_{i_\nu}$ ein Dynkin-System ist, das nach Voraussetzung das $\cap$-stabile Ereignissystem $\mathcal{E}_{i_\nu}$ enthält, so daß $\mathcal{D}_{i_\nu} \supset \sigma(\mathcal{E}_{i_\nu})$ gilt. Nach Definition von $\mathcal{D}_{i_\nu}$ ist daher

$$(\mathcal{E}_{i_1}, \ldots, \mathcal{E}_{i_{\nu-1}}, \sigma(\mathcal{E}_{i_\nu}), \mathcal{E}_{i_{\nu+1}}, \ldots, \mathcal{E}_{i_n})$$

stochastisch unabhängig unter P. $(n-1)$-fache Wiederholung dieses Schlusses liefert die Behauptung von (4.26).   □

Insbesondere ergibt sich aus (4.26):

(4.28) Korollar

> *Ist $(\mathcal{A}_i)_{i\in I}$ eine stochastisch unabhängige Familie von Mengenalgebren, so ist $(\sigma(\mathcal{A}_i))_{i\in I}$ stochastisch unabhängig.*

Da man die Elemente von Mengenalgebren häufig konstruktiv angeben (s. (A.13)) und somit auch deren stochastische Unabhängigkeit direkt überprüfen kann, während das bei σ-Algebren i.a. nicht möglich ist, sind die Aussagen (4.26) und (4.28) für den Nachweis der stochastischen Unabhängigkeit von σ-Algebren recht nützlich.

(4.29) Beispiel

$(\Omega_1, \mathcal{S}_1, P_1) = (\{0, \dots, n\}, \mathcal{P}(\{0, \dots, n\}), \mathcal{B}(n,p))$,
$(\Omega_2, \mathcal{S}_2, P_2) = (\{1, \dots, m\}, \mathcal{P}(\{1, \dots, m\}), P_L)$, $(P_L$ Laplace-Verteilung$)$
seien zwei Zufallsexperimente, die nacheinander ausgeführt werden. Für die Verteilung des gekoppelten Zufallsexperimentes

$$(\Omega_1 \times \Omega_2, \mathcal{S}_1 \otimes \mathcal{S}_2, P) = (\{0, \dots, n\} \times \{1, \dots, m\}, \mathcal{P}(\{0, \dots, n\} \times \{1, \dots, m\}), P)$$

gelte

$$P(\{(j,k)\}) = \binom{n}{j} p^j (1-p)^{n-j} \frac{1}{m} \qquad \forall (j,k) \in \{0, \dots, n\} \times \{1, \dots, m\}.$$

Dann gilt für die speziellen Systeme von Zylindermengen

$$\tilde{\mathcal{E}}_1 := \{\{j\} \times \{1, \dots, m\} : j \in \{0, \dots, n\}\} \cup \{\emptyset\}$$
$$\tilde{\mathcal{E}}_2 := \{\{0, \dots, n\} \times \{k\} : k \in \{1, \dots, m\}\} \cup \{\emptyset\}$$

(i) $\quad \sigma(\tilde{\mathcal{E}}_i) = \tilde{\mathcal{S}}_i = \{A \subset \Omega_1 \times \Omega_2 : \exists A_i \in \mathcal{S}_i : \begin{matrix} A = A_1 \times \Omega_2 & \text{für } i = 1 \\ A = \Omega_1 \times A_2 & \text{für } i = 2 \end{matrix}\}$

(ii) $\quad \tilde{\mathcal{E}}_i$ ist $\cap$-stabil

(iii) $\quad \tilde{\mathcal{E}}_1$ und $\tilde{\mathcal{E}}_2$ sind stochastisch unabhängig, da

$$P((\{j\} \times \{1, \dots, m\}) \cap (\{0, \dots, n\} \times \{k\})) = P(\{(j,k)\}) =$$
$$= \binom{n}{j} p^j (1-p)^{n-j} \frac{1}{m} = P(\{j\} \times \{1, \dots, m\}) \, P(\{0, \dots, n\} \times \{k\})$$

und

$$P(\emptyset \cap (\{0,\ldots,n\} \times \{k\})) = P((\{j\} \times \{1,\ldots,m\}) \cap \emptyset) = P(\emptyset \cap \emptyset) = 0.$$

Nach (4.26) sind also die $\tilde{\mathcal{S}}_i = \sigma(\tilde{\mathcal{E}}_i)$ stochastisch unabhängig, d.h. es gilt für alle $A_i \in \mathcal{S}_i$

$$\begin{aligned}
P(A_1 \times A_2) &= P((A_1 \times \Omega_2) \cap (\Omega_1 \times A_2)) \\
&= P(A_1 \times \Omega_2)P(\Omega_1 \times A_2) = P_1(A_1) \cdot P_2(A_2).
\end{aligned}$$

Nach (A.97) gilt also $P = P_1 \otimes P_2$, d.h.

$$(\{0,\ldots,n\} \times \{1,\ldots,m\}, \ \mathcal{P}(\{0,\ldots,n\} \times \{1,\ldots,m\}), P)$$

ist die stochastisch unabhängige Koppelung der Ausgangszufallsexperimente. $\qquad\square$

Eine entsprechende Aussage gilt allgemein für diskrete Zufallsexperimente:

(4.30) Anmerkung

$(\Omega_i, \mathcal{P}(\Omega_i), P_i)$ seien diskrete Zufallsexperimente, $1 \leq i \leq n$, (o.E.d.A. Ω_i abzählbar) und $\Omega = \underset{i=1}{\overset{n}{\times}} \Omega_i, \mathcal{S} = \mathcal{P}(\underset{i=1}{\overset{n}{\times}} \Omega_i)$. Dann sind folgende Aussagen äquivalent:

a) $(\underset{i=1}{\overset{n}{\times}} \Omega_i, \mathcal{P}(\underset{i=1}{\overset{n}{\times}} \Omega_i), P)$ ist die stochastisch unabhängige Koppelung der $(\Omega_i, \mathcal{P}(\Omega_i), P_i)$.

b) Die σ-Algebren $\tilde{\mathcal{S}}_i = \pi_i^{-1}(\mathcal{P}(\Omega_i))$ sind stochastisch unabhängig.

c) Für alle $(\omega_1,\ldots,\omega_n) \in \Omega$ gilt

$$p((\omega_1,\ldots,\omega_n)) = \prod_{i=1}^{n} p_i(\omega_i).$$

Beweis: Es ist nur anzumerken, daß (a) $\Rightarrow$ (c) gilt und daß aus (c) durch Summation in den anderen Komponenten für die

$$\tilde{\mathcal{E}}_i := \{\{\Omega_1 \times \ldots \times \Omega_{i-1} \times \{\omega\} \times \Omega_{i+1} \times \ldots \times \Omega_n\} : \omega_i \in \Omega_i\} \cup \{\emptyset\}$$

die stochastische Unabhängigkeit folgt. Da die $\tilde{\mathcal{E}}_i$ durchschnittsstabil und Erzeugendensysteme der $\tilde{\mathcal{S}}_i$ sind, folgt daher mit (4.26) aus (c) wieder (b) und somit aus (A.97) auch (a). $\square$

Ähnlich ergibt sich für den Fall von Lebesgueschen Wahrscheinlichkeitsdichten:

(4.31) Anmerkung

$(\mathbb{R}^2, \mathbb{B}^2, P)$, wobei P die (Riemannsche/Lebesguesche) W-Dichte f besitzt, ist die stochastisch unabhängige Koppelung von $(\mathbb{R}^1_{(i)}, \mathbb{B}^1_{(i)}, P_i)$, wobei P_i die (Riemannsche/Lebesguesche) W-Dichte f_i besitzt, $i = 1, 2$, genau dann, wenn λ^2-f.ü. gilt $f = f_1 \cdot f_2$.

Beweis: Mit Hilfe von (A.38), (A.97), (A.98) und (A.99) ergeben sich die folgenden Äquivalenzen

$$P = P_1 \otimes P_2 \;\Leftrightarrow\; P(B_1 \times B_2) = P_1 \otimes P_2 (B_1 \times B_2) \qquad \forall\, B_1, B_2 \in \mathbb{B}^1$$

$$\Leftrightarrow\; \int_{B_1 \times B_2} f\, d\lambda^2 = \int_{B_1} f_1\, d\lambda \int_{B_2} f_2\, d\lambda \qquad \forall B_1, B_2 \in \mathbb{B}^1$$

$$\Leftrightarrow\; \int_{B_1 \times B_2} f\, d\lambda^2 = \int_{B_1 \times B_2} f_1 f_2\, d\lambda^2 \qquad \forall B_1, B_2 \in \mathbb{B}^1$$

$$\Leftrightarrow\; \int_B f\, d\lambda^2 = \int_B f_1 f_2\, d\lambda^2 \qquad \forall B \in \mathbb{B}^2$$

$$\Leftrightarrow\; \lambda^2(\{f > f_1 f_2\}) = \lambda^2(\{f < f_1 f_2\}) = 0$$
$$\text{(durch Wahl von } B = \{f > f_1 f_2\} \text{ bzw. } \{f < f_1 f_2\})$$
$$\Leftrightarrow\; f = f_1 f_2 \qquad \lambda^2\text{-f.ü..} \qquad \square$$

Die Produktdichten aus (3.41) treten also gerade bei stochastisch unabhängigen Koppelungen auf. Analog ergibt sich:

(4.32) Anmerkung

Es seien F die zu dem W-Maß P auf $\mathbb{B}^2$ gehörige (zweidimensionale) Verteilungsfunktion und F_i die zu den W-Maßen P_i auf $\mathbb{B}^1$ gehörigen Verteilungsfunktionen, $i = 1, 2$. Dann ist $(\mathbb{R}^2, \mathbb{B}^2, P)$ genau dann die stochastisch unabhängige Koppelung von $(\mathbb{R}^1, \mathbb{B}^1, P_i)$, $i = 1, 2$, wenn $F = F_1 \cdot F_2$ gilt.

Mit Hilfe des spezifisch wahrscheinlichkeitstheoretischen Begriffs der stochastischen Unabhängigkeit können wir nun auch Aussagen über die

W. von Ereignissen wie

"fast alle A_i treten ein" d.h. $\liminf_{i\to\infty} A_i$
"unendlich viele A_i treten ein" d.h. $\limsup_{i\to\infty} A_i$

machen – beispielsweise beim unendlichen Würfelwerfen über "eine der Zahlen $1,\ldots,6$ tritt nur endlich oft auf" oder "die 6 kommt unendlich oft vor".

(4.33) Satz (Borelsches 0-1-Gesetz)
$(\Omega,\mathcal{S},P)$ *sei ein W-Raum; die Ereignisse* $A_i \in \mathcal{S}, i \in \mathbb{N}$, *seien stochastisch unabhängig. Dann gilt*

$$P(\limsup_{i\to\infty} A_i) = \begin{cases} 0 & \sum_{i=1}^{\infty} P(A_i) < \infty \\ & falls \\ 1 & \sum_{i=1}^{\infty} P(A_i) = \infty. \end{cases}$$

Der Beweis wird für die beiden Einzelaussagen getrennt geführt, wobei die erste Aussage noch verallgemeinert wird:

(4.34) Lemma (1. Borel-Cantelli-Lemma; s. (I.8))
Es seien $(\Omega,\mathcal{S},P)$ *ein W-Raum und* $A_i \in \mathcal{S}, i \in \mathbb{N}$, *Ereignisse mit* $\sum_{i=1}^{\infty} P(A_i) < \infty$. *Dann gilt*

$$P(\liminf_{i\to\infty} A_i) = P(\limsup_{i\to\infty} A_i) = 0.$$

Beweis: Wegen $\liminf_{i\to\infty} A_i \subset \limsup_{i\to\infty} A_i$ gilt stets $P(\liminf_{i\to\infty} A_i) \leq P(\limsup_{i\to\infty} A_i)$. Wegen $\sum_{i=1}^{\infty} P(A_i) < \infty$ existiert zu jedem $\varepsilon > 0$ ein $m(\varepsilon)$, so daß $\sum_{i\geq m(\varepsilon)} P(A_i) \leq \varepsilon$ ist. Daraufhin gilt:

$$P(\limsup_{i\to\infty} A_i) = P(\bigcap_{m=1}^{\infty} \bigcup_{i=m}^{\infty} A_i) \leq P(\bigcup_{i\geq m(\varepsilon)} A_i) \leq \sum_{i\geq m(\varepsilon)} P(A_i) \leq \varepsilon,$$

d.h. $P(\limsup_{i\to\infty} A_i) = 0$. $\qquad\qquad\square$

Für diese Aussage benötigt man also die stochastische Unabhängigkeit der A_i nicht; diese geht erst bei der zweiten Teilaussage ein:

(4.35) Lemma (2. Borel-Cantelli-Lemma)
Es seien $(\Omega,\mathcal{S},P)$ *ein W-Raum und* $A_i \in \mathcal{S}, i \in \mathbb{N}$, *stochastisch unabhängige Ereignisse mit* $\sum_{i=1}^{\infty} P(A_i) = \infty$. *Dann gilt*

$$P(\limsup_{i\to\infty} A_i) = 1.$$

Beweis: Wegen

$$(\limsup_{i\to\infty} A_i)^c = (\bigcap_{m=1}^{\infty} \bigcup_{i=m}^{\infty} A_i)^c = \bigcup_{m=1}^{\infty} \bigcap_{i=m}^{\infty} A_i^c = \liminf_{i\to\infty} A_i^c$$

folgt

$$1 - P(\limsup_{i\to\infty} A_i) = P(\liminf_{i\to\infty} A_i^c) = P(\bigcup_{m=1}^{\infty} \bigcap_{i=m}^{\infty} A_i^c)$$

$$\leq \sum_{m=1}^{\infty} P(\bigcap_{i=m}^{\infty} A_i^c) \underset{(4.24)}{=} \sum_{m=1}^{\infty} \prod_{i=m}^{\infty} P(A_i^c) = \sum_{m=1}^{\infty} \prod_{i=m}^{\infty} [1 - P(A_i)]$$

$$\leq \sum_{m=1}^{\infty} \prod_{i=m}^{\infty} e^{-P(A_i)}, \quad \text{da } 1 - x \leq e^{-x} \quad \text{für alle } x \in \mathbb{R}$$

$$= \sum_{m=1}^{\infty} e^{-\sum_{i=m}^{\infty} P(A_i)} = 0, \quad \text{da } \sum_{i=m}^{\infty} P(A_i) = \infty \text{ für alle } m \in \mathbb{N}. \qquad \square$$

Aus (4.33) ergibt sich offensichtlich sofort das

(4.36) Korollar
Unter den Voraussetzungen von (4.33) gilt

$$P(\liminf_{i\to\infty} A_i) = \begin{cases} 0 & \quad \sum_{i=1}^{\infty} P(A_i^c) = \infty \\ & falls \\ 1 & \quad \sum_{i=1}^{\infty} P(A_i^c) < \infty. \end{cases}$$

Damit wissen wir also, daß bei stochastisch unabhängigen Ereignissen A_i die Wahrscheinlichkeiten $P(\liminf_{i\to\infty} A_i)$ und $P(\limsup_{i\to\infty} A_i)$ nur die Werte 0 und 1 annehmen können, d.h. nur „fast unmöglich" oder „fast sicher" fast alle A_i bzw. unendlich viele A_i eintreten können. Dies kann man allgemein für die Elemente einer σ-Algebra zeigen, die sicherlich $\liminf_{i\to\infty} A_i$ und $\limsup_{i\to\infty} A_i$ enthält, nämlich der *terminalen* (oder *abschnittsinvarianten*) σ-Algebra

$$\mathcal{S}_{\infty}(A_i, i \in \mathbb{N}) := \bigcap_{m=1}^{\infty} \sigma(\{A_m, A_{m+1}, \ldots\});$$

allgemeiner beweisen wir:

(4.37) Satz (Kolmogoroffsches 0-1-Gesetz)

Es seien $(\Omega, \mathcal{S}, P)$ ein W-Raum, $(\mathcal{E}_i)_{i \in \mathbb{N}}$ mit $\mathcal{E}_i \subset \mathcal{S}, i \in \mathbb{N}$, eine stochastisch unabhängige Folge von $\cap$-stabilen Ereignissystemen und

$$\mathcal{S}_\infty = \mathcal{S}_\infty(\mathcal{E}_i, i \in \mathbb{N}) := \bigcap_{m=1}^\infty \sigma(\bigcup_{i \geq m} \mathcal{E}_i)$$

die zugehörige terminale σ-Algebra. Dann gilt

a) $P(A) \in \{0, 1\}$ *für alle $A \in \mathcal{S}_\infty$.*

b) *$\mathcal{S}_\infty$ ist von sich selbst stochastisch unabhängig, d.h. es gilt*
  $P(A \cap B) = P(A) \cdot P(B)$ für alle $A, B \in \mathcal{S}_\infty$.

c) *Die Aussagen a) und b) sind äquivalent.*

Beweis: Zu c): Ist a) erfüllt, so gilt für alle $A, B \in \mathcal{S}_\infty$

$$P(A)P(B) = \begin{cases} 1 & P(A) = P(B) = 1 \\ & \text{falls} \\ 0 & P(A) = 0 \ \text{oder} \ P(B) = 0 \end{cases} = P(A \cap B),$$

da
aus $P(A) = 0$ oder $P(B) = 0$ folgt $0 \leq P(A \cap B) \leq \min\{P(A), P(B)\} = 0$,
aus $P(A) = P(B) = 1$ folgt $P(A \cap B) = P(A) + P(B) - P(A \cup B) = 1$.
Ist b) erfüllt, so folgt für $A = B$ aus $P(A) = (P(A))^2$ gerade a).
Zu a,b): Wegen der Äquivalenz genügt nun der Beweis zu b): Für $n \in \mathbb{N}$
sind nach Voraussetzung die Systeme

$$\mathcal{J}_{(n)} := \{A_{i_1} \cap \ldots \cap A_{i_r} : A_{i_\rho} \in \mathcal{E}_{i_\rho} \ \text{für} \ 1 \leq i_1 < \ldots < i_r \leq n, \ r \in \mathbb{N}\}$$

$$\mathcal{J}^{(n)} := \{A_{j_1} \cap \ldots \cap A_{j_s} : A_{j_\sigma} \in \mathcal{E}_{j_\sigma} \ \text{für} \ n + 1 \leq j_1 < \ldots < j_s, \ s \in \mathbb{N}\}$$

stochastisch unabhängig und $\cap$-stabil (wegen der $\cap$-Stabilität der $\mathcal{E}_i$) mit

$$\sigma(\mathcal{J}_{(n)}) = \sigma(\bigcup_{i=1}^n \mathcal{E}_i), \qquad \sigma(\mathcal{J}^{(n)}) = \sigma(\bigcup_{i \geq n+1} \mathcal{E}_i).$$

Aus (4.26) folgt daher, daß für $n \in \mathbb{N}$ die σ-Algebren $\sigma(\bigcup_{i=1}^n \mathcal{E}_i)$ und $\sigma(\bigcup_{i \geq n+1} \mathcal{E}_i)$ stochastisch unabhängig sind. Wegen $\mathcal{S}_\infty \subset \sigma(\bigcup_{i \geq m} \mathcal{E}_i)$ für alle $m \in \mathbb{N}$ ergibt sich daraus die stochastische Unabhängigkeit von $\bigcup_{n=1}^\infty \sigma(\bigcup_{i=1}^n \mathcal{E}_i)$ und $\mathcal{S}_\infty$. Dabei ist $\bigcup_{n=1}^\infty \sigma(\bigcup_{i=1}^n \mathcal{E}_i)$ wegen $\sigma(\bigcup_{i=1}^n \mathcal{E}_i) \subset$

$\sigma(\bigcup_{i=1}^{n+1} \mathcal{E}_i)$ $\forall n \in \mathbb{N}$ $\cap$-stabil, so daß (4.26) die behauptete stochastische Unabhängigkeit von

$$\mathcal{S}_\infty \subset \sigma(\bigcup_{n=1}^{\infty} \sigma(\bigcup_{i=1}^{n} \mathcal{E}_i)) \text{ und } \mathcal{S}_\infty$$

liefert.																$\square$

Bei stochastisch unabhängigen Ereignissen $A_1, A_2, \ldots$ treten also *terminale* Ereignisse, d.h. solche aus $\mathcal{S}_\infty(A_i, i \in \mathbb{N})$, nur mit den Wahrscheinlichkeiten 0 oder 1 auf. Für die speziellen terminalen Ereignisse $\liminf_{i \to \infty} A_i$ und $\limsup_{i \to \infty} A_i$ – und somit im Falle der Existenz für das Ereignis $\lim_{i \to \infty} A_i$ – liefert das Borelsche 0-1-Gesetz ein Kriterium dafür, welcher dieser beiden Werte angenommen wird.

4.4 Stochastisch unabhängige Zufallsgrößen

Sind auf einem W-Raum $(\Omega, \mathcal{S}, P)$ zwei Zufallsgrößen $X_i : (\Omega, \mathcal{S}, P) \to (\mathcal{X}_i, \mathcal{B}_i)$ gegeben, so liefert nach unserer früheren anschaulichen Interpretation der stochastischen Unabhängigkeit (vgl. S. 91, S. 102) die Kenntnis von $X_1(\omega) \in B_1 \in \mathcal{B}_1$ keine Information über die Chance dafür, daß $X_2(\omega) \in B_2 \in \mathcal{B}_2$ ist, wenn gilt

$$\begin{aligned}
P(\{\omega : X_1(\omega) \in B_1\} \cap \{\omega : X_2(\omega) \in B_2\}) &= P(X_1^{-1}(B_1) \cap X_2^{-1}(B_2)) \\
&= P(\{\omega : X_1(\omega) \in B_1\}) \cdot P(\{\omega : X_2(\omega) \in B_2\}) \\
&= P(X_1^{-1}(B_1)) \cdot P(X_2^{-1}(B_2))
\end{aligned}$$

d.h. wenn $X_1^{-1}(B_1)$ und $X_2^{-1}(B_2)$ stochastisch unabhängig sind.

(4.38) Beispiele:

a) Definieren wir in (4.18) (Würfelwurf mit einem „fairen Würfel") Zufallsgrößen

$$X_i : (\Omega, \mathcal{S}, P) \to (\{0, 1\}, \mathcal{P}(\{0, 1\})), \ i = 1, 2$$

durch $X_1 := 1_{A_1}, X_2 := 1_{A_2}$, so gilt

$$\begin{aligned}
P(X_1^{-1}(\{1\}) \cap X_2^{-1}(\{1\})) &= P(A_1 \cap A_2) \\
&= P(A_1) \cdot P(A_2) = P(X_1^{-1}(\{1\})) \cdot P(X_2^{-1}(\{1\})),
\end{aligned}$$

aber nach (4.20) auch

$$P(X_1^{-1}(\{0\}) \cap X_2^{-1}(\{1\})) = P(X_1^{-1}(\{0\})) \cdot P(X_2^{-1}(\{1\}));$$

allgemein ergibt sich

$$P(X_1^{-1}(B_1) \cap X_2^{-1}(B_2)) = P(X_1^{-1}(B_1)) \cdot P(X_2^{-1}(B_2)) \quad \forall B_1, B_2 \in \mathcal{P}(\{0,1\}).$$

b) Ist in (4.30) $(\underset{i=1}{\overset{n}{\times}} \Omega_i, \mathcal{P}(\underset{i=1}{\overset{n}{\times}} \Omega_i), P)$ die stochastisch unabhängige Koppelung der Zufallsexperimente

$$(\Omega_i, \mathcal{P}(\Omega_i), P_i),$$

so folgt nach (4.30) b) für die Zufallsgrößen

$$\pi_j := (\underset{i=1}{\overset{n}{\times}} \Omega_i, \mathcal{P}(\underset{i=1}{\overset{n}{\times}} \Omega_i), P) \to (\Omega_j, \mathcal{P}(\Omega_j), P^{\pi_j}),$$

daß $P^{\pi_j} = P_j$ gilt und daß die σ-Algebren $\pi_j^{-1}(\mathcal{P}(\Omega_j))$ stochastisch unabhängig sind, d.h.

$$P(\pi_{j_1}^{-1}(A_{j_1}) \cap \ldots \cap \pi_{j_r}^{-1}(A_{j_r})) = P(\pi_{j_1}^{-1}(A_{j_1})) \cdot \ldots \cdot P(\pi_{j_r}^{-1}(A_{j_r}))$$

für paarweise verschiedene $j_\rho \in \{1, \ldots, n\}$ und Mengen $A_{j_\rho} \in \mathcal{P}(\Omega_{j_\rho})$, $1 \le \rho \le r$, mit $r \in \mathbb{N}$.

c) Nach (4.26) ist eine Familie $(A_i)_{i \in I}$ von Ereignissen (bei gegebenem W-Raum $(\Omega, \mathcal{S}, P)$) genau dann stochastisch unabhängig, wenn die Familie $(\mathcal{S}_i)_{i \in I}$ der durch die A_i erzeugten σ-Algebren $\mathcal{S}_i = \{\emptyset, A_i, A_i^c, \Omega\}$ stochastisch unabhängig ist. $\mathcal{S}_i$ ist andererseits gerade die durch die Zufallsgröße $X_i = 1_{A_i}$ erzeugte σ-Algebra: $\mathcal{S}_i = 1_{A_i}^{-1}(\mathbb{B}^1)$. $\qquad \square$

Diese Beispiele legen nun die folgende Definition nahe:

(4.39) Definition

   Es seien $(\Omega, \mathcal{S}, P)$ ein W-Raum und $(X_i)_{i \in I}$ eine Familie von Zufallsgrößen $X_i : (\Omega, \mathcal{S}, P) \to (\mathcal{X}_i, \mathcal{B}_i, P^{X_i})$. $(X_i)_{i \in I}$ heißt stochastisch unabhängig[1], wenn die Familie $(X_i^{-1}(\mathcal{B}_i))_{i \in I}$ von σ-Algebren stochastisch unabhängig ist.

---

[1] Man sagt auch, die X_i seien stochastisch unabhängig.

Auch die stochastische Unabhängigkeit einer beliebigen Familie von Zufallsgrößen wird also über die stochastische Unabhängigkeit der endlichen Teilfamilien definiert.

Mit Hilfe von (4.26) erhält man leicht ein Kriterium für die stochastische Unabhängigkeit von Zufallsgrößen.

(4.40) Lemma

Es seien $X_i : (\Omega, \mathcal{S}, P) \to (\mathcal{X}_i, \mathcal{B}_i), 1 \leq i \leq n$, Zufallsgrößen und $\mathcal{Z}_i$ $\cap$-stabile Erzeugendensysteme von $\mathcal{B}_i$ mit $\mathcal{X}_i \in \mathcal{Z}_i, 1 \leq i \leq n$. Die Familie $(X_i)_{1 \leq i \leq n}$ ist genau dann stochastisch unabhängig, wenn für alle $Z_1, \ldots, Z_n$ mit $Z_i \in \mathcal{Z}_i$ gilt

$$(\star) \qquad P\left(\bigcap_{i=1}^{n} X_i^{-1}(Z_i)\right) = \prod_{i=1}^{n} P(X_i^{-1}(Z_i)).$$

Beweis: Setzt man für $i \in \{1, \ldots, n\}$

$$\mathcal{E}_i := \{X_i^{-1}(Z_i) : Z_i \in \mathcal{Z}_i\},$$

so ist $\mathcal{E}_i$ nach (A.53) ein Erzeugendensystem von $X_i^{-1}(\mathcal{B}_i)$, das wegen der Eigenschaften von $\mathcal{Z}_i$ durchschnittsstabil ist und Ω als Element enthält. Nach (4.26) genügt es zu beweisen, daß die stochastische Unabhängigkeit der $(\mathcal{E}_i)_{1 \leq i \leq n}$ äquivalent ist mit $(\star)$. Nach (4.25) ist also die Äquivalenz der Eigenschaften

(i) Für paarweise verschiedene $i_\rho \in \{1, \ldots, n\}$ und beliebige $E_{i_\rho} \in \mathcal{E}_{i_\rho}$, $1 \leq \rho \leq r$, gilt

$$P(E_{i_1} \cap \ldots \cap E_{i_r}) = \prod_{\rho=1}^{r} P(E_{i_\rho})$$

und

(ii) Ist $Z_i \in \mathcal{Z}_i$ für $1 \leq i \leq n$, so folgt

$$P\left(\bigcap_{i=1}^{n} X_i^{-1}(Z_i)\right) = \prod_{i=1}^{n} P(X_i^{-1}(Z_i))$$

zu zeigen. Das ergibt sich aber sofort dadurch, daß man geeignete Mengen E_i gleich Ω setzt. $\qquad\qquad\square$

Aufgrund unserer Interpretation der stochastischen Unabhängigkeit als „gegenseitige Nichtbeeinflussung" liegt die Vermutung nahe, daß diese Eigenschaft auch bei einer „Verarbeitung der Beobachtungsdaten" – d.h. bei meßbaren Abbildungen – erhalten bleibt; der folgende Satz zeigt die Richtigkeit dieser Vermutung:

(4.41) Satz

$(X_i)_{i\in I}$ *sei eine stochastisch unabhängige Familie von Zufallsgrößen* $X_i : (\Omega, \mathcal{S}, P) \to (\mathcal{X}_i, \mathcal{B}_i)$; *für jedes* $i \in I$ *sei*

$$Z_i : (\mathcal{X}_i, \mathcal{B}_i) \to (\mathcal{Y}_i, \mathcal{C}_i)$$

eine meßbare Abbildung und $Y_i = Z_i \circ X_i$. *Dann ist die Familie* $(Y_i)_{i\in I}$ *stochastisch unabhängig.*

Beweis: Die Y_i sind nach (A.55) $(\mathcal{S}, \mathcal{C}_i)$-meßbar und es gilt

$$Y_i^{-1}(\mathcal{C}_i) \subset X_i^{-1}(\mathcal{B}_i).$$

Aus der stochastischen Unabhängigkeit der $X_i^{-1}(\mathcal{B}_i)$ folgt also diejenige der $Y_i^{-1}(\mathcal{C}_i)$. $\square$

Um nicht stets auf den Grundraum $(\Omega, \mathcal{S}, P)$ zurückgehen zu müssen, wollen wir nun die stochastische Unabhängigkeit von Zufallsgrößen durch Eigenschaften der induzierten Maße charakterisieren. Dazu definieren wir zu einer Familie $(X_i)_{i\in I}$ von Zufallsgrößen die Produktabbildung

$$(X_i : i \in I) : \Omega \to \underset{i\in I}{\times}\, \mathcal{X}_i,$$

indem wir jedem $\omega \in \Omega$ die durch $i \to X_i(\omega)$ definierte Abbildung von I nach $\bigcup_{i\in I} \mathcal{X}_i$ zuordnen – im Spezialfall $I = \{1, \ldots, n\}$ betrachten wir also den Vektor

$$(X_1, \ldots, X_n) : \Omega \to \mathcal{X}_1 \times \ldots \times \mathcal{X}_n.$$

Dann ist $Y = (X_i : i \in I)$ eine Zufallsgröße

$$Y : (\Omega, \mathcal{S}, P) \to (\underset{i\in I}{\times}\, \mathcal{X}_i, \underset{i\in I}{\bigotimes} \mathcal{B}_i)$$

und es gilt die folgende Verallgemeinerung von (A.54)(ii)

(4.42) Lemma

Es seien $(\Omega, \mathcal{S})$ *ein meßbarer Raum,* $Y : \Omega \to \mathcal{Y}$ *eine Abbildung und* $(g_i)_{i\in I}$ *eine Familie von Abbildungen*

$$g_i : \mathcal{Y} \to \mathcal{X}_i,$$

wobei $(\mathcal{X}_i, \mathcal{B}_i)$ meßbare Räume sind, $i \in I$. Dann ist Y genau dann $(\mathcal{S}, \sigma(\bigcup_{i \in I} g_i^{-1}(\mathcal{B}_i)))$-meßbar^2, wenn jede der Abbildungen

$$g_i \circ Y : \Omega \to \mathcal{X}_i$$

$(\mathcal{Y}, \mathcal{B}_i)$-meßbar ist.

Beweis: Nach (A.55) folgt aus der Meßbarkeit von Y diejenige von $g_i \circ Y$, d.h. die Bedingung ist notwendig. Umgekehrt ist $\mathcal{E} := \bigcup_{i \in I} g_i^{-1}(\mathcal{B}_i)$ ein Erzeugendensystem von $\sigma(\bigcup_{i \in I} g_i^{-1}(\mathcal{B}_i))$, wobei jedes $E \in \mathcal{E}$ von der Form $E = g_i^{-1}(B_i)$ mit $B_i \in \mathcal{B}_i, i \in I$, ist. Dabei gilt $Y^{-1}(E) = (g_i \circ Y)^{-1}(B_i) \in \mathcal{S}$ wegen der vorausgesetzten Meßbarkeit von $g_i \circ Y$. Daher ist Y nach (A.53) $(\mathcal{S}, \sigma(\bigcup_{i \in I} g^{-1}(\mathcal{B}_i))$-meßbar. $\square$

Durch die Zufallsgröße $Y = (X_i : i \in I)$

$$Y : (\Omega, \mathcal{S}, P) \to (\underset{i \in I}{\times} \mathcal{X}_i, \underset{i \in I}{\otimes} \mathcal{B}_i)$$

wird also ein Maß P^Y über $\underset{i \in I}{\otimes} \mathcal{B}_i$ induziert.

(4.43) Definition
   $X_i : (\Omega, \mathcal{S}, P) \to (\mathcal{X}_i, \mathcal{B}_i)$ seien Zufallsgrößen, $i \in I$. Die durch $Y = (X_i : i \in I) : (\Omega, \mathcal{S}, P) \to (\underset{i \in I}{\times} \mathcal{X}_i, \underset{i \in I}{\otimes} \mathcal{B}_i)$ induzierte W-Verteilung P^Y heißt gemeinsame Verteilung der $(X_i)_{i \in I}$.

Den gewünschten Zusammenhang zwischen den einzelnen und der gemeinsamen Verteilung bei stochastisch unabhängigen Zufallsgrößen X_i liefert nun der

(4.44) Satz
   Eine Familie $(X_i)_{i \in I}$ von Zufallsgrößen $X_i : (\Omega, \mathcal{S}, P) \to (\mathcal{X}_i, \mathcal{B}_i)$ ist genau dann stochastisch unabhängig, wenn gilt

$$P^{(X_i : i \in I)} = \underset{i \in I}{\otimes} P^{X_i}.$$

$^2 \sigma(\bigcup_{i \in I} g_i^{-1}(\mathcal{B}_i))$ ist die kleinste σ-Algebra über $\mathcal{Y}$, bzgl. der alle g_i meßbar sind, vgl. (4.2). $\sigma(\bigcup_{i \in I} g_i^{-1}(\mathcal{B}_i))$ heißt *die von $(g_i)_{i \in I}$ erzeugte σ-Algebra.*

Beweis: a) Es sei zunächst I endlich: $I = \{1, \dots, n\}$.

(i) Nach (4.40) ist die stochastische Unabhängigkeit der X_i äquivalent damit, daß für beliebige Mengen $B_i \in \mathcal{B}_i, 1 \le i \le n$ gilt

$$P(\bigcap_{i=1}^{n} X_i^{-1}(B_i)) = \prod_{i=1}^{n} P(X_i^{-1}(B_i)).$$

(ii) Für $B_i \in \mathcal{B}_i, 1 \le i \le n$, gilt

$$(X_i : i \in I)^{-1}(B_1 \times \dots \times B_n) = X_1^{-1}(B_1) \cap \dots \cap X_n^{-1}(B_n)$$

und somit

$$P^{(X_i : i \in I)}(B_1 \times \dots \times B_n) = P(\bigcap_{i=1}^{n} X_i^{-1}(B_i)).$$

Nach (A.97) folgt aus (i) und (ii) die Behauptung (für endliche Indexmengen).

b) Es sei nun I beliebig. Dann ist $(X_i)_{i \in I}$ genau dann stochastisch unabhängig (s. (4.39) und (4.25)), wenn für jedes $\mathcal{J} \in \mathcal{H}(I)$ gilt

$$(\star) \qquad P(\bigcap_{i \in \mathcal{J}} X_i^{-1}(B_i)) = \prod_{i \in \mathcal{J}} P(X_i^{-1}(B_i)) \qquad \forall\, B_i \in \mathcal{B}_i, i \in \mathcal{J}.$$

Für $Y_{\mathcal{J}} := (X_i : i \in \mathcal{J})$ ergibt sich dabei wegen $Y_{\mathcal{J}} = \pi_{\mathcal{J}} \circ Y$

$$P^{Y_{\mathcal{J}}} = (P^Y)^{\pi_{\mathcal{J}}}.$$

Nach dem Satz von Andersen/Jessen (4.16) ist aber P^Y genau das Produktmaß P^{X_i}, wenn gilt

$$(P^Y)^{\pi_{\mathcal{J}}} = P^{Y_{\mathcal{J}}} = \bigotimes_{i \in \mathcal{J}} P^{X_i} \qquad \forall\, \mathcal{J} \in \mathcal{H}(I).$$

Das ist aber nach Teil a) genau dann der Fall, wenn für alle $\mathcal{J} \in \mathcal{H}(I)$ die Gleichung $(\star)$ gilt. $\qquad \Box$

Satz (4.44) hat insbesondere zur Folge, daß man stets stochastisch unabhängige Familien von Zufallsgrößen mit vorgegebenen Verteilungen angeben kann:

(4.45) Korollar:
> *Zu jeder Familie $(\mathcal{X}_i, \mathcal{B}_i, P_i)_{i \in I}$ von W-Räumen existieren ein W-Raum $(\Omega, \mathcal{S}, P)$ und stochastisch unabhängige Zufallsgrößen*
>
> $$X_i : (\Omega, \mathcal{S}, P) \to (\mathcal{X}_i, \mathcal{B}_i)$$
>
> *mit $P_i = P^{X_i} \, \forall\, i \in I$.*

Zum Beweis braucht man nur

$$(\Omega, \mathcal{S}, P) := \bigotimes_{i \in I} (\mathcal{X}_i, \mathcal{B}_i, P_i) = (\underset{i \in I}{\times}\, \mathcal{X}_i, \bigotimes_{i \in I} \mathcal{B}_i, \bigotimes_{i \in I} P_i)$$

und $X_i := \pi_i, i \in I$, zu wählen. $\qquad\qquad\qquad\qquad\qquad\qquad$ □

Damit liegt auch der folgende Zusammenhang zwischen stochastisch unabhängigen Koppelungen von Zufallsexperimenten und stochastisch unabhängigen Zufallsgrößen nahe (s. auch (4.30)):

(4.46) Anmerkung:

Es seien $(\Omega_i, \mathcal{S}_i, P_i)_{i \in I}$ eine Familie von W-Räumen, $\Omega = \underset{i \in I}{\times}\, \Omega_i, \mathcal{S} = \underset{i \in I}{\bigotimes} \mathcal{S}_i$. Dann sind die folgenden Aussagen äquivalent:

a) $(\Omega, \mathcal{S}, P)$ ist die stochastisch unabhängige Koppelung der $(\Omega_i, \mathcal{S}_i, P_i)_{i \in I}$.

b) Die Familie $(\pi_i)_{i \in I}$ der Projektionen ist stochastisch unabhängig und für $i \in I$ gilt $P^{\pi_i} = P_i$.

Zum Beweis ist lediglich zu bemerken, daß $(\pi_i)_{i \in I}$ nach (4.44) genau dann stochastisch unabhängig ist, wenn

$$P^{(\pi_i : i \in I)} = \bigotimes_{i \in I} P^{\pi_i}$$

gilt, und daß $(\pi_i : i \in I)$ die identische Abbildung ist. $\qquad\qquad$ □

Entsprechend zu den Anmerkungen (4.30) - (4.32) ergibt sich:

(4.47) Anmerkung:

Für $1 \le i \le n, n \in \mathbb{N}$, seien $X_i : (\Omega, \mathcal{S}, P) \to (\mathbb{R}^1, \mathbb{B}^1, P^{X_i})$ Zufallsgrößen und F^X bzw. F^{X_i} die Verteilungsfunktion von $P^{(X_1,\ldots,X_n)}$ bzw. P^{X_i}. Dann sind die X_i, $1 \le i \le n$, genau dann stochastisch unabhängig, wenn gilt $F^X = \prod_{i=1}^n F^{X_i}$.

(4.48) Anmerkung:

Für $1 \le i \le n, n \in \mathbb{N}$, seien $X_i : (\Omega, \mathcal{S}, P) \to (\mathcal{X}_i, \mathcal{B}_i, P^{X_i})$ Zufallsgrößen mit diskreten Verteilungen (o.B.d.A. $\mathcal{X}_i$ abzählbar). Die $X_i, 1 \le i \le n$, sind genau dann stochastisch unabhängig, wenn für alle $(x_1, \ldots, x_n) \in \overset{n}{\underset{i=1}{\times}} \mathcal{X}_i$

gilt

$$P^{(X_1,\dots,X_n)}(\{(x_1,\dots,x_n)\}) = \prod_{i=1}^{n} P^{X_i}(\{x_i\}).$$

(4.49) Anmerkung:

a) Sind die Zufallsgrößen

$$X_i : (\Omega, \mathcal{X}, P) \to (\mathbb{R}^1, \mathbb{B}^1, P^{X_i})$$

stochastisch unabhängig mit (Riemannschen) Dichten $f^{X_i}, 1 \leq i \leq n$, so ist f^X, gegeben durch $f^X(x_1,\dots,x_n) := \prod_{i=1}^{n} f^{X_i}(x_i)$, eine (Riemannsche) Dichte von $X = (X_1,\dots,X_n)$.

b) Besitzt $X = (X_1,\dots,X_n)$ eine (Riemannsche) Dichte $f^X = \prod_{i=1}^{n} f_i$ mit $f_i \geq 0, \int_{\mathbb{R}^1} f_i d\lambda^1 = 1, 1 \leq i \leq n$, so sind die X_i stochastisch unabhängig und besitzen die Dichten $f^{X_i} := f_i$.

(4.50) Beispiele: (vgl. (3.40); (3.42))

a) Sind $X_1,\dots,X_n$ stochastisch unabhängige Zufallsgrößen mit $P^{X_i} = \mathcal{R}(a_i, b_i)$, $a_i < b_i, 1 \leq i \leq n$, so besitzt $X = (X_1,\dots,X_n)$ eine n-dimensionale Rechteckverteilung mit der Dichte

$$(\star) \qquad f^X(x_1,\dots,x_n) = \begin{cases} \prod_{i=1}^{n} \frac{1}{b_i - a_i} & \text{für } (x_1,\dots,x_n) \in \underset{i=1}{\overset{n}{\times}} (a_i; b_i) \\ 0 & \text{sonst.} \end{cases}$$

Ist umgekehrt $X = (X_1,\dots,X_n)$ (n-dimensional) rechteck-verteilt mit der Dichte $(\star)$, so sind für $i \in \{1,\dots,n\}$ die Komponenten X_i stochastisch unabhängig und $\mathcal{R}(a_i, b_i)$-verteilt.

b) Sind $X_1,\dots,X_n$ stochastisch unabhängige Zufallsgrößen mit $P^{X_i} = \mathcal{N}(a_i, \sigma_i^2)$, $1 \leq i \leq n$, so besitzt $X = (X_1,\dots,X_n)$ eine n-dimensionale Normalverteilung $\mathcal{N}(a, \Sigma)$ mit $a = (a_i)_{1 \leq i \leq n}$ und $\Sigma = (\delta_{ij}\sigma_i^2)$. Ist umgekehrt $X = (X_1,\dots,X_n)$ $\mathcal{N}(a, \Sigma)$-verteilt mit $a = (a_i)_{1 \leq i \leq n}, \Sigma = (\delta_{ij}\sigma_i^2)$, so sind die Komponenten $X_i, 1 \leq i \leq n$, stochastisch unabhängig und $\mathcal{N}(a_i, \sigma_i^2)$-verteilt. $\qquad \square$

Für reellwertige Zufallsgrößen hatten wir mit der Kovarianz (s. (3.52)) bzw. dem Korrelationskoeffizienten (s. (3.55)) Maße für die gegenseitige Beeinflussung solcher Zufallsgrößen kennengelernt. Nach dieser Interpretation wird man vermuten, daß Zusammenhänge zwischen der „Unkorreliertheit"

und der „stochastischen Unabhängigkeit" bestehen. Diese Vermutung wird
durch die folgende Anmerkung noch bestärkt:

Die Definition (4.19) der stochastischen Unabhängigkeit zweier Ereignisse A und B durch die Bedingung

$$P(A \cap B) = P(A) \cdot P(B)$$

kann man auch so formulieren, daß für die Indikatorfunktionen 1_A und 1_B
gilt

$$(\star) \qquad E(1_A \cdot 1_B) = P(A \cap B) = P(A)P(B) = E(1_A) \cdot E(1_B),$$

oder wegen

$$E(1_A - P(A))(1_B - P(B)) = E(1_A \cdot 1_B) - E(1_A) \cdot E(1_B),$$

daß 1_A und 1_B unkorreliert sind:

(4.51) Anmerkung:

A und B sind genau dann stochastisch unabhängig, wenn 1_A und 1_B unkorreliert sind.

Wir wollen nun ein Analogon zu $(\star)$ für allgemeinere Zufallsgrößen beweisen:

(4.52) Satz (Multiplikationssatz)
  *Es seien $X_1, \ldots, X_n$ stochastisch unabhängige, integrable Zufallsgrö-
  ßen. Dann gilt:*
  a) $\prod_{i=1}^{n} X_i$ ist integrabel.
  b) $E(\prod_{i=1}^{n} X_i) = \prod_{i=1}^{n} EX_i$.

Beweis: Nach (4.44) ist

$$Q = \bigotimes_{i=1}^{n} P^{X_i}$$

die Verteilung von $(X_1, \ldots, X_n)$. Nach der Transformationsformel (A.87)
und dem Satz von Fubini (A.99) folgt dann

$$E(|\prod_{i=1}^{n} X_i|) \;=\; \int |\pi_1 \cdot \ldots \cdot \pi_n| dQ$$

$$= \int \cdots \int |\pi_1| \cdot \ldots \cdot |\pi_n| dP^{X_1} \ldots dP^{X_n}$$

$$= \prod_{i=1}^{n} \int |id| dP^{X_i}(x_i) = \prod_{i=1}^{n} E(|X_i|) < \infty,$$

d.h. die Behauptung a); entsprechend ergibt sich b)[3]. $\square$

Mit (4.52) haben wir also eine wichtige hinreichende Bedingung für die Unkorreliertheit von Zufallsgrößen gefunden:

(4.53) Korollar:
    Sind $X_i, i \in \mathbb{N}$, stochastisch unabhängige, integrable Zufallsgrößen, so sind die $X_i, i \in \mathbb{N}$, unkorreliert.

Beweis: Für $i, j \in \mathbb{N}, i \neq j$, gilt

$$E(X_i - E(X_i))(X_j - E(X_j)) = E(X_i X_j) - E(X_i)E(X_j) = 0. \qquad \square$$

Im Fall, daß überdies die Varianzen $Var\ X_i$, $1 \leq i \leq n$, existieren, ergibt sich dann

$$Var(\sum_{i=1}^{n} X_i) = \sum_{i=1}^{n} Var\ X_i \qquad \textit{(Gleichheit von Bienaymé)}.$$

Daher erhält man aus dem schwachen Gesetz der großen Zahlen (3.31) sofort das

(4.54) Korollar:
    Es sei $(X_i)_{i \in \mathbb{N}}$ eine Folge von stochastisch unabhängigen Zufallsgrößen mit $E(X_i) = a, Var\ X_i = \sigma^2$ für alle $i \in \mathbb{N}$. Dann gilt für jedes $\varepsilon > 0$:

$$\lim_{n \to \infty} P(|\overline{X}_{(n)} - a| \geq \varepsilon) = 0.$$

Beweis: Es ist nur anzumerken, daß gilt

$$Var(\sum_{i=1}^{n} X_i) = \sum_{i=1}^{n} Var\ X_i = n\ \sigma^2. \qquad \square$$

Da die Voraussetzung von (4.54) insbesondere dann erfüllt ist, wenn die $X_i, i \in \mathbb{N}$, jeweils *dieselbe* Verteilung mit dem Erwartungswert a und

---

[3]Eine entsprechende Aussage gilt bei nicht-negativen Zufallsgrößen für die Erwartungswerte im weiteren Sinne.

der Varianz σ^2 besitzen – d.h. wenn die $X_i, i \in \mathbb{N}$, „unabhängige Versuchswiederholungen" widerspiegeln – hat man damit ein „experimentelles" Verfahren („Schätzverfahren") zur „näherungsweisen" Bestimmung von a, wenn P unbekannt ist. Dies liefert auch eine – gegenüber (3.31) bereits befriedigendere – Erklärung für das „Erfahrungsgesetz" (1.1). Verwendet man dabei die – mit den Ausgangswerten dimensionsgleiche – Standardabweichung zur Angabe der „Genauigkeit" von $\overline{X}_{(n)}$, so erhält man wegen

$$\sqrt{Var\ \overline{X}_{(n)}} = \sigma/\sqrt{n},$$

daß z.B. eine Verdoppelung dieser Genauigkeit (d.h. eine Halbierung der Standardabweichung) eine Vervierfachung der Beobachtungszahl erfordert – dies liefert eine Erklärung des „Erfahrungsgesetzes" (1.2). Insbesondere für die „Bestimmung" von Wahrscheinlichkeiten erhält man

(4.55) Korollar (Bernoullisches schwaches Gesetz der großen Zahlen):
*Es seien $(\Omega, \mathcal{S}, P)$ ein W-Raum, $A \in \mathcal{S}$ und $(\tilde{\Omega}, \tilde{\mathcal{S}}, \tilde{P}) = \bigotimes_{n \in \mathbb{N}} (\Omega, \mathcal{S}, P)$
(s. S. 100). Für $i \in \mathbb{N}$ sei $X_i = 1_A \circ \pi_i$. Dann gilt für die relativen Häufigkeiten des Eintreffens von A*

$$\frac{h(A, n)}{n} := \overline{X}_{(n)} = \frac{1}{n} \sum_{i=1}^{n} 1_A \circ \pi_i :$$

$$\lim_{n \to \infty} P(|\frac{h(A, n)}{n} - P(A)| \geq \varepsilon) = 0 \quad \textit{für jedes } \varepsilon > 0.$$

Beweis: Wegen $A \in \mathcal{S}$, (4.46) und (4.41) sind die $X_i, i \in \mathbb{N}$, stochastisch unabhängige Zufallsgrößen. Für $i \in \mathbb{N}$ gilt

$$\tilde{P}^{X_i} = \mathcal{B}(1, P(A))$$

und somit $EX_i = P(A)$ sowie $Var\ X_i = P(A)(1 - P(A))$. Die Behauptung folgt daher aus (4.54). $\qquad\qquad\square$

Dieses Korollar gestattet also eine Interpretation der Werte $P(A)$ als „Grenzwerte" der relativen Häufigkeiten $\frac{h(A,n)}{n}$, eine *Definition* der Wahrscheinlichkeit mit Hilfe der relativen Häufigkeiten ist jedoch nicht möglich, da nur eine Konvergenz *nach Wahrscheinlichkeit* vorliegt.

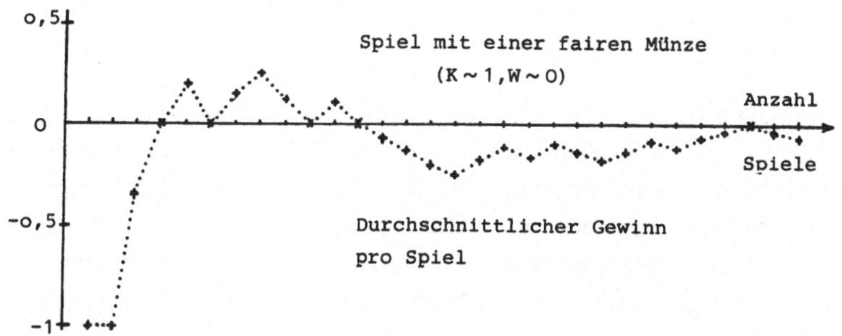

Während bei Indikatorfunktionen die Unkorreliertheit äquivalent ist mit der stochastischen Unabhängigkeit (s. (4.51)), gilt diese Umkehrung von (4.53) bei allgemeineren Zufallsgrößen nicht mehr:

(4.56) Beispiel:

Es sei $(\Omega, \mathcal{S}, P)$ das Laplace-Experiment mit $\Omega = \{-2, -1, 1, 2\}$. X und Y seien definiert durch $X := id$ und $Y := X^2$. Dann gilt $EX = 0$, $EY = 5/2$ und $E(X - EX)(Y - EY) = EXY - EX \cdot EY = EXY = EX^3 = 0$, d.h. X und Y sind unkorreliert. Andererseits gilt aber

$$P^{(X,Y)}(\{(1,4)\}) = P(\{X = 1, X^2 = 4\}) = 0$$
$$\neq \frac{1}{4} \cdot \frac{1}{2} = P^X(\{1\}) \cdot P^Y(\{4\}),$$

d.h. X und Y sind nicht stochastisch unabhängig. $\qquad\square$

Andererseits ist aber die Gültigkeit der Umkehrung von (4.53) nicht auf Indikatorfunktionen beschränkt:

(4.57) Lemma (vgl. (4.50)b)):
$X = (X_1, \ldots, X_n)$ besitze eine n-dimensionale Normalverteilung mit den Parametern a und Σ. Dann sind die Komponenten $X_i, 1 \leq i \leq n$, genau dann stochastisch unabhängig, wenn sie (paarweise) unkorreliert sind.

Zum Beweis ist nur anzumerken, daß aus der Unkorreliertheit der X_i folgt, daß Σ von der Form $\Sigma = (\delta_{ij}\sigma_i^2)$ ist; (4.50)b) liefert dann die gewünschte Aussage. $\qquad\square$

4.5   Bedingte Wahrscheinlichkeiten, bedingte Erwartungswerte

Mit den Definitionen der stochastischen Unabhängigkeit von Ereignissen
(s. (4.21)) bzw. von Zufallsgrößen (s. (4.39)) haben wir eine Modellbildung für Situationen vorgenommen, bei denen sich aus dem Eintreten eines
Ereignisses keine Informationen über die Wahrscheinlichkeit des Eintretens
eines anderen Ereignisses gewinnen lassen bzw. bei denen sich verschiedene
zufallsabhängige Größen (im wahrscheinlichkeitstheoretischen Sinne) nicht
beeinflussen.

Insbesondere bei zufallsabhängigen zeitlichen Entwicklungen (z.B. Temperaturschwankungen, Wasserzuflüssen von Talsperren, Lagerbeständen,
Lernvorgängen u.a.m.) werden jedoch häufig stochastische Abhängigkeiten
von großem Interesse sein. Bei dem Satz von Kolmogoroff (4.11) hatten
wir auch bereits berücksichtigt, daß die (endlich-dimensionalen Marginal-)
Verteilungen i.a. *nicht* die Produkte der eindimensionalen Marginalverteilungen sind.

Bei dem Vorliegen solcher Abhängigkeiten wird man sich insbesondere
dafür interessieren, wie man die vorherigen Informationen dazu benutzen
kann, wahrscheinlichkeitstheoretische Aussagen über die zukünftige Entwicklung zu gewinnen. Hierfür benötigt man ein Konzept von Wahrscheinlichkeiten bei Vorliegen von Vorinformationen (*bedingten* Wahrscheinlichkeiten). Zur Illustration sei ein einfaches Beispiel betrachtet:

(4.58) Beispiel (vgl. (2.25)):
In einer Sendung von n Produktionsstücken ($n \geq 2$) seien m defekt; es werden „zufällig" 2 Stücke als Probe entnommen. Wie groß sind die Wahrscheinlichkeiten der Ergebnisse
(intakt,intakt), (intakt,defekt), (defekt,intakt), (defekt,defekt),
wenn vor der Entnahme des zweiten Stückes das erste
   a) nicht zurückgelegt wird
   b) wieder zurückgelegt wird (und die zweite Entnahme wieder „zufällig"
      erfolgt)?
Im Fall a) ergibt sich aus (2.25)

$$\frac{(n-m)(n-m-1)}{n(n-1)}, \frac{(n-m)m}{n(n-1)}, \frac{m(n-m)}{n(n-1)}, \frac{m(m-1)}{n(n-1)};$$

im Fall b) folgt bei naheliegender Modellbildung als unabhängige Koppelung von zwei Einzelexperimenten (Entnahme *eines* von n Stücken, von denen m defekt sind)

$$\frac{(n-m)^2}{n^2}, \frac{(n-m)m}{n^2}, \frac{m(n-m)}{n^2}, \frac{m^2}{n^2}.$$

Während im Fall b) die Wahrscheinlichkeit für ein defektes Stück bei der zweiten Entnahme gleich m/n ist – gleichgültig, welches Ergebnis die Überprüfung des zuerst entnommenen Stückes liefert – liegen bei der Entnahme *ohne Zurücklegen* (Fall a)) stochastische Abhängigkeiten zwischen den beiden Entnahmen vor: Falls die erste Überprüfung ein defektes Stück liefert, so ist die Wahrscheinlichkeit dafür, daß das zweite entnommene Stück ebenfalls defekt ist, gleich

$$\frac{m-1}{n-1} \sim \frac{\text{(Anzahl der verbliebenen defekten Stücke)}}{\text{(Anzahl der verbliebenen Stücke)}},$$

falls dagegen das erste Stück intakt ist, bestimmt sich diese Wahrscheinlichkeit zu

$$\frac{m}{n-1} \sim \frac{\text{(Anzahl der verbliebenen defekten Stücke)}}{\text{(Anzahl der verbliebenen Stücke)}}.$$

Bezeichnet man also das Ergebnis, daß das i-te überprüfte Stück defekt ist $(i=1,2)$, mit A_i, so gilt

$$\frac{m-1}{n-1} = \frac{m}{n} \cdot \frac{m-1}{n-1} \Big/ \frac{m}{n} = P(A_1 \cap A_2)/P(A_1)$$

und

$$\frac{m}{n-1} = \frac{n-m}{n} \cdot \frac{m}{n-1} \Big/ \frac{n-m}{n} = P(A_1^c \cap A_2)/P(A_1^c).$$

Den Wert $P(A_1 \cap A_2)/P(A_1)$ (bzw. $P(A_1^c \cap A_2)/P(A_1^c)$) wird man daher als Wahrscheinlichkeit von A_2 unter Kenntnis von A_1 (bzw. A_1^c) bezeichnen. $\square$

Daraufhin definieren wir allgemein

(4.59) Definition:

Es seien $(\Omega, \mathcal{S}, P)$ ein W-Raum und $B \in \mathcal{S}$ ein Ereignis mit $P(B) > 0$. Für $A \in \mathcal{S}$ heißt dann

$$P(A|B) := \frac{P(A \cap B)}{P(B)}$$

die (elementare) bedingte Wahrscheinlichkeit von A unter (der Bedingung) B.

Die Rechtfertigung für die Bezeichnung „Wahrscheinlichkeit" liefert die folgende Aussage, die man durch direkte Überprüfung der Eigenschaften von W-Maßen erhält:

(4.60) Lemma:

> *Es seien $(\Omega, \mathcal{S}, P)$ ein W-Raum und $B \in \mathcal{S}$ mit $P(B) > 0$. Dann ist die durch*
>
> $$P(A|B) = P(A \cap B)/P(B)$$
>
> *definierte Abbildung $P(\cdot|B) : \mathcal{S} \to \mathbb{R}^1$ ein W-Maß auf $\mathcal{S}$.*

Wegen $P(B|B) = P(B \cap B)/P(B) = 1$ ist dabei die gesamte Wahrscheinlichkeits„masse" 1 auf der Menge B konzentriert; die Menge B könnte man also auch als neue Grundmenge nehmen. $P(A|B)$ läßt sich interpretieren als Wahrscheinlichkeit für das Eintreten von A, wenn man schon weiß, daß B eintritt[4].

Die stochastische Unabhängigkeit zweier Ereignisse A und B (mit $P(B) > 0$) drückt sich hier dadurch aus, daß gilt

$$P(A|B) = P(A \cap B)/P(B) = P(A)P(B)/P(B) = P(A),$$

d.h. die „Bedingung" (Information) des Eintretens von B hat bei stochastischer Unabhängigkeit keinen Einfluß auf die Wahrscheinlichkeit des Eintretens von A – insofern ist also die obige Begriffsbildung in Übereinstimmung mit unserer anschaulichen Interpretation.

Daß man mit der einfachen Modellbildung aus (4.59) bereits zu etwas überraschenden Aussagen gelangen kann, zeigen die folgenden Beispiele:

(4.61) Beispiel (Bertrandsches Box-Paradoxon):
Es seien 3 Kästen (Kasten $\sim$ engl. box) mit je zwei Schubladen gegeben, in denen je eine Gold- bzw. eine Silbermünze (entsprechend der Abbildung) liegen.
„Zufällig" wird ein Kasten gewählt, dann „zufällig" eine Schublade geöffnet; in dieser liegt eine Goldmünze. Wie groß ist die Wahrscheinlichkeit dafür, daß in der anderen Schublade dieses Kastens eine Silbermünze liegt, wenn die „zufällige" Wahl jeweils als Laplace-Experiment interpretiert wird?

Es liegt zunächst die Antwort nahe, daß nur die beiden Kästen 1 und 2 zu dem Ergebnis „Goldmünze" führen können und daher – da beide mit

---

[4] Für die Anwendungen hat die Definition (4.59) insofern den Charakter eines Axioms, als dadurch ein Modell für „bedingte" Chancen bei Zufallsexperimenten festgelegt wird.

derselben Wahrscheinlichkeit gewählt werden und nur der Kasten 2 in der anderen Schublade eine Silbermünze enthält – die gesuchte Wahrscheinlichkeit gleich $\frac{1}{2}$ sein müßte. Rechnet man jedoch für den W-Raum $(\Omega, \mathcal{S}, P)$ mit

$$\Omega = \{1, 2, 3\} \times \{1, 2\}, \quad \mathcal{S} = \mathcal{P}(\Omega),$$

(i gibt also die Nummer des Kastens, j die Nummer der Schublade an) und

$$P(\{(i,j)\}) = \frac{1}{3} \cdot \frac{1}{2} = 1/6 \quad ((i,j) \in \Omega)$$

(d.h. diskrete Gleichverteilung (Laplace-Verteilung) als Produkt zweier Laplace-Verteilungen) für die Ereignisse

$B = \{(1,1), (1,2), (2,1)\} \sim$ „Zug so, daß in der Schublade eine Goldmünze liegt"

$A = \{(2,1), (3,1), (3,2)\} \sim$ „Zug so, daß in der *anderen* Schublade eine Silbermünze liegt",

nach, so ergibt sich für die gesuchte Wahrscheinlichkeit

$$P(A|B) = P(\{(2,1)\})/P(B) = \frac{1/6}{1/2} = \frac{1}{3}.$$

Dieses etwas überraschende Ergebnis erklärt sich daraus, daß durch das „zufällige" Wählen die bedingte Wahrscheinlichkeit, daß man es mit dem Kasten 1 zu tun hat, d.h.

$$C = \{(1,1), (1,2)\} \sim \quad \text{„Zug liefert Kasten 1",}$$

eintritt, wenn in der gezogenen Schublade eine Goldmünze liegt, bereits

$$P(C|B) = P(\{(1,1),(1,2)\})/P(B) = \frac{1/3}{1/2} = \frac{2}{3}$$

ist – und nicht, wie oben implizit angesetzt, gleich $\frac{1}{2}$. $\qquad\square$

(4.62) Beispiel

Von einem technischen System (Fernsehgerät, Fertigungsanlage,...) sei bekannt, daß seine Lebensdauer X einer Exponentialverteilung mit dem Parameter λ genügt. Gesucht wird die Wahrscheinlichkeit dafür, daß die (gesamte) Lebensdauer größer als s ist, wenn das System bereits die Zeit t

gearbeitet hat. Da für $A := (s; \infty), B := (t; \infty), 0 \leq t < s$, nach (3.4)(iii) gilt $P(A) = e^{-\lambda s}, P(B) = e^{-\lambda t}$, folgt

$$P(A|B) = \frac{P(A)}{P(B)} \quad (\text{da } A \subset B)$$
$$= e^{-\lambda(s-t)},$$

d.h. $P(\cdot|B)$ ist eine um t „verschobene" Exponentialverteilung mit dem Parameter λ. Die weitere Lebensdauer besitzt also dieselbe Verteilung wie die ursprüngliche Lebensdauer; diese Eigenschaft der Exponentialverteilung nennt man auch *Gedächtnislosigkeit*. Sie charakterisiert die Exponentialverteilung (s. (IV.15)) und gibt eine erste Begründung für deren Auftreten.

Für die Verwendung von bedingten Wahrscheinlichkeiten zur Berechnung anderer Wahrscheinlichkeiten sind die folgenden einfachen Sätze recht nützlich:

(4.63) Satz (von der totalen Zerlegung)
Es seien $(\Omega, \mathcal{S}, P)$ ein W-Raum, $A \in \mathcal{S}$ und $(B_i)_{i \in I}$ mit $I \subset \mathbb{N}$ eine Familie paarweise disjunkter Mengen aus $\mathcal{S}$ mit $\sum_{i \in I} B_i \supset A$. Dann gilt

$$P(A) = \sum_{i \in I : P(B_i) > 0} P(A|B_i) P(B_i).$$

Beweis:

$$\sum_{i \in I : P(B_i) > 0} P(A|B_i) P(B_i) = \sum_{i \in I : P(B_i) > 0} P(A \cap B_i)$$
$$= \sum_{i \in I} P(A \cap B_i) = P(\sum_{i \in I} A \cap B_i) = P(A). \quad \square$$

Hierzu gibt es ein einprägsames *chemisches Analogon*: In n Gefäßen seien verschiedene Lösungen desselben Salzes in den Konzentrationen

$$P(A|B_1), \ldots, P(A|B_n);$$

$P(B_j)$ sei das Volumen im j-ten Gefäß; insgesamt sei 1 Liter vorhanden. Gießt man nun die Lösungen zusammen, so besitzt die entstehende Salzlösung die Konzentration $P(A)$ entsprechend (4.63).

(4.64) Lemma (Multiplikationsformel)
Es seien $(\Omega, \mathcal{S}, P)$ ein W-Raum und $A_i \in \mathcal{S}, 1 \leq i \leq n$, mit $P(\cap_{i=1}^{n-1} A_i) > 0$. Dann gilt

$$P(\cap_{i=1}^{n} A_i) = P(A_1) P(A_2|A_1) P(A_3|A_1 \cap A_2) \cdot \ldots \cdot P(A_n|A_1 \cap \ldots \cap A_{n-1}).$$

Beweis: Wegen

$$P(\bigcap_{i=1}^{m} A_i) \geq P(\bigcap_{i=1}^{n-1} A_i) > 0 \quad \text{für} \quad 1 \leq m \leq n-1$$

sind alle auftretenden bedingten Wahrscheinlichkeiten wohldefiniert; daher ergibt sich die Behauptung (durch entsprechendes Kürzen) direkt aus der Definition. $\square$

Wegen der Symmetrie der Durchschnittsbildung besteht zwischen den bedingten Wahrscheinlichkeiten offensichtlich der Zusammenhang

$$P(A|B) \cdot P(B) = P(A \cap B) = P(B|A) \cdot P(A),$$

d.h.

$$P(B|A) = \frac{P(B)}{P(A)} P(A|B) \quad \text{falls} \quad P(A) > 0, \ P(B) > 0.$$

Zusammen mit (4.63) ergibt sich hieraus sofort:

(4.65) Satz (Bayes-Formel)
[5] *Es seien $(\Omega, \mathcal{S}, P)$ ein W-Raum, $A \in \mathcal{S}$ mit $P(A) > 0$ sowie $(B_i)_{i \in I}$ mit $I \subset \mathbb{N}$ eine Familie paarweise disjunkter Mengen aus $\mathcal{S}$ mit $\sum_{i \in I} B_i \supset A$. Dann gilt für alle B_j mit $P(B_j) > 0$*

$$P(B_j|A) = \frac{P(A|B_j)P(B_j)}{\sum_{i \in I : P(B_i) > 0} P(A|B_i)P(B_i)}.$$

Auch hierzu gibt es ein nettes *chemisches Analogon*: In n Gefäßen seien Lösungen desselben Salzes in verschiedenen Konzentrationen $P(A|B_j)$; $P(B_j)$ sei das Volumen im j-ten Gefäß. Die Bayessche Formel gibt dann den Anteil $P(B_j|A)$ an der gesamten Salzmenge an, der sich im j-ten Gefäß befindet.

Es gibt wohl kaum eine andere Aussage der Wahrscheinlichkeitstheorie, über die es so heftige Kontroversen gegeben hat wie über diesen Satz – natürlich betrifft der Streit nur die „Rückübersetzung" der Resultate in die realen Anwendungssituationen. Der Kern der Kontroversen zeigt sich sehr deutlich in der Bezeichnung *„Satz über die Wahrscheinlichkeit der Ursachen"*, die gelegentlich für die Bayes-Formel benutzt wird: Man kann die

---

[5]Reverend Thomas Bayes (1702-1761)

B_j häufig als Ursachen interpretieren, aus denen ein Ereignis A mit den Wahrscheinlichkeiten $P(A|B_j)$ folgt; über die Wahrscheinlichkeiten $P(B_j)$ besitzt man a priori Kenntnisse. Die *„a posteriori-Wahrscheinlichkeiten"* $P(B_j|A)$ bedeuten also einen gewissen Rückschluß vom Ergebnis A auf die Ursache B_j. Die Problematik ergibt sich dabei häufig daraus, daß vergessen wird, daß sich objektive Wahrscheinlichkeiten stets nur für zukünftige Ereignisse angeben lassen (bzw. daraus, daß man subjektive Bewertungen von „Glaubwürdigkeiten" als Wahrscheinlichkeiten interpretiert).

(4.66) Beispiel

Es gebe ein sehr zuverlässiges TBC-Diagnoseverfahren; die Untersuchung falle mit einer „Sicherheits"-Wahrscheinlichkeit von 96 % positiv aus (Ereignis A), wenn die Person tatsächlich an TBC leidet (Ereignis B), sie falle mit der Wahrscheinlichkeit 92 % negativ aus (Ereignis A^c), wenn keine Erkrankung vorliegt (Ereignis B^c). Wie groß ist die Wahrscheinlichkeit, daß eine untersuchte Person an TBC erkrankt ist, wenn bei einer Reihenuntersuchung (d.h. daß nicht bereits andere Symptome auf eine TBC-Erkrankung hinweisen und deswegen der Arzt aufgesucht wird) die Untersuchung positiv ausfällt und unter den gleichaltrigen Personen jede 109. ohne es zu wissen an TBC leidet?
Man hat (bei naheliegender Modellbildung) die Informationen

$$P(B) = \frac{1}{109}, P(A|B) = 0,96, P(A^c|B^c) = 0,92$$

und somit

$$P(B^c) = \frac{108}{109}, P(A|B^c) = 1 - P(A^c|B^c) = 0,08.$$

Daher liefert die Bayes-Formel (4.65) für die gesuchte Wahrscheinlichkeit

$$P(B|A) = \frac{P(B) \cdot P(A|B)}{P(A|B)P(B) + P(A|B^c)P(B^c)} = \frac{\frac{1}{109} \cdot 0,96}{0,96 \cdot \frac{1}{109} + 0,08 \cdot \frac{108}{109}} = 0,10.$$

(Es wird also bei positiv ausfallendem Untersuchungsergebnis kein Grund ernster Beunruhigung bestehen; eine gründliche Einzeluntersuchung wird jedoch angezeigt erscheinen.)

An diesem Beispiel wird auch deutlich, was oben mit dem Rückschließen von der „Wirkung" (positiver Ausfall der TBC-Untersuchung) auf die eigentlich interessierende „Ursache" gemeint war.   □

Der Fall, daß das bedingende Ereignis in der Annahme eines Wertes x_i durch eine diskret verteilte Zufallsgröße besteht, führt zu der folgenden Begriffsbildung:

(4.67) Definition

X sei eine diskret verteilte Zufallsgröße mit dem Träger $\{x_1, x_2, \ldots\}$. Dann heißt

$$P(A|X = x_i) := \frac{P(A \cap \{\omega \in \Omega : X(\omega) = x_i\})}{P(\{\omega \in \Omega : X(\omega) = x_i\})}$$

die bedingte Wahrscheinlichkeit von A unter (der Bedingung)
$X = x_i$.

Völlig entsprechend wird man dann für eine Zufallsvariable Y die *bedingte Wahrscheinlichkeit von $Y = y$ unter $X = x_i$* durch

$$P(Y = y|X = x_i) = P(Y^{-1}(\{y\})|X = x_i)$$

definieren. Aufgrund von (4.60) ist $P(\cdot|X = x_i)$ (für $P^X(\{x_i\}) > 0$) ein W-Maß. Die natürliche Definition des *bedingten Erwartungswertes* einer Zufallsgröße Y unter (der Bedingung) $X = x_i$ ist daher

$$E(Y|X = x_i) := \int_\Omega Y \, dP(\cdot|X = x_i),$$

falls dieses Integral existiert. Dabei ergibt sich dann

$$\begin{aligned} E(Y|X = x_i) &= \int_\Omega Y \, dP(\cdot|X = x_i) \\ &= \frac{1}{P(X = x_i)} \int_\Omega Y \cdot 1_{\{X = x_i\}} dP \\ &\quad \text{(Beweis durch algebraische Induktion)} \\ &= \frac{1}{P(X = x_i)} \int_{\{X = x_i\}} Y \, dP. \end{aligned}$$

Man definiert daher:

(4.68) Definition

Es seien X eine diskret verteilte Zufallsgröße mit dem Träger $(x_1, x_2, \ldots)$ und Y eine quasiintegrable Zufallsgröße. Dann heißt

$$E(Y|X = x_i) := \frac{1}{P(X = x_i)} \int_{\{X = x_i\}} Y \, dP$$

der bedingte Erwartungswert von Y unter (der Bedingung) $X = x_i$.

Die früheren Begriffsbildungen (4.59) und (4.67) erhält man jeweils als Spezialfall aus dieser Definition zurück:

(i)   Für $X = 1_B$ mit $P(B) > 0$ und $Y = 1_A$ ergibt sich

$$E(Y|X = 1) = \frac{1}{P(B)} \int_B 1_A \, dP = \frac{P(A \cap B)}{P(B)} = P(A|B).$$

(ii) Für diskret verteilte X und $Y = 1_A$ folgt

$$E(Y|X = x_i) = \frac{1}{P(X = x_i)} \int_{\{X=x_i\}} 1_A \, dP$$

$$= \frac{1}{P(\{\omega \in \Omega : X(\omega) = x_i\})} P(A \cap \{\omega \in \Omega : X(\omega) = x_i\}) = P(A|X = x_i).$$

(iii) Für $X = 1_B$ mit $P(B) > 0$ und quasiintegrables Y ergibt sich

$$E(Y|X = 1) = \frac{1}{P(B)} \int_B Y \, dP = \int_\Omega Y \, dP(\cdot|B) =: E(Y|B),$$

d.h. der Erwartungswert bzgl. der bedingten Verteilung $P(\cdot|B)$.

Bisher haben wir bedingte Wahrscheinlichkeiten bzw. bedingte Erwartungswerte nur für den Fall definiert, daß das „bedingende" Ereignis eine positive Wahrscheinlichkeit trägt. Dieses Konzept wird aber sicherlich nicht ausreichen, um alle „Vorinformationen" zu erfassen:

(4.69) Beispiel

Die Bedienungszeit Z in einem Servicesystem (Reparaturwerkstatt, Kaufhauskasse o.ä.) setze sich zusammen aus zwei stochastisch unabhängigen Bestandteilen $Z = X + Y$, wobei

> X eine Exp(λ)-Verteilung besitzt (Wartezeit)
> Y eine $\mathcal{B}(2,p)$-Verteilung besitzt
>   (notwendige Routinekontrollen der Zeitdauer 1).

Wenn man bereits weiß, daß X den Wert x besitzt, so ist man sicher, daß Z nur die Werte $x, x + 1$ und $x + 2$ annehmen kann, und zwar mit den Wahrscheinlichkeiten

$$(1 - p)^2, 2p(1 - p), p^2.$$

Da jedoch $P(X = x) = 0$ für alle $x \in \mathrm{I\!R}^1$ gilt, wird dieses Beispiel von unserem bisherigen Konzept der bedingten Wahrscheinlichkeiten nicht erfaßt. $\square$

Einen Hinweis darauf, wie man zu einer allgemein brauchbaren Definition bedingter Wahrscheinlichkeiten gelangen kann, gibt die folgende Bemerkung:

Es seien $X : (\Omega, \mathcal{S}, P) \to (\mathcal{X}, \mathcal{P}(\mathcal{X}))$ eine diskret verteilte Zufallsgröße mit dem Träger $\mathcal{X} = \{x_1, x_2, \ldots\}$, Y eine quasiintegrable Zufallsgröße und A eine beliebige Teilmenge von $\mathcal{X}$. Dann gilt für die durch $\omega \mapsto \sum_i E(Y|X = x_i) 1_{\{X=x_i\}}(\omega)$ definierte Abbildung $E(Y|X) : \Omega \to \overline{\mathrm{I\!R}^1}$:

$$\int_{\{\omega : X(\omega) \in A\}} E(Y|X) dP = \sum_{i : x_i \in A} E(Y|X = x_i) \, P(X = x_i)$$

$$= \sum_{i : x_i \in A} \int_{\{X = x_i\}} Y \, dP = \int_{\{\omega : X(\omega) \in A\}} Y \, dP,$$

d.h.

$$\int_{X^{-1}(A)} E(Y|X) dP = \int_{X^{-1}(A)} Y \, dP$$

für alle $A \subset \mathcal{X}$. Die Abbildung $E(Y|X)$ hat also die Eigenschaft, daß für alle Elemente G der *Unter-σ-Algebra*

$$\mathcal{G} := X^{-1}(\mathcal{P}(\mathcal{X}))$$

von $\mathcal{S}$ gilt

$$\int_G E(Y|X) dP = \int_G Y \, dP;$$

sie ist außerdem offensichtlich meßbar bzgl. $\mathcal{G}$.
Daraufhin definieren wir nun allgemein:

(4.70) Definition

Es seien $(\Omega, \mathcal{S}, P)$ ein W-Raum und Y eine quasiintegrable Zufallsgröße.

a) *Sind $\mathcal{G}$ eine Unter-σ-Algebra von $\mathcal{S}$ und $f : \Omega \to \overline{\mathrm{I\!R}^1}$ eine $\mathcal{G}$-meßbare Abbildung mit der Eigenschaft*

$$\int_G f \, dP = \int_G Y \, dP \quad \textit{für alle } G \in \mathcal{G},$$

so heißt f eine Version des bedingten Erwartungswertes von Y *unter (der Bedingung) $\mathcal{G}$.*

b) *Sind $(X_t)_{t \in T}$ eine nicht-leere Familie von Zufallsgrößen*

$$X_t : (\Omega, \mathcal{S}, P) \to (\mathcal{X}_t, \mathcal{B}_t),$$

$\mathcal{G} = \sigma(\cup_{t \in T} X_t^{-1}(\mathcal{B}_t))$ *die durch die X_t induzierte Unter-σ-Algebra von $\mathcal{S}$ und f eine Version des bedingten Erwartungswertes von Y unter $\mathcal{G}$, so heißt f auch eine* Version des bedingten Erwartungswertes von Y unter $(X_t)_{t \in T}$.

Hier erheben sich natürlich sofort die Fragen, ob es stets Versionen bedingter Erwartungswerte gibt und ob es verschiedene Versionen eines bedingten Erwartungswertes geben kann. Die Eindeutigkeitsfrage läßt sich leicht beantworten:

(4.71) Satz

Es seien $(\Omega, \mathcal{S}, P)$ ein W-Raum, Y eine quasiintegrable Zufallsgröße und $\mathcal{G}$ eine Unter-σ-Algebra von $\mathcal{S}$. Dann gilt:

a) *Sind f und g Versionen des bedingten Erwartungswertes von Y unter $\mathcal{G}$, so gilt $f = g$ P-f.ü..*

b) *Ist f eine Version des bedingten Erwartungswertes von Y unter $\mathcal{G}$ und ist g eine $\mathcal{G}$-meßbare Abbildung mit $f = g$ P-f.ü., so ist auch g eine Version des bedingten Erwartungswertes von Y unter $\mathcal{G}$.*

Beweis: a) Für die $\mathcal{G}$-meßbaren Funktionen f, g gilt nach der Definition (4.70)

$$\int_G f \, dP = \int_G g \, dP \quad \forall G \in \mathcal{G}$$

und somit folgt nach (A.73) (vgl. (4.31)), daß $f = g$ $P|\mathcal{G}$-f.ü. ($P|\mathcal{G}$ bezeichne dabei die Einschränkung von P auf $\mathcal{G}$). Daher gilt $f = g$ P-f.ü..

b) Da g einerseits $\mathcal{G}$-meßbar ist und andererseits gilt

$$\int_G g \, dP = \int_G f \, dP \quad \text{da } f = g \ P\text{-f.ü. (s. (A.73))}$$

$$= \int_G Y \, dP \quad \forall G \in \mathcal{G} \text{ nach Voraussetzung,}$$

ist g entsprechend der Definition (4.70) ebenfalls eine Version des bedingten Erwartungswertes von Y unter $\mathcal{G}$. $\qquad\square$

Zwei verschiedene Versionen des bedingten Erwartungswertes von Y unter $\mathcal{G}$ unterscheiden sich also nur auf einer $P|\mathcal{G}$-Nullmenge und umgekehrt liefert eine (bzgl. $\mathcal{G}$ meßbare) Abänderung auf einer $P|\mathcal{G}$-Nullmenge auch wieder eine Version des bedingten Erwartungswertes. Wegen dieser Eindeutigkeit bis auf $P|\mathcal{G}$-Nullmengen treffen wir die

(4.72) Konvention

> *Jede Version des bedingten Erwartungswertes von Y unter $\mathcal{G}$ wird mit $E(Y|\mathcal{G})$ bezeichnet* [6] *und ein bedingter Erwartungswert von Y unter $\mathcal{G}$ genannt.*
>
> *Im Fall $\mathcal{G} = \sigma(\bigcup_{t\in T} X_t^{-1}(\mathcal{B}_t))$ wird auch die Bezeichnung $E(Y|(X_t)_{t\in T})$ verwendet; für $T = \{1,\ldots,n\}$, $n \in \mathrm{I\!N}$, auch $E(Y|X_1,\ldots,X_n)$.*

Gemäß der Vorbemerkung zu (4.70) ist diese Bezeichnungsweise in Einklang mit der Definition (4.68):

(4.73) Beispiel:

Sind $X : (\Omega, \mathcal{S}, P) \to (\mathcal{X}, \mathcal{B})$ eine diskret verteilte Zufallsgröße mit dem Träger $\{x_1, x_2, \ldots\}$ und Y eine quasiintegrable Zufallsgröße, so ist die durch

$$f = \sum_i E(Y|X = x_i)1_{\{X=x_i\}}$$

definierte Abbildung $\Omega \to \overline{\mathrm{I\!R}}^1$ ein bedingter Erwartungswert von Y unter X:

(i) f ist auf den Mengen $X^{-1}(\{x_i\})$ konstant und somit $X^{-1}(\mathcal{B})$-meßbar.
(ii) Für $G \in X^{-1}(\mathcal{B})$ mit $G = X^{-1}(A)$ gilt

$$\int_G f \, dP = \int \sum_i E(Y|X = x_i) \cdot 1_{\{X=x_i\}}1_G dP$$

$$= \sum_{i:x_i\in A} \int_{\{X=x_i\}} E(Y|X = x_i)dP = \int_G Y \, dP. \qquad \Box$$

In diesem Spezialfall kann man also direkt eine Version des bedingten Erwartungswertes angeben; insbesondere ist hier die Existenzfrage positiv beantwortet.

---

[6]Vom formalen Standpunkt wäre es naheliegend, $E(Y|\mathcal{G})$ als Äquivalenzklasse der Versionen des bedingten Erwartungswertes von Y unter $\mathcal{G}$ zu definieren; da man jedoch meist mit speziellen Versionen arbeitet, dürfte diese Konvention zweckmäßiger sein.

Im folgenden soll gezeigt werden, daß man die Existenz von bedingten Erwartungswerten quasiintegrabler Zufallsgrößen allgemein nachweisen kann – der Beweis wird allerdings keinen Hinweis darauf geben, wie man diese berechnen kann:

(4.74) Satz

> *Es seien $(\Omega, \mathcal{S}, P)$ ein W-Raum, $\mathcal{G}$ eine Unter-σ-Algebra von $\mathcal{S}$ und Y eine quasiintegrable Zufallsgröße. Dann existiert ein bedingter Erwartungswert $E(Y|\mathcal{G})$ von Y unter $\mathcal{G}$.*

Beweis: (i) Es wird zunächst der Fall $Y \geq 0$ betrachtet:
Durch

$$Q(G) := \int_G Y \, dP \qquad \forall G \in \mathcal{G}$$

wird nach (A:81) ein Maß Q auf $\mathcal{G}$ definiert, das stetig bzgl. der Restriktion $\overline{P} = P|\mathcal{G}$ von P auf $\mathcal{G}$ ist:

$$Q \ll \overline{P}.$$

Da $\overline{P}$ als W-Maß insbesondere endlich ist, folgt aus dem Satz von Radon-Nikodym (A.102) die Existenz einer $\mathcal{G}$-meßbaren numerischen Funktion $f : \Omega \to \overline{\mathbb{R}^1_+}$ mit

$$Q(G) = \int_G f \, d\overline{P} \qquad \forall G \in \mathcal{G}.$$

Wegen $\int_G f \, d\overline{P} = \int_G f \, dP$ gilt daher insgesamt

$$\int_G f \, dP = Q(G) = \int_G Y \, dP \qquad \forall G \in \mathcal{G};$$

d.h. f ist eine Version des bedingten Erwartungswertes von Y unter $\mathcal{G}$.

(ii) Der allgemeine Fall läßt sich durch Zerlegung von Y in Positiv- und Negativteil $Y = Y^+ - Y^-$ auf den Fall (i) zurückführen: Nach dem obigen existieren $\mathcal{G}$-meßbare numerische Funktionen $f^+, f^- : \Omega \to \overline{\mathbb{R}^1_+}$ mit

$$\int_G f^+ dP = \int_G Y^+ dP, \quad \int_G f^- dP = \int_G Y^- dP \quad \forall G \in \mathcal{G}.$$

Wegen der Quasiintegrierbarkeit von Y gilt entweder $\int_\Omega Y^+ dP < \infty$ oder $\int_\Omega Y^- dP < \infty$; es sei o.B.d.A. $\int_\Omega Y^- dP < \infty$. Daher folgt $\int_\Omega f^- dP < \infty$, so daß man f^- als reellwertig annehmen kann. Dann ist $f := f^+ - f^-$ eine numerische, $\mathcal{G}$-meßbare Funktion, für die

$$\int_G f \, dP = \int_G f^+ dP - \int_G f^- dP = \int_G Y^+ dP - \int_G Y^- dP = \int_G Y \, dP \; \forall G \in \mathcal{G}$$

gilt; f ist also ein bedingter Erwartungswert von Y unter $\mathcal{G}$. $\square$

Da der Beweis zum Satz (4.74) mit Hilfe des (nicht-konstruktiven) Satzes von Radon-Nikodym geführt wurde, haben wir kein Verfahren zur expliziten Berechnung bedingter Erwartungswerte zur Verfügung (ein solches allgemeines Verfahren ist auch nicht bekannt).

Häufig hat man jedoch aufgrund der Problemstellung bereits eine Vermutung über die Gestalt eines bedingten Erwartungswertes, die man dann auch formal überprüfen kann. Zur Illustration behandeln wir ein Beispiel, das sich in der Statistik (bei invarianten Testproblemen) als besonders wichtig erweist:

(4.75) Beispiel

Es seien $(\Omega, \mathcal{S}, P)$ ein W-Raum und Y eine quasiintegrable Zufallsgröße, $\mathcal{K}$ sei eine endliche Gruppe der Ordnung k von meßbaren Transformationen K des meßbaren Raumes $(\Omega, \mathcal{S})$ auf sich – im Fall des $(\mathbb{R}^n, \mathbb{B}^n)$ z.B. die Gruppe der Permutationen der Komponenten oder die Gruppe der Spiegelungen am Nullpunkt. $\mathcal{G}$ sei die σ-Algebra der gegenüber den Elementen $K \in \mathcal{K}$ invarianten Mengen $G \in \mathcal{S}$, d.h.

$$\mathcal{G} := \{G \in \mathcal{S} : K(G) = G \quad \text{für alle } K \in \mathcal{K}\}.$$

Ist dann P gegenüber den Elementen $K \in \mathcal{K}$ invariant, d.h. gilt $P^K = P$ für alle $K \in \mathcal{K}$, so liegt die Vermutung nahe, daß bei der Bildung des bedingten Erwartungswertes von Y unter $\mathcal{G}$ alle Werte $Y(K(\omega)), K \in \mathcal{K}$, mit demselben „Gewicht" berücksichtigt werden. Man wird also überprüfen, ob durch

$$f(\omega) := \frac{1}{k} \sum_{K \in \mathcal{K}} Y(K(\omega))$$

ein bedingter Erwartungswert $E(Y|\mathcal{G})$ definiert wird:

(i) f ist einerseits $\mathcal{S}$-meßbar und andererseits nach der Definition invariant gegenüber den $K \in \mathcal{K}$ – insgesamt also auch $\mathcal{G}$-meßbar.

(ii) Für $G \in \mathcal{G}$ gilt außerdem

$$\int_G f \, dP \;=\; \frac{1}{k} \sum_{K \in \mathcal{K}} \int_G Y \circ K \, dP = \frac{1}{k} \sum_{K \in \mathcal{K}} \int_{K(G)} Y \, dP^K$$

$$=\; \frac{1}{k} \sum_{K \in \mathcal{K}} \int_G Y \, dP, \qquad \text{da } K(G) = G,\, P^K = P$$

$$= \int_G Y \, dP.$$

Wegen (i) und (ii) ist f tatsächlich ein bedingter Erwartungswert von Y unter $\mathcal{G}$.

Zur Illustration betrachten wir einige Spezialfälle:

a) P sei ein zum Nullpunkt symmetrisches W-Maß über $(\mathbb{R}^1, \mathbb{B}^1)$, d.h. für das W-Maß P gelte $P((-\infty; x]) = P([-x; \infty))$ für alle $x \in \mathbb{R}^1$. Dann ist P invariant gegenüber der Spiegelung am Nullpunkt $S : x \mapsto -x$, also invariant gegenüber der Gruppe $\mathcal{K} = \{id, S\}$ der Ordnung 2. Daher liefert

$$f(\omega) := (Y(\omega) + Y(-\omega))/2$$

einen bedingten Erwartungswert von Y unter der σ-Algebra $\mathcal{G}$ der zum Nullpunkt symmetrischen Borelschen Mengen.

b) Ist P ein W-Maß über $(\mathbb{R}^1, \mathbb{B}^1)$, so liefert das n-fache Produktmaß

$$P^n := \underbrace{P \otimes \ldots \otimes P}_{n\text{-mal}}$$

das W-Maß über $(\mathbb{R}^n, \mathbb{B}^n)$, das bei der n-fachen unabhängigen Wiederholung von $(\mathbb{R}^1, \mathbb{B}^1, P)$ auftritt (s. (4.7)). Dieses Produktmaß ist offensichtlich invariant gegenüber den Abbildungen des $\mathbb{R}^n$ auf sich, die den Permutationen der Koordinaten – d.h. einer Umnumerierung der Komponenten – entsprechen. Man kann also als $\mathcal{K}$ die Permutationsgruppe $\mathcal{S}_n$ wählen. Da deren Ordnung $n!$ ist, liefert

$$f(\omega) := \frac{1}{n!} \sum_{\pi \in \mathcal{S}_n} Y(\pi(\omega)) \qquad \forall \omega \in \mathbb{R}^n$$

für jede quasiintegrable Zufallsgröße $Y : (\mathbb{R}^n, \mathbb{B}^n) \to (\mathbb{R}^1, \mathbb{B}^1)$ eine Version des bedingten Erwartungswertes von Y unter der σ-Algebra der gegenüber $\mathcal{S}_n$ invarianten Borelschen Mengen.

c) Ist in b) das Maß P überdies wie in a) symmetrisch zum Nullpunkt, so kann man als $\tilde{\mathcal{K}}$ die durch die $n!$ Permutationen und die 2^n Vorzeichenvertauschungen der Koordinaten erzeugte Gruppe der Ordnung $2^n n!$ wählen. Dann liefert

$$\tilde{f}(\omega) := \frac{1}{2^n n!} \sum_{K \in \tilde{\mathcal{K}}} Y(K(\omega)) \qquad \forall \omega \in \mathbb{R}^n$$

für jede quasiintegrable Zufallsgröße Y einen bedingten Erwartungswert von Y unter den bzgl. $\tilde{\mathcal{K}}$ invarianten Borelschen Mengen. $\qquad\square$

Bevor wir auf Eigenschaften bedingter Erwartungswerte eingehen, wollen wir einige Bemerkungen dazu machen, was diese Begriffsbildung bedeutet:

Der Übergang von der $\mathcal{S}$-meßbaren, quasiintegrablen Funktion Y zu einer $\mathcal{G}$-meßbaren Funktion f, die mit der gegebenen Funktion Y dieselben „Mittelwerte" bzgl. P über Mengen $G \in \mathcal{G}$ hat, bedeutet – da $\mathcal{G} \subset \mathcal{S}$ gilt und somit f „einfacher" als Y sein muß – eine *Vergröberung* von Y bzgl. $\mathcal{G}$.

Die *stärkste Vergröberung* ergibt sich dabei für die triviale σ-Algebra $\mathcal{G}_0 = \{\emptyset, \Omega\}$, die durch jede konstante Abbildung X induziert wird und bzgl. derer nur die konstanten Funktionen meßbar sind. Als bedingter Erwartungswert $E(Y|\mathcal{G}_0)$ kommt daher nur eine Konstante in Frage; diese bestimmt sich gemäß (4.70) zu $E(Y)$. Für eine quasiintegrable Funktion Y gibt es also nur eine einzige Version des bedingten Erwartungswertes von Y unter $\mathcal{G}_0$, nämlich $E(Y|\mathcal{G}_0) = E(Y)$; der übliche Erwartungswert (im weiteren Sinne) läßt sich somit als Spezialfall des bedingten Erwartungswertes auffassen.

Die *geringste Vergröberung* hat man sicherlich bei $\mathcal{G} = \mathcal{S}$ – also bei der Bildung des bedingten Erwartungswertes unter $X = id$. Dann ist Y selbst $\mathcal{G}$-meßbar und $f = Y$ ist eine Version des bedingten Erwartungswertes von Y unter $\mathcal{S}$:

$$E(Y|\mathcal{S}) = Y \qquad P\text{-f.s.}.$$

Die Konstante $E(Y)$ und die Funktion Y selbst stellen also die Extremfälle dar, „zwischen" denen $E(Y|\mathcal{G})$ bei beliebigem $\mathcal{G} \subset \mathcal{S}$ liegt.

(4.76) Anmerkung

Es seien $(\Omega, \mathcal{S}, P)$ ein W-Raum, Y_1, Y_2 quasiintegrable Zufallsgrößen und $\mathcal{G}$ eine Unter-σ-Algebra von $\mathcal{S}$, bezüglich derer Y_1 meßbar ist. Dann gilt:

a) $E(Y_1|\mathcal{G}) = Y_1 \qquad P|\mathcal{G}\text{-f.s.}$

b) $E(Y_1 \cdot Y_2|\mathcal{G}) = Y_1 \cdot E(Y_2|\mathcal{G}) \qquad P|\mathcal{G}\text{-f.s., falls } Y_1 \cdot Y_2 \text{ quasiintegrabel ist.}$

(a) ergibt sich unmittelbar aus der Definition (4.70); b) folgt dann durch algebraische Induktion.) $\qquad\square$

Aus der Definition (4.70) und den Eigenschaften von Maß-Integralen ergeben sich direkt einige Aussagen über bedingte Erwartungswerte:

(4.77) Satz

    Es seien $(\Omega, \mathcal{S}, P)$ ein W-Raum, Y und Y_i, $1 \leq i \leq n$, quasiintegrable Zufallsgrößen, c und c_i, $1 \leq i \leq n$, reelle Zahlen und $\mathcal{G}$ eine Unter-σ-Algebra von $\mathcal{S}$. Dann gilt

    a) $E(c|\mathcal{G}) = c$ $P|\mathcal{G}$-f.s..

    b) *Aus* $Y_1 \leq Y_2$ *P-f.s. folgt* $E(Y_1|\mathcal{G}) \leq E(Y_2|\mathcal{G})$ $P|\mathcal{G} - f.s..$

    c) *Ist die Summe* $\sum_{i=1}^{n} c_i E(Y_i)$ *erklärt, so folgt*

$$E(\sum_{i=1}^{n} c_i\, Y_i|\mathcal{G}) = \sum_{i=1}^{n} c_i\, E(Y_i|\mathcal{G}) \qquad P|\mathcal{G} - f.s..$$

    d) $E(E(Y|\mathcal{G})) = E(Y)$.

    e) *Falls* $\mathcal{F} \subset \mathcal{G} \subset \mathcal{S}$ *gilt, folgt*

$$E(E(Y|\mathcal{G})|\mathcal{F}) = E(Y|\mathcal{F}) \qquad P|\mathcal{F} - f.s..$$

Aus (4.77) b) folgt insbesondere:

(4.78) Korollar

    a) *Aus* $Y_1 = Y_2$ *P-f.s. folgt* $E(Y_1|\mathcal{G}) = E(Y_2|\mathcal{G})$ $P|\mathcal{G}$-f.s..

    b) *Aus* $Y \geq 0$ *P-f.s. folgt* $E(Y|\mathcal{G}) \geq 0$ $P|\mathcal{G}$-f.s..

    c) $|E(Y|\mathcal{G})| \leq E(|Y||\mathcal{G})$ $P|\mathcal{G}$-f.s..

Daß es sich bei der Bildung von bedingten Erwartungswerten um eine „Vergröberung" der Ausgangsfunktion handelt, wird durch die folgende Anmerkung noch einmal unterstrichen:

(4.79) Anmerkung

Es seien $(\Omega, \mathcal{S}, P)$ ein W-Raum, $\mathcal{G}$ eine Unter-σ-Algebra von $\mathcal{S}, c \in \mathrm{IR}^1$ und Y eine integrable Zufallsgröße. Dann gilt

  (i) $E(Y \cdot E(Y|\mathcal{G})) = E((E(Y|\mathcal{G}))^2)$

  (ii) $E((E(Y|\mathcal{G}) - c)^2) \leq E(Y - c)^2$

  (iii) Im Falle $E(Y - c)^2 < \infty$ tritt in (ii) die Gleichheit genau dann ein, wenn gilt $Y = E(Y|\mathcal{G})$ P-f.s..

(iv) Im Falle $EY^2 < \infty$ gilt

$$E(Y - Z)^2 \geq E(Y - E(Y|\mathcal{G}))^2$$

für alle $\mathcal{G}$-meßbaren Zufallsgrößen Z (d.h. $E(Y|\mathcal{G})$ liefert die beste $\mathcal{L}^2(\mathcal{G}, P)$-Approximation von Y).

Beweis: (i) $E(Y \cdot E(Y|\mathcal{G}) - (E(Y|\mathcal{G}))^2) =$

$$\underset{(4.77)}{=} E(E(Y \cdot E(Y|\mathcal{G}) - (E(Y|\mathcal{G}))^2|\mathcal{G}))$$

$$\underset{(4.76)}{=} E(E(Y|\mathcal{G})(E(Y|\mathcal{G}) - E(Y|\mathcal{G}))) = 0.$$

(ii) Der Fall $E(Y - c)^2 = \infty$ ist trivial; im anderen Fall gilt

$$E(Y - c)^2 - E(E(Y|\mathcal{G}) - c)^2 =$$
$$= E(Y^2) - E((E(Y|\mathcal{G}))^2)$$
$$\underset{(i)}{=} E(Y^2 - 2Y\, E(Y|\mathcal{G}) + (E(Y|\mathcal{G}))^2)$$
$$= E(Y - E(Y|\mathcal{G}))^2 \geq 0;$$

hieraus folgt auch (iii).

(iv) Im Fall $EZ^2 = \infty$ gilt $E(Y - Z)^2 = \infty$; für quadratisch integrables Z folgt

$$E(Y - Z)^2 = E(Y - E(Y|\mathcal{G}) + E(Y|\mathcal{G}) - Z)^2$$
$$= E(Y - E(Y|\mathcal{G})^2) + E(E(Y|\mathcal{G}) - Z)^2$$
$$+ 2E((Y - E(Y|\mathcal{G}))(E(Y|\mathcal{G}) - Z)),$$

wobei man für den letzten Term aufgrund von (4.77)d) erhält

$$2E[E((Y - E(Y|\mathcal{G}))(E(Y|\mathcal{G}) - Z)|\mathcal{G})] =$$
$$= 2E[(E(Y|\mathcal{G}) - Z)E(Y - Y|\mathcal{G})] = 0. \qquad \square$$

Aus den Vertauschungssätzen für Maß-Integrale, insbesondere den Sätzen von der monotonen Konvergenz (A.80) bzw. von der majorisierten Konvergenz (A.86), gewinnt man die folgenden Eigenschaften bedingter Erwartungswerte:

(4.80) Satz

Es seien $(\Omega, \mathcal{S}, P)$ ein W-Raum, $\mathcal{G}$ eine Unter-σ-Algebra von $\mathcal{S}$ und $(Y_n)_{n \in \mathbb{N}}$ eine Folge von quasiintegrablen Zufallsgrößen.

a) *Gilt $Y_n \geq Y$ für alle $n \in \mathbb{N}$, wobei Y integrabel ist, und die Folge $(Y_n)_{n \in \mathbb{N}}$ monoton nicht-fallend, so folgt*

$$\sup_n E(Y_n|\mathcal{G}) = E(\sup_n Y_n|\mathcal{G}) \qquad P|\mathcal{G}\text{-}f.s..$$

b) *Konvergiert $(Y_n)_{n \in \mathbb{N}}$ P-f.s. gegen Y und existiert eine integrable Zufallsgröße Z mit $|Y_n| \leq Z$ für alle $n \in \mathbb{N}$, so gilt*

$$\lim E(Y_n|\mathcal{G}) = E(Y|\mathcal{G}) \qquad P|\mathcal{G}\text{-}f.s..$$

Beweis: a) Wegen (4.77b)) kann man annehmen, daß für die $f_n := E(Y_n|\mathcal{G})$ gilt $f_n \geq E(Y|\mathcal{G}) =: g$ und daß die Folge $(f_n)_{n \in \mathbb{N}}$ monoton nicht-fallend ist. Die Behauptung ergibt sich dann aus dem Satz von der monotonen Konvergenz, da für $G \in \mathcal{G}$ auch die Folge $(1_G \cdot f_n)_{n \in \mathbb{N}}$ monoton nicht-fallend und nach unten durch $1_G \cdot g$ beschränkt ist:

$$
\begin{aligned}
\int_G \sup_n Y_n \, dP \;\; &= \;\; \int \sup_n(1_G \cdot Y_n) \, dP \\
&\underset{(\text{A.80})}{=} \;\; \sup_n \int 1_G \cdot Y_n \, dP = \sup_n \int 1_G \cdot f_n \, dP \\
&\underset{(\text{A.80})}{=} \;\; \int \sup_n(1_G \cdot f_n) dP = \int_G \sup_n f_n \, dP.
\end{aligned}
$$

b) Für

$$Y_n' := \inf_{k \geq n} Y_k, \qquad Y_n'' := \sup_{k \geq n} Y_k$$

gilt $- Z \leq Y_n' \leq Y_n \leq Y_n'' \leq Z$ für alle $n \in \mathbb{N}$; die Folgen $(Y_n')_{n \in \mathbb{N}}$ und $(-Y_n'')_{n \in \mathbb{N}}$ sind außerdem monoton nicht-fallend mit

$$
\begin{aligned}
\sup_n Y_n' \;\; &= \;\; \liminf_n Y_n = Y \qquad P\text{-f.s.;} \\
\sup(-Y_n'') \;\; &= \;\; -\limsup_n Y_n = -Y \qquad P\text{-f.s..}
\end{aligned}
$$

Daher folgt nach Teil a)

$$\sup_n E(Y_n'|\mathcal{G}) = E(Y|\mathcal{G}) \;\; P|\mathcal{G}\text{-f.s.;} \qquad \sup_n E(-Y_n''|\mathcal{G}) = E(-Y|\mathcal{G}) \;\; P|\mathcal{G}\text{-f.s.}$$

und weiter nach (4.77)b) und c) $P|\mathcal{G}$-f.s.

$$
\begin{aligned}
E(Y|\mathcal{G}) \;\; &= \;\; \lim_n E(Y_n'|\mathcal{G}) \leq \liminf_n E(Y_n|\mathcal{G}) \leq \limsup_n E(Y_n|\mathcal{G}) \\
&= \;\; -\liminf_n E(-Y_n|\mathcal{G}) \leq -\lim_n E(-Y_n''|\mathcal{G}) = -E(-Y|\mathcal{G}) = E(Y|\mathcal{G}),
\end{aligned}
$$

insgesamt also die Behauptung. $\qquad\square$

Als weitere Eigenschaft von bedingten Erwartungswerten wollen wir ein „Unabhängigkeitsverhalten" nachweisen:

(4.81) Satz

> *Es seien* $(\Omega, \mathcal{S}, P)$ *ein W-Raum,* $\mathcal{G}$ *eine Unter-σ-Algebra von* $\mathcal{S}$ *und* Y *eine quasiintegrable Zufallsgröße; für alle* $G \in \mathcal{G}$ *seien die Zufallsgrößen* Y *und* 1_G *stochastisch unabhängig. Dann gilt*

$$E(Y|\mathcal{G}) = E(Y) \qquad P|\mathcal{G}\text{-}f.s..$$

Beweis: Aus der stochastischen Unabhängigkeit von Y und 1_G folgt nach (4.52)

$$E(Y \cdot 1_G) = E(Y) \cdot E(1_G).$$

Da sich hieraus für alle $G \in \mathcal{G}$ ergibt

$$\int_G E(Y)dP = E(Y)P(G) = E(Y)E(1_G) = E(Y \cdot 1_G) = \int_G YdP,$$

und da $E(Y)$ als Konstante sicherlich $\mathcal{G}$-meßbar ist, folgt die Behauptung. $\square$

Wenn man diesen Satz für den Spezialfall anwendet, daß $\mathcal{G}$ von einer Zufallsgröße X induziert wird, d.h. $\mathcal{G} = X^{-1}(\mathcal{B})$, so ergibt sich:

(4.82) Korollar

> *Es seien* $(\Omega, \mathcal{S}, P)$ *ein W-Raum und* $X : (\Omega, \mathcal{S}, P) \to (\mathcal{X}, \mathcal{B})$, $Y : (\Omega, \mathcal{S}, P) \to (\overline{\mathrm{IR}^1}, \overline{\mathrm{IB}^1})$ *stochastisch unabhängige Zufallsgrößen, wobei* Y *quasiintegrabel ist. Dann gilt*

$$E(Y|X) = E(Y) \qquad P|X^{-1}(\mathcal{B})\text{-}f.s..$$

Beweis: Es ist zu zeigen, daß für alle $G \in \mathcal{G} := X^{-1}(\mathcal{B})$ gilt

$$\int_G E(Y)dP = \int_G YdP.$$

Für $G = X^{-1}(B)$ mit $B \in \mathcal{B}$ folgt nach (4.41) aus der stochastischen Unabhängigkeit von X und Y auch diejenige von $1_B \circ X = 1_{X^{-1}(B)}$ und Y. Der Satz (4.81) liefert also die Behauptung. $\qquad\square$

Auch im allgemeinen Fall ist also die Begriffsbildung von bedingten Erwartungswerten insofern in Übereinstimmung mit unserer Anschauung, als bei unabhängigen Experimenten die Kenntnis des Ausgangs des einen Experimentes keine zusätzlichen Informationen über den Erwartungswert des anderen Experimentes liefert.

Wählt man in der Definition (4.70) als quasiintegrable Zufallsgröße speziell $Y = 1_A$ mit $A \in \mathcal{S}$, so gelangt man zu der bereits angekündigten Erweiterung des Begriffs der bedingten Wahrscheinlichkeit:

(4.83) Definition

Es seien $(\Omega, \mathcal{S}, P)$ ein W-Raum und $\mathcal{G}$ eine Unter-σ-Algebra von $\mathcal{S}$. Für $A \in \mathcal{S}$ heißt

$$P(A|\mathcal{G}) := E(1_A|\mathcal{G})$$

(eine Version der) bedingten Wahrscheinlichkeit von A unter (der Bedingung) $\mathcal{G}$. In dem Falle, daß $\mathcal{G}$ durch eine Familie $(X_t)_{t \in T}$ von Zufallsgrößen

$$X_t : (\Omega, \mathcal{S}, P) \to (\mathcal{X}_t, \mathcal{B}_t)$$

induziert wird (d.h. $\mathcal{G} = \sigma(\cup_{t \in T} X_t^{-1}(\mathcal{B}_t)))$, heißt $P(A|\mathcal{G})$ auch bedingte Wahrscheinlichkeit unter $(X_t)_{t \in T}$ und wird mit

$$P(A|(X_t)_{t \in T})$$

bezeichnet, im Fall $T = \{1, \ldots, n\}, n \in \mathbb{N}$, auch mit $P(A|X_1, \ldots, X_n)$.

Daß es sich bei dieser Begriffsbildung tatsächlich um eine *Erweiterung* der Definition (elementarer) bedingter Wahrscheinlichkeiten (s. (4.59)) handelt, zeigt sich in folgendem: Für $B \in \mathcal{S}$ mit $P(B) > 0$ und $\mathcal{G} = \{\emptyset, B, B^c, \Omega\}$ ist $E(1_A|\mathcal{G})$ auf B konstant, und es ergibt sich aus (4.70) auf B

$$P(A \cap B) = \int_B 1_A \, dP = E(1_A|\mathcal{G})P(B),$$

d.h.

$$P(A|\mathcal{G})(\omega) = E(1_A|\mathcal{G})(\omega) = P(A \cap B)/P(B) = P(A|B) \qquad \text{für alle } \omega \in B.$$

Für unser Ausgangsbeispiel (4.69) erhalten wir

(4.84) Beispiel

Sind X und Y stochastisch unabhängige Zufallsgrößen mit $P^X = \mathrm{Exp}(\lambda)$, $P^Y = \mathcal{B}(2,p)$, so folgt für $Z = X + Y$

$$E(Z|X) = E(X+Y|X) \underset{(4.77)}{=} E(X|X) + E(Y|X)$$

$$\underset{(4.76)/(4.82)}{=} X + E(Y) = X + 2p \qquad P|X^{-1}(\mathcal{B})\text{-f.s..}$$

Entsprechend unserer anschaulichen Vorstellung erhalten wir $E(Z|X)$ also, indem wir $g \circ X$ mit $g : \mathrm{IR}^1 \to \mathrm{IR}^1, g(x) = x + 2p$ bilden – der bedingte Erwartungswert von Z unter X ergibt sich hier als Funktion von X. $\qquad\square$

Es liegt die Frage nahe, ob man stets zu einem bedingten Erwartungswert $E(Y|X)$ von $Y : (\Omega, \mathcal{S}, P) \to (\overline{\mathrm{IR}^1}, \overline{\mathrm{IB}^1})$ unter $X : (\Omega, \mathcal{S}, P) \to (\mathcal{X}, \mathcal{B})$ eine Funktion $g : (\mathcal{X}, \mathcal{B}) \to (\overline{\mathrm{IR}^1}, \overline{\mathrm{IB}^1})$ finden kann mit $E(Y|X) = g \circ X$.

Um diese Frage (positiv) beantworten zu können, beweisen wir eine allgemeinere Aussage, bei der anstelle von $E(Y|X)$ eine beliebige $X^{-1}(\mathcal{B})$-meßbare numerische Funktion T betrachtet wird:

(4.85) Satz (Faktorisierungssatz)
Es seien $X : \Omega \to \mathcal{X}$ eine Abbildung und $\mathcal{B}$ eine σ-Algebra über $\mathcal{X}$. Dann existiert zu jeder $(X^{-1}(\mathcal{B}), \overline{\mathrm{IB}^1})$-meßbaren Abbildung $T : \Omega \to \overline{\mathrm{IR}^1}$ eine $(\mathcal{B}, \overline{\mathrm{IB}^1})$-meßbare Abbildung $g : \mathcal{X} \to \overline{\mathrm{IR}^1}$ mit

$$(\star) \qquad\qquad T = g \circ X.$$

Beweis: (i) Zunächst wird für $(X^{-1}(\mathcal{B})\text{-})$primitive Funktionen T die Existenz eines $(\mathcal{B}, \overline{\mathrm{IB}^1})$-meßbaren g mit der Eigenschaft $(\star)$ gezeigt: Eine Normaldarstellung (s. (A.61(iv))) von T sei gegeben durch

$$T = \sum_{i=1}^{n} t_i \, 1_{A_i} \quad \text{mit} \quad A_i \in X^{-1}(\mathcal{B}), \; t_i \in \mathrm{IR}^1_+, \; n \in \mathrm{IN}.$$

Wählt man $B_i \in \mathcal{B}$ so, daß $A_i = X^{-1}(B_i)$ gilt, $1 \le i \le n$, so ist mit

$$g = \sum_{i=1}^{n} t_i \, 1_{B_i}$$

eine $(\mathcal{B}, \overline{\mathrm{IB}^1})$-meßbare Funktion gefunden für die $T = g \circ X$.

(ii) Für meßbares $T \geq 0$ existiert nach (A.62) eine isotone Folge $(T_n)_{n \in \mathrm{IN}}$ von $(X^{-1}(\mathcal{B})$-)primitiven Funktionen mit $T = \sup_n T_n$. Zu jedem dieser T_n existiert nach (i) eine $(\mathcal{B}, \overline{\mathrm{IB}^1})$-meßbare Funktion g_n mit $T_n = g_n \circ X$. Wegen $T = \sup_n T_n = \sup_n(g_n \circ X) = (\sup_n g_n) \circ X$ erfüllt

$$g := \sup g_n$$

die Bedingung $(\star)$. Überdies ist g als Limes meßbarer Funktionen $(\mathcal{B}, \overline{\mathrm{IB}^1})$-meßbar sowie nicht-negativ.

(iii) Im allgemeinen Fall schließlich existieren nach (ii) für Positivteil T^+ und Negativteil T^- nicht-negative, $(\mathcal{B}, \overline{\mathrm{IB}^1})$-meßbare Funktionen g^+ bzw. g^- mit $T^+ = g^+ \circ X, T^- = g^- \circ X$. Es sei nun

$$V := \{x \in \mathcal{X} : g^+(x) < \infty \quad \text{oder} \quad g^-(x) < \infty\}.$$

Wegen $\min\{T^+(\omega), T^-(\omega)\} = \min\{g^+ \circ X(\omega), g^- \circ X(\omega)\} = 0$ gilt $X(\Omega) \subset V$. Nach der Definition von V ist die Funktion

$$g := g^+ \cdot 1_V - g^- \cdot 1_V$$

wohldefiniert und $(\mathcal{B}, \overline{\mathrm{IB}^1})$-meßbar. Schließlich erfüllt g wegen

$$\begin{aligned}
T(\omega) &= T^+(\omega) - T^-(\omega) = g^+ \circ X(\omega) - g^- X(\omega) \\
&= (g^+ \cdot 1_V) \circ X(\omega) - (g^- \cdot 1_V) \circ X(\omega) = g \circ X(\omega) \qquad \forall \omega \in \Omega
\end{aligned}$$

auch die Bedingung $(\star)$. $\square$

(4.86) Anmerkungen

(i) $X(\Omega)$ ist nicht notwendig meßbar, d.h. nicht notwendig Element von $\mathcal{B}$.

(ii) Gilt $X(\Omega) \in \mathcal{B}$, so kann man eine spezielle Funktion g durch

$$g(x) := \begin{cases} T(\omega) & \text{für } X^{-1}(\{x\}) \ni \omega, \text{ falls } x \in X(\Omega) \\ 0 & \text{sonst} \end{cases}$$

festlegen.

(iii) Gilt $T : \Omega \to \mathrm{IR}^1_+$, so läßt sich (s. Beweisteil (ii) von (4.85)) g so wählen, daß $g : \mathcal{X} \to \mathrm{IR}^1_+$ gilt. $\square$

Der Satz (4.85) liefert offenbar insbesondere auch eine Antwort auf die oben
aufgeworfene Frage:

(4.87) Korollar

> *Es seien $(\Omega, \mathcal{S}, P)$ ein W-Raum, $Y : (\Omega, \mathcal{S}) \to (\overline{\mathrm{IR}^1}, \overline{\mathrm{IB}^1})$ quasiinte-*
> *grabel, $X : (\Omega, \mathcal{S}) \to (\mathcal{X}, \mathcal{B})$ und $E(Y|X)$ ein bedingter Erwartungs-*
> *wert von Y unter X. Dann existiert eine meßbare, numerische Funk-*
> *tion*
>
> $$g : (\mathcal{X}, \mathcal{B}) \to (\overline{\mathrm{IR}^1}, \overline{\mathrm{IB}^1})$$
>
> *mit*
>
> $$E(Y|X) = g \circ X.$$

(4.88) Anmerkungen

(i)   Eine Funktion g aus (4.87) heißt auch *faktorisierter bedingter Er-*
      wartungswert von Y unter (der Bedingung) X.

(ii) Der Existenzsatz (4.74) sichert für beliebige quasiintegrable Y und
      Zufallsgrößen X (zusammen mit (4.87)) unmittelbar die Existenz von
      faktorisierten bedingten Erwartungswerten.

(iii) Anstelle von $g(x)$ benutzt man auch die Bezeichnung $E(Y|X = x)$
      oder kurz $E(Y|x)$.

Für unser Ausgangsbeispiel (4.69) hatten wir bereits angemerkt, daß
$g(x) = x + 2p$ einen faktorisierten bedingten Erwartungswert von Z unter
X (an der Stelle x) liefert. Für die Anwendungen interessant ist die folgende
Verallgemeinerung dieses kleinen Beispiels:

(4.89) Anmerkung

Es seien $X : (\Omega, \mathcal{S}, P) \to (\mathcal{X}, \mathcal{B})$ und $Y : (\Omega, \mathcal{S}, P) \to (\mathcal{Y}, \mathcal{C})$ stochastisch
unabhängig und

$$h : (\mathcal{X} \times \mathcal{Y}, \mathcal{B} \otimes \mathcal{C}) \to (\mathrm{IR}^1, \mathrm{IB}^1)$$

integrabel. Dann gilt P^X-f.s.

$$E(h(X, Y)|X = x) = E(h(x, Y)).$$

Beweis: Für $G \in X^{-1}(\mathcal{B})$, d.h. $G = X^{-1}(B)$ mit $B \in \mathcal{B}$, gilt

$$\int_G h(X, Y) dP \;=\; \int_{(X,Y)^{-1}(B \times \mathcal{Y})} h(X, Y) dP$$

$$= \int_{B \times \mathcal{Y}} h \, d(P^X \circ P^Y) \qquad \text{nach (4.44)}$$

$$= \int_B (\int h_x dP^Y) dP^X \qquad \text{nach (A.99) (Fubini)}$$

$$= \int_B E(h(x,Y)) dP^X = \int_G (E(h(\cdot,Y) \circ X) dP,$$

d.h. $E(h(\cdot,Y))$ ist ein faktorisierter bedingter Erwartungswert von $h(X,Y)$ unter X. $\qquad\qquad\square$

4.6 Bedingte Verteilungen

Für den allgemeinen Begriff bedingter Wahrscheinlichkeiten (4.83) ist wesentlich, daß $P(A|\mathcal{G})$ bei festem A als ($\mathcal{G}$-meßbare) Funktion auf Ω definiert ist. Bei den elementar definierten Wahrscheinlichkeiten hatten wir andererseits angemerkt (s. (4.60)), daß $P(\cdot|B)$ bei festem B, d.h. für jedes feste $\omega \in B$, ein W-Maß auf $\mathcal{S}$ liefert – dies hatte uns auch zu der Definition (4.68) elementarer bedingter Erwartungswerte geführt. Im allgemeinen Fall wird jedoch $P(A|\mathcal{G})$ *nicht* für jedes $\omega \in \Omega$ eine W-Verteilung über $(\Omega, \mathcal{S})$ sein – auf $P|\mathcal{G}$-Nullmengen kann man bedingte Erwartungswerte ja beliebig abändern.

Es zeigt sich jedoch häufig, daß besonders naheliegende Versionen bedingter Wahrscheinlichkeiten auch diese Zusatzeigenschaft haben:

(4.90) Beispiel (vgl. 4.75))

Sind $(\Omega, \mathcal{S}, P)$ ein W-Raum, Y eine quasiintegrable Zufallsgröße, $\mathcal{K}$ eine endliche Gruppe (der Ordnung k) von meßbaren Transformationen von $(\Omega, \mathcal{S})$ auf sich, wobei P gegenüber den $K \in \mathcal{K}$ invariant ist, und $\mathcal{G}$ die σ-Algebra der gegenüber $K \in \mathcal{K}$ invarianten Mengen, so ergab sich

$$f_A := \frac{1}{k} \sum_{K \in \mathcal{K}} 1_A \circ K$$

als Version der bedingten Wahrscheinlichkeit von $A \in \mathcal{S}$ unter $\mathcal{G}$. Diese Versionen sind aber nicht nur bei festen $A \in \mathcal{S}$ $\mathcal{G}$-meßbare Lösungen von

$$\int_G E(1_A|\mathcal{G}) dP = \int_G 1_A dP \qquad \forall G \in \mathcal{G},$$

sondern offenbar bei festem $\omega \in \Omega$ auch W-Maße auf $\mathcal{S}$. Falls die Punkte $K(\omega), K \in \mathcal{K}$, alle verschieden sind, trägt bei diesen Versionen jedes $K(\omega)$ die gleiche Wahrscheinlichkeit $\frac{1}{k}$ – wie es wegen der Invarianz von P bzgl. $K \in \mathcal{K}$ auch zu erwarten war. Die Festlegung

$$f(\omega) := \frac{1}{k} \sum_{K \in \mathcal{K}} Y(K(\omega))$$

von $E(Y|\mathcal{G})$ in (4.75) erscheint somit besonders naheliegend, denn sie ergibt sich als Erwartungswert von Y bzgl. dieser anschaulich leicht interpretierbaren „bedingten" Wahrscheinlichkeitsverteilung. $\qquad \square$

Es liegt daher die Frage nahe, ob man stets eine Version der bedingten Wahrscheinlichkeiten angeben kann, die bei festem $\omega \in \Omega$ ein W-Maß auf $\mathcal{S}$ ist. Die Vermutung, daß diese Frage positiv zu beantworten ist, wird dadurch bestärkt, daß sich aus den (allgemeinen) Eigenschaften bedingter Erwartungswerte ergibt

$$
\begin{aligned}
E(1_A|\mathcal{G}) &\geq 0 & P|\mathcal{G}\text{-f.s.} \quad &(4.78)\text{b} \\
E(1_{\sum_{i=1}^{\infty} A_i}|\mathcal{G}) &= \textstyle\sum_{i=1}^{\infty} E(1_{A_i}|\mathcal{G}) & P|\mathcal{G}\text{-f.s.} \quad &(4.80)\text{a} \\
E(1_\Omega|\mathcal{G}) &= 1 & P|\mathcal{G}\text{-f.s.} \quad &(4.77)\text{a}.
\end{aligned}
$$

Da hierbei jedoch i.a. die Ausnahmemengen von den A abhängen, wird es i.a. keine (globale) $P|\mathcal{G}$-Nullmengen geben, außerhalb derer $E(1_A|\mathcal{G})$ für festes ω eine W-Verteilung darstellt.

(4.91) Definition

> $(\Omega, \mathcal{S})$ *und* $(\Omega', \mathcal{S}')$ *seien zwei meßbare Räume. Unter einem* Kern *von* $(\Omega, \mathcal{S})$ *nach* $(\Omega', \mathcal{S}')$ *(oder kurz von* Ω *nach* Ω'*) versteht man eine (numerische) Funktion* $K : \Omega \times \mathcal{S}' \to \overline{\mathrm{I\!R}^1}$ *mit den Eigenschaften*
>
> *(i)* $\omega \mapsto K(\omega, A')$ *ist* $\mathcal{S}$*-meßbar für jedes* $A' \in \mathcal{S}'$
> *(ii)* $A' \mapsto K(\omega, A')$ *ist ein Maß auf* $\mathcal{S}'$ *für jedes* $\omega \in \Omega$.
>
> *Ein Kern* K *heißt* Markoffsch *(oder Übergangskern), wenn* $K(\omega, \Omega') = 1$ *für alle* $\omega \in \Omega$ *gilt.*[7] *Im Fall* $\Omega = \Omega'$ *und* $\mathcal{S} = \mathcal{S}'$ *spricht man auch von einem Kern auf* $(\Omega, \mathcal{S})$ *(oder kurz auf* Ω*).*

Bei einem Markoffschen Kern ist also jedes der Maße $A' \mapsto K(\omega, A')$ ein W-Maß. In der obigen Terminologie suchen wir somit nach Bedingungen

---

[7]Falls für alle $\omega \in \Omega$ gilt $K(\omega, \Omega') \leq 1$, heißt K *sub-Markoffsch*.

für die Existenz von Markoffschen Kernen von $(\Omega, \mathcal{G})$ nach $(\Omega, \mathcal{S})$ $(\mathcal{G} \subset \mathcal{S})$ – nach *Erwartungskernen.*

(4.92) Beispiele

(1) Es sei $X : (\Omega, \mathcal{S}, \mu) \to (\Omega', \mathcal{S}')$ eine meßbare Abbildung. Dann definiert

$$K(\omega, A') := \mu(X^{-1}(A')) \quad \forall \omega \in \Omega, \ A' \in \mathcal{S}'$$

einen – von ω unabhängigen – Kern von $(\Omega, \mathcal{S})$ nach $(\Omega', \mathcal{S}')$, das Bildmaß μ^X. Jedes Bildmaß ist also in diesem Sinne ein Kern.

(2) Es sei $(p_{ij})_{i,j \in I \times I}$ mit $I \subset \mathbb{N}$ eine endliche oder unendliche Matrix mit Elementen $0 \leq p_{ij} \leq \infty$. Diese Matrix definiert auf dem meßbaren Raum $(I, \mathcal{P}(I))$ vermöge

$$K(i, A) := \sum_{j \in A} p_{ij} \quad \forall i \in I, \ A \in \mathcal{P}(I)$$

einen Kern K (vgl. (A.30)).
Umgekehrt kann man einen Kern K auf I durch die (zugehörige) Matrix mit den Elementen

$$p_{ij} := K(i, \{j\})$$

charakterisieren – man erhält also eine Bijektion der $|I| \times |I|$-Matrizen mit nicht-negativen Elementen auf die Kerne auf I. K ist genau dann Markoffsch, wenn für alle Zeilensummen

$$\sum_{j \in I} p_{ij} = 1$$

gilt; in diesem Fall nennt man die Matrix $(p_{ij})_{i,j}$ *stochastisch* (der Kern definiert dann eine *Markoffsche Kette* mit den Übergangswahrscheinlichkeiten $p_{ij} = K(i, \{j\})$; vgl. Aufgabe (IV.3)).

In Verallgemeinerung des Erwartungskernes oder der „bedingten W-Verteilung" $E(1_A | \mathcal{G})$ definiert man:

(4.93) Definition

> *Es seien $Y : (\Omega, \mathcal{S}, P) \to (\Omega', \mathcal{S}')$ eine Zufallsgröße mit Werten in $(\Omega', \mathcal{S}')$ und $\mathcal{G}$ eine Unter-σ-Algebra von $\mathcal{S}$. Unter einer bedingten Verteilung von Y unter $\mathcal{G}$ versteht man dann einen Markoffschen Kern $P^{Y|\mathcal{G}}$ von $(\Omega, \mathcal{G})$ nach $(\Omega', \mathcal{S}')$ derart, daß*

$$\omega \mapsto P^{Y|\mathcal{G}}(\omega, A')$$

für jedes $A' \in \mathcal{S}'$ eine Festlegung von $P(Y^{-1}(A')|\mathcal{G})$ ist. Falls dabei $\mathcal{G}$ von einer Familie $(X_t)_{t \in T}$ von Zufallsgrößen induziert wird, nennt man $P^{Y|\mathcal{G}}$ auch eine bedingte Verteilung von Y unter $(X_t)_{t \in T}$ und benutzt die Bezeichnung $P^{Y|(X_t)_{t \in T}}$.

Der folgende Satz beantwortet für viele wichtige Fälle die Frage nach der Existenz von solchen bedingten Verteilungen (er wird nur für den Fall $(\Omega', \mathcal{S}') = (\mathbb{R}^n, \mathbb{B}^n)$ formuliert, läßt sich jedoch analog für polnische Räume beweisen; vgl. Bauer l.c., S. 397-399).

(4.94) Satz

Es sei $Y : (\Omega, \mathcal{S}, P) \to (\mathbb{R}^n, \mathbb{B}^n)$ ein Zufallsvektor. Dann existiert zu jeder Unter-σ-Algebra $\mathcal{G}$ von $\mathcal{S}$ eine bedingte Verteilung $P^{Y|\mathcal{G}}$.

Beweis: a) Entsprechend (A.16) ist

$$\mathcal{A}_r^n := \{\sum_{j=1}^{k} (a^j; b^j]_{(n)} : k \in \mathbb{N}_0, (a^j; b^j] \in \mathcal{E}^n : a_i^j, b_i^j \in \mathbb{Q} \cup \{\pm\infty\}\}$$

eine abzählbare Mengenalgebra. Zu jedem $A_i \in \mathcal{A}_r^n = \{A_1, A_2, \ldots\}$ gibt es dabei wegen der Stetigkeit von P^Y eine (abzählbare) isotone Folge von kompakten Mengen (endlichen Summen kompakter Intervalle) $K_{ij} \subset A_i$ mit

$$P^Y(A_i) = \sup_{j \in \mathbb{N}} P^Y(K_{ij}).$$

Bezeichnet man

$$\hat{\mathcal{A}}_r^n := \alpha(\mathcal{A}_r^n \cup \{K_{ij} : i, j \in \mathbb{N}\}),$$

so ist entsprechend (A.13) auch $\hat{\mathcal{A}}_r^n$ abzählbar.

b) Es sei nun gemäß (4.83) für jede Menge $B \in \mathbb{B}^n$ eine Festlegung der bedingten Wahrscheinlichkeit $P(\omega, B) := P(Y^{-1}(B)|\mathcal{G})(\omega)$ des bedingten Erwartungswertes von $1_{Y^{-1}(B)}$ unter $\mathcal{G}$ gewählt. Aufgrund der Eigenschaften (4.77) bedingter Erwartungswerte gilt dann

$$P(\omega, \sum_{i=1}^{k} B_i) = \sum_{i=1}^{k} P(\omega, B_i) \qquad P|\mathcal{G}\text{-f.s.}$$

für je k disjunkte Mengen $B_1, \ldots, B_k$ aus $\mathbb{B}^n$. Wegen der Abzählbarkeit von $\hat{\mathcal{A}}_r^n$ gibt es nur abzählbar viele derartige k-Tupel, deren Elemente alle aus $\hat{\mathcal{A}}_r^n$ stammen. Somit gibt es eine (globale) $P|\mathcal{G}$-Nullmenge $M_0 \in \mathcal{G}$ derart, daß $A \mapsto P(\omega, A)$ für alle $\omega \notin M_0$ auf $\hat{\mathcal{A}}_r^n$ endlich-additiv ist. Für jedes $i \in \mathbb{N}$ strebt die isotone Folge

$$(1_{K_{ij}})_{j \in \mathbb{N}}$$

P^Y-f.s. gegen 1_{A_i}, also die Folge

$$(1_{Y^{-1}(K_{ij})})_{j \in \mathbb{N}}$$

P-f.s. gegen $1_{Y^{-1}(A_i)}$. Wegen (4.80)a) gilt dann $P|\mathcal{G}$-f.s.

$$\sup_{j \in \mathbb{N}} P(Y^{-1}(K_{ij})|\mathcal{G}) = \sup_{j \in \mathbb{N}} E(1_{Y^{-1}(K_{ij})}|\mathcal{G}) = E(1_{Y^{-1}(A_i)}|\mathcal{G}) = P(Y^{-1}(A_i)|\mathcal{G}).$$

Für jedes $i \in \mathbb{N}$ gibt es somit eine $P|\mathcal{G}$-Nullmenge $M_i \in \mathcal{G}$ mit

$$\sup_{j \in \mathbb{N}} P(\omega, K_{ij}) = P(\omega, A_i) \qquad \forall \omega \notin M_i.$$

Schließlich gibt es nach (4.77)a) noch eine $P|\mathcal{G}$-Nullmenge $M_\infty \in \mathcal{G}$ mit

$$P(\omega, \mathbb{R}^n) = 1 \qquad \text{für alle } \omega \notin M_\infty.$$

Dann ist

$$M := M_0 \cup \bigcup_{i \in \mathbb{N}} M_i \cup M_\infty$$

eine $P|\mathcal{G}$-Nullmenge (aus $\mathcal{G}$) derart, daß $A \mapsto P(\omega, A)$ für alle $\omega \notin M$ ein Inhalt auf $\hat{\mathcal{A}}_r^n$ ist mit $P(\omega, \mathbb{R}^n) = 1$.

c) Es soll nun gezeigt werden, daß die Restriktion dieses Inhalts auf $\mathcal{A}_r^n$ in $\emptyset$ stetig ist, d.h. ein Prämaß. Es seien also $(B_n)_{n \in \mathbb{N}}$ eine antitone Folge in $\mathcal{A}_r^n$ mit $B_n \downarrow \emptyset$ und $\omega \notin M$. Da ω in keinem der M_i liegt, gibt es zu jedem $\varepsilon > 0$ und $n \in \mathbb{N}$ eine kompakte Menge K_n (nämlich ein geeignetes K_{ij}) mit $K_n \subset B_n$ und

$$P(\omega, B_n) - P(\omega, K_n) = P(\omega, B_n - K_n) \leq \frac{\varepsilon}{2^n}.$$

Wegen $B_n \downarrow \emptyset$ gilt dabei $\bigcap_{n=1}^\infty K_n = \emptyset$. Da alle K_n kompakt sind, muß es ein $n_0 \in \mathbb{N}$ geben mit $K_1 \cap \ldots \cap K_{n_0} = \emptyset$, und daher

$$B_{n_0} \subset \bigcup_{i=1}^{n_0} (B_i - K_i).$$

Da aber $A \mapsto P(\omega, A)$ ein endlicher Inhalt (sogar auf $\hat{\mathcal{A}}_r^n$) ist, folgt hieraus

$$P(\omega, B_{n_0}) \leq \sum_{i=1}^{n_0} P(\omega, B_i - K_i) \leq \sum_{i=1}^{\infty} \frac{\varepsilon}{2^i} = \varepsilon.$$

Also gilt wie behauptet

$$\inf_{n \in \mathbb{N}} P(\omega, B_n) = 0.$$

d) Das normierte Prämaß $A \mapsto P(\omega, A)$ auf $\mathcal{A}_r^n$ kann man nun nach dem Maßerweiterungssatz (A.39) auf genau eine Weise zu einem W-Maß $B \mapsto P_Y(\omega, B)$ auf $\mathbb{B}^n$ fortsetzen ($\omega \notin M$).

e) Schließlich sei $P_Y(\omega, B)$ auch noch für die $\omega \in M$ (falls $M \neq \emptyset$ ist) erklärt, indem ein beliebiges $\omega_M \in M$ gewählt und

$$P_Y(\omega, B) = P_Y(\omega_M, B) := \begin{cases} 1 & Y(\omega_M) \in B \\ & \text{falls} \\ 0 & Y(\omega_M) \notin B \end{cases}$$

gesetzt wird. (Für jedes $\omega \in M$ ist also das Maß $B \mapsto P_Y(\omega, B)$ gleich dem Einpunktmaß in $Y(\omega_M)$.) P_Y besitzt daher die Eigenschaft (4.90)(ii) eines Markoff-Kernes von $(\Omega, \mathcal{G})$ nach $(\mathbb{R}^n, \mathbb{B}^n)$: Für jedes $\omega \in \Omega$ ist $B \mapsto P_Y(\omega, B)$ ein W-Maß auf $\mathbb{B}^n$.

f) Es bleibt noch zu zeigen, daß $\omega \mapsto P_Y(\omega, B)$ für jedes $B \in \mathbb{B}^n$ $\mathcal{G}$-meßbar ist. Nach dem obigen Beweis trifft dies zumindest für alle $B \in \mathcal{A}_r^n$ zu. Das System

$$\vartheta := \{D \in \mathbb{B}^n : \omega \mapsto P_Y(\omega, D) \quad \text{ist } \mathcal{G}\text{-meßbar}\}$$

ist nach den Eigenschaften (A.58)/(A.59) meßbarer Funktionen ein Dynkin-System (s. (4.27)).
Wegen $\mathcal{A}_r^n \subset \vartheta$ und der $\cap$-Stabilität von $\mathcal{A}_r^n$ ist dann nach (4.27)4

$$\mathbb{B}^n = \sigma(\mathcal{A}_r^n) = \delta(\mathcal{A}_r^n) \subset \vartheta \subset \mathbb{B}^n,$$

also $\vartheta = \mathbb{B}^n$. Daher ist P_Y ein Markoffscher Kern von $(\Omega, \mathcal{S})$ nach $(\mathbb{R}^n; \mathbb{B}^n)$.

g) Nach der Konstruktion von P_Y ist

$$\omega \mapsto P_Y(\omega, A) = P(\omega, A) = P(Y^{-1}(A)|\mathcal{G})(\omega)$$

für jedes $A \in \mathcal{A}_r^n$ eine Festlegung von $P(Y^{-1}(A)|\mathcal{G})$, es gilt somit

$$\int_C P_Y(\omega, A)dP(\omega) = P(C \cap Y^{-1}(A))$$

für alle $A \in \mathcal{A}_r^n$ und $C \in \mathcal{G}$. Für jedes $C \in \mathcal{G}$ sind

$$B \mapsto \int_C P_Y(\omega, B)\, dP(\omega)$$

und

$$B \mapsto P(C \cap Y^{-1}(B))$$

endliche Maße auf $\mathbb{B}^n$, die auf $\mathcal{A}_n^r$ übereinstimmen. Nach dem Eindeutigkeitssatz (A.38) stimmen beide Maße dann sogar auf $\mathbb{B}^n$ überein. Die letzte Gleichheit gilt also für alle $B \in \mathbb{B}^n$ und $C \in \mathcal{G}$. Daher ist $\omega \mapsto P_Y(\omega, B)$ für alle $B \in \mathbb{B}^n$ eine Festlegung von $P(Y^{-1}(B)|\mathcal{G})$. $P^{Y|\mathcal{G}} := P_Y$ besitzt alle in (4.93) geforderten Eigenschaften. $\qquad\square$

Aus dem Vergleich der Definitionen (4.91) und (4.93) ergibt sich sofort:

(4.95) Anmerkung

Sind Y die identische Abbildung von $(\Omega, \mathcal{S}, P)$ auf sich und $\mathcal{G}$ eine Unter-σ-Algebra von $\mathcal{S}$, so ist jede bedingte Verteilung $P^{Y|\mathcal{G}}$ ein Erwartungskern.

Mit (4.94) hat man also insbesondere auch eine nützliche hinreichende Bedingung für die Existenz von Erwartungskernen zur Verfügung.

Zur Frage der Eindeutigkeit sei angemerkt:

(4.96) Lemma

Es seien $P_1^{Y|\mathcal{G}}$ und $P_2^{Y|\mathcal{G}}$ zwei bedingte Verteilungen einer Zufallsgröße $Y : (\Omega, \mathcal{S}, P) \to (\Omega', \mathcal{S}')$ unter der Unter-σ-Algebra $\mathcal{G}$ von $\mathcal{S}$. Dann gilt

a) *$P_1^{Y|\mathcal{G}}(\omega, A') = P_2^{Y|\mathcal{G}}(\omega, A')$ $P|\mathcal{G}$-f.s. für jedes $A' \in \mathcal{S}'$.*

b) *Besitzt $\mathcal{S}'$ ein abzählbares Erzeugendensystem $\mathcal{E}'$, so gibt es eine $P|\mathcal{G}$-Nullmenge $N \in \mathcal{S}$ mit*

$$P_1^{Y|\mathcal{G}}(\omega, A') = P_2^{Y|\mathcal{G}}(\omega, A') \qquad \text{für alle } \omega \notin N \text{ und } A' \in \mathcal{S}.$$

Beweis: a) folgt unmittelbar daraus, daß $\omega \mapsto P_1^{Y|\mathcal{G}}(\omega, A')$ bei festem $A' \in \mathcal{S}'$ eine Version des bedingten Erwartungswertes $E(1_{Y^{-1}(A')}|\mathcal{G})$ ist, und daß (nach (4.71)) je zwei Versionen $P|\mathcal{G}$-f.s. übereinstimmen.

b) Das abzählbare Erzeugendensystem $\mathcal{E}'$ von $\mathcal{S}'$ kann o.B.d.A. als $\cap$-stabil mit $\Omega' \in \mathcal{E}'$ angenommen werden – sonst gehe man zu $\alpha(\mathcal{E}')$ über (vgl. (A.13)). Nach a) gibt es zu jedem $E' \in \mathcal{E}'$ eine $P|\mathcal{G}$-Nullmenge $N_{E'} \in \mathcal{S}$ derart, daß

$$P_1^{Y|\mathcal{G}}(\omega, E') = P_2^{Y|\mathcal{G}}(\omega, E') \qquad \forall \omega \notin N_{E'}.$$

Die abzählbare Vereinigung

$$N := \bigcup_{E' \in \mathcal{E}'} N_{E'}$$

ist dann eine $P|\mathcal{G}$-Nullmenge mit

$$P_1^{Y|\mathcal{G}}(\omega, E') = P_2^{Y|\mathcal{G}}(\omega, E') \quad \forall \omega \notin N, \quad \forall E' \in \mathcal{E}'.$$

Nach dem Eindeutigkeitssatz (A.38) gilt diese Gleichheit dann aber für jedes $\omega \notin N$ auch für alle $A' \in \mathcal{S}'$. $\qquad\qquad\square$

Da insbesondere unter den Voraussetzungen von (4.94) ein abzählbares Erzeugendensystem der „Bild-σ-Algebra" existiert, liegt dort Eindeutigkeit im Sinne von (4.96)b) vor.

Bedingte Verteilungen liefern häufig die Möglichkeit, bedingte Erwartungswerte explizit zu berechnen:

(4.97) Satz

Es seien $Y : (\Omega, \mathcal{S}, P) \to (\mathrm{I\!R}^n, \mathrm{I\!B}^n)$ ein Zufallsvektor, $\mathcal{G}$ eine Unter-σ-Algebra von $\mathcal{S}$, $\underline{P^{Y|\mathcal{G}}}$ eine bedingte Verteilung von Y unter $\mathcal{G}$, und $g : (\mathrm{I\!R}^n, \mathrm{I\!B}^n) \to (\overline{\mathrm{I\!R}^1}, \overline{\mathrm{I\!B}^1})$ eine P^Y-quasiintegrable Abbildung. Dann ist

$$\int_{\mathrm{I\!R}^n} g \, dP^{Y|\mathcal{G}}$$

für $P|\mathcal{G}$-fast alle $\omega \in \Omega$ erklärt (auf der Ausnahmemenge sei als Integralwert eine Konstante gewählt) und stellt eine $\mathcal{G}$-meßbare Funktion dar mit

$$E(g \circ Y|\mathcal{G}) = \int_{\mathrm{I\!R}^n} g \, dP^{Y|\mathcal{G}} \quad P|\mathcal{G}\text{-}f.s.$$

Der Beweis erfolgt mit der üblichen algebraischen Induktion:

(i)   Für Indikatorfunktionen $g = 1_B$ mit $B \in \mathrm{I\!B}^n$ folgt die Behauptung wegen $1_B \circ Y = 1_{Y^{-1}(B)}$ gerade aus der definierenden Eigenschaft

$$P^{Y|\mathcal{G}}(B) = E(1_{Y^{-1}(B)}|\mathcal{G}).$$

(ii)   Für nicht-negative meßbare g ergibt sich die Aussage direkt aus (A.62), (4.77)/(4.80) und (A.61)(ii).

(iii) Für ein beliebiges P^Y-quasiintegrables g ist wenigstens eines der Integrale $E(g^+ \circ Y)$, $E(g^- \circ Y)$ und somit der bedingte Erwartungswert wenigstens einer dieser Teile $P|\mathcal{G}$-f.s. endlich. Somit liefert (ii) die Behauptung. $\qquad\square$

Zur Illustration sei ein kleines Beispiel angegeben:

(4.98) Beispiel

$(X,Y) : (\Omega, \mathcal{S}, P) \to (\mathbb{R}^2, \mathbb{B}^2)$ sei ein normalverteilter Zufallsvektor mit Mittelwert (a,b) und Kovarianzmatrix $\begin{pmatrix} \sigma^2 & \rho\sigma\tau \\ \rho\sigma\tau & \tau^2 \end{pmatrix}$. Um $E(Y|X)$ mit Hilfe von (4.97) berechnen zu können, bestimmen wir zunächst eine Dichte der bedingten Verteilung $P^{Y|X}$. Nach Voraussetzung ist

$$f^{(X,Y)}(x,y) = \frac{1}{2\pi\sqrt{1-\rho^2}\,\sigma\tau} \cdot \exp\left(-\frac{1}{2(1-\rho^2)}\left(\frac{(x-a)^2}{\sigma^2} - \frac{2\rho(x-a)(y-b)}{\sigma\tau} + \frac{(y-b)^2}{\tau^2}\right)\right)$$

eine (gemeinsame) Dichte von $P^{(X,Y)}$ und daher $f^X(x) = \frac{1}{\sqrt{2\pi}\sigma} \cdot \exp(-\frac{(x-a)^2}{2\sigma^2})$ (nach (3.45)) eine Dichte von P^X. Dann gilt (allgemein) für alle $A, B \in \mathbb{B}^1$ und für alle $\omega \in \Omega$:

$$\int\limits_{X^{-1}(B)} \int\limits_{A} \frac{f^{(X,Y)}(X(\omega),y)}{f^X(X(\omega))} d\lambda(y) dP(\omega) \underset{(A.87)}{=} \int\limits_{B}\int\limits_{A} \frac{f^{(X,Y)}(x,y)}{f^X(x)} d\lambda(y) dP^X(x)$$

$$\underset{(3.20)}{=} \int_B \int_A f^{(X,Y)}(x,y) d\lambda(y) d\lambda(x) = P^{(X,Y)}(B \times A)$$

$$= \quad P(X^{-1}(B) \cap Y^{-1}(A)) = \int_{X^{-1}(B)} 1_{Y^{-1}(A)} dP.$$

Da $x \mapsto \int_A f^{(X,Y)}(x,y) d\lambda(y)$ für jedes $A \in \mathbb{B}^1$ nach dem Satz von Fubini (A.99) $\mathbb{B}^1$-meßbar ist, ist

$$\omega \mapsto \int_A \frac{f^{(X,Y)}(X(\omega),y)}{f^X(X(\omega))} d\lambda(y)$$

für jedes $A \in \mathbb{B}^1$ meßbar bezüglich $X^{-1}(\mathbb{B}^1)$ und somit eine Festlegung von $P(Y^{-1}(A)|X)$. Daher liefert

$$(\omega, A) \mapsto \int_A \frac{f^{(X,Y)}(X(\omega),y)}{f^X(X(\omega))} d\lambda(y)$$

eine bedingte Verteilung von Y unter X. Aus dieser Darstellung ergibt sich, daß

$$(\omega, y) \mapsto \frac{f^{(X,Y)}(X(\omega), y)}{f^X(X(\omega))}$$

(in Analogie zu den elementaren bedingten Wahrscheinlichkeiten; s. S. 133) eine Dichte der bedingten Verteilung von Y unter X ist. In unserem Beispiel gilt dabei für $(x, y) \in \mathbb{R}^2$:

$$\begin{aligned}
\frac{f^{(X,Y)}(x,y)}{f^X(x)} &= \frac{1}{\sqrt{2\pi(1-\rho^2)}\tau} \cdot \exp\big(\frac{-1}{2\cdot(1-\rho^2)}\big(\frac{(x-a)^2}{\sigma^2} + \frac{(y-b)^2}{\tau^2} \\
&\qquad\qquad - \frac{2\rho(x-a)(y-b)}{\sigma\tau} - (1-\rho^2)\frac{(x-a)^2}{\sigma^2}\big)\big) \\
&= \frac{1}{\sqrt{2\pi(1-\rho^2)}\tau} \cdot \exp\big(\frac{-1}{2\cdot(1-\rho^2)\tau^2}(y-(b+\rho\frac{\tau}{\sigma}(x-a)))^2\big).
\end{aligned}$$

Dies ist aber gerade die Dichte einer $\mathcal{N}(b+\rho\frac{\tau}{\sigma}(x-a),(1-\rho^2)\tau^2)$-Verteilung; somit folgt:

$$P^{Y|X} = \mathcal{N}(b + \rho\frac{\tau}{\sigma}(X-a), (1-\rho^2)\tau^2) \quad P|X^{-1}(\mathbb{B}^1)\text{-f.s..}$$

Für $g = id$ erhält man folglich mit Satz (4.97)

$$E(Y|X) = \int id\, dP^{Y|X} = b + \rho\frac{\tau}{\sigma}(X-a) \qquad P|X^{-1}(\mathbb{B}^1)\text{-f.s.,}$$

d.h. der bedingte Erwartungswert ist der Erwartungswert der bedingten Verteilung. Bei analoger Begriffsbildung erhält man für die bedingte Varianz

$$\mathrm{Var}(Y|X) = E((Y - E(Y|X))^2|X) = (1-\rho^2)\tau^2 \quad P|X^{-1}(\mathbb{B}^1)\text{-f.s.;}$$

falls also X und Y stochastisch abhängig sind, d.h. $\rho \neq 0$ gilt (vgl. (4.57)), bewirkt die Kenntnis von X eine (fast sichere) *Verkleinerung* der (nicht-bedingten) Varianz $\mathrm{Var}\, Y = \tau^2$ auf die bedingte Varianz $\mathrm{Var}(Y|X) = (1-\rho^2)\tau^2$ – d.h. eine genauere Kenntnis von Y. $\square$

Die in diesem Beispiel verwendete Methode zur Bestimmung einer Dichte der bedingten Verteilung läßt sich allgemeiner verwenden:

(4.99) Lemma

Es seien $X : (\Omega, \mathcal{S}, P) \to (\mathcal{X}, \mathcal{B}), Y : (\Omega, \mathcal{S}, P) \to (\mathcal{Y}, \mathcal{C})$ Zufallsgrößen, deren gemeinsame Verteilung eine Dichte $f^{(X,Y)}$ bzgl. eines

Maßes $\mu \otimes \nu$ auf $\mathcal{B} \otimes \mathcal{C}$ besitzt, g eine (beliebige) ν-Dichte und f^X die durch

$$f^X(x) = \int f^{(X,Y)}(x,y) d\nu(y)$$

definierte Randdichte (von P^X, vgl. (3.45)). Dann ist die durch

$$f^Y(y|X=x) := \begin{cases} \dfrac{f^{(X,Y)}(x,y)}{f^X(x)} & \text{falls } f^X(x) > 0 \\ g(y) & \text{falls } f^X(x) = 0 \end{cases}$$

definierte Funktion eine Dichte der bedingten Verteilung von Y unter X.

Beweis: Es genügt zu zeigen, daß für alle $B \in \mathcal{B}, C \in \mathcal{C}$ gilt

$$P^{(X,Y)}(B \times C) = \int_B \int_C f^Y(y|X=x) d\nu(y) \, dP^X(x).$$

Es sei dazu $T := \{x \in \mathcal{X} : f^X(x) > 0\}$. Dann folgt für alle $y \in \mathcal{Y}$

$$\begin{aligned} \int_B f^Y(y|X=x) f^X(x) \, d\mu(x) &= \int_{B \cap T} f^Y(y|X=x) \, f^X(x) \, d\mu(x) \\ &= \int_{B \cap T} f^{(X,Y)}(x,y) \, d\mu(x). \end{aligned}$$

Daher ergibt sich mit dem Satz von Fubini (A.99)

$$\begin{aligned} \int_B \int_C & f^Y(y|X=x) d\nu(y) \, dP^X(x) \\ &= \int_C \int_B f^Y(y|X=x) f^X(x) \, d\mu(x) \, d\nu(y) \\ &= \int_C \int_{B \cap T} f^{(X,Y)}(x,y) \, d\mu(x) \, d\nu(y) \\ &= P^{(X,Y)}((B \cap T) \times C) = P^{(X,Y)}(B \times C), \end{aligned}$$

da $P^{(X,Y)}(T^c \times C) \le P^{(X,Y)}(T^c \times \mathcal{Y}) = P^X(T^c) = 0$. $\qquad \square$

4.7 Aufgaben

(IV.1)   Es seien $T = [0; \infty)$ und $(\Omega, \mathcal{S}) = (\mathbb{R}^T, \mathbb{B}^T)$. Welche der folgenden Mengen sind Elemente von $\mathbb{B}^T$?

(i) $A = \{\omega \in \mathbb{R}^T : t \mapsto \omega_t \text{ ist beschränkt}\}$
(ii) $B = \{\omega \in \mathbb{R}^T : \omega_t = \omega_{t+1} \; \forall t \in \mathbb{N}_0\}$
(iii) $C = \{\omega \in \mathbb{R}^T : t \mapsto \omega_t \text{ ist stetig}\}$
(iv) $D = \{\omega \in \mathbb{R}^T : \omega_t \in \mathbb{Q} \; \forall t \in \mathbb{Q}\}$.

(IV.2) Es seien $(\Omega, \mathcal{S}, P)$ ein W-Raum und $T \neq \emptyset$ eine beliebige Index-menge; für jedes $t \in T$ sei eine Zufallsgröße $X_t : (\Omega, \mathcal{S}, P) \to (\mathbb{R}, \mathbb{B})$ gegeben. Q sei das durch $\{P^{X_J} : J \in \mathcal{H}(T)\}$ bestimmte W-Maß auf $(\mathbb{R}^T, \mathbb{B}^T)$ mit $Q^{\pi_J} = P^{X_J}$. $g : \Omega \to \mathbb{R}^T$ sei die Ab-bildung, die jedem $\omega \in \Omega$ seinen „Pfad" zuordnet, d.h. $g(\omega) = (X_t(\omega))_{t \in T}$. Zeigen Sie

$$(i) \quad g \text{ ist } (\mathcal{S}, \mathbb{B}^T)\text{-meßbar} \qquad (ii) \quad Q = P^g.$$

(IV.3) $P = (p_{ij})_{i,j}$ sei eine stochastische Matrix (s. (4.92)); für $k \in \mathbb{N}$ bezeichne $p_{ij}^{(k)}$ die Elemente von P^k. Zeigen Sie, daß zu jedem $i_0 \in \mathbb{N}$ ein W-Raum $(\Omega, \mathcal{S}, Q)$ und Zufallsgrößen $X_n : (\Omega, \mathcal{S}, Q) \to (\mathbb{N}, \mathcal{P}(\mathbb{N})), n \in \mathbb{N}_0$, existieren, so daß für alle $k \in \mathbb{N}$ und alle

$$(t_1, \ldots, t_k) \in \mathbb{N}^k \text{ mit } 0 < t_1 < \ldots < t_k \text{ und } (i_1, \ldots, i_k) \in \mathbb{N}^k$$

gilt

$$Q(X_{t_1} = i_1, \ldots, X_{t_k} = i_k) = \prod_{j=1}^{k} p_{i_{j-1}, i_j}^{(t_j - t_{j-1})}, \quad t_0 := 0.$$

(IV.4) $(A_i)_{i \in \mathbb{N}}$ sei eine Folge von Ereignissen aus $\mathcal{S}$. Zeigen Sie, daß $\liminf_{i \to \infty} A_i$ und $\limsup_{i \to \infty} A_i$ Elemente von $\mathcal{S}_\infty(A_i, i \in \mathbb{N})$ sind.

(IV.5) Führen Sie den Beweis zu (4.32) aus.

(IV.6) Geben Sie einen W-Raum $(\Omega, \mathcal{S}, P)$ und Mengen $A_n \in \mathcal{S}, n \in \mathbb{N}$, an, so daß $\sum_{n=1}^{\infty} P(A_n) = \infty$, aber $P(\limsup_{n \to \infty} A_n) = 0$.

(IV.7) Es seien $(\Omega, \mathcal{S}, P)$ ein W-Raum und $(A_n)_{n \in \mathbb{N}}$ eine Folge von *paar-weise* unabhängigen Ereignissen. Zeigen Sie, daß dann aus $\sum_{n=1}^{\infty} P(A_n) = \infty$ folgt

$$P(\limsup_{n \to \infty} A_n) = 1.$$

(IV.8)   Es seien $X_1, \ldots, X_n$ stochastisch unabhängige Zufallsgrößen mit den Verteilungsfunktionen $F^{X_1}, \ldots, F^{X_n}$. Bestimmen Sie die Verteilungsfunktion von $\min_{1 \leq i \leq n} X_i$ und $\max_{1 \leq i \leq n} X_i$.

(IV.9)   Es seien $(\Omega, \mathcal{S}, P)$ ein W-Raum und (X, Y) ein Zufallsvektor über Ω, der eine Gleichverteilung auf dem Einheitskreis besitzt, d.h. $P^{(X,Y)}$ besitzt die λ^2-Dichte

$$f(x, y) = \frac{1}{\pi} 1_{[0;1]}(x^2 + y^2).$$

a) Zeigen Sie, daß X und Y unkorreliert sind.

b) Untersuchen Sie, ob X und Y auch stochastisch unabhängig sind.

(IV.10) $X = (X_1, X_2)$ genüge einer zweidimensionalen Normalverteilung mit Mittelwertvektor $(0,0)$ und (invertierbarer) Kovarianzmatrix

$$\begin{pmatrix} \sigma^2 & \rho \\ \rho & \sigma^2 \end{pmatrix}.$$

Bestimmen Sie die Paare $(\alpha, \beta) \in \mathbb{R}^2$, für die die Zufallsgrößen $X_1 + \alpha X_2$ und $X_1 + \beta X_2$ stochastisch unabhängig sind.

(IV.11) $X : (\Omega, \mathcal{S}, P) \to (\mathbb{R}^1, \mathbb{B}^1)$ sei eine Zufallsgröße. Zeigen Sie, daß X genau dann stochastisch unabhängig von allen Zufallsgrößen $Y : (\Omega, \mathcal{S}, P) \to (\mathbb{R}^1, \mathbb{B}^1)$ ist, wenn X P-f.s. konstant ist.

(IV.12)   Es sei $(X_n)_{n \in \mathbb{N}}$ eine Folge von stochastisch unabhängigen Zufallsgrößen über Ω. Zeigen Sie: Es gibt eine Zahl $r \in [0; \infty]$, so daß die Potenzreihe $\sum_{n=1}^{\infty} X_n z^n$ für $|z| < r$ P-f.s. konvergiert und für $|z| > r$ P-f.s. divergiert.

(IV.13) $(X_n)_{n \in \mathbb{N}}$ sei eine Folge von stochastisch unabhängigen, $\mathcal{R}(0, 1)$-verteilten Zufallsgrößen auf dem W-Raum $(\Omega, \mathcal{S}, P)$. Zeigen Sie:

a) $\{\omega \in \Omega : \{X_n(\omega) : n \in \mathbb{N}\} \text{ liegt dicht in } [0; 1]\} \in \mathcal{S}$.

b) $P(\{\omega \in \Omega : \{X_n(\omega) : n \in \mathbb{N}\} \text{ liegt dicht in } [0; 1]\}) = 1$.

(IV.14)   Es sei P ein W-Maß über $(\mathbb{N}, \mathcal{P}(\mathbb{R}))$ mit $P(\{1\}) = p \in (0; 1)$. P heißt *gedächtnislos*, wenn für alle $k, n \in \mathbb{N}$ gilt

$$P(\{k + n\} | \{n + 1, n + 2, \ldots\}) = P(\{k\}).$$

Zeigen Sie, daß P genau dann gedächtnislos ist, wenn P eine geometrische Verteilung ist.

(IV.15) Es sei P eine stetige W-Verteilung über $(\mathbb{R}^1, \mathbb{B}^1)$ mit $P([s; \infty)) > 0 \; \forall s > 0$. P heißt gedächtnislos, wenn gilt

$$P([s + t, \infty)|[s; \infty)) = P([t; \infty)) \qquad \forall s, t \geq 0.$$

Zeigen Sie, daß P genau dann gedächtnislos ist, wenn P eine Exponentialverteilung mit dem Parameter $- \ln P([1; \infty))$ ist.

(IV.16) Es seien $X, Y : (\Omega, \mathcal{S}, P) \to (\mathbb{R}^1, \mathbb{B}^1)$ quadratisch integrable Zufallsgrößen und $\mathcal{G}$ eine Unter-σ-Algebra von $\mathcal{S}$. Zeigen Sie:

$$E(X \cdot Y|\mathcal{G})^2 \leq E(X^2|\mathcal{G}) \cdot E(Y^2|\mathcal{G}) \qquad P|\mathcal{G}\text{-f.s..}$$

(IV.17) X sei eine exponentialverteilte Zufallsgröße mit Parameter $\lambda > 0$; für $t > 0$ sei $Y_t := \min(X, t)$. Bestimmen Sie $E(X|Y_t)$.

(IV.18) Es seien $(\Omega, \mathcal{S}, P)$ ein W-Raum, $\Omega = \sum_{i=1}^{\infty} A_i$ mit $A_i \in \mathcal{S}$ eine Zerlegung von Ω und $\mathcal{G} = \sigma(\{A_i : i \in \mathbb{N}\})$. Dann gilt für jede integrable Zufallsgröße X über Ω:

$$E(X|\mathcal{G}) = \sum_{i:P(A_i)>0} \left\{ \frac{1}{P(A_i)} \int_{A_i} X dP \right\} 1_{A_i} \qquad P\text{-f.s..}$$

(IV.19) Es seien $(\Omega, \mathcal{S}, P) = ([0; 1], \mathbb{B}^1_{|[0;1]}, \lambda^1_{|[0;1]})$ und

$$s(A) := \begin{cases} \sup A & \text{falls } A \neq \emptyset \\ 0 & \text{falls } A = \emptyset. \end{cases}$$

Zeigen Sie, daß (neben P) auch die durch

$$Q(x, A) := 1_A(x) + 1_{\{s(A)\}}(x)$$

definierte Funktion $Q : \Omega \times \mathcal{S} \to \mathbb{R}^1$ für jedes $A \in \mathcal{S}$ eine Version der bedingten Wahrscheinlichkeit $P(A|\mathcal{S})$ liefert, daß es aber keine P-Nullmenge $N \in \mathcal{S}$ gibt, so daß

$$A \to Q(x, A)$$

für jedes $x \notin N$ ein W-Maß auf Ω ist.

(IV.20) Es seien $(\Omega, \mathcal{S}, P)$ ein W-Raum, $\mathcal{G}$ eine Unter-σ-Algebra von $\mathcal{S}$, $A \in \mathcal{S}$, $P(A|\mathcal{G})$ eine Version der bedingten W. von A unter $\mathcal{G}$, und

$$B := \{\omega \in \Omega : P(A|\mathcal{G}) > 0\}.$$

Zeigen Sie: (i): $B \in \mathcal{G}$ (ii): $P(A \cap B^c) = 0$

(iii): Erfüllt C die Eigenschaften (i) und (ii), so gilt $P(B \cap C^c) = 0$ (d.h. B ist eine „kleinste $\mathcal{G}$-Überdeckung" von A).

(IV.21) Der Zufallsvektor (X, Y) besitze die λ^2-Dichte

$$f^{(X,Y)}(x,y) = \frac{1}{\sqrt{2\pi}y} e^{-\frac{1}{2}y^2(x-y)^2} 1_{\mathrm{IR}^1 \times [1;\infty)}(x,y).$$

Zeigen Sie, daß $E(X|Y = y) = y$ P^Y-f.s..

(IV.22) Es seien X und Y stochastisch unabhängige Zufallsgrößen mit $|X| \leq 1$, $|Y| \leq 1$ P-f.s. und $EX = EY = 0$. Zeigen Sie, daß dann gilt $E|X - Y| \leq 1$. Gibt es Zufallsgrößen der o.a. Art mit $E|X - Y| = 1$? Charakterisieren Sie diese gegebenenfalls.

(IV.23) $X_1, \ldots, X_n$ seien stochastisch unabhängige, identisch verteilte und integrable Zufallsgrößen über Ω.

   a) Es sei $T : \mathrm{IR}^n \to \mathrm{IR}$ eine meßbare Abbildung, die invariant gegenüber allen Permutationen auf dem IR^n ist, und $\mathcal{A}_n :=$ $\sigma(T \circ (X_1, \ldots, X_n))$. Zeigen Sie:

$$E(X_1|\mathcal{A}_n) = E(X_2|\mathcal{A}_n) \qquad P_{|\mathcal{A}_n}\text{-f.s..}$$

   b) Zeigen Sie, daß für $S_n := \sum_{i=1}^n X_i$ gilt

$$E(X_1|S_n) = \frac{1}{n} S_n \quad P_{|\sigma(S_n)}\text{-f.s..}$$

(IV.24) Beweisen Sie die folgende Variante des Satzes von Bayes: Gegeben seien eine Zufallsgröße X mit absolut stetiger Verteilung und der Lebesgue-Dichte f und eine diskret verteilte Zufallsgröße Y mit dem Träger $\{y_1, y_2, \ldots\}$; ferner sei $p_k(x)$ eine faktorisierte bedingte Wahrscheinlichkeit $P(Y = y_k|X = x)$. $f_k : \mathrm{IR}$ sei definiert durch

$$f_k(x) := \frac{p_k(x) \cdot f(x)}{\int_{-\infty}^{+\infty} p_k(t) \cdot f(t) d\lambda(t)}.$$

Zeigen Sie, daß f_k eine Dichte der bedingten Verteilung von X unter der Bedingung $Y = y_k$ ist.

(IV.25) Es seien Y eine integrable Zufallsgröße auf dem W-Raum $(\Omega, \mathcal{S}, P)$, $\mathcal{A} \subset \mathcal{S}, g : \mathrm{IR} \to \mathrm{IR}$ eine konvexe Funktion und $g \circ Y$ integrabel. Zeigen Sie, daß gilt $g(E(Y|\mathcal{A})) \leq E(g(Y)|\mathcal{A})$ $P_{|\mathcal{A}}$-f.s..

5 Starke Gesetze der großen Zahlen

Mit dem schwachen Gesetz der großen Zahlen (3.31) hatten wir eine erste Erklärung/Begründung für das „Erfahrungsgesetz der Stabilisierung des Durchschnittswertes bei wiederholter Durchführung desselben Zufallsexperiments" (s. (1.1)) geben können. Insbesondere zeigte es sich (s. (4.54)), daß bei unabhängigen Versuchswiederholungen – d.h. stochastisch unabhängigen X_i mit jeweils derselben Verteilung – die Voraussetzungen des schwachen Gesetzes der großen Zahlen erfüllt sind.

Andererseits ist die Konvergenzaussage

$$(\star) \qquad \lim_{n \to \infty} P(|\overline{X}_{(n)} - \overline{a}_{(n)}| \geq \varepsilon) = 0 \qquad \forall \, \varepsilon > 0$$

insofern noch unbefriedigend, als damit keine Konvergenz für die „Pfade " $\overline{X}_{(n)}(\omega)$, $n \in \mathbb{N}$, d.h. für die einzelnen Beobachtungsfolgen, nachgewiesen ist. Eine *punktweise* Konvergenz $\lim_{n \to \infty}(\overline{X}_{(n)}(\omega) - \overline{a}_{(n)}) = 0$ für *alle* $\omega \in \Omega$ wird man aber auch nicht erwarten dürfen:

(5.1) Beispiel

$(X_i)_{i \in \mathbb{N}}$ beschreibe eine Folge von unabhängigen Würfen mit einer fairen Münze, wobei „Kopf" mit 1, und „Wappen" mit 0 bewertet wird, „also" (z.B.)

$$(\Omega, \mathcal{S}, P) = \bigotimes_{i \in \mathbb{N}} (\{0, 1\}, \ \mathcal{P}(\{0, 1\}), \ P_L(\{0, 1\})), \ X_i = \pi_i, \ i \in \mathbb{N}.$$

Dann gilt zwar nach (4.54)

$$\lim_{n \to \infty} P(|\overline{X}_{(n)} - \frac{1}{2}| \geq \varepsilon) = 0 \qquad \forall \varepsilon > 0,$$

jedoch ergibt sich z.B. für $\tilde{\omega} = (0, 0, \dots)$ bzw. $\tilde{\tilde{\omega}} = (1, 1, \dots)$

$$\lim_{n \to \infty} \overline{X}_{(n)}(\tilde{\omega}) = 0 \quad \text{bzw.} \quad \lim_{n \to \infty} \overline{X}_{(n)}(\tilde{\tilde{\omega}}) = 1$$

(es gibt sogar für jedes $\alpha \in [0; 1]$ unendlich viele $\omega \in \Omega$ mit[1] $\lim_{n\to\infty} \overline{X}_{(n)}(\omega)$

$= \alpha$) und für $\hat{\omega} = (\hat{\omega}_1, \hat{\omega}_2, \ldots)$ mit $\hat{\omega}_i = \begin{cases} 1 & k \text{ gerade} \\ & \text{für } 3^k \leq i < 3^{k+1}, \\ 0 & k \text{ ungerade} \end{cases}$

$$\overline{X}_{(3^{k+1})}(\hat{\omega}) \begin{cases} \geq (3^{k+1} - 3^k)/3^{k+1} = \frac{2}{3} & \text{gerades } k \\ & \text{für} \quad , \\ \leq 3^k/3^{k+1} = \frac{1}{3} & \text{ungerades } k \end{cases}$$

d.h. $\overline{X}_{(n)}(\hat{\omega})$ konvergiert überhaupt nicht (es gibt sogar unendlich viele $\omega \in \Omega$, für die $\overline{X}_{(n)}(\omega)$ nicht konvergiert). $\qquad\qquad\square$

Das „bestmögliche" kann also höchstens die fast-sichere Konvergenz sein, d.h. die Existenz von $\lim_{n\to\infty} \overline{X}_{(n)}(\omega)$ für alle ω außerhalb einer P-Nullmenge.

5.1 Konvergenz nach Wahrscheinlichkeit und fast sichere Konvergenz

Im folgenden wollen wir zunächst Relationen zwischen der Konvergenz $(\star)$ und der fast sicheren Konvergenz untersuchen. Zur Abkürzung werden dabei die folgenden Bezeichnungen benutzt:

(5.2) Definition

$(X_n)_{n \in \mathbb{N}_0}$ *sei eine Folge von Zufallsgrößen über* Ω.

a) *Die Folge* $(X_n)_{n \in \mathbb{N}}$ *heißt* P-fast sicher konvergent gegen X_0, *wenn gilt* $P(\lim_{n\to\infty} X_n = X_0) = 1$; *Bezeichnung* $X_n \xrightarrow[P-f.s.]{} X_0$.

b) *Die Folge* $(X_n)_{n \in \mathbb{N}}$ *heißt* nach Wahrscheinlichkeit *(oder P-stochastisch)* konvergent gegen X_0, *wenn gilt*

$$\lim_{n\to\infty} P(|X_n - X_0| \geq \varepsilon) = 0 \quad \forall \varepsilon > 0;$$

Bezeichnung $X_n \xrightarrow[n.W.]{} X_0$.

Die Konvergenz nach Wahrscheinlichkeit ist also gerade die im schwachen Gesetz der großen Zahlen auftretende Konvergenzart $(\overline{X}_{(n)} - \overline{a}_{(n)} \xrightarrow[n.W.]{} 0)$.

---

[1] Man definiere z.B. $\omega_j = (\omega_{j,1}, \omega_{j,2}, \ldots)$, $j \in \mathbb{N}$, durch $\omega_{j,1} = \ldots = \omega_{j,j-1} = 0$, $\omega_{j,j} = 1$, und induktiv $\omega_{j,\nu} := 1_{(-\infty,\alpha]}(\overline{X}_{(\nu-1)})$ für $\nu > j$.

Zum Nachweis, daß diese Konvergenz tatsächlich schwächer ist als die P-fast sichere Konvergenz, erweist sich die folgende Charakterisierung der P-fast sicheren Konvergenz als nützlich:

(5.3) Satz

  Es gilt $X_n \xrightarrow[P-f.s.]{} X_0$ genau dann, wenn

$$\lim_{m\to\infty} P(\sup_{n\geq m} |X_n - X_0| \geq \varepsilon) = 0 \qquad \forall \varepsilon > 0.$$

Beweis: Wegen

$$\{\omega \in \Omega : \lim_n X_n(\omega) = X_0(\omega)\} = \bigcap_{k=1}^{\infty} \bigcup_{m=1}^{\infty} \bigcap_{n\geq m} \{\omega \in \Omega : |X_n(\omega) - X_0(\omega)| \leq \tfrac{1}{k}\}$$

gilt $X_n \xrightarrow[\text{P-f.s.}]{} X_0$ genau dann, wenn

$$P(\bigcap_{m=1}^{\infty} \bigcup_{n\geq m} \{\omega \in \Omega : |X_n(\omega) - X_0(\omega)| > \tfrac{1}{k}\}) = 0 \qquad \forall k \in \mathrm{IN}.$$

Da $\bigcup_{n\geq m}\{\omega \in \Omega : |X_n(\omega) - X_0(\omega)| > \tfrac{1}{k}\}$ antiton (in m) ist, ist dies nach dem Stetigkeitssatz (A.34) äquivalent zu

$$\begin{aligned}
0 &= \lim_{m\to\infty} P(\bigcup_{n\geq m} \{\omega \in \Omega : |X_n(\omega) - X_0(\omega)| > \tfrac{1}{k}\}) \\
&= \lim_{m\to\infty} P(\sup_{n\geq m} |X_n - X_0| > \tfrac{1}{k}) \qquad \forall k \in \mathrm{IN};
\end{aligned}$$

dies liefert die Behauptung. $\qquad\square$

Außerdem ersieht man aus diesem Beweis, daß gilt

$$\begin{aligned}
P(\{\omega &\in \Omega : (X_n(\omega))_{n\in\mathrm{IN}} \text{ konvergiert}\}) \\
&= P(\bigcap_{k=1}^{\infty} \bigcup_{m=1}^{\infty} \bigcap_{n\geq m} \{\omega \in \Omega : \max_{m\leq i\leq n} |X_m(\omega) - X_i(\omega)| < \tfrac{1}{k}\}) \\
&= \lim_{k\to\infty} \lim_{m\to\infty} \lim_{n\to\infty} P(\{\omega \in \Omega : \max_{m\leq i\leq n} |X_m(\omega) - X_i(\omega)| < \tfrac{1}{k}\}).
\end{aligned}$$

Wegen $P(|X_m - X_0| \geq \varepsilon) \leq P(\sup_{n \geq m} |X_n - X_0| \geq \varepsilon)$ ergibt sich aus (5.3) unmittelbar

(5.4) Korollar

$$Aus\ X_n \xrightarrow[P-f.s.]{} X_0\ folgt\ X_n \xrightarrow[n.W.]{} X_0.$$

Tatsächlich ist Konvergenz nach Wahrscheinlichkeit „echt" schwächer als die P-fast sichere Konvergenz:

(5.5) Beispiel

$(X_n)_{n \in \mathbb{N}}$ sei eine Folge von stochastisch unabhängigen Zufallsgrößen mit $P^{X_n} = \mathcal{B}(1, 1/n), n \in \mathbb{N}$. Dann gilt zwar für jedes $\varepsilon \in (0; 1)$

$$P(|X_n| \geq \varepsilon) = P(X_n = 1) = 1/n,$$

d.h. $X_n \xrightarrow[n.W.]{} 0$. Wegen $\sum_{n=1}^{\infty} P(X_n = 1) = \infty$ folgt aber aufgrund des 2. Borel-Cantelli-Lemmas (4.35)

$$P(\limsup_{n \to \infty}\{X_n = 1\}) = P(\limsup_{n \to \infty} X_n = 1) = 1$$

und analog $P(\limsup_{n \to \infty}\{X_n = 0\}) = P(\liminf_{n \to \infty} X_n = 0) = 1$, d.h. die Folge $(X_n)_{n \in \mathbb{N}}$ *konvergiert P-f.s. nicht.* $\qquad\qquad\square$

Aufgrund dieses Beispiels mag der Eindruck entstehen, daß die beiden Konvergenzarten aus (5.2) sehr unterschiedlich sind. Tatsächlich gibt es aber recht enge Zusammenhänge:

(5.6) Satz

$(X_n)_{n \in \mathbb{N}_0}$ *sei eine Folge von Zufallsgrößen über Ω. Es gilt $X_n \xrightarrow[n.W.]{} X_0$ genau dann, wenn zu jeder Teilfolge $(X_{n_k})_{k \in \mathbb{N}}$ von $(X_n)_{n \in \mathbb{N}}$ eine (weitere) Teilfolge $(X_{n'_k})_{k \in \mathbb{N}}$ mit $X_{n'_k} \xrightarrow[P-f.s.]{} X_0$ existiert.*

Beweis: a) Es gelte $X_n \xrightarrow[n.W.]{} X_0$, und $(X_{n_k})_{k \in \mathbb{N}}$ sei eine beliebige Teilfolge von $(X_n)_{n \in \mathbb{N}}$. Dann gibt es zu jedem $k \in \mathbb{N}$ ein $n'_k \in \{n_1, n_2, \dots\}$ mit

$$P(|X_{n'_k} - X_0| \geq \frac{1}{k}) \leq 2^{-k}$$

(wobei o.B.d.A. $n'_k < n'_{k+1}$ angenommen werden kann), und somit folgt für jedes $\varepsilon > 0$

$$P(\sup_{k \geq j} |X_{n'_k} - X_0| > \varepsilon) = P(\bigcup_{k \geq j} \{\omega \in \Omega : |X_{n'_k}(\omega) - X_0(\omega)| > \varepsilon\})$$

$$\leq \sum_{k\geq j} P(|X_{n'_k} - X_0| > \varepsilon) \leq \sum_{k=j}^{\infty} 2^{-k} = 2^{-(j-1)} \qquad \text{für } j > \frac{1}{\varepsilon},$$

d.h. $\lim_{j\to\infty} P(\sup_{k\geq j} |X_{n'_k} - X_0| \geq \varepsilon) = 0$. Der Satz (5.3) liefert daher $X_{n'_k} \xrightarrow[\text{P-f.s.}]{} X_0$.

b) In jeder Teilfolge $(X_{n_k})_{k\in\mathbb{N}}$ von $(X_n)_{n\in\mathbb{N}}$ existiere eine P-fast sicher und somit (nach (5.4)) auch nach Wahrscheinlichkeit gegen X_0 konvergente Teilfolge $(X_{n'_k})_{k\in\mathbb{N}}$. Für jedes $\varepsilon > 0$ und jede Teilfolge $(X_{n_k})_{k\in\mathbb{N}}$ enthält also die Folge

$$(P(|X_{n_k} - X_0| \geq \varepsilon))_{k\in\mathbb{N}}$$

reeller Zahlen eine gegen 0 konvergente Teilfolge. Dann muß aber bereits die Ausgangsfolge

$$(P(|X_n - X_0| \geq \varepsilon))_{n\in\mathbb{N}}$$

eine Nullfolge und somit X_n nach Wahrscheinlichkeit konvergent gegen X_0 sein. $\qquad\qquad\qquad\qquad\qquad\qquad\qquad\qquad\qquad\qquad\qquad\qquad\qquad\quad\square$

Einige Rechenregeln für die beiden Konvergenzarten aus (5.2) werden im Rahmen der Übungsaufgaben untersucht (s. V.1/3).

Als direkte Folgerung aus (4.54) und (5.6) ergibt sich als erstes (Teil-)Resultat, daß für jede Folge $(X_i)_{i\in\mathbb{N}}$ von stochastisch unabhängigen Zufallsgrößen mit $EX_i = a, Var\, X_i = \sigma^2\ \forall i \in \mathbb{N}$ eine Folge $(n_k)_{k\in\mathbb{N}}$ existiert mit

$$\overline{X}_{(n_k)} \xrightarrow[\text{P-f.s.}]{} a$$

(insbesondere bilden also im Beispiel (5.1) die überabzählbar unendlich vielen $\omega \in \Omega$ mit $\lim_{n\to\infty} \overline{X}_{(n)}(\omega) \neq \frac{1}{2}$ nur eine P-Nullmenge). Im folgenden wird es insbesondere darum gehen, diese Aussage dahingehend zu verschärfen, daß die P-fast sichere Konvergenz sogar für die Ausgangsfolge gilt. Während im Beweis des schwachen Gesetzes der großen Zahlen die (simple) Tschebyscheffsche Ungleichung (3.30) ausreichte, wird man für eine solche stärkere Konvergenzaussage eine bessere Abschätzung benötigen.

5.2   Die Ungleichung von Kolmogoroff und der Dreireihensatz

(5.7) Satz (Ungleichung von Kolmogoroff)

Es seien $(X_i)_{i\in\mathbb{N}}$ eine Folge von stochastisch unabhängigen Zufallsgrößen über Ω mit $EX_i = 0$ für alle $i \in \mathbb{N}$ und $S_n := \sum_{i=1}^n X_i$. Dann gilt für jedes $\varepsilon > 0$

$$P(\max_{1\le i\le n} |S_i| \ge \varepsilon) \le \frac{1}{\varepsilon^2} Var\, S_n.$$

Wegen $|S_n| \le \max_{1\le i\le n} |S_i|$ ist diese Ungleichung eine Verschärfung der Tschebyscheffschen Ungleichung (3.30) (für den Spezialfall stochastisch unabhängiger Zufallsgrößen); natürlich ist nur der Fall $Var\, S_n < \varepsilon^2$ von Interesse.

Beweis: Man registriert die erste „Überschreitung" von ε:

$$A := \{\omega \in \Omega : \max_{1\le i\le n} |S_i(\omega)| \ge \varepsilon\}$$

$$= \sum_{k=1}^n \underbrace{\{\omega \in \Omega : |S_i(\omega)| < \varepsilon \text{ für } 1 \le i \le k-1, \ |S_k(\omega)| \ge \varepsilon\}}_{=:A_k}.$$

Dann gilt

$$
\begin{aligned}
\int_A S_n^2 dP &= \sum_{k=1}^n \int_{A_k} S_n^2 dP = \sum_{k=1}^n \int_{A_k} (S_k + S_n - S_k)^2 dP \\
&= \sum_{k=1}^n \int_{A_k} (S_k^2 + 2S_k(S_n - S_k) + (S_n - S_k)^2) dP \\
&\ge \sum_{k=1}^n (\int_{A_k} \varepsilon^2\, dP + 2\int_\Omega (1_{A_k} \cdot S_k)(S_n - S_k) dP)
\end{aligned}
$$

da $|S_k| \ge \varepsilon$ auf A_k und $(S_n - S_k)^2 \ge 0$.

Aus der stochastischen Unabhängigkeit der X_i folgt nach (4.41) die stochastische Unabhängigkeit von $1_{A_k} \cdot S_k = 1_{A_k} \cdot \sum_{i=1}^k X_i$ und $S_n - S_k = \sum_{i=k+1}^n X_i$. Der Multiplikationssatz (4.52) liefert daher

$$\int_\Omega (1_{A_k} \cdot S_k)(S_n - S_k) dP = E(1_{A_k} \cdot S_k)\, E(S_n - S_k) = 0,$$

da $EX_i = 0$ für alle $i \in \mathbb{N}$. Somit folgt (wegen $ES_n = 0$)

$$Var\ S_n = ES_n^2 \geq \int_A S_n^2\ dP \geq \sum_{k=1}^{n} \varepsilon^2 P(A_k) = \varepsilon^2 P\ (\max_{1\leq i\leq n} |S_i| \geq \varepsilon),$$

d.h. die behauptete Ungleichung.[2] $\square$

Für eine erste Anwendung der Ungleichung von Kolmogoroff benötigen wir noch, daß eine „unwesentliche" Abänderung einer Folge von Zufallsgrößen nichts am Konvergenzverhalten ihrer Partialsummen ändert:

(5.8) Lemma

Es seien $(X_i)_{i\in\mathbb{N}}$ und $(Y_i)_{i\in\mathbb{N}}$ Folgen von Zufallsgrößen über Ω mit $\sum_{i=1}^{\infty} P(X_i \neq Y_i) < \infty$. Dann gilt

$$P((\sum_{i=1}^{n} Y_i)_{n\in\mathbb{N}}\ \textit{konvergiert}) = 1$$

genau dann, wenn

$$P((\sum_{i=1}^{n} X_i)_{n\in\mathbb{N}}\ \textit{konvergiert}) = 1.$$

Beweis: Es seien $A_i := \{\omega \in \Omega : X_i(\omega) \neq Y_i(\omega)\}$ und $A := \limsup_i A_i$ $(= \{\omega \in \Omega : X_i(\omega) \neq Y_i(\omega)$ für unendliche viele $i\})$. Nach dem 1. Borel-Cantelli-Lemma (4.34) gilt dann $P(A) = 0$. Dabei gibt es für jedes $\omega \notin A$ ein $n_0(\omega)$ mit $X_n(\omega) = Y_n(\omega)\ \forall n \geq n_0(\omega)$. Konvergiert also $(\sum_{i=1}^{n} Y_i(\omega))_{n\in\mathbb{N}}$ für alle $\omega \notin N$ mit $P(N) = 0$, so konvergiert auch $(\sum_{i=1}^{n} X_i(\omega))_{n\in\mathbb{N}}$ (zumindest) für alle ω außerhalb der P-Nullmenge $A \cup N$; entsprechend folgt die Umkehrung. $\square$

Mit diesen Hilfsmitteln kann man nun eine hinreichende Bedingung für die P-fast sichere Konvergenz von Summen stochastisch unabhängiger Zufallsgrößen angeben; dabei bezeichne für $x, s \in \mathbb{R}$

$$x^{(s)} = \begin{cases} x & \text{falls } |x| \leq s \\ 0 & \text{sonst} \end{cases}.$$

---

[2]Für weitere stochastische Ungleichungen vgl. Abschnitt 1.18 von Gänßler-Stute „Wahrscheinlichkeitstheorie".

(5.9) Satz (Teilaussage des Dreireihensatzes von Kolmogoroff)

Es sei $(X_i)_{i\in\mathbb{N}}$ eine Folge von stochastisch unabhängigen Zufallsgrö-
ßen über Ω mit $EX_i = 0$ für alle $i \in \mathbb{N}$. Es existiere ein $s \in \mathbb{R}$
mit

(i) $\sum_{i=1}^{\infty} P(|X_i| > s) < \infty$ (ii) $|\sum_{i=1}^{\infty} EX_i^{(s)}| < \infty$

(iii) $\sum_{i=1}^{\infty} Var\, X_i^{(s)} < \infty$.

Dann gilt

$$P(\{\omega \in \Omega : (\sum_{i=1}^{n} X_i(\omega))_{n\in\mathbb{N}} \;\; konvergiert\}) = 1.$$

Beweis: Aus der stochastischen Unabhängigkeit der X_i folgt nach (4.41)
die stochastische Unabhängigkeit der $Y_i := X_i^{(s)}$. Die Ungleichung von Kolmogoroff (5.7) liefert somit

$$P(\max_{m\leq i\leq n} |\sum_{j=m}^{i} (Y_j - EY_j)| < \frac{1}{k}) \geq 1 - k^2 \sum_{j=m}^{n} Var\, Y_j.$$

Aus der Voraussetzung (iii) folgt daraufhin für jedes $k \in \mathbb{N}$

$$\lim_{m\to\infty} \lim_{n\to\infty} P(\max_{m\leq i\leq n} |\sum_{j=m}^{i} (Y_j - EY_j)| < \frac{1}{k}) = 1.$$

Nach der Bemerkung im Anschluß an (5.3) bedeutet dies

$$P(\{\omega \in \Omega : (\sum_{i=1}^{n} Y_i(\omega) - EY_i)_{n\in\mathbb{N}} \;\; konvergiert\}) = 1.$$

Aufgrund der Voraussetzung (ii) folgt hieraus

$$P(\{\omega \in \Omega : (\sum_{i=1}^{n} Y_i(\omega))_{n\in\mathbb{N}} \;\; konvergiert\}) = 1.$$

Da man wegen der Voraussetzung (i) das Lemma (5.8) anwenden kann,
ergibt sich die behauptete Konvergenzaussage[3]. $\square$

---

[3]Tatsächlich gilt auch eine „Umkehrung" der Aussagen von (5.9); vgl. z.B.
Gänßler/Stute l.c., S. 126.

Aus diesem Beweis wird auch deutlich, was bei dem Lemma (5.8) mit „unwesentlicher" Abänderung z.B. gemeint sein kann: Von den ursprünglichen Zufallsgrößen X_i wurde alles „abgeschnitten" , was außerhalb $[-s; s]$ lag. Dieses „Stutzen" von Zufallsgrößen werden wir häufiger vornehmen, insbesondere weil die Existenz aller Momente der „gestutzten" Zufallsgrößen gegeben ist.

5.3 Die Kolmogoroffschen Gesetze der großen Zahlen

Die Ergebnisse von Abschnitt 5.2 wollen wir dazu benutzen, „starke" Konvergenzaussagen für arithmetische Mittel $\overline{X}_{(n)}$ zu machen; dabei werde die folgende Sprechweise vereinbart:

(5.10) Definition
> *Eine Folge* $(X_i)_{i\in\mathbb{N}}$ *von integrablen Zufallsgrößen* genügt dem starken Gesetz der großen Zahlen, *wenn gilt*

$$\frac{1}{n}\sum_{i=1}^{n}(X_i - EX_i) \xrightarrow[P-f.s.]{} 0.$$

Da hierin Folgen von Mittelwerten, in (5.7)-(5.9) aber Reihen auftreten, benötigen wir noch eine rein analytische Hilfsaussage, die eine Verbindung der Konvergenz einer Reihe und der Nullfolgeneigenschaft von arithmetischen Mitteln herstellt:

(5.11) Lemma (Spezialfall des Kronecker-Lemmas)
> *Es sei* $(a_i)_{i\in\mathbb{N}}$ *eine Folge reeller Zahlen, für die* $\sum_{i=1}^{\infty} a_i/i$ *konvergiert.*
> *Dann gilt* $\lim_{n\to\infty} \frac{1}{n}\sum_{i=1}^{n} a_i = 0.$

Beweis: Für $n \in \mathbb{N}$ seien $b_n := \sum_{i=1}^{n} a_i/i$ und $b_0 := a_0 := 0$. Dann gilt $n(b_n - b_{n-1}) = a_n$ und somit

$$\frac{1}{n}\sum_{i=1}^{n} a_i = \frac{1}{n}\sum_{i=1}^{n} i(b_i - b_{i-1}) = \frac{1}{n}\left(\sum_{i=1}^{n} ib_i - \sum_{i=0}^{n-1}(i+1)b_i\right) = b_n - \frac{1}{n}\sum_{i=0}^{n-1} b_i.$$

Es bleibt also zu zeigen, daß

$$(\star) \qquad \lim_{n \to \infty} \frac{1}{n} \sum_{i=0}^{n-1} b_i = \lim_{n \to \infty} b_n.$$

Da $b := \lim_{n \to \infty} b_n$ nach Voraussetzung existiert, gibt es zu jedem $\varepsilon > 0$ ein $n_\varepsilon \in \mathbb{N}$ mit

$$|b_n - b| < \varepsilon/2 \qquad \forall n \geq n_\varepsilon,$$

und daher erhält man aus

$$\frac{1}{n} \sum_{i=0}^{n-1} b_i = \frac{1}{n} \sum_{i=0}^{n_\varepsilon-1} b_i + \left(\frac{n - n_\varepsilon}{n}\right) \frac{1}{n - n_\varepsilon} \sum_{i=n_\varepsilon}^{n-1} b_i,$$

daß

$$\limsup_{n \to \infty} \frac{1}{n} \sum_{i=0}^{n-1} b_i \leq b + \varepsilon \quad \text{und} \quad \liminf_{n \to \infty} \frac{1}{n} \sum_{i=0}^{n-1} b_i \geq b - \varepsilon.$$

Da ε beliebig war, folgt $(\star)$ und somit die Aussage des Lemmas. $\square$

Damit können wir nun beweisen:

(5.12) Satz (1. Kolmogoroffsches Gesetz der großen Zahlen)
Es sei $(X_i)_{i \in \mathbb{N}}$ eine Folge von stochastisch unabhängigen integrablen Zufallsgrößen, und es gelte

$$\sum_{i=1}^{\infty} \frac{Var\, X_i}{i^2} < \infty \quad \textit{(Kolmogoroff-Kriterium)}.$$

Dann genügt $(X_i)_{i \in \mathbb{N}}$ dem starken Gesetz der großen Zahlen.

Beweis (mit Hilfe des Dreireihensatzes (5.9)): Zunächst setzen wir für alle $i \in \mathbb{N}$

$$Z_i := X_i - EX_i.$$

Dann gilt $EZ_i = 0$ und $Var\, Z_i = Var\, X_i$; die Folge $(Z_i)_{i \in \mathbb{N}}$ genügt also insbesondere ebenfalls dem Kolmogoroff-Kriterium, und die Z_i sind stochastisch unabhängig. Es genügt also zu zeigen, daß

$$\frac{1}{n} \sum_{i=1}^{n} Z_i \to 0 \qquad P\text{-f.s..}$$

Dazu sei definiert (vgl. S. 171)

$$Y_i := \frac{1}{i} Z_i^{(i)} - \frac{1}{i} E Z_i^{(i)}.$$

Wegen der stochastischen Unabhängigkeit der Z_i sind auch die $Z_i^{(i)}$ und somit die Y_i stochastisch unabhängig.

Behauptung: Die Y_i genügen mit $s = 2$ den Voraussetzungen des Dreireihensatzes (5.9).

(i): $\quad P(|Y_i| > 2) = 0 \ \forall i \in \mathbb{N}$, da $\frac{1}{i}|Z_i^{(i)}| \leq 1$ und somit auch $\frac{1}{i}|EZ_i^{(i)}| \leq 1$; es gilt also $\sum_{i=1}^{\infty} P(|Y_i| > 2) = 0$.

(ii): $\quad EY_i^{(2)} \underset{(i)}{=} EY_i = 0$ und somit gilt $\sum_{i=1}^{\infty} EY_i^{(2)} = 0$.

(iii): $\quad Var\ Y_i = Var\ \frac{1}{i}Z_i^{(i)} \leq E\frac{1}{i^2}(Z_i^{(i)})^2 \leq \frac{1}{i^2}EZ_i^2 = \frac{1}{i^2}Var\ X_i$; also folgt aus dem Kolmogoroff-Kriterium

$$\sum_{i=1}^{\infty} Var\ Y_i^{(2)} = \sum_{i=1}^{\infty} Var\ Y_i < \infty.$$

(5.9) liefert also

$$P((\sum_{i=1}^{n} Y_i)_{n \in \mathbb{N}}\ \text{konvergiert}) = 1.$$

Dabei konvergiert die Reihe $(\sum_{i=1}^{n} \frac{1}{i} E Z_i^{(i)})_{n \in \mathbb{N}}$ absolut, da

$$\sum_{i=1}^{\infty} |\frac{1}{i} E Z_i^{(i)}| = \sum_{i=1}^{\infty} \frac{1}{i} |\int_{\{|Z_i| \leq i\}} Z_i\, dP| = \sum_{i=1}^{\infty} \frac{1}{i} |\int_{\{|Z_i| > i\}} Z_i\, dP|,$$

$$\text{da } EZ_i = 0$$

$$\leq \sum_{i=1}^{\infty} \int_{\{|Z_i| > i\}} \frac{Z_i^2}{i^2} dP, \text{ da auf } \{|Z_i| > i\} \text{ gilt } \frac{|Z_i|}{i} < \frac{|Z_i|^2}{i^2}$$

$$\leq \sum_{i=1}^{\infty} \frac{1}{i^2} Var\ Z_i < \infty \text{ nach dem Kolmogoroff-Kriterium.}$$

Damit erhält man auch

$$P((\sum_{i=1}^{n} \frac{1}{i} Z_i^{(i)})_{n \in \mathbb{N}}\ \text{konvergiert}) = 1.$$

Außerdem gilt aufgrund der Tschebyscheffschen Ungleichung

$$P(\frac{1}{i} Z_i \neq \frac{1}{i} Z_i^{(i)}) = P(|Z_i| > i) \leq \frac{1}{i^2} Var\, Z_i,$$

und somit folgt mit (5.8) und (5.11)

$$P(\lim_n \frac{1}{n} \sum_{i=1}^{n} Z_i = 0) = 1,$$

die Folge der Z_n genügt also dem starken Gesetz der großen Zahlen.   □

Mit diesem Satz läßt sich insbesondere (4.54) in der gewünschten Weise verschärfen zu dem

(5.13) Korollar
Es sei $(X_i)_{i\in I\!N}$ eine Folge von stochastisch unabhängigen Zufallsgrößen mit $EX_i = a$, $Var\, X_i = \sigma^2$ für alle $i \in I\!N$. Dann gilt

$$\overline{X}_{(n)} \xrightarrow[P-f.s.]{} a.$$

Beweis: Es ist nur anzumerken, daß wegen

$$\sum_{i=1}^{\infty} \frac{Var\, X_i}{i^2} = \sigma^2 \sum_{i=1}^{\infty} \frac{1}{i^2} < \infty$$

das Kolmogoroff-Kriterium erfüllt ist.   □

Für den Spezialfall von binomialverteilten Zufallsgrößen bedeutet dies:

(5.14) Korollar (Borelsches Gesetz der großen Zahlen)
Ist $(X_i)_{i\in I\!N}$ eine Folge von stochastisch unabhängigen Zufallsgrößen mit $P^{X_i} = \mathcal{B}(1,p)$ für alle $i \in I\!N$, so folgt

$$\overline{X}_{(n)} \xrightarrow[P-f.s.]{} p.$$

Sind die $X_i, i \in I\!N$, dabei insbesondere Indikatorfunktionen eines Ereignisses A bei stochastisch unabhängigen Wiederholungen desselben Experiments (s. (4.55)) mit $P^{X_1}(\{1\}) = P^{\pi_1}(A) = p$, so ist $\overline{X}_{(n)}$ gerade wieder die relative Häufigkeit $h(A,n)/n$ des Eintreffens von A. Es gilt also

$$\frac{h(A,n)}{n} \xrightarrow[P\text{-f.s.}]{} P^{\pi_1}(A).$$

Diese Verschärfung des Bernoullischen schwachen Gesetzes der großen Zahlen (4.55) stellt eine weitere Bestätigung des wahrscheinlichkeitstheoretischen Modells (1.9) dar: Die Erfahrungstatsache, daß bei unabhängigen Versuchswiederholungen die relativen Häufigkeiten $h(A,n)/n$ gegen einen Wert „konvergieren", der als „Chance des Eintretens von A" zu interpretieren ist, wird als mathematisch präzisiertes Ergebnis geliefert. Im Ausgangsbeispiel (5.1) gilt also tatsächlich

$$\overline{X}_{(n)} \xrightarrow[\text{P-f.s.}]{} \frac{1}{2}.$$

Eine *Definition* der Wahrscheinlichkeiten mit Hilfe der relativen Häufigkeiten erweist sich jedoch auch nach diesem Ergebnis als *unmöglich*, da nur *P-fast sichere Konvergenz* vorliegt und – wie das Beispiel (5.1) zeigt – eine (weitere) Verschärfung zu punktweiser Konvergenz nicht zutrifft.

Es zeigt sich, daß man in dem Spezialfall, daß die $X_i, i \in \mathbb{N}$, alle dieselbe Verteilung besitzen – d.h. *identisch* verteilt sind –, die Voraussetzung der Endlichkeit von $Var\, X_i, i \in \mathbb{N}$, nicht benötigt:

(5.15) Satz (2. Kolmogoroffsches Gesetz der großen Zahlen)
Jede Folge $(X_i)_{i\in\mathbb{N}}$ von stochastisch unabhängigen, identisch verteilten, integrablen Zufallsgrößen genügt dem starken Gesetz der großen Zahlen, d.h. es gilt

$$\lim_{n\to\infty} \frac{1}{n} \sum_{i=1}^{n} X_i = EX_1 \qquad P-f.s..$$

Beweis mit Hilfe der Technik des „Stutzens" der Zufallsgrößen X_i:
(i) Mit den X_i sind auch die „gestutzten" Zufallsgrößen

$$Y_i := X_i^{(i)}$$

stochastisch unabhängig. Zwar geht die identische Verteilung beim Übergang von X_i zu Y_i i.a. verloren, dafür erfüllt die Folge der (jeweils beschränkten!) Y_i aber das Kolmogoroff-Kriterium: Mit den Bezeichnungen $Q := P^{X_1}$ und $J_j := [-j; -j+1) \cup (j-1; j]$, $j \in \mathbb{N}$, gilt nämlich

$$Var\, Y_i \leq EY_i^2 = \int_{[-i;i]} id^2\, dQ = \sum_{j=1}^{i} \int_{J_j} id^2\, dQ,$$

und somit

$$\sum_{i=1}^{\infty} \frac{Var\, Y_i}{i^2} \le \sum_{i=1}^{\infty} \frac{1}{i^2} \sum_{j=1}^{i} \int_{J_j} id^2\, dQ$$

$$= \sum_{j=1}^{\infty} \left(\sum_{i=j}^{\infty} \frac{1}{i^2} \right) \left(\int_{J_j} id^2 dQ \right)$$

(Satz von Fubini (A.99) für das Zählmaß).

Beachtet man dabei noch

$$\sum_{i=j}^{\infty} \frac{1}{i^2} \le \frac{1}{j^2} + \int_{j}^{\infty} \frac{1}{x^2} dx = \frac{1}{j^2} + \frac{1}{j} \le \frac{2}{j},$$

so ergibt sich schließlich

$$\sum_{i=1}^{\infty} \frac{Var\, Y_i}{i^2} \le 2 \sum_{j=1}^{\infty} \int_{J_j} \frac{id^2}{j} dQ \le 2 \sum_{j=1}^{\infty} \int_{J_j} |id| dQ, \quad \text{da } \frac{|id|}{j} \le 1 \text{ auf } J_j$$

$$= 2 \int |id| dQ = 2\, E|X_1| < \infty.$$

Nach (5.12) genügt also die Folge $(Y_i)_{i \in \mathbb{N}}$ dem starken Gesetz der großen Zahlen, d.h.

$$\frac{1}{n} \sum_{i=1}^{n} (Y_i - EY_i) \xrightarrow[\text{P-f.s.}]{} 0.$$

(ii) Dabei gilt nach dem Satz von der majorisierten Konvergenz (A.86)

$$\lim_{i \to \infty} EY_i = \lim_{i \to \infty} E(1_{\{|X_1| \le i\}} \cdot X_1) = EX_1$$

und somit auch (vgl. den Beweis zu (5.11))

$$\lim_{n \to \infty} \frac{1}{n} \sum_{i=1}^{n} EY_i = EX_1,$$

d.h. es folgt aus (i)

$$\frac{1}{n} \sum_{i=1}^{n} Y_i \xrightarrow[\text{P-f.s.}]{} EX_1.$$

(iii) Es gilt

$$\sum_{i=1}^{\infty} P(X_i \neq Y_i) \ = \ \sum_{i=1}^{\infty} \sum_{j=i+1}^{\infty} Q(J_j) = \sum_{j=2}^{\infty} (j-1) Q(J_j) \leq \sum_{j=2}^{\infty} \int_{J_j} |id|\, dQ$$

$$\leq \ \int |id|\, dQ = E|X_1| < \infty.$$

Aus dem 1. Borel-Cantelli-Lemma folgt also (wie beim Beweis zu (5.8)) die Existenz einer Menge B mit $P(B) = 1$, so daß es zu jedem $\omega \in B$ ein $n(\omega) \in \mathbb{N}$ gibt mit $X_i(\omega) = Y_i(\omega)\ \forall i \geq n(\omega)$. Mit (ii) ergibt sich also

$$P(\{\omega : \lim_{n \to \infty} \frac{1}{n} \sum_{i=1}^{n} X_i(\omega) = \lim_{n \to \infty} \frac{1}{n} \sum_{i=1}^{n} Y_i(\omega) = EX_1\}) = 1. \qquad \square$$

Zusammen mit (4.41) folgt hieraus unmittelbar:

(5.16) Korollar

Es seien $X_i : (\Omega, \mathcal{S}, P) \to (\mathcal{X}, \mathcal{B}), i \in \mathbb{N}$, stochastisch unabhängige, identisch verteilte Zufallsgrößen und $g : (\mathcal{X}, \mathcal{B}) \to (\overline{\mathbb{R}^1}, \overline{\mathbb{B}^1})$ eine meßbare Funktion, für die $b := E(g \circ X_1)$ existiert. Dann gilt

$$\lim_{n \to \infty} \frac{1}{n} \sum_{i=1}^{n} g \circ X_i = b \quad P - f.s..$$

Das 2. Kolmogoroffsche Gesetz der großen Zahlen ist von erheblicher praktischer Bedeutung: Es besagt nämlich, daß es bei *unabhängigen Versuchswiederholungen* – die man in naturwissenschaftlichen Experimenten i.a. durch geeignete (häufig raffinierte) Versuchsbedingungen zu erreichen versucht – bei P-fast *jeder einzelnen Beobachtungsfolge* zu einer Stabilisierung des (zufallsabhängigen) Durchschnittswertes um eine Konstante (nämlich den tatsächlichen Erwartungswert) kommt, falls der Erwartungswert existiert.

Da bei dieser letzten Formulierung der Erwartungswert nicht mehr explizit verwendet wird, liegt der Versuch nahe, auf diese Weise auch noch die Voraussetzung der Integrabilität der X_i zu beseitigen. Der folgende Satz, der eine gewisse Umkehrung von (5.15) darstellt, zeigt jedoch, daß dieser Versuch keinen Erfolg hat:

(5.17) Satz

Es seien $X_i, i \in \mathbb{N}$, stochastisch unabhängige, identisch verteilte Zufallsgrößen und Y eine weitere Zufallsgröße. Dann gilt $\overline{X}_{(n)} \xrightarrow[P-f.s.]{} Y$

genau dann, wenn die $X_i, i \in \mathbb{N}$, *integrabel sind und* $Y = EX_1$
P-f.s..

Beweis: (i) Sind die $X_i, i \in \mathbb{N}$, integrabel und gilt $Y = EX_1$ P-f.s., so
liefert (5.15) gerade $\overline{X}_{(n)} \xrightarrow[\text{P-f.s.}]{} Y$.

(ii) Aus $\overline{X}_{(n)} \xrightarrow[\text{P-f.s.}]{} Y$ folgt wegen

$$\frac{1}{n}X_n = \overline{X}_{(n)} - \frac{n-1}{n}\overline{X}_{(n-1)} \qquad \forall n \geq 2,$$

daß $X_n/n \xrightarrow[\text{P-f.s.}]{} 0$. Für die Mengen $A_n := \{\omega \in \Omega : |X_n(\omega)| > n\}$, $n \in \mathbb{N}$,
gilt also $P(\limsup_{n\to\infty} A_n) = 0$. Da mit den Zufallsgrößen X_i auch die
Ereignisse $A_n = X_n^{-1}([-n;n]^c)$ stochastisch unabhängig sind, folgt aus dem
Borelschen 0-1-Gesetz (4.33), daß $\sum_{n=1}^{\infty} P(A_n) < \infty$ gilt. Andererseits folgt
mit den Bezeichnungen aus dem Beweis zu (5.15)

$$\sum_{n=1}^{\infty} P(A_n) = \sum_{j=2}^{\infty} (j-1)\, Q(J_j)$$

sowie

$$E|X_1| = \int_{\mathbb{R}^1} |id|\,dQ = \sum_{j=1}^{\infty} \int_{J_j} |id|\,dQ \leq \sum_{j=1}^{\infty} j\, Q(J_j) \leq 1 + \sum_{j=2}^{\infty} (j-1)Q(J_j).$$

Die (identisch verteilten) X_i sind also integrabel. Daher folgt nach (5.15)
$\overline{X}_{(n)} \xrightarrow[\text{P-f.s.}]{} EX_1$ und somit $Y = EX_1$ P-f.s.. $\qquad\qquad\square$

Insbesondere erhält man aus dieser Aussage zusammen mit (3.21)(vi),
daß stochastisch unabhängige Zufallsgrößen $X_i, i \in \mathbb{N}$, die eine Cauchy-
Verteilung (mit den Parametern a und b) besitzen, *nicht* dem starken Gesetz
der großen Zahlen genügen.

Es zeigt sich vielmehr, daß für solche Verteilungen die Folgen $\overline{X}_{(n)}$ fast
sicher unbeschränkt sind:

(5.18) Satz:
> *Es seien* $X_i, i \in \mathbb{N}$, *stochastisch unabhängige, identisch verteilte Zu-*
> *fallsgrößen mit* $\int |X_1|\,dP = \infty$. *Dann gilt*

$$P(\limsup_{n\to\infty} |\overline{X}_{(n)}| = \infty) = 1.$$

Beweis: Da nunmehr große Werte von $|\overline{X}_{(n)}|$ interessieren, werden für festes $K > 0$ die stochastisch unabhängigen Ereignisse

$$A_i := \{\omega \in \Omega : |X_i(\omega)| > iK\}, \ i \in \mathbb{N},$$

betrachtet. Dabei folgt daraus, daß die X_i identisch verteilt sind

$$1 + \sum_{i=1}^{\infty} P(A_i) \geq \sum_{i=0}^{\infty} P(|X_1| > iK) = \sum_{i=0}^{\infty} \int_{[i;i+1)} P(|X_1|/K > i) d\lambda^1(x)$$

$$\geq \sum_{i=0}^{\infty} \int_{[i;i+1)} P(|X_1|/K > x) d\lambda^1(x) = \int_{[0;\infty)} (1 - F^{|X_1|/K}(x)) d\lambda^1(x)$$

$$\underset{(\mathrm{III.11})}{=} \int |X_1|/K \ dP = \infty$$

(da gilt $\int_{\Omega} |X_1| dP = P \otimes \lambda^1(\{(\omega, x) \in \Omega \times \mathbb{R}^1 : 0 < x < |X_1|(\omega)\}) = \int_{[0;\infty)} P(|X_1| > x) d\lambda^1(x)$). Aufgrund des 2. Borel-Cantelli-Lemmas (4.35) gilt daher für jedes feste $K > 0$

$$P(\limsup_{i \to \infty} A_i) = 1,$$

d.h. die Folge $|X_i|/i$ überschreitet P-fast sicher unendlich oft den Wert K. Also gilt auch

$$P(\limsup_{i \to \infty} |X_i|/i > n \quad \forall n \in \mathbb{N}) = 1.$$

Da aber aus der Beschränktheit von

$$|\overline{X}_{(n)}(\omega)| = |\frac{1}{n} \sum_{i=1}^{n} X_i(\omega)| = |\frac{1}{n} X_n(\omega) + \frac{n-1}{n} \frac{1}{n-1} \sum_{i=1}^{n-1} X_i(\omega)|$$

die Beschränktheit von $|X_n(\omega)/n|$ folgen würde, muß auch die Folge $(\overline{X}_{(n)})_{n \in \mathbb{N}}$ P-fast sicher unbeschränkt sein. $\qquad \square$

Mit der analogen Beweisführung ergibt sich, daß für stochastisch unabhängige, identisch verteilte, quasiintegrable (aber nicht-integrable) Zufallsgrößen X_i, $i \in \mathbb{N}$, gilt

$$P(\lim_{n \to \infty} \overline{X}_{(n)} = +\infty) = 1, \quad \text{falls } EX_1^- < \infty, \ EX_1^+ = \infty$$
$$P(\lim_{n \to \infty} \overline{X}_{(n)} = -\infty) = 1, \quad \text{falls } EX_1^+ < \infty, \ EX_1^- = \infty.$$

5.4   Der Satz von Glivenko-Cantelli

Als wichtige Anwendung dieser starken Gesetze der großen Zahlen soll
nun eine Aussage über die „Approximation" von Verteilungsfunktionen
gemacht werden. Dazu sei zunächst daran erinnert, daß entsprechend dem
Borelschen Gesetz der großen Zahlen (5.14) bei stochastisch unabhängigen,
identisch verteilten Zufallsgrößen X_i und $g := 1_A$, $A \in \mathbb{B}^1$, für die relativen
Häufigkeiten folgt

$$h(A,n)/n \xrightarrow[\text{P-f.s.}]{} P^{X_1}(A).$$

Wählt man also speziell $A = (-\infty; x], x \in \mathbb{R}^1$ fest, so folgt

$$h((-\infty; x], n)/n \xrightarrow[\text{P-f.s.}]{} P^{X_1}((-\infty; x]) = F^{X_1}(x).$$

In Abhängigkeit von x wird dabei (für festes $n \in \mathbb{N}$ und feste $X_1(\omega), \dots,$
$X_n(\omega))$ durch

$$\hat{F}_n(x) := h((-\infty; x], n)/n$$

eine Treppenfunktion mit den Eigenschaften

(i) $\hat{F}_n$ ist monoton nicht-fallend,

(ii) $\hat{F}_n$ ist rechtsseitig stetig,

(iii) $\lim_{x \to +\infty} \hat{F}_n(x) = 1$, $\lim_{x \to -\infty} \hat{F}_n(x) = 0$

definiert; $\hat{F}_n$ besitzt also alle Eigenschaften einer (eindimensionalen) Verteilungsfunktion (s. (3.5)). Daraufhin definiert man

(5.19) Definition
  *Es seien $X_i : (\Omega, \mathcal{S}, P) \to (\mathbb{R}^1, \mathbb{B}^1)$ Zufallsgrößen, $1 \leq i \leq n$, und
  $Y_{(n)} := (X_1, \dots, X_n)$. Für $\omega \in \Omega$ heißt die durch*

$$\hat{F}_n(x; Y_{(n)}(\omega)) := \frac{1}{n} \sum_{i=1}^{n} 1_{(-\infty; x]} \circ X_i(\omega)$$

  *definierte Funktion $\hat{F}_n(\,\cdot\,; Y_{(n)}(\omega)) : \mathbb{R}^1 \to \mathbb{R}^1$ die empirische Ver-
  teilungsfunktion zu $Y_{(n)}(\omega)$.*

Bei festen $n \in \mathbb{N}$ und $x \in \mathbb{R}^1$ ist andererseits $\hat{F}_n(x; Y_{(n)})$ eine reellwertige
Zufallsgröße. Somit ist

$$(\hat{F}_n(x; Y_{(n)}))_{x \in \mathbb{R}^1}$$

für jedes feste $n \in$ IN eine *Zufallsfunktion* (stochastischer Prozeß) mit Werten in $(\text{IR}^{\text{IR}^1}, \text{IB}^{\text{IR}^1})$ (s. (4.3)). Nach der obigen Bemerkung gilt bei Folgen stochastisch unabhängiger, identisch verteilter Zufallsgrößen X_i für jedes $x \in \text{IR}^1$

$$\lim_{n \to \infty} \hat{F}_n(x; Y_{(n)}) = F^{X_1}(x) \quad P\text{-f.s.,}$$

d.h. die empirischen Verteilungsfunktionen $\hat{F}_n(x; Y_{(n)})$ zu $Y_{(n)}$ konvergieren außerhalb von P-Nullmengen, die von x abhängen können, gegen die Verteilungsfunktion der X_i. Für die Anwendungen hat das die folgende Konsequenz: Ist die Verteilung der identisch verteilten $X_i, i \in$ IN, nicht oder nur teilweise bekannt, so kann man aufgrund von Beobachtungswerten eine Realisierung der empirischen Verteilungsfunktion bestimmen und diese (bei „großem" n) als „Näherungslösung" für die unbekannte Verteilungsfunktion F^{X_1} benutzen.

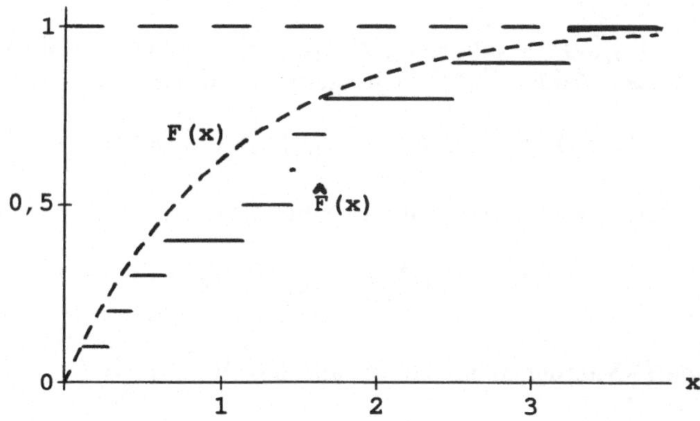

Empirische Verteilungsfunktion zu den Beobachtungsdaten
1,137; 1,464; 0,6404; 0,4255; 3,237; 1,457; 1,660; 0,2775; 2,4889; 0,1244
($n = 10$; X_i exponentialverteilt mit $\lambda = 1$)

Der Satz von Glivenko-Cantelli besagt nun, daß die Konvergenz der Funktionen P-fast sicher und sogar gleichmäßig in x ist:

(5.20) Satz (Glivenko-Cantelli, „Zentralsatz der Statistik")
Es sei $(X_i)_{i \in \text{IN}}$ eine Folge von stochastisch unabhängigen, identisch verteilten Zufallsgrößen. Dann gilt

$$\sup_{x \in \text{IR}^1} |\hat{F}_n(x, Y_{(n)}) - F^{X_1}(x)| \xrightarrow[P-f.s.]{} 0.$$

Der Beweis erfolgt in einem wahrscheinlichkeitstheoretischen und einem
rein analytischen Teil (s. Chung „A course in probability theory", S. 123/
124):

1. Aus dem starken Gesetz der großen Zahlen (5.14) folgt für jedes $x \in \mathbb{R}$

$$(\star) \qquad \hat{F}_n(x, Y_{(n)}(\omega)) \xrightarrow[n \to \infty]{} F^{X_1}(x) \quad \text{für alle } \omega \notin N(x),$$

wobei $N(x)$ eine P-Nullmenge ist. D bezeichne die (gemäß (3.7)) abzählbare
Menge der Sprungstellen von F^{X_1}. Für $x \in D$ sei

$$k_j(x, \omega) := 1_{\{x\}}(X_j(\omega)).$$

Dann gilt

$$\hat{F}_n(x, Y_{(n)}(\omega)) - \hat{F}_n(x-, Y_{(n)}(\omega)) = \frac{1}{n} \sum_{j=1}^{n} k_j(x, \omega),$$

wobei $\hat{F}_n(x-; Y_{(n)}(\omega)) := \lim_{x' \uparrow x} \hat{F}_n(x'; Y_{(n)}(\omega))$. Wieder nach dem starken
Gesetz der großen Zahlen (5.14) folgt dann für jedes $x \in D$

$$(\star\star) \qquad \hat{F}_n(x; Y_{(n)}(\omega)) - \hat{F}_n(x-; Y_{(n)}(\omega)) \xrightarrow[n \to \infty]{} F^{X_1}(x) - F^{X_1}(x-)$$

für alle $\omega \notin M(x)$, wobei $M(x)$ eine P-Nullmenge ist.

$$N := \bigcup_{x \in \mathbb{Q}} N(x) \cup \bigcup_{x \in D} M(x)$$

ist dann eine P-Nullmenge, so daß für alle $\omega \notin N$

$$(\star) \quad \text{für alle } x \in \mathbb{Q} \text{ und} \qquad (\star\star) \quad \text{für alle } x \in D$$

gilt.

2. Die Behauptung ergibt sich nun aus dem folgenden rein analytischen
Resultat:

(5.21) Lemma
> *Es seien $F_n, n \in \mathbb{N}$, und F Verteilungsfunktionen und D die Menge*
> *der Sprungstellen von F. Dann folgt aus*
>
> $$F_n(x) \xrightarrow[n \to \infty]{} F(x) \forall x \in \mathbb{Q}, \quad F_n(x) - F_n(x-) \xrightarrow[n \to \infty]{} F(x) - F(x-) \; \forall x \in D,$$
>
> *daß die F_n auf $\mathbb{R}$ gleichmäßig gegen F konvergieren.*

Beweis (indirekt): Angenommen, es gäbe ein $\varepsilon > 0$, eine Folge $(n_k)_{k\in\mathbb{N}}$ mit $n_k \in \mathbb{N}$ und $\lim_{k\to\infty} n_k = \infty$ sowie eine Folge $(x_k)_{k\in\mathbb{N}}$ mit $x_k \in \mathbb{R}$, so daß

$$|F_{n_k}(x_k) - F(x_k)| \geq \varepsilon \qquad \text{für alle } k \in \mathbb{N}.$$

Dann kann wegen der Eigenschaften von Verteilungsfunktionen (3.5) nicht $|x_k| \to \infty$ gelten. Daher muß es eine Teilfolge – o.B.d.A. die Ausgangsfolge selbst – geben, die monoton gegen ein $y \in \mathbb{R}$ konvergiert. Dann werden für

$$r, s \in \mathbb{Q} \text{ mit } r < y < s$$

vier mögliche Fälle mit entsprechenden Abschätzungen betrachtet, die für hinreichend großes $k \in \mathbb{N}$ richtig sind ($x_k \in (r; s)$):

(i) $\quad x_k \uparrow y$, $x_k < y$, und $\varepsilon \leq F_{n_k}(x_k) - F(x_k) \leq F_{n_k}(y-) - F(r)$
$$\leq F_{n_k}(y-) + (F_{n_k}(s) - F_{n_k}(y)) - F(s) + F(s) - F(r).$$

(ii) $\quad x_k \uparrow y$, $x_k < y$, und $\varepsilon \leq F(x_k) - F_{n_k}(x_k) \leq F(y-) - F_{n_k}(r)$
$$= F(y-) - F(r) + F(r) - F_{n_k}(r).$$

(iii) $\quad x_k \downarrow y$, $x_k \geq y$, und $\varepsilon \leq F(x_k) - F_{n_k}(x_k) \leq F(s) - F_{n_k}(y)$
$$\leq F(s) - F(r) + F(r) - F_{n_k}(r) + F_{n_k}(y-) - F_{n_k}(y).$$

(iv) $\quad x_k \downarrow y$, $x_k \geq y$, und $\varepsilon \leq F_{n_k}(x_k) - F(x_k) \leq F_{n_k}(s) - F(s) + F(s) - F(y)$.

Betrachtet man zunächst $k \to \infty$ und dann $r \uparrow y$, $s \downarrow y$, dann konvergieren in allen vier Fällen die rechten Seiten aufgrund der vorausgesetzten Konvergenzeigenschaften der F_n gegen 0; dies liefert den gewünschten Widerspruch. $\qquad\square$

5.5 Aufgaben

(V.1) Es gelte $X_i^{(j)} \xrightarrow[\text{P-f.s.}]{} X^{(j)}, 1 \leq j \leq n$, und $g : \mathbb{R}^n \to \mathbb{R}^1$ sei stetig auf

U, wobei $U \subset \mathbb{R}^n$ offen ist mit $P^{(X_i^{(1)},\ldots,X_i^{(n)})}(U) = P^{(X^{(1)},\ldots,X^{(n)})}(U)$
$= 1$. Zeigen Sie, daß dann folgt

$$g \circ (X_i^{(1)}, \ldots, X_i^{(n)}) \xrightarrow[\text{P-f.s.}]{} g \circ (X^{(1)}, \ldots, X^{(n)}).$$

(V.2) Es sei $(X_n)_{n\in\mathbb{N}}$ eine Folge von reellwertigen Zufallsgrößen. Zeigen Sie, daß es genau dann eine Zufallsgröße X mit $X_n \xrightarrow[\text{P-f.s.}]{} X$ gibt, wenn

$$\lim_{m\to\infty} P(\sup_{n\geq m} |X_n - X_m| \geq \varepsilon) = 0 \qquad \text{für alle } \varepsilon > 0.$$

(V.3)   Es seien $(X_n)_{n \in \mathbb{N}_0}, (Y_n)_{n \in \mathbb{N}_0}$ reellwertige Zufallsgrößen.

a) Zeigen Sie, daß aus

$$X_n \xrightarrow[\text{n.W.}]{} X_0, \quad X_n \xrightarrow[\text{n.W.}]{} Y_0$$

folgt $X_0 = Y_0$ P-f.s..

b) Zeigen Sie, daß aus

$$X_n \xrightarrow[\text{n.W.}]{} X_0, \quad Y_n \xrightarrow[\text{n.W.}]{} Y_0$$

folgt
(i) $\alpha X_n + \beta Y_n \xrightarrow[\text{n.W.}]{} \alpha X_0 + \beta Y_0 \quad \forall \alpha, \beta \in \mathbb{R}^1,$
(ii) $|X_n| \xrightarrow[\text{n.W.}]{} |X_0|.$

c) Zeigen Sie (allgemeiner), daß eine entsprechende Aussage wie in
(V.1) gilt, wenn man jeweils die P-fast sichere Konvergenz durch
die Konvergenz nach Wahrscheinlichkeit ersetzt.

(V.4)   Es sei $(X_n)_{n \in \mathbb{N}}$ eine Folge von reellwertigen Zufallsgrößen. Zeigen
Sie, daß es genau dann eine Zufallsgröße X mit $X_n \xrightarrow[\text{n.W.}]{} X$ gibt,
wenn

$$\lim_{m \to \infty} \sup_{n \geq m} P(|X_n - X_m| \geq \varepsilon) = 0 \qquad \text{für alle } \varepsilon > 0.$$

(V.5)   Die Konvergenzbegriffe aus (5.2) lassen sich in naheliegender Weise
auf Zufallsgrößen X mit Werten in einem separablen metrischen
Raum $\mathcal{X}$ (mit der Metrik d und der durch die Topologie erzeugten
(Borelschen) σ-Algebra $\mathcal{B}$) verallgemeinern:

(i) $X_n \xrightarrow[\text{P-f.s.}]{} X_0 :\Leftrightarrow P(\lim_{n \to \infty} d(X_n, X_0) = 0) = 1,$
(ii) $X_n \xrightarrow[\text{n.W.}]{} X_0 :\Leftrightarrow \lim_{n \to \infty} P(d(X_n, X_0) \geq \varepsilon) = 0 \ \forall \varepsilon > 0.$

Zeigen Sie, daß bei der Ersetzung von $|X_n - X_0|$ durch $d(X_n, X_0)$
entsprechende Aussagen zu

a) Satz (5.3)   b) Korollar (5.4)
c) Satz (5.6)   d) Aufgabe (V.1)

und, falls $\mathcal{X}$ polnisch ist, zu

e) Aufgabe (V.2)   f) Aufgabe (V.3)
g) Aufgabe (V.4)

gelten.

(V.6) Es seien $X_1, X_2, \ldots$ stochastisch unabhängige Zufallsgrößen mit $P(X_i = 1) = P(X_i = -1) = 1/2, i \in \mathbb{N}$, und $\delta \in [0; 1]$. Zeigen Sie, daß dann für $S_n^\delta := \sum_{j=1}^n X_j / j^\delta$ gilt

$$P((S_n^\delta)_{n \in \mathbb{N}} \text{ konvergiert}) \;=\; \begin{cases} 0 & \delta \in [0; \tfrac{1}{2}] \\ & \text{für} \\ 1 & \delta \in (\tfrac{1}{2}; 1] \end{cases} .$$

(V.7) a) Zeigen Sie, daß es stochastisch unabhängige Zufallsgrößen X_n, $n \in \mathbb{N}$, gibt mit

$$X_n \xrightarrow[\text{n.W.}]{} 0, \quad \overline{X}_{(n)} \xrightarrow[\text{n.W.}]{\;\;/\!\!\!\!\to\;\;} 0.$$

b) Zeigen Sie, daß für (beliebige) antitone Folgen von Zufallsgrößen $X_n, n \in \mathbb{N}$, mit $X_n \xrightarrow[\text{n.W.}]{} 0$ gilt

$$X_n \xrightarrow[\text{P-f.s.}]{} 0 \text{ und (somit) } \overline{X}_{(n)} \xrightarrow[\text{P-f.s.}]{} 0.$$

(V.8) Es seien $X_n, n \in \mathbb{N}$, stochastisch unabhängige, identisch verteilte Zufallsgrößen mit $E|X_1|^p < \infty$ für ein $p \in (0; 2)$ und

$$Y_n := n^{-1/p} X_n \, 1_{\{|X_n| \le n^{1/p}\}}.$$

Zeigen Sie:
a) Es gilt $\sum_{n=1}^\infty (n^{-1/p} X_n - EY_n) < \infty$ P-f.s..
b) Falls (i) $p \in (0; 1)$ oder (ii) $p \in (1; 2)$ und $EX_1 = 0$, gilt $\sum_{n=1}^\infty n^{-1/p} X_n < \infty$ P-f.s. (Marcinkiewicz-Zygmund).

(V.9) Es seien $X_n, n \in \mathbb{N}$, stochastisch unabhängige, identisch verteilte Zufallsgrößen mit $E|X_1|^p < \infty$ für ein $p \in (0; 2)$. Zeigen Sie: Falls (i) $p \in (0; 1)$ oder (ii) $p \in [1; 2)$ und $EX_1 = 0$, gilt $\overline{X}_{(n)} \xrightarrow[\text{P-f.s.}]{} 0$.
(Hinweis: Benutzen Sie Aufgabe (V.8)).

(V.10) $X_1, X_2, \ldots$ seien stochastisch unabhängige, identisch verteilte Zufallsgrößen mit $\sigma^2 = Var \, X_1 < \infty$.
a) Bestimmen Sie $E(\frac{1}{n-1} \sum_{i=1}^n (X_i - \overline{X}_{(n)})^2)$.
b) Zeigen Sie, daß gilt

$$\frac{1}{n-1} \sum_{i=1}^n (X_i - \overline{X}_{(n)})^2 \xrightarrow[\text{P-f.s.}]{} \sigma^2.$$

(V.11) Für $i = 1, 2$ seien $(\Omega, \mathcal{S}, P_i) = \bigotimes_{n \in \mathbb{N}} (\hat{\Omega}, \hat{\mathcal{S}}, \hat{P}_i)$ W-Räume mit $\hat{P}_1 \neq \hat{P}_2$. Zeigen Sie, daß dann P_1 und P_2 *orthogonal* zueinander sind, d.h. ein $A \in \mathcal{S}$ existiert mit

$$P_1(A) = 1 \quad \text{und} \quad P_2(A) = 0.$$

(V.12) Es seien $X_n, n \in \mathbb{N}$, stochastisch unabhängige, identisch verteilte, integrable Zufallsgrößen mit $P(X_1 < \varepsilon) = 0$ für ein $\varepsilon > 0$. Zeigen Sie, daß es dann ein $c \in \mathbb{R}^1$ gibt mit

$$(\prod_{i=1}^{n} X_i)^{\frac{1}{n}} \underset{\text{P-f.s.}}{\longrightarrow} c.$$

(V.13) („Erneuerungstheorem")
Es seien $X_n, n \in \mathbb{N}$, stochastisch unabhängige, identisch verteilte, nicht-negative Zufallsgrößen mit $\mu := EX_1 > 0$, $b > 0$ und

$$\tau(b) := \inf\{n \in \mathbb{N} : \sum_{i=1}^{n} X_i > b\}, \quad (\inf \emptyset := \infty).$$

a) Zeigen Sie, daß $\tau(b)$ eine Zufallsgröße ist mit $P(\tau(b) \in \mathbb{N}) = 1$.
b) Zeigen Sie, daß für $\delta < 1/\mu$ gilt

$$\lim_{b \to \infty} P(\tau(b) < \delta b) = 0.$$

(Hinweis: Beachten Sie $\{\tau(b) < \delta b\} \subset \{\sum_{i=1}^{[\delta b]+1} X_i > b\}$.)
c) Zeigen Sie, daß für $\rho > 1/\mu$ gilt

$$\lim_{b \to \infty} P(\tau(b) > \rho b) = 0$$

(Hinweis: $\{\tau(b) > \rho b\} = \{\sum_{i=1}^{[\rho b]} X_i \leq b\} \subset$

$$\subset \{|\sum_{i=1}^{[\rho b]} X_i - [\rho b]\mu| \geq [\rho b]\mu - b \geq \eta b\} \quad \text{für geeignetes } \eta > 0).$$

d) Folgern Sie aus b) und c), daß für $b \to \infty$ gilt

$$\frac{1}{\tau(b)} \sum_{i=1}^{\tau(b)} X_i \underset{\text{n.W.}}{\longrightarrow} \mu.$$

6 Summenverteilungen; charakteristische Funktionen

Bei den Gesetzen der großen Zahlen (5.12) – (5.16) wurden Summen von n stochastisch unabhängigen Zufallsgrößen X_i betrachtet; es zeigte sich, daß unter geeigneten Bedingungen an die ersten beiden Momente der X_i die arithmetischen Mittel $\frac{1}{n}\sum_{i=1}^{n} X_i$ P-f.s. gegen eine Konstante konvergieren. Mit jenen Resultaten wird jedoch nur wenig über die jeweiligen Summenverteilungen selbst ausgesagt; diese Verteilungen sind aber beispielsweise dann von großem Interesse, wenn sich n unabhängige Einzelwirkungen zu einer Gesamtwirkung – etwa einem Gesamtfehler, einer Gesamtbelastung o.ä. – akkumulieren, über die Verteilungsaussagen gemacht werden sollen. In diesem Paragraphen wollen wir uns daher mit derartigen *Summenverteilungen* $P^{X_1+\ldots+X_n}$ beschäftigen.

6.1 Summen von stochastisch unabhängigen Zufallsgrössen; Faltungen

Um eine handliche Terminologie zur Verfügung zu haben, definieren wir zunächst allgemein:

(6.1) Definition

Es seien $\mu_1,\ldots,\mu_n$ endliche Maße auf $(\mathrm{I\!R}^m, \mathrm{I\!B}^m)$;

$$S_n : (\mathrm{I\!R}^{n\cdot m}, \mathrm{I\!B}^{n\cdot m}) \to (\mathrm{I\!R}^m, \mathrm{I\!B}^m)$$

sei definiert durch $S_n(x_1,\ldots,x_n) = \sum_{i=1}^{n} x_i$. Dann heißt

$$\mu_1 \star \ldots \star \mu_n := (\mu_1 \otimes \ldots \otimes \mu_n)^{S_n}$$

das Faltungsprodukt *der Maße $\mu_1,\ldots,\mu_n$.*

(Diese Definition ist sinnvoll, da S_n als stetige Abbildung meßbar ist und $\bigotimes_{i=1}^{n} \mu_i$ nach (A.97) eindeutig bestimmt ist.)

Die Untersuchung von Faltungsprodukten kann man auf den Fall $n = 2$ zurückführen: Für beliebiges $n \in \mathbb{N}$ gilt nämlich $S_{n+1} = S_2 \circ V_{n+1}$, wobei $V_{n+1} : (\mathbb{R}^{(n+1)\cdot m}, \mathbb{B}^{(n+1)\cdot m}) \to (\mathbb{R}^{2m}, \mathbb{B}^{2m})$ durch

$$V_{n+1}(x_1, \ldots, x_{n+1}) = (S_n(x_1, \ldots, x_n), x_{n+1})$$

definiert sei. Daraufhin folgt induktiv:

$$
\begin{aligned}
\mu_1 \star \ldots \star \mu_{n+1} &= [(\mu_1 \otimes \ldots \otimes \mu_{n+1})^{V_{n+1}}]^{S_2} \\
&= [(\mu_1 \star \ldots \star \mu_n) \otimes \mu_{n+1}]^{S_2} = (\mu_1 \star \ldots \star \mu_n) \star \mu_{n+1}
\end{aligned}
$$

und analog $\mu_1 \star \ldots \star \mu_{n+1} = \mu_1 \star (\mu_2 \star \ldots \star \mu_{n+1})$, d.h. $\star$ ist assoziativ.

Das Faltungsprodukt $\star$ ist auch kommutativ, da für je zwei endliche Maße μ und ν auf $(\mathbb{R}^m, \mathbb{B}^m)$ und jede $\mathbb{B}^m$-meßbare numerische Funktion $f \geq 0$ auf $\mathbb{R}^m$ wegen der Transformationsformel (A.87) sowie des Satzes von Fubini (A.99) gilt[1]:

$$
\int f \, d(\mu \star \nu) = \int f \circ S_2 \, d(\mu \otimes \nu) = \int \int f(x + y) d\mu(x) d\nu(y) =
$$
$$
\int \int f(x + y) d\nu(y) d\mu(x) = \int f \circ S_2 \, d(\nu \otimes \mu) = \int f d(\nu \star \mu).
$$

Insbesondere ergibt sich also[2] für $f = 1_B, B \in \mathbb{B}^m$

$$(\mu \star \nu)(B) = \int \mu(B - y) d\nu(y) = \int \nu(B - x) d\mu(x) = (\nu \star \mu)(B).$$

Überdies folgt hieraus die Distributivität der Operation $\star$:

$$
\begin{aligned}
\mu \;\; \star \;\; (\nu_1 + \nu_2) &= (\mu \star \nu_1) + (\mu \star \nu_2) \\
\mu \;\; \star \;\; (\alpha \cdot \nu) &= \alpha \cdot (\mu \star \nu) = (\alpha \cdot \mu) \star \nu \quad \forall \alpha \in \mathbb{R}^1_+.
\end{aligned}
$$

Mit dieser Begriffsbildung ergibt sich aus (4.44) unmittelbar

---

[1] Zur Vereinfachung der Notation seien hier und im weiteren die folgenden Schreibweisen vereinbart:

(i) Statt $f \circ X$ wird auch $f(X)$ benutzt (also z.B. $|\sin(X)|^3$ anstelle von $id^3 \circ |\cdot| \circ \sin \circ X$).

(ii) Für $X : (\Omega_1 \times \Omega_2, S_1 \otimes S_2) \to (\overline{\mathbb{R}^1}, \overline{\mathbb{B}^1})$ wird anstelle von $\int_{\Omega_1} X_{\omega_2} d\mu_1$ (s. (A.99)) auch $\int_{\Omega_1} X(\omega_1, \omega_2) d\mu_1(\omega_1)$ geschrieben.

[2] Hierbei bezeichne wie üblich für $A \subset \mathbb{R}^m$ und $a \in \mathbb{R}^m : A - a = \{x - a : x \in A\} = -a + A$.

(6.2) Anmerkung:

Es seien $X_1, \ldots, X_n$ stochastisch unabhängige Zufallsvektoren

$$X_i : (\Omega, \mathcal{S}, P) \to (\mathbb{R}^m, \mathbb{B}^m), \quad 1 \le i \le n.$$

Dann gilt für die Verteilung der Zufallsgröße $S := \sum_{i=1}^n X_i$

$$P^S = P^{X_1} \star \ldots \star P^{X_n}.$$

(6.3) Anmerkung (Faltung diskreter Verteilungen)

Es seien P und Q diskrete W-Maße auf $(\mathbb{R}^m, \mathbb{B}^m)$ mit Trägern T_1 bzw. T_2. $P \otimes Q$ ist dann ebenfalls diskret (mit Träger $T = T_1 \times T_2$) und es gilt nach (4.30) für alle $(x, y) \in T_1 \times T_2$

$$P \otimes Q(\{(x, y)\}) = P(\{x\})\, Q(\{y\}).$$

Nach der Anmerkung (2.22) ist daher $P \star Q$ eine diskrete Verteilung auf $(\mathbb{R}^m, \mathbb{B}^m)$ mit Träger $T = \{x + y : x \in T_1, y \in T_2\}$ und es gilt für $z \in T$

$$P \star Q(z) = \sum_{(z-y,y) \in T} P(\{z - y\})\, Q(\{y\}).$$

Insbesondere erhält man hieraus

(6.4) Beispiele

a) Für die stochastisch unabhängigen Zufallsgrößen X_1 und X_2 gelte: $P^{X_i} = \mathcal{P}(a_i), i = 1, 2$. Nach (6.3) folgt dann $T = \mathbb{N}_0$ und

$$P^{X_1+X_2}(\{n\}) = \sum_{\substack{(n_1,n_2) \in \mathbb{N}_0^2 \\ n_1+n_2=n}} e^{-a_1} \frac{a_1^{n_1}}{n_1!} e^{-a_2} \frac{a_2^{n_2}}{n_2!}$$

$$= e^{-(a_1+a_2)} \frac{1}{n!} \sum_{n_1=0}^{n} \binom{n}{n_1} a_1^{n_1} a_2^{n-n_1} = e^{-(a_1+a_2)} \frac{(a_1 + a_2)^n}{n!}$$

für $n \in \mathbb{N}_0$, d.h. $\mathcal{P}(a_1) \star \mathcal{P}(a_2) = \mathcal{P}(a_1 + a_2)$.

b) Für die stochastisch unabhängigen Zufallsgrößen X_1 und X_2 gelte $P^{X_1} = \mathcal{B}(n, p)$ und $P^{X_2} = \mathcal{B}(m, p)$. Dann folgt nach (6.3) mit

$$T_1 = \{0, \ldots, n\}, \ T_2 = \{0, \ldots, m\}, \ T = \{0, \ldots, n + m\}$$

für $k \in T$

$$P^{X_1+X_2}(\{k\}) \;=\; \sum_{\substack{(i,j)\in T_1\times T_2 \\ i+j=k}} \binom{n}{i}p^i(1-p)^{n-i}\binom{m}{j}p^j(1-p)^{m-j}$$

$$=\; p^k(1-p)^{n+m-k}\sum_{i=r_1}^{r_2}\binom{n}{i}\binom{m}{k-i},$$

wobei $r_1 = \max(0, k-m), r_2 = \min(n, k)$. Nach (2.25) (mit den entsprechenden Umbenennungen) ergibt sich daraus

$$P^{X_1+X_2}(\{k\}) = \binom{n+m}{k}p^k(1-p)^{n+m-k} \text{ für } k \in T,$$

d.h. – wie anschaulich zu erwarten –: $\mathcal{B}(n,p) \star \mathcal{B}(m,p) = \mathcal{B}(n+m,p)$.

W-Verteilungen, bei denen – wie in den Beispielen a) und b) – das Faltungsprodukt jeweils wieder auf Verteilungen desselben Typs führt, sind jedoch seltene Ausnahmen.

c) Die stochastisch unabhängigen Zufallsgrößen X_1 und X_2 seien Laplace-verteilt über $\{0,\ldots,n\}$. Dann gilt (vgl. (2.24)):
$T_1 = T_2 = \{0,\ldots,n\}, T = \{0,\ldots,2n\}$, und für $k \in T$ erhält man

$$P^{X_1+X_2}(\{k\}) = \sum_{\substack{(i,j)\in T_1\times T_2 \\ i+j=k}} \frac{1}{(n+1)^2}$$

$$= \begin{cases} (k+1)/(n+1)^2 & \text{für } k \leq n \\ (2n-k+1)/(n+1)^2 & \text{für } k \geq n. \end{cases} \qquad \square$$

(6.5) Anmerkung (Faltung von absolut stetigen Verteilungen)
Es sei $f \geq 0$ eine λ^m-W-Dichte von P. Für ein beliebiges W-Maß Q auf $\mathbb{R}^m$ gilt dann für $B \in \mathbb{B}^m$ nach dem Satz von Fubini

$$(P\star Q)(B) \;=\; \iint 1_B(x+y)f(x)d\lambda^m(x)dQ(y)$$

$$=\; \iint 1_B(z)f(z-y)d\lambda^m(z)dQ(y)$$

$$=:\; \int 1_B(z)h(z)d\lambda^m(z) = \int_B h\,d\lambda^m,$$

wobei die durch $h(z) = \int f(z-y)dQ(y)$ definierte Funktion $h : \mathrm{IR}^m \to \mathrm{IR}^1$ nicht-negativ, IB^m-meßbar und λ^m-integrabel ist. *Es besitzt also auch $P \star Q$ eine λ^m-Dichte, nämlich h.*

Besitzt nun auch noch Q eine λ^m-Dichte, $g \geq 0$, so gilt für $z \in \mathrm{IR}^m$:

$$h(z) = \int f(z-y)g(y)d\lambda^m(y).$$

Hierfür verwendet man auch die *Bezeichnung $f \star g$*;

$$(f \star g)(z) := \int f(z-y)g(y)d\lambda^m(y)$$

liefert also eine Dichte von $P \star Q$. Wegen der Bewegungsinvarianz von λ^m gilt dabei $f \star g = g \star f$, d.h. auch hier ist $\star$ kommutativ. Mit dem Satz von Fubini (A.99) sowie der Linearität des Integrals folgen außerdem

$$\begin{aligned}
(f \star g) \star h &= f \star (g \star h) & \text{Assoziativität} \\
f \star (g + h) &= (f \star g) + (f \star h), & \\
f \star (\alpha g) &= \alpha(f \star g) = (\alpha f) \star g \quad \forall \alpha \in \mathrm{IR}^1_+ & \text{Distributivität} \qquad \square
\end{aligned}$$

Insbesondere erhält man hieraus

(6.6) Beispiele

a) X_1 und X_2 seien stochastisch unabhängige Zufallsgrößen mit

$$P^{X_1} = \mathcal{N}(a, \sigma^2), \quad P^{X_2} = \mathcal{N}(b, \tau^2)$$

$(a, b, \sigma, \tau \in \mathrm{IR}^1, \sigma > 0, \tau > 0)$. Da

$$f_{a,\sigma^2}(x) = \frac{1}{\sqrt{2\pi}\sigma} e^{-\frac{(x-a)^2}{2\sigma^2}} \quad \text{bzw.} \quad f_{b,\tau^2}(x) = \frac{1}{\sqrt{2\pi}\tau} e^{-\frac{(x-b)^2}{2\tau^2}}, x \in \mathrm{IR}$$

W-Dichten von P^{X_1} bzw. P^{X_2} liefern, folgt aus (6.5), daß $f_{a,\sigma^2} \star f_{b,\tau^2}$ eine W-Dichte von $X_1 + X_2$ ist. Es sei nun $z \in \mathrm{IR}^1$ beliebig; für $u := z - (a+b), v := y - b$ folgt dann:

$$\begin{aligned}
\frac{(z-y-a)^2}{2\sigma^2} + \frac{(y-b)^2}{2\tau^2} &= \frac{(u-v)^2}{2\sigma^2} + \frac{v^2}{2\tau^2} = \frac{u^2}{2\sigma^2} - \frac{2}{2\sigma^2\tau^2}\tau^2 uv + \frac{\sigma^2+\tau^2}{2\sigma^2\tau^2}v^2 \\
&= \frac{u^2}{2(\sigma^2+\tau^2)} + \frac{\sigma^2+\tau^2}{2\sigma^2\tau^2}\left(v - \frac{\tau^2 u}{\sigma^2+\tau^2}\right)^2,
\end{aligned}$$

und somit ergibt sich

$$(f_{a,\sigma^2} \star f_{b,\tau^2})(z) = \frac{1}{2\pi\sigma\tau} \int_{-\infty}^{\infty} e^{-(z-y-a)^2/2\sigma^2-(y-b)^2/2\tau^2}\,dy$$

$$= \frac{1}{2\pi\sigma\tau} e^{-\frac{[z-(a+b)]^2}{2(\sigma^2+\tau^2)}} \int_{-\infty}^{\infty} \exp(-\frac{\sigma^2+\tau^2}{2\sigma^2\tau^2}[v - \frac{\tau^2[z-(a+b)]}{\sigma^2+\tau^2}]^2)\,dv$$

$$= \frac{1}{2\pi\sigma\tau} e^{-\frac{[z-(a+b)]^2}{2(\sigma^2+\tau^2)}} \sqrt{2\pi\frac{\sigma^2\tau^2}{\sigma^2+\tau^2}} = \frac{1}{\sqrt{2\pi(\sigma^2+\tau^2)}} e^{-\frac{[z-(a+b)]^2}{2(\sigma^2+\tau^2)}}\,.$$

Es gilt also $\mathcal{N}(a,\sigma^2)\star\mathcal{N}(b,\tau^2) = \mathcal{N}(a+b,\sigma^2+\tau^2)$, *d.h. die Summe von zwei stochastisch unabhängigen normalverteilten Zufallsgrößen ist wieder normalverteilt*, wobei der Erwartungswert gleich der Summe der Erwartungswerte und die Varianz (wegen der stochastischen Unabhängigkeit) gleich der Summe der Varianzen ist (dieses Ergebnis erhält man bereits aus (3.44) und (4.50)).

b) $X_1,\dots,X_n$ seien stochastisch unabhängige, identisch *exponentialverteilte* Zufallsgrößen mit Parameter $\lambda > 0$.
Behauptung:

$$f_{\lambda,n}(z) := \frac{\lambda^n}{(n-1)!} z^{n-1} e^{-\lambda z} 1_{(0;\infty)}(z), \ z \in \mathrm{I\!R}^1,$$

liefert eine W-Dichte $f_{\lambda,n}$ von $Z_n = \sum_{i=1}^n X_i$.
Beweis (durch vollständige Induktion):

(i) Die Behauptung ist nach der Definition von Exponentialverteilungen richtig für $n = 1$.

(ii) Die Behauptung sei richtig für $n \in \mathrm{I\!N}$. Nach (6.5) liefert dann

$$f_{\lambda,n+1}(z) = \int_{-\infty}^{\infty} f_{\lambda,1}(z-t) f_{\lambda,n}(t)\,dt, \ z \in \mathrm{I\!R}^1$$

eine Dichte von Z_{n+1}. Nun gilt für $z > 0$

$$\int_{-\infty}^{\infty} f_{\lambda,1}(z-t) f_{\lambda,n}(t)\,dt = \frac{\lambda^{n+1}}{(n-1)!} \int_0^z t^{n-1} e^{-\lambda z}\,dt = \frac{\lambda^{n+1}}{n!} z^n\, e^{-\lambda z}.$$

Für $z \le 0$ ist $f_{\lambda,1}(z-t) f_{\lambda,n}(t) = 0$ für alle $t \in \mathrm{I\!R}^1$ und somit $f_{\lambda,n+1}(z) = 0$. Daher folgt insgesamt die Behauptung. $\square$

Eine Verallgemeinerung der $f_{\lambda,n}$ von den Indizes $n \in \mathbb{N}$ auf beliebige $\kappa \in \mathbb{R}^1_+$ erhält man mit Hilfe der durch

$$\Gamma(\kappa) := \int_0^\infty z^{\kappa-1}e^{-z}dz, \ \kappa \in \mathbb{R}^1_+$$

definierten Gamma-Funktion:

$$g_{\lambda,\kappa}(z) := \frac{\lambda^\kappa}{\Gamma(\kappa)}z^{\kappa-1}e^{-\lambda z}1_{(0;\infty)}(z)$$

liefert für jedes Paar $(\lambda, x) \in \mathbb{R}^1_+ \times \mathbb{R}^1_+$ eine W-Dichte, wobei für $n \in \mathbb{N}$ gilt $g_{\lambda,n} = f_{\lambda,n}$.

(6.7) Definition

Das zu $g_{\lambda,\kappa}$ gehörige W-Maß heißt Gamma-Verteilung mit den Parametern λ und κ; es wird mit $\Gamma_{\lambda,\kappa}$ bezeichnet.

(6.8) Anmerkung

Für $\lambda, \kappa_1, \kappa_2 \in \mathbb{R}^1_+$ gilt: $\Gamma_{\lambda,\kappa_1} \star \Gamma_{\lambda,\kappa_2} = \Gamma_{\lambda,\kappa_1+\kappa_2}$.

Beweis: Nach (6.5) ist $g_{\lambda,\kappa_1} \star g_{\lambda,\kappa_2}$ eine Dichte von $\Gamma_{\lambda,\kappa_1} \star \Gamma_{\lambda,\kappa_2}$ Für beliebiges $z \in \mathbb{R}^1$ gilt

$$g_{\lambda,\kappa_1} \star g_{\lambda,\kappa_2}(z) = \lambda^{\kappa_1+\kappa_2}\left[\int_0^z (z-t)^{\kappa_1-1}t^{\kappa_2-1}dt\right]\frac{1}{\Gamma(\kappa_1)\Gamma(\kappa_2)}e^{-\lambda z}1_{(0;\infty)}(z).$$

Durch die Substitution $t = z \cdot y$ ergibt sich daraus

$$(g_{\lambda,\kappa_1} \star g_{\lambda,\kappa_2})(z) = \lambda^{\kappa_1+\kappa_2}\left[\int_0^1 (1-y)^{\kappa_1-1}y^{\kappa_2-1}dy\right]\frac{z^{\kappa_1+\kappa_2-1}}{\Gamma(\kappa_1)\Gamma(\kappa_2)}e^{-\lambda z}1_{(0;\infty)}(z).$$

Da für die durch

$$B(\kappa_1, \kappa_2) := \int_0^1 (1-y)^{\kappa_1-1}y^{\kappa_2-1}dy, \ \kappa_1, \kappa_2 \in \mathbb{R}^1_+$$

definierte Betafunktion B gilt

$$B(\kappa_1, \kappa_2) = \frac{\Gamma(\kappa_1)\Gamma(\kappa_2)}{\Gamma(\kappa_1 + \kappa_2)}, \ \kappa_1, \kappa_2 \in \mathbb{R}^1_+,$$

erhält man schließlich

$$(g_{\lambda,\kappa_1} \star g_{\lambda,\kappa_2})(z) = \frac{\lambda^{\kappa_1+\kappa_2}}{\Gamma(\kappa_1 + \kappa_2)}z^{\kappa_1+\kappa_2-1}e^{-\lambda z}1_{(0;\infty)}(z) = g_{\lambda,\kappa_1+\kappa_2}(z).$$

(6.9) Beispiel

Es seien $X_1, \ldots, X_n$ stochastisch unabhängige Zufallsgrößen mit $P^{X_i} = \mathcal{N}(0,1)$ für $1 \le i \le n$. Dann sind nach (4.41) auch $X_1^2, \ldots, X_n^2$ stochastisch unabhängig. Jedes $X_i^2, 1 \le i \le n$, besitzt nach (3.12) eine χ_1^2-Verteilung, für die durch

$$f(y) = \frac{1}{\sqrt{2\pi y}} e^{-\frac{y}{2}} 1_{(0;\infty)}(y)$$

eine Dichte definiert wird. Also gilt

$$P^{X_i^2} = \Gamma_{\frac{1}{2},\frac{1}{2}}, \ 1 \le i \le n.$$

Daraufhin genügt $Z_n := \sum_{i=1}^{n} X_i^2$ nach (6.8) einer $\Gamma_{\frac{1}{2},\frac{n}{2}}$-Verteilung. $\square$

Wegen ihrer Bedeutung in der Statistik hat man für diese Verteilung noch eine besondere Bezeichnung eingeführt.

(6.10) Definition
Das zu der W-Dichte

$$h_n(z) = \frac{1}{2^{n/2}\Gamma(\frac{n}{2})} z^{\frac{n}{2}-1} e^{-\frac{z}{2}} 1_{(0;\infty)}(z), \ z \in \mathbb{R}^1,$$

gehörige W-Maß $\Gamma_{\frac{1}{2},\frac{n}{2}}$ nennt man (zentrale) Chi-Quadrat-Verteilung mit n Freiheitsgraden; es wird mit χ_n^2 bezeichnet.

Nach (6.8) gilt also: $\chi_n^2 \star \chi_m^2 = \chi_{n+m}^2$.

Wir wollen eine Anwendung in der kinetischen Gastheorie angeben:

(6.11) Beispiel (Energie- und Geschwindigkeitsverteilung)

In der kinetischen Gastheorie werden die zueinander rechtwinkligen Geschwindigkeitskomponenten V_1, V_2, V_3 eines einzelnen Gasmoleküls der Masse m als stochastisch unabhängige $\mathcal{N}(0, \frac{k \cdot T}{m})$-verteilte Zufallsgrößen angesehen. Dabei ist k die Boltzmann-Konstante und T die absolute Temperatur; der Erwartungswert 0 bedeutet, daß keine Strömung vorliegt. Für $\sigma^2 = \frac{k \cdot T}{m}$ und $V^2 = V_1^2 + V_2^2 + V_3^2$ gilt dann nach (6.9), daß

$$h^{V^2/\sigma^2}(z) = \frac{1}{2^{3/2}\Gamma(\frac{3}{2})} z^{\frac{1}{2}} e^{-\frac{z}{2}} 1_{(0;\infty)}(z), \ z \in \mathbb{R}^1,$$

eine W-Dichte für P^{V^2/σ^2} ist.

a) Für die Energie $E = \frac{m}{2}V^2$ folgt daher nach (3.10), daß

$$h^E(y) \;=\; \frac{1}{(m\sigma^2)^{3/2}\Gamma(\frac{3}{2})}y^{\frac{1}{2}}e^{-\frac{y}{k\cdot T}}1_{(0;\infty)}(y)$$

$$=\; \frac{2}{(k\cdot T)^{3/2}\sqrt{\pi}}y^{\frac{1}{2}}e^{-\frac{y}{k\cdot T}}1_{(0;\infty)}(y),\; y \in \mathbb{R}^1$$

eine W-Dichte von P^E liefert. Die zugehörige Verteilung heißt *Energieverteilung*.

b) Für den absoluten Betrag $G := |V|$ der Geschwindigkeit ergibt sich wiederum nach (3.10), daß

$$h^G(x) \;=\; \frac{1}{(k\cdot T)^{3/2}\Gamma(\frac{3}{2})}(\frac{m}{2}x^2)^{\frac{1}{2}}e^{-\frac{m}{2}x^2/k\cdot T}m|x|\,1_{(0;\infty)}(x)$$

$$=\; (\frac{m}{k\cdot T})^{\frac{3}{2}}\sqrt{\frac{2}{\pi}}x^2e^{-mx^2/2k\cdot T}1_{(0;\infty)}(x),\; x \in \mathbb{R}^1$$

eine W-Dichte von P^G liefert. Die zugehörige Verteilung heißt *Maxwellsche Geschwindigkeitsverteilung*; deren Erwartungswert und Varianz sind

$$E(G) = \sqrt{\frac{8}{\pi}\frac{k\cdot T}{m}}$$

$$Var(G) = \frac{k\cdot T}{\pi m}(3\pi - 8)$$

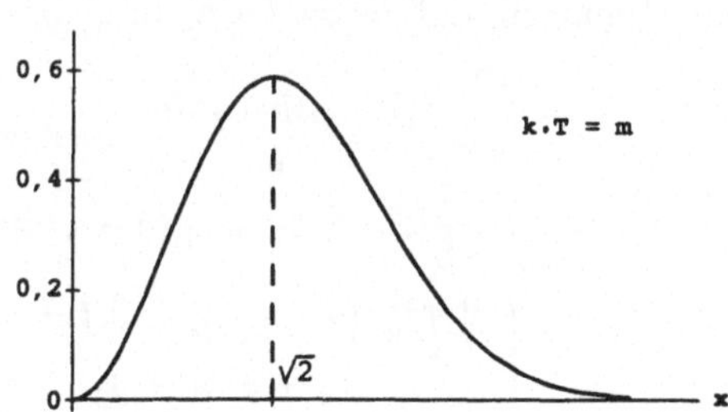

(6.12) Beispiel

a) X_1 und X_2 seien stochastisch unabhängige Zufallsgrößen mit $P^{X_1} = P^{X_2} = \mathcal{R}(-1, +1)$. Da

$$f(z) = \frac{1}{2}1_{[-1,+1]}(z),\; z \in \mathbb{R}^1$$

eine W-Dichte von $\mathcal{R}(-1, +1)$ ist, folgt aus (6.5), daß $h_2 := f \star f$ mit

$$h_2(z) \;=\; \int_{-\infty}^{\infty}\frac{1}{2}1_{[-1,+1]}(z - y)\frac{1}{2}1_{[-1,+1]}(y)dy$$

$$= \begin{cases} \frac{1}{4}\int_{-1}^{1+z} dy = \frac{1}{4}(2+z) & \text{für } -2 \le z \le 0 \\ \frac{1}{4}\int_{z-1}^{1} dy = \frac{1}{4}(2-z) & \text{für } 0 \le z \le 2 \\ 0 & \text{für } |z| > 2, \end{cases}$$

eine W-Dichte von $P^{X_1+X_2}$ ist; wegen der Gestalt von h_2 nennt man $P^{X_1+X_2}$ eine (stetige) *Dreiecksverteilung*

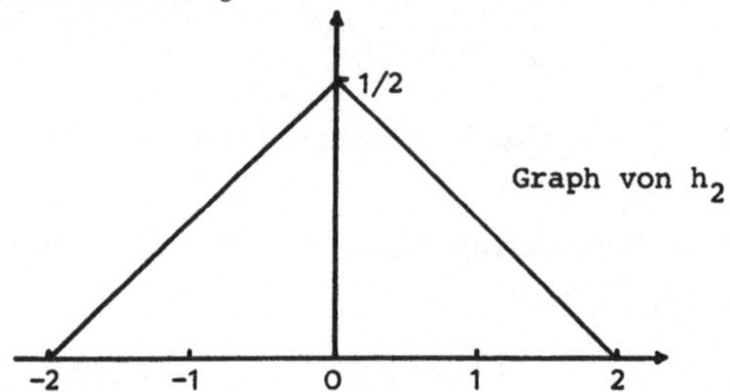

b) Sind X_1, X_2, X_3 stochastisch unabhängige $\mathcal{R}(-1,+1)$ verteilte Zufallsgrößen, so gilt nach (6.2)

$$P^{X_1+X_2+X_3} = P^{X_1+X_2} \star P^{X_3}.$$

Wiederum nach (6.5) folgt mit den in Teil a) dieses Beispiels verwendeten Bezeichnungen, daß $h_3 := f \star h_2$ mit

$$\begin{aligned} h_3(z) &= \int_{-\infty}^{\infty} f(z-y)h_2(y)dy \\ &= \int_{-2}^{0} \frac{1}{8}(2+y)1_{[-1,+1]}(z-y)dy + \int_{0}^{2}\frac{1}{8}(2-y)\,1_{[-1,1]}(z-y)dy \\ &= \begin{cases} \frac{1}{8}\int_{-2}^{z+1}(2+y)dy = \frac{1}{16}(z^2+6z+9) & \text{für } -3 \le z \le -1 \\ \frac{1}{8}\left[\int_{z-1}^{0}(2+y)dy + \int_{0}^{z+1}(2-y)dy\right] & \text{für } -1 \le z \le +1 \\ \qquad\qquad = \frac{1}{8}(3-z^2) & \\ \frac{1}{8}\int_{z-1}^{2}(2-y)dy = \frac{1}{16}(z^2-6z+9) & \text{für } +1 \le z \le +3 \\ 0 & \text{sonst} \end{cases} \end{aligned}$$

eine W-Dichte von $P^{X_1+X_2+X_3}$ ist.

In allen Beispielen dieses Abschnitts ließen sich die Summenverteilungen noch recht einfach berechnen. Im allgemeinen sind jedoch die Faltungsintegrale analytisch nur sehr schwer zu handhaben, und man übersieht bei mehrfachen Faltungsprodukten nicht einmal mehr die genauere Struktur der Summenverteilung. Man wird daher nach analytischen Hilfsmitteln zur Behandlung solcher Faltungsprodukte suchen.

6.2 Charakteristische Funktionen

Ein wirkungsvolles Hilfsmittel bei der Untersuchung von Summenverteilungen stellen die *charakteristischen Funktionen* dar; zu deren Einführung müssen wir zunächst die Theorie der Maßintegrale auf komplexwertige Funktionen ausdehnen.

Entsprechend der Aufteilung von komplexen Zahlen $z \in \mathbb{C}$ in Realteil $x = Re(z)$ und Imaginärteil $y = Im(z)$

$$z = x + iy, \ x, y \in \mathbb{R}^1$$

definiert man für Abbildungen $X : \Omega \to \mathbb{C}$

$$(Re \ X)(\omega) := Re(X(\omega)), \ (Im \ X)(\omega) := Im(X(\omega)).$$

Eine komplexwertige Abbildung entspricht also gerade einer zweidimensionalen Abbildung $X = (Re \ X, Im \ X)$. Da nach (A.54) eine vektorwertige Abbildung genau dann meßbar ist, wenn alle Komponenten meßbar sind, liegen die folgenden Begriffsbildungen nahe:

(6.13) Definition

> a) *Es sei $(\Omega, \mathcal{S})$ ein meßbarer Raum. Eine Abbildung $X : \Omega \to \mathbb{C}$ heißt meßbar genau dann, wenn $Re \ X : \Omega \to \mathbb{R}^1$ und $Im \ X : \Omega \to \mathbb{R}^1$ meßbar sind.*

> b) *Es sei $(\Omega, \mathcal{S}, \mu)$ ein Maßraum. Eine meßbare Abbildung $X : \Omega \to \mathbb{C}$ heißt μ-integrabel genau dann, wenn $Re \ X : \Omega \to \mathbb{R}^1$ und $Im \ X : \Omega \to \mathbb{R}^1$ μ-integrabel sind; dann heißt*

$$\int X \ d\mu := \int Re \ X \ d\mu + i \int Im \ X \ d\mu$$

> *das μ-Integral von X.*

Aufgrund dieser Definition läßt sich die Integrationstheorie für komplexe Funktionen leicht auf die bekannte Theorie für reelle Funktionen (A.h) zurückführen.

Für den Zusammenhang zwischen einer komplexwertigen Abbildung X, ihrer konjugiert komplexen Abbildung $\overline{X} = Re\ X - i\ Im\ X$ und ihrer Betragsabbildung $|X| = ((Re\ X)^2 + (Im\ X)^2)^{1/2}$ ergibt sich

(6.14) Lemma

> *Es seien $(\Omega, \mathcal{S}, \mu)$ ein Maßraum und $X : \Omega \to \mathbb{C}$ meßbar; dann gilt:*
>
> *a) $\overline{X}$ ist meßbar.*   *b) $|X|$ ist meßbar.*
>
> *c) Es sind äquivalent:*
> > *(i) X ist μ-integrabel*
> > *(ii) $\overline{X}$ ist μ-integrabel*
> > *(iii) $|X|$ ist μ-integrabel.*
>
> *Ist X μ-integrabel, so gilt:*
>
> *d) $\overline{\int X\ d\mu} = \int \overline{X} d\mu$*
>
> *e) $|\int X\ d\mu| \leq \int |X| d\mu$.*

Beweis: a), c) (i) $\Leftrightarrow$ (ii) und d) folgen unmittelbar aus der Definition (6.13) sowie den Beziehungen

$$Re\ \overline{X} = Re\ X, \quad Im\ \overline{X} = -Im\ X.$$

b) gilt, da die Betragsfunktion $|.| : \mathbb{C} \to \mathbb{R}^1$ stetig und damit $(\mathbb{B}^2, \mathbb{B}^1)$-meßbar ist.

c) (i) $\Rightarrow$ (iii) folgt aus $|X| \leq |Re\ X| + |Im\ X|$, da $Re\ X$ und $Im\ X$ und somit auch $|Re\ X|$ und $|Im\ X| \mu$-integrabel sind.

(iii) $\Rightarrow$ (i) folgt aus $|Re\ X| \leq |X|$ und $|Im\ X| \leq |X|$.

e) Wegen $Re((\overline{\int X\ d\mu}) \cdot X) \leq |(\overline{\int X\ d\mu}) \cdot X| = |\int X\ d\mu|\ |X|$ ergibt sich

$$|\int X\ d\mu|^2 = \overline{\int X\ d\mu} \cdot \int X\ d\mu = Re(\int (\overline{\int X\ d\mu}) \cdot X\ d\mu)$$

$$= \int Re((\overline{\int X\ d\mu}) \cdot X) d\mu \leq \int |\int X\ d\mu| |X| d\mu = |\int X\ d\mu| \cdot \int |X| d\mu.$$

Hieraus folgt die Behauptung. $\square$

Die für festes $t \in \mathbb{R}^m$ durch[3] $x \to e^{i\langle t,x\rangle}$ definierte Funktion von $\mathbb{R}^m$

---

[3] Für $x = (x_1, \ldots, x_m), y = (y_1, \ldots, y_m) \in \mathbb{R}^m$ bezeichne $\langle x, y\rangle$ das Euklidische Skalarprodukt $\sum_{\nu=1}^{m} x_\nu y_\nu$. Außerdem wird die Bezeichnung $|x| := \sqrt{\langle x, x\rangle}$ für die euklidische Norm verwendet.

nach $\mathbb{C}$ ist (als stetige Funktion) meßbar und wegen $|e^{i\langle t,x\rangle}| = 1$ beschränkt. Daher ist folgende Definition sinnvoll:

(6.15) Definition

   a) *μ sei ein endliches Maß auf* $(\mathbb{R}^m, \mathbb{B}^m)$. *Die durch*

$$\varphi_\mu(t) := \int e^{i\langle t,x\rangle} d\mu(x) = \int \cos(\langle t,x\rangle)d\mu(x) + i \int \sin(\langle t,x\rangle)d\mu(x)$$

   definierte Funktion $\varphi_\mu : \mathbb{R}^m \to \mathbb{C}$ *heißt* Fourier-Transformierte *des Maßes μ.*

   b) *Sind $(\Omega, \mathcal{S}, P)$ ein W-Raum und $X : (\Omega, \mathcal{S}, P) \to (\mathbb{R}^m, \mathbb{B}^m, P^X)$ ein Zufallsvektor, so heißt $\varphi_X := \varphi_{P^X}$ die* charakteristische Funktion *von X.*

Nach der Transformationsformel (A.87) gilt also für beliebiges $t \in \mathbb{R}^m$

$$\varphi_X(t) = E(\exp(i\langle t, X\rangle)).$$

Zur Veranschaulichung seien zunächst einige Beispiele angegeben: Ist X ein m-dimensionaler Zufallsvektor, dessen Verteilung P^X diskret ist mit dem Träger $\{x_1, x_2, \ldots\} \subset \mathbb{R}^m$, so gilt

$$\varphi_X(t) = E\, e^{i\langle t,X\rangle} = \sum_{j=1}^{\infty} e^{i\langle t,x_j\rangle} P^X(\{x_j\}), \quad t \in \mathbb{R}^m;$$

insbesondere erhält man also

(6.16) Beispiele (diskrete Verteilungen)

a) Für das Dirac-Maß δ_a auf $a \in \mathbb{R}^m$ (vgl. (A.30)) gilt

$$\varphi_{\delta_a}(t) = e^{i\langle t,a\rangle}, \quad t \in \mathbb{R}^m.$$

b) Binomialverteilung
   Besitzt X eine $\mathcal{B}(n,p)$-Verteilung, so ergibt sich für $t \in \mathbb{R}^1$

$$\begin{aligned}
\varphi_X(t) &= \sum_{j=0}^{n} e^{itj} \binom{n}{j} p^j(1-p)^{n-j} \\
&= \sum_{j=0}^{n} \binom{n}{j} (pe^{it})^j(1-p)^{n-j} = (1 + p(e^{it} - 1))^n.
\end{aligned}$$

c) *Poissonverteilung*
Besitzt X eine $\mathcal{P}(a)$-Verteilung, so folgt für $t \in \mathbb{R}^1$

$$\varphi_X(t) = \sum_{j=0}^{\infty} e^{itj} \frac{a^j}{j!} e^{-a} = e^{-a} \sum_{j=0}^{\infty} \frac{(ae^{it})^j}{j!} = e^{-a} e^{a\,e^{it}} = e^{a(e^{it}-1)}. \qquad \square$$

Besitzt P^X eine beschränkte Riemannsche W-Dichte f^X, so ergibt sich nach (A.89) für $t \in \mathbb{R}^m$

$$\begin{aligned}
\varphi_X(t) &= \int e^{i\langle t,x \rangle} f^X(x) d\lambda^m(x) \\
&= \int_{-\infty}^{+\infty} \cdots \int_{-\infty}^{+\infty} e^{i\sum_{j=1}^n t_j x_j} f^X(x_1,\ldots,x_n) dx_1,\ldots,dx_n.
\end{aligned}$$

Zur Auswertung dieser Integrale benötigt man häufig funktionentheoretische Hilfsmittel.

(6.17) Beispiele (Verteilungen mit Riemannschen W-Dichten)

a) *Rechteckverteilung*
Besitzt X eine $\mathcal{R}(a,b)$-Verteilung, so ergibt sich nach dem obigen für $t \in \mathbb{R}^1 \backslash \{0\}$:

$$\begin{aligned}
\varphi_X(t) &= \frac{1}{b-a}\left(\int_a^b \cos(tx)dx + i \int_a^b \sin(tx)dx\right) \\
&= \frac{1}{t(b-a)}\left(\sin x\big|_{ta}^{tb} - i\cos x\big|_{ta}^{tb}\right) \\
&= \frac{1}{it(b-a)}\left(e^{it\,b} - e^{it\,a}\right) = e^{it\frac{a+b}{2}} \frac{\sin(t\frac{b-a}{2})}{t\frac{b-a}{2}}.
\end{aligned}$$

b) *Normalverteilung*
X sei $\mathcal{N}(a,\sigma^2)$-verteilt, $a \in \mathbb{R}^1, \sigma^2 \in \mathbb{R}^1_+$.
Behauptung: Es gilt $\varphi_X(t) = e^{iat - \frac{1}{2}\sigma^2 t^2}, t \in \mathbb{R}^1$.
Beweis: Es wird zunächst der Spezialfall $P^X = \mathcal{N}(0,1)$ untersucht.
Hierfür gilt nach dem obigen

$$\varphi_X(t) = \frac{1}{\sqrt{2\pi}} \int_{-\infty}^{+\infty} e^{itx} e^{-\frac{1}{2}x^2} dx = \frac{1}{\sqrt{2\pi}} e^{-\frac{1}{2}t^2} \int_{-\infty}^{+\infty} e^{-\frac{1}{2}(x-it)^2} dx.$$

Es ist also nur zu zeigen, daß das letzte Integral gleich $\sqrt{2\pi}$ ist. Dazu wird (bei festem $t \in \mathbb{R}^1$) die Funktion

$$h(z) = e^{-\frac{1}{2}z^2}, \; z \in \mathbb{C}$$

entlang dem Rand R_c des Rechtecks (in $\mathbb{C}$) mit den Eckpunkten

$$c,\ c - it,\ -c - it,\ -c,\ c \in \mathbb{R}^1_+$$

integriert. Nach dem Cauchyschen Integralsatz gilt für alle $c \in \mathbb{R}^1_+$

$$\int_{R_c} h(z)\,dz = 0$$

und somit

$$\int_{-\infty}^{+\infty} e^{-\frac{1}{2}(x-it)^2}\,dx = \lim_{c\to\infty}\int_{-c}^{c} e^{-\frac{1}{2}(x-it)^2}\,dx = \lim_{c\to\infty}\int_{-c-it}^{c-it} e^{-\frac{1}{2}z^2}\,dz$$

$$= \lim_{c\to\infty}\Big(\int_{-c}^{c} h(z)\,dz + \int_{-c-it}^{-c} h(z)\,dz + \int_{c}^{c-it} h(z)\,dz\Big).$$

Da für $z \in \{-c - iy : y \in [0;t]\} \cup \{c - iy : y \in [0;t]\}$ gilt

$$|h(z)| \le e^{-\frac{1}{2}(c^2 - t^2)},$$

folgt

$$\left|\int_{-c-it}^{-c} h(z)\,dz\right| \le e^{-\frac{1}{2}(c^2 - t^2)}\left|\int_{-c-it}^{-c} dz\right| = |t|e^{t^2/2}e^{-c^2/2}$$

und analog

$$\left|\int_{c}^{c-it} h(z)\,dz\right| \le |t|e^{t^2/2}e^{-c^2/2}.$$

Also gilt

$$\lim_{c\to\infty}\int_{-c-it}^{-c} h(z)\,dz = \lim_{c\to\infty}\int_{c}^{c-it} h(z)\,dz = 0;$$

zusammen mit

$$\lim_{c\to\infty}\int_{-c}^{c} h(z)\,dz = \int_{-\infty}^{+\infty} e^{-\frac{1}{2}x^2}\,dx = \sqrt{2\pi}$$

ergibt sich somit die Behauptung für den Spezialfall $P^X = \mathcal{N}(0,1)$. $\square$

Der allgemeine Fall $P^X = \mathcal{N}(a,\sigma^2), a \in \mathbb{R}^1, \sigma^2 \in \mathbb{R}^1_+$, folgt hieraus entsprechend der folgenden

(6.18) Anmerkung

Es seien $(\Omega, \mathcal{S}, P)$ ein W-Raum, X ein m-dimensionaler Zufallsvektor, C eine reelle $m \times k$-Matrix und $a \in \mathrm{IR}^k$. Dann gilt für alle $t \in \mathrm{IR}^k$

$$\varphi_{X \cdot C + a}(t) = e^{i\langle t, a \rangle} \varphi_X(tC^T).$$

Beweis:

$$\varphi_{X \cdot C + a}(t) = \int e^{\langle it, (X \cdot C + a)\rangle} dP = e^{i\langle t, a\rangle} \int e^{i\langle (tC^T); X\rangle} dP = e^{i\langle t, a\rangle} \varphi_X(tC^T). \qquad \square$$

Mit Hilfe von Lemma (6.14) erhält man nun leicht einige Eigenschaften der Fourier-Transformierten bzw. charakteristischen Funktionen:

(6.19) Satz

Ist μ ein endliches Maß auf $(\mathrm{IR}^m, \mathrm{IB}^m)$, so gilt

(i) $|\varphi_\mu| \leq \varphi_\mu(0) = \mu(\mathrm{IR}^m)$; *für W-Maße P gilt insbesondere* $\varphi_P(0) = 1$.

(ii) φ_μ *ist gleichmäßig stetig auf IR^m.*

(iii) φ_μ *ist positiv-semidefinit, d.h. für je endlich viele Punkte* $x_1, \ldots, x_n \in \mathrm{IR}^m$ *und Zahlen* $y_1, \ldots, y_n \in \mathbb{C}$ *gilt*

$$\sum_{j=1}^{n} \sum_{k=1}^{n} y_j \bar{y}_k \varphi_\mu(x_j - x_k) \geq 0.$$

Beweis: (i) Für $t, x \in \mathrm{IR}^m$ gilt $|e^{i\langle t, x\rangle}| = 1$, und somit folgt nach (6.14)e)

$$|\varphi_\mu(t)| = |\int e^{i\langle t, x\rangle} d\mu(x)| \leq \int |e^{i\langle t, x\rangle}| d\mu(x) = \varphi_\mu(0) = \mu(\mathrm{IR}^m).$$

(ii) Für $t, h \in \mathrm{IR}^m$ gilt wegen (6.14)

$$|\varphi_\mu(t) - \varphi_\mu(t + h)| = |\int (e^{i\langle t, x\rangle}(1 - e^{i\langle h, x\rangle}))d\mu(x)|$$

$$\leq \int (|e^{i\langle t, x\rangle}(1 - e^{i\langle h, x\rangle})|)d\mu(x) = \int (|1 - e^{i\langle h, x\rangle}|)d\mu(x)$$

Wegen $|1 - e^{i\langle h, x\rangle}| \leq 2$ für $h, x \in \mathrm{IR}^m$, der Stetigkeit der Exponentialfunktion und des Skalarprodukts und

$$e^{i\langle h, x\rangle} \to 1 \quad \text{für} \quad h \to 0, \; x \in \mathrm{IR}^m$$

folgt die Behauptung mit dem Satz von der majorisierten Konvergenz (A.86).

(iii) Für $x_1, \ldots, x_n \in \mathrm{IR}^m, y_1, \ldots, y_n \in \mathbb{C}$ gilt

$$\sum_{j=1}^{n} \sum_{k=1}^{n} y_j \overline{y}_k \varphi_\mu(x_j - x_k) = \sum_{j=1}^{n} \sum_{k=1}^{n} y_j \overline{y}_k \int e^{i\langle (x_j - x_k), u\rangle} d\mu(u)$$

$$= \int \left(\sum_{j=1}^{n} y_j \, e^{i\langle x_j, u\rangle}\right)\left(\sum_{k=1}^{n} \overline{y}_k e^{-i\langle x_k, u\rangle}\right) d\mu(u)$$

$$= \int \left(\sum_{j=1}^{n} y_j \, e^{i\langle x_j, u\rangle}\right)\overline{\left(\sum_{k=1}^{n} y_k e^{i\langle x_k, u\rangle}\right)} d\mu(u)$$

$$= \int \left| \sum_{j=1}^{n} y_j \, e^{i\langle x_j, u\rangle}\right|^2 d\mu(u) \geq 0. \qquad \square$$

Tatsächlich werden die Fouriertransformierten bereits durch diese Eigenschaften gekennzeichnet:

(6.20) Anmerkung (Satz von Bochner)

Eine Funktion $\varphi : \mathrm{IR}^m \to \mathbb{C}$ ist genau dann Fouriertransformierte eines endlichen Maßes, wenn φ stetig und positiv-semidefinit ist.

Da wir diese Charakterisierung nicht benutzen werden, sei auf die Literatur (z.B. W. Vogel: Wahrscheinlichkeitstheorie, 1970) verwiesen.

Die folgenden Aussagen zeigen, wie sich Operationen mit Maßen bei den zugehörigen Fourier-Transformierten widerspiegeln:

(6.21) Satz

Es seien μ und ν Maße auf $(\mathrm{IR}^m, \mathrm{IB}^m), m \in \mathrm{IN}$, und $a \in \mathrm{IR}^1_+$. Dann gilt

(i) $\varphi_{\mu+\nu} = \varphi_\mu + \varphi_\nu$ *(ii) $\varphi_{a\nu} = \alpha \, \varphi_\nu$*

(iii) $\varphi_{\mu\star\nu} = \varphi_\mu \cdot \varphi_\nu$.

Beweis: (i) und (ii) ergeben sich unmittelbar aus den Eigenschaften von Maßintegralen.

(iii) Nach den Bemerkungen zu (6.1) gilt

$$\varphi_{\mu\star\nu}(t) \;=\; \int e^{i\langle t, x\rangle} d(\mu \star \nu)(x) = \int\int e^{i\langle t, (x+y)\rangle} d\mu(x) d\nu(y)$$

$$=\; \int e^{i\langle t, x\rangle} d\mu(x) \int e^{i\langle t, y\rangle} d\nu(y) = \varphi_\mu(t)\varphi_\nu(t). \qquad \square$$

Von diesen Aussagen ist für uns der Teil (iii) von besonderem Interesse:
Er besagt, daß sich die häufig nicht explizit auswertbare Faltungsoperation
$\star$ bei den Fouriertransformierten durch Produktbildung einfach erledigen
läßt. Insbesondere ergibt sich aus (6.2)

(6.22) Korollar

Es seien $X_1, \ldots, X_n$ stochastisch unabhängige Zufallsvektoren

$$X_j : (\Omega, \mathcal{S}, P) \to (\mathbb{R}^m, \mathbb{B}^m), \ \ 1 \leq j \leq n,$$

und $S = \sum_{j=1}^n X_j$. Dann gilt

$$\varphi_S = \prod_{j=1}^n \varphi_{X_j}.$$

Den ganzen Vorteil dieser Aussage erschließt jedoch erst der folgende Eindeutigkeitssatz, der auch eine Rechtfertigung für die Bezeichnung *charakteristische Funktion* liefert. Er besagt, daß jede Verteilung durch ihre Fouriertransformierte bzw. charakteristische Funktion eindeutig bestimmt ist.

(6.23) Satz (Eindeutigkeitssatz für Fouriertransformierte)

*Sind μ und ν endliche Maße auf $(\mathbb{R}^m, \mathbb{B}^m), m \in \mathbb{N}$, mit $\varphi_\mu = \varphi_\nu$,
so gilt $\mu = \nu$.*

Vor dem etwas langwierigen Beweis seien zunächst einige Bemerkungen
dazu gemacht, wie man diesen Satz verwenden kann. Unmittelbar mit der
Definition (6.15) folgt aus (6.23):

(6.24) Korollar

Sind X und Y Zufallsgrößen mit $\varphi_X = \varphi_Y$, so gilt $P^X = P^Y$.

Besitzen also zwei Zufallsvektoren dieselbe charakteristische Funktion, so
sind sie verteilungsgleich – das bedeutet natürlich nicht, daß $X = Y$ gilt.

Der Eindeutigkeitssatz (6.23) bzw. das Korollar (6.24) haben die Konsequenz, daß ein wahrscheinlichkeitstheoretisches Problem „im Prinzip"
gelöst ist, wenn man die Fourier-Transformierte der gesuchten Verteilung
bestimmt hat. Für die effektive Berechnung eines Maßes μ aus seiner Fourier-Transformierten φ_μ liefert der Eindeutigkeitssatz allerdings kein Verfahren. Zwar gibt es für einige wichtige Klassen von Maßen explizit bere-
chenbare „Umkehrformeln" (s. (6.25), (VI.12)), jedoch führen diese i.a.

auf Integrale, die ähnlich kompliziert auszuwerten sind wie die o.g. Faltungsintegrale. Aus der Kenntnis der charakteristischen Funktion φ_X einer Zufallsgröße X kann man andererseits auf recht einfache Weise Aussagen über die Momente von X gewinnen (s. (6.29)). Daher wird man sich bei vielen wahrscheinlichkeitstheoretischen Problemen, bei denen Faltungsprodukte auftreten, mit der Angabe der Fourier-Transformierten der gesuchten Verteilung begnügen – die Warteschlangentheorie (vgl. z.B. R. Schassberger: Warteschlangen; 1973) und die Theorie der Verzweigungsprozesse (vgl. z.B. Th. Harris: The Theory of Branching Processes; 1963) bieten hierfür eine Fülle von Beispielen. Zum *Beweis* des Eindeutigkeitssatzes (6.23) benötigen wir einige Hilfsaussagen

(6.25) Lemma (Fouriersches Integraltheorem)

Es seien $f : \mathrm{I\!R}^1 \to \mathrm{I\!R}^1$ eine Lebesgue-integrable, stetige Abbildung und $\hat{f} : \mathrm{I\!R}^1 \to \mathbb{C}$ definiert durch

$$\hat{f}(t) = \int f(x)e^{itx}d\lambda^1(x).$$

Ist $\hat{f}$ ebenfalls Lebesgue-integrabel, so gilt für alle $x \in \mathrm{I\!R}^1$

$$f(x) = \frac{1}{2\pi} \int \hat{f}(t)e^{-itx}d\lambda^1(t).$$

Beweis: Werden $\sigma \in \mathrm{I\!R}^1$ und $x \in \mathrm{I\!R}^1$ fest gewählt, so gilt für $t \in \mathrm{I\!R}^1$

$$|\hat{f}(t)e^{-itx}e^{(-\sigma^2 t^2)/2}| = |\hat{f}(t)| \cdot |e^{-(\sigma^2 t^2)/2}| \le |\hat{f}(t)|.$$

Wegen der Lebesgue-Integrabilität von $\hat{f}$ ist daher für jedes $x \in \mathrm{I\!R}^1$ durch

$$\Phi_x(\sigma) := \frac{1}{2\pi} \int \hat{f}(t)e^{-itx}e^{-(\sigma^2 t^2)/2}d\lambda^1(t)$$

eine Abbildung $\Phi_x : \mathrm{I\!R}^1 \to \mathbb{C}$ definiert. Aus dem Satz von der majorisierten Konvergenz (A.86) ergibt sich

$$(1) \qquad \lim_{\sigma \to 0} \Phi_x(\sigma) = \frac{1}{2\pi} \int \hat{f}(t)e^{-itx}d\lambda^1(t);$$

aus dem Satz von Fubini (A.99) folgt für $x \in \mathrm{I\!R}^1, \sigma \in \mathrm{I\!R}^1$

$$\begin{aligned}
\Phi_x(\sigma) &= \frac{1}{2\pi} \int (\int f(y)e^{ity}d\lambda^1(y))e^{-itx}e^{-(\sigma^2 t^2)/2}d\lambda^1(t) \\
&= \frac{1}{2\pi} \int f(y) \int e^{it(y-x)}e^{-(\sigma^2 t^2)/2} \, d\lambda^1(t) \, d\lambda^1(y).
\end{aligned}$$

Da nach Beispiel (6.17)b)

$$\varphi_{\mathcal{N}(0,\frac{1}{\sigma^2})}(x) = e^{-x^2/2\sigma^2}$$

die Fouriertransformierte und

$$g_{0,\frac{1}{\sigma^2}}(t) = \frac{|\sigma|}{\sqrt{2\pi}}e^{-(\sigma^2 t^2)/2}$$

eine Dichte der $\mathcal{N}(0, 1/\sigma^2)$-Normalverteilung sind, ergibt sich für $x \in \mathbb{R}^1$, $\sigma \in \mathbb{R}^1\backslash\{0\}$

$$\Phi_x(\sigma) = \frac{1}{2\pi}\frac{\sqrt{2\pi}}{|\sigma|}\int f(y)\int e^{it(y-x)}d\mathcal{N}(0,\frac{1}{\sigma^2})(t)\,d\lambda^1(y)$$

$$= \frac{1}{\sqrt{2\pi}|\sigma|}\int f(y)\varphi_{\mathcal{N}(0,\frac{1}{\sigma^2})}(y-x)d\lambda^1(y) = \frac{1}{\sqrt{2\pi}|\sigma|}\int f(y)e^{-\frac{(y-x)^2}{2\sigma^2}}d\lambda^1(y).$$

Es sei nun $\varepsilon > 0$ beliebig. Da f nach Voraussetzung stetig in x ist, gibt es ein $\delta_x > 0$, so daß

$$|f(y) - f(x)| < \frac{\varepsilon}{3} \quad \text{für} \quad y \in A_x := (x - \delta_x; x + \delta_x).$$

Wegen

$$\frac{1}{\sqrt{2\pi}|\sigma|}\int e^{-(y-x)^2/2\sigma^2}d\lambda^1(y) = 1$$

ergibt sich für $x \in \mathbb{R}^1, \sigma \in \mathbb{R}^1\backslash\{0\}$:

$$|\Phi_x(\sigma) - f(x)| = \frac{1}{\sqrt{2\pi}|\sigma|}|\int (f(y) - f(x))e^{-(y-x)^2/2\sigma^2}d\lambda^1(y)|$$

$$\leq \frac{1}{\sqrt{2\pi}|\sigma|}[\int_{A_x} |f(y) - f(x)|e^{-(y-x)^2/2\sigma^2}d\lambda^1(y)$$

$$+ \int_{A_x^c} |f(y)|e^{-(y-x)^2/2\sigma^2}d\lambda^1(y) + \int_{A_x^c} |f(x)|e^{-(y-x)^2/2\sigma^2}d\lambda^1(y)]$$

$$\leq \frac{1}{\sqrt{2\pi}|\sigma|}[\int \frac{\varepsilon}{3}e^{-(y-x)^2/2\sigma^2}d\lambda^1(y) + \int_{A_x^c} |f(y)|d\lambda^1(y)e^{-\delta_x^2/2\sigma^2}]$$

$$+ |f(x)|\int_{A_x^c} \frac{1}{\sqrt{2\pi}|\sigma|}e^{-(y-x)^2/2\sigma^2}d\lambda^1(y).$$

Da $\frac{1}{\sqrt{2\pi}|\sigma|}e^{-(y-x)^2/2\sigma^2}$ die Dichte einer $\mathcal{N}(x, \sigma^2)$-Verteilung ist, folgt mit Hilfe der Tschebyscheffschen Ungleichung (Korollar (3.30)) weiter

$$|\Phi_x(\sigma) - f(x)|$$

$$\leq \frac{\varepsilon}{3} \int \frac{1}{\sqrt{2\pi}|\sigma|} e^{-(y-x)^2/2\sigma^2} d\lambda^1(y) + \int |f(y)| d\lambda^1(y) \frac{e^{-\delta_x^2/2\sigma^2}}{\sqrt{2\pi}|\sigma|} + |f(x)| \frac{\sigma^2}{\delta_x^2}$$

$$= \frac{\varepsilon}{3} + \frac{1}{\sqrt{2\pi}} \int |f(y)| d\lambda^1(y) \cdot \frac{e^{-\delta_x^2/2\sigma^2}}{|\sigma|} + \frac{|f(x)|}{\delta_x^2} \cdot \sigma^2.$$

Da für jedes $x \in \mathbb{R}^1$

$$\lim_{\substack{\sigma \to 0 \\ \sigma \neq 0}} \frac{e^{-\delta_x^2/2\sigma^2}}{|\sigma|} = 0 \quad \text{und} \quad \lim_{\sigma \to 0} \frac{|f(x)|}{\delta_x^2} \sigma^2 = 0$$

gilt, werden die beiden letzten Summanden kleiner als $\varepsilon/3$, falls nur σ klein genug ist. Damit ist gezeigt worden, daß für alle $x \in \mathbb{R}^1$

$$\lim_{\sigma \to 0} \Phi_x(\sigma) = f(x)$$

gilt. Zusammen mit Gleichung (1) liefert das gerade die Behauptung. $\square$

(6.26) Lemma

Es seien $a, b, \varepsilon \in \mathbb{R}^1$; $a < b, \varepsilon > 0$; $g^{(\varepsilon)} : \mathbb{R}^1 \to \mathbb{R}^1$ sei definiert durch

$$g^{(\varepsilon)}(x) = \frac{(x - a + \varepsilon)}{\varepsilon} 1_{(a-\varepsilon;a)}(x) + 1_{[a;b]}(x) + \frac{(b - x + \varepsilon)}{\varepsilon} 1_{(b;b+\varepsilon)}(x).$$

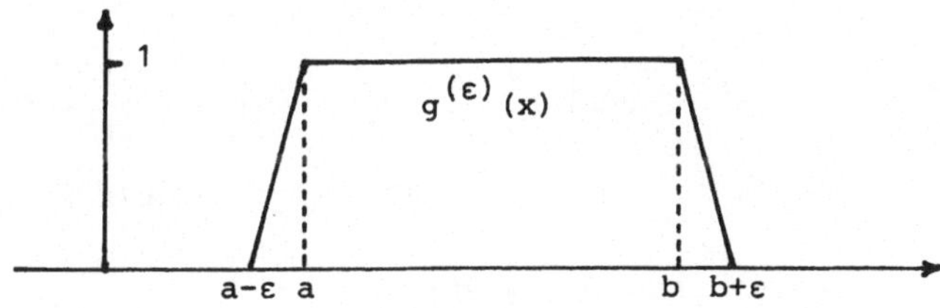

Die durch

$$\hat{g}^{(\varepsilon)}(t) := \int g^{(\varepsilon)}(x) e^{itx} d\lambda^1(x), \; t \in \mathbb{R}^1,$$

definierte Funktion $\hat{g}^{(\varepsilon)} : \mathbb{R}^1 \to \mathbb{C}$ ist Lebesgue-integrabel.

Beweis: Es seien $c = (a+b)/2$ und $d = (b-a)/2$. Dann folgt für $t \in \mathbb{R}^1 \setminus \{0\}$:

$$\hat{g}^{(\varepsilon)}(t) \quad = \quad \int g^{(\varepsilon)}(x) e^{itx} d\lambda^1(x) = \int_{a-\varepsilon}^{b+\varepsilon} g^{(\varepsilon)}(x) e^{itx} dx$$

$$\underset{(y=x-c)}{=} \quad \int_{-d-\varepsilon}^{d+\varepsilon} g^{(\varepsilon)}(y+c) e^{ity} dy \; e^{itc}.$$

Wegen

$$g^{(\varepsilon)}(y+c) = g^{(\varepsilon)}(-y+c), \quad e^{ity} = \cos(ty) + i\,\sin(ty),$$
$$\cos(ty) = \cos(-ty), \qquad \sin(ty) = -\sin(-ty), \quad \text{für } y \in [0; d+\varepsilon)$$

ergibt sich

$$\hat{g}^{(\varepsilon)}(t) \quad = \quad 2e^{itc} \int_0^{d+\varepsilon} g^{(\varepsilon)}(y+c) \cos ty \; dy$$

$$= \quad 2e^{itc}\Big[\int_0^d \cos(ty) dy + \int_d^{d+\varepsilon} \frac{d+\varepsilon-y}{\varepsilon} \cos(ty) dy\Big].$$

Wegen $\frac{d}{dy}(\frac{1}{t} \sin ty) = \cos ty$ und

$$\frac{d}{dy}\Big(\frac{d+\varepsilon-y}{\varepsilon t} \sin ty - \frac{1}{\varepsilon t^2} \cos ty\Big)$$

$$= -\frac{1}{\varepsilon t} \sin(ty) + \frac{d+\varepsilon-y}{\varepsilon t} t \cos(ty) + \frac{1}{\varepsilon t^2} t \sin(ty)$$

$$= \frac{d+\varepsilon-y}{\varepsilon} \cos ty$$

folgt weiter

$$\hat{g}^{(\varepsilon)}(t) \quad = \quad 2e^{itc}\Big[\big(\frac{1}{t}\sin tx\big)\Big|_0^d + \big(\frac{d+\varepsilon-x}{\varepsilon t}\sin tx - \frac{1}{\varepsilon t^2}\cos tx\big)\Big|_d^{d+\varepsilon}\Big]$$

$$= \quad 2e^{itc}\big(\frac{1}{t}\sin td - \frac{1}{\varepsilon t^2}\cos t(d+\varepsilon) - \frac{1}{t}\sin td + \frac{1}{\varepsilon t^2}\cos td\big)$$

$$= \quad 2\frac{e^{itc}}{\varepsilon t^2}\big(\cos td - \cos t(d+\varepsilon)\big)$$

und somit

$$|\hat{g}^{(\varepsilon)}(t)| \leq \begin{cases} 4/\varepsilon t^2 & \text{für alle } t \in \mathbb{R}^1 \setminus \{0\} \\ 2(\varepsilon + d) & \text{für } |t| \leq 1/(d+\varepsilon) \quad \text{(Additionstheorem für cos)}, \end{cases}$$

also ist $|\hat{g}^{(\varepsilon)}(t)|$ Lebesgue-integrabel. Daher folgt die Behauptung aus (6.14). $\qquad\square$

Mit diesen Hilfsmitteln können wir nun auch den Beweis von (6.23) erbringen:

Es seien $a = (a_1, \ldots, a_m), b = (b_1, \ldots, b_m) \in \mathbb{R}^m$ mit $a_j < b_j, 1 \leq j \leq m$, und $A = [a; b]_{(m)}$; $\varepsilon > 0$ sei beliebig vorgegeben. Für $j \in \mathbb{N}, 1 \leq j \leq m$, seien $g_j^{(\varepsilon)}$ bzw. $\hat{g}_j^{(\varepsilon)}$ zu a_j, b_j, ε gemäß Lemma (6.26) definiert. Aus der Stetigkeit der $g_j^{(\varepsilon)}, 1 \leq j \leq m$, folgt mit (6.25) und (6.26) für $x \in \mathbb{R}^1, j \in \{1, \ldots, m\}$:

$$g_j^{(\varepsilon)}(x) = \frac{1}{2\pi} \int \hat{g}_j^{(\varepsilon)}(t) e^{-itx} d\lambda^1(t).$$

Definiert man

$$g^{(\varepsilon)}(x) := \prod_{j=1}^m g_j^{(\varepsilon)}(x_j) \qquad , \quad x = (x_1, \ldots, x_m) \in \mathbb{R}^m,$$
$$\hat{g}^{(\varepsilon)}(t) := \int g^{(\varepsilon)}(x) e^{i\langle t,x \rangle} d\lambda^m(x) \quad , \quad t = (t_1, \ldots, t_m) \in \mathbb{R}^m,$$

so folgt aus dem Satz von Fubini (A.99)

$$\hat{g}^{(\varepsilon)}(t) = \prod_{j=1}^m \hat{g}_j^{(\varepsilon)}(t_j).$$

Man erhält für $x \in \mathbb{R}^m$:

$$\begin{aligned}
g^{(\varepsilon)}(x) &= \prod_{j=1}^m g_j^{(\varepsilon)}(x_j) = \prod_{j=1}^m \frac{1}{2\pi} \int \hat{g}_j^{(\varepsilon)}(t_j) e^{-it_j x_j} d\lambda^1(t_j) \\
&= (\frac{1}{2\pi})^m \int \prod_{j=1}^m \hat{g}_j^{(\varepsilon)}(t_j) \prod_{j=1}^m e^{-it_j x_j} d\lambda^m(t_1, \ldots, t_m) \\
&= (\frac{1}{2\pi})^m \int \hat{g}^{(\varepsilon)}(t) e^{-i\langle t,x \rangle} d\lambda^m(t).
\end{aligned}$$

Damit folgt

$$\begin{aligned}
\int g^{(\varepsilon)}(x) dP(x) &= \int (\frac{1}{2\pi})^m \int \hat{g}^{(\varepsilon)}(t) e^{-i\langle t,x \rangle} d\lambda^m(t) dP(x) \\
&= (\frac{1}{2\pi})^m \int (\int e^{-i\langle t,x \rangle} dP(x)) \hat{g}^{(\varepsilon)}(t) d\lambda^m(t) \\
&= (\frac{1}{2\pi})^m \int \varphi_P(-t) \hat{g}^{(\varepsilon)}(t) d\lambda^m(t)
\end{aligned}$$

und analog

$$\int g^{(\varepsilon)}(x)dQ(x) = (\frac{1}{2\pi})^m \int \varphi_Q(-t)\hat{g}^{(\varepsilon)}(t)d\lambda^m(t).$$

Der Satz von der majorisierten Konvergenz (A.86) liefert wegen $\varphi_P = \varphi_Q$

$$\begin{aligned}
P(A) \;=\; & \lim_{\varepsilon\to 0}(\int g^{(\varepsilon)}(x)dP(x)) = (\frac{1}{2\pi})^m \lim_{\varepsilon\to 0}\int \varphi_P(-t)\hat{g}^{(\varepsilon)}(t)d\lambda^m(t) \\
=\; & (\frac{1}{2\pi})^m \lim_{\varepsilon\to 0}\int \varphi_Q(-t)\hat{g}^{(\varepsilon)}(t)d\lambda^m(t) = \lim_{\varepsilon\to 0}\int g^{(\varepsilon)}(x)dQ(x) = Q(A).
\end{aligned}$$

Aus (A.22) sowie dem Eindeutigkeitssatz (A.38) folgt damit die Behauptung. $\qquad\qquad\square$

Als einfache Anwendungsmöglichkeiten des Eindeutigkeitssatzes (6.23) seien genannt:

(6.27) Beispiele

a) Sind X_1 und X_2 stochastisch unabhängige Zufallsgrößen mit $P^{X_1} = \mathcal{B}(n,p)$, $P^{X_2} = \mathcal{B}(m,p)$, so folgt nach (6.16) und (6.22)

$$\begin{aligned}
\varphi_{X_1+X_2}(t) \;=\; & (1 + p(e^{it} - 1))^n \cdot (1 + p(e^{it} - 1))^m \\
=\; & (1 + p(e^{it} - 1))^{n+m} \quad \forall t \in \mathbb{R}^1,
\end{aligned}$$

d.h. (6.23) liefert nochmals das Ergebnis aus (6.4)b):

$$\mathcal{B}(n,p) \star \mathcal{B}(m,p) = \mathcal{B}(n+m,p).$$

b) Analog folgt für stochastisch unabhängige $X_1,\ldots,X_n$ mit $P^{X_j} = \mathcal{P}(a_j)$, $1 \le j \le n$:

$$\varphi_{\sum_{j=1}^n}(t) = \prod_{j=1}^n e^{a_j(e^{it}-1)} = e^{\sum_{j=1}^n a_j(e^{it}-1)},$$

d.h. $P^{\sum_{j=1}^n X_j} = \mathcal{P}(\sum_{j=1}^n a_j)$ (vgl. (6.4)a)).

c) Für stochastisch unabhängige $\mathcal{N}(a,\sigma^2)$- bzw. $\mathcal{N}(b,\tau^2)$-verteilte Zufallsgrößen X_1 und X_2 folgt aus

$$\begin{aligned}
\varphi_{X_1+X_2}(t) \;=\; & e^{iat-\sigma^2 t^2/2} \cdot e^{ibt-\tau^2 t^2/2} \\
=\; & e^{i(a+b)t-(\sigma^2+\tau^2)t^2/2} \quad \forall t \in \mathbb{R}^1
\end{aligned}$$

unmittelbar das Resultat von (6.6)a):

$$\mathcal{N}(a,\sigma^2) \star \mathcal{N}(b,\tau^2) = \mathcal{N}(a+b,\sigma^2+\tau^2).$$

d) Es seien $X_j, 1 \leq j \leq n$, stochastisch unabhängige Zufallsgrößen, die Cauchyverteilungen mit den Parametern a_j und b_j genügen, $1 \leq j \leq n$, d.h.

$$\varphi_{X_j}(t) = e^{ia_j t - b_j |t|}, \quad \text{(s. (VI.6)e))}.$$

Dann folgt aus

$$\varphi_{\sum_{j=1}^n X_j}(t) = \Pi_{j=1}^n \exp(ia_j t - b_j |t|) = \exp(i \sum_{j=1}^n a_j t - \sum_{j=1}^n b_j |t|),$$

daß $\sum_{j=1}^n X_j$ eine Cauchy-Verteilung mit den Parametern $\sum_{j=1}^n a_j$ und $\sum_{j=1}^n b_j$ besitzt. Für $a_j = a$ und $b_j = b$, $1 \leq j \leq n$, folgt außerdem aus

$$\varphi_{\overline{X}_{(n)}}(t) = \varphi_{\sum_{j=1}^n X_j}(t/n) = e^{iat - b|t|},$$

daß $\overline{X}_{(n)}$ jeweils wieder eine Cauchy-Verteilung mit den Parametern a und b besitzt – aus (5.17) hatten wir nur folgern können, daß $\overline{X}_{(n)}$ *nicht* dem (starken) Gesetz der großen Zahlen genügt. $\qquad\Box$

6.3 Bemerkungen zur Anwendung charakteristischer Funktionen

Der Eindeutigkeitssatz (6.23) hat gezeigt, daß ein wahrscheinlichkeitstheoretisches Problem „im Prinzip" gelöst ist, wenn man die Fourier-Transformierte der gesuchten Verteilung kennt. Da man jedoch nur für die Fälle stetiger W-Dichten (mit dem Fourierschen Integraltheorem (6.25)) und von Gitterverteilungen (s. VI.12) handliche „Umkehrformeln" zur Verfügung hat – und selbst dabei Integrationen bzw. Reihen auftreten, die i.a. nicht explizit lösbar sind – wird man nach Wegen suchen, wichtige Eigenschaften der gesuchten Verteilung aus ihrer Fourier-Transformierten abzulesen (ohne dabei das Umkehrproblem vollständig zu lösen).

Einfache Resultate in dieser Richtung liefert das

(6.28) Lemma

Es seien

$$X_j : (\Omega, \mathcal{S}, P) \to (\mathbb{R}^{m_j}, \mathbb{B}^{m_j}), 1 \leq j \leq k,$$

m_j-dimensionale Zufallsgrößen und $\varphi_{(X_1,...,X_k)}$ bzw. φ_{X_j} die zugehörigen charakteristischen Funktionen.

a) *Dann gilt für alle* $J = \{j_1, \ldots, j_r\} \subset \{1, \ldots, k\}$ *und für alle*
$(t_{j_1}, \ldots, t_{j_r}) \in \underset{\rho=1}{\overset{r}{\times}} \mathbb{R}^{m_{j_\rho}}$:

$$\varphi_{(X_{j_1}, \ldots, X_{j_r})}(t_{j_1}, \ldots, t_{j_r}) = \varphi_{(X_1, \ldots, X_k)}(u)$$

$$\text{mit} \quad u_j = \begin{cases} t_j & \text{für } j \in J \\ 0 & \text{sonst,} \end{cases}$$

insbesondere also für alle $t_j \in \mathbb{R}^{m_j}$

$$\varphi_{X_j}(t_j) = \varphi_{(X_1, \ldots, X_k)}(0, \ldots, 0, t_j, 0, \ldots, 0).$$

b) $X_1, \ldots, X_k$ *sind genau dann stochastisch unabhängig, wenn für alle*
$(t_1, \ldots, t_k) \in \underset{j=1}{\overset{k}{\times}} \mathbb{R}^{m_j}$ *gilt*

$$\varphi_{(X_1, \ldots, X_k)}(t_1, \ldots, t_k) = \prod_{j=1}^{k} \varphi_{X_j}(t_j).$$

Beweis: a)

$$\varphi_{(X_{j_1}, \ldots, X_{j_r})}(t_{j_1}, \ldots, t_{j_r}) = \int e^{i\langle (t_{j_1}, \ldots, t_{j_r}), (X_{j_1}, \ldots, X_{j_r}) \rangle} dP$$

$$= \int e^{i\langle u, (X_1, \ldots, X_k) \rangle} dP = \varphi_{(X_1, \ldots, X_k)}(u)$$

(d.h. bei $\varphi_{(X_{j_1}, \ldots, X_{j_r})}(t_{j_1}, \ldots, t_{j_r})$ hat man über die übrigen Komponenten integriert); diese Aussage erhält man auch aus (6.18) mit einer geeigneten (Inzidenz-) Matrix C.

b) Aus der stochastischen Unabhängigkeit der X_j folgt nach dem Multiplikationssatz (4.52)

$$\varphi_{(X_1, \ldots, X_k)}(t_1, \ldots, t_k) = E(e^{i\sum_{j=1}^{k}\langle t_j, X_j \rangle}) = \prod_{j=1}^{k} E(e^{i\langle t_j, X_j \rangle}) = \prod_{j=1}^{k} \varphi_{X_j}(t_j).$$

Gilt umgekehrt

$$\int e^{i\langle (t_1, \ldots, t_k), (x_1, \ldots, x_k) \rangle} d\bigotimes_{j=1}^{k} P^{X_j}(x_1, \ldots, x_k) = \int \prod_{j=1}^{k} e^{i\langle t_j, x_j \rangle} d\bigotimes_{j=1}^{k} P^{X_j}(x_1, \ldots, x_k) =$$

$$\underset{\text{(A.99)}}{=} \prod_{j=1}^{k} \int e^{i\langle t_j, x_j \rangle} dP^{X_j}(x_j) = \prod_{j=1}^{k} \varphi_{X_j}(t_j) \underset{\text{n.Vor.}}{=} \varphi_{(X_1, \ldots, X_k)}(t_1, \ldots, t_k),$$

so folgt nach dem Eindeutigkeitssatz (6.23)

$$P^{(X_1,\ldots,X_k)} = \bigotimes_{j=1}^{k} P^{X_j},$$

d.h. die X_j sind nach (4.44) stochastisch unabhängig. $\qquad\square$

Daß man vermuten kann, aus der Kenntnis der charakteristischen Funktion einer (reellwertigen) Zufallsgröße X in einfacher Weise deren Momente bestimmen zu können, zeigt die folgende *heuristische Vorüberlegung:* Wenn man

$$\varphi_X(t) = \int e^{itX} dP$$

unter dem Integral nach t differenzieren kann, so folgt

$$\varphi'_X(t) = \int iX e^{itX} dP,$$

insbesondere also

$$\varphi'_X(0) = i \int X\, dP = iEX,$$

sowie

$$\varphi''_X(t) = \int i^2 X^2 e^{itX} dP,$$

insbesondere also

$$-\varphi''_X(0) = EX^2 = Var\, X + (EX)^2$$

usw.. Tatsächlich gilt:

(6.29) Satz

Es sei X eine (reellwertige) Zufallsgröße mit der charakteristischen Funktion φ_X. Gilt $E(X^k) \in \mathbb{R}^1$ für ein $k \in \mathbb{N}$, so ist φ_X k-mal stetig differenzierbar mit

$$\varphi_X^{(j)}(t) := \frac{d^j \varphi_X}{dt^j} = i^j\, E(X^j e^{itX}) \quad \forall t \in \mathbb{R}^1, 0 \le j \le k$$

sowie

$$\varphi_X(t) = \sum_{j=0}^{k} \frac{i^j EX^j}{j!} t^j + r(t)$$

mit $\lim_{t\to 0} r(t)/t^k = 0$.

Beweis: Wir beweisen Existenz und Stetigkeit von $\varphi^{(j)}$ durch Induktion nach $j, 0 \leq j \leq k$:

(I) $j = 0$: Da $\varphi^{(0)}(t) = \varphi(t) = E(e^{itX})$ gilt, folgt aus (6.19)(ii) die (gleichmäßige) Stetigkeit von $\varphi^{(0)}$.

(II) Schluß von j auf $j + 1$ für $j < k$: Für $y \in \mathbb{R}_1$ gilt

$$|e^{iy} - 1| = |i \int_0^y e^{ix} dx| \leq \int_0^{|y|} |e^{ix}| dx = |y| \quad \text{und} \quad \frac{e^{ihy} - 1}{h} \to iy \quad \text{für} \quad h \to 0;$$

da $E|X|^{j+1}$ endlich ist, folgt aus der Induktionsvoraussetzung

$$\frac{\varphi^{(j)}(t + h) - \varphi^{(j)}(t)}{h} = i^j E(X^j \cdot \frac{e^{i(t+h)X} - e^{itX}}{h}) = i^j \cdot E(X^j e^{itX} \frac{e^{ihX} - 1}{h})$$

und daraufhin mit dem Satz von der majorisierten Konvergenz (A.86) $\lim_{h \to 0} \frac{\varphi^{(j)}(t+h) - \varphi^{(j)}(t)}{h} = i^{j+1} E(X^{j+1} e^{itX})$. Also existiert $\varphi^{(j+1)}$; wegen $e^{ihy} - 1 \to 0$ für $h \to 0 \; \forall y \in \mathbb{R}_1$ und $|e^{ihy} - 1| \leq 2 \; \forall y, h \in \mathbb{R}_1$ folgt dabei wieder mit dem Satz von der majorisierten Konvergenz

$$|\varphi^{(j+1)}(t + h) - \varphi^{(j+1)}(t)| \leq E|X^{j+1} e^{itX}(e^{ihX} - 1)| \to 0 \quad \text{für} \quad h \to 0,$$

d.h. $\varphi^{(j+1)}$ ist stetig.

Wendet man den Taylorschen Satz auf die Funktion $Re \; \varphi$ an, so folgt für jedes $t \in \mathbb{R}_1$ die Existenz eines $\vartheta(t) \in [0; 1]$ mit

$$Re \; \varphi(t) = \sum_{j=0}^{k-1} \frac{Re \; \varphi^{(j)}(0)}{j!} t^j + \frac{Re \; \varphi^{(k)}(\vartheta(t) \cdot t)}{k!} \cdot t^k,$$

wobei aus der Stetigkeit von $Re \; \varphi^{(k)}$ für $t \to 0$ (und damit auch $\vartheta(t) \cdot t \to 0$) folgt

$$Re \; \varphi^{(k)}(\vartheta(t) \cdot t) = Re \; \varphi^{(k)}(0) + \tilde{r}(t) \quad \text{mit} \quad \lim_{t \to 0} \tilde{r}(t) = 0$$

und somit

$$Re \; \varphi(t) = \sum_{j=0}^{k} \frac{Re \; \varphi^{(j)}(0)}{j!} t^j + \underbrace{\tilde{r}(t) \cdot \frac{t^k}{k!}}_{=:r_1(t)} \quad \text{mit} \quad \lim_{t \to 0} r_1(t)/t^k = 0.$$

Indem man nun noch die gleichen Überlegungen auch für $Im \; \varphi$ durchführt und danach Real- und Imaginärteile zusammenfaßt, erhält man schließlich

$$\varphi(t) = \sum_{j=0}^{k} \frac{\varphi^{(j)}(0)}{j!} t^j + (r_1(t) + r_2(t)) =: \sum_{j=0}^{k} \frac{i^j EX^j}{j!} t^j + r(t)$$

mit $\lim_{t\to 0} r(t)/t^k = 0$. $\square$

Zwei Spezialfälle von (6.29) seien besonders notiert:

(6.30) Korollar

a) *Für $a = EX \in \mathbb{R}^1$ gilt*

$$\varphi_X(t) = 1 + iat + r_1(t) \quad mit \ \lim_{t\to 0} r_1(t)/t = 0,$$

sowie

$$\varphi_X'(0) = ia.$$

b) *Für $\sigma^2 = Var\ X \in \mathbb{R}^1$ gilt*

$$\varphi_{X-a}(t) = 1 - \frac{\sigma^2}{2}t^2 + r_2(t) \quad mit \ \lim_{t\to 0} r_2(t)/t^2 = 0$$

sowie

$$\varphi_X''(0) = -E(X^2) = -(\sigma^2 + a^2).$$

Beweis: a) ist gerade die Aussage von (6.29) für $k = 1$.
b) Wendet man (6.29) für $k = 2$ an, so folgt

$$\begin{aligned}
\varphi_{X-a}(t) &= 1 + iE((X-a)t) - \frac{1}{2}E((X-a)t)^2 + r_2(t) \\
&= 1 - \frac{\sigma^2}{2}t^2 + r_2(t) \quad mit \ \lim_{t\to 0} r_2(t)/t^2 = 0
\end{aligned}$$

sowie

$$\varphi_X''(0) = -E(X^2) = -(Var\ X + (EX)^2).$$ $\square$

Die Aussage von (6.30)b) läßt sich auch „umkehren":

(6.31) Satz

Ist X eine (reellwertige) Zufallsgröße und ist φ_X an der Stelle $t = 0$ zweimal stetig differenzierbar mit $\varphi_X''(0) \in \mathbb{R}^1$, so gilt

$$E(X^2) = -\varphi_X''(0).$$

Beweis: Da $\varphi_X''(0) = \lim_{h\to 0}(\varphi_X(-h) - 2\varphi_X(0) + \varphi_X(h))/h^2$ und

$$\lim_{h\to 0} 2\frac{1 - \cos(hx)}{h^2} = x^2 \ \ \forall x \in \mathbb{R}^1, \ 1 - \cos(hx) \geq 0 \ \ \ \forall x, h \in \mathbb{R}^1$$

folgt

$$
\begin{aligned}
-\varphi_X''(0) \quad &= \quad \liminf_{h\to 0}\left(-\frac{\varphi_X(-h) - 2\varphi_X(0) + \varphi_X(h)}{h^2}\right) \\[2mm]
&= \quad \liminf_{h\to 0}\left(-2\int \frac{e^{-ihX} - 2 + e^{ihX}}{2h^2}\,dP\right) \\[2mm]
&= \quad 2\liminf_{h\to 0}\int \frac{1 - \cos(hX)}{h^2}\,dP \\[2mm]
&\underset{\text{(A.84)}}{\geq} \quad 2\int \liminf_{h\to 0}\frac{1 - \cos(hX)}{h^2}\,dP = \int X^2\,dP = E(X^2),
\end{aligned}
$$

d.h. $E(X^2) < \infty$; (6.29) liefert also die Behauptung. $\square$

Anmerkung

Unter Verwendung von (6.30) kann man zeigen, daß aus der Existenz und Endlichkeit von $\varphi_X^{(2k)}(0)$ auch bereits $E(X^{2k}) < \infty$ folgt. Hierbei ist die Beschränkung auf gerade Ordnungen jedoch wesentlich – für jedes $k \in \mathbb{N}_0$ kann man Beispiele angeben, für die zwar $\varphi^{(2k+1)}(0)$ existiert und endlich ist, aber dennoch $E(X^{2k+1})$ *nicht* existiert (vgl. z.B. K.L. Chung: A Course in Probability Theory. S. 166ff).

Um die Aussagen von (6.28) auf Zufallsvektoren verallgemeinern zu können, muß zunächst geklärt werden, was man dabei unter „höheren Momenten" verstehen will. In Anbetracht von (3.26) und (3.46)/(3.60) ist dies aber relativ naheliegend:

(6.32) Definition

Es seien μ ein Maß auf $(\mathbb{R}^m, \mathbb{B}^m)$ und $k_1, \ldots, k_m \in \mathbb{N}_0$. Ist dann die durch

$$f(x_1, \ldots, x_m) = x_1^{k_1} \cdot \ldots \cdot x_m^{k_m}$$

definierte Funktion $f : \mathbb{R}^m \to \mathbb{R}^1$ μ-integrabel, so heißt

$$a_{k_1, \ldots, k_m} := \int f\,d\mu$$

das $(k_1, \ldots, k_m)$-te Moment von μ und $k_1 + \ldots + k_m$ dessen Ordnung. Ist μ insbesondere das induzierte W-Maß eines Zufallsvektors $X = (X_1, \ldots, X_m)$, so heißt

$$a_{k_1, \ldots, k_m} = \int f\,dP^X = E(X_1^{k_1} \cdot \ldots \cdot X_m^{k_m})$$

auch das $(k_1, \ldots, k_m)$-te Moment von X.

(6.33) Bemerkung/Beispiel

Bei Zufallsvektoren kann man nicht so einfach wie bei (eindimensionalen) Zufallsgrößen (s. (3.27)) aus der Existenz von Momenten höherer Ordnung auf die niederer Ordnung schließen. Das folgende einfache Beispiel zeigt z.B., daß man aus der Endlichkeit des Moments $E(X_1X_2)$ zweiter Ordnung nicht die Existenz der Momente EX_1 bzw. EX_2 erster Ordnung folgern kann: Es seien

$$(\Omega, \mathcal{S}, P) = ([0;2], \mathbb{B}^1_{|[0;2]}, \lambda^1_{|[0;2]})$$

und

$$X_1(\omega) = \frac{1}{\omega - 1} 1_{[0;1)}(\omega); \qquad X_2(\omega) = \frac{1}{\omega - 1} 1_{(1;2]}(\omega).$$

Wegen $X_1X_2 = 0$ gilt dann $E(X_1X_2) = 0$, jedoch $\int X_1 dP = -\infty$, $\int X_2 dP = \infty$. Wenn man also außer einem Moment der Ordnung k auch Momente niederer Ordnung benötigt, so muß man deren Existenz eigens voraussetzen. Mit dieser Einschränkung kann man nunmehr den Satz (6.29) auf Zufallsvektoren verallgemeinern:

(6.34) Satz

Es sei X ein m-dimensionaler Zufallsvektor mit der charakteristischen Funktion φ_X. Es gebe ein $k \in \mathbb{N}$, so daß für alle $(k_1, \ldots, k_m) \in \mathbb{N}_0^m$ mit $\sum_{j=1}^m k_j \leq k$ das $(k_1, \ldots, k_m)$-te Moment von X existiert. Dann existiert für diese $(k_1, \ldots, k_m)$ die partielle Ableitung

$$\varphi_X^{(k_1,\ldots,k_m)} = \frac{\partial^{(k_1,\ldots,k_m)}\varphi_X}{\partial t_1^{k_1} \ldots \partial t_m^{k_m}}$$

von φ_X und ist stetig; es gilt für alle $t \in \mathbb{R}^m$

$$\varphi_X^{(k_1,\ldots,k_m)}(t) = i^{\sum_{j=1}^m k_j} E\Big(\prod_{j=1}^m X_j^{k_j} e^{i\langle t, X\rangle}\Big)$$

sowie

$$(\star) \qquad \varphi_X(t) = \sum_{j=0}^k \frac{i^j E(\langle t, X\rangle^j)}{j!} + r(t)$$

mit $\lim_{t \to 0} r(t)/|t|^k = 0$.

Beweis: Den Nachweis der Existenz und Stetigkeit von $\varphi_X^{(k_1,\dots,k_m)}$ kann man wegen der Voraussetzung über die Existenz der Momente niederer Ordnung völlig analog zum Beweis von (6.29) führen; es bleibt also noch $(\star)$ zu zeigen: Für $c \in \mathbb{R}^m$ gilt nach der verallgemeinerten binomischen Formel

$$\langle c, X \rangle^k = \sum_{\substack{(k_1,\dots,k_m)\in\mathbb{N}_0^m:\\ \sum_{j=1}^m k_j = k}} \frac{k!}{k_1! \cdot \ldots \cdot k_m!} c_1^{k_1} \cdots c_m^{k_m} \, X_1^{k_1} \cdot \ldots \cdot X_m^{k_m},$$

wobei für jeden Summanden der Erwartungswert $E(X_1^{k_1} \cdot \ldots \cdot X_m^{k_m})$ existiert. Daher existiert $E(\langle c, X \rangle^k)$ und somit (nach (3.27)) auch $E(\langle c, X \rangle^j)$ für jedes $j < k$. Wählt man also zu $t \in \mathbb{R}^m$ mit $t \neq 0$ insbesondere $c = t/|t|$, so folgt analog zu (6.29)

$$\begin{aligned}
\varphi_X(t) &= \int e^{i|t|\langle c,X\rangle} dP = \varphi_{\langle c,X\rangle}(|t|)\\[2mm]
&= \sum_{j=0}^k \frac{i^j E(\langle c; X\rangle^j)}{j!}|t|^j + \tilde{r}_c(|t|) \quad \text{mit} \quad \lim_{t\to 0} \frac{\tilde{r}_{t/|t|}(|t|)}{|t|^k} = 0\\[2mm]
&= \sum_{j=0}^k \frac{i^j E(\langle t, X\rangle^j)}{j!} + r(t) \quad \text{mit} \quad r(t) := \tilde{r}_{t/|t|}(|t|). \qquad \square
\end{aligned}$$

Analog zu (6.30) erhält man aus (6.34):

(6.35) Korollar

    a) Existiert der Mittelwertvektor $a := E(X)$, so folgt

$$\varphi_X(t) = 1 + i\langle a,t\rangle + r_1(t) \quad \text{mit} \quad \lim_{t\to 0} r_1(t)/|t| = 0.$$

    b) Existiert außerdem die Kovarianzmatrix $\sum := Cov(X)$, so folgt

$$\varphi_{X-a}(t) = 1 - \frac{1}{2}t\sum t^T + r_2(t) \quad \text{mit} \quad \lim_{t\to 0} r_2(t)/|t|^2 = 0.$$

Beweis (zu b)): Nach (6.34) mit $k = 2$ gilt für alle $t \in \mathbb{R}^m$

$$\begin{aligned}
\varphi_{X-a}(t) &= 1 + i\,E(\langle t,(X-a)\rangle) - \frac{1}{2}E(\langle t,(X-a)\rangle)^2 + r_2(t)\\[2mm]
&= 1 - \frac{1}{2}E(t(X-a)^T(X-a)t^T) + r_2(t)\\[2mm]
&\underset{(3.61)}{=} 1 - \frac{1}{2}t\,Cov(X)t^T + r_2(t) \quad \text{mit} \quad \lim_{t\to 0} r_2(t)/|t|^2 = 0. \qquad \square
\end{aligned}$$

(6.36) Beispiel

X besitze eine m-dimensionale $\mathcal{N}(a, \Sigma)$-(Normal)Verteilung. Dann gilt

$$\varphi_X(t) = e^{i\langle a,t \rangle - \frac{1}{2} t \Sigma t^T} \qquad \forall t \in \mathrm{IR}^m.$$

Beweis: Besitzt Y eine $\mathcal{N}(0, (\delta_{j,l})_{m \times m})$-Verteilung, so gilt nach (4.50)b), (6.17) und (6.28)

$$\varphi_Y(t_1, \ldots, t_m) = \prod_{j=1}^{m} e^{-\frac{1}{2} t_j^2}.$$

Stellt man also die Kovarianzmatrix Σ dar in der Form $\Sigma = C^T C$ und bildet $\tilde{X} := YC + a$, so folgt einerseits nach (3.44)

$$P^{\tilde{X}} = \mathcal{N}(a, \Sigma),$$

andererseits nach (6.18)

$$\varphi_{\tilde{X}}(t) = e^{i\langle t,a \rangle} \varphi_Y(tC^T) = e^{i\langle t,a \rangle} e^{-\frac{1}{2} t C^T C t^T},$$

also gilt

$$\varphi_X(t) = \varphi_{\tilde{X}}(t) = e^{i\langle a,t \rangle - \frac{1}{2} t \Sigma t^T} \qquad \forall t \in \mathrm{IR}^m. \qquad \square$$

Diese Aussage legt es nahe, die Definition (3.42) von (mehr-dimensionalen) Normalverteilungen auf den Fall singulärer Matrizen Σ auszudehnen, d.h. (s. (3.61)(iv)) auch degenerierte Normalverteilungen zuzulassen:

(6.37) Definition

Es seien $a \in \mathrm{IR}^m, \Sigma$ eine (reelle) symmetrische und positiv semidefinite $m \times m$-Matrix. Dann heißt die zu

$$\varphi(t) = e^{i\langle a,t \rangle - \frac{1}{2} t \Sigma t^T}$$

gehörige Verteilung P die Normalverteilung mit den Parametern a und Σ; als Bezeichnung benutzt man wieder $P = \mathcal{N}(a, \Sigma)$.

Für positiv definites Σ stimmt diese Definition gerade mit (3.42) überein. Für singuläres Σ ergibt sich jeweils eine degenerierte Verteilung: Für $m = 1$ erhält man z.B. die Einpunktverteilung in Punkt a (s. (6.16)a)). Da man solche Σ wiederum in der Form $\Sigma = C^T C$ darstellen kann, erhält man diese degenerierten Normalverteilungen (nach (6.18)) als Transformierte von nicht-degenerierten Normalverteilungen.

Etliche frühere Aussagen über nicht-degenerierte Normalverteilungen lassen sich auf den allgemeinen Fall übertragen:

(6.38) Eigenschaften allgemeiner Normalverteilungen

Es sei X ein m-dimensionaler Zufallsvektor mit $P^X = \mathcal{N}(a, \Sigma)$, $\Sigma = (\sigma_{j,k})_{1 \le j,k \le m}$. Dann folgt

a) $EX = a$ *(s. (6.35)a)),* $\quad Cov(X) = \Sigma$ *(s. (6.35)b)).*

b) *Sind $b \in \mathbb{R}^k$ und C eine reelle $m \times k$-Matrix, so gilt*

$$P^{XC+b} = \mathcal{N}(aC + b, C^T \Sigma C) \qquad (s.\ (6.18)).$$

c) *Für $J = \{j_1, \ldots, j_r\} \subset \{1, \ldots, m\}$ gilt*

$$\mathcal{N}(a, \Sigma)^{\pi_J} = \mathcal{N}(a_J, \Sigma_J)$$

mit $a_J = (a_{j_1}, \ldots, a_{j_r}), \Sigma_J = (\sigma_{j_\mu, j_\nu})_{1 \le \mu, \nu \le r}$ (s. (6.28)).

Sind X_1, X_2 stochastisch unabhängige m-dimensionale Zufallsvektoren mit $P^{X_j} = \mathcal{N}(a_j, \Sigma_j), j = 1, 2$, so gilt

$$P^{X_1 + X_2} = \mathcal{N}(a_1 + a_2, \Sigma_1 + \Sigma_2).$$

Die Eigenschaft b) zeigt, daß man durch die erweiterte Definition von Normalverteilungen insbesondere die Abgeschlossenheit dieser Verteilungsklasse gegenüber *allen* linearen Transformationen erreicht hat.

6.4 Aufgaben

(VI.1) a) Zeigen Sie, daß für $n, m \in \mathbb{N}, p \in (0; 1)$ gilt (s. (II.12))

$$\mathcal{NB}(n, p) \star \mathcal{NB}(m, p) = \mathcal{NB}(n + m, p).$$

b) $X_1, \ldots, X_n$ seien stochastisch unabhängig, identisch geometrisch verteilt mit Parameter $p \in (0; 1)$, d.h. $P\{X_1 = i\} = p(1-p)^{i-1}$ für $i \in \mathbb{N}$. Zeigen Sie, daß für $i \ge n$ gilt

$$P(X_1 + \ldots + X_n = i) = \binom{i-1}{n-1} p^n (1-p)^{i-n},$$

d.h., daß $X_1 + \ldots + X_n - n$ eine $\mathcal{NB}(n, p)$-Verteilung besitzt.

(VI.2) $X_1, \ldots, X_n$ seien stochastisch unabhängige Zufallsgrößen auf einem W-Raum $(\Omega, \mathcal{S}, P)$. Zeigen Sie: $X_1 + \ldots + X_n$ ist genau dann P-f.s. konstant, wenn jedes X_i P-f.s. konstant ist.

(VI.3) X_1, X_2 seien stochastisch unabhängige, reellwertige Zufallsgrößen, welche einer Cauchy-Verteilung mit Parametern $b_i > 0$ ($i = 1,2$) und 0 genügen (s. (II.19)). Zeigen Sie (auf direktem Wege), daß $X_1 + X_2$ einer Cauchy-Verteilung mit den Parametern $b_1 + b_2$ und 0 genügt. Hinweis: Berechnen Sie das auftretende Integral mittels Partialbruchzerlegung oder verwenden Sie den Residuensatz.

(VI.4) Sei $(X_j)_{j \in \mathbb{N}}$ eine Folge von stochastisch unabhängigen, identisch exponentialverteilten Zufallsgrößen mit Parameter $\lambda > 0$ auf einem W-Raum $(\Omega, \mathcal{S}, P)$, $S_0 := 0$ und $S_n = \sum_{j=1}^{n} X_j$. Für $t > 0$ sei $Z_t = \sup\{n \in \mathbb{N}_0 | S_n \leq t\}$. Zeigen Sie, daß Z_t einer Poissonverteilung mit dem Parameter λt genügt. Wie kann man die Zufallsgröße Z_t interpretieren?

(VI.5) $(X_n)_{n \in \mathbb{N}}$ sei eine Folge von stochastisch unabhängigen Zufallsgrößen auf einem W-Raum $(\Omega, \mathcal{S}, P)$, die λ^1-Dichten f_n besitzen, $n \in \mathbb{N}$. $N : (\Omega, \mathcal{S}, P) \to (\mathbb{N}, \mathcal{P}(\mathbb{N}))$ sei eine weitere Zufallsgröße, die von $(X_n)_{n \in \mathbb{N}}$ stochastisch unabhängig ist. Zeigen Sie

a) $S_n := \sum_{n=1}^{N} X_n$ ist eine Zufallsgröße, d.h. meßbar bzgl. $\mathcal{S}$.

b) $\sum_{n=1}^{\infty} P\{N = n\} \cdot (f_1 \star \ldots \star f_n)$ ist eine λ^1-Dichte von S_N.

(VI.6) X sei eine reellwertige Zufallsgröße, $a > 0$. Bestimmen Sie die charakteristische Funktion von X, falls X

a) Rechteck-verteilt auf $[-a; a]$ ist,

b) die λ^1-Dichte $f(x) = 1_{[-a,a]}(x) \frac{a - |x|}{a^2}$ besitzt,

c) die λ^1-Dichte $f(x) = \frac{a}{\pi} \cdot (\frac{\sin ax}{ax})^2$ besitzt,

d) die λ^1-Dichte $f(x) = \frac{a}{2} e^{-a|x|}$ besitzt,

e) einer Cauchy-Verteilung mit den Parametern $b > 0$ und 0 genügt.

Hinweis zu c) und e): Man kann das Fouriersche Integraltheorem (6.25) verwenden.

(VI.7) Es sei P ein W-Maß auf $(\mathbb{R}^1, \mathbb{B}^1)$. Konstruieren Sie ein W-Maß Q auf $(\mathbb{R}^1, \mathbb{B}^1)$, so daß für die Fouriertransformierten gilt:

$$\varphi_Q = |\varphi_P|^2.$$

Hinweis: Betrachten Sie das durch $P'(B) := P(\{x| - x \in B\})$ definierte W-Maß P'.

(VI.8) Bestimmen Sie alle W-Maße Q auf $(\mathbb{R}^1, \mathbb{B}^1)$ mit

a) $|\varphi_Q(t)| = $ const.

b) $\varphi_Q(t) = p(1 - (1 - p)e^{it})^{-1}, p \in (0;1)$, für alle $t \in \mathbb{R}^1$.

(VI.9)   Zeigen Sie, daß für die Fouriertransformierte φ eines W-Maßes Q auf $(\mathrm{I\!R}, \mathrm{I\!B})$ gilt:

  (i) $1 - Re\,\varphi(2t) \leq 4[1 - Re\,\varphi(t)]$.

  (ii) $|\varphi(t+h) - \varphi(t)|^2 \leq 2[1 - Re\,\varphi(h)]$ für alle $t, h \in \mathrm{I\!R}$.

(VI.10) Es seien μ und ν endliche Maße auf $(\mathrm{I\!R}^n, \mathrm{I\!B}^n)$. Zeigen Sie, daß für die Fouriertransformierten φ_μ und φ_ν gilt:

$$\int e^{-i\langle x,y\rangle} \varphi_\mu(y)d\nu(y) = \int \varphi_\nu(y-x)d\mu(y) \quad \forall x \in \mathrm{I\!R}^n.$$

(VI.11) Eine Zufallsgröße X besitzt eine Gitterverteilung, falls $a, b \in \mathrm{I\!R}^1$ existieren mit $P^X(a + b\mathbb{Z}) = 1$. Beweisen Sie die Äquivalenz folgender Aussagen:

  (i) X besitzt eine Gitterverteilung.

  (ii) $\exists t_0 \in \mathrm{I\!R}\backslash\{0\}$ mit $|\varphi_X(t_0)| = 1$.

  (iii) $\exists t_0 \in \mathrm{I\!R}\backslash\{0\}, \xi \in \mathrm{I\!R}$ mit $\int_{\mathrm{I\!R}}(1 - \cos(t_0(x - \xi)))dP^X(x) = 0$.

(VI.12) (Eindeutigkeit der Fourierkoeffizienten):
Ist $(p_j)_{j\in\mathbb{Z}}$ eine Folge von reellen Zahlen mit $\sum_{j=-\infty}^{\infty} |p_j| < \infty$, dann gilt für

$$\varphi(t) := \sum_{j=-\infty}^{+\infty} e^{itj} p_j, \ t \in \mathrm{I\!R}^1 :$$

$$p_j = \frac{1}{2\pi} \int_{-\pi}^{+\pi} e^{-itj} \varphi(t)dt, \quad \forall j \in \mathbb{Z}$$

[für „Gitterverteilungen" mit $P(\{j\}) = p_j \ \forall j \in \mathbb{Z}$, $\sum_{j=-\infty}^{\infty} p_j = 1$ lassen sich also die Wahrscheinlichkeiten p_j aus φ_p mit der obigen Formel zurückgewinnen].

(VI.13) X_1, X_2 seien zwei stochastisch unabhängige ZG auf einem W-Raum $(\Omega, \mathcal{S}, P)$. Folgt aus der Unabhängigkeit von X_1 und $X_1 + X_2$, daß X_1 P-f.s. konstant ist? Hinweis: Aufgabe (VI.8)a).

(VI.14) Sei φ die charakteristische Funktion der Zufallsgröße X und

$$\lim_{t\downarrow 0} \frac{\varphi(t) - 1}{t^2} = -\frac{\sigma^2}{2} > -\infty, \ \sigma \in \mathrm{I\!R},$$

dann ist $EX = 0$ und $EX^2 = \sigma^2$.

(VI.15) X, Y seien zwei unabhängige, identisch verteilte Zufallsgrößen mit positiver endlicher Varianz. Zeigen Sie: $X+Y$ und $X-Y$ sind genau dann stochastisch unabhängig, wenn Konstanten $a \in \mathbb{R}^1, \sigma > 0$ existieren mit $P^X = P^Y = \mathcal{N}(a, \sigma^2)$. Anleitung für die nicht triviale Richtung: Nehmen Sie zunächst an, daß $EX = 0$ und $EX^2 = 1$ ist. Leiten Sie aus der Unabhängigkeit von $X + Y$ und $X - Y$ eine Funktionalgleichung für φ_X her. Für alle $t \in \mathbb{R}$ ist $\varphi_X(t) \neq 0$ und $\delta(t) := \varphi_X(t)/\varphi_X(-t)$ erfüllt die Funktionalgleichung $\delta(2t) = \delta(t)^2$. Wegen $\delta(0) = 1$, $\delta'(0) = 0$ folgt daraus $\delta \equiv 1$. Damit ergibt sich $\varphi_X(2t) = \varphi_X(t)^4$. Wegen $\varphi_X(0) = 1$, $\varphi'(0) = 0$ und $\varphi''(0) = 1$ kann man daraus schließen, daß $\varphi_X(t) = e^{-\frac{t^2}{2}}$ ist. Hierbei benutze man die Tatsache, daß für eine Folge $(a_n)_{n \in \mathbb{N}}$ in $\mathbb{C}$ mit $\lim_{n \to \infty} a_n = a$ gilt: $\lim_{n \to \infty}(1 + \frac{a_n}{n})^n = e^a$.

(VI.16) X_1, X_2 seien zwei stochastisch unabhängige Zufallsgrößen auf einem W-Raum $(\Omega, \mathcal{S}, P)$ mit $P^{X_1} = P^{X_2}$ und $EX_1 = 0$, $EX_1^2 = 1$. Zeigen Sie: $P^{(X_1+X_2)/\sqrt{2}} = P^{X_1} \Rightarrow P^{X_1} = \mathcal{N}(0, 1)$.

(VI.17) Man gebe ein Beispiel für zwei identisch verteilte Zufallsgrößen X und Y an, die nicht stochastisch unabhängig sind, wo jedoch $P^{X+Y} = P^X \star P^Y$ ist. Hinweis: Wählen Sie $X = Y$ und betrachten Sie die charakteristische Funktion von X.

(VI.18) X, Y seien stochastisch unabhängige, $\mathcal{N}(0, \sigma^2)$- bzw. $\mathcal{N}(0, \tau^2)$-verteilte Zufallsgrößen. Zeigen Sie, daß

$$X \cdot Y/\sqrt{X^2 + Y^2}$$

$\mathcal{N}(0, \sigma\tau/(\sigma + \tau))$-verteilt ist.

7 Verteilungskonvergenz über $(\mathrm{IR}^k, \mathrm{IB}^k)$; zentraler Grenzwertsatz

Bei den Gesetzen der großen Zahlen (5.12) – (5.16) wurden Grenzwertaussagen für arithmetische Mittel stochastisch unabhängiger Zufallsgrößen gemacht – es ergab sich „schwache" bzw. „starke" Konvergenz gegen eine Konstante, d.h. gegen eine „ausgeartete" Verteilung (Einpunktverteilung). Im weiteren wollen wir auch Konvergenzen gegen nicht-ausgeartete Verteilungen untersuchen. Dazu muß jedoch zunächst präzisiert werden, was unter „Konvergenz von Verteilungen" verstanden werden soll.

7.1 Verteilungskonvergenz über $(\mathrm{IR}^k, \mathrm{IB}^k)$

Sind $P_n, n \in \mathrm{IN}$, und P_0 W-Maße über $(\mathrm{IR}^k, \mathrm{IB}^k)$, so wäre es naheliegend, eine „Verteilungskonvergenz" $P_n \to P_0$ durch die Eigenschaft

$$\lim_{n \to \infty} P_n(B) = P_0(B) \qquad \forall B \in \mathrm{IB}^k$$

zu definieren. Das folgende Beispiel zeigt jedoch, daß eine solche Begriffsbildung unzweckmäßig ist:

(7.1) Beispiel:

P_n seien Einpunktverteilungen (Diracverteilungen) auf den Punkten $1/n, n \in \mathrm{IN}$; d.h.

$$P_n(B) = 1_B(\tfrac{1}{n}), \ B \in \mathrm{IB}^1.$$

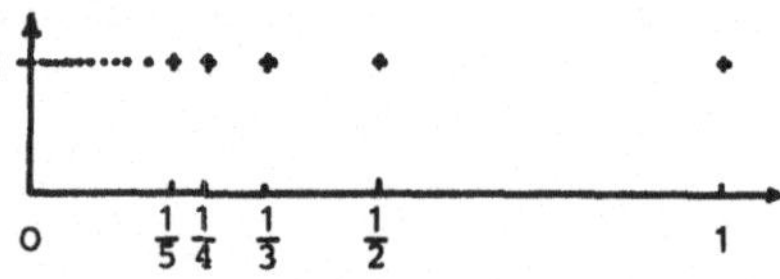

Dann ist „anschaulich klar", daß die P_n gegen das Einpunktmaß P_0 auf dem Punkt 0 konvergieren. Es gilt aber *nicht*

$$P_n(B) \to P_0(B) \qquad \forall B \in \mathrm{IB}^1;$$

beispielsweise erhält man für $B = (-\infty; 0]$

$$P_n((-\infty; 0]) = 0 \quad \forall n \in \mathrm{IN}, \quad P_0((-\infty; 0]) = 1. \qquad \square$$

Schwierigkeiten bereitet hierbei offenbar, daß der Randpunkt 0 von $B = (-\infty; 0]$ erst unter dem Limesmaß P_0 eine positive Wahrscheinlichkeit trägt. Die Forderung $P_n(B) \to P_0(B) \ \forall B \in \mathrm{IB}^k$ verlangt also Konvergenz für „zu viele" Mengen, und selbst die schwächere Forderung

$$F_n(x) = P_n((-\infty; x]) \xrightarrow[n\to\infty]{} P_0((-\infty; x]) = F_0(x) \qquad \forall x \in \mathrm{IR}^1$$

erweist sich als zu restriktiv. Da andererseits der Punkt 0 deshalb „problematisch" ist, weil er unter P_0 W-Masse trägt – und somit (die einzige) Unstetigkeitsstelle von F_0 ist –, während er unter den P_n die Wahrscheinlichkeit 0 besitzt, schwächen wir die Konvergenzforderung ab zu

$$F_n(x) \to F_0(x) \ \text{ für alle } x, \text{für die } F_0 \text{ in } x \text{ stetig ist.}$$

Man definiert also allgemein

(7.2) Definition

    a) *Es seien $P_n, n \in \mathrm{IN}_0$, W-Maße über $(\mathrm{IR}^k, \mathrm{IB}^k)$ mit Verteilungsfunktionen $F_n, n \in \mathrm{IN}_0$. P_0 heißt* Limesverteilung *der Folge $(P_n)_{n\in\mathrm{IN}}$ (Bezeichnung $P_n \xrightarrow[(V)]{} P_0$), wenn gilt*

$$\lim_{n\to\infty} F_n(x) = F_0(x) \ \forall x \in C(F_0) := \{x \in \mathrm{IR}^k : F_0 \text{ stetig in } x\}.$$

    b) *Es seien $X_n, n \in \mathrm{IN}_0$, k-dimensionale Zufallsvektoren mit den Verteilungsfunktionen $F^{X_n}, n \in \mathrm{IN}_0$. Die X_n heißen* verteilungskonvergent *gegen X_0 (Bezeichnung $X_n \xrightarrow[(V)]{} X_0$), wenn gilt*

$$P^{X_n} \xrightarrow[(V)]{} P^{X_0},$$

    d.h. wenn $\lim_{n\to\infty} F^{X_n}(x) = F^{X_0}(x) \ \ \forall x \in C(F^{X_0})$.

In unserem Ausgangsbeispiel (7.1) gilt für die Verteilungsfunktionen F_n von P_n

$$F_n(x) = 1_{[\frac{1}{n}; \infty)}(x)$$

und somit

$$\lim_{n\to\infty} F_n(x) = \hat{F}_0(x) = \begin{cases} 1 & x > 0 \\ & \text{falls} \\ 0 & x \le 0 \end{cases}.$$

$\hat{F}_0$ ist *keine* Verteilungsfunktion, da sie an der Stelle 0 nicht rechtsseitig stetig ist. Da jedoch für alle $x \in C(F_0)$ gilt

$$\lim_{n\to\infty} F_n(x) = F_0(x) = \begin{cases} 1 & x \geq 0 \\ & \text{falls} \\ 0 & x < 0 \end{cases} ,$$

ist das zu F_0 gehörige Einpunktmaß $P_0 = \delta_0$ tatsächlich die Limesverteilung der P_n.

Bei ganzzahligen Zufallsgrößen genügt es, die (Einzel-)Wahrscheinlichkeiten der $k \in \mathbb{Z}$ auf Konvergenz hin zu untersuchen – und das, obwohl gerade diese Punkte als Unstetigkeitsstellen der Verteilungsfunktionen in Frage kommen:

(7.3) Lemma (von Scheffé):

Es seien $\Omega = \{\omega_1, \omega_2, \ldots\}$ eine abzählbare Menge, $P_n, n \in \mathbb{N}_0$, Wahrscheinlichkeitsmaße auf $(\Omega, \mathcal{P}(\Omega))$ und $p_{n,j} := P_n(\{\omega_j\})$, $j \in \mathbb{N}$, die zugehörigen Einzelwahrscheinlichkeiten. Dann sind äquivalent

(i) $\lim\limits_{n\to\infty} p_{n,j} = p_{0,j}$ *für alle $j \in \mathbb{N}$.*

(ii) $\lim\limits_{n\to\infty} P_n(A) = P_0(A)$ *für alle $A \subset \Omega$.*

(iii) *Die Folge $(P_n)_{n\in\mathbb{N}}$ konvergiert gleichmäßig gegen P_0, d.h.*

$$\lim_{n\to\infty} \sup_{A \in \mathcal{P}(\Omega)} |P_n(A) - P_0(A)| = 0.$$

Beweis: Die Beweisteile $(iii) \Rightarrow (ii) \Rightarrow (i)$ sind evident. Es gelte nun (i), und es sei $\varepsilon > 0$ beliebig vorgegeben. Da P_0 eine diskrete Verteilung ist, existiert eine *endliche* Menge $A_\varepsilon \subset \Omega$ mit $P_0(A_\varepsilon) \geq 1 - \varepsilon/4$. Somit gibt es ein $n_0 \in \mathbb{N}$ mit

$$|p_{n,j} - p_{0,j}| < \frac{\varepsilon}{4|A_\varepsilon|} \quad \text{für alle } j \text{ mit } \omega_j \in A_\varepsilon \text{ und alle } n \geq n_0.$$

Daher folgt für alle $n \geq n_0$

$$|P_n(A_\varepsilon) - P_0(A_\varepsilon)| \leq \sum_{j:\omega_j\in A_\varepsilon} |p_{n,j} - p_{0,j}| < \varepsilon/4;$$

weiterhin erhält man aus

$$|P_n(A_\varepsilon^c) - P_0(A_\varepsilon^c)| = |P_n(A_\varepsilon) - P_0(A_\varepsilon)|$$

und $P_0(A_\varepsilon^c) \leq \varepsilon/4$, daß $P_n(A_\varepsilon^c) < \varepsilon/2$ für alle $n \geq n_0$. Für beliebiges $A \subset \Omega$ folgt somit für alle $n \geq n_0$

$$|P_n(A) - P_0(A)| \leq |P_n(A \cap A_\varepsilon) - P_0(A \cap A_\varepsilon)| + |P_n(A \cap A_\varepsilon^c) - P_0(A \cap A_\varepsilon^c)|$$
$$\leq \sum_{j:\omega_j \in A_\varepsilon} |p_{n,j} - p_{0,j}| + P_n(A_\varepsilon^c) + P_0(A_\varepsilon^c) < \varepsilon. \qquad \square$$

Hiermit können wir nun insbesondere auch die bereits in (2.15) angekündigte Begründung für das (approximative) Auftreten von Poisson-Verteilungen liefern:

(7.4) Beispiel (Poissonscher Grenzwertsatz)

Es gelte $P^{X_n} = \mathcal{B}(n, p_n)$ mit $p_n = \frac{a}{n} + o(\frac{1}{n})$, $a > 0$, (d.h. $\lim_{n \to \infty} n p_n = a$) und $P^{X_0} = \mathcal{P}(a)$. Dann sind die X_n verteilungskonvergent gegen X_0, d.h.

$$\mathcal{B}(n, p_n) \xrightarrow[(V)]{} \mathcal{P}(a).$$

Beweis: Für jedes $k \in \mathbb{N}_0$ ergibt sich (s. (II.11))

$$\binom{n}{k} p_n^k (1 - p_n)^{n-k}$$

$$= \frac{1}{k!} a^k \left(\frac{n p_n}{a}\right)^k \frac{n(n-1) \cdot \ldots \cdot (n-k+1)}{n \cdot n \cdot \ldots \cdot n} \cdot (1 - p_n)^n \frac{1}{(1 - p_n)^k} \to e^{-a} \frac{a^k}{k!};$$

(7.3) liefert also die Behauptung. $\qquad \square$

Dieses Beispiel zeigt, daß Poisson-Verteilungen häufig näherungsweise vorliegen, wenn sich viele einzelne, stochastisch unabhängige $\mathcal{B}(1, p)$-verteilte X_i mit „kleinem" p addieren. Hieraus erklärt sich auch die Bezeichnung „Gesetz der seltenen Ereignisse" für die Poisson-Verteilung (vgl. Beispiel (2.15), insbesondere das dortige Beispiel der Anzahl der Soldaten in 10 Kavallerieregimentern, die im Zeitraum von 20 Jahren infolge eines Huftritts eines Pferdes starben; Morgenstern „Einführung in die Wahrscheinlichkeitstheorie und Mathematische Statistik " nennt als weitere Beispiele die Anzahl der Autounfälle (in einer kleineren Großstadt) an einem Tag, die Anzahl von Druckfehlern auf einer Seite oder die Todesfälle aufgrund einer seltenen Krankheit).

Bei dem zur Einführung der hypergeometrischen Verteilung benutzten Beispiel (2.25) wird man erwarten, daß sich bei „großem " n die Entnahme

„ohne Zurücklegen" nur sehr wenig von der Entnahme „mit Zurücklegen" unterscheidet. Diese Vermutung wird durch das folgende Beispiel bestätigt:

(7.5) Beispiel (Approximation der hypergeometrischen Verteilung durch die Binomialverteilung)

Es gelte $P_n = \mathcal{H}(n, m_n, k)$ mit $\lim_{n\to\infty} m_n/n = p \in (0; 1)$. Dann folgt

$$P_n \xrightarrow[(V)]{} \mathcal{B}(k, p).$$

Der Beweis ergibt sich (wiederum nach (7.3)) daraus, daß für jedes $r \in \{0, \dots, k\}$ gilt

$$P_n(\{r\}) = \binom{m_n}{r}\binom{n-m_n}{k-r} \Big/ \binom{n}{k} =$$

$$= \frac{k!}{r!(k-r)!} \cdot \frac{m_n(m_n-1)\cdot\ldots\cdot(m_n-r+1)}{n(n-1)\cdot\ldots\cdot(n-r+1)}$$

$$\cdot \frac{(n-m_n)\cdot\ldots\cdot(n-m_n-k+r+1)}{(n-r)\cdot\ldots\cdot(n-k+1)}$$

$$\xrightarrow[n\to\infty]{} \binom{k}{r}p^r(1-p)^{k-r}. \qquad\qquad \square$$

Bevor wir uns näher mit der Verteilungskonvergenz beschäftigen, wollen wir (für $k = 1$; vgl. auch (VI.5), (VII.11)) die Relation dieser Konvergenzart zu den Begriffen der P-fast sicheren Konvergenz und der Konvergenz nach Wahrscheinlichkeit (s. (5.2)) untersuchen. Es zeigt sich, daß die Verteilungskonvergenz die schwächste dieser Konvergenzarten ist:

(7.6) Satz

Sind $X_n, n \in \mathbb{N}_0$, (reellwertige) Zufallsgrößen mit $X_n \xrightarrow[n.W.]{} X_0$, so gilt $X_n \xrightarrow[(V)]{} X_0$.

Beweis: Sei $x \in C(F^{X_0})$ und ω so, daß $X_n(\omega) \leq x$ sowie $\varepsilon > 0$. Dann gilt $X_0(\omega) \leq x + \varepsilon$ oder $X_0(\omega) - X_n(\omega) > \varepsilon$, d.h.

$$\{\omega : X_n(\omega) \leq x\} \subset \{\omega : X_0(\omega) \leq x + \varepsilon\} \cup \{\omega : X_0(\omega) - X_n(\omega) > \varepsilon\}$$

und somit

$$P(X_n \leq x) \leq P(X_0 \leq x + \varepsilon) + P(X_0 - X_n > \varepsilon).$$

Wegen $X_n \underset{\text{n.W.}}{\longrightarrow} X_0$ gilt dabei $\lim_{n\to\infty} P(X_0 - X_n > \varepsilon) = 0$ und somit

$$\limsup_{n\to\infty} P(X_n \leq x) \leq P(X_0 \leq x + \varepsilon) = F^{X_0}(x + \varepsilon).$$

Analog gilt

$$\{\omega : X_0(\omega) \leq x - \varepsilon) \subset \{\omega : X_n(\omega) \leq x\} \cup \{\omega : X_0(\omega) - X_n(\omega) < -\varepsilon\},$$

$$P(X_0 \leq x - \varepsilon) \leq P(X_n \leq x) + P(X_0 - X_n < -\varepsilon),$$

$$F^{X_0}(x - \varepsilon) = P(X_0 \leq x - \varepsilon) \leq \liminf_{n\to\infty} P(X_n \leq x).$$

Daraus folgt wegen der Stetigkeit von F^{X_0} an der Stelle x für $\varepsilon \to 0$

$$\limsup_{n\to\infty} F^{X_n}(x) \leq F^{X_0}(x) \leq \liminf_{n\to\infty} F^{X_n}(x),$$

d.h. die Behauptung. $\qquad\qquad\qquad\qquad\qquad\qquad\qquad\qquad\qquad$ $\square$

Wie das folgende Beispiel zeigt, gilt die „Umkehrung" des Satzes (7.6) i.a. nicht:

(7.7) Beispiel

Es gelte $P^{X_0} = \mathcal{B}(1, \frac{1}{2})$ und $X_n = 1 - X_0$ für alle $n \in \mathbb{N}$. Dann gilt

$$P^{X_0} = P^{X_n} = \mathcal{B}(1, \frac{1}{2}) \qquad \text{für alle } n \in \mathbb{N}$$

und somit $X_n \underset{(V)}{\longrightarrow} X_0$. Es liegt aber keine Konvergenz nach Wahrscheinlichkeit gegen X_0 vor, da für beliebiges $\varepsilon \in (0; 1)$ gilt

$$P(|X_0 - X_n| > \varepsilon) = P(|2X_0 - 1| > \varepsilon) = 1 \qquad \text{für alle } n \in \mathbb{N}. \qquad \square$$

Überdies zeigt dieses Beispiel (vgl. auch S. 206), daß durch die Konvergenz nach Verteilung zwar das Grenz-Maß P^{X_0}, *nicht aber* die Zufallsgröße X_0 eindeutig bestimmt ist.

Für den (wichtigen) Spezialfall von „ausgearteten" Grenzverteilungen kann man jedoch aus der Konvergenz nach Verteilung auf diejenige nach Wahrscheinlichkeit zurückschließen:

(7.8) Satz

Für Zufallsgrößen $X_n, n \in \mathbb{N}$, *und* $c \in \mathbb{R}^1$ *gilt* $X_n \underset{\text{n.W.}}{\longrightarrow} c$ *genau dann, wenn* $X_n \underset{(V)}{\longrightarrow} c$, *d.h.* $P^{X_n} \underset{(V)}{\longrightarrow} \delta_c$.

Beweis: Für den noch fehlenden Beweisteil sei $\varepsilon > 0$ beliebig vorgegeben. Da jedes der abzählbar vielen F^{X_n} nach (3.7) nur abzählbar viele Unstetigkeitsstellen besitzt, gibt es ein $\varepsilon' \in (0; \varepsilon)$, so daß die Punkte $c \pm \varepsilon'$ für alle X_n Stetigkeitsstellen von F^{X_n} sind, d.h. $P(X_n = c \pm \varepsilon') = 0$ für alle $n \in \mathbb{N}$. Daher gilt

$$P(|X_n - c| \geq \varepsilon) \leq P(|X_n - c| > \varepsilon') = 1 - P(|X_n - c| \leq \varepsilon')$$
$$= 1 - [P(X_n - c \leq \varepsilon') - P(X_n - c < -\varepsilon')].$$

Da andererseits aus $P^{X_n} \xrightarrow[(V)]{} \delta_c$ folgt

$$F^{X_n}(c - \varepsilon') \xrightarrow[n \to \infty]{} 1_{[c;\infty)}(c - \varepsilon') = 0, F^{X_n}(c + \varepsilon') \xrightarrow[n \to \infty]{} 1_{[c;\infty)}(c + \varepsilon') = 1,$$

ergibt sich wie behauptet $P(|X_n - c| \geq \varepsilon) \xrightarrow[n \to \infty]{} 0$. $\qquad\qquad\square$

So kann man z.B. das schwache Gesetz der großen Zahlen (3.31) äquivalent in die Terminologie der Verteilungskonvergenz umformulieren:

Es seien $X_i, i \in \mathbb{N}$, Zufallsgrößen mit Erwartungswerten a_i und Varianzen σ_i^2, wobei gelte

$$\lim_{n \to \infty} \left(\frac{1}{n^2} Var \left(\sum_{i=1}^{n} X_i \right) \right) = 0.$$

Dann gilt für $\overline{X}_{(n)} := \frac{1}{n} \sum_{i=1}^{n} X_i, \overline{a}_{(n)} := \frac{1}{n} \sum_{i=1}^{n} a_i$

$$P^{\overline{X}_{(n)} - \overline{a}_{(n)}} \xrightarrow[(V)]{} \delta_0.$$

„Rechenregeln" für die Verteilungskonvergenz sind als Aufgaben (s. (VII.1), (VII.5), (VII.7)) formuliert.

Für spätere Grenzwertsätze benötigen wir geeignete Charakterisierungen der Verteilungskonvergenz. Zum Beweis dieser Aussagen seien zunächst einige Hilfsmittel und Bezeichnungen notiert: Ist P ein W-Maß auf $(\mathbb{R}^k, \mathbb{B}^k)$ mit der zugehörigen Verteilungsfunktion F, so ist F in jeder Komponente monoton nicht-fallend und „rechtsseitig" stetig (s. (3.33)). Daher ist F in $x \in \mathbb{R}^k$ genau dann stetig, wenn F in x „linksseitig" stetig ist, d.h. wenn für $e := (1, \dots, 1) \in \mathbb{R}^k$ gilt

$$F(x) = \sup_{\delta > 0} F(x - \delta e) = P(\{y \in \mathbb{R}^k : y < x\});$$

also $x \in C(F)$ genau dann, wenn $P(\{y : y \leq x\}\setminus\{y : y < x\}) = 0$. Es sei nun

$$\mathcal{U}_P := \{((a_1,\ldots,a_k);(b_1,\ldots,b_k)]_{(k)} \subset \mathbb{R}^k : a_i \leq b_i \text{ und}$$
$$P(\{(x_1,\ldots,x_k):x_i=a_i\})=0=P(\{(x_1,\ldots,x_k):x_i=b_i\}),\ 1 \leq i \leq k\}.$$

$\mathcal{U}_P$ enthält somit alle Intervalle $(a;b]_{(k)} \subset \mathbb{R}^k$, deren „Seitenflächen" in $(k-1)$-dimensionalen Hyperebenen des $\mathbb{R}^k$ liegen, welche jeweils das P-Maß 0 tragen. Das Mengensystem $\mathcal{U}_P$ ist offensichtlich durchschnittsstabil. Der folgende Satz liefert nun (mehrere) Charakterisierungen der Verteilungskonvergenz über $(\mathbb{R}^k, \mathbb{B}^k)$:

(7.9) Satz (Portmanteau-Theorem)

Es seien $P_n, n \in \mathbb{N}_0$, W-Verteilungen über $(\mathbb{R}^k, \mathbb{B}^k)$ und F_n, $n \in \mathbb{N}_0$, die zugehörigen Verteilungsfunktionen. Dann sind folgende Aussagen äquivalent:

(i) $P_n \xrightarrow[(V)]{} P_0$

(ii) $\liminf_{n\to\infty} P_n(E) \geq P_0(E)$ *für alle offenen* $E \subset \mathbb{R}^k$

(iii) $\limsup_{n\to\infty} P_n(G) \leq P_0(G)$ *für alle abgeschlossenen* $G \subset \mathbb{R}^k$

(iv) $\lim_{n\to\infty} P_n(A) = P_0(A)$ *für alle* $A \in \mathbb{B}^k$ *mit* $P_0(\partial A) = 0$
    (∂A bezeichne dabei den Rand von A).

(v) $\lim_{n\to\infty} \int f\,dP_n = \int f\,dP_0$ *für alle* $f \in \mathcal{C}_0^b(\mathbb{R}^k)$, *wobei*

    $\mathcal{C}_0^b(\mathbb{R}^k) := \{f : \mathbb{R}^k \to \mathbb{R}^1 : f$ *stetig und beschränkt* $\}$

(vi) $\lim_{n\to\infty} \int f\,dP_n = \int f\,dP_0$ *für alle* $f \in \hat{\mathcal{C}}_0^b(\mathbb{R}^k)$ *wobei*

    $\hat{\mathcal{C}}_0^b(\mathbb{R}^k) := \{f \in \mathcal{C}_0^b(\mathbb{R}^k) : f$ *gleichmäßig stetig*$\}$.

Der Beweis wird gemäß dem folgenden Schema geführt:

$$(\mathrm{i}) \Longrightarrow (\mathrm{ii}) \Longleftrightarrow (\mathrm{iii}) \Longrightarrow (\mathrm{iv}) \Longrightarrow (\mathrm{i})$$
$$\swarrow \quad \Uparrow$$
$$(\mathrm{v}) \Longrightarrow (\mathrm{vi})$$

(i) $\Rightarrow$ (ii): Es sei $E \subset \mathbb{R}^k$ offen. Dann existiert eine Folge $(\mathcal{J}_m)_{m\in\mathbb{N}}$ von

Intervallen

$$\mathcal{J}_m = (c^{(m)}; c^{(m)} + g^{(m)}]_{(k)}, \qquad c^{(m)}, \, g^{(m)} \in \mathbb{R}^k, \, g^{(m)} > 0,$$

mit $E = \cup_{m \in \mathbb{N}} \mathcal{J}_m$. Nun liegt für jedes $j \in \{1, \ldots, k\}$ die Menge

$$\{x \in \mathbb{R}^1 : P_0(\{(x_1, \ldots, x_k) \in \mathbb{R}^k : x_j = x\}) = 0\}$$

dicht in $\mathbb{R}^1$ (man beachte, daß durch $F_0^{(j)}(x) := P_0(\{(x_1, \ldots, x_k) : x_j \le x\})$ eine eindimensionale Verteilungsfunktion $F_0^{(j)}$ gegeben ist, so daß sich (3.7) anwenden läßt). Daher kann man jedes $\mathcal{J}_m, m \in \mathbb{N}$, wiederum als eine abzählbare Vereinigung von Elementen aus $\mathcal{U}_{P_0}$ darstellen. Insgesamt kann man also eine Folge $(I_m)_{m \in \mathbb{N}}$ mit

$$I_m = (a^{(m)}; a^{(m)} + h^{(m)}]_{(k)} \in \mathcal{U}_{P_0} \qquad \text{für alle } m \in \mathbb{N}$$

finden, so daß

$$E = \bigcup_{m \in \mathbb{N}} I_m.$$

Für jedes $a^{(m)} = (a_1^{(m)}, \ldots, a_k^{(m)}), h^{(m)} = (h_1^{(m)}, \ldots, h_k^{(m)})$ und beliebige $j \in \{1, \ldots, k\}$ und $i_1 < \ldots < i_j \le k$ gilt daher

$$(a_1^{(m)} + (1 - 1_{\{i_1, \ldots, i_j\}}(1))h_1^{(m)}, \ldots, a_k^{(m)} + (1 - 1_{\{i_1, \ldots, i_j\}}(k))h_k^{(m)}) \in C(F_0)$$

und somit

$$P_0(I_m) \underset{(3.37)}{=} \triangle_{a^{(m)}}^{a^{(m)}+h^{(m)}} F_0 = F_0(a_1^{(m)} + h_1^{(m)}, \ldots, a_k^{(m)} + h_k^{(m)})$$

$$+ \sum_{j=1}^{k} (-1)^j \sum_{1 \le i_1 < \ldots < i_j \le k} F_0(a_1^{(m)} + (1 - 1_{\{i_1, \ldots, i_j\}}(1))h_1^{(m)}, \ldots, a_k^{(m)}$$

$$+ (1 - 1_{\{i_1, \ldots, i_j\}}(k))h_k^{(m)})$$

$$\underset{(i)}{=} \lim_{n \to \infty} \triangle_{a^{(m)}}^{a^{(m)}+h^{(m)}} F_n = \lim_{n \to \infty} P_n(I_m).$$

Da $\mathcal{U}_{P_0}$ durchschnittsstabil ist, erhält man daraufhin für jedes $M \in \mathbb{N}$

$$P_0\left(\bigcup_{m=1}^{M} I_m\right) = \sum_{j=1}^{M} (-1)^{j+1} \sum_{1 \le i_1 < \ldots < i_j \le M} P_0(I_{i_1} \cap \ldots \cap I_{i_j})$$

$$= \lim_{n\to\infty} \sum_{j=1}^{M} (-1)^{j+1} \sum_{1\le i_1 < \ldots < i_j \le M} P_n(I_{i_1} \cap \ldots \cap I_{i_j})$$

$$= \lim_{n\to\infty} P_n\left(\bigcup_{m=1}^{M} I_m \right).$$

Zu beliebigem $\varepsilon > 0$ sei nun $M = M(\varepsilon) \in \mathbb{N}$ so gewählt, daß

$$P_0(E) < P_0\left(\bigcup_{m=1}^{M} I_m \right) + \varepsilon.$$

Dann folgt aus

$$P_0(E) - \varepsilon < P_0(\cup_{m=1}^{M} I_m) = \lim_{n\to\infty} P_n(\cup_{m=1}^{M} I_m) \le \liminf_{n\to\infty} P_n(E)$$

die Behauptung.

(ii) $\Leftrightarrow$ (iii) ergibt sich unmittelbar aus der Komplementarität der Begriffe „offen" und „abgeschlossen".

(iii) $\Rightarrow$ (iv): Es sei $A \in \mathbb{B}^k$ mit $P_0(\partial A) = 0$; mit $\overline{A}$ werde der Abschluß, mit $\mathring{A}$ das Innere von A bezeichnet. Dann gilt wegen

$$\mathring{A} \subset A \subset \overline{A}, \ \partial A = \overline{A} \backslash \mathring{A}, \ \mathring{A} \ \text{offen}, \ \overline{A} \ \text{abgeschlossen},$$

nach (iii) bzw. (ii)

$$P_0(\overline{A}) \underset{\text{(iii)}}{\ge} \limsup_{n\to\infty} P_n(\overline{A}) \ge \limsup_{n\to\infty} P_n(A) \ge$$

$$\ge \liminf_{n} P_n(A) \ge \liminf_{n\to\infty} P_n(\mathring{A}) \ge P_0(\mathring{A}) \underset{\text{(Vor.)}}{=} P_0(\overline{A}),$$

d.h.

$$P_0(A) = \lim_{n\to\infty} P_n(A).$$

(iv) $\Rightarrow$ (i): Es sei $x \in C(F_0)$. Entsprechend den Vorbemerkungen folgt daher wegen $\partial\{y \in \mathbb{R}^k : y \le x\} = \{y \in \mathbb{R}^k : y \le x\} \backslash \{y \in \mathbb{R}^k : y < x\}$:

$$P_0(\partial\{y \in \mathbb{R}^k : y \le x\}) = 0.$$

Also gilt

$$\begin{aligned} F_0(x) &= P_0(\{y \in \mathbb{R}^k : y \le x\}) \\ &\underset{\text{(iv)}}{=} \lim_{n\to\infty} P_n(\{y \in \mathbb{R}^k : y \le x\}) = \lim_{n\to\infty} F_n(x). \end{aligned}$$

(iii) $\Rightarrow$ (v): Es sei $f \in C_0^b(\mathbb{R}^k)$, wobei (zunächst)

$$0 \le f(x) < 1 \qquad \forall x \in \mathbb{R}^k$$

vorausgesetzt wird.

Behauptung: $\limsup_{n \to \infty} \int f dP_n \le \int f dP_0$.
Beweis: Es sei $m \in \mathbb{N}$; dann werden durch

$$G_i := \{x \in \mathbb{R}^k : f(x) \ge i/m\}, \qquad 0 \le i \le m,$$

abgeschlossene Mengen definiert mit $G_0 = \mathbb{R}^k, G_m = \emptyset$. Da für beliebige
W-Verteilungen Q über $(\mathbb{R}^k, \mathbb{B}^k)$ gilt

$$\sum_{i=1}^m \frac{i-1}{m} Q(\{x : \frac{i-1}{m} \le f(x) < \frac{i}{m}\}) \le \int f dQ \le \sum_{i=1}^m \frac{i}{m} Q(\{x : \frac{i-1}{m} \le f(x) < \frac{i}{m}\}),$$

$$\begin{aligned}
Q(\{x : \frac{i-1}{m} \le f(x) < \frac{i}{m}\}) &= Q(G_{i-1}) - Q(G_i), \\
\sum_{i=1}^m \frac{i-1}{m}(Q(G_{i-1}) - Q(G_i)) &= \frac{1}{m} \sum_{i=1}^m Q(G_i), \\
\sum_{i=1}^m \frac{i}{m}(Q(G_{i-1}) - Q(G_i)) &= \frac{1}{m} + \frac{1}{m} \sum_{i=1}^m Q(G_i),
\end{aligned}$$

erhält man

$$\frac{1}{m} \sum_{i=1}^m Q(G_i) \le \int f dQ \le \frac{1}{m} + \frac{1}{m} \sum_{i=1}^m Q(G_i).$$

Wendet man dies auf P_0 bzw. P_n an, so folgt

$$\limsup_{n \to \infty} \int f dP_n \le \frac{1}{m} + \frac{1}{m} \limsup_{n \to \infty} \sum_{i=1}^m P_n(G_i)$$

$$\underset{(iii)}{\le} \frac{1}{m} + \frac{1}{m} \sum_{i=1}^m P_0(G_i) \le \frac{1}{m} + \int f dP_0$$

und somit, da m beliebig ist, die Behauptung.

Es sei nun $f \in C_0^b(\mathbb{R}^k)$ beliebig, $C := \sup_{x \in \mathbb{R}^k} |f(x)|$. Definiert man
dann $\tilde{f} \in C_0^b(\mathbb{R}^k)$ durch

$$\tilde{f}(x) := \frac{f(x) + C}{2C + 1},$$

so folgt $0 \leq \tilde{f}(x) < 1 \ \forall x \in \mathbb{R}^k$ und somit aus der Zwischenbehauptung

$$\limsup_{n\to\infty} \int \frac{f+C}{2C+1} dP_n = \frac{1}{2C+1}(\limsup_{n\to\infty} \int f dP_n + C)$$
$$\leq \int \frac{f+C}{2C+1} dP_0 = \frac{1}{2C+1}(\int f dP_0 + C),$$

d.h.

$$\limsup_{n\to\infty} \int f dP_n \leq \int f dP_0.$$

Wendet man dies auf $(-f)$ an, so ergibt sich

$$\liminf_{n\to\infty} \int f dP_n = -\limsup_{n\to\infty} \int (-f) dP_n$$
$$\geq -\int (-f dP_0) = \int f dP_0,$$

insgesamt also (v).

Für den Beweisteil (v) $\Rightarrow$ (vi) ist nichts zu beweisen.

(vi) $\Rightarrow$ (iii): Es sei G abgeschlossen. Zu $m \in \mathbb{N}$ werde definiert

$$G_m := \{x \in \mathbb{R}^k : d(x, G) \leq \frac{1}{m}\},$$

wobei $d(x, G) := \inf\{\|x - y\| : y \in G\}$ der Abstand von x zu G ist. Dann ist $(G_m)_{m\in\mathbb{N}}$ eine antitone Folge von Elementen von $\mathbb{B}^k$ mit

$$\lim_{m\to\infty} G_m = \{x \in \mathbb{R}^k : d(x, G) = 0\} = G,$$

da G abgeschlossen ist; es gilt also

$$\lim_{m\to\infty} P_0(G_m) = P_0(G).$$

Zu beliebigem $\varepsilon > 0$ existiert daher ein $m_0 = m_0(\varepsilon)$ mit

$$P_0(G_{m_0}) \leq P_0(G) + \varepsilon.$$

Andererseits kann man ein $f \in \mathcal{C}_0^b(\mathbb{R}^k)$ finden mit $f_{|G} = 1$ und $f_{|G_{m_0}^c} = 0$ sowie $0 \leq f \leq 1$:

Beweis: (a) Da für alle $x, y \in \mathbb{R}^k$ gilt

$$d(x, G) \leq d(x, y) + d(y, G)$$
$$d(y, G) \leq d(y, x) + d(x, G) \quad ,$$

folgt $|d(x,G) - d(y,G)| \leq d(x,y) = \|x - y\|$; somit ist die Abbildung $x \to d(x,G)$ gleichmäßig stetig.

(b) Die durch

$$g(t) := \begin{cases} 1 & t \leq 0 \\ 1 - t & \text{für} \quad t \in (0;1) \\ 0 & t \geq 1 \end{cases}$$

definierte Funktion $g : \mathbb{R} \to [0;1]$ ist gleichmäßig stetig.

(c) Die durch $f(x) := g(m_0\, d(x,G))$ definierte Funktion $f : \mathbb{R}^k \to [0;1]$ ist daraufhin gleichmäßig stetig und es gilt

$$f(x) = 1 \quad \text{für} \quad x \in G, \quad f(x) = 0 \quad \text{für} \quad x \notin G_{m_0}. \qquad \square$$

Für dieses f gilt einerseits $1_G \leq f \leq 1_{G_{m_0}}$ und andererseits nach (vi)

$$\lim_{n \to \infty} \int f dP_n = \int f dP_0,$$

insgesamt also

$$\limsup_{n \to \infty} P_n(G) \leq \lim_{n \to \infty} \int f dP_n = \int f dP_0 \leq P_0(G_{m_0}) \leq P_0(G) + \varepsilon;$$

also gilt (iii). $\qquad \square$

(7.10) Anmerkungen

a) Da sich die Verteilungskonvergenz als äquivalent zu der aus der Funktionalanalysis bekannten Eigenschaft (v) aus (7.9) erweist, nennt man die Verteilungskonvergenz entsprechend der dortigen Bezeichnung auch „schwache Konvergenz von W-Maßen". Aufgrund von (7.8) gibt es dabei keine Bezeichnungskollision mit den „schwachen" Gesetzen der großen Zahlen.

b) Die Formulierung des Portmanteau-Theorems deutet bereits an, wie man den Begriff der Verteilungskonvergenz auf allgemeine topologische Räume übertragen kann; vgl. dazu P. Billingsley „Convergence of Probability Measures"; Wiley 1968.

Zusammen mit (7.6) ergibt sich aus (7.9) unmittelbar:

(7.11) Korollar

Sind $X_n, n \in \mathbb{N}_0$, (reellwertige) Zufallsgrößen mit $X_n \underset{n.W.}{\to} X_0$, so gilt

$$\lim_{n \to \infty} \int_{\mathbb{R}^1} f dP^{X_n} = \int_{\mathbb{R}^1} f dP^{X_0} \qquad \forall f \in \mathcal{C}_0^b(\mathbb{R}^1).$$

7.2 Der Stetigkeitssatz für charakteristische Funktionen

Wendet man den Satz (7.9) insbesondere auf die durch

$$f(x) := \cos(\langle t, x \rangle) \quad \text{bzw.} \quad g(x) := \sin(\langle t, x \rangle), \ t \in \mathbb{R}^k,$$

definierten Funktionen f und g an, so erhält man

(7.12) Korollar

    a) *Es seien $P_n, n \in \mathbb{N}_0$, W-Verteilungen über $(\mathbb{R}^k, \mathbb{B}^k)$ mit*
       $P_n \underset{(V)}{\to} P_0$. *Dann gilt für die zugehörigen Fouriertransformierten*

$$\varphi_{P_n}(t) \to \varphi_{P_0}(t) \qquad \text{für alle } t \in \mathbb{R}^k.$$

    b) *$X_n, n \in \mathbb{N}_0$, seien k-dimensionale Zufallsvektoren mit $X_n \underset{(V)}{\to} X_0$.*
       Dann gilt für die zugehörigen charakteristischen Funktionen

$$\varphi_{X_n}(t) \to \varphi_{X_0}(t) \qquad \text{für alle } t \in \mathbb{R}^k.$$

Hier taucht sofort die Frage auf, ob man auch umgekehrt aus der Konvergenz der charakteristischen Funktionen auf die Verteilungskonvergenz der entsprechenden W-Maße schließen kann. Um diese Frage (mit dem Stetigkeitssatz) beantworten zu können, benötigen wir noch einige Hilfsmittel: Durch

$$\rho_0(r, s) := \frac{|r - s|}{1 + |r - s|}, \quad r, s \in \mathbb{R}^1$$

wird eine Metrik $\rho_0 : \mathbb{R}^1 \times \mathbb{R}^1 \to \mathbb{R}^1$ definiert, welche dieselbe Topologie wie die gewöhnliche euklidische Metrik induziert. Daher liefert

$$\rho(x, y) := \sum_{j=1}^{\infty} \rho_0(x_j, y_j) 2^{-j}, \quad \begin{array}{l} x = (x_1, x_2, \ldots) \\ y = (y_1, y_2, \ldots) \end{array}$$

eine Metrik ρ auf $\mathbb{R}^{\mathbb{N}}$. Dabei gilt für Folgen $(x^{(n)})_{n \in \mathbb{N}}$ mit $x^{(n)} \in \mathbb{R}^{\mathbb{N}}$, $n \in \mathbb{N}$, und $x \in \mathbb{R}^{\mathbb{N}}$

$$\lim_{n \to \infty} x^{(n)} = x \Leftrightarrow \lim_{n \to \infty} x_j^{(n)} = x_j \qquad \text{für alle } j \in \mathbb{N}$$

(wobei $\lim_{n \to \infty} x_j^{(n)} = x_j$ bedeutet $\lim_{n \to \infty} \rho_0(x_j^{(n)}, x_j) = 0$ bzw. äquivalent $\lim_{n \to \infty} |x_j^{(n)} - x_j| = 0$).

(7.13) Lemma

Es sei $A \subset \mathbb{R}^{\mathbb{N}}$. A besitzt genau dann einen kompakten Abschluß[1] (bzgl. ρ), wenn die Mengen $\{x_j : x \in A\} \subset \mathbb{R}^1$ für alle $j \in \mathbb{N}$ beschränkt sind.

Beweis der (besonders interessanten) Richtung „$\Leftarrow$" mit Hilfe des in der Mathematik häufig auftretenden „Diagonalverfahrens": Es sei $(x^{(n)})_{n \in \mathbb{N}}$ eine Folge mit $x^{(n)} \in A$ für alle $n \in \mathbb{N}$; es ist zu zeigen, daß eine Teilfolge $(x^{(m_i)})_{i \in \mathbb{N}}$ und ein $x \in \mathbb{R}^{\mathbb{N}}$ (das dann notwendig zu $\overline{A}$ gehört) existieren mit $\lim_{i \to \infty} x^{(m_i)} = x$. Da $\{x_1 : x \in A\}$ beschränkt ist, gibt es eine aufsteigende Folge $(n_{1i})_{i \in \mathbb{N}}$ natürlicher Zahlen, so daß $x_1 := \lim_{i \to \infty} x_1^{(n_{1i})}$ existiert. Da auch $\{x_2 : x \in A\}$ beschränkt ist, gibt es eine Teilfolge $(n_{2i})_{i \in \mathbb{N}}$ von (n_{1i}), so daß $x_2 := \lim_{i \to \infty} x_2^{(n_{2i})}$ existiert usw.. Allgemein erhält man im j-ten Schritt eine Teilfolge $(n_{j,i})_{i \in \mathbb{N}}$ von $(n_{j-1,i})_{i \in \mathbb{N}}$, so daß

$$x_j = \lim_{i \to \infty} x_j^{(n_{j,i})}$$

existiert und somit insgesamt ein Schema

$$
\begin{array}{llll}
n_{1,1} & n_{1,2} & n_{1,3}, \dots \\
n_{2,1} & n_{2,2} & n_{2,3}, \dots \\
\dots
\end{array}
$$

natürlicher Zahlen. Setzt man nun

$$m_i := n_{ii} \quad \text{und} \quad x := (x_1, x_2, \dots) \in \mathbb{R}^{\mathbb{N}},$$

so ist $(x^{(m_i)})_{i \in \mathbb{N}}$ eine Teilfolge von $(x^{(n)})_{n \in \mathbb{N}}$, wobei für beliebiges $j \in \mathbb{N}$ die Folge $(m_j, m_{j+1}, \dots)$ eine Teilfolge von $(n_{j,i})_{i \in \mathbb{N}}$ ist, so daß

$$\lim_{i \to \infty} x_j^{(m_i)} = x_j.$$

Also gilt $\lim_{i \to \infty} x^{(m_i)} = x$.

„$\Rightarrow$": Es gebe ein j_0, so daß $\{x_{j_0} : x \in A\}$ unbeschränkt ist; d.h. es gebe eine Folge $(x^{(n)})_{n \in \mathbb{N}}$ mit $x^{(n)} \in A$ und $|x_{j_0}^{(n)}| \to \infty$, wobei man o.B.d.A. $|x_{j_0}^{(n+1)}| \geq |x_{j_0}^{(n)}| + 1 \; \forall n \in \mathbb{N}$ annehmen kann. Zu $x^{(n)}$ gibt es keine konvergente Teilfolge, da es kein $x_{j_0} \in \mathbb{R}$ gibt mit $\lim_{i \to \infty} x_{j_0}^{(n_i)} = x_{j_0}$ für eine

---

[1]Bei metrischen Räumen stimmen Folgen- und Überdeckungskompaktheit überein.

geeignete Teilfolge $(n_i)_{i\in\mathbb{N}}$. Also ist $\overline{A}$ im Widerspruch zur Voraussetzung nicht kompakt. $\qquad\square$

In Verallgemeinerung von (3.35) sei bezeichnet:

(7.14) Definition

Für $F : \mathbb{R}^k \to \mathbb{R}, x \in \mathbb{R}^k$, $I = \{i_1,\ldots,i_m\} \subset \{1,\ldots,k\}$ mit $1 \le i_1 < \ldots < i_m \le k$, $h \in \mathbb{R}^k$ mit $h_i = 0$ für alle $i \notin I$ sei

$$\triangle I_x^{x+h}(F) := F(x_1 + h_1,\ldots,x_k + h_k) +$$

$$+ \sum_{j=1}^{m}(-1)^j \sum_{\substack{1\le\ell_1<\ldots<\ell_j\le k: \\ \ell_i\in I}} F(x_1 + (1 - 1_{\{\ell_1,\ldots,\ell_j\}}(1))h_1,\ldots,$$

$$x_k + (1 - 1_{\{\ell_1,\ldots,\ell_j\}}(k))h_k)$$

(m-dimensionale Differenz).

Die Interpretation entspricht derjenigen von (3.35); analog zu (3.37) gilt für Verteilungsfunktionen $\triangle I_x^{x+h}(F) \ge 0$ für alle $I \subset \{1,\ldots,k\}$.

(7.15) Satz (von Helly)

Es sei $(F_n)_{n\in\mathbb{N}}$ eine Folge von k-dimensionalen Verteilungsfunktionen. Dann existieren eine Teilfolge $(F_{n_j})_{j\in\mathbb{N}}$ und eine Funktion $F:\mathbb{R}^k \to \mathbb{R}^1$ mit den Eigenschaften

(i) *F ist „rechtsseitig" stetig.*

(ii) *Für alle $x \in \mathbb{R}^k$, $I \subset \{1,\ldots,k\}$, $h \in \mathbb{R}^k$ mit $h \ge 0$ und $h_i = 0 \;\forall i \notin I$ gilt*

$$\triangle I_x^{x+h}(F) \ge 0.$$

(iii) *$0 \le F(x) \le 1 \;\;\forall x \in \mathbb{R}^k$ und*

$$\lim_{j\to\infty} F_{n_j}(x) = F(x) \qquad \forall x \in C(F).$$

Beweis: Es sei $\{r_1, r_2, \ldots\}$ eine Abzählung von $\mathbb{Q}^k$. Da für jedes $n \in \mathbb{N}$

$$(F_n(r_1), F_n(r_2), \ldots) \in \mathbb{R}^{\mathbb{N}}$$

und $0 \le F_n(x) \le 1 \;\;\forall x \in \mathbb{R}^k$, existiert nach (7.13) eine aufsteigende Folge $(n_j)_{j\in\mathbb{N}}$ natürlicher Zahlen und ein $(y_1, y_2, \ldots) \in \mathbb{R}^{\mathbb{N}}$ mit

$$\lim_{j\to\infty}(F_{n_j}(r_1), F_{n_j}(r_2), \ldots) = (y_1, y_2 \ldots)$$

(im Sinne der ρ-Norm). Definiert man also $F_0 : \mathbb{Q}^k \to \mathbb{R}$ durch

$$F_0(r_i) := y_i,$$

so bedeutet dies

$$\lim_{j \to \infty} F_{n_j}(r) = F_0(r) \qquad \forall r \in \mathbb{Q}^k.$$

Dabei gilt, da die F_n Verteilungsfunktionen sind,

$$0 \le F_0(r) \le 1 \qquad \forall r \in \mathbb{Q}^k,$$
F_0 ist monoton nicht-fallend
$$\triangle I_x^{x+h}(F_0) \ge 0 \text{ für alle } I \subset \{1, \dots, k\}, \ x, h \in \mathbb{Q}^k, h \ge 0.$$

Behauptung: $F(x) := \inf\{F_0(r) : r \in \mathbb{Q}^k, r > x\}$, $x \in \mathbb{R}^k$ besitzt die gewünschten Eigenschaften.

(i)   Zu $x \in \mathbb{R}^k$ und beliebigem $\varepsilon > 0$ gibt es ein $s \in \mathbb{Q}^k$ mit $F(x) \le F_0(s) < F(x) + \varepsilon$. Für alle y mit $x \le y < s$ gilt dann

$$F(y) = \inf\{F_0(r) : r \in \mathbb{Q}^k, \ r > y\} \ge F(x)$$

und $F(y) \le F_0(s)$, da F_0 monoton nicht-fallend ist. Insgesamt gilt also

$$F(x) \le F(y) < F(x) + \varepsilon,$$

daher ist F „rechtsseitig" stetig.

(ii) Die Eigenschaft $\triangle I_x^{x+h}(F) \ge 0$ $\ \forall I \subset \{1, \dots, k\}$, $\forall x, h \in \mathbb{R}^k$ mit $h \ge 0$, $h_i = 0 \ \forall i \notin I$, ergibt sich sofort aus der entsprechenden Eigenschaft der Funktion F_0, denn für eine monoton fallende Folge $(r_n)_{n \in \mathbb{N}}$ mit $r_n \in \mathbb{Q}^k \ \forall n \in \mathbb{N}$ und $\lim_{n \to \infty} r_n = x$ gilt nach (i)

$$F(x) = \lim_{n \to \infty} F_0(r_n).$$

(iii) Ebenso folgt $0 \le F(x) \le 1 \ \forall x \in \mathbb{R}^k$ aus $0 \le F_0(r) \le 1 \ \forall r \in \mathbb{Q}^k$. Es seien nun $x \in C(F)$ und $\varepsilon > 0$ beliebig. Dann gibt es Punkte $s_1, s_2 \in \mathbb{Q}^k$ mit $s_1 < x < s_2$ und

$$F(x) - \varepsilon < F_0(s_1) \le F_0(s_2) < F(x) + \varepsilon.$$

Dabei gilt für alle $j \in \mathbb{N}$

$$F_{n_j}(s_1) \le F_{n_j}(x) \le F_{n_j}(s_2).$$

Also folgt

$$F(x) - \varepsilon < \lim_{j \to \infty} F_{n_j}(s_1) \leq \liminf_{j \to \infty} F_{n_j}(x) \leq$$

$$\leq \limsup_{j \to \infty} F_{n_j}(x) \leq \lim_{j \to \infty} F_{n_j}(s_2) < F(x) + \varepsilon;$$

da $\varepsilon > 0$ beliebig ist, ergibt dies die Behauptung. $\qquad\square$

(7.16) Lemma

Für die im Beweis zu (7.15) konstruierte Funktion F gilt: $C(F)$ liegt dicht in $\mathbb{R}^k$.

Beweis: a) Für $j \in \{1, \ldots, k\}$ sei

$$D_j := \{y \in \mathbb{R}^1 : \exists(x_1, \ldots, x_{j-1}, x_{j+1}, \ldots, x_k) \in \mathbb{R}^{k-1} :$$

$$\lim_{\varepsilon \downarrow 0} F(x_1, \ldots, x_{j-1}, y - \varepsilon, x_{j+1}, \ldots, x_k) \neq F(x_1, \ldots, y, \ldots, x_k)\}.$$

Behauptung: D_j ist abzählbar.

Beweis nur für $j = 1$ (aus schreibtechnischen Gründen): Zu $y \in D_1$ existieren ein $(x_2, \ldots, x_k) \in \mathbb{R}^{k-1}$ und ein $\delta > 0$ mit

$$F(y, x_2, \ldots, x_k) - F(y - \varepsilon, x_2, \ldots, x_k) \geq \delta \qquad \forall \varepsilon > 0.$$

Für beliebiges, aber festes $\varepsilon > 0$ sei

$$G(x_2, \ldots, x_k) := F(y, x_2, \ldots, x_k) - F(y - \varepsilon, x_2, \ldots, x_k).$$

Wegen

$$G(x_2, \ldots, x_j + h, \ldots, x_k) - G(x_2, \ldots, x_j, \ldots, x_k) =$$

$$= \triangle\{1, j\} \begin{matrix} y, x_2, \ldots, x_j + h, \ldots, x_k \\ y - \varepsilon, x_2, \ldots, x_j, \ldots, x_k \end{matrix} \, F \geq 0$$

ist G in allen Komponenten monoton nicht-fallend. Daher folgt

$$\lim_{(x_2, \ldots, x_k) \to (\infty, \ldots, \infty)} (F(y, x_2, \ldots, x_k) - F(y - \varepsilon, x_2, \ldots, x_k)) \geq \delta \qquad \forall \varepsilon > 0,$$

d.h. an der Stelle y liegt eine Sprungstelle der monoton nicht-fallenden, beschränkten Funktion

$$x_1 \mapsto \lim_{(x_2, \ldots, x_k) \to (\infty, \ldots, \infty)} F(x_1, x_2, \ldots, x_k)$$

vor. Es kann aber nur abzählbar viele solcher Stellen geben.

b) Es sei $x = (x_1, \ldots, x_k) \in \mathrm{I\!R}^k$ mit $x_j \notin D_j \ \forall 1 \leq j \leq k$.

Behauptung: Es gilt $x \in C(F)$.
Da $x_j \notin D_j$ für alle $1 \leq j \leq k$, gilt

$$F(x) = \lim_{t_k \to 0}(\ldots(\lim_{t_1 \to 0} F(x_1 + t_1, \ldots, x_k + t_k))\ldots).$$

Also existieren zu beliebigem $\varepsilon > 0$

$$h = (h_1, \ldots, h_k) > 0 \quad \text{und} \quad \hat{h} = (\hat{h}_1, \ldots, \hat{h}_k) > 0$$

mit

$$F(x + h) < F(x) + \varepsilon \quad \text{und} \quad F(x - \hat{h}) > F(x) - \varepsilon.$$

Für $y \in \mathrm{I\!R}^k$ mit $x - \hat{h} < y < x + h$ folgt dann wegen der Monotonie von F

$$F(x) - \varepsilon < F(y) < F(x) + \varepsilon,$$

d.h. $x \in C(F)$.
Aus a) und b) ergibt sich die Behauptung. $\qquad\qquad\qquad\qquad\square$

Mit diesen Aussagen sind nun alle Hilfsmittel bereitgestellt, die zur „Umkehrung" von (7.12) benötigt werden:

(7.17) Satz (Stetigkeitssatz)
Es seien $(P_n)_{n\in\mathrm{I\!N}}$ eine Folge von W-Verteilungen über $(\mathrm{I\!R}^k, \mathrm{I\!B}^k)$ und $(\varphi_n)_{n\in\mathrm{I\!N}}$ die Folge der zugehörigen Fouriertransformierten. Dann gilt: $(P_n)_{n\in\mathrm{I\!N}}$ konvergiert genau dann nach Verteilung gegen eine W-Verteilung P_0, wenn die Folge $(\varphi_n)_{n\in\mathrm{I\!N}}$ gegen eine Funktion φ_0 konvergiert, die an der Stelle 0 stetig ist. φ_0 ist dann die Fourier-transformierte von P_0.

Beweis: a) Die Aussage

$$P_n \underset{(V)}{\to} P_0 \Rightarrow \varphi_n \to \varphi_0$$

war gerade Inhalt des Korollars (7.12) zum Portmanteau-Theorem (7.9); φ_0 ist nach (6.19) überall – also insbesondere auch für $t = 0$ – stetig.

b) Die Folge $(\varphi_n)_{n\in\mathrm{I\!N}}$ konvergiere (für alle $t \in \mathrm{I\!R}^k$) gegen eine Funktion

φ_0, die stetig in 0 ist; $(F_n)_{n \in \mathbb{N}}$ sei die Folge der zugehörigen Verteilungs-funktionen.

Behauptung: Zu beliebigem $\varepsilon > 0$ existiert eine kompakte Menge $K \subset \mathbb{R}^k$ mit

$$P_n(K) \geq 1 - \varepsilon \qquad \forall n \in \mathbb{N}.$$

(Diese Eigenschaft nennt man *Straffheit* der Menge $\{P_n : n \in \mathbb{N}\}$).

Zum Beweis genügt es zu zeigen, daß die Mengen $\{P_n^{\pi_j}, n \in \mathbb{N}\}$ der eindimensionalen Marginalmaße jeweils straff sind, d.h. zu $\varepsilon > 0$ und $i \in \{1, \ldots, k\}$ kompakte Mengen $K_i \subset \mathbb{R}^1$ existieren mit

$$P_n^{\pi_i}(K_i) \geq 1 - \varepsilon \qquad \forall n \in \mathbb{N}$$

(π_i Projektion auf die i-te Komponente); dann gilt nämlich

$$P_n(K_1 \times \ldots \times K_k) = P_n(\bigcap_{i=1}^{k} \pi_i^{-1}(K_i)) \geq 1 - k \cdot \varepsilon.$$

Von den Fouriertransformierten der Marginalmaße $P_n^{\pi_i}$ weiß man (s. (6.28))

$$\varphi_{P_n^{\pi_i}}(t) = \varphi_n(0, \ldots, 0, t, 0, \ldots, 0) \xrightarrow[n \to \infty]{} \varphi_0(0, \ldots, 0, t, 0, \ldots, 0),$$

wobei die Abbildung

$$t \to \varphi_0(0, \ldots, 0, t, 0, \ldots, 0)$$

nach Voraussetzung in 0 stetig ist. Es genügt also, die (Zwischen-)Behauptung für den Fall $k = 1$ zu beweisen.

Es sei $\varepsilon > 0$ vorgegeben. Da $\varphi_0(0) = \lim_{n \to \infty} \varphi_n(0) = 1$ und φ_0 im Nullpunkt stetig ist, existiert ein $\delta > 0$ mit

$$\frac{1}{\delta} \int_{[-\delta;\delta]} |1 - \varphi_0(t)| \, d\lambda(t) < \frac{\varepsilon}{2}.$$

Nach dem Satz von der majorisierten Konvergenz (A.86) gibt es also ein $n_0 \in \mathbb{N}$, so daß

$$\frac{1}{\delta} \int_{[-\delta;\delta]} |1 - \varphi_n(t)| \, d\lambda(t) < \varepsilon \qquad \text{für alle } n \geq n_0.$$

Daraufhin ergibt sich wegen

$$\frac{1}{\delta}\int_{[-\delta;\delta]}(1-\varphi_n(t))d\lambda(t) \underset{(A.99)}{=}$$

$$= \int_{\mathrm{IR}^1}(\frac{1}{\delta}\int_{[-\delta;\delta]}(1-e^{itx})d\lambda(t))dP_n(x)$$

$$= \int_{\mathrm{IR}^1}(2-\frac{2}{x}\frac{\sin\delta x}{\delta})dP_n(x)$$

$$\geq 2\int_{\{x:|x|>\frac{2}{\delta}\}}(1-\frac{1}{|x\delta|})dP_n(x)$$

$$\geq P_n(\{x\in\mathrm{IR}^1:|x|>\frac{2}{\delta}\}),$$

daß für $K':=[-\frac{2}{\delta};\frac{2}{\delta}]$ gilt

$$P_n(K')=1-P_n(\{x\in\mathrm{IR}^1:|x|>\frac{2}{\delta}\})>1-\varepsilon \qquad \text{für alle } n\geq n_0.$$

Durch (evtl.) Vergrößerung von K' zu einem abgeschlossenen Intervall K läßt sich $P_n(K)>1-\varepsilon$ dann auch noch für die (endlich vielen) $n<n_0$ erreichen.

Mit dieser (Hilfs-)Aussage kann man nun den Beweis von Satz (7.17) erbringen: Nach (7.15) (Satz von Helly) existiert zu $(F_n)_{n\in\mathrm{IN}}$ eine Teilfolge $(F_{n_j})_{j\in\mathrm{IN}}$ und eine Funktion $F_0:\mathrm{IR}^k\to[0;1]$, die „rechtsseitig" stetig und rechtecks-monoton ist mit

$$\lim_{j\to\infty}F_{n_j}(x)=F_0(x) \qquad \forall x\in C(F_0).$$

Zum Nachweis, daß F_0 eine Verteilungsfunktion ist, hat man (s. (3.38))

$$\lim_{x\to(\infty,...,\infty)}F_0(x)=1$$

und

$$\lim_{x_i\to-\infty}F_0(x_1,\ldots,x_n)=0 \quad \forall(x_1,\ldots,x_{i-1},x_{i+1},\ldots,x_k)\in\mathrm{IR}^{k-1},1\leq i\leq k,$$

zu zeigen. Dazu sei $\varepsilon>0$ beliebig vorgegeben. Nach der obigen Zwischenbehauptung existiert eine kompakte Menge $K\subset\mathrm{IR}^k$ mit $P_n(K)\geq 1-\varepsilon$ für alle $n\in\mathrm{IN}$. Nach (7.16) gibt es ein $z\in C(F_0)$ mit $K\subset\{x\in\mathrm{IR}^k:x\leq z\}$ und somit

$$F_{n_j}(z)\geq 1-\varepsilon \qquad \forall j\in\mathrm{IN}$$

sowie $F_0(z)=\lim_{j\to\infty}F_{n_j}(z)\geq 1-\varepsilon$. Also gilt

$$F_0(x) \geq 1 - \varepsilon \qquad \text{für alle } x \in \mathbb{R}^k \text{ mit } x \geq z$$

und daher

$$\lim_{x \to (\infty, \dots, \infty)} F_0(x) = 1.$$

Analog folgt aus der Existenz von $z = (z_1, \dots, z_k) \in C(F_0)$ mit

$$K^c \supset \{x = (x_1, \dots, x_k) \in \mathbb{R}^k : x_i \leq z_i\} =: A_i,$$

daß $F_0(x) \leq \varepsilon \; \forall x \in A_i$, $1 \leq i \leq k$, und somit die zweite Eigenschaft.

Für die nach dem Korrespondenzsatz (3.38) zu F_0 gehörige W-Verteilung P_0 gilt also

$$P_{n_j} \underset{(V)}{\to} P_0.$$

Nach dem ersten Teil des Satzes gilt dabei

$$\varphi_0(t) = \lim_{n \to \infty} \varphi_n(t) = \lim_{n_j \to \infty} \varphi_{n_j}(t) = \varphi_{P_0}(t) \qquad \text{für alle } t \in \mathbb{R}^k;$$

insbesondere ist also φ_0 die Fouriertransformierte von P_0. Dann folgt aber aus dem Eindeutigkeitssatz (6.23), daß auch jede andere konvergente Teilfolge von $(F_n)_{n \in \mathbb{N}}$ für alle $x \in C(F_0)$ gegen F_0 konvergiert, d.h. (wegen der Beschränktheit von F_n)

$$\lim_{n \to \infty} F_n(x) = F_0(x) \qquad \text{für alle } x \in C(F)$$

und somit

$$P_n \underset{(V)}{\to} P_0. \qquad\qquad \square$$

Bevor dieser Stetigkeitssatz angewandt wird, seien noch einige Anmerkungen gemacht:

(7.18) Korollar

> $(\varphi_n)_{n \in \mathbb{N}}$ *sei eine Folge von Fouriertransformierten (vgl. Anmerkung (6.20)). Falls diese Folge für jedes $t \in \mathbb{R}^k$ gegen eine Grenzfunktion φ_0 konvergiert, die an der Stelle $t = 0$ stetig ist, so ist φ_0 auch eine Fouriertransformierte.*

Daß die Stetigkeit an der Stelle 0 ganz wesentlich für die Aussage von (7.17) ist – und zwar dafür, daß bei dem Grenzübergang $n \to \infty$ keine W-Masse verloren geht –, zeigt das folgende Beispiel:

(7.19) Beispiel

Es sei $(\varphi_n)_{n\in\mathbb{N}}$ die Folge der Fouriertransformierten der Rechteckverteilungen $\mathcal{R}(-n,n)$, d.h. nach (6.17)

$$\varphi_n(t) = \begin{cases} \sin(nt)/nt & t \neq 0 \\ & \text{für} \\ 1 & t = 0 \end{cases} \quad .$$

Dann gilt

$$\lim_{n\to\infty} \varphi_n(t) = \begin{cases} 0 & t \neq 0 \\ & \text{für} \\ 1 & t = 0 \end{cases} \quad ;$$

die Grenzfunktion ist also an der Stelle 0 unstetig. Tatsächlich gilt

$$\lim_{n\to\infty} F_n(x) = \lim_{n\to\infty} \left\{ \begin{array}{ll} 0 & x \leq -n \\ \frac{n+x}{2n} & \text{für} \quad -n \leq x \leq n \\ 1 & x \geq n \end{array} \right\} = \frac{1}{2} \quad \forall x \in \mathbb{R}^1,$$

d.h. die halbe W-Masse „verschwindet" nach ∞, die andere Hälfte nach $-\infty$. Nach (7.12) kann es keine Folge $(\varphi_n)_{n\in\mathbb{N}}$ von Fouriertransformierten geben, für die $\lim_{n\to\infty}\varphi_n$ in 0 unstetig ist und dennoch für die zugehörigen Verteilungsfunktionen F_n gilt $\lim_{n\to\infty} F_n(x) = F(x)\ \forall x \in C(F)$, wobei F eine Verteilungsfunktion ist. $\qquad\square$

Schließlich läßt sich mit Hilfe von (7.17) der Nachweis der Verteilungskonvergenz von Zufallsvektoren auf diejenigen von reellwertigen Zufallsgrößen zurückführen:

(7.20) Satz (Cramér-Wold)

Es sei $(X_n)_{n\in\mathbb{N}_0}$ eine Folge von k-dimensionalen Zufallsvektoren. Dann gilt $P^{X_n} \underset{(V)}{\to} P^{X_0}$ genau dann, wenn

$$P^{\langle c, X_n\rangle} \underset{(V)}{\to} P^{\langle c, X_0\rangle} \quad \textit{für alle } c \in \mathbb{R}^k \ \textit{mit } |c| = 1.$$

Beweis (vgl. den Beweis zu (6.34)):

„$\Leftarrow$": Für $t \in \mathbb{R}^k\backslash\{0\}$ und $c := t/|t|$ erhält man

$$\varphi_{X_n}(t) = \varphi_{X_n}(|t|c) = \varphi_{\langle c, X_n\rangle}(|t|) \underset{(\text{Vor.})}{\to} \varphi_{\langle c, X_0\rangle}(|t|) = \varphi_{X_0}(t);$$

wegen $\varphi_{X_n}(0) = 1 = \varphi_{X_0}(0)$ gilt also insgesamt

$$\varphi_{X_n}(t) \to \varphi_{X_0}(t) \qquad \text{für alle } t \in \mathbb{R}^k;$$

aus (7.17) folgt somit $P^{X_n} \underset{(V)}{\to} P^{X_0}$.

„$\Rightarrow$": Für die Abbildung $X \mapsto \langle c, X \rangle$ mit $c \in \mathbb{R}^k$ gilt für alle $t \in \mathbb{R}^1$ wegen $t \langle c, X \rangle = \langle tc, X \rangle$ entsprechend (6.18)

$$\varphi_{\langle c, X_n \rangle}(t) = \varphi_{X_n}(tc) \underset{(\text{Vor.})}{\to} \varphi_{X_0}(tc) = \varphi_{\langle c, X_0 \rangle}(t),$$

also nach (7.18)

$$P^{\langle c, X_n \rangle} \underset{(V)}{\to} P^{\langle c, X_0 \rangle} \qquad \text{für alle } c \in \mathbb{R}^k,$$

(insbesondere also für alle $c \in \mathbb{R}^k$ mit $|c| = 1$). $\square$

7.3 Der Grenzwertsatz von Lindeberg/Levy

Als erste Anwendungen des Stetigkeitssatzes (7.17) seien einige einfache Konvergenzaussagen gemacht, die weitreichende Konsequenzen haben:

(7.21) Satz (Satz von Lindeberg/Levy für k-dim. Zufallsvektoren)
Es seien $X_n, n \in \mathbb{N}$, stochastisch unabhängige k-dimensionale Zufallsvektoren mit derselben Verteilung, für die Erwartungsvektor a und Kovarianzmatrix Σ existieren. Dann gilt

$$P^{\sqrt{n}(\overline{X}_{(n)} - a)} \underset{(V)}{\to} \mathcal{N}(0, \Sigma).$$

Beweis: Für $t \in \mathbb{R}^k$ gilt

$$\varphi_{\sqrt{n}(\overline{X}_{(n)} - a)}(t) = \varphi_{\sum_{j=1}^n (X_j - a)}(t/\sqrt{n})$$

$$\underset{(6.22)}{=} \prod_{j=1}^n \varphi_{(X_j - a)}(t/\sqrt{n})$$

$$\underset{(6.35)\text{b})}{=} (1 - \frac{1}{2n} t \Sigma t^T + r_2(t/\sqrt{n}))^n$$

$$\text{mit} \quad \lim_{t/\sqrt{n} \to 0} \frac{r_2(t/\sqrt{n})}{|t|^2/n} = 0.$$

Wegen

$$\lim_{n\to\infty} (1 - \frac{1}{2n}t\Sigma t^T + r_2(t/\sqrt{n}))^n = \exp(-\frac{1}{2}t\Sigma t^T)$$

folgt also

$$\lim_{n\to\infty} \varphi_{\sqrt{n}(\overline{X}_{(n)}-a)}(t) = \exp(-\frac{1}{2}t\Sigma t^T) \qquad \forall t \in \mathbb{R}^k;$$

dies ist aber nach (6.36)/(6.37) gerade die Fouriertransformierte der $\mathcal{N}(0,\Sigma)$-Verteilung. Der Stetigkeitssatz (7.17) liefert also die Behauptung. $\qquad\square$

Der Spezialfall $k = 1$ dieses Satzes gibt nun auch eine erste Begründung für das „Erfahrungsgesetz" (1.3), daß die Gaußsche „Glockenkurve" häufig zumindest näherungsweise bei Zufallsexperimenten auftritt, bei denen sich etliche unabhängige kleine Wirkungen zu einem Gesamteffekt kumulieren. Insbesondere erhalten wir eine Erklärung dafür, warum die Normalverteilung in den Anwendungen (Physik, Biologie, Ökonometrie, Psychologie usw.) so häufig verwendet bzw. unterstellt wird[2]: In der Natur akkumulieren sich häufig viele kleine zufällige Effekte zu einer Gesamtwirkung. Wenn die einzelnen Effekte dabei unabhängig voneinander, gleichartig und ohne systematische Verzerrung sind, so gilt nach (7.21), daß

$$\sum_{j=1}^{n} X_j/\sqrt{n}$$

approximativ $\mathcal{N}(0,\sigma^2)$-verteilt ist.

Als unmittelbare Folgerung aus (7.21) erhalten wir die „älteste" Aussage über Verteilungskonvergenz:

(7.22) Korollar (Satz von de Moivre/Laplace)
Es seien $X_n, n \in \mathbb{N}$, stochastisch unabhängige, $\mathcal{B}(1,p)$-verteilte Zufallsgrößen. Dann gilt

$$P^{\sqrt{n}(\overline{X}_{(n)}-p)} \xrightarrow[(V)]{} \mathcal{N}(0,p(1-p)).$$

---

[2]Morgenstern (l.c. S. 55): „Mathematiker sehen das Auftreten der Normalverteilung als Naturgesetz an, während die Physiker glauben, daß ihr Erscheinen von den Mathematikern bewiesen sei."

Die Aussage des Satzes von de Moivre-Laplace wird häufig dazu benutzt, die $\mathcal{B}(n,p)$-Verteilung für große n zu approximieren: Besitzt X eine $\mathcal{B}(n,p)$-Verteilung, so ist

$$\frac{X - np}{\sqrt{np(1-p)}} = \frac{X - EX}{\sqrt{Var\, X}}$$

wegen $\mathcal{B}(n,p) = \underset{j=1}{\overset{n}{*}}\, \mathcal{B}(1,p)$ näherungsweise $\mathcal{N}(0,1)$-verteilt.

Als weitere Folgerung aus dem Stetigkeitssatz (7.17) sei vermerkt:

(7.23) Satz
$(X_n)_{n\in\mathbb{N}}$ *sei eine Folge von Zufallsgrößen mit* $P^{X_n} = \mathcal{P}(a_n)$, *wobei* $a_n \underset{n\to\infty}{\longrightarrow} \infty$. *Dann gilt*

$$P^{(X_n - a_n)/\sqrt{a_n}} \underset{(V)}{\longrightarrow} \mathcal{N}(0,1).$$

Beweis: Nach (6.16)c) gilt $\varphi_{X_n}(t) = \exp(a_n(e^{it}-1))$; daher folgt nach (6.18)

$$\begin{aligned}
\varphi_{(X_n - a_n)/\sqrt{a_n}}(t) &= e^{-it\sqrt{a_n}} e^{a_n(e^{it/\sqrt{a_n}}-1)} \\
&= \exp(a_n(e^{it/\sqrt{a_n}} - 1 - it/\sqrt{a_n})) \underset{n\to\infty}{\longrightarrow} e^{-t^2/2};
\end{aligned}$$

der Stetigkeitssatz (7.17) liefert wieder die Behauptung. $\qquad\square$

Dieser Satz gibt die Möglichkeit, die Poisson-Verteilung für große Parameterwerte durch eine Normalverteilung zu approximieren.

7.4 Der zentrale Grenzwertsatz

Der Satz von Lindeberg/Levy machte eine Konvergenzaussage für *identisch* verteilte Zufallsgrößen X_n. Unser nächstes Ziel ist ein Grenzwertsatz, der diese für die Anwendungen sehr restriktive Voraussetzung abschwächt.

Es seien also $X_n, n \in \mathbb{N}$, stochastisch unabhängige Zufallsgrößen mit existierenden Varianzen, die nicht alle gleich 0 sind; zur Vereinfachung der folgenden Formulierungen benutzen wir in diesem Abschnitt die Abkürzungen:

(7.24) Bezeichnungen

$$a_n \; := \; EX_n, \qquad \sigma_n^2 := Var\, X_n$$

$$\tau_n^2 \; := \; \sum_{j=1}^n \sigma_j^2 \quad (= Var(\sum_{j=1}^n X_j))$$

$$S_n \; := \; \frac{1}{\tau_n} \sum_{j=1}^n (X_j - a_j) \;, \text{falls } \tau_n^2 > 0.$$

Für die *standardisierten Summen* S_n gilt dann also

$$ES_n = 0, \quad Var\, S_n = 1;$$

im Fall gleicher Varianzen σ^2 gilt $\tau_n = \sigma\sqrt{n}$, S_n stimmt daher für identisch verteilte X_n mit dem in (7.21) betrachteten Term $\sqrt{n}(\overline{X}_{(n)} - a)/\sigma$ überein.

Daß die Verteilungen der S_n nicht in jedem Fall gegen eine $\mathcal{N}(0,1)$-Verteilung konvergieren, zeigt das folgende kleine Beispiel:

(7.25) Beispiel

$X_n, n \in \mathbb{N}$, seien stochastisch unabhängige Zufallsgrößen mit

$$P^{X_n} = \frac{1}{2}\delta_{-2^n} + \frac{1}{2}\delta_{2^n},$$

d.h. die X_n nehmen die Werte -2^n und 2^n mit jeweils der Wahrscheinlichkeit $\frac{1}{2}$ an. Dann gilt

$$a_n \; = \; EX_n = 0, \; \sigma_n^2 = Var\, X_n = 2^{2n},$$

$$\tau_n^2 \; = \; \sum_{j=1}^n 2^{2j} = (2^{2(n+1)} - 4)/3$$

und somit

$$\left| \frac{1}{\tau_n} \sum_{j=1}^n (X_j - a_j) \right| \leq \frac{\sqrt{3}}{\sqrt{2^{2(n+1)} - 4}} \sum_{j=1}^n 2^j \leq \sqrt{3};$$

die P^{S_n} können also nicht gegen die $\mathcal{N}(0,1)$-Verteilung konvergieren. $\qquad\square$

Wir wollen nun zeigen, daß auch bei nicht notwendig identisch verteilten X_n die P^{S_n} gegen eine $\mathcal{N}(0,1)$-Verteilung konvergieren, *sofern* jedes einzelne $X_j - a_j$ zur Summe $\sum_{j=1}^n (X_j - a_j)$ nur einen „kleinen", bei großem n in folgendem Sinne unwesentlichen Beitrag leistet:

(7.26) Definition

$X_n, n \in \mathbb{N}$, *seien stochastisch unabhängige Zufallsgrößen mit den induzierten W-Maßen* $P_n = P^{X_n}$. *Die Folge* $(X_n)_{n \in \mathbb{N}}$ *(bzw.* $(P_n)_{n \in \mathbb{N}})$ *erfüllt die* Lindeberg-Bedingung, *wenn für jedes* $\delta > 0$ *gilt*

$$\lim_{n \to \infty} \frac{1}{\tau_n^2} \sum_{j=1}^{n} \int_{\{|x-a_j| \geq \delta \tau_n\}} (x - a_j)^2 dP_j(x) = 0.$$

Zur näheren Erläuterung dieser (recht „technischen") Bedingung bemerken wir zunächst, daß sie eine Bedingung an die Varianzen σ_j^2 impliziert:

(7.27) Lemma

Genügt die Folge $(X_n)_{n \in \mathbb{N}}$ *der Lindeberg-Bedingung, so gilt für* $\rho_n^2 := \max_{1 \leq j \leq n} \sigma_j^2 / \tau_n^2$

$$\lim_{n \to \infty} \rho_n^2 = 0 \qquad \text{(Feller-Bedingung)}.$$

Beweis: Hier und im folgenden wird o.B.d.A. $a_n = 0$ für alle $n \in \mathbb{N}$ vorausgesetzt (es werden ohnehin jeweils $X_n - a_n$ betrachtet). Bei festem n sei $k \in \{1, \ldots, n\}$ ein Index, für den ρ_n^2 angenommen wird:

$$\rho_n^2 = \sigma_k^2 / \tau_n^2.$$

Dann folgt für jedes $\delta > 0$

$$\begin{aligned}
\frac{1}{\tau_n^2} \sum_{j=1}^{n} \int_{\{|x| \geq \delta \tau_n\}} x^2 \, dP_j(x) \;&\geq\; \frac{1}{\tau_n^2} \int_{\{|x| \geq \delta \tau_n\}} x^2 \, dP_k(x) \\
&=\; \frac{1}{\tau_n^2} \left(\sigma_k^2 - \int_{\{|x| < \delta \tau_n\}} x^2 \, dP_k(x) \right) \\
&\geq\; \frac{1}{\tau_n^2} (\sigma_k^2 - \delta^2 \tau_n^2) = \rho_n^2 - \delta^2
\end{aligned}$$

und somit

$$0 \leq \limsup_{n \to \infty} \rho_n^2 \leq \delta^2 + \lim_{n \to \infty} \frac{1}{\tau_n^2} \sum_{j=1}^{n} \int_{\{|x| \geq \delta \tau_n\}} x^2 \, dP_j(x),$$

d.h. $\lim_{n \to \infty} \rho_n^2 = 0$. $\qquad \square$

In unserem Beispiel (7.25) ist die Feller-Bedingung $\lim_{n \to \infty} \rho_n^2 = 0$ verletzt; dort gilt

$$\rho_n^2 = \max_{1 \leq j \leq n} \frac{2^{2j}}{(2^{2(n+1)} - 4)/3} = \frac{3 \cdot 2^{2n}}{(2^{2(n+1)} - 4)} \xrightarrow[n \to \infty]{} \frac{3}{4}.$$

In einem wichtigen Spezialfall gilt auch die Umkehrung von (7.27):

(7.28) Lemma

  $X_n, n \in \mathbb{N}$, *seien stochastisch unabhängige Zufallsgrößen, für die*

$$(X_n - a_n)/\sigma_n$$

jeweils dieselbe Verteilung besitzen. Ist dann die Feller-Bedingung $\lim_{n\to\infty} \rho_n^2 = 0$ *erfüllt, so genügt* $(X_n)_{n\in\mathbb{N}}$ *der Lindeberg-Bedingung.*

Beweis (wobei o.B.d.A. $a_n = 0$) : Q sei die Verteilung der X_j/σ_j. Dann gilt für jedes $\delta > 0$

$$\int_{\{|x|\geq\delta\tau_n\}} x^2\, dP_j(x) \underset{(y=x/\sigma_j)}{=} \sigma_j^2 \int_{\{|y|\geq\delta\tau_n/\sigma_j\}} y^2\, dQ(y)$$

$$\leq \sigma_j^2 \int_{\{|y|\geq\delta/\rho_n\}} y^2\, dQ(y),$$

da $\tau_n/\sigma_j \geq 1/\rho_n$, und somit nach der Definition von τ_n^2

$$0 \leq \frac{1}{\tau_n^2} \sum_{j=1}^n \int_{\{|x|\geq\delta\tau_n\}} x^2\, dP_j(x) \leq \int_{\{|y|\geq\delta/\rho_n\}} y^2\, dQ(y).$$

Aus $\lim_{n\to\infty} \rho_n^2 = 0$ folgt aber (mit dem Satz von der monotonen Konvergenz), daß die rechte Seite dieser Ungleichung gegen 0 strebt. $\quad\square$

Die Lindeberg-Bedingung beinhaltet auch eine Aussage über die $(X_j - a_j)/\tau_n$ selbst: Wegen

$$\delta^2 P(|X_j - a_j| \geq \delta\tau_n) \leq \frac{1}{\tau_n^2} \int_{\{|x-a_j|\geq\delta\tau_n\}} (x - a_j)^2\, dP_j(x)$$

ergibt sich

$$P(\max_{1\leq j\leq n} \frac{|X_j - a_j|}{\tau_n} \geq \delta) = P(\bigcup_{j=1}^n \{\omega \in \Omega : \frac{|X_j(\omega) - a_j|}{\tau_n} \geq \delta\})$$

$$\leq \sum_{j=1}^n P(\frac{|X_j - a_j|}{\tau_n} \geq \delta) \leq \frac{1}{\tau_n^2\delta^2} \sum_{j=1}^n \int_{\{|x-a_j|\geq\delta\tau_n\}} (x - a_j)^2\, dP_j(x)$$

und somit

(7.29) Anmerkung
Aus der Lindeberg-Bedingung folgt

$$\left(\max_{1\le j\le n}\frac{|X_j-a_j|}{\tau_n}\right)_{n\in\mathbb{N}}\xrightarrow[\text{n.W.}]{}0$$

und analog $\max_{1\le j\le n}(X_j-a_j)^2/\tau_n^2\xrightarrow[\text{n.W.}]{}0$.

In diesem Sinne sind dann also bei großem n die einzelnen Summanden $(X_j-a_j)/\tau_n$ gleichmäßig klein, während ihre Summe S_n die Varianz 1 besitzt, d.h. $E(\sum_{j=1}^n(X_j-a_j)^2/\tau_n^2)=1$ erfüllt.

Nach diesen Erläuterungen zur Lindeberg-Bedingung soll nun die Hauptaussage dieses Abschnitts bewiesen werden:

(7.30) Satz (Zentraler Grenzwertsatz)

$(X_n)_{n\in\mathbb{N}}$ sei eine Folge stochastisch unabhängiger Zufallsgrößen mit existierenden Varianzen, die der Lindeberg-Bedingung genügt. Dann konvergiert die Folge der Verteilungen der standardisierten Summen

$$S_n=\frac{1}{\tau_n}\sum_{j=1}^n(X_j-a_j)$$

in Verteilung gegen die $\mathcal{N}(0,1)$-Verteilung: $P^{S_n}\xrightarrow[(V)]{}\mathcal{N}(0,1)$.

Im Beweis benötigen wir eine Abschätzung, von der in §6 bereits ein Spezialfall bewiesen wurde:

(7.31) Lemma

Für alle $k\in\mathbb{N}_0$ und alle $u\in\mathbb{R}^1$ gilt

$$\left|e^{iu}-\sum_{j=0}^k\frac{(iu)^j}{j!}\right|\le\frac{|u|^{k+1}}{(k+1)!}.$$

Beweis (durch Induktion):
a) Der Fall $k=0$, d.h. $|e^{iu}-1|\le|u|$, wurde in (6.29) bewiesen.
b) Gilt die Aussage für $k\in\mathbb{N}_0$, so folgt

$$\left|e^{iu}-\sum_{j=0}^{k+1}\frac{(iu)^j}{j!}\right|=\left|\int_0^u i(e^{ix}-\sum_{j=0}^k\frac{(ix)^j}{j!})dx\right|$$

$$\underset{\text{(Vor.)}}{\le}\int_0^{|u|}\frac{|x|^{k+1}}{(k+1)!}dx=\frac{|u|^{k+2}}{(k+2)!},$$

d.h. sie gilt auch für $k + 1$. $\qquad\qquad\square$

Beweis zu (7.30) (mit $a_n = 0$ für alle $n \in \mathbb{N}$): Es seien $t \in \mathbb{R}^1$, $\delta > 0$ beliebig und

$$Y_j(t) := e^{itX_j} - 1 - itX_j + \frac{t^2 X_j^2}{2}, \quad b_j(t) := e^{-\sigma_j^2 t^2/2} - 1 + \frac{\sigma_j^2 t^2}{2}.$$

Durch Anwendung von (7.31) erhält man

$$|Y_j(t)| \leq \begin{cases} t^2 X_j^2 & (k = 1) \\ |tX_j|^3/6 & (k = 2). \end{cases}$$

Daher folgt

$$|E\ (e^{itX_j/\tau_n}) - e^{-\sigma_j^2 t^2/2\tau_n^2}| = |E\ Y_j(\tfrac{t}{\tau_n}) - b_j(\tfrac{t}{\tau_n})|$$

$$(\star) \qquad \leq E|Y_j(\tfrac{t}{\tau_n})| + (\tfrac{\sigma_j^2 t^2}{2\tau_n^2})^2/2 \qquad \text{(analog zu (7.31))}$$

$$\leq E(\frac{t^2 X_j^2}{\tau_n^2} 1_{\{|X_j|>\delta\tau_n\}} + \left|\frac{tX_j}{\tau_n}\right|^3 1_{\{|X_j|\leq\delta\tau_n\}}) + \sigma_j^4 t^4/8\tau_n^4.$$

Daraufhin erhält man

$$|E\ e^{it\ S_n} - e^{-t^2/2}| =$$

$$= \left| e^{-t^2/2} \sum_{j=1}^{n} E(\exp(\frac{itS_j\tau_j}{\tau_n} + \frac{\tau_j^2 t^2}{2\tau_n^2}) - \exp(\frac{itS_{j-1}\tau_{j-1}}{\tau_n} + \frac{\tau_{j-1}^2 t^2}{2\tau_n^2})) \right|$$

wobei $S_0 := 0 =: \tau_0$ gesetzt wird

$$= \left| e^{-t^2/2} \sum_{j=1}^{n} E(\exp(\frac{itS_{j-1}\tau_{j-1}}{\tau_n} + \frac{\tau_j^2 t^2}{2\tau_n^2})) E(e^{itX_j/\tau_n} - e^{-\sigma_j^2 t^2/2\tau_n^2}) \right|,$$

da S_{j-1} und X_j stochastisch unabhängig sind

$$\leq \sum_{j=1}^{n} \left| E\ e^{itX_j/\tau_n} - e^{-\sigma_j^2 t^2/2\tau_n^2} \right|, \quad \text{da } \tau_j^2/\tau_n^2 \leq 1$$

$$\underset{(\star)}{\leq} \sum_{j=1}^{n} E(\frac{t^2 X_j^2}{\tau_n^2} 1_{\{|X_j|>\delta\tau_n\}} + \delta|t|^3 \frac{X_j^2}{\tau_n^2} 1_{\{|X_j|\leq\delta\tau_n\}}) + t^4 \frac{\sigma_j^2}{\tau_n^2}(\max_{1\leq j\leq n} \frac{\sigma_j}{\tau_n})^2$$

$$\leq \frac{t^2}{\tau_n^2} \sum_{j=1}^{n} \int_{\{|x|>\delta\tau_n\}} x^2\ dP_j(x) + \delta|t|^3 + t^4(\max_{1\leq j\leq n} \frac{\sigma_j}{\tau_n})^2.$$

Für $n \to \infty$ geht der erste Term aufgrund der Lindeberg-Bedingung und der letzte Term wegen (7.27) gegen 0; da $\delta > 0$ beliebig war, folgt somit

$$E\, e^{itS_n} \underset{n \to \infty}{\to} e^{-t^2/2}.$$

Der Stetigkeitssatz (7.17) liefert also (zusammen mit (6.17)b)) die Behauptung. $\qquad\square$

Der zentrale Grenzwertsatz (7.30) liefert eine noch weitreichendere Begründung für das „Erfahrungsgesetz" (1.3), als es der Satz von Lindeberg/ Levy (7.21) bereits tat: Kumulieren sich viele kleine unabhängige Zufallseffekte (nicht notwendig gleichartige!), von denen keiner einen dominierenden Beitrag zur Gesamtvarianz liefert, zu einer Gesamtwirkung, so besitzt diese approximativ eine Normalverteilung.

Als Folgerung von (7.30) sei noch notiert:

(7.32) Anmerkung

Da die Verteilungsfunktion der $\mathcal{N}(0,1)$-Verteilung stetig ist, folgt unter den Voraussetzungen des zentralen Grenzwertsatzes (7.30) (s. Aufgabe VII.13), daß

$$\lim_{n \to \infty} P\Big(\alpha \le \frac{1}{\tau_n} \sum_{j=1}^{n} (X_j - a_j) \le \beta\Big) = \int_{\alpha}^{\beta} \frac{1}{\sqrt{2\pi}} e^{-x^2/2} dx$$

gleichmäßig in $\alpha, \beta \in \mathbb{R}^1$ gilt.

In (7.30) wurde nur bewiesen, daß die Lindeberg-Bedingung hinreichend für die Verteilungskonvergenz der standardisierten Summen ist; der Vollständigkeit halber sei angemerkt, daß gilt:

(7.33) Anmerkung

$X_n, n \in \mathbb{N}$, seien stochastisch unabhängige Zufallsgrößen mit $Var\, X_n > 0$ für alle $n \in \mathbb{N}$. Dann gilt : $(X_n)_{n \in \mathbb{N}}$ genügt der Lindeberg-Bedingung genau dann, wenn $(X_n)_{n \in \mathbb{N}}$ die Feller-Bedingung erfüllt und $P^{S_n} \underset{(V)}{\longrightarrow} \mathcal{N}(0,1)$.

(Zum Beweis vgl. z.B. Bauer §51).

Nachdem (in (7.28)) mit der Feller-Bedingung eine einfache *notwendige* Bedingung für die Lindeberg-Bedingung angegeben wurde, weisen wir im nächsten Satz eine *hinreichende* Bedingung in der Form einer Momentenbedingung höherer – nicht notwendig ganzzahliger – Ordnung als der zweiten nach:

(7.34) Satz (von Ljapunoff)

$X_n, n \in \mathbb{N}$, *seien stochastisch unabhängige Zufallsgrößen mit Var $X_n > 0$ für alle $n \in \mathbb{N}$; es existiere ein $\varepsilon > 0$ mit*

$$E|X_n - a_n|^{2+\varepsilon} < \infty \quad und \quad \lim_{n \to \infty} \frac{1}{\tau_n^{2+\varepsilon}} \sum_{j=1}^{n} E|X_j - a_j|^{2+\varepsilon} = 0.$$

Dann gilt

$$P^{S_n} \underset{(V)}{\to} \mathcal{N}(0,1).$$

Beweis durch den Nachweis, daß die obigen Bedingungen die Lindeberg-Bedingung implizieren: Aus $|x - a_j| \geq \delta\tau_n$ folgt $|x - a_j|^\varepsilon \geq (\delta\tau_n)^\varepsilon$ und somit

$$\frac{1}{\tau_n^2} \sum_{j=1}^{n} \int_{\{|x-a_j| \geq \delta\tau_n\}} (x - a_j)^2 \, dP_j(x) \leq$$

$$\leq \frac{1}{\tau_n^2(\delta\tau_n)^\varepsilon} \sum_{j=1}^{n} \int_{\{|x-a_j| \geq \delta\tau_n\}} |x - a_j|^{2+\varepsilon} dP^{X_j}(x)$$

$$\leq \frac{1}{\delta^\varepsilon} \frac{1}{\tau_n^{2+\varepsilon}} \sum_{j=1}^{n} E|X_j - a_j|^{2+\varepsilon} \underset{n \to \infty}{\longrightarrow} 0 \quad \text{nach Voraussetzung.}$$

$(X_n)_{n \in \mathbb{N}}$ genügt also der Lindeberg-Bedingung; (7.30) liefert daher die behauptete Aussage. $\qquad\qquad\square$

7.5 Aufgaben

(VII.1)   Es seien X_n und $Y_n, n \in \mathbb{N}_0$ reellwertige Zufallsgrößen auf einem W-Raum $(\Omega, \mathcal{S}, P)$ und $a \in \mathbb{R}^1$.

a) Es gelte $X_n \underset{(V)}{\to} a,\ Y_n \underset{(V)}{\to} Y_0$. Zeigen Sie

(i) $X_n + Y_n \underset{(V)}{\to} a + Y_0$.

(ii) $X_n \cdot Y_n \underset{(V)}{\to} a \cdot Y_0$.

(iii) $Y_n / X_n \underset{(V)}{\to} Y_0/a$, falls $a \neq 0$.

b) (i) Zeigen Sie, daß im allgemeinen aus $X_n \underset{(V)}{\to} X_0$,

$Y_n \underset{(V)}{\to} Y_0$ nicht folgt: $X_n + Y_n \underset{(V)}{\to} X_0 + Y_0$.

(ii) Unter welcher Bedingung darf man doch so schließen?

(VII.2) Es seien $P_n, n \in \mathrm{I\!N}_0$, W-Maße über $(\mathrm{I\!R}^1, \mathrm{I\!B}^1)$ mit den Lebesgue-Dichten $f_n, n \in \mathrm{I\!N}_0$. Es gelte $f_n(x) \underset{n \to \infty}{\longrightarrow} f_0(x)$ für λ^1-f.a. $x \in \mathrm{I\!R}^1$. Zeigen Sie, daß dann

$$\sup_{B \in \mathrm{I\!B}^1} |P_0(B) - P_n(B)| \underset{n \to \infty}{\longrightarrow} 0.$$

Hinweis: Es gilt $(f_0 - f_n)^+ \leq f_0$. Hiermit kann man zeigen, daß

$$\int_{\mathrm{I\!R}^1} |f_0(x) - f_n(x)| d\lambda^1(x) \underset{n \to \infty}{\longrightarrow} 0.$$

(VII.3) Zeigen Sie jeweils durch Angabe eines Beispiels:
a) Es existieren W-Maße $P_n, n \in \mathrm{I\!N}_0$, auf $(\mathrm{I\!R}^1, \mathrm{I\!B}^1)$ mit λ^1-Dichten f_n, für die gilt:

$$P_n \underset{(V)}{\to} P_0, \quad \text{aber } f_n(x) \not\longrightarrow f(x) \text{ für } P\text{-f.a. } x \in \mathrm{I\!R}^1.$$

Hinweis: Definieren Sie $F_n : \mathrm{I\!R}^1 \to \mathrm{I\!R}^1$ für $n \geq 1$ durch

$$F_n(x) := \begin{cases} 0 & x \leq 0 \\ x(1 - \frac{\sin(n\pi x)}{n\pi x}) & \text{falls } x \in (0;1) \\ 1 & x \geq 1 \end{cases} \quad .$$

b) Es existieren W-Maße $P_n, n \in \mathrm{I\!N}_0$, auf $(\mathrm{I\!R}^1, \mathrm{I\!B}^1)$ mit

$$P_n \underset{(V)}{\to} P_0 \text{ und } \int x^k dP_n(x) \not\longrightarrow \int x^k dP_0(x) \text{ für jedes } k \in \mathrm{I\!N}.$$

(VII.4) Es sei $(X_n)_{n \in \mathrm{I\!N}}$ eine Folge stochastisch unabhängiger, $\mathcal{R}(0,1)$-verteilter Zufallsgrößen. Untersuchen Sie die Folge

$$\left(n(1 - \max_{1 \leq i \leq n} X_i)\right)_{n \in \mathrm{I\!N}}$$

auf Verteilungskonvergenz.

(VII.5)   Es seien $X_n, n \in \mathbb{N}_0$, reellwertige Zufallsgrößen und $h : \mathbb{R}^1 \to \mathbb{R}^1$ eine meßbare Abbildung. D_h bezeichne die Menge der Unstetigkeitsstellen von h. Zeigen Sie:

a) $D_h \in \mathbb{B}^1$

b) Aus $X_n \underset{(V)}{\to} X_0$, $P(X_0 \in D_h) = 0$ folgt $h \circ X_n \underset{(V)}{\to} h \circ X_0$.

c) Gilt $X_n \underset{(V)}{\to} X_0$, $P(X_0 \in D_h) = 0$ und ist h beschränkt, so folgt

$$E(h(X_n)) \to E(h(X_0)) \quad \text{für} \quad n \to \infty.$$

d) Aus $X_n \underset{(V)}{\to} X$ folgt $E(|X|) \leq \liminf_{n\to\infty} E(|X_n|)$.

Hinweise:
zu a): Betrachten Sie die Mengen

$$M_n := \{x \in \mathbb{R}^1 : \forall k \in \mathbb{N} \; \exists y, z \in U_{\frac{1}{k}}(x) \;\; \text{mit} \;\; |h(y) - h(z)| > \frac{1}{n}\}.$$

M_n ist abgeschlossen.
Zu b): Überlegen Sie sich, daß für jede abgeschlossene Menge $B \subset \mathbb{R}^1$ gilt

$$\overline{h^{-1}(B)} \subset h^{-1}(B) \cup D_h.$$

Zu d): Für $\alpha > 0$ definiere man h_α durch
$h_\alpha := |id| \cdot 1_{[-\alpha;+\alpha]} + \alpha \cdot 1_{[-\alpha;+\alpha]^c}.$

(VII.6) $(X_n)_{n\in\mathbb{N}}$ sei eine Folge von reellwertigen Zufallsgrößen auf einem W-Raum $(\Omega, \mathcal{S}, P)$, welche nach Verteilung gegen eine Zufallsgröße X_0 konvergiert. Zeigen Sie, daß es dann einen W-Raum $(\tilde{\Omega}, \tilde{\mathcal{S}}, \tilde{P})$ und auf diesem reellwertige Zufallsgrößen $\tilde{X}_n, n \in \mathbb{N}_0$, gibt mit

$$(i) \quad P^{X_n} = \tilde{P}^{\tilde{X}_n} \quad \forall n \in \mathbb{N}_0 \qquad (ii) \quad \tilde{X}_n \to \tilde{X}_0 \qquad \tilde{P}\text{-f.s.}$$

Hinweis: Wählen Sie $(\tilde{\Omega}, \tilde{\mathcal{S}}, \tilde{P}) := ((0;1), \mathbb{B}^1|_{(0;1)}, \lambda^1|_{(0;1)})$ und definieren Sie $\tilde{X}_n$ durch $\tilde{X}_n(y) := \inf\{z \in \mathbb{R} | F^{X_n}(z) \geq y\}$.

(VII.7)   Es sei $(P_n)_{n\in\mathbb{N}_0}$ eine Folge von W-Verteilungen über $(\mathbb{R}^k, \mathbb{B}^k)$, und es gelte $P_n \underset{(V)}{\to} P_0$. Zeigen Sie, daß dann die Marginalverteilungen der Folge $(P_n)_{n\in\mathbb{N}}$ gegen die entsprechende Marginalverteilungen von P_0 konvergieren, daß also für jedes $J \subset \{1, \ldots, k\}$ gilt

$$P_n^{\pi_J} \underset{(V)}{\to} P_0^{\pi_J}.$$

(VII.8) Es seien $(P_n)_{n\in\mathbb{N}_0}$ und $(Q_n)_{n\in\mathbb{N}_0}$ Folgen von Wahrscheinlichkeitsverteilungen über $(\mathbb{R}^k, \mathbb{B}^k)$ und es gelte $P_n \underset{(V)}{\to} P_0$ sowie $Q_n \underset{(V)}{\to} Q_0$. Zeigen Sie, daß dann

$$P_n \star Q_n \underset{(V)}{\to} P_0 \star Q_0$$

gilt.

(VII.9) Es sei P ein Wahrscheinlichkeitsmaß auf $(\mathbb{R}, \mathbb{B})$. Zeigen Sie, daß eine Folge $(P_n)_{n\in\mathbb{N}}$ von endlich-diskreten Wahrscheinlichkeitsmaßen auf $(\mathbb{R}, \mathbb{B})$ existiert mit $P_n \underset{(V)}{\longrightarrow} P$.

(VII.10) Es sei $(P_n)_{n\in\mathbb{N}}$ eine Folge von Wahrscheinlichkeitsmaßen über $(\mathbb{R}, \mathbb{B})$, und es existiere ein $\rho > 0$ mit $\int |x|^\rho dP_n(x) \leq M < \infty$ für alle $n \in \mathbb{N}$. Zeigen Sie, daß $\{P_n : n \in \mathbb{N}\}$ straff ist.

(VII.11) Es sei $(X_n)_{n\in\mathbb{N}}$ eine Folge von stochastisch unabhängigen, reellwertigen Zufallsgrößen, für welche $P^{\sqrt{n}\,\overline{X}_{(n)}} \underset{(V)}{\to} \mathcal{N}(0,1)$. Zeigen Sie, daß $(\sqrt{n}\,\overline{X}_{(n)})_{n\in\mathbb{N}}$ P-f.s. nicht konvergiert.

(VII.12) Es sei $\mathcal{F}^\star$ die Menge aller eindimensionalen Verteilungsfunktionen und $d : \mathcal{F}^\star \times \mathcal{F}^\star \to \mathbb{R}^1$ definiert durch

$$d(F,G) := \inf\{h > 0 : F(x-h)-h \leq G(x) \leq F(x+h)+h \ \ \forall x \in \mathbb{R}^1\}$$

(Levy-Distanz). Zeigen Sie

(i) $(\mathcal{F}^\star, d)$ ist ein metrischer Raum.

(ii) $(\mathcal{F}^\star, d)$ ist vollständig.

(iii) Verteilungskonvergenz und Konvergenz bzgl. der Metrik d sind identisch.

(VII.13) $X_n, n \in \mathbb{N}_0$, seien k-dim. Zufallsvektoren mit $X_n \underset{\text{n.W.}}{\longrightarrow} X_0$, d.h. (vgl. (V.5))

$$\lim_{n\to\infty} P(\{|X_n - X_0| > \varepsilon\}) = 0 \qquad \forall \varepsilon > 0,$$

wobei $|\cdot|$ die euklidische Norm auf $\mathbb{R}^k$ bezeichnet. Zeigen Sie, daß dann gilt $X_n \underset{(V)}{\to} X_0$.

(VII.14) Es seien $X_n, n \in \mathbb{N}$, reelle Zufallsgrößen auf einem W-Raum $(\Omega, \mathcal{S}, P)$. Weiter seien $a \in \mathbb{R}$, $f : \mathbb{R}^1 \to \mathbb{R}^1$ eine stetige, in a differenzierbare Funktion und $\sqrt{n}(X_n - a) \xrightarrow[(V)]{} Y$ mit $P^Y = \mathcal{N}(0, \sigma^2)$. Zeigen Sie:

a) $X_n \xrightarrow[\text{n.W.}]{} a$

b) $\sqrt{n}(f(X_n) - f(a)) \xrightarrow[(V)]{} \hat{Y}$ mit $P^{\hat{Y}} = \mathcal{N}(0, (f'(a)\sigma)^2)$.

(VII.15) Es sei $(X_n)_{n \in \mathbb{N}}$ Folge von stochastisch unabhängigen, identisch verteilten Zufallsgrößen mit $EX_1 = 0$ und $0 < Var\, X_1 < \infty$. Zeigen Sie:

$$\frac{\sum_{i=1}^n X_i}{\sqrt{\sum_{i=1}^n X_i^2}} \xrightarrow[(V)]{} Y$$

mit $P^Y = \mathcal{N}(0,1)$; dabei sei $0/0 := 0$.

(VII.16) Es seien $X_1, X_2, \ldots$ stochastisch unabhängige, identisch verteilte, reellwertige Zufallsgrößen mit $0 < \sigma^2 = Var\, X_1 < \infty$. Zeigen Sie, daß für

$$Y_n := \begin{cases} \sqrt{n}\, \dfrac{\overline{X}_{(n)} - EX_1}{\sqrt{\frac{1}{n-1}\sum_{j=1}^n (X_j - \overline{X}_{(n)})^2}} & \text{falls der Nenner } > 0 \\[2em] 0 & \text{sonst} \end{cases}$$

gilt $P^{Y_n} \xrightarrow[(V)]{} \mathcal{N}(0,1)$. [Vgl. (V.10)].

(VII.17) a) $P_n, n \in \mathbb{N}$ und P seien W-Maße auf $(\mathbb{R}^1, \mathbb{B}^1)$ mit den Verteilungsfunktionen $F_n, n \in \mathbb{N}$, und F. Weiterhin sei vorausgesetzt, daß F stetig ist, und daß $P_n \xrightarrow[(V)]{} P$. Zeigen Sie, daß dann gilt:

$$\sup_{x \in \mathbb{R}^1} |F_n(x) - F(x)| \xrightarrow[n \to \infty]{} 0.$$

b) Es sei $(X_n)_{n \in \mathbb{N}}$ eine Folge stochastisch unabhängiger Zufallsgrößen, die der Lindeberg-Bedingung genügen. Zeigen Sie, daß

$$\sup_{\substack{\alpha < \beta \\ \alpha, \beta \in \mathbb{R}^1}} \left| P\{\alpha \leq \frac{1}{\tau_n} \sum_{j=1}^n (X_j - a_j) \leq \beta\} - \int_\alpha^\beta \frac{1}{\sqrt{2\pi}} e^{-\frac{x^2}{2}} dx \right| \xrightarrow[n \to \infty]{} 0.$$

(VII.18) Es sei $(X_n)_{n \in \mathbb{N}}$ eine Folge stochastisch unabhängiger Zufallsgrößen mit existierenden Erwartungswerten und endlichen Varianzen, für die $P^{\frac{S_n - ES_n}{\tau_n}} \xrightarrow[(V)]{} \mathcal{N}(0,1)$ gilt. Zeigen Sie:

(i) $P\{|\frac{1}{n} \sum_{i=1}^{n}(X_i - EX_i)| < \varepsilon\} - \int_{-\varepsilon \frac{n}{\tau_n}}^{\varepsilon \frac{n}{\tau_n}} \frac{1}{\sqrt{2\pi}} e^{-x^2/2} dx \xrightarrow[n \to \infty]{} 0$.

(ii) $(X_n)_{n \in \mathbb{N}}$ genügt genau dann dem schwachen Gesetz der großen Zahlen, falls die Markoff-Bedingung erfüllt ist.

(VII.19) Geben Sie ein Beispiel für eine Folge stochastisch unabhängiger Zufallsgrößen $(X_n)_{n \in \mathbb{N}}$ mit existierenden positiven Varianzen, die der Lindeberg-Bedingung nicht genügt, für die jedoch $\frac{1}{\tau_n} \sum_{i=1}^{n}(X_i - EX_i)$ nach Verteilung gegen eine $\mathcal{N}(0,1)$-verteilte Zufallsgröße konvergiert.
Hinweis: Wählen Sie normalverteilte Zufallsgrößen.

(VII.20) Es seien $(X_n)_{n \in \mathbb{N}}$ stochastisch unabhängige, reellwertige Zufallsgrößen mit $|X_n| \leq c_n$ P-f.s. für $n \geq 1$, $c_n \in \mathbb{R}^1$, und es gelte

$$\frac{c_n}{\tau_n} \xrightarrow[n \to \infty]{} 0 \quad \text{sowie} \quad \tau_n \xrightarrow[n \to \infty]{} \infty.$$

Zeigen Sie, daß $P^{\frac{1}{\tau_n} \sum_{i=1}^{n}(X_i - EX_i)} \xrightarrow[(V)]{} \mathcal{N}(0,1)$.

(VII.21) (X_n) sei eine Folge von reellwertigen Zufallsgrößen. Zeigen Sie:
a) Falls X_n einer χ_n^2-Verteilung genügt, so gilt

$$P^{\frac{X_n - n}{\sqrt{2n}}} \xrightarrow[(V)]{} \mathcal{N}(0,1).$$

b) Falls X_n einer $\Gamma_{\lambda,n}$-Verteilung genügt, so gilt

$$P^{\frac{(\lambda X_n - n)^2}{n}} \xrightarrow[(V)]{} \chi_1^2.$$

(VII.22) Es sei $(X_{n_j})_{1 \leq j \leq k_n, n \in \mathbb{N}}$ ein Dreiecksschema reihenweise stochastisch unabhängiger Zufallsgrößen mit $\lim_{n \to \infty} k_n = \infty$ und $S_n := \sum_{j=1}^{k_n} X_{n_j}$, $EX_{n_j} = 0$, $EX_{n_j}^2 = \sigma_{n_j}^2$ und $\tau_n^2 = \sum_{j=1}^{k_n} \sigma_{n_j}^2 > 0$. Zeigen Sie, daß dann

$$P^{S_n/\tau_n} \xrightarrow[(V)]{} \mathcal{N}(0,1),$$

a) falls $\frac{1}{\tau_n^2} \sum_{j=1}^{k_n} \int X_{n_j}^2 \, 1_{\{|X_{n_j}| > \varepsilon \tau_n\}} dP \xrightarrow[n \to \infty]{} 0$ für alle $\varepsilon > 0$.

b) falls $\frac{1}{\tau_n^{2+\delta}} \sum_{j=1}^{k_n} E|X_{n_j}|^{2+\delta} \xrightarrow[n \to \infty]{} 0$ für ein $\delta > 0$.

(VII.23) Es sei $(Z_n)_{n \in \mathbb{N}}$ eine Folge von Zufallsgrößen mit $P^{Z_n} = \mathcal{B}(n, p_n)$, und es gelte $np_n(1 - p_n) \underset{n \to \infty}{\longrightarrow} \infty$. Zeigen Sie, daß

$$P^{\frac{Z_n - np_n}{\sqrt{np_n(1-p_n)}}} \underset{(V)}{\to} \mathcal{N}(0, 1).$$

8 Weitere Konvergenzsätze für unabhängige Zufallsgrößen

8.1 Konvergenzsätze für Zufallssummen

Die Gesetze der großen Zahlen und der zentrale Grenzwertsatz machen Konvergenzaussagen für geeignet normierte Summen von (stochastisch unabhängigen) Zufallsgrößen bei wachsender Anzahl der Summanden. Diese Aussagen wollen wir nun auf den Fall verallgemeinern, daß auch die Anzahl der Summanden vom Zufall beeinflußt wird. Solche *Zufallssummen* treten z.B. auf bei versicherungsmathematischen Risikoprozessen, bei denen sich der Gesamtschaden aus einer zufälligen Anzahl N von Einzelschäden mit zufälligen Schadenshöhen X_i ergibt, oder in der Sequentialanalyse, wo der Stichprobenumfang N aufgrund der zufallsabhängigen Beobachtungsdaten X_i festgelegt wird. Neben einer Folge $(X_i)_{i\in\mathrm{I\!N}}$ von reellwertigen Zufallsgrößen sei also eine weitere Folge $(N_n)_{n\in\mathrm{I\!N}}$ von $\mathrm{I\!N}$-wertigen Zufallsgrößen gegeben; es wird das Verhalten der Zufallssummen $\sum_{i=1}^{N_n} X_i$ für $n \to \infty$ untersucht.

Als erste Aussage beweisen wir ein *schwaches Gesetz der großen Zahlen* für solche Zufallssummen:

(8.1) Satz

Es seien $(X_i)_{i\in\mathrm{I\!N}}$ eine Folge von integrablen Zufallsgrößen mit[1] $\frac{1}{n}\sum_{i=1}^{n}(X_i - EX_i) \xrightarrow[n.W.]{} 0$ *und* $(N_n)_{n\in\mathrm{I\!N}}$ *eine von* $(X_i)_{i\in\mathrm{I\!N}}$ *stochastisch unabhängige Folge von* $\mathrm{I\!N}$*-wertigen Zufallsgrößen mit* $N_n \xrightarrow[n.W.]{} \infty$ *(d.h.* $P(N_n \leq C) \xrightarrow[n\to\infty]{} 0$ *für alle* $C \in \mathrm{I\!R}$*). Dann gilt*

$$\frac{1}{N_n} \sum_{i=1}^{N_n} (X_i - EX_i) \xrightarrow[n.W.]{} 0.$$

Beweis: Es seien $\varepsilon, \delta > 0$ beliebig. Da die Folge $(X_i)_{i\in\mathrm{I\!N}}$ nach Voraussetzung die Implikation des schwachen Gesetzes der großen Zahlen erfüllt, existiert

---

[1] Diese Situation liegt insbesondere unter den Voraussetzungen von (3.31) vor.

ein $k \in \mathbb{N}$ mit

$$P(\frac{1}{m}|\sum_{i=1}^{m}(X_i - EX_i)| \geq \varepsilon) \leq \delta \qquad \text{für alle } m \geq k.$$

Daher folgt

$$P(\frac{1}{N_n}|\sum_{i=1}^{N_n}(X_i - EX_i)| \geq \varepsilon) = P(\sum_{m=1}^{\infty}\{N_n = m, \frac{1}{m}|\sum_{i=1}^{m}(X_i - EX_i)| \geq \varepsilon\})$$

$$= \sum_{m=1}^{\infty} P(N_n = m)P(\frac{1}{m}|\sum_{i=1}^{m}(X_i - EX_i)| \geq \varepsilon)$$

da $(X_i)_{i\in\mathbb{N}}$ und $(N_n)_{n\in\mathbb{N}}$ nach Vor. stochastisch unabhängig sind

$$\leq P(N_n \leq k) + \delta \cdot P(N_n > k) \xrightarrow[n\to\infty]{} \delta.$$

Weil $\delta > 0$ beliebig wählbar war, ergibt sich die Behauptung. $\qquad\qquad\square$

Während die Konvergenzvoraussetzungen bei dieser Aussage recht schwach sind, ist die Voraussetzung der stochastischen Unabhängigkeit sehr einschneidend – in den Anwendungen (z.B. der Theorie des optimalen Stoppens und der Sequentialanalyse) wird die Beobachtungsanzahl N_n nämlich gerade aufgrund der Beobachtungswerte X_i (geschickt) gewählt. Bei dem folgenden *starken Gesetz der großen Zahlen* für Zufallssummen kommt man ohne diese Unabhängigkeitsforderung aus:

(8.2) Satz

Es seien $(X_i)_{i\in\mathbb{N}}$ eine Folge von integrablen Zufallsgrößen, die dem starken Gesetz der großen Zahlen genügt, und $(N_n)_{n\in\mathbb{N}}$ eine Folge von $\mathbb{N}$-wertigen Zufallsgrößen mit $N_n \xrightarrow[P-f.s.]{} \infty$ für $n \to \infty$. Dann gilt

$$\frac{1}{N_n}\sum_{i=1}^{N_n}(X_i - EX_i) \xrightarrow[P-f.s.]{} 0 \quad \text{für } n \to \infty.$$

Beweis: $P(\lim_{n\to\infty} \frac{1}{N_n}\sum_{i=1}^{N_n}(X_i - EX_i) = 0)$

$$\geq P(\lim_{n\to\infty} N_n = \infty \text{ und } \lim_{m\to\infty} \frac{1}{m}\sum_{i=1}^{m}(X_i - EX_i) = 0) = 1. \quad \square$$

Insbesondere ergibt sich also aus den Kolmogoroffschen Gesetzen der großen Zahlen ((5.12)/(5.15)):

(8.3) Korollar

Es seien $(X_i)_{i \in \mathbb{N}}$ eine Folge von stochastisch unabhängigen, integrablen Zufallsgrößen mit

$$a) \ \sum_{i=1}^{\infty} \frac{1}{i^2} Var\, X_i < \infty \qquad oder \qquad b) \ identischer\ Verteilung,$$

und $(N_n)_{n \in \mathbb{N}}$ eine Folge von $\mathbb{N}$-wertigen Zufallsgrößen mit der Eigenschaft $N_n \underset{P-f.s.}{\longrightarrow} \infty$ für $n \to \infty$. Dann gilt

$$\frac{1}{N_n} \sum_{i=1}^{N_n} (X_i - EX_i) \underset{P-f.s.}{\longrightarrow} 0 \quad für\ n \to \infty.$$

Zufallssummen bei unabhängigen Versuchswiederholungen genügen also dem starken Gesetz der großen Zahlen, falls nur die Anzahl der Summanden P-f.s. divergiert.

Die Forderung der P-fast sicheren Divergenz der Folge N_n in (8.2) ist recht stark; sie läßt sich aber nicht zur Konvergenz nach Wahrscheinlichkeit abschwächen, selbst dann nicht, wenn zusätzlich noch die stochastische Unabhängigkeit von $(X_i)_{i \in \mathbb{N}}$ und $(N_n)_{n \in \mathbb{N}}$ verlangt wird:

(8.4) Beispiel (vgl. Beispiel (5.5))

Es gelte $(\Omega, \mathcal{S}, P) = ([0; 1), \mathbb{B}^1_{|[0;1)}, \lambda^1_{|[0;1)})$; für $n \in \mathbb{N}$ mit $n = 2^p + q$, wobei $p, q \in \mathbb{N}_0$ mit $q < 2^p$, seien $A_n := [q2^{-p}; (q+1)2^{-p})$ und

$$N_n := 1_{A_n} + n\, 1_{A_n^c}.$$

Dann gilt $N_n \underset{n.W.}{\longrightarrow} \infty$, aber $\liminf_{n \to \infty} N_n = 1$. Ist nun $(X_i)_{i \in \mathbb{N}}$ eine (beliebige) Folge stochastisch unabhängiger $\mathcal{B}(1, 1/2)$-verteilter Zufallsgrößen auf $(\Omega, \mathcal{S}, P)$, so ergibt sich

$$P(\limsup_{n \to \infty} \frac{1}{N_n} \sum_{i=1}^{N_n} (X_i - 1/2) = \frac{1}{2})$$
$$\geq P(\liminf_{n \to \infty} N_n = 1 \ und\ X_1 = 1) = 1/2;$$

insbesondere konvergiert also $\frac{1}{N_n} \sum_{i=1}^{N_n} (X_i - EX_i)$ nicht P-f.s. gegen 0. $\square$

Zur Illustration der Aussagen (8.2)/(8.3) sei noch ein kleines Beispiel angegeben:

(8.5) Beispiel

Es bestehe die Möglichkeit, sich mehrfach an dem folgenden fairen Glücksspiel zu beteiligen: Nach dem Bezahlen des Einsatzes $c \in (0; 1)$ wird jeweils ein Zufallsexperiment durchgeführt, das mit der Wahrscheinlichkeit $p = (c + 1)/2$ zum Gewinn von 1 DM, mit der Wahrscheinlichkeit $(1 - p)$ zum Verlust von 1 DM führt. Kann man dadurch, daß man solange spielt, bis man (ohne Berücksichtigung des Einsatzes) einen Gesamtgewinn von n DM erzielt hat, (für $n \to \infty$) eine höhere Durchschnittsauszahlung als 0 erzielen?

Es seien also $X_i, i \in \mathbb{N}$, stochastisch unabhängige, identisch verteilte Zufallsgrößen mit

$$P^{X_i} = p\,\delta_1 + (1 - p)\delta_{-1}, \quad Y_j := \sum_{i=1}^{j} X_i,$$

und für $n \in \mathbb{N}$ sei

$$N_n := \inf\{j \in \mathbb{N} : Y_j = n\}, \quad \text{wobei} \;\; \inf \emptyset := \infty.$$

Dann gilt $EX_i = p - (1 - p) = c$, die Folge $(X_i)_{i\in\mathbb{N}}$ genügt dem starken Gesetz der großen Zahlen, d.h.

$$\lim_{n\to\infty} \frac{1}{n} Y_n = c > 0 \quad P\text{-f.s.,}$$

und somit gilt zwar einerseits $N_n \geq n$, andererseits aber auch $P(N_n < \infty) = 1$. Also folgt nach (8.2)

$$\frac{1}{N_n} Y_{N_n} \xrightarrow[P\text{-f.s.}]{} c \quad \text{für} \quad n \to \infty;$$

bei Berücksichtigung des Einsatzes bleibt also die Durchschnittsauszahlung P-f.s. gleich 0. $\qquad\qquad\square$

Für die Approximation der *Verteilung* von Zufallssummen ist der folgende Grenzwertsatz von besonderer Bedeutung:

(8.6) Satz (von Anscombe)

Es seien $(X_i)_{i\in\mathbb{N}}$ eine Folge stochastisch unabhängiger, identisch verteilter Zufallsgrößen mit Erwartungswert a und positiver Varianz $\sigma^2 < \infty$ und

$$S_n := \frac{1}{\sqrt{n}\sigma} \sum_{i=1}^{n} (X_i - a), \; n \in \mathbb{N},$$

die standardisierten Summen; ferner sei $(N_n)_{n\in\mathbb{N}}$ eine Folge $\mathbb{N}$-wertiger Zufallsgrößen, zu der eine Folge $(c_n)_{n\in\mathbb{N}}$ reeller Zahlen und ein $\alpha > 0$ existieren mit $\lim_{n\to\infty} c_n = \infty$ und

$$N_n/c_n \xrightarrow[n.W.]{} \alpha.$$

Dann gilt $P^{S_{N_n}} \xrightarrow[(V)]{} \mathcal{N}(0,1)$ für $n \to \infty$.

Beweis: Wieder kann o.B.d.A. $a = 0$ und $\sigma^2 = 1$ vorausgesetzt werden. Ferner kann $\alpha = 1$ und $c_n \in \mathbb{N}$ für alle $n \in \mathbb{N}$ angenommen werden (sonst müßte man nur zu neuen Konstanten $\tilde{c}_n$ übergehen). In der Darstellung

$$S_{N_n} = \sqrt{\frac{c_n}{N_n}} S_{c_n} + \sqrt{\frac{c_n}{N_n}} \frac{1}{\sqrt{c_n}} \left(\sum_{i=1}^{N_n} X_i - \sum_{i=1}^{c_n} X_i\right)$$

von S_{N_n} gilt $\sqrt{c_n/N_n} \xrightarrow[n.W.]{} 1$ nach Voraussetzung und

$$P^{S_{c_n}} \xrightarrow[(V)]{} \mathcal{N}(0,1)$$

nach dem Satz von Lindeberg/Levy, da $c_n \to \infty$. Daher reicht es (vgl. Aufgabe VII.1) zu zeigen, daß

$$\frac{1}{\sqrt{c_n}} \left(\sum_{i=1}^{N_n} X_i - \sum_{i=1}^{c_n} X_i\right) \xrightarrow[n.W.]{} 0.$$

Für beliebiges $\delta > 0$ erhält man mit der Kolmogoroffschen Ungleichung (5.7)

$$P\left(\frac{1}{\sqrt{c_n}} \left|\sum_{i=1}^{N_n} X_i - \sum_{i=1}^{c_n} X_i\right| \geq \delta\right)$$

$$\leq P\left(\left|\frac{N_n}{c_n} - 1\right| \geq \delta^3\right) + P\left(\left|\frac{N_n}{c_n} - 1\right| < \delta^3, \frac{1}{\sqrt{c_n}} \left|\sum_{i=1}^{N_n} X_i - \sum_{i=1}^{c_n} X_i\right| \geq \delta\right)$$

$$\leq P\left(\left|\frac{N_n}{c_n} - 1\right| \geq \delta^3\right) + P\left(\max_{1 \leq j < c_n \cdot \delta^3} \left|\sum_{i=1}^{j} X_{c_n+i}\right| \geq \sqrt{c_n}\delta\right)$$

$$+ P\left(\max_{1 \leq j < c_n \delta^3} \left|\sum_{i=1}^{j} X_{c_n-i}\right| \geq \sqrt{c_n}\delta\right)$$

$$\underset{(5.7)}{\leq} \; P(|\frac{N_n}{c_n} - 1| \geq \delta^3) + \frac{1}{c_n\delta^2} \sum_{1 \leq i < c_n \cdot \delta^3} (Var\, X_{c_n+i} + Var\, X_{c_n-i})$$

$$\leq P(|\frac{N_n}{c_n} - 1| \geq \delta^3) + \frac{1}{c_n\delta^2} 2c_n\delta^3 \leq 3\delta \;\; \text{für} \;\; n \geq n_0(\delta).$$

Da für beliebiges $\varepsilon > 0$

$$P(\frac{1}{\sqrt{c_n}}|\sum_{i=1}^{N_n} X_i - \sum_{i=1}^{c_n} X_i| \geq \varepsilon) \leq P(\frac{1}{\sqrt{c_n}}|\sum_{i=1}^{N_n} X_i - \sum_{i=1}^{c_n} X_i| \geq \delta) \;\; \text{für alle} \;\; \delta \leq \varepsilon$$

folgt also insgesamt

$$\frac{1}{\sqrt{c_n}}(\sum_{i=1}^{N_n} X_i - \sum_{i=1}^{c_n} X_i) \underset{\text{n.W.}}{\longrightarrow} 0$$

und somit die Aussage von (8.6). $\qquad\qquad\qquad\qquad\qquad\qquad\qquad\square$

Das Bemerkenswerte an diesem Satz ist, daß zwischen den Folgen $(X_i)_{i \in \mathbb{N}}$ und $(N_n)_{n \in \mathbb{N}}$ beliebige stochastische Abhängigkeiten vorliegen dürfen.

Zur Illustration des Satzes von Anscombe seien zwei Beispiele angegeben:

(8.7) Beispiel

Es seien $(X_i)_{i \in \mathbb{N}}$ eine Folge stochastisch unabhängiger, identisch verteilter Zufallsgrößen mit positiver Varianz $\sigma^2 < \infty$ und $B \in \mathbb{B}^1$ mit $p := P(X_1 \in B) > 0$. Für $n \in \mathbb{N}$ werde N_n definiert durch

$$N_n := \inf\{j \in \mathbb{N} : \sum_{i=1}^{j} 1_{\{X_i \in B\}} = n\}, \;\; \text{wobei} \;\; \inf \emptyset := \infty;$$

die Zufallsgröße N_n gibt also die Anzahl der X_i bis zum n-ten Auftreten eines Wertes aus der Menge B an – hängt daher (sogar funktional) von der Folge $(X_i)_{i \in \mathbb{N}}$ ab. $N_n - n$ genügt einer negativen Binomialverteilung mit den Parametern n und p (vgl. Aufgabe (VI.1)b)). Da diese die n-fache Faltung von negativen Binomialverteilungen mit den Parametern 1 und p ist (vgl. Aufgabe (VI.1)a)), folgt nach dem starken Gesetz der großen Zahlen (5.15)

$$N_n/n \underset{P\text{-f.s.}}{\longrightarrow} EN_1 = \frac{1}{P(X_1 \in B)}.$$

Es sind also (gemäß (5.4)) mit $c_n := n$ und $\alpha := EN_1$ die Voraussetzungen von Satz (8.6) erfüllt, so daß folgt

$$P^{S_{N_n}} \xrightarrow[(V)]{} \mathcal{N}(0,1) \quad \text{für} \quad n \to \infty. \qquad \square$$

(8.8) Beispiel

Es seien $(X_i)_{i \in \mathbb{N}}$ eine Folge stochastisch unabhängiger, mit Parameter λ exponentialverteilter Zufallsgrößen und $(c_n)_{n \in \mathbb{N}}$ eine Folge positiver Zahlen mit $\lim_{n \to \infty} c_n = \infty$. Definiert man für $n \in \mathbb{N}$

$$N_n := \sup\{j \in \mathbb{N}_0 : \sum_{i=1}^{j} X_i \le c_n\},$$

so gilt gemäß Beispiel (6.6)b) für $k \in \mathbb{N}$

$$P(N_n = k) = P(\sum_{i=1}^{k} X_i \le c_n < \sum_{i=1}^{k+1} X_i) = P(0 \le c_n - \sum_{i=1}^{k} X_i < X_{k+1})$$

$$= \int_{[0;c_n]} P(X_{k+1} > c_n - t) dP^{\sum_{i=1}^{k} X_i}(t)$$

$$= \int_0^{c_n} \exp(-\lambda(c_n - t)) \cdot \frac{\lambda^k}{(k-1)!} t^{k-1} \exp(-\lambda t) dt$$

$$= \exp(-\lambda c_n) \frac{\lambda^k}{k!} t^k |_0^{c_n} = \exp(-\lambda c_n) \frac{(\lambda c_n)^k}{k!}$$

sowie $P(N_n = 0) = P(X_1 > c_n) = \exp(-\lambda c_n)$. N_n genügt also einer Poissonverteilung mit Parameter $\lambda \cdot c_n$. Somit erhält man für die charakteristische Funktion von N_n/c_n (vgl. Beispiel (6.16)c)):

$$\varphi_{N_n/c_n}(t) = \exp(\lambda c_n \cdot (e^{it/c_n} - 1)) =$$

$$= \exp(\lambda t \cdot \frac{e^{it/c_n} - 1}{t/c_n}) \xrightarrow[n \to \infty]{} \exp(i\lambda t).$$

Nach dem Stetigkeitssatz (7.17) gilt also $P^{N_n/c_n} \xrightarrow[(V)]{} \delta_\lambda$; dies ist nach Satz (7.8) äquivalent zu $N_n/c_n \xrightarrow[\text{n.W.}]{} \lambda$. Mit $\alpha = \lambda$ folgt somit aus Satz (8.6)

$$P^{S_{N_n}} \to \mathcal{N}(0,1). \qquad \square$$

Die Aussage von Satz (8.6) gilt auch noch unter einer schwächeren Voraussetzung:

(8.9) Anmerkung

Ersetzt man in Satz (8.6) die Voraussetzung $N_n/c_n \xrightarrow[\text{n.W.}]{} \alpha > 0$ durch die
Bedingung $N_n/c_n \xrightarrow[\text{n.W.}]{} Z$, wobei Z eine (strikt) positive Zufallsgröße ist, so
gilt weiterhin

$$P^{S_{N_n}} \xrightarrow[\text{(V)}]{} \mathcal{N}(0,1)$$

(zum Beweis siehe etwa Billingsley: Convergence of Probability Measures,
Theorem 17.2).

8.2   Der Satz vom iterierten Logarithmus

Sowohl in den starken Gesetzen der großen Zahlen (5.12)/(5.15) als auch
beim zentralen Grenzwertsatz (7.30) wurde das Grenzverhalten von „normierten" Summen stochastisch unabhängiger Zufallsgrößen $X_i, i \in \mathbb{N}$, untersucht. Für den Spezialfall identisch verteilter X_i mit $EX_1 = 0$ und
$Var\, X_1 = 1$ lauteten die Aussagen

$$\frac{1}{n}\sum_{i=1}^{n} X_i \xrightarrow[\text{P-f.s.}]{} 0 \qquad ((5.12)/(5.15))$$
$$\frac{1}{\sqrt{n}}\sum_{i=1}^{n} X_i \xrightarrow[\text{(V)}]{} \mathcal{N}(0,1) \quad ((7.21)/(7.30));$$

d.h. bei Normierung mit $\frac{1}{n}$ wird die Summe auf 0 „zusammengedrückt" ,
bei Normierung mit $\frac{1}{\sqrt{n}}$ erhält man eine Verteilung, die auf dem gesamten
$\mathbb{R}^1$ eine positive Dichte besitzt. Die erste Aussage kann man dabei noch
verschärfen zu

(8.10) Satz
  *Es sei $(X_i)_{i \in \mathbb{N}}$ eine Folge von stochastisch unabhängigen, identisch
  verteilten Zufallsgrößen mit $EX_1 = 0$, $Var\, X_1 = 1$. Dann gilt*

$$\frac{1}{\sqrt{n}\ln n}\sum_{i=1}^{n} X_i \xrightarrow[\text{P-f.s.}]{} 0.$$

Beweis (vgl. S. 174/175): Für die bei $\sqrt{i}\ln i$ „gestutzten" Zufallsgrößen
$X_i^{(\sqrt{i}\ln i)}$ und die entsprechend zu S. 174 definierten Zufallsgrößen

$$Y_i := \frac{1}{\sqrt{i}\ln i}X_i^{(\sqrt{i}\ln i)} - \frac{1}{\sqrt{i}\ln i}E(X_i^{(\sqrt{i}\ln i)}), \;\; i \geq 2,$$

$Y_1 := 0$, gilt

(i) $P(|Y_i| > 2) = 0$ und somit $\sum_{i=1}^{\infty} P(|Y_i| > 2) = 0$.

(ii) $EY_i^{(2)} \underset{(i)}{=} E(Y_i) = 0$ und somit $\sum_{i=1}^{\infty} EY_i^{(2)} = 0$.

(iii) $Var\, Y_i^{(2)} = Var\, Y_i = Var(\frac{1}{\sqrt{i}\ln i} X_i^{(\sqrt{i}\ln i)})$

$$\leq \tfrac{1}{i(\ln i)^2} E(X_i^{(\sqrt{i}\ln i)})^2 \leq \tfrac{1}{i(\ln i)^2} EX_i^2 = \tfrac{1}{i(\ln i)^2},\ i \geq 2$$

und somit

$$\sum_{i=1}^{\infty} Var\, Y_i^{(2)} \ \leq\ \sum_{i=2}^{\infty} \frac{1}{i(\ln i)^2} < 2 + \sum_{i=3}^{\infty} \int_{i-1}^{i} \frac{1}{x(\ln x)^2} dx$$

$$= \ 2 + \left[-\frac{1}{\ln x} \right]_2^{\infty} < \infty.$$

Der Dreireihensatz von Kolmogoroff (5.9) liefert also

$$P((\sum_{i=1}^{n} Y_i)_{n\in\mathbb{N}} \text{ konvergiert}) = 1.$$

Dabei konvergiert die Reihe $(\sum_{i=2}^{n} \frac{1}{\sqrt{i}\ln i} EX_i^{(\sqrt{i}\ln i)})_{n\geq 2}$ absolut, da

$$\sum_{i=2}^{\infty} \frac{1}{\sqrt{i}\ln i} |E\, X_i^{(\sqrt{i}\ln i)}| = \sum_{i=2}^{\infty} \frac{1}{\sqrt{i}\ln i} |\int_{\{|X_i|\leq\sqrt{i}\ln i\}} X_i\, dP|$$

$$= \sum_{i=2}^{\infty} \frac{1}{\sqrt{i}\ln i} |\int_{\{|X_i|>\sqrt{i}\ln i\}} X_i\, dP| \qquad ,\text{da } EX_i = 0$$

$$\leq \sum_{i=2}^{\infty} \int_{\{|X_i|>\sqrt{i}\ln i\}} \frac{X_i^2}{i(\ln i)^2} dP \leq \sum_{i=2}^{\infty} \frac{1}{i(\ln i)^2} Var\, X_i < \infty.$$

Also gilt auch

$$P((\sum_{i=2}^{n} \frac{1}{\sqrt{i}\ln i} X_i^{(\sqrt{i}\ln i)})_{n\in\mathbb{N}} \text{ konvergiert}) = 1.$$

Da überdies aus der Tschebyscheffschen Ungleichung folgt

$$P(\frac{1}{\sqrt{i}\ln i} X_i \neq \frac{1}{\sqrt{i}\ln i} X_i^{(\sqrt{i}\ln i)}) \ = \ P(|X_i| > \sqrt{i}\ln i)$$

$$\leq \ \frac{1}{i(\ln i)^2} Var\, X_i = \frac{1}{i(\ln i)^2},$$

ergibt sich mit (5.8) und (5.11) die Behauptung.					$\square$

Die Aussage von (8.10) beinhaltet insbesondere, daß gilt

$$\limsup_n \frac{1}{\sqrt{n}\ln n} \sum_{i=1}^{n} X_i = \liminf_n \frac{1}{\sqrt{n}\ln n} \sum_{i=1}^{n} X_i = 0 \qquad P\text{-f.s.}$$

und somit, daß die Folge der Maxima von $\sum_{i=1}^{n} X_i$ P-f.s. *langsamer wächst* als $\sqrt{n}\ln n$ (und analog die Folge $(\min_{1\leq j\leq n} \sum_{i=1}^{j} X_i)_{n\in\mathbb{N}}$ langsamer fällt als $-\sqrt{n}\ln n$).

Andererseits kann man aus dem zentralen Grenzwertsatz schließen, daß diese Folge der Maxima $\max_{1\leq j\leq n} \sum_{i=1}^{j} X_i$ P-f.s. *schneller wächst* als $\sqrt{n}$ (und analog die Folge der Minima schneller fällt als $-\sqrt{n}$). Dazu wird zunächst allgemeiner bewiesen:

(8.11) Lemma

Es seien $(X_i)_{i\in\mathbb{N}}$ eine Folge von stochastisch unabhängigen Zufallsgrößen und $(a_i)_{i\in\mathbb{N}}$ eine Folge von positiven Zahlen mit $\lim_{n\to\infty} a_i = \infty$. Dann gilt

$$\limsup_n \ \frac{1}{a_n} \sum_{i=1}^{n} X_i = c_1 \in \overline{\mathbb{R}^1} \qquad P\text{-f.s.}$$

$$\liminf_n \ \frac{1}{a_n} \sum_{i=1}^{n} X_i = c_2 \in \overline{\mathbb{R}^1} \qquad P\text{-f.s.}$$

Beweis: Für $t \in \mathbb{R}^1$ sei $A_t := \{\limsup_n \frac{1}{a_n} \sum_{i=1}^{n} X_i \leq t\}$. Da für $m \leq n$ gilt

$$\frac{1}{a_n} \sum_{i=1}^{n} X_i = \frac{1}{a_n} \sum_{i=1}^{m-1} X_i + \frac{1}{a_n} \sum_{i=m}^{n} X_i,$$

folgt aus $\lim_{n\to\infty} a_n = \infty$, daß für jedes $m \in \mathbb{N}$

$$\limsup_n \frac{1}{a_n} \sum_{i=1}^{n} X_i = \limsup_n \frac{1}{a_n} \sum_{i=m}^{n} X_i$$

und somit $A_t \in \sigma(\cup_{i=m}^{\infty} X_i^{-1}(\mathbb{B}))$. Also gilt

$$A_t \in \bigcap_{m=1}^{\infty} \sigma(\bigcup_{i=m}^{\infty} X_i^{-1}(\mathbb{B})) = \mathcal{S}_\infty(X_i^{-1}(\mathbb{B}), \ i \in \mathbb{N}).$$

Mit den X_i sind auch die $X_i^{-1}(\mathbb{B})$ stochastisch unabhängig (vgl. (4.39)). Daher folgt aus dem Kolmogoroffschen 0-1-Gesetz (4.37), daß $P(A_t) \in \{0,1\}$. Setzt man nun $c_1 := \inf\{t \in \mathbb{R} : P(A_t) = 1\}$ (mit $\inf \emptyset = \infty$), so folgt im Fall $c_1 \in \mathbb{R}^1$

$$P(\limsup_n \frac{1}{a_n} \sum_{i=1}^n X_i = c_1) = P(\bigcap_{n=1}^\infty (A_{c_1+1/n} \backslash A_{c_1-1/n}))$$
$$= \lim_{n\to\infty} (P(A_{c_1+1/n}) - P(A_{c_1-1/n})) = 1.$$

Im Fall $c_1 = \pm\infty$ ist nichts zu beweisen. Die Aussage für den limes inferior beweist man analog. $\qquad\square$

Für den oben betrachteten Spezialfall erhält man hiermit:

(8.12) Korollar
> *Es sei $(X_i)_{i\in\mathbb{N}}$ eine Folge von stochastisch unabhängigen, identisch verteilten Zufallsgrößen mit $EX_1 = 0$, $Var\, X_1 = 1$. Dann gilt*

$$\limsup_n \frac{1}{\sqrt{n}} \sum_{i=1}^n X_i = \infty \qquad P\text{-}f.s.$$

$$\liminf_n \frac{1}{\sqrt{n}} \sum_{i=1}^n X_i = -\infty \qquad P\text{-}f.s..$$

Beweis: Da für jedes $C \in \mathbb{R}^1$ gilt

$$\mathcal{N}(0,1)([C;\infty)) > 0, \quad \mathcal{N}(0,1)((-\infty,C]) > 0,$$

folgt die Behauptung aus (8.11). $\qquad\square$

Als unmittelbare Folgerung aus dieser Aussage ergibt sich:

(8.13) Korollar (Teilaussage des Chung-Fuchs-Theorems):
> *Es sei $(X_i)_{i\in\mathbb{N}}$ eine Folge von stochastisch unabhängigen, identisch verteilten Zufallsgrößen mit $EX_1 = 0$ und $0 < Var\, X_1 < \infty$. Dann gilt*

$$P(\limsup_n \sum_{i=1}^n X_i = \infty, \quad \liminf_n \sum_{i=1}^n X_i = -\infty) = 1.$$

Nach den Aussagen

$$\limsup_n \frac{1}{\sqrt{n}} \sum_{i=1}^n X_i = \infty, \quad \limsup_n \frac{1}{\sqrt{n \ln n}} \sum_{i=1}^n X_i = 0 \quad P\text{-f.s.}$$

$$\liminf_n \; \frac{1}{\sqrt{n}} \sum_{i=1}^{n} X_i = -\infty, \quad \liminf_n \frac{1}{\sqrt{n}\ln n} \sum_{i=1}^{n} X_i = 0 \quad P\text{-f.s.}$$

liegt die Frage nahe, ob es Folgen $(a_n)_{n \in \mathbb{N}}$ „zwischen" $\sqrt{n}$ und $\sqrt{n}\ln n$ gibt, für die

$$\limsup_n \frac{1}{a_n} \sum_{i=1}^{n} X_i = 1, \quad \liminf_n \frac{1}{a_n} \sum_{i=1}^{n} X_i = -1 \qquad P\text{-f.s.}$$

gilt.

Die Antwort liefert der folgende Satz von Hartman und Wintner.

(8.14) Satz (vom iterierten Logarithmus)

Es sei $(X_i)_{i \in \mathbb{N}}$ eine Folge von stochastisch unabhängigen, identisch verteilten Zufallsgrößen mit $EX_1 = 0$, $Var\, X_1 = 1$. Dann gilt

$$\limsup_n \; \frac{1}{\sqrt{2n \ln \ln n}} \sum_{i=1}^{n} X_i = 1 \qquad P\text{-f.s.}$$

$$\liminf_n \; \frac{1}{\sqrt{2n \ln \ln n}} \sum_{i=1}^{n} X_i = -1 \qquad P\text{-f.s..}$$

Die Bezeichnung „iterierter Logarithmus" ist aufgrund des Terms „$\ln \ln n$" naheliegend.

Der Beweis ist recht aufwendig (s. z.B. Gänßler/Stute l.c. S. 175-182 oder Bauer l.c. S. 272-296) und dürfte den Rahmen von Vorlesungen sprengen. Im folgenden wollen wir nur den Spezialfall von $\mathcal{N}(0,1)$-verteilten Zufallsgrößen behandeln. Dabei benötigen wir eine Hilfsaussage[2], die auch von eigenständigem Interesse ist (und in §10 erneut verwendet wird):

(8.15) Satz (Andresches Spiegelungsprinzip)

Es seien $X_1, \ldots, X_n$ stochastisch unabhängige Zufallsgrößen, die symmetrisch zum Nullpunkt verteilt sind (d.h. es gilt $P^{X_i} = P^{-X_i}$), und $S_j := \sum_{i=1}^{j} X_i, 1 \le j \le n$. Dann gilt für alle $b \in \mathbb{R}^1$

$$P(\max_{1 \le j \le n} S_j \ge b) \le 2P(S_n \ge b).$$

---

[2]Für eine allgemeine Formulierung s. z.B. D. Freedman: Brownian Motion and Diffusion. 1971; Lemma 1(5).

Beweis: Es seien $A_1 := \{\omega \in \Omega : S_1(\omega) \geq b\}$ und

$$A_j := \{\omega \in \Omega : S_i(\omega) < b \ \forall i < j, S_j(\omega) \geq b\}, \ 2 \leq j \leq n.$$

Die A_j bilden eine disjunkte Zerlegung von $\{\max_{1 \leq j \leq n} S_j \geq b\}$ entsprechend dem erstmaligen Überschreiten von b:

$$\sum_{j=1}^{n} A_j = \{\omega \in \Omega : \max_{1 \leq j \leq n} S_j \geq b\}.$$

Daher gilt $P(\max_{1 \leq j \leq n} S_j \geq b) = \sum_{j=1}^{n} P(A_j)$. Wegen der stochastischen Unabhängigkeit der X_i und der Symmetrie der Verteilungen ergibt sich andererseits für

$$B_j := \{\omega \in \Omega : X_{j+1} + \ldots + X_n \geq 0\}, \quad 1 \leq j < n,$$

daß $P(B_j) \geq 1/2$ ist. Setzt man noch $B_n := \Omega$, so gilt also $P(A_j) \leq 2P(B_j) \cdot P(A_j), 1 \leq j \leq n$. Aus der stochastischen Unabhängigkeit der X_i folgt weiter $P(A_j)P(B_j) = P(A_j \cap B_j), 1 \leq j \leq n$. Dabei gilt

$$\sum_{j=1}^{n} A_j \cap B_j = \sum_{j=1}^{n-1} \left\{\omega \in \Omega : \begin{array}{l} S_i(\omega) < b \ \text{für} \ i < j, S_j(\omega) \geq b, \\ X_{j+1}(\omega) + \ldots + X_n(\omega) \geq 0 \end{array}\right\}$$

$$+ \{\omega \in \Omega : S_i(\omega) < b \ \forall i < n, \ S_n(\omega) \geq b\}$$

$$\subset \{\omega \in \Omega : S_n(\omega) \geq b\}.$$

Insgesamt ergibt sich daher

$$P(\max_{1 \leq j \leq n} S_j \geq b) = \sum_{j=1}^{n} P(A_j) \leq 2 \sum_{j=1}^{n} P(A_j \cap B_j) \leq 2P(S_n \geq b). \qquad \square$$

Der Name „Andresches *Spiegelungs*prinzip" erklärt sich daraus, daß man für diskrete Zufallsgrößen einen Beweis für (8.15) so führen kann, daß man jedem Pfad z mit $\max_j S_j(\omega) \geq b$ und $S_n(\omega) < b$ durch „Spiegeln" an dem nach dem ersten Überschreiten von b

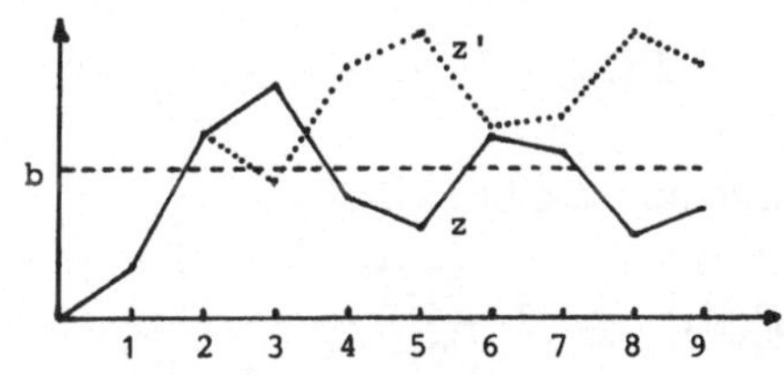

erreichten Wert einen Pfad z' zuordnet (vgl. die Abbildung 8.1), so daß z und z' wegen der vorausgesetzten Symmetrie dieselbe W. tragen.

Beweis von (8.14) für den Fall $P^{X_1} = \mathcal{N}(0,1)$: Zur Abkürzung bezeichnen wir $\varphi(n) := \sqrt{2n \ln \ln n}$, wobei o.B.d.A. nur $n \in \mathbb{N}$ mit $n \geq 16 > e^e$, d.h. $\ln \ln n > 1$ betrachtet werden, und $S_n := \sum_{i=1}^n X_i$.

(i) Behauptung: $P(\limsup_n S_n/\varphi(n) \leq 1) = 1$.

Es seien $\varepsilon > 0, \gamma := 1 + \varepsilon$ und für $j \geq 16$

$$A_j := \{\omega \in \Omega : S_n(\omega) > \gamma\, \varphi(n) \ \text{ für mind. ein } \ n \in (\gamma^j; \gamma^{j+1}]\}$$

sowie $A := \limsup_j A_j$, d.h.

$$A = \{\omega \in \Omega : S_n(\omega)/\varphi(n) > 1 + \varepsilon \ \text{ für unendl. viele } n\}.$$

Wegen

$$\{\omega \in \Omega : \limsup_n S_n(\omega)/\varphi(n) \leq 1\}$$
$$= \{\omega \in \Omega : \forall \varepsilon > 0 \ \exists n(\varepsilon) : S_n(\omega)/\varphi(n) \leq 1 + \varepsilon \ \ \forall n \geq n(\varepsilon)\}$$

ist also zu zeigen, daß $P(A) = 0$ gilt. Um dies (mit Hilfe des 1. Borel-Cantelli Lemmas (4.34)) zu erreichen, schätzen wir $P(A_j)$ ab:

$$
\begin{aligned}
P(A_j) \quad &\leq \quad P(S_n > \gamma\varphi(\gamma^j) \ \text{ für mind. ein } \ n \in (\gamma^j; \gamma^{j+1}]) \\
&\leq \quad P(S_n > \gamma\varphi(\gamma^j) \ \text{ für mind. ein } \ n \leq n_{j+1} := \lfloor \gamma^{j+1} \rfloor) \\
&\underset{(8.15)}{\leq} \quad 2P(S_{n_{j+1}} > \gamma\varphi(n_j)),
\end{aligned}
$$

wobei $S_{n_{j+1}}$ eine $\mathcal{N}(0, n_{j+1})$-Verteilung besitzt.

Wegen

$$\int_b^\infty \frac{1}{\sqrt{2\pi}} e^{-x^2/2} dx \leq \frac{1}{\sqrt{2\pi}} \int_b^\infty e^{-x^2/2}(1 + \frac{1}{x^2}) dx = \frac{1}{\sqrt{2\pi}b} e^{-b^2/2}$$

(s. (III.5)) gilt dabei

$$P(S_{n_{j+1}} > \gamma\varphi(\gamma^j)) \leq \frac{1}{\sqrt{2\pi}} \exp(-\gamma^2 \varphi(\gamma^j)^2/2n_{j+1})/(\frac{\gamma\varphi(\gamma^j)}{\sqrt{n_{j+1}}}).$$

Insgesamt ergibt sich also

$$
\begin{aligned}
P(A_j) \quad &\leq \quad 2\frac{\sqrt{n_{j+1}}}{\sqrt{2\pi}} \cdot \frac{1}{\gamma\sqrt{2\gamma^j \ln\ln\gamma^j}} \exp(-\gamma^2 \frac{2\gamma^j \ln\ln\gamma^j}{2n_{j+1}}) \\
&\leq \quad C \exp(-\gamma \ln\ln\gamma^j) \ \text{ mit geeignetem } C > 0, \ \text{ da } n_{j+1} \leq \gamma^{j+1} \\
&= \quad \hat{C} j^{-\gamma} \ \text{ mit } \ \hat{C} = C/(\ln\gamma)^\gamma.
\end{aligned}
$$

Da aber $\sum_{j=1}^{\infty} j^{-(1+\varepsilon)} < \infty$, folgt $\sum_{j=1}^{\infty} P(A_j) < \infty$; somit liefert (4.34) die Behauptung (i).

(ii) Behauptung: $P(\limsup_n S_n/\varphi(n) \geq 1) = 1$

Wegen

$$\{\omega \in \Omega : \limsup_n S_n(\omega)/\varphi(n) \geq 1\}$$
$$= \{\omega \in \Omega : \forall \varepsilon > 0 \text{ gilt } S_n(\omega) \geq (1-\varepsilon)\varphi(n) \text{ für unendl. viele } n\}$$

betrachten wir zunächst $\{S_n \geq (1-\varepsilon)\varphi(n)\}$ für ein beliebiges $\varepsilon \in (0;1)$. Wendet man die Aussage (i) auf die Folge $(-S_n)_{n\in\mathbb{N}}$ an, so ergibt sich, daß P-f.s. für fast alle $n \in \mathbb{N}$ gilt $-S_n \leq 2\varphi(n)$. Für $n_j := m_0^j$ mit beliebigem $m_0 \geq 2$ gilt also P-f.s. für hinreichend großes j

$$S_{n_{j-1}} \geq -2\varphi(n_{j-1}), \quad \text{d.h. } S_{n_j} \geq Z_j - 2\varphi(n_{j-1}),$$

wobei $Z_j = S_{n_j} - S_{n_{j-1}}$. Wenn wir also zeigen können, daß P-f.s. für unendlich viele $j \in \mathbb{N}$ gilt

$$Z_j \geq (1-\varepsilon)\varphi(n_j) + 2\varphi(n_{j-1}),$$

sind wir fertig. Zu $\gamma \in (1-\varepsilon;1)$ existiert ein $n_0 \geq 2$, so daß für alle $j \in \mathbb{N}$

$$\gamma\sqrt{2(n_0^j - n_0^{j-1})\ln\ln n_0^j}$$
$$> (1-\varepsilon)\sqrt{2n_0^j \ln\ln n_0^j} + 2\sqrt{2n_0^{j-1}\ln\ln n_0^{j-1}}$$
$$= (1-\varepsilon)\varphi(n_0^j) + 2\varphi(n_0^{j-1}).$$

Es genügt also zu zeigen, daß P-f.s.

$$Z_j > \gamma\sqrt{2(n_0^j - n_0^{j-1})\ln\ln n_0^j}$$

für unendlich viele $j \in \mathbb{N}$ gilt. Dabei besitzt Z_j eine $\mathcal{N}(0, n_0^j - n_0^{j-1})$-Verteilung. Da andererseits (s. (III.5))

$$\int_b^\infty \frac{1}{\sqrt{2\pi}}e^{-x^2/2}dx \geq \frac{1}{\sqrt{2\pi}}\int_b^\infty e^{-x^2/2}(1 - \frac{3}{x^4})dx = \frac{e^{-b^2/2}}{\sqrt{2\pi}}(\frac{1}{b} - \frac{1}{b^3})$$

folgt

$$P(Z_j/\sqrt{n_0^j - n_0^{j-1}} > \gamma\sqrt{2\ln\ln n_0^j})$$

$$\geq \frac{1}{\sqrt{2\pi}}\Big(\frac{1}{\gamma\sqrt{2\ln\ln n_0^j}} - \frac{1}{(2\gamma^2\ln\ln n_0^j)^{3/2}}\Big)e^{-\gamma^2\ln\ln n_0^j}$$

$$\geq C\frac{j^{-\gamma^2}}{\sqrt{\ln j}} \quad \text{mit geeignetem } C > 0.$$

Da $\sum_{j=1}^{\infty}\frac{1}{j^{\gamma^2}\sqrt{\ln j}} = \infty$ und die Z_j stochastisch unabhängig sind, folgt aus dem 2. Borel-Cantelli Lemma (4.35) die Behauptung.

Aus (i) und (ii) ergibt sich insgesamt die erste Aussage von (8.14); die zweite erhält man durch Übergang zu $-X_i, i \in \mathbb{N}$. $\qquad\qquad\square$

Der Satz vom iterierten Logarithmus liefert erstaunlich scharfe Aussagen über die Größe der Schwankungen der Summen $\sum_{i=1}^{n}X_i$ – beispielsweise über die Schwankungen des kumulierten „Gewinnes" eines Spielers in einem „fairen" Spiel nach n Runden: Einerseits folgt aus (8.14) für beliebiges $\delta > 0$, daß P-fast sicher für unendlich viele n gilt $\sum_{i=1}^{n}X_i > (1-\delta)\cdot$ $\sqrt{2n\ln\ln n}$, jedoch auch $\sum_{i=1}^{n}X_i < -(1-\delta)\sqrt{2n\ln\ln n}$ für unendlich viele n. Insbesondere wechselt $\sum_{i=1}^{n}X_i$ P-fast sicher unendlich oft das Vorzeichen. „Gewinne" in der Größenordnung von $\sqrt{2n\ln\ln n}$ kann man also „garantieren" (wobei man aber zwischenzeitlich mit Verlustständen von entsprechender Größe rechnen muß).

Andererseits liefert (8.14), daß für beliebiges $\delta > 0$ gilt

$$P(\{\sum_{i=1}^{n}X_i > (1+\delta)\sqrt{2n\ln\ln n} \text{ für unendl. viele } n\}) = 0$$

und

$$P(\{\sum_{i=1}^{n}X_i < -(1+\delta)\sqrt{2n\ln\ln n} \text{ für unendl. viele } n\}) = 0.$$

P-fast alle „Pfade" von $\sum_{i=1}^{n}X_i$ verlaufen also schließlich „innerhalb" der „Kurven" $\pm(1+\delta)\sqrt{2n\ln\ln n}$.

8.3 Extremwertverteilungen

Bei den Gesetzen der großen Zahlen und den Aussagen über die Verteilungskonvergenz gegen die Normalverteilung (s. §7.3/4, §8.1) ging es um das asymptotische Verhalten von (normierten) *Summen* von stochastisch unabhängigen Zufallsgrößen. Diese Aussagen sind insbesondere dann von Bedeutung, wenn es um die Untersuchungen von *Durchschnittswerten* (z.B. mittleren Wasserständen, durchschnittlichen Temperaturen, mittleren Schadstoff-Belastungen, durchschnittlichen Reiß-Festigkeiten u.ä.) geht.

Bei etlichen Fragestellungen wie z.B. bei der Dimensionierung von Deichen, Frostschutzmaßnahmen, Smogreaktionen, Qualitätsangaben von Seilen u.ä. sind jedoch nicht Durchschnittswerte sondern *Extremwerte* wie maximale Hochwasserstände, minimale Temperaturen, maximale Konzentrationen oder Stellen mit minimaler Festigkeit von besonderem Interesse.

Im folgenden wollen wir daher für unabhängige Versuchswiederholungen untersuchen, ob man auch für geeignet normierte *Extrema* Aussagen über das asymptotische Verhalten machen kann. Es seien also $(X_i)_{i \in \mathbb{N}}$ eine Folge von stochastisch unabhängigen, identisch verteilten Zufallsgrößen mit der Verteilungsfunktion F und

$$M_n := \max_{1 \le i \le n} X_i, \ m_n := \min_{1 \le i \le n} X_i;$$

wir fragen, ob es Folgen $(A_n)_{n \in \mathbb{N}}, (B_n)_{n \in \mathbb{N}}$ bzw. $(a_n)_{n \in \mathbb{N}}, (b_n)_{n \in \mathbb{N}}$ von geeigneten (Normierungs-) Konstanten mit $A_n, a_n > 0$ und (Grenz-) Funktionen G bzw. H gibt, so daß

$$P^{A_n(M_n - B_n)} \xrightarrow[(V)]{} G \quad \text{bzw.} \quad P^{a_n(m_n - b_n)} \xrightarrow[(V)]{} H.$$

Für die Verteilungen der Extrema M_n bzw. m_n notieren wir zunächst (s. IV.8):

(8.16) Anmerkung:
   Für alle $n \in \mathbb{N}$ und $x \in \mathbb{R}$ gilt

$$F^{M_n}(x) = F^n(x), \ F^{m_n}(x) = 1 - (1 - F(x))^n.$$

Beweis: Es gilt

$$F^{M_n}(x) \ = \ P(\max_{1 \le i \le n} X_i \le x) = P(\cap_{i=1}^{n} \{X_i \le x\})$$

$$= \ \prod_{i=1}^{n} P(X_i \le x) \ \text{wegen der Unabhängigkeit der } X_i$$

$$= \ F^n(x) \ \text{wegen der identischen Verteilung}$$

und analog

$$F^{m_n}(x) \;=\; P(\min_{1\le i\le n} X_i \le x) = 1 - P(\cap_{i=1}^n\{X_i > x\})$$

$$=\; 1 - \prod_{i=1}^{n} P(X_i > x) = 1 - (1 - F(x))^n. \qquad\qquad \square$$

Wir suchen also nach Konstanten A_n, B_n bzw. a_n, b_n und Verteilungsfunktionen G bzw. H, so daß

$$F^n(\frac{x}{A_n} + B_n) \xrightarrow[n\to\infty]{} G(x) \qquad \forall x \in C(G)$$

bzw.

$$(1 - F(\frac{x}{a_n} + b_n))^n \xrightarrow[n\to\infty]{} 1 - H(x) \qquad \forall x \in C(H).$$

Hierfür hat man eine besondere Bezeichnung eingeführt:

(8.17) Definition

   F und G seien Verteilungsfunktionen.

   a) *F liegt im (max-) Anziehungsbereich von G, falls es Konstanten*
   $A_n > 0, B_n \in \mathbb{R}$ *gibt mit*

$$F^n(\frac{x}{A_n} + B_n) \xrightarrow[n\to\infty]{} G(x) \qquad \forall x \in C(G);$$

   Bezeichnung[3]*:* $F \in \mathcal{D}(G)$.

   b) *F liegt im* min-*Anziehungsbereich von G, falls es Konstanten* $a_n >$
   $0, b_n \in \mathbb{R}$ *gibt mit*

$$(1 - F(\frac{x}{a_n} + b_n))^n \xrightarrow[n\to\infty]{} 1 - G(x) \qquad \forall x \in C(G).$$

   Die zu G gehörige Verteilung heißt dann auch Extremwertverteilung.

Zur Illustration betrachten wir zunächst zwei einfache Beispiele:

---

[3]Domain of attraction.

(8.18) Beispiele

a) Es gelte $P^{X_i} = \mathcal{R}(0,1)$. Dann folgt für $n \cdot m_n$, d.h. $a_n = n$, $b_n = 0$,

$$F^{n \cdot m_n}(x) = \begin{cases} 0 & x \leq 0 \\ 1 - (1 - x/n)^n & \text{für} \quad 0 < x < n \\ 1 & x \geq n \end{cases}$$

$$\xrightarrow[n \to \infty]{} (1 - e^{-x})1_{(0;\infty)}(x),$$

d.h. die $\mathcal{R}(0,1)$-Verteilung liegt im min-Anziehungsbereich der $Exp(1)$-Verteilung; analog ergibt sich für $n(M_n - 1)$, d.h. $A_n = n, B_n = 1$,

$$F^{n(M_n-1)}(x) = \begin{cases} 0 & x \leq -n \\ (1 + x/n)^n & \text{für} \quad n < x < 0 \\ 1 & x \geq 0 \end{cases}$$

$$\xrightarrow[n \to \infty]{} e^x 1_{(-\infty;0)}(x) + 1_{(0;\infty)}(x)$$

(s. (VII.4)), d.h. es liegt Verteilungskonvergenz gegen das Negative einer $Exp(1)$-verteilten Zufallsgröße vor.

b) $X_i, i \in \mathbb{N}$, seien Lebensdauern von radioaktiven Atomen, technischen Geräten o.ä., für die $P^{X_i} = Exp(\lambda)$ gilt. M_n bedeutet dann die Zeitdauer bis zum Zerfall des letzten von ursprünglich n Atomen, zum Ausfall des letzten von anfangs n intakten Geräten usw.. Für $\lambda M_n - \ln n$, d.h. $A_n = \lambda, B_n = \ln n/\lambda$, ergibt sich dann

$$F^{\lambda M_n - \ln n}(x) = (1 - \exp(-x - \ln n))^n 1_{(-\ln n;\infty)}(x)$$

$$= (1 - e^{-x}/n)^n 1_{(-\ln n;\infty)}(x) \xrightarrow[n \to \infty]{} e^{-e^{-x}}.$$

$G(x) := e^{-e^{-x}}, x \in \mathbb{R}$, ist (nach (3.6)) tatsächlich eine Verteilungsfunktion; die zugehörige Verteilung heißt *doppelt-exponentielle* Verteilung. Die $Exp(\lambda)$-Verteilung liegt also im Anziehungsbereich der doppelt-exponentiellen Verteilung. Zur Begründung, warum von λM_n gerade der Term $\ln n$ subtrahiert wird, vgl. (VIII.5). $\square$

c) Im Zusammenhang mit Einkommensverteilungen spielen die *Pareto-Verteilungen* eine Rolle, deren einfachste die Verteilungsfunktion

$$F(x) = (1 - 1/x)\, 1_{(1;\infty)}(x)$$

besitzt. Sind nun P^{X_i} solche Pareto-Verteilungen, so gilt für M_n/n, d.h. $A_n = 1/n, B_n = 0$,

$$F^{M_n/n}(x) = (1 - \frac{1}{nx})^n 1_{(\frac{1}{n};\infty)}(x)$$

$$\xrightarrow[n\to\infty]{} e^{-1/x} 1_{(0;\infty)}(x) =: G(x).$$

G ist (nach (3.6)) eine Verteilungsfunktion; der Anziehungsbereich der zugehörigen Verteilung enthält also die o.a. Pareto-Verteilung.   □

Es können also recht unterschiedliche Verteilungen als Grenzverteilungen normierter Extrema auftreten.

Da offensichtlich stets

$$M_n^- := \max_{1\leq i\leq n}(-X_i) = -\min_{1\leq i\leq n} X_i$$

und

$$m_n^- := \min_{1\leq i\leq n}(-X_i) = -\max_{1\leq i\leq n} X_i$$

gilt, erhält man

(8.19) Anmerkung

(i) Gilt für $A_n > 0, B_n \in \mathbb{R}$ und stetiges G, daß

$$P^{A_n(M_n-B_n)} \xrightarrow[(V)]{} G,$$

so folgt

$$P^{A_n(m_n^-+B_n)} \xrightarrow[(V)]{} H,$$

wobei $H(x) := 1 - G(-x) \; \forall x \in \mathbb{R}$.

(ii) Gilt für $a_n > 0, b_n \in \mathbb{R}$ und stetiges H, daß

$$P^{a_n(m_n-b_n)} \xrightarrow[(V)]{} H,$$

so folgt

$$P^{a_n(M_n^-+b_n)} \xrightarrow[(V)]{} G,$$

wobei $G(x) := 1 - H(-x) \; \forall x \in \mathbb{R}$.

Beweis zu (i) ((ii) folgt analog):

$$P(A_n(m_n^- + B_n) \leq x) = P(-A_n(M_n - B_n) \leq x)$$
$$= 1 - P(A_n(M_n - B_n) < -x) \xrightarrow[n\to\infty]{} 1 - G(-x). \qquad \square$$

Tritt also die stetige Verteilungsfunktion G bei der Limesverteilung von normierten Maxima auf, so taucht $x \mapsto H(x) := 1 - G(-x)$ als Limesverteilung von normierten Minima auf (und umgekehrt); wir werden uns im folgenden also auf die Untersuchung von *Maxima* konzentrieren können.

Abhängend von den Normierungskonstanten kann es durchaus verschiedene Limesverteilungen normierter Extrema M_n bzw. m_n geben: Gilt nämlich für $A_n > 0, B_n \in \mathbb{R}$

$$P^{A_n(M_n - B_n)} \xrightarrow[(V)]{} G,$$

so folgt für beliebige $c > 0, d \in \mathbb{R}$

$$P(\frac{A_n}{c}(M_n - (B_n + d/A_n)) \leq x) = P(A_n(M_n - B_n) \leq cx + d)$$
$$\xrightarrow[n\to\infty]{} G(cx + d) =: \tilde{G}(x), \quad \text{falls} \quad cx + d \in C(G),$$

d.h. für die Normierungskonstanten $\tilde{A}_n := A_n/c$ und $\tilde{B}_n := B_n + d/A_n$ liegt Verteilungskonvergenz gegen $\tilde{G}$ vor.

Verteilungsfunktionen, die sich nur durch eine solche positive lineare Transformation des Arguments unterscheiden, wollen wir vom selben Typ nennen:

(8.20) Definition
Zwei Verteilungsfunktionen G und $\tilde{G}$ sind vom selben Typ, *falls Konstanten $c > 0$ und $d \in \mathbb{R}$ existieren, so daß*

$$\tilde{G}(x) = G(cx + d) \qquad \forall x \in \mathbb{R}.$$

Tritt also eine Verteilungsfunktion G bei der Grenzverteilung normierter Extrema auf, so auch jede andere Verteilungsfunktion, die vom selben Typ ist wie G. Es genügt dann also, aus jeder solchen Äquivalenzklasse von Verteilungsfunktionen vom selben Typ einen (besonders einfach zu beschreibenden) Repräsentanten anzugeben.

In unseren Beispielen (8.18) hatten wir bereits drei solche Repräsentanten kennengelernt, nämlich

$$G_1(x) := e^{-e^{-x}}, x \in \mathbb{R}, \text{ (in (8.18)b))}$$
$$G_2(x) := e^{-1/x} 1_{(0;\infty)}(x) \text{ (in (8.18)c))}$$
$$G_3(x) := e^x 1_{(-\infty;0)}(x) + 1_{(0;\infty)}(x) \text{ (in (8.18)a))}.$$

Da diese als Limesverteilungen geeignet normierter Maxima auftreten, könnte es interessant sein, sie selbst als "Ausgangsverteilungen" P^{X_i} zu wählen und die Verteilungen normierter Maxima zu untersuchen.

(8.21) Beispiele

a) Es gelte $F^{X_i} = G_1$. Nach (8.16) folgt dann für $M_n - \ln n$, d.h. für $A_n = 1, B_n = \ln n$,

$$\begin{aligned}
F^{M_n - \ln n}(x) &= G_1^n(x + \ln n) \\
&= (\exp(-\exp(-x - \ln n)))^n \\
&= e^{-e^{-x}} = G_1(x) \qquad \forall x \in \mathbb{R}.
\end{aligned}$$

Die Verteilung der normierten Maxima $M_n - \ln n$ stimmt also (für alle n) mit der Ausgangsverteilung überein; insbesondere ist also diese auch die Limesverteilung der normierten Maxima: $G_1 \in \mathcal{D}(G_1)$.

b) Es gelte $F^{X_i} = G_2$. Wieder nach (8.16) folgt dann für M_n/n, d.h. für $A_n = 1/n, B_n = 0$,

$$\begin{aligned}
F^{M_n/n}(x) &= G_2^n(nx) \\
&= (e^{-1/nx})^n 1_{(0;\infty)}(x) = G_2(x);
\end{aligned}$$

auch hier stimmen also die Verteilungen der normierten Maxima mit der Ausgangsverteilung überein, und es gilt $G_2 \in \mathcal{D}(G_2)$.

c) Entsprechend ergibt sich bei $P^{X_i} = G_3$ für $n \cdot M_n$

$$\begin{aligned}
F^{n \cdot M_n}(x) &= G_3^n(x/n) \\
&= (e^{x/n})^n 1_{(-\infty;0)}(x) + 1_{(0;\infty)}(x) = G_3(x);
\end{aligned}$$

wiederum erhält man bei den normierten Maxima jeweils die Ausgangsverteilung zurück, und es gilt $G_3 \in \mathcal{D}(G_3)$. $\qquad\square$

Diese Beobachtung liefert den Schlüssel für die allgemeine Untersuchung der Verteilungskonvergenz normierter Extrema; wir definieren daher:

(8.22) Definition

Eine nicht-ausgeartete[4] *Verteilungsfunktion G heißt* max-stabil, *wenn es (Normierungs-) Konstanten $A_n > 0, B_n \in \mathrm{IR}$ gibt mit*

$$G^n(\frac{x}{A_n} + B_n) = G(x) \qquad \forall x \in \mathrm{IR}, n \in \mathrm{IN}.$$

Eine Verteilung heißt max-stabil, *wenn ihre Verteilungsfunktion max-stabil ist*[5].

In der Terminologie von (8.17) ergibt sich also, daß jede max-stabile Verteilung in ihrem eigenen Anziehungsbereich liegt:

(8.23) Anmerkung

Ist G max-stabil, so gilt $G \in \mathcal{D}(G)$.

Insbesondere tritt also jede max-stabile Verteilung als Limesverteilung normierter Maxima auf. Daraufhin liegt es nahe, zunächst einmal alle max-stabilen Verteilungen zu charakterisieren. Ein wichtiges Hilfsmittel hierfür liefert die folgende Aussage:

(8.24) Satz

G sei eine nicht-ausgeartete Verteilungsfunktion. G ist genau dann max-stabil, wenn es Folgen $(F_n)_{n\in\mathrm{IN}}$ von Verteilungsfunktionen und $(A_n)_{n\in\mathrm{IN}}, (B_n)_{n\in\mathrm{IN}}$ von Konstanten mit $A_n > 0$ gibt, so daß für alle $j \in \mathrm{IN}$

$$F_n(\frac{x}{A_{nj}} + B_{nj}) \xrightarrow[n\to\infty]{} G^{1/j}(x) \quad \forall x \in C(G).$$

Zum Beweis benötigen wir noch eine Hilfsaussage, die jedoch auch von eigenständiger Bedeutung ist:

(8.25) Satz (von Chintchin)

Es seien $(F_n)_{n\in\mathrm{IN}}$ eine Folge von Verteilungsfunktionen, G eine nicht-ausgeartete Verteilungsfunktion und $(\alpha_n)_{n\in\mathrm{IN}}, (\beta_n)_{n\in\mathrm{IN}}$ Folgen von Konstanten mit $\alpha_n > 0$, so daß

$$F_n(\alpha_n x + \beta_n) \xrightarrow[n\to\infty]{} G(x) \quad \forall x \in C(G).$$

---

[4]D.h. die zugehörige Verteilung ist *kein* Dirac-Maß.

[5]In analoger Weise kann man min-Stabilität definieren.

Dann gilt für Folgen $(\tilde{\alpha}_n)_{n\in\mathbb{N}}, (\tilde{\beta}_n)_{n\in\mathbb{N}}$ *von Konstanten mit* $\tilde{\alpha}_n > 0$

$$F_n(\tilde{\alpha}_n x + \tilde{\beta}_n) \xrightarrow[n\to\infty]{} \tilde{G}(x) \quad \forall x \in C(\tilde{G})$$

für eine geeignete nicht-ausgeartete Verteilungsfunktion $\tilde{G}$ *genau dann, wenn es Konstanten* $\alpha > 0$ *und* β *gibt mit*

$$\tilde{\alpha}_n/\alpha_n \xrightarrow[n\to\infty]{} \alpha, \quad (\tilde{\beta}_n - \beta_n)/\alpha_n \to \beta.$$

Es gilt dann

$$\tilde{G}(x) = G(\alpha x + \beta),$$

d.h. G *und* $\tilde{G}$ *sind vom selben Typ.*

Beweis: Wir benutzen die Abkürzungen $\alpha_n^\star = \tilde{\alpha}_n/\alpha_n$, $\beta_n^\star = (\tilde{\beta}_n - \beta_n)/\alpha_n$, $F_n^\star(x) := F_n(\alpha_n x + \beta_n)$.

(i) Aus $F_n^\star(x) \xrightarrow[n\to\infty]{} G(x) \ \forall x \in C(G)$ und $\alpha_n^\star \xrightarrow[n\to\infty]{} \alpha$, $\beta_n^\star \xrightarrow[n\to\infty]{} \beta$ folgt mit Hilfe von (VII.6)

$$F_n^\star(\alpha_n^\star x + \beta_n^\star) \xrightarrow[n\to\infty]{} G(\alpha x + \beta) =: \tilde{G}(x) \quad \forall x \in C(\tilde{G}).$$

(ii) Es gelte $F_n^\star(x) \xrightarrow[n\to\infty]{} G(x) \ \forall x \in C(G)$ und $F_n^\star(\alpha_n^\star x + \beta_n^\star) \xrightarrow[n\to\infty]{} \tilde{G}(x) \ \forall x \in C(\tilde{G})$, wobei $\tilde{G}$ eine nicht-ausgeartete Verteilungsfunktion ist. Sind nun x und y zwei verschiedene Stetigkeitspunkte von $\tilde{G}$ mit $0 < \tilde{G}(x), \tilde{G}(y) < 1$ (solche existieren, weil $\tilde{G}$ nicht-ausgeartet ist), dann sind die beiden Folgen $(\alpha_n^\star x + \beta_n^\star)_{n\in\mathbb{N}}$ und $(\alpha_n^\star y + \beta_n^\star)_{n\in\mathbb{N}}$ beschränkt, da sonst nicht

$$F_n^\star(\alpha_n^\star x + \beta_n^\star) \xrightarrow[n\to\infty]{} \tilde{G}(x) \in (0;1) \ \text{ bzw. } \ F_n^\star(\alpha_n^\star y + \beta_n^\star) \xrightarrow[n\to\infty]{} \tilde{G}(y) \in (0;1)$$

gelten könnte. Daher sind auch $(\alpha_n^\star(x - y))_{n\in\mathbb{N}}$ und somit $(\alpha_n^\star)_{n\in\mathbb{N}}$ sowie $(\beta_n^\star)_{n\in\mathbb{N}}$ beschränkt. Also gibt es eine (Teil-) Folge $(n_j)_{j\in\mathbb{N}}$ und Konstante $\alpha, \beta \in \mathbb{R}$ mit

$$\alpha_{n_j}^\star \xrightarrow[j\to\infty]{} \alpha \, , \ \beta_{n_j}^\star \xrightarrow[j\to\infty]{} \beta,$$

und somit (wie in (i))

$$F_{n_j}^\star(\alpha_{n_j}^\star x + \beta_{n_j}^\star) \xrightarrow[n\to\infty]{} \tilde{G}(x) = G(\alpha x + \beta) \ \forall x \in C(\tilde{G}) \cap C(G).$$

Da $\tilde{G}$ eine Verteilungsfunktion ist, gilt dabei $\alpha > 0$. Es bleibt noch zu zeigen, daß sogar die Ausgangsfolgen $(\alpha_n^\star)_{n\in\mathbb{N}}$ und $(\beta_n^\star)_{n\in\mathbb{N}}$ gegen α bzw. β konvergieren. Anderenfalls gäbe es jedoch eine weitere (Teil-) Folge $(m_j)_{j\in\mathbb{N}}$ und $\alpha' > 0, \beta'$ mit $(\alpha',\beta') \neq (\alpha,\beta)$ und

$$\alpha_{m_j}^\star \underset{j\to\infty}{\longrightarrow} \alpha' \; , \; \beta_{m_j}^\star \underset{j\to\infty}{\longrightarrow} \beta'$$

und somit

$$G(\alpha x + \beta) = \tilde{G}(x) = G(\alpha' x + \beta')$$

für alle $x \in C(\tilde{G}) \cap C(G)$ und daher auch für alle $x \in \mathbb{R}$. Da G nichtausgeartet ist, gibt es $x_1 < x_2$ mit

$$0 < y_1 := G(x_1) < y_2 := G(x_2) \leq 1.$$

Für $y_2 < 1$ gilt dann für die in (3.13) benutzte, durch

$$G^-(y) := \inf\{x \in \mathbb{R} : G(x) \geq y\}$$

definierte "Pseudo-Inverse" G^- von G

$$\frac{1}{\alpha}(G^-(y_1) - \beta) \;=\; \frac{1}{\alpha'}(G^-(y_1) - \beta') = \tilde{G}^-(y_1)$$
$$\frac{1}{\alpha}(G^-(y_2) - \beta) \;=\; \frac{1}{\alpha'}(G^-(y_2) - \beta') = \tilde{G}^-(y_2)$$

und somit

$$\frac{1}{\alpha}(G^-(y_1) - G^-(y_2)) = \frac{1}{\alpha'}(G^-(y_1) - G^-(y_2)),$$

wobei $G^-(y_1) < G^-(y_2)$. Also folgte (im Widerspruch zur Annahme) einerseits $\alpha = \alpha'$ und daher andererseits auch $\beta = \beta'$. Im Fall $y_2 = 1$ schließt man entsprechend. $\qquad\square$

Mit Hilfe dieser Aussagen können wir nun auch den *Beweis von Satz (8.24)* erbringen:

(i) Ist G max-stabil, so folgt für

$$F_n := G^n$$

und geeignete Konstanten $A_n > 0, B_n \in \mathbb{R}$

$$F_n(\frac{x}{A_{nj}} + B_{nj}) \;=\; (G^{nj}(\frac{x}{A_{nj}} + B_{nj}))^{1/j}$$
$$=\; (G(x))^{1/j} \qquad \forall j \in \mathbb{N}, x \in \mathbb{R}.$$

(ii) Mit G ist auch $G^{1/j}$ eine Verteilungsfunktion (s. (3.6)); da G nicht ausgeartet ist, gilt dies auch für $G^{1/j}, j \in \mathbb{N}$. Mit Hilfe von (8.25) folgt daher für

$$\alpha_n := 1/A_n, \ \beta_n := B_n, \ \tilde{\alpha}_n := 1/A_{nj}, \ \tilde{\beta}_n := B_{nj}, \ \tilde{G} = G^{1/j}$$

aus der Voraussetzung

$$F_n(x/A_{nj} + B_{nj}) \xrightarrow[n\to\infty]{} G^{1/j}(x) \quad \forall x \in C(G) \ \forall j \in \mathbb{N}$$

außerdem

$$G^{1/j}(x) = G(\alpha^{(j)}x + \beta^{(j)}) \qquad \forall x \in \mathbb{R}$$

für geeignete $\alpha^{(j)} > 0, \beta^{(j)} \in \mathbb{R}$, d.h.

$$G^n(\alpha^{(n)}x + \beta^{(n)}) = G(x) \qquad \forall x \in \mathbb{R}, n \in \mathbb{N}. \qquad \Box$$

Aus dieser Charakterisierung max-stabiler Verteilungsfunktionen können wir nun folgern, daß sie einer Funktionalgleichung genügen müssen.

(8.26) Lemma

G sei eine max-stabile nicht-ausgeartete Verteilungsfunktion. Dann gibt es meßbare Funktionen $a : \mathbb{R}^+ \to \mathbb{R}^+, b : \mathbb{R}^+ \to \mathbb{R}$ mit

$$G^s(a(s)x + b(s)) = G(x) \qquad \forall x \in \mathbb{R}, s > 0.$$

Beweis: Da G max-stabil ist, gilt für alle $x \in \mathbb{R}, s > 0$

$$G^{\lceil n\,s \rceil}\left(\frac{x}{A_{\lceil n\,s \rceil}} + B_{\lceil n\,s \rceil}\right) = G(x).$$

Da $n/\lceil n\,s \rceil \xrightarrow[n\to\infty]{} 1/s$, folgt hieraus

$$G^n\left(\frac{x}{A_{\lceil n\,s \rceil}} + B_{\lceil n\,s \rceil}\right) = \left(G^{\lceil n\,s \rceil}\left(\frac{x}{A_{\lceil n\,s \rceil}} + B_{\lceil n\,s \rceil}\right)\right)^{n/\lceil n\,s \rceil}$$

$$= G^{n/\lceil n\,s \rceil}(x) \xrightarrow[n\to\infty]{} G^{1/s}(x) \quad \forall x \in \mathbb{R}.$$

Da insbesondere $G^n(x/A_n + B_n) \xrightarrow[n\to\infty]{} G(x) \ \forall x \in \mathbb{R}$, folgt aus (8.25), daß

$$A_n/A_{\lceil n\,s \rceil} \xrightarrow[n\to\infty]{} a(s) > 0, \ A_n(B_{\lceil n\,s \rceil} - B_n) \xrightarrow[n\to\infty]{} b(s)$$

für geeignete (Funktionen) $a(s)$ und $b(s)$, die als Grenzwerte meßbarer Funktionen meßbar sind, sowie

$$G^{1/s}(x) = G(a(s)x + b(s)) \qquad \forall x \in \mathbb{R}, s > 0. \qquad \Box$$

Da man alle Lösungen dieser Funktionalgleichung bestimmen kann, lassen sich somit alle max-stabilen Verteilungen explizit angeben:

(8.27) Satz

> *G sei eine nicht-ausgeartete Verteilungsfunktion. G ist genau dann max-stabil, wenn G entweder*

$$vom\ Typ\ H_1(x) = e^{-e^{-x}}, x \in \mathbb{R} \qquad \text{(Typ I)}$$

> *oder*

$$vom\ Typ\ H_{2,\alpha}(x) = e^{-x^{-\alpha}} 1_{(0;\infty)}(x) \qquad \text{(Typ II)}$$
> *mit geeignetem $\alpha > 0$*

> *oder*

$$vom\ Typ\ H_{3,\alpha}(x) = e^{-(-x)^\alpha} 1_{(-\infty;0)}(x) + 1_{[0;\infty)}(x) \quad \text{(Typ III)}$$
> *mit geeignetem $\alpha > 0$*

> *ist.*

In den Beispielen (8.18) sind bereits alle drei Typen von max-stabilen Verteilungsfunktionen aufgetreten. In (8.18)a) ergab sich $H_{3,1}$ als Limesverteilung, in (8.18)b) die Verteilungsfunktion H_1 der doppelt-exponentiellen Verteilung und in (8.18)c) die Verteilungsfunktion $H_{2,1}$.

Beweis zu (8.27):

(i) Analog zu den Beispielen (8.21) ergibt sich, daß alle o.g. Verteilungsfunktionen max-stabil sind:

Typ I: Für $A_n := 1$, $B_n := \ln n$ gilt für alle $x \in \mathbb{R}$

$$H_1^n(\frac{x}{A_n} + B_n) = (\exp(-\exp(-x - \ln n)))^n = e^{-e^{-x}} = H_1(x).$$

Typ II: Für $A_n = n^{-1/\alpha}$, $B_n := 0$ gilt für alle $x \in \mathbb{R}^+$

$$H_{2,\alpha}^n(\frac{x}{A_n} + B_n) = (e^{-x^{-\alpha}/n})^n = H_{2,\alpha}(x).$$

Typ III: Für $A_n := n^{1/\alpha}$, $B_n := 0$ gilt für alle $x \in \mathbb{R}^-$

$$H_{3,\alpha}^n(\frac{x}{A_n} + B_n) = (e^{-(-x)^\alpha/n})^n = H_{3,\alpha}(x).$$

(ii) Um die Funktionalgleichung aus (8.26) besser ausnutzen zu können, betrachten wir (anstelle von G) die Funktion

$$\psi(x) := -\ln(-\ln G(x)).$$

auf $T := \{x \in \mathbb{R} : 0 < G(x) < 1\}$. Für diese Funktion gilt

$$\inf_{x \in T} \psi(x) = -\infty, \quad \sup_{x \in T} \psi(x) = \infty.$$

Begründung: Es reicht zu zeigen, daß T weder einen oberen noch einen unteren Endpunkt haben kann, der W-Masse trägt, d.h. daß weder ein $x_L \in \mathbb{R}$ existiert mit $G(x_L) > 0, \lim_{x \uparrow x_L} G(x) = 0$ noch ein $x_R \in \mathbb{R}$ mit $G(x_R) = 1$, $\lim_{x \uparrow x_R} G(x) < 1$. Aus der max-Stabilität von G erhält man (für $n = 2$)

$$G^2(ax + b) = G(x) \qquad \forall x \in \mathbb{R}$$

für geeignete $a > 0, b \in \mathbb{R}$. Gäbe es also ein x_L mit der o.g. Eigenschaft, so folgte

1) für $ax_L + b < x_L$ der Widerspruch $0 = G^2(ax_L + b) = G(x_L) > 0$,

2) für $ax_L + b > x_L$, d.h. $x_L > (x_L - b)/a$, der Widerspruch

$$0 < G^2(x_L) = G^2(a\frac{x_L - b}{a} + b) = G((x_L - b)/a) = 0,$$

3) für $ax_L + b = x_L$ wegen $G^2(x_L) = G^2(ax_L + b) = G(x_L) > 0$, daß $G(x_L) = 1$, d.h. G im Widerspruch zur Voraussetzung ausgeartet ist;

analog schließt man im Fall des rechten Endpunkts.

Die monoton nicht-fallende Funktion ψ besitzt also eine Pseudo-Inverse ψ^- auf $\mathbb{R}$.

Da die Funktionalgleichung aus (8.26) übergeht in

$$\psi(a(s)x + b(s)) - \ln s = \psi(x) \qquad \forall x \in T,$$

erhält man für diese Pseudo-Inverse

$$(\psi^-(y + \ln s) - b(s))/a(s) = \psi^-(y) \quad \forall y \in \mathbb{R},$$

insbesondere also

$$(\psi^-(\ln s) - b(s))/a(s) = \psi^-(0).$$

Benutzt man dies, um $b(s)$ zu eliminieren, so ergibt sich für alle $y \in \mathbb{R}$

$$\psi^-(y + \ln s) - \psi^-(\ln s) = a(s)(\psi^-(y) - \psi^-(0)).$$

Mit den Transformationen

$$z = \ln s, \ \tilde{a}(z) = a(e^z), \ g(y) = \psi^-(y) - \psi^-(0)$$

erhält man hieraus

$$(\star) \qquad g(y + z) - g(z) = g(y)\, \tilde{a}(z) \qquad \forall y, z \in \mathbb{R}.$$

Zur Bestimmung der Lösungen von $(\star)$ betrachten wir zunächst den (besonders einfachen) *Fall* $\tilde{a}(z) \equiv 1$: Die monotonen Lösungen der Funktionalgleichung

$$g(y + z) = g(y) + g(z) \qquad \forall y, z \in \mathbb{R}$$

sind aber von der Form

$$g(y) = y/\alpha$$

mit $\alpha > 0$, da ψ^- monoton nicht-fallend ist (s. z.B. Aczél: Vorl. über Funktionalgleichungen S. 45). Daher ist $\psi^-(y) = g(y) + \psi^-(0)$ stetig und mit $\beta := -\alpha\psi^-(0)$ ergibt sich

$$x = \psi^-(\psi(x)) = \psi(x)/\alpha - \beta/\alpha \qquad \forall x \in T.$$

Hieraus folgt $\psi(x) = \alpha x + \beta$ und somit

$$G(x) = \exp(-\exp(-(\alpha x + \beta))) \qquad \forall x \in \mathbb{R},$$

d.h. in diesem Fall ist G vom Typ I.

Im *Fall, daß* $\tilde{a}(z_0) \neq 1$ *für mindestens ein* z_0, vertauschen wir zunächst in $(\star)$ y und z, subtrahieren die beiden Gleichungen und erhalten damit

$$g(y)(1 - \tilde{a}(z)) = g(z)(1 - \tilde{a}(y)) \qquad \forall y, z \in \mathbb{R},$$

sowie insbesondere

$$g(y) = \frac{g(z_0)}{1 - \tilde{a}(z_0)}(1 - \tilde{a}(y)) = c(1 - \tilde{a}(y)) \quad \forall y \in \mathbb{R}$$

mit $c := g(z_0)/(1 - \tilde{a}(z_0)) \neq 0$ (sonst wäre $g \equiv 0$, d.h. ψ^- konstant, und somit G ausgeartet). Aus $(\star)$ folgt daher

$$c(1 - \tilde{a}(y + z)) - c(1 - \tilde{a}(z)) = c(1 - \tilde{a}(y))\tilde{a}(z) \quad \forall y, z \in \mathbb{R}$$

und somit

$$\tilde{a}(y + z) = \tilde{a}(y)\, \tilde{a}(z) \qquad \forall y, z \in \mathbb{R}.$$

Die monotonen Lösungen dieser Funktionalgleichung – und nur solche sind wegen der Monotonie von g als Lösungen von $(\star)$ möglich – sind von der Form

$$\tilde{a}(y) = e^{y/\gamma} \qquad \forall y \in \mathbb{R}$$

mit $\gamma \neq 0$. Mit $\beta := \psi^-(0)$ ergibt sich also

$$\psi^-(y) = \beta + c(1 - e^{y/\gamma}) \qquad \forall y \in \mathbb{R},$$

wobei wegen der schwachen Monotonie von ψ^- $c/\gamma < 0$ gelten muß. Daher ergibt sich analog zum ersten Fall

$$x = \psi^-(\psi(x)) = \beta + c(1 - e^{\psi(x)/\gamma})$$
$$= \beta + c(1 - (-\ln G(x))^{-1/\gamma}) \qquad \forall x \in T,$$

d.h.

$$G(x) = \exp(-(1 - \frac{x-\beta}{c})^{-\gamma}) \qquad \forall x \in T.$$

Für $\gamma > 0$ ist G also eine Verteilungsfunktion vom Typ II mit $\alpha = \gamma$. Für $\gamma < 0$ ist G eine Verteilungsfunktion vom Typ III mit $\alpha = -\gamma$. $\square$

Max-stabile Verteilungsfunktionen können also nur von einem der Typen I-III sein. Von den max-stabilen Verteilungen hatten wir bereits angemerkt, daß sie als Limesverteilungen von geeignet normierten Maxima (Extremwertverteilungen) auftreten und insbesondere in ihrem eigenen Anziehungsbereich liegen (s. (8.23)).

Es liegt nun die Frage nahe, ob auch noch andere solche Extremwertverteilungen als die max-stabilen Verteilungen existieren. Überraschenderweise gibt es keine weiteren nicht-ausgearteten Limesverteilungen normierter Maxima:

(8.28) Satz

G sei eine nicht-ausgeartete Verteilungsfunktion. Dann gilt $\mathcal{D}(G) \neq \emptyset$ genau dann, wenn G max-stabil ist.

Beweis (für die noch fehlende Teilaussage):
Es gelte $F \in \mathcal{D}(G)$, d.h.

$$F^n(\frac{x}{A_n} + B_n) \underset{n \to \infty}{\longrightarrow} G(x) \qquad \forall x \in C(G)$$

für geeignete Konstanten $A_n > 0, B_n \in \mathbb{R}$. Dann folgt aber auch für alle $j \in \mathbb{N}$

$$F^{nj}(\frac{x}{A_{nj}} + B_{nj}) \underset{n \to \infty}{\longrightarrow} G(x) \qquad \forall x \in C(G).$$

Mit $F_n := F^n$ folgt daher aus (8.24), daß G max-stabil ist. $\square$

Wegen $\min X_i = -\max(-X_i)$ (s.a. Anmerkung (8.19)) ergeben sich aus den Aussagen für normierte Maxima unmittelbar auch entsprechende Aussagen für normierte Minima:

(8.29) Satz
> G *sei eine nicht-ausgeartete Verteilungsfunktion.*
>
>   a) *G ist min-stabil genau dann, wenn G entweder*
>
> $$vom\ Typ\ L_1(x) = 1 - e^{-e^x}, x \in \mathbb{R} \qquad \text{(Typ I)}$$
>
>   *oder*
>
> $$vom\ Typ\ L_{2,\alpha}(x) = (1 - e^{-(-x)^{-\alpha}})1_{(-\infty;0)}(x) + 1_{[0;\infty)}(x)$$
> $$mit\ geeignetem\ \alpha > 0 \qquad \text{(Typ II)}$$
>
>   *oder*
>
> $$vom\ Typ\ L_{3,\alpha}(x) = (1 - e^{-x^\alpha})1_{(0;\infty)}(x) \qquad \text{(Typ III)}$$
> $$mit\ geeignetem\ \alpha > 0$$
>
>   *ist.*
>
>   b) *Der min-Anziehungsbereich von G ist genau dann nicht-leer, wenn G min-stabil ist.*

Damit haben wir also alle nicht-ausgearteten Extremwertverteilungen bestimmt und insbesondere gezeigt, daß es nur drei wesentlich verschiedene Typen von solchen Verteilungen gibt. Alle diese Extremwertverteilungen haben dabei die Eigenschaft, daß sie in ihrem eigenen Anziehungsbereich liegen, d.h. bei ihren eigenen normierten Extrema als Limesverteilungen auftreten.

Andererseits hatten die Beispiele (8.18) gezeigt, daß auch andere (Ausgangs-) Verteilungen nicht-ausgeartete Extremwertverteilungen besitzen. Daraufhin liegen die Fragen nahe,

- ob jede nicht-ausgeartete (Ausgangs-) Verteilung eine nicht-ausgeartete Extremwertverteilung besitzt

- gegen welche Extremwertverteilung die normierten Extrema konvergieren, d.h. was die Anziehungsbereiche der Extremwertverteilungen sind.

Ein sehr einfaches Beispiel zeigt, daß die erste Frage negativ zu beantworten ist:

(8.30) Beispiel (fairer Münzwurf)
Es gelte $P^{X_i} = \mathcal{B}(1, 1/2)$. Dann folgt

$$P(M_n = 0) = 1/2^n = 1 - P(M_n = 1),$$

d.h. es tritt die Dirac-Verteilung in 1 als Grenzverteilung auf. $\square$

Dieser Effekt tritt bei allen Verteilungen auf, die eine positive W-Masse im "rechten Randpunkt" $x_R := \sup\{x \in \mathbb{R} : F(x) < 1\}$ besitzen, insbesondere also bei allen endlich-diskreten Verteilungen:

(8.31) Lemma

> *Es gelte $x_R < \infty$ und $\lim_{x \uparrow x_R} F(x) = q < 1$. Dann gibt es keine nicht-ausgeartete Verteilungsfunktion G mit $F \in \mathcal{D}(G)$.*

Beweis: Angenommen, es gälte $F \in \mathcal{D}(G)$, d.h. es gäbe Konstanten $A_n > 0, B_n \in \mathbb{R}$ mit

$$F^n\left(\frac{x}{A_n} + B_n\right) \underset{n \to \infty}{\longrightarrow} G(x) \qquad \forall x \in C(G)$$

(wobei nach (8.28)/(8.27) gilt $C(G) = \mathbb{R}$). Da aber

$$F^n\left(\frac{x}{A_n} + B_n\right) \begin{cases} = 1 & \\ & \text{für } x \quad \begin{matrix} \geq \\ < \end{matrix} \quad A_n(x_R - B_n), \\ \leq q^n & \end{cases}$$

müßte dann $G(x) = 1_{[\lim A_n(x_R - \lim B_n);\infty)}(x)$ gelten, d.h. G ausgeartet sein. $\square$

Für die Existenz eines (max-stabilen) G mit $F \in \mathcal{D}(G)$ ist also das Verhalten von F in der "Nähe" von x_R von Bedeutung. Tatsächlich kann man die Anziehungsbereiche nicht-ausgearteter Verteilungen vollständig charakterisieren:

(8.32) Satz

> i) *Es gilt $F \in D(H_1)$ genau dann, wenn eine positive, meßbare Funktion g existiert mit*
>
> $$\lim_{y \uparrow x_R} \frac{1 - F(y + xg(y))}{1 - F(y)} = e^{-x} \qquad \forall x \in \mathbb{R}$$
>
> ii) *Es gilt $F \in D(H_{2,\alpha})$ genau dann, wenn $x_R = \infty$ und*
> $\lim_{y \to \infty} \frac{1 - F(y \cdot x)}{1 - F(y)} = x^{-\alpha} \;\; \forall x > 0$
>
> iii) *Es gilt $F \in D(H_{3,\alpha})$ genau dann, wenn $x_R < \infty$ und*
> $\lim_{y \downarrow 0} \frac{1 - F(x_R - xy)}{1 - F(x_R - y)} = x^{\alpha} \;\; \forall x > 0.$

Der Beweis ist zu umfangreich, um in diesem Text ausgeführt zu werden; es sei auf J. Galambos "The Asymptotic Theory of Extreme Order Statistics" Ch. 2 verwiesen.

8.4 Aufgaben

(VIII.1): $(X_n)_{n\in\mathbb{N}}$ sei eine Folge von paarweise unkorrelierten, identisch verteilten Zufallsgrößen und $(N_n)_{n\in\mathbb{N}}$ eine zu $(X_n)_{n\in\mathbb{N}}$ stochastisch unabhängige Folge von $\mathbb{N}$-wertigen Zufallsgrößen mit $\lim_{n\to\infty} E(1/N_n) = 0$. Zeigen Sie, daß gilt

$$\frac{1}{N_n} \cdot \sum_{i=1}^{N_n} (X_i - E(X_i)) \xrightarrow[\text{n.W.}]{} 0.$$

(VIII.2): $(Y_n)_{n\in\mathbb{N}}$ sei eine Folge von Zufallsgrößen, die nach Verteilung gegen eine Zufallsgröße Y konvergiert. Ferner sei eine zu $(Y_n)_{n\in\mathbb{N}}$ unabhängige Folge $(N_n)_{n\in\mathbb{N}}$ von $\mathbb{N}$-wertigen Zufallsgrößen gegeben, die nach Wahrscheinlichkeit gegen ∞ konvergiert. Zeigen Sie:

$$P^{Y_{N_n}} \to P^Y \quad \text{für} \quad n \to \infty.$$

(VIII.3): Es sei $(X_i)_{i\in\mathbb{N}}$ eine Folge von stochastisch unabhängigen, identisch verteilten Zufallsgrößen mit $EX_1 = 0, Var\, X_1 = 1$. Zeigen Sie, daß dann gilt

$$\frac{1}{\sqrt{2n \ln\ln n}} \sum_{i=1}^{n} X_i \xrightarrow[\text{n.W.}]{} 0.$$

(VIII.4): Es sei $(X_i)_{i\in\mathbb{N}}$ eine Folge von stochastisch unabhängigen, identisch verteilten Zufallsgrößen mit $EX_1 = 0, Var\, X_1 = \sigma^2$. Zeigen Sie, daß dann gilt

$$P(\limsup_{n} \frac{\sum_{i=1}^{n} X_i}{\sqrt{2n\sigma^2 \ln\ln(n\sigma^2)}} = 1, \liminf_{n} \frac{\sum_{i=1}^{n} X_i}{\sqrt{2n\sigma^2 \ln\ln(n\sigma^2)}} = -1) = 1.$$

(VIII.5): $(X_n)_{n\in\mathbb{N}}$ sei eine Folge von stochastisch unabhängigen, identisch verteilten Zufallsgrößen mit $P^{X_1} = Exp(\lambda), \lambda > 0$. F sei die Verteilungsfunktion von P^{X_1}. Zeigen Sie:

a) $g_n(z) := \int_0^z (1 - F^n(x))dx = \frac{1}{\lambda} \sum_{k=1}^{n} \frac{1}{k}(1 - e^{-\lambda z})^k, z \geq 0, n \in \mathbb{N}.$

b) $E(M_n) = \frac{1}{\lambda} \sum_{k=1}^{n} \frac{1}{k} \approx \frac{1}{\lambda} \ln n.$

$$c)\ Var(M_n) = \frac{1}{\lambda^2} \sum_{k=1}^{n} \frac{1}{k^2} \approx \frac{\pi^2}{6\lambda^2}.$$

Mit b) erhält man $\lambda(M_n - E(M_n)) \sim \lambda M_n - \ln n$.

(VIII.6): Sei X eine Zufallsgröße mit der Verteilungsfunktion H_1.

    a) Zeigen Sie, daß die Verteilungsfunktion von $Y := \exp(\frac{X}{\gamma})$, $\gamma > 0$, gleich $H_{2,\gamma}$ ist.

    b) Zeigen Sie, daß die Verteilungsfunktion von $Z := -\frac{1}{Y}, Y$ wie in a), gleich $H_{3,\gamma}$ ist.

(VIII.7): Sei $(X_n)_{n\in\mathbb{N}}$ eine Folge von stochastisch unabhängigen, identisch verteilten Zufallsgrößen.

Sei $0 \leq \tau \leq \infty$, und es gebe eine Folge $(u_n)_{n\in\mathbb{N}}$ von reellen Zahlen, so daß gilt:

$$n(1 - F(u_n)) \to \tau \quad \text{für} \quad n \to \infty \qquad (\star).$$

Dann gilt:

$$P(M_n \leq u_n) \to e^{-\tau} \quad \text{für} \quad n \to \infty \qquad (\star\star).$$

Gilt umgekehrt $(\star\star)$ für ein $\tau, 0 \leq \tau \leq \infty$, so auch $(\star)$.

(VIII.8): $(X_n)_{n\in\mathbb{N}}$ sei eine Folge von stochastisch unabhängigen, identisch verteilten Zufallsgrößen, und F sei die Verteilungsfunktion von P^{X_1}. Sei

    a) P^{X_1} eine Rechteck-Verteilung auf $(-2, 5)$,

    b) $F(x) = \frac{1}{2} + \frac{1}{\pi} \arctan x$ (Cauchy-Verteilung mit Parameter 0 und 1),

    c) $F(x) = 1 - K(x_R - x)^\alpha$ für $x_R - K^{-1/\alpha} \leq x \leq x_R$ mit $K > 0$ und $x_R := \sup\{x \in \mathbb{R} : F(x) < 1\} < \infty$.

Finden Sie geeignete Folgen von Normierungskonstanten $(A_n)_{n\in\mathbb{N}}, (B_n)_{n\in\mathbb{N}}, A_n \geq 0$, so daß $A_n(M_n - B_n)$ nach Verteilung konvergiert. Bestimmen Sie die Grenzverteilung.

(VIII.9): Sei $(X_n)_{n\in\mathbb{N}}$ eine Folge von stochastisch unabhängigen, $\mathcal{N}(0; 1)$-verteilten Zufallsgrößen. Sei F bzw. f die zu X_1 gehörige Verteilungsfunktion bzw. Lebesgue-Dichte. Zeigen Sie:

$$P(a_n(M_n - b_n) \leq x) \xrightarrow[n \to \infty]{} \exp(-e^{-x}), \quad x \in \mathbb{R}$$

mit $a_n = (2 \ln n)^{1/2}$ und $b_n = (2 \ln n)^{1/2} - \frac{1}{2}(2 \ln n)^{-1/2}(\ln \ln n + \ln 4\pi)$, d.h. die Grenzverteilung von M_n ist vom Typ H_1.

Hinweis: Verwenden Sie Aufgabe VIII.7 und folgende Eigenschaft von F: $1 - F(u) \sim \frac{f(u)}{u}$ für $u \to \infty$.

9 Allgemeine stochastische Prozesse; der Poisson- und der Wiener-Prozeß

Für unser eingangs formuliertes Ziel, zufallsabhängige (stochastische) Vorgänge in mathematischen Modellen zu erfassen und zu analysieren, haben wir bisher wichtige Ergebnisse vorwiegend im Spezialfall von unabhängigen Versuchen gewinnen können – insbesondere lieferten die Kolmogoroffschen starken Gesetze der großen Zahlen (5.12)/(5.15) und der zentrale Grenzwertsatz (7.30) präzise Begründungen für die „Erfahrungsgesetze" (1.1)-(1.3). Besonders weitreichende Aussagen ergaben sich dabei für stochastisch unabhängige Folgen identisch verteilter Zufallsgrößen, die zur Beschreibung von Beobachtungen dienen, welche ohne gegenseitige Beeinflussung unter jeweils gleichen Versuchsbedingungen angestellt werden.

So wichtig dieses Konzept der unabhängigen Versuchswiederholungen insbesondere für die Laboratoriumsexperimente der Naturwissenschaften auch ist, so reicht es aber sicherlich bei weitem nicht aus, um bei allen interessierenden Vorgängen als mathematisches Modell dienen zu können. Beispielsweise wird es bei den meisten psychologischen Experimenten trotz geschicktester Versuchsplanung nicht möglich sein, dasselbe Experiment mehrfach unabhängig zu wiederholen – die Versuchspersonen werden sich an die vorherigen Ergebnisse erinnern und damit durch die früheren Experimente beeinflußt sein –, und bei vielen wirtschaftswissenschaftlichen Untersuchungen interessieren gerade die Abhängigkeiten zwischen sukzessiven Beobachtungen (Trends, Sättigungseffekte, Baisse/Hausse usw.).

Daraufhin sollen im folgenden zufallsabhängige Entwicklungen untersucht werden, bei denen Abhängigkeiten zwischen den einzelnen Beobachtungen vorliegen (können).

9.1 Stochastische Prozesse

Entsprechend unserem Ausgangsmodell (1.9)/(2.21) liegt die folgende allgemeine Begriffsbildung nahe:

(9.1) Definition

Es seien $(\Omega, \mathcal{S}, P)$ ein Wahrscheinlichkeitsraum und T eine belie-
bige nicht-leere Menge. Zu jedem $t \in T$ sei eine Zufallsgröße X_t :
$(\Omega, \mathcal{S}, P) \to (\mathcal{X}_t, \mathcal{B}_t, P^{X_t})$ gegeben. Dann heißt

$$X_T := (\Omega, \mathcal{S}, P, (X_t)_{t \in T})$$

ein allgemeiner stochastischer Prozeß[1] *mit der* Parametermenge T.

Über die Indexmenge T machen wir zunächst keine besonderen Voraussetzungen; bei zeitlichen Entwicklungen wird T eine Teilmenge der „Zeitachse"
$\mathbb{R}^1$ sein, bei biologischen und geographischen Feldbeobachtungen wird oft
$T \subset \mathbb{R}^2$ gelten, und bei geologischen Untersuchungen wird man es i.a. mit
$T \subset \mathbb{R}^3$ zu tun haben. Weil jedoch in vielen Anwendungen $T \subset \mathbb{R}^1$ gilt,
wobei T die Beobachtungszeit beschreibt, werden wir allgemein die Ele-
mente t von T als *Zeitpunkte* bezeichnen.

Da Meßdaten in der Regel durch reelle Zahlen bzw. Vektoren beschrieben
werden, sind für die Praxis vor allem solche stochastischen Prozesse von
Interesse, bei denen X_t reelle Zufallsgrößen oder Zufallsvektoren sind, d.h.
$(\mathcal{X}_t, \mathcal{B}_t) = (\mathbb{R}^1, \mathbb{B}^1)$ bzw. $(\mathcal{X}_t, \mathcal{B}_t) = (\mathbb{R}^k, \mathbb{B}^k)$ $\forall t \in T$ gilt. Im folgenden
werden wir uns nahezu ausschließlich mit solchen Prozessen beschäftigen.

(9.2) Definition

Gilt für die Bildräume $(\mathcal{X}_t, \mathcal{B}_t)$ eines allgemeinen stochastischen Pro-
zesses X_T

$$(\mathcal{X}_t, \mathcal{B}_t) = (\mathcal{X}, \mathcal{B}) \qquad \forall t \in T,$$

so heißt X_T ein stochastischer Prozeß *mit dem* Zustandsraum
$(\mathcal{X}, \mathcal{B})$. *Für $(\mathcal{X}, \mathcal{B}) = (\mathbb{R}^1, \mathbb{B}^1)$ nennt man X_T dann auch einen*
eindimensionalen, *für $(\mathcal{X}, \mathcal{B}) = (\mathbb{R}^k, \mathbb{B}^k)$ einen* k-dimensionalen
stochastischen Prozeß.

Von besonderem Interesse für die Anwendungen sind stochastische Prozesse
mit Parametermengen $T \subset \mathbb{N}_0$ *(diskreter Parameter)* bzw. $T = \langle a; b \rangle, a, b \in$
$\mathbb{R}^1$ *(kontinuierlicher Parameter)*.

Bei einem stochastischen Prozeß X_T mit dem Zustandsraum $(\mathcal{X}, \mathcal{B})$ gibt

---

[1]Da man in der Praxis i.a. nicht an der expliziten Angabe des W-Raumes $(\Omega, \mathcal{S}, P)$,
sondern nur an den durch die X_t induzierten W-Maßen P^{X_t} interessiert ist (vgl. S. 30),
bezeichnet man einen stochastischen Prozeß häufig nur mit $(X_t)_{t \in T}$, wobei man sich
$(\Omega, \mathcal{S}, P)$ als geeignet gegeben vorstellt.

$X_t(\omega)$ den „Zustand" des Systems, das durch X_T beschrieben wird, zum Zeitpunkt t an. Variiert man daher im Fall $T \subset \mathrm{IR}^1$ bei festem $\omega \in \Omega$ die Zeitpunkte $t \in T$, so erhält man durch $t \mapsto X_t(\omega)$ eine Abbildung von T nach $\mathcal{X}$, welche die zu ω gehörige zeitliche Entwicklung des Systems beschreibt.

(9.3) Definition

> X_T *sei ein stochastischer Prozeß mit dem Zustandsraum* $(\mathcal{X}, \mathcal{B})$. *Für jedes* $\omega \in \Omega$ *heißt die durch* $t \mapsto X_t(\omega)$ *definierte Abbildung* X^ω *von* T *nach* $\mathcal{X}$ *ein* Pfad *des Prozesses* X_T *(andere gebräuchliche Bezeichnungen sind* Trajektorie *oder* Realisierung *von* X_T*).*

Da jedem $\omega \in \Omega$ eine solche Abbildung X^ω zugeordnet ist, kann man einen stochastischen Prozeß mit dem Zustandsraum $(\mathcal{X}, \mathcal{B})$ auch als Zufallsgröße

$$X_T : (\Omega, \mathcal{S}, P) \to (\mathcal{X}^T, \mathcal{B}^T, P^{X_T})$$

mit Werten in dem *Funktionenraum* $\mathcal{X}^T$ beschreiben. Daher bezeichnet man stochastische Prozesse manchmal auch als *Zufallsfunktionen*.

9.2   Der Poisson-Prozeß

Als erstes Beispiel stellen wir einen stochastischen Prozeß vor, der eine wichtige Rolle z.B. bei der Beschreibung und Analyse von (radioaktiven) Zerfallsvorgängen, von Schadensverläufen bei Versicherungen, von Warteschlangen in Bedienungssystemen und von technischen Ersatz-/Erneuerungsvorgängen spielt – die Gründe hierfür werden in (9.17) deutlich.

Dabei gehen wir von der folgenden Situation aus: Es wird der zeitliche Verlauf eines zufallsabhängigen Meßvorgangs betrachtet, bei dem zu jedem Beobachtungszeitpunkt die *Anzahl* X_t aufgetretener Effekte registriert wird; diese kann z.B. bedeuten

- die bis zum Zeitpunkt t registrierten Zerfälle bei einem radioaktiven Präparat

- die bis t eingetretenen Versicherungsfälle

- die bis t in einem Rechner eingetroffenen Jobs

- die bis t aufgetretenen Defekte von Glühbirnen in einem System von Ampelanlagen

- die bis t aufgetretenen Fälle einer speziellen Krankheit

– die bis t in einer Telefonzentrale eingetroffenen Gespräche o.ä.m..

Dann liegt es nahe, $T = [0; \infty)$ als Indexmenge, $(\Omega, \mathcal{S}) = (\mathrm{IR}^T, \mathrm{IB}^T)$ als Meßraum und die Projektionen π_t als Zufallsgrößen X_t zu wählen – T wird als Zeit interpretiert; die Punkte $\omega \in \mathrm{IR}^T$ sind reellwertige Funktionen auf $[0; \infty)$ (vgl. (4.1)).

Aufgrund der Schilderung der Situation ist evident, daß die zeitliche Reihenfolge von Messungen wesentlich ist: Zu einem späteren Zeitpunkt können nicht insgesamt weniger Effekte registriert worden sein als es vorher bereits waren. Die X_t werden also stochastisch abhängig sein.

Im folgenden wollen wir anhand von einfachen, z.T. sehr naheliegenden Annahmen ein stochastisches Modell für derartige Zählprozesse entwickeln.

Wenn man davon ausgeht, daß man zur Zeit 0 mit dem Zählen der Effekte beginnt und für alle Zeitabschnitte $(s; t]$ die darin auftretenden Effekte registrieren kann, wird man bei einem Modell

$$(\mathrm{IR}^T, \mathrm{IB}^T, P, (X_t)_{t \in T}) \quad \text{mit} \quad T = [0; \infty), X_t = \pi_t$$

für einen solchen Zählprozeß sicherlich verlangen

(1) Mit der W. 1 gilt $X_0 = 0$, und es nehmen sowohl die X_t als auch die *Zuwächse* $X_t - X_s$ für $s, t \in [0; \infty), s < t$, nur Werte in IN_0 an.

Häufig wird man weiterhin davon ausgehen, daß die in einem Zeitintervall $(s_1; t_1]$ beobachteten Effekte keinen Hinweis darauf geben, wieviele Effekte in einem späteren Zeitintervall $(s_2; t_2], t_1 < s_2$, auftreten – weil sich z.B. die Glühbirnen in den Ampeln nicht über den Zeitpunkt des Durchbrennens, die zerfallenen Teilchen nicht über ihren Zerfallstermin bzw. die Anrufer nicht über ihren Gesprächsbeginn „absprechen". Dann werden zwar die Zufallsgrößen X_t insgesamt stochastisch abhängig sein, es ist jedoch plausibel, für die Zuwächse $X_t - X_s$ in *disjunkten* Zeitintervallen stochastische Unabhängigkeit anzunehmen. Für diese Eigenschaft hat man eine eigene Bezeichnung eingeführt:

(9.4) Definition
> *Ein eindimensionaler stochastischer Prozeß* $(\Omega, \mathcal{S}, P, (X_t)_{t \in T})$ *mit* $T \subset \mathrm{IR}^1$ *heißt* Prozeß mit stochastisch unabhängigen Zuwächsen, *wenn für alle* $J = \{t_1, \ldots, t_n\} \in \mathcal{H}(T)$ *mit* $n \geq 2$ *und* $t_1 < \ldots < t_n$ *die Zuwächse*
> $$X_{t_2} - X_{t_1}, \ldots, X_{t_n} - X_{t_{n-1}}$$
> *stochastisch unabhängig sind.*

In dieser Definition wird zwar nur der Fall von Zuwächsen in unmittelbar aufeinander folgenden Zeitintervallen $(t_i; t_{i+1})$ betrachtet; aus der stochastischen Unabhängigkeit dieser Zuwächse ergibt sich jedoch offensichtlich (s. z.B. (4.44)) auch die Unabhängigkeit von Zuwächsen in beliebigen disjunkten Intervallen.

Die obige plausible Annahme kann man also formulieren als

(2) X_T ist ein Prozeß mit stochastisch unabhängigen Zuwächsen.

In manchen Fällen wird man überdies von einer zeitlichen Homogenität des Zählprozesses in dem Sinne ausgehen können, daß es keine bevorzugten Zeiten für das Auftreten von Effekten gibt, sondern die Verteilung der beobachteten Anzahl nur von der Beobachtungs*dauer* abhängt. Das bedeutet dann, daß die Verteilung der Zuwächse $X_{s+h} - X_s$ bei festem $h > 0$ für alle $s \in T$ dieselbe ist. Auch für diese Eigenschaft hat man eine eigene Bezeichnung eingeführt:

(9.5) Definition
Ein eindimensionaler stochastischer Prozeß $(\Omega, \mathcal{S}, P, (X_t)_{t \in T})$ mit $T \subset \mathrm{I\!R}^1$ heißt Prozeß mit stationären Zuwächsen, wenn die Verteilung $P^{X_t - X_s}$ der Zuwächse $X_t - X_s$ mit $s, t \in T, s < t$ nur von $t - s$ abhängt, d.h. für $s, t, s + h, t + h \in T$ gilt $P^{X_{t+h} - X_{s+h}} = P^{X_t - X_s}$.

Die obige Annahme lautet dann also:

(3) X_T ist ein Prozeß mit stationären Zuwächsen.

Schließlich wird im folgenden davon ausgegangen, daß man zwar jederzeit mit dem Auftreten eines Effekts zu rechnen hat, andererseits jedoch nur so viele Effekte auftreten, daß sie noch einzeln in der Reihenfolge ihres Auftretens angegeben werden können. Um diese Annahmen in unserem mathematischen Modell formulieren und präzisieren zu können, bezeichnen wir

$$p_i(t) := P^{X_t}(\{i\})$$

und verlangen dann

(4) Es gibt ein $t_0 \in T$ mit $0 < p_0(t_0) < 1$.

(5) Es gilt $\lim_{t \to 0} p_1(t)/(1 - p_0(t)) = 1$.

Die Forderung (5) präzisiert die Annahme des sukzessiven Auftretens; sie bedeutet nämlich, daß sich die W. dafür, daß einer oder mehrere Effekte im Zeitintervall $(0; t]$ auftreten, für $t \to 0$ im Limes auf die W. genau eines Effekts reduziert.

Die Eigenschaften/Forderungen (1) - (5) nennt man auch „die Axiome des Poisson-Prozesses". Bevor wir uns überlegen, ob es überhaupt einen stochastischen Prozeß mit diesen Eigenschaften gibt, wollen wir zunächst einige weitere Eigenschaften nachweisen, die (im Falle der Existenz) jeder stochastische Prozeß besitzen muß, der den Forderungen (1) - (5) genügt.

(9.6) Satz

> X_T *genüge den Axiomen (1)-(4). Dann gilt für die Funktionen*
> $p_i : t \mapsto P^{X_t}(\{i\})$
>
> (i) $p_0(0) = 1$, $p_i(0) = 0$ $\forall i \in \mathbb{N}$.
>
> (ii) $p_0(s + t) = p_0(s)p_0(t)$ $\forall s, t \in T$
>
> (iii) $p_0(t) = e^{-\lambda t}$ $\forall t \in T$, *wobei* $\lambda = -\ln p_0(1)$.

Beweis: (i) folgt aus $X_0 = 0$ P-f.s..
(ii) Für $s, t \in T$ gilt

$$
\begin{aligned}
p_0(s + t) &= P(X_{s+t} = 0) \underset{(1)}{=} P(X_s - X_0 = 0, X_{s+t} - X_s = 0) \\
&\underset{(2)}{=} P(X_s - X_0 = 0)\, P(X_{s+t} - X_s = 0) \\
&\underset{(3)}{=} P(X_s = 0)\, P(X_t = 0) = p_0(s)p_0(t).
\end{aligned}
$$

(iii) Für t_0 aus (4) und jedes $n \in \mathbb{N}$ gilt nach (ii)

$$
p_0(t_0) = p_0(n \cdot t_0/n) = (p_0(t_0/n))^n
$$

und somit insbesondere $0 < p_0(t_0/n) < 1$ $\forall n \in \mathbb{N}$.
Für $t_2 > t_1$ und $n \geq t_0/(t_2 - t_1)$ folgt daher

$$
\begin{aligned}
p_0(t_2) &= p_0(t_1 + t_0/n + (t_2 - t_1 - (t_0/n))) \\
&\underset{(ii)}{=} p_0(t_1)p_0(t_0/n)p_0(t_2 - t_1 - t_0/n) \leq p_0(t_1),
\end{aligned}
$$

d.h. p_0 ist antiton. Da sich andererseits aus (ii) für alle $n, m \in \mathbb{N}$ ergibt

$$
p_0(m \cdot t_0/n) = (p_0(t_0/n))^m = (p_0(t_0))^{m/n},
$$

d.h. $p_0(rt_0) = (p_0(t_0))^r$ $\forall r \in \mathbb{Q}^+$, folgt zusammen mit der Antitonie von p_0

$$
p_0(t \cdot t_0) = (p_0(t_0))^t \qquad \forall t > 0,
$$

insbesondere also

$$p_0(t) = p_0(\frac{t}{t_0} \cdot t_0) = (p_0(t_0))^{t/t_0} = (p_0(1)^{1/t_0})^{t/t_0} = (p_0(1))^t,$$

wobei wegen (4) gilt $0 < p_0(1) = (p_0(t_0))^{1/t_0} < 1$. Setzt man also $\lambda :=$ $-\ln p_0(1)$, so ergibt sich einerseits $\lambda > 0$ und andererseits $p_0(t) = e^{-\lambda t}$ für alle $t \in T$. $\qquad\qquad\square$

Falls es also einen Prozeß X_T mit den Eigenschaften (1)-(4) gibt, muß gelten $p_0(t) = e^{-\lambda t} \; \forall t \in T$. Um ähnlich genaue Informationen über die Funktionen $p_i, i \in \mathbb{N}$, zu erhalten, zeigen wir zunächst

(9.7) Satz

X_T genüge den Axiomen (1)-(5). Dann gilt

(i) $\lim_{t\to 0} p_1(t)/t = \lambda(= -\ln p_0(1))$

(ii) $\lim_{t\to 0} \sum_{i=2}^{\infty} p_i(t)/t = 0$.

Beweis (i): Es gilt

$$\begin{aligned}
\lambda &= \lim_{t\to 0}(1 - e^{-\lambda t})/t \underset{(9.6)}{=} \lim_{t\to 0}(1 - p_0(t))/t \\
&\underset{(5)}{=} \lim_{t\to 0}\frac{1 - p_0(t)}{t} \lim_{t\to 0}\frac{p_1(t)}{1 - p_0(t)} \\
&= \lim_{t\to 0} p_1(t)/t.
\end{aligned}$$

(ii) Für $t \in T$ gilt

$$\sum_{i=2}^{\infty} p_i(t)/t = (1 - p_0(t) - p_1(t))/t$$

$$= (\frac{1 - p_0(t)}{p_1(t)} - 1)\frac{p_1(t)}{t} \qquad (\text{falls } p_1(t) > 0).$$

Wegen (5) und Teil (i) folgt somit

$$\lim_{t\to 0} \sum_{i=2}^{\infty} p_i(t)/t = 0;$$

insbesondere also auch $\lim_{t\to 0} p_i(t)/t = 0 \; \forall i \geq 2$. $\qquad\qquad\square$

Um diese Aussage zur Bestimmung der p_i nutzen zu können, veranschaulichen wir uns, wie bei einem Zählprozeß i Effekte in einem Zeitintervall

$(0; t + h]$ registriert werden können: Es muß ein j mit $0 \leq j \leq i$ geben, so daß zwischen 0 und t genau $i - j$ Effekte und zwischen t und $t + h$ die restlichen j Effekte auftreten. Dieser anschaulichen Vorstellung entspricht aufgrund der Axiome (1) - (5) die Gleichung

$$p_i(t + h) = P(\bigcup_{j=0}^{i}\{X_t = i - j, X_{t+h} - X_t = j\})$$

$(\star)$

$$= \sum_{j=0}^{i} P(X_t = i - j)P(X_h = j) = \sum_{j=0}^{i} p_{i-j}(t)p_j(h)$$

$\forall t, h \in T, i \in \mathrm{IN}$. Diese wird bei dem Beweis der folgenden Aussage verwendet:

(9.8) Satz

Die Funktionen p_i sind differenzierbar und es gilt für alle $i \in \mathrm{IN}$, $t \geq 0$

$$p_i'(t) = \lambda \cdot (p_{i-1}(t) - p_i(t)).$$

Beweis: Aus der Gleichung $(\star)$ ergibt sich für $t \in T, h > 0$

$$\frac{p_i(t + h) - p_i(t)}{h} = \frac{1}{h}[p_i(t)p_0(h) - p_i(t) + p_{i-1}(t)p_1(h) + \sum_{j=2}^{i} p_{i-j}(t)p_j(h)]$$

$$= \frac{p_1(h)}{h}[-(\frac{1 - p_0(h)}{p_1(h)})p_i(t) + p_{i-1}(t)] + \frac{1}{h}\sum_{j=2}^{i} p_{i-j}(t)p_j(h).$$

Daher folgt aus (9.7)

$$\lim_{h \to 0} \frac{p_i(t + h) - p_i(t)}{h} =$$

$$= \lim_{h \to 0} \frac{p_1(h)}{h}[-(\frac{1 - p_0(h)}{p_1(h)})p_i(t) + p_{i-1}(t)] + \lim_{h \to 0} \frac{1}{h}\sum_{j=2}^{i} \underbrace{p_{i-j}(t)}_{\leq 1} p_j(h)$$

$$= \lambda[-p_i(t) + p_{i-1}(t)],$$

d.h. die rechtsseitige Differenzierbarkeit von p_i. Da außerdem für $t, h > 0$ mit $t - h \geq 0$ wegen (3)

$$p_i(t) - p_i(t - h) = p_i(t + h) - p_i(t)$$

gilt, ergibt sich nach dem gerade Bewiesenen für $t > 0$ dieselbe linksseitige Ableitung und somit insgesamt die Aussage von (9.8). $\qquad \square$

Damit sind wir zu einem unendlichen System von Differentialgleichungen gelangt; dies läßt sich jedoch leicht lösen:

(9.10) Satz

Das System von Differentialgleichungen

$$p_0(t) = e^{-\lambda t}, \ p_i'(t) = \lambda \cdot (p_{i-1}(t) - p_i(t)), \ i \in \mathbb{N},$$

mit den Randbedingungen $p_i(0) = 0$ für alle $i \in \mathbb{N}$ besitzt genau eine Lösung, nämlich

$$p_i(t) = e^{-\lambda t}(\lambda t)^i/i!.$$

Beweis: (a) Offensichtlich liefert $e^{-\lambda t}(\lambda t)^i/i!$, $i \in \mathbb{N}_0$, eine Lösung.
(b) Ist $(p_i)_{i \in \mathbb{N}_0}$ eine beliebige Lösung, so gilt für $q_0 := 1$ und $q_i(t) := p_i(t)e^{\lambda t}, t \geq 0, i \in \mathbb{N}$, aus den obigen Differentialgleichungen

$$\begin{aligned}
q_i'(t) &= p_i'(t)e^{\lambda t} + p_i(t)\lambda\, e^{\lambda t} \\
&= \lambda \cdot (p_{i-1}(t) - p_i(t))e^{\lambda t} + p_i(t)\lambda e^{\lambda t} = \lambda q_{i-1}(t).
\end{aligned}$$

Da bei diesem neuen (unendlichen) System von Differentialgleichungen in der Gleichung für q_i' nur die Funktion q_{i-1}, nicht jedoch q_i selbst auftritt, kann man die q_i induktiv zu $q_i(t) = (\lambda t)^i/i!$ bestimmen:

(i) $\quad q_0(t) = 1 \qquad \forall t \geq 0$

(ii) $\quad$ Aus $q_{i-1}(t) = (\lambda t)^{i-1}/(i-1)!$ folgt

$$q_i'(t) = \lambda q_{i-1}(t) = \lambda^i\, t^{i-1}/(i-1)!$$

und somit

$$q_i(t) = (\lambda t)^i/i! + C \qquad \text{mit } C \in \mathbb{R}^1,$$

wobei sich die Konstante C aus $0 = q_i(0) = C$ ergibt. Somit folgt insgesamt die Behauptung. $\qquad\qquad\qquad\qquad\qquad\qquad\qquad\qquad\qquad\qquad\Box$

Falls es also einen stochastischen Prozeß X_T gibt, der den „Axiomen" (1)-(5) genügt, so gilt

$$p_i(t) = P^{X_t}(\{i\}) = e^{-\lambda t}(\lambda t)^i/i!,$$

d.h. die eindimensionalen Randverteilungen $P^{X_t}, t \in T$, liegen fest – es sind Poisson-Verteilungen mit dem Parameter λt. Aus den Axiomen (1)-(5) ergeben sich dann aber auch *alle* endlich-dimensionalen Randverteilungen:

(9.11) Satz

> X_T *genüge den Axiomen (1)-(5). Dann folgt für jedes* $J = \{t_1, \ldots, t_n\}$
> $\in \mathcal{H}(T)$ *mit* $t_0 := 0 \leq t_1 < \ldots < t_n$ *und jedes* $x = (x_1, \ldots, x_n) \in \mathbb{N}_0^J$
> *mit* $x_0 := 0 \leq x_1 \leq \ldots \leq x_n$

$$(\star) \quad P^{(X_{t_1}, \ldots, X_{t_n})}(\{x\}) = \prod_{i=1}^{n} e^{-\lambda \cdot (t_i - t_{i-1})} \frac{(\lambda \cdot (t_i - t_{i-1}))^{x_i - x_{i-1}}}{(x_i - x_{i-1})!}$$

Beweis: $P_J^{(\lambda)}(\{x\}) := P^{(X_{t_1}, \ldots, X_{t_n})}(\{(x_1, \ldots, x_n)\})$

$$\underset{(1)}{=} \quad P(X_{t_1} - X_{t_0} = x_1 - x_0, \ldots, X_{t_n} - X_{t_{n-1}} = x_n - x_{n-1})$$

$$\underset{(2)}{=} \quad P(X_{t_1} - X_{t_0} = x_1 - x_0) \cdot \ldots \cdot P(X_{t_n} - X_{t_{n-1}} = x_n - x_{n-1})$$

$$\underset{(3)}{=} \quad P(X_{t_1} - X_{t_0} = x_1 - x_0) \cdot \ldots \cdot P(X_{t_n - t_{n-1}} - X_{t_0} = x_n - x_{n-1})$$

$$\underset{(9.10)}{=} \quad \prod_{i=1}^{n} e^{-\lambda(t_i - t_{i-1})} (\lambda \cdot (t_i - t_{i-1}))^{x_i - x_{i-1}} / (x_i - x_{i-1})! \qquad \square$$

Dabei gilt bereits

(9.12) Anmerkung

$$\sum_{\substack{x = (x_1, \ldots, x_n) \in \mathbb{N}_0^J : \\ x_1 \leq x_2 \ldots \leq x_n}} P_J^{(\lambda)}(\{x\}) = 1$$

Beweis: Die betrachtete Summe kann man darstellen als

$$\sum_{x_n = 0}^{\infty} \sum_{x_{n-1} = 0}^{x_n} \cdots \sum_{x_1 = 0}^{x_2} \prod_{i=1}^{n} e^{-\lambda \cdot (t_i - t_{i-1})} (\lambda \cdot (t_i - t_{i-1}))^{x_i - x_{i-1}} / (x_i - x_{i-1})!$$

$$= e^{-\lambda t_n} \sum_{x_n = 0}^{\infty} \sum_{x_{n-1} = 0}^{x_n} \cdots \sum_{x_1 = 0}^{x_2} \lambda^{x_n} \prod_{i=1}^{n} (t_i - t_{i-1})^{x_i - x_{i-1}} / (x_i - x_{i-1})!,$$

wobei für $1 \leq i < n$ gilt (mit $t_0 = 0 = x_0$)

$$\sum_{x_i = 0}^{x_{i+1}} \frac{(t_{i+1} - t_i)^{x_{i+1} - x_i}}{(x_{i+1} - x_i)!} \cdot \frac{(t_i - t_0)^{x_i - x_0}}{(x_i - x_0)!} =$$

$$= \frac{1}{x_{i+1}!} \sum_{x_i = 0}^{x_{i+1}} \binom{x_{i+1}}{x_i} (t_{i+1} - t_i)^{x_{i+1} - x_i} (t_i - t_0)^{x_i}$$

$$= (t_{i+1} - t_0)^{x_{i+1} - x_0} / (x_{i+1} - x_0)!.$$

Sukzessives Aufsummieren liefert daher die behauptete Aussage. $\square$

Durch (9.11)($\star$) ist also für jedes $J \in \mathcal{H}(T)$ ein diskretes W-Maß $P_J^{(\lambda)}$ über $(\mathbb{R}^J, \mathbb{B}^J)$ gegeben. Für diese Maße gilt

(9.13) Satz

Die Familie $\{P_J^{(\lambda)} : J \in \mathcal{H}(T)\}$ ist konsistent.

Beweis: Es sei $J = \{t_1, \ldots, t_n\}$, wobei (o.B.d.A.) $0 \leq t_1 < \ldots < t_n$. Für den Spezialfall

$$K = J + \{t^\star\} \quad \text{mit} \quad t_i < t^\star < t_{i+1},\ 1 \leq i < n,$$

und $x = (x_1, \ldots, x_n) \in \mathbb{N}_0^J$ mit $0 \leq x_1 \leq \ldots \leq x_n$ folgt dann analog zum Beweis von (9.12)

$$P_K^{(\lambda)}(\{(x_1, \ldots, x_i, x^\star, x_{i+1}, \ldots, x_n) : x^\star \in \mathbb{N}_0\}) =$$
$$= \sum_{j=x_i}^{x_{i+1}} P_K^{(\lambda)}(\{(x_1, \ldots, x_i, j, x_{i+1}, \ldots, x_n)\})$$
$$= P_J^{(\lambda)}(\{(x_1, \ldots, x_n)\}).$$

Da es sich um diskrete W-Maße handelt, folgt hieraus

$$P_J^{(\lambda)} = (P_K^{(\lambda)})^{\pi_J^K}.$$

Die Fälle $t^\star < t_1$ und $t^\star > t_n$ behandelt man analog. Den allgemeinen Fall $J \subset K$ schließlich kann man nun durch sukzessives Anwenden des obigen Spezialfalls behandeln. $\square$

Der Satz von Kolmogoroff (4.11) sichert also (zu jedem $\lambda > 0$) die Existenz genau eines W-Maßes $P^{(\lambda)}$ über $(\mathbb{R}^T, \mathbb{B}^T)$, das die durch (9.11) gegebenen W-Maße $P_J^{(\lambda)}$ über $(\mathbb{R}^J, \mathbb{B}^J)$ als endlich-dimensionale Randverteilungen besitzt.

(9.14) Definition

Ein eindimensionaler stochastischer Prozeß

$$X_T = (\Omega, \mathcal{S}, P, (X_t)_{t \in T}),\ T = [0; \infty)$$

mit $P^{(X_t : t \in T)} = P^{(\lambda)}$ heißt (homogener) Poisson-Prozeß mit dem Parameter λ.

Insbesondere ist also der stochastische Prozeß

$$(\mathbb{R}^T, \mathbb{B}^T, P^{(\lambda)}, (\pi_t)_{t \in T}), \quad T = [0; \infty)$$

ein homogener Poisson-Prozeß. Für die Eigenschaft, ein Poisson-Prozeß zu sein, ist jedoch nur das *induzierte* W-Maß entscheidend – dieses muß $P^{(\lambda)}$ sein. Die Namensgebung ist recht naheliegend: Einerseits sind nach (9.10) die einzelnen Randverteilungen $P^{X_t}, t \in T$, Poisson-Verteilungen $\mathcal{P}(\lambda t)$, andererseits sind auch die Verteilungen der Zuwächse $X_t - X_s, s < t$ Poisson-Verteilungen: Für $0 < s < t$ und $k \in \mathbb{N}_0$ gilt nämlich

$$P^{X_t - X_s}(\{k\}) = P^{(\lambda)}_{\{s,t\}}(\{(i,j) \in \mathbb{N}_0^2 : j - i = k\})$$

$$= \sum_{j=k}^{\infty} P^{(\lambda)}_{\{s,t\}}(\{(j-k,j)\})$$

$$(9.11) \quad = \sum_{j=k}^{\infty} e^{-\lambda s}\frac{(\lambda s)^{j-k}}{(j-k)!} e^{-\lambda(t-s)}\frac{(\lambda(t-s))^{j-(j-k)}}{(j-(j-k))!}$$

$$= e^{-\lambda(t-s)}(\lambda(t-s))^k/k!$$

d.h. $P^{X_t - X_s} = \mathcal{P}(\lambda(t-s))$.
Die bisherigen Überlegungen haben also ergeben:

(9.15) Anmerkung
> X_T *genüge den Axiomen (1)-(5). Dann ist X_T ein homogener Poisson-Prozeß mit dem Parameter $\lambda = -\ln P^{X_1}(\{0\})$.*

Damit haben wir noch nicht die *Existenz* eines stochastischen Prozesses mit den Eigenschaften (1)-(5) gezeigt; wir wissen jedoch, daß *höchstens* homogene Poisson-Prozesse hierfür in Frage kommen. Es gilt aber

(9.16) Satz
> X_T *sei ein homogener Poisson-Prozeß. Dann genügt X_T den Axiomen (1)-(5).*

Beweis: (1) Wegen $P^{X_0} = \delta_0$, $P^{X_t} = \mathcal{P}(\lambda t)$ $\forall t > 0$ und $P^{X_t - X_s} = \mathcal{P}(\lambda(t-s))$ $\forall 0 \leq s < t$ gilt mit der W. 1, daß $X_0 = 0$ und sowohl die X_t als auch die Zuwächse $X_t - X_s$ nur Werte in $\mathbb{N}_0$ annehmen.
(2) Für $J = \{t_1, \ldots, t_n\} \in \mathcal{H}(T)$ mit $0 \leq t_1 < \ldots < t_n, n \geq 2$, und jedes $(k_1, \ldots, k_{n-1}) \in \mathbb{N}_0^{n-1}$ gilt

$$P(X_{t_2} - X_{t_1} = k_1, \ldots, X_{t_n} - X_{t_{n-1}} = k_{n-1}) =$$

$$= \sum_{i=0}^{\infty} P(X_{t_1} = i, X_{t_2} = i + k_1, \ldots, X_{t_n} = i + k_1 + \ldots + k_{n-1})$$

$$\underset{(9.11)}{=} \sum_{i=0}^{\infty} e^{-\lambda t_1} \frac{(\lambda t_1)^i}{i!} \prod_{j=1}^{n-1} e^{-\lambda(t_{j+1} - t_j)} (\lambda(t_{j+1} - t_j))^{k_j} / k_j!$$

$$= \prod_{j=1}^{n-1} P^{X_{t_{j+1}} - X_{t_j}}(\{k_j\})$$

d.h. die Zuwächse sind (nach (4.48)) stochastisch unabhängig.

(3) Wegen $P^{X_t - X_s} = \mathcal{P}(\lambda(t - s))$ sind die Zuwächse stationär.

(4) Es gilt $p_0(t) = P^{X_t}(\{0\}) = e^{-\lambda t} \in (0; 1) \; \forall t \in (0; \infty)$

(5) $\lim_{t \to 0} \frac{p_1(t)}{1 - p_0(t)} = \lim_{t \to 0} \frac{e^{-\lambda t} \lambda t}{1 - e^{-\lambda t}} = 1.$ $\hfill \square$

Insgesamt haben wir also gezeigt:

(9.17) Resumee

Ein stochastischer Prozeß $X_T = (\Omega, \mathcal{S}, P, (X_t)_{t \in T})$ mit $T = [0; \infty)$ genügt genau dann den Axiomen (1)-(5), wenn X_T ein homogener Poisson-Prozeß ist.

Dieses Ergebnis zeigt, warum der homogene Poisson-Prozeß eine so wichtige Rolle bei der mathematischen Beschreibung und Analyse von einfachen „Zählprozessen" (z.B. Warteschlangenproblemen, Zerfallsvorgängen u.ä.) spielt (s. auch Abschnitt 10.3).

Von den vielfältigen *Verallgemeinerungen* des homogenen Poisson-Prozesses seien einige erwähnt:

a) Zeitabhängige Poisson-Prozesse
b) Poisson-Prozesse mit mehrdimensionalem Parameter
c) Poisson-Prozesse mit Mehrfach-Ankünften
d) Kombination mehrerer unabhängiger Poisson-Prozesse.

Zu a) Bei der axiomatischen Einführung des homogenen Poisson-Prozesses hatten wir in (3) die Stationarität der Zuwächse gefordert. Damit ergibt sich insbesondere entsprechend (9.16) für die „Intensität des Auftretens von Effekten"

$$\lim_{h \to 0} \frac{E_{P(\lambda)}(X_{t+h} - X_t)}{h} = \lim_{h \to 0} \frac{\lambda(t + h - t)}{h} = \lambda \qquad \forall t \in T,$$

d.h. diese Intensität hängt nicht von der Zeit ab. Nun wird man bei etlichen Problemen z.B. aus der Verkehrsplanung die Axiome (1), (2), (4) und (5) durchaus akzeptieren, bei der Verteilung der Zuwächse jedoch eine Zeitabhängigkeit annehmen – beispielsweise bei einer Verkehrszählung zu Zeiten des Berufsverkehrs eine viel größere Ankunftsintensität als in den späten Abendstunden. Anstelle des *homogenen* Parameters λ wird man dann also eine *zeitabhängige* Intensität $\lambda(t), t \in T$, zugrundelegen. Als mittlere Ankunftsanzahl im Intervall $(0; t]$ wird man in diesem Fall

$$m(t) := \int_0^t \lambda(u)du$$

(anstelle von $\lambda \cdot t = \int_0^t \lambda du$) erwarten; da man die Intensitäts-Funktion λ sinnvollerweise als nicht-negativ und als auf jedem endlichen Intervall des $\mathrm{I\!R}^1_+$ (Riemann-)integrierbar voraussetzen wird, ist $m(t)$ stetig und monoton nicht-fallend. In Analogie zu (9.11) definiert man daher

(9.18) Definition

Es seien $T = [0; \infty), (\Omega, \mathcal{S}) = (\mathrm{I\!R}^T, \mathrm{I\!B}^T)$ und $m : T \to \mathrm{I\!R}^1$ eine stetige, monoton nicht-fallende Funktion mit $m(0) = 0$. Für $J = \{t_1, \ldots, t_n\} \in \mathcal{H}(T)$ mit $t_1 < \ldots < t_n$ und $x = (x_1, \ldots, x_n) \in \mathrm{I\!R}^J$ sei

$$P_J^{(m)}(\{x\}) = \begin{cases} \prod_{i=1}^n e^{m(t_{i-1})-m(t_i)} \dfrac{(m(t_i)-m(t_{i-1}))^{x_i-x_{i-1}}}{(x_i-x_{i-1})!} \\ \qquad \textit{falls für alle } i \textit{ gilt } x_i \in \mathrm{I\!N}_0 \textit{ und } x_{i-1} \leq x_i \\ 0 \qquad \textit{sonst} \end{cases}$$

(wobei $t_0 = 0$ und $x_0 = 0$ gesetzt wird).

Ebenso wie in (9.11) tragen also auch hier nur solche Punkte $x = (x_1, \ldots, x_n) \in \mathrm{I\!R}^J$ eine positive W., für die alle Komponenten nicht-negativ und ganzzahlig sind und deren Komponenten nach nicht-fallender Größe geordnet sind.

Ganz analog zu (9.12)/(9.13) kann man beweisen:

(9.19) Satz

a) $\sum_{x \in \mathrm{I\!R}^J : P_J^{(m)}(\{x\})>0} P_J^{(m)}(\{x\}) = 1.$

b) $\{P_J^{(m)} : J \in \mathcal{H}(T)\}$ *ist konsistent.*

Aufgrund des Satzes von Kolmogoroff (4.11) existiert also genau ein W-Maß $P^{(m)}$ über $(\mathrm{I\!R}^T, \mathrm{I\!B}^T)$, das die $P_J^{(m)}$ aus (9.18) als Randverteilungen besitzt.

Die eindimensionalen Verteilungen $P_t^{(m)}$ sind gerade Poisson-Verteilungen $\mathcal{P}(m(t))$ mit dem Parameter $m(t)$; $m(\cdot)$ gibt also die Erwartungswerte dieser eindimensionalen Verteilungen an – m wird daher auch *Mittelwertfunktion* genannt.

Analog zu (9.14) definiert man daher

(9.20) Definition

Ein eindimensionaler stochastischer Prozeß

$$X_T = (\Omega, \mathcal{S}, P, (X_t)_{t \in T}), \ T = [0; \infty)$$

mit $P^{(X_t : t \in T)} = P^{(m)}$ *heißt zeitabhängiger Poisson-Prozeß mit der* Mittelwertfunktion m.

Der homogene Poisson-Prozeß mit dem Parameter λ ergibt sich hier also als der Spezialfall $m(t) = \lambda \cdot t \ \forall t \geq 0$.

Für die zeitabhängigen Poisson-Prozesse lassen sich nun etliche der Aussagen übertragen, die für den Spezialfall des homogenen Poisson-Prozesses gemacht wurden:

(9.21) Anmerkung

X_T sei ein zeitabhängiger Poisson-Prozeß mit der Mittelwertfunktion m. Dann ist X_T ein Prozeß mit stochastisch unabhängigen Zuwächsen; für die Zuwächse $X_t - X_s, s, t \in T, s < t$, gilt

$$(P^{(m)})^{X_t - X_s} = \mathcal{P}(m(t) - m(s)).$$

Falls m eine Darstellung

$$(\star) \qquad m(t) = \int_0^t \lambda(u)\,du, \quad \lambda : [0; \infty) \to [0; \infty) \text{ stetig,}$$

besitzt, gilt für den zeitabhängigen Poisson-Prozeß eine zu (9.10) analoge Aussage über die Wahrscheinlichkeiten $r_i(t) := P^{(m)}(X_t = i)$:

(9.22) Anmerkung

Unter der Voraussetzung $(\star)$ sind die Funktionen $r_i, i \in \mathbb{N}$, differenzierbar und es gilt für alle $t \in T$

$$r_i'(t) = \lambda(t) \cdot [r_{i-1}(t) - r_i(t)].$$

Beweis: Nach (9.21) gilt $r_i(t) = e^{-m(t)}(m(t))^i/i!$, und somit folgt

$$
\begin{aligned}
r_i'(t) &= e^{-m(t)} \frac{i(m(t))^{i-1}}{i!} \lambda(t) - \lambda(t) e^{-m(t)} \frac{(m(t))^i}{i!} \\
&= \lambda(t) \cdot [r_{i-1}(t) - r_i(t)]. \qquad\qquad \square
\end{aligned}
$$

Man kann den zeitabhängigen Poisson-Prozeß auch analog zum homogenen Prozeß axiomatisch einführen; dabei gelangt man (unter der Bedingung $(\star)$) zu dem in (9.22) auftretenden Differentialgleichungssystem, das unter den Nebenbedingungen $r_i(0) = 0, r_i$ in 0 stetig $\forall i \in \mathrm{IN}$, und $r_0(t) = e^{-m(t)}$ $\forall t \in \mathrm{IR}_+^1$ gerade die Wahrscheinlichkeiten des zeitabhängigen Poisson-Prozesses mit der durch $(\star)$ gegebenen Mittelwertfunktion m als Lösung besitzt. Schließlich sei noch darauf hingewiesen, daß man i.a. zeitabhängige Poisson-Prozesse durch eine „Zeit-Transformation" in homogene Poisson-Prozesse überführen kann: Da für einen zeitabhängigen Poisson-Prozeß die Mittelwertfunktion m stetig und monoton nicht-fallend ist, kann man im Fall $\lim_{t\to\infty} m(t) = \infty$ die *Zeitinverse*

$$
\tau(t) := \inf\{s : m(s) > t\}, \qquad t \geq 0
$$

bilden (vgl. die Abbildung 9.1); falls m invertierbar ist,

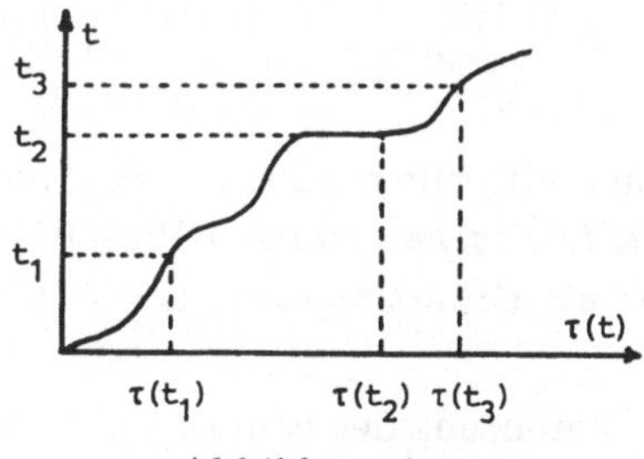

Abbildung 9.1

liefert τ gerade die Inverse m^{-1}. τ ist monoton nicht-fallend, und wegen der Stetigkeit von m gilt für alle $t \in T : m(\tau(t)) = t$. Betrachtet man nun anstelle der Zufallsgrößen X_t die Zufallsgrößen $Y_t := X_{\tau(t)}$, bildet man also den stochastischen Prozeß $Y_T = (\Omega, \mathcal{S}, P, (Y_t)_{t\in T}), T = [0; \infty)$, so erhält man entsprechend der Definition (9.18), daß Y_T ein Poisson-Prozeß ist mit der Mittelwertfunktion $E(Y_t) = E(X_{\tau(t)}) = m(\tau(t)) = t$, d.h. ein homogener Poisson-Prozeß mit dem Parameter 1. Diese Transformationsmöglichkeit kann man dazu benutzen, aus Eigenschaften des homogenen Poisson-Prozesses Aussagen über zeitabhängige Poisson-Prozesse zu gewinnen.

Zu b): Bisher haben wir stets die Parametermenge $T = \mathrm{IR}^1_+$ betrachtet, da wir zufallsabhängige Vorgänge in ihrem zeitlichen Ablauf erfassen wollten. Handelt es sich jedoch um „Zählvorgänge" in einer Fläche – z.B. Anzahlen von Bakterienkolonien auf der Oberfläche einer Nährlösung oder Anzahlen von Schädlingsnestern auf einem Feld – oder im Raum – z.B. Anzahl von Unkrautsamen in einem Getreidesilo, von Fremdstoff-Einschlüssen in einem Metallblock oder von Galaxien im Weltraum – so interessieren bei solchen Zählungen die Anzahlen X_V, die in gewissen Teilmengen V der Fläche – bzw. des Raumes – registriert werden. Dann liegt es nahe, als Parametermenge T diese Menge von Teilmengen $V \subset \mathrm{IR}^2$ (bzw. $\subset \mathrm{IR}^3$) zu wählen, wobei man sich i.a. auf Lebesgue-meßbare Mengen V beschränken wird, denen man ja einen Flächen- bzw. Rauminhalt $|V|$ zuordnen kann; als Zählprozeß betrachtet man dann $(X_V)_{V \in T}$. Für den Fall, daß T eine Menge von zwei- bzw. dreidimensionalen Intervallen ist, die durch ihre Eckpunkte eindeutig beschrieben werden, kann man die Parametermenge offensichtlich auch als Teilmenge des $(\mathrm{IR}^2)^2$ – bzw. $(\mathrm{IR}^3)^2$) – wählen. Nimmt man bei einem solchen „Zählprozeß" $(X_V)_{V \in T}$ an, daß die Anzahlen X_{V_1} und X_{V_2} in disjunkten Teilmengen $V_1, V_2 \in T$ stochastisch unabhängig sind und daß für die Verteilung von X_V gilt

$$P^{(\rho)}(X_V = k) = e^{-\rho|V|} \frac{(\rho|V|)^k}{k!},$$

– diese Verteilung also nur abhängig vom „Inhalt" von V ist –, so spricht man von einem *homogenen Poisson-Prozeß mit mehrdimensionalem Parameter.* ρ gibt als Erwartungswert der Anzahl im Einheitsvolumen die „Dichte" an.

Zu c): Bei der Einführung des homogenen Poisson-Prozesses haben wir in Axiom (5) gefordert, daß die Ankünfte stets „einzeln" erfolgen:

$$\lim_{t \to 0} p_1(t)/(1 - p_0(t)) = 1.$$

Verlangt man statt dessen, daß eine Folge $(p_i)_{i \in \mathrm{IN}}$ mit $p_i \geq 0$ für alle $i \in \mathrm{IN}$ und $\sum_{i=1}^{\infty} p_i = 1$ gegeben ist, so daß gilt

$$\lim_{t \to 0} p_i(t)/1 - p_0(t) = p_i,$$

so gelangt man zu einem *verallgemeinerten Poisson-Prozeß,* bei dem die Ankünfte mit den Wahrscheinlichkeiten p_i i-fach sind.

Zu d): Etliche in der Praxis auftretende stochastische Prozesse ergeben sich durch Überlagerungen von einzelnen homogenen Poisson-Prozessen: Treten bei einem Produktionsprozeß k verschiedene Fehlerarten unabhängig voneinander mit den Intensitäten $\lambda_1, \ldots, \lambda_k$ auf, wobei die Anzahlen jeweils einen Poisson-Prozeß bilden, und zählt man dann die überhaupt auftretenden Fehler (im Zeitintervall $(0; t]$), so läßt sich für den so entstehenden stochastischen Prozeß zeigen, daß er ein homogener Poisson-Prozeß mit dem Parameter $\lambda = \sum_{i=1}^{k} \lambda_i$ ist (vgl. auch (6.4)).

Zum Abschluß dieses Abschnitts sei noch die folgende Frage angesprochen: Wenn in einem (technischen) System die Anzahl der „Effekte" (Eintreffen von Kunden, Ausfallen von Maschinen, Zerfall von radioaktiven Teilchen o.a.m.) einen Poisson-Prozeß bildet, so wird man sich dafür interessieren, welcher Verteilung der Zeitabstand zwischen zwei aufeinander folgenden Effekten (d.h. die *Wartezeit*) genügt. Hier tritt jedoch die folgende maßtheoretische Schwierigkeit auf: Wenn man z.B. als Wartezeit bis zum ersten Effekt definiert

$$Y(\omega) := \begin{cases} t & \text{falls } \omega_s = 0 \quad \forall s \in [0; t), \ \omega_s \geq 1 \quad \forall s \in (t; \infty) \\ \infty & \text{sonst,} \end{cases}$$

so benötigt man zur Bestimmung von $Y(\omega)$ für $\omega \in \mathbb{R}^{[0;\infty)}$ überabzählbar viele Komponenten $t \in \mathbb{R}^1_+$ – ohne weitere Voraussetzungen (die beispielsweise sichern, daß entsprechend der Vorstellung von einem Ankunfts-/ Zerfallsprozeß nur monoton nicht-fallende Pfade zu berücksichtigen sind) ist also Y nicht meßbar (vgl. (4.5)). Hierauf werden wir in Kap. 10 genauer eingehen.

9.3 Der Wiener[2]-Prozeß

Der englische Botaniker Robert Brown[3] entdeckte im Jahre 1827 (kurz nach der Erfindung von Mikroskopen mit achromatischen Objektiven) das folgende Phänomen: Suspendiert man in einen Tropfen Wasser kleine Teilchen (Durchmesser etwa 10^{-4} cm) und betrachtet man diese Teilchen unter einem starken Mikroskop, so beobachtet man, daß sie sich in regelloser, zitternder Bewegung befinden. Auch an Rauch- bzw. Staubteilchen in Gasen kann man diese sogenannte *Brownsche* Bewegung beobachten. Wenngleich

---

[2]N. Wiener (1894-1964)
[3]R. Brown (1773-1858)

die Teilchen durchaus nicht einzelne Moleküle sind, so nennt man dieses Phänomen auch *Brownsche Molekularbewegung*, da es von den regellosen Stößen der Flüssigkeitsmoleküle hervorgerufen wird. Die Erklärung dieses Phänomens durch Einstein[4] und von Smoluchowski 1905 war einer der großen Erfolge der kinetischen Theorie der Wärme und der statistischen Mechanik.

Es sei also X_t die Projektion des Abstandes, den das betrachtete Teilchen nach Ablauf der Zeit t vom Startpunkt 0 hat, auf eine feste Koordinatenachse (insbesondere gilt dann also $X_0 = 0$). Wir stellen uns vor, daß die Bewegung des Teilchens dadurch hervorgerufen wird, daß andauernd in regelloser Weise Flüssigkeitsmoleküle auf das Teilchen stoßen. Betrachten wir also die Bewegung des Teilchens in einem Zeitintervall $(t_1; t_2)$, das „lang" ist gegenüber den Zeiten zwischen den Stößen, so kann man die insgesamt erfolgte Bewegung als Summe einer großen Anzahl von unabhängigen kleinen Einzelbewegungen auffassen. Der zentrale Grenzwertsatz (7.30) legt daher die Annahme nahe, daß $X_{t_2} - X_{t_1}$ eine Normalverteilung besitzt. Da bei den Stößen der Flüssigkeitsmoleküle und der daraus resultierenden Bewegung des Teilchens keine Richtung (auf der Koordinatenachse) ausgezeichnet ist, wird man weiterhin annehmen, daß $E(X_{t_2} - X_{t_1}) = 0$. Außerdem wird man davon ausgehen, daß sich die Flüssigkeit im Zeitablauf nicht verändert und daß daher die Verteilung von $X_{t_2} - X_{t_1}$ dieselbe ist wie diejenige von $X_{t_2+h} - X_{t_1+h}$ für beliebiges $h > 0$. Schließlich erscheint die Annahme gerechtfertigt, daß sich die stoßenden Flüssigkeitsmoleküle nicht „absprechen" können und daß daher die Anzahl und Stärke der Stöße in disjunkten Zeitintervallen voneinander unabhängig sind.

Will man anhand dieser anschaulichen Vorstellung ein mathematisches Modell der Brownschen Molekularbewegung entwickeln, so wird man – ähnlich wie wir es beim Poisson-Prozeß getan haben – zunächst einige einfache Forderungen an dieses Modell stellen:

---

[4]A. Einstein (1879-1955)

(9.23) Axiome für den Wiener-Prozeß

$X_T = (\Omega, \mathcal{S}, P, (X_t)_{t \in T})$ *ist ein stochastischer Prozeß mit der Parameter-menge* $T = [0; \infty)$, *für den gilt:*

(1) $X_0 = 0$ *P-f.s..*

(2) *Für jedes* $t > 0$ *besitzt* X_t *eine* $\mathcal{N}(0, v(t))$-*Verteilung.*

(3) $(\Omega, \mathcal{S}, P, (X_t)_{t \in T})$ *ist ein Prozeß mit stochastisch unabhängigen Zuwächsen (vgl. (9.4)).*

(4) $(\Omega, \mathcal{S}, P, (X_t)_{t \in T})$ *ist ein Prozeß mit stationären Zuwächsen (vgl. (9.5)).*

Es ergeben sich natürlich wiederum die Fragen, ob es überhaupt stochastische Prozesse mit diesen Eigenschaften gibt und inwieweit solche Prozesse gegebenenfalls durch diese Forderungen bereits festgelegt sind. Um diese Fragen beantworten zu können, untersuchen wir zunächst für endlich viele Zeitpunkte $t_1, \ldots, t_n$ mit $0 < t_1 < \ldots < t_n$, welche gemeinsame Verteilung die Zufallsgrößen $X_{t_1}, \ldots, X_{t_n}$ bei einem stochastischen Prozeß mit den Eigenschaften (9.23)(1)-(4) besitzen müßten:

Um dabei die Eigenschaften (3) und (4) verwenden zu können, sei angemerkt, daß man die X_{t_i} aus den Zuwächsen

$$X_{t_1} - X_0, \; X_{t_2} - X_{t_1}, \ldots, \; X_{t_n} - X_{t_{n-1}}$$

als Abschnittssummen $X_{t_i} = \sum_{j=1}^{i}(X_{t_j} - X_{t_{j-1}})$ mit $X_{t_0} = X_0 = 0$ zurückgewinnen kann, d.h. der n-dimensionale Zufallsvektor $X_J = (X_{t_1}, \ldots, X_{t_n})$ geht aus $Z_J = (X_{t_1} - X_0, \ldots, X_{t_n} - X_{t_{n-1}})$ durch die lineare Transformation $X_J = Z_J A$ mit der Matrix

$$A = \begin{pmatrix} 1 & 1 \ldots\ldots & & 1 \\ 0 & 1 \ldots\ldots & & 1 \\ \multicolumn{4}{c}{\ldots\ldots\ldots\ldots\ldots\ldots} \\ 0 & 0 & 0 \ldots & 1 \end{pmatrix}$$

hervor.

Von den Zuwächsen $X_{t_i} - X_{t_{i-1}}$ wird aber in (9.23) verlangt:

(i)   Die Verteilung $P^{X_{t_i} - X_{t_{i-1}}}$ hängt (wegen (4)) nur von $t_i - t_{i-1}$ ab. Daraufhin muß insbesondere gelten: $P^{X_{t_i} - X_{t_{i-1}}} = P^{X_{t_i - t_{i-1}} - X_0}$.

(ii) Wegen (1) gilt $X_{t_i - t_{i-1}} - X_0 = X_{t_i - t_{i-1}}$ P-f.s., d.h. man erhält $P^{X_{t_i} - X_{t_{i-1}}} = P^{X_{t_i - t_{i-1}}}$.

(iii) Aufgrund von (2) gilt dann $P^{X_{t_i}-t_{i-1}} = \mathcal{N}(0, v(t_i - t_{i-1}))$.

(iv) Die $X_{t_i} - X_{t_{i-1}}, i \in \mathbb{N}_n$, sind nach (3) stochastisch unabhängig. Entsprechend (4.50)b) besitzt $Z_J = (X_{t_1} - X_0, \ldots, X_{t_n} - X_{t_{n-1}})$ dann eine n-dimensionale Normalverteilung $\mathcal{N}(a_J, \Lambda_J)$ mit dem Mittelwertvektor $a_J = (0, \ldots, 0)$ und der Kovarianzmatrix

$$\Lambda_J = \begin{pmatrix} v(t_1) & 0 \ldots & 0 \\ 0 & v(t_2 - t_1) \ldots 0 \\ \cdots\cdots \\ 0 & 0 \ldots v(t_n - t_{n-1}) \end{pmatrix}.$$

Insbesondere folgt für alle $s, t > 0$

$$\mathcal{N}(0, v(t + s)) \underset{(2)}{=} P^{X_{t+s}} = P^{X_t + X_{t+s} - X_t}$$

$$\underset{(3)}{=} P^{X_t - X_0} \star P^{X_{t+s} - X_t} \quad \text{(vgl. (6.2))}$$

$$\underset{(6.6)a)}{=} \mathcal{N}(0, v(t) + v(s)).$$

Daher muß für die Funktion v gelten

$$0 < v(t + s) = v(t) + v(s) \quad \forall s, t > 0,$$

d.h. v ist eine positive lineare Funktion der Form $v(t) = \sigma^2 t$, $\sigma^2 > 0$. (s. z.B. Aczél: Vorl. über Funktionalgleichungen, S. 45). Durch Einsetzen in (iv) ergibt sich, daß der Vektor Z_J der Zuwächse eine n-dimensionale Normalverteilung $\mathcal{N}(0, \Lambda_J)$ mit

$$\Lambda_J = \begin{pmatrix} \sigma^2 t_1 & 0\cdots & 0 \\ 0 & \sigma^2(t_2 - t_1) \ldots 0 \\ \cdots\cdots \\ 0 & 0 \ldots \sigma^2(t_n - t_{n-1}) \end{pmatrix}$$

besitzt. Da der Vektor $X_J = (X_{t_1}, \ldots, X_{t_n})$ aus Z_J durch die lineare Transformation $X_J = Z_J A$ hervorgeht, folgt aus (3.44), daß auch X_J eine n-dimensionale Normalverteilung besitzt mit dem Mittelwertvektor $b_J = 0 \cdot A = 0$ und der Kovarianzmatrix

$$\textstyle\sum_J = A^t \Lambda_J A = \begin{pmatrix} \sigma^2 t_1 & \sigma^2 t_1 & \cdots & \sigma^2 t_1 \\ \sigma^2 t_1 & \sigma^2 t_1 + \sigma^2(t_2 - t_1) & \cdots & \sigma^2 t_1 + \sigma^2(t_2 - t_1) \\ \vdots & \vdots & \ddots & \vdots \\ \sigma^2 t_1 & \sigma^2 t_1 + \sigma^2(t_2 - t_1) & \cdots & \sigma^2 t_1 + \sum_{j=2}^{n} \sigma^2(t_j - t_{j-1}) \end{pmatrix}$$

$$= \begin{pmatrix} \sigma^2 t_1 & \sigma^2 t_1 \ldots\ldots\sigma^2 t_1 \\ \sigma^2 t_1 & \sigma^2 t_2 \ldots\ldots\sigma^2 t_2 \\ \ldots\ldots\ldots \\ \sigma^2 t_1 & \sigma^2 t_2 \ldots\ldots\sigma^2 t_n \end{pmatrix} = (\sigma^2 \min(t_i, t_j))_{1 \leq i,j \leq n}.$$

Das Ergebnis der bisherigen Überlegungen ist also:

(9.24) Anmerkung

Falls überhaupt ein stochastischer Prozeß X_T mit den Eigenschaften (9.23) (1)-(4) existiert, so muß für jedes $J = \{t_1, \ldots, t_n\}$ mit $0 < t_1 < \ldots < t_n$ gelten

$$P^{X_J} := P^{(X_{t_1}, \ldots, X_{t_n})} = \mathcal{N}(0, (\sigma^2 \min(t_i, t_j))_{1 \leq i,j \leq n}).$$

Um auf diese P^{X_J} den Satz von Kolmogoroff (4.11) anwenden zu können, notieren wir, daß die oben angegebenen Normalverteilungen nach (6.39)c) konsistent sind:

(9.25) Anmerkung

Für jedes $\sigma^2 > 0$ ist die Gesamtheit $\{\mathcal{N}(0, \sum_J) : J \in \mathcal{H}((0; \infty))\}$ konsistent.

Nimmt man zu $P_J^{\sigma^2} := \mathcal{N}(0, (\sigma^2 \min(t_i, t_j))_{1 \leq i,j \leq n}), J = \{t_1, \ldots, t_n\} \in \mathcal{H}((0; \infty))$, noch $P_{\{0\}}^{\sigma^2} := \delta_0$ (das Punktmaß in 0) hinzu (mit $P_{J+\{0\}}^{\sigma^2} = P_J^{\sigma^2} \otimes \delta_0$), so gelangt man insgesamt zu einer konsistenten Gesamtheit $\{P_J^{\sigma^2} : J \in \mathcal{H}([0; \infty))\}$ von Wahrscheinlichkeitsmaßen $P_J^{\sigma^2}$ auf $(\mathbb{R}^J, \mathbb{B}^J)$. Daraufhin folgt aus dem Satz (4.11) die Existenz eines eindeutig bestimmten W-Maßes W_{σ^2} auf $(\mathbb{R}^T, \mathbb{B}^T)$ mit $T = [0; \infty)$ und $W_{\sigma^2}^{\pi_J} = P_J^{\sigma^2}$ für alle $J \in \mathcal{H}(T)$.

(9.26) Definition

Ein eindimensionaler stochastischer Prozeß

$$X_T = (\Omega, \mathcal{S}, P, (X_t)_{t \in T}), \ T = [0; \infty)$$

mit $P^{(X_t : t \in T)} = W_{\sigma^2}$ heißt Wiener-Prozeß [5] mit dem Parameter σ^2.

Man verifiziert unmittelbar, daß jeder Wiener-Prozeß tatsächlich die Forderungen (9.23) erfüllt; darüber hinaus zeigte die Anmerkung (9.24), daß

---

[5]Andere gebräuchliche Bezeichnungen sind *Brownsche Bewegung* und *Wiener-Levy-Prozeß*

diese Axiome bereits die Wiener-Prozesse in dem Sinne charakterisieren, als für jeden Prozeß $(\Omega, \mathcal{S}, P, (X_t)_{t \in T})$ mit den Eigenschaften (1)-(4) aus (9.23) gilt $P^{(X_t : t \in T)} = W_{\sigma^2}$ (mit geeignetem $\sigma^2 > 0$).

(9.27) Resumee

> *Ein stochastischer Prozeß $X_T = (\Omega, \mathcal{S}, P, (X_t)_{t \in T})$ mit $T = [0; \infty)$ genügt genau dann den Axiomen (9.23) (1)-(4), wenn X_T ein Wiener-Prozeß ist.*

Das W-Maß W_{σ^2} des Wiener-Prozesses ist nur bis auf den Parameter σ^2 festgelegt. Will man also den Wiener-Prozeß z.B. als mathematisches Modell für die Brownsche Molekularbewegung verwenden, so hat man σ^2 – das dann als mittlere quadratische Verschiebung des Teilchens pro Zeiteinheit zu interpretieren ist – experimentell zu bestimmen. Einstein zeigte[6] im Jahr 1905, daß $\sigma^2 = R \cdot T/(L \cdot 3\pi r \eta)$ gilt, wobei R die universelle (absolute) Gaskonstante, T die absolute Temperatur, L die Loschmidtsche (Avogadrosche) Zahl, r den Radius des Brownschen Teilchens und η die Zähigkeit (innere Reibung) der Flüssigkeit bzw. des Gases bedeuten. Diese Beziehung eröffnete eine Möglichkeit, die Loschmidtsche Zahl bzw. die Boltzmannsche Konstante $k = R/L$ experimentell aus Brownschen Molekularbewegungs-Experimenten zu bestimmen; u.a. hierfür erhielt Perrin 1926 den Nobel-Preis.

Heutzutage dienen der Wiener-Prozeß und seine im folgenden genannten Verallgemeinerungen nicht nur zur Beschreibung physikalischer Experimente, sondern auch zur mathematischen Erfassung von Phänomenen z.B. aus der Biologie, der Ökonomie und der Statistik.

Ähnlich wie der homogene Poisson-Prozeß hat auch der Wiener-Prozeß eine Vielzahl von Modifikationen und Verallgemeinerungen erfahren. Von diesen seien zwei erwähnt:

a) Der Wiener-Prozeß mit Drift

Bei der Einführung des Wiener-Prozesses anhand der Brownschen Molekularbewegung haben wir die Forderung $E(X_{t_2} - X_{t_1}) = 0$ damit begründet, daß keine Richtung bei den Stößen der Flüssigkeitsmoleküle ausgezeichnet ist. Strömt dagegen die Flüssigkeit (z.B. mit der konstanten Geschwindigkeit

---

[6]Die Entwicklung dieser Theorie ist – ebenso wie die Entstehung der Distributionentheorie in der Analysis – ein Beispiel dafür, daß die Physik gelegentlich der exakten mathematischen Grundlegung ihrer Methoden erheblich voraus ist.

μ), so wird diese Strömung von der Brownschen Molekularbewegung nur überlagert:

(9.28) Definition

Ein stochastischer Prozeß $X_T = (\Omega, \mathcal{S}, P, (X_t)_{t \in T})$ mit $T = [0; \infty)$ heißt Wiener-Prozeß mit Driftparameter $\mu \in \mathrm{IR}^1$ und Streuungsparameter $\sigma^2 > 0$, wenn gilt:

(1) $X_0 = 0$.

(2) *Für jedes $t > 0$ besitzt X_t eine $\mathcal{N}(\mu t, \sigma^2 t)$-Verteilung.*

(3) *X_T ist ein Prozeß mit stochastisch unabhängigen Zuwächsen.*

(4) *X_T ist ein Prozeß mit stationären Zuwächsen.*

Entsprechend (9.27) ist also der eingangs behandelte Wiener-Prozeß ein Wiener-Prozeß mit Driftparameter 0.

Die Existenz von Wiener-Prozessen mit beliebigem Driftparameter $\mu \in \mathrm{IR}^1$ folgt sofort aus der in (9.25) bewiesenen Existenz von Wiener-Prozessen mit Driftparameter 0 und der folgenden Aussage:

(9.29) Satz

Es seien $X_T = (\Omega, \mathcal{S}, P, (X_t)_{t \in T})$ ein Wiener-Prozeß mit Driftparameter μ und Streuungsparameter σ^2 sowie $\alpha \neq 0$, $\beta \in \mathrm{IR}^1$ beliebig. Definiert man dann

$$\tilde{X}_t := \alpha X_t + \beta t \qquad (t \in \mathrm{IR}^1_+),$$

so gilt: $\tilde{X}_T = (\Omega, \mathcal{S}, P, (\tilde{X}_t)_{t \in T})$ ist ein Wiener-Prozeß mit Driftparameter $\alpha\mu + \beta$ und Streuungsparameter $(\alpha\sigma)^2$.

Beweis: (i) Es gilt $\tilde{X}_0 = \alpha X_0 = 0$.

(ii) Da X_t eine $\mathcal{N}(\mu t, \sigma^2 t)$-Verteilung besitzt, folgt aus (3.9), daß $\tilde{X}_t = \alpha X_t + \beta t$ einer $\mathcal{N}((\alpha\mu + \beta)t, (\alpha\sigma)^2 t)$- Verteilung genügt.

(iii) Für $s, t \in T, s < t$, gilt $\tilde{X}_t - \tilde{X}_s = \alpha(X_t - X_s) + \beta(t - s)$, also $P^{\tilde{X}_t - \tilde{X}_s} = P^{\alpha X_{t-s} + \beta(t-s)}$, d.h. $\tilde{X}_T$ besitzt stationäre Zuwächse.

(iv) Die stochastische Unabhängigkeit der Zuwächse $\tilde{X}_t - \tilde{X}_s$ ergibt sich wegen (iii) und (4.41) aus der stochastischen Unabhängigkeit der $X_t - X_s$. $\qquad\square$

Etliche Aussagen des Wiener-Prozesses ohne Drift (d.h. $\mu = 0$) lassen sich daher auf Wiener-Prozesse mit Driftparameter $\mu \neq 0$ übertragen.

b) Mehrdimensionale Wiener-Prozesse

Während wir bei der Einführung des Wiener-Prozesses nur eindimensionale Verschiebungen gegenüber dem Startpunkt betrachtet haben, müssen z.B. bei der vollständigen Beschreibung der Brownschen Molekularbewegung häufig zweidimensionale Bewegungen auf einer Platte bzw. Bewegungen im (dreidimensionalen) Raum erfaßt werden. Diese wird man auf folgende Weise mit Hilfe der eindimensionalen Wiener-Prozesse beschreiben.

(9.30) Definition

Es seien $X_{i,T} = (\Omega, \mathcal{S}, P, (X_{i,t})_{t \in T}), 1 \leq i \leq k$, stochastisch unabhängige Wiener-Prozesse mit den Parametern $\sigma_i^2, 1 \leq i \leq k$, d.h. die Zufallsgrößen $X_{1,T}, \ldots, X_{k,T}$ mit Werten in IR^T seien stochastisch unabhängig. Dann heißt der vektorwertige stochastische Prozeß

$$(\Omega, \mathcal{S}, P, ((X_{1,t}, \ldots, X_{k,t}))_{t \in T})$$

k-dimensionaler Wiener-Prozeß *mit dem Parameter* $(\sigma_1^2, \ldots, \sigma_k^2)$.

9.4   Aufgaben

(IX.1)   Es seien $(\Omega, \mathcal{S}, P, (X_t)_{t \in T})$ ein homogener Poisson-Prozeß mit Parameter $\lambda > 0$ und $(t_n)_{n \in \mathrm{IN}}$ eine Folge nicht-negativer Zahlen mit $\lim_{n \to \infty} t_n = \infty$. Zeigen Sie, daß $\frac{1}{t_n} X_{t_n} \xrightarrow[\text{n.W.}]{} \lambda$.

(IX.2)   Für $i = 1, 2$ seien $X_T^{(i)} = (\Omega, \mathcal{S}, P, (X_t^{(i)})_{t \in T})$ homogene Poisson-Prozesse mit Parameter $\lambda^{(i)} > 0$; ferner sei $Z_T = (\Omega, \mathcal{S}, P, (X_t^{(1)} + X_t^{(2)})_{t \in T})$. Es werde vorausgesetzt, daß Z_T ein Prozeß mit stochastisch unabhängigen Zuwächsen ist und daß für alle $s, t \in T$ mit $s < t$ die Zufallsgrößen $X_t^{(1)} - X_s^{(1)}$ und $X_t^{(2)} - X_s^{(2)}$ stochastisch unabhängig sind. Zeigen Sie, daß Z_T ein homogener Poisson-Prozeß mit Parameter $\lambda_1 + \lambda_2$ ist.

(IX.3)   Es sei $X_T = (\Omega, \mathcal{S}, P, (X_t)_{t \in T})$ ein homogener Poisson-Prozeß mit dem Parameter $\lambda > 0$. Zeigen Sie, daß für alle $B \in \mathrm{IB}, t, r > 0$ gilt

$$P(X_{t+r} \in B | (X_s)_{s \leq t}) = P(X_{t+r} \in B | X_t) \quad P\text{-f.s..}$$

Bestimmen Sie diese bedingte Wahrscheinlichkeit.

(IX.4) Es seien $\lambda : [0;\infty) \to [0;\infty)$ eine stetige Funktion und $m(t) := \int_0^t \lambda(u)du$ für alle $t \geq 0$. Zeigen Sie, daß das System von Differentialgleichungen

$$\begin{aligned} r_i'(t) &= \lambda(t)\cdot(r_{i-1}(t) - r_i(t)) \quad t > 0, i \in \mathbb{N} \\ r_0(t) &= e^{-m(t)}, \ t > 0 \end{aligned}$$

genau eine Lösung $(r_i)_{i\in\mathbb{N}}$ mit der Eigenschaft hat, daß $r_i(0) = 0$ und r_i in 0 stetig ist für alle $i \in \mathbb{N}$ (nämlich $r_i(t) = e^{-m(t)}\frac{(m(t))^i}{i!}$, $t \geq 0, i \in \mathbb{N}$).

(IX.5) $X_T = (\Omega, \mathcal{S}, P, (X_t)_{t\in T})$ sei ein zeitabhängiger Poisson-Prozeß mit der Mittelwertfunktion m. Berechnen Sie $Cov(X_s, X_t)$ für $s, t \in T$.

(IX.6) Bei der Beobachtung des Zerfalls radioaktiver Atomkerne stellt man fest, daß die „mittlere" Anzahl der in einem „kleinen" Zeitintervall zerfallenden Kerne proportional zur Anzahl der noch nicht zerfallenen Kerne und zur Länge des Zeitintervalls ist. Diese Situation soll durch einen zeitabhängigen Poisson-Prozeß $(\Omega, \mathcal{S}, P, (X_t)_{t\in T})$ mit einer stetigen, nicht-negativen Intensitätsfunktion λ und der Mittelwertfunktion $m(t) = \int_0^t \lambda(u)du$ beschrieben werden. X_t sei dabei die Anzahl der zum Zeitpunkt t zerfallenden Atomkerne, N_0 die Anzahl der anfangs vorhandenen Atomkerne. Hierzu stellt man folgende Forderung an die Zuwächse des Prozesses:

$$\lim_{h\to 0} \frac{E(Z_{t,t+h})}{h} = \lambda_0(N_0 - E(X_t)) \quad \forall t \in T, \ \text{mit einem } \lambda_0 > 0.$$

Zeigen Sie, daß durch diese Forderung die Gestalt der Intensitätsfunktion λ eindeutig festgelegt ist, und bestimmen Sie diese.

(IX.7) X_T sei ein Wiener-Prozeß mit dem Parameter σ^2. Zeigen Sie, daß für jedes $t > 0$ gilt
a) $\lim_{n\to\infty} \frac{1}{n}X_{nt} = 0$ P-f.s. b) $X_s \xrightarrow[\text{n.W.}]{} X_t$ für $s \to t$
c) $\lim_{h\to 0} \frac{1}{h}P(|X_{t+h} - X_t| \geq \delta) = 0$ für alle $\delta > 0$.

(IX.8) X_T sei ein Wiener-Prozeß mit dem Parameter σ^2. Der stochastische Prozeß $\hat{X}_T$ sei definiert durch

$$\hat{X}_t := \begin{cases} t\cdot X_{1/t} & \text{für } t > 0 \\ 0 & \text{für } t = 0. \end{cases}$$

Zeigen Sie, daß gilt $P^{\hat{X}_T} = P^{X_T}$.

(IX.9)　X_T sei ein Wiener-Prozeß mit dem Parameter σ^2. Zeigen Sie, daß dann für $t > 0$ gilt

$$\lim_{n \to \infty} \sum_{j=1}^{n^3} (X_{jt/n^3} - X_{(j-1)t/n^3})^2 = \sigma^2 t \quad P\text{-f.s.}$$

<u>Hinweis</u>: Zeigen Sie mit Hilfe der Tschebyscheffschen Ungleichung (3.30), daß für

$$A_n := \{\omega \in \Omega : |\sum_{j=1}^{n^3} (X_{jt/n^3}(\omega) - X_{(j-1)t/n^3}(\omega))^2 - \sigma^2 t| > \frac{1}{\sqrt{n}}\}$$

gilt $\sum_{n=1}^{\infty} P(A_n) < \infty$.

(IX.10)　X_T sei ein Wiener Prozeß mit Parameter σ^2 auf $(\Omega, \mathcal{S}, P)$. Für $n \in \mathbb{N}$ werde Z_n definiert durch

$$Z_n := \sum_{i=1}^{2^n} |X_{i/2^n} - X_{(i-1)/2^n}|.$$

Zeigen Sie, daß $Z_n \to \infty$ P-f.s.. Dies besagt gerade, daß der Wiener-Prozeß X_T P-f.s. nicht von beschränkter Variation auf $[0; 1]$ ist.

<u>Hinweis</u>: Überlegen Sie sich, daß $E(Z_n) = 2^{n/2} \cdot a$ mit einer Konstanten $a > 0$ gilt, während $Var(Z_n)$ konstant ist. Nutzen Sie ferner aus, daß Z_n isoton ist.

10 Analytische Eigenschaften von stochastischen Prozessen

10.1 Stetigkeit von stochastischen Prozessen

Während der Wiener-Prozeß für die „globale " Darstellung von Vorgängen wie der Brownschen Molekularbewegung häufig recht brauchbar ist, wird er sich für die „lokale " Beschreibung von sehr kurzen Zeitabschnitten als erheblich schlechter geeignet erweisen – dies ist aber auch nicht anders zu erwarten, da die Normalverteilungsforderung (9.23)(2) damit begründet wurde, daß die Bewegung des Teilchens aus vielen Stößen der umgebenden Flüssigkeitsmoleküle resultiert. Von einem sinnvollen Modell z.B. der Brownschen Molekularbewegung wird man aber zumindest verlangen wollen, daß keine plötzlichen Ortsveränderungen vorkommen, sondern daß die Bewegung von einem Punkt zum anderen auf einem Weg verläuft – die Bewegung also *stetig* ist.

Es liegen nun mehrere[1] Möglichkeiten nahe, die Stetigkeit eines stochastischen Prozesses $X_T = (\Omega, \mathcal{S}, P, (X_t)_{t \in T})$ mit kontinuierlichem Parameter zu definieren:

(10.1) Definition

    a) *X_T heißt* stetig nach Wahrscheinlichkeit in $t \in T$, *wenn für jedes $\varepsilon > 0, \eta > 0$ ein $\delta = \delta(\varepsilon, \eta, t) > 0$ existiert, so daß für $t' \in T$ mit $|t - t'| < \delta$ gilt*

$$P(\{\omega \in \Omega : |X_{t'}(\omega) - X_t(\omega)| \geq \eta\}) \leq \varepsilon.$$

    Als Bezeichnung wird dann benutzt[2] $P - \lim_{t' \to t} X_{t'} = X_t$.

---

[1] Außer den im folgenden aufgeführten drei Stetigkeitsbegriffen ist insbesondere noch die Stetigkeit im p-ten Mittel von Interesse:

$$\lim_{t' \to t} E(|X_{t'} - X_t|^p) = 0.$$

[2] Die nach (5.2)b) naheliegende Bezeichnung $X_{t'} \overset{t' \to t}{\underset{n.W.}{\longrightarrow}} X_t$ wird zu unhandlich.

b) X_T *heißt* stetig nach Wahrscheinlichkeit auf T, *wenn* X_T *in jedem Punkt* $t \in T$ *stetig nach Wahrscheinlichkeit ist.*

Der enge Zusammenhang dieses Stetigkeitsbegriffs mit der Konvergenz nach Wahrscheinlichkeit wird in der folgenden Bemerkung verdeutlicht:

(10.2) Lemma

X_T *ist genau dann in* $t \in T$ *stetig nach Wahrscheinlichkeit, wenn für jede Folge* $(t_n)_{n \in \mathbb{N}}$ *mit* $t_n \in T$ *und* $\lim_{n \to \infty} t_n = t$ *gilt*

$$X_{t_n} \xrightarrow[\text{n.W.}]{} X_t.$$

Beweis: a) Für jedes $\varepsilon > 0, \eta > 0$ gebe es ein $\delta(\varepsilon, \eta, t) > 0$ mit

$$P(|X_{t'} - X_t| \geq \eta) \leq \varepsilon \quad \text{für alle} \quad |t - t'| < \delta(\varepsilon, \eta, t)$$

und es gelte $\lim_{n \to \infty} t_n = t$, insbesondere also

$$|t_n - t| < \delta(\varepsilon, \eta, t) \quad \text{für alle} \quad n \geq n(\varepsilon, \eta, t).$$

Dann gilt für alle $n \geq n(\varepsilon, \eta, t)$

$$P(|X_{t_n} - X_t| \geq \eta) \leq \varepsilon,$$

und somit für jedes $\eta > 0$

$$\lim_{n \to \infty} P(|X_{t_n} - X_t| \geq \eta) = 0.$$

b) Für jede Folge $(t_n)_{n \in \mathbb{N}}$ mit $t_n \in T, \lim_{n \to \infty} t_n = t$ gelte $X_{t_n} \xrightarrow[\text{n.W.}]{} X_t$; es gebe jedoch $\varepsilon > 0, \eta > 0$, so daß für jedes $\delta > 0$ ein $t'(\delta) \in T$ existiert mit

$$|t'(\delta) - t| < \delta \quad \text{und} \quad P(|X_{t'(\delta)} - X_t| \geq \eta) > \varepsilon.$$

Dann gilt für $t_n := t'(1/n)$ einerseits $\lim_{n \to \infty} t_n = t$, andererseits im Widerspruch zur Voraussetzung

$$P(|X_{t_n} - X_t| \geq \eta) > \varepsilon \quad \text{für alle} \quad n \in \mathbb{N}. \qquad \square$$

Bei dieser Begriffsbildung wird also für jeden durch $\omega \in \Omega$ gegebenen Pfad der Abstand von $X_t(\omega)$ mit $X_{t'}(\omega)$ registriert.

Während hierbei nur das W-Maß der Mengen

$$\{\omega \in \Omega : |X_{t'}(\omega) - X_t(\omega)| \geq \eta\}$$

betrachtet wird, geht es bei der nächsten Begriffsbildung um die Stetigkeit der *Pfade* $X^\omega : T \to \mathrm{I\!R}^1$ an der Stelle $t \in T$:

(10.3) Definition

    a) X_T *heißt (P-) fast sicher stetig in* $t \in T$, *wenn es ein* $N_t \in \mathcal{S}$ *mit* $P(N_t) = 0$ *gibt, so daß für alle* $\omega \notin N_t$ *gilt*

$$\lim_{t' \to t} X_{t'}(\omega) = X_t(\omega)$$

    (also $P(\{\omega \in \Omega : \lim_{t' \to t} X_{t'}(\omega) = X_t(\omega)\}) = 1$, *falls diese Menge meßbar ist); Bezeichnung* $\lim_{t' \to t} X_{t'} \underset{\text{P-f.s.}}{=} X_t$.

    b) X_T *heißt (P-) fast sicher stetig auf* T, *wenn* X_T *in jedem Punkt* $t \in T$ *fast sicher stetig ist.*

Entsprechend zum vorigen besteht hier ein enger Zusammenhang mit der P-fast sicheren Konvergenz:

(10.4) Anmerkungen

a) X_T ist genau dann fast sicher stetig in $t \in T$, wenn P-fast sicher für jede Folge $(t_n)_{n \in \mathrm{I\!N}}$ mit $t_n \in T$ und $\lim_{n \to \infty} t_n = t$ gilt $X_{t_n} \to X_t$ (und somit auch $X_{t_n} \underset{\text{P-f.s.}}{\longrightarrow} X_t$).

b) Ist X_T fast sicher stetig in $t \in T$, so ist X_T stetig nach W. in $t \in T$.

c) Ist X_T fast sicher stetig auf T, so ist X_T stetig nach W. auf T.

a) ergibt sich aus der Definition der Konvergenz $X_{t'} \to X_t$. b) und c) folgen unmittelbar aus (5.4); die Umkehrung dieser Aussage ist nicht richtig (vgl. (5.5)).

Betrachtet man schließlich die Pfade X^ω in ihrem *gesamten* Verlauf, so gelangt man zu der Begriffsbildung

(10.5) Definition

    X_T *heißt (P-) fast sicher pfad-stetig, wenn es ein* $N \in \mathcal{S}$ *mit* $P(N) = 0$ *gibt, so daß alle Pfade* X^ω *mit* $\omega \notin N$ *stetig sind (also* $P(\{\omega \in \Omega : \lim_{t' \to t} X_{t'}(\omega) = X_t(\omega) \; \forall t \in T\}) = 1$, *falls diese Menge meßbar ist).*

Bei der fast sicheren Pfad-Stetigkeit wird also gegenüber der fast sicheren Stetigkeit zusätzlich verlangt, daß die Ausnahme-Nullmengen N_t, auf denen keine punktweise Konvergenz vorzuliegen braucht, unabhängig von t wählbar sind. Somit folgt aus der fast sicheren Pfad-Stetigkeit die fast sichere Stetigkeit auf T. Es wird sich zeigen (s. Beispiel (10.8)b)), daß die Umkehrung dieser Aussage nicht richtig ist – die überabzählbare Vereinigung $\cup_{t\in T} N_t$ von P-Nullmengen ist nämlich im allgemeinen keine P-Nullmenge mehr.

Wie auch von der Anschauung her zu erwarten, ist jeder Wiener-Prozeß stetig nach Wahrscheinlichkeit:

(10.6) Anmerkung

X_T sei ein Wiener-Prozeß (mit dem Parameter σ^2). Dann ist X_T stetig nach W. auf T.

Beweis: Es seien $\varepsilon > 0$ und $\eta > 0$ gegeben; es werde $\delta > 0$ so klein gewählt, daß gilt

$$\int_{-\eta/\sigma\sqrt{\delta}}^{\eta/\sigma\sqrt{\delta}} \frac{1}{\sqrt{2\pi}} e^{-y^2/2} dy \geq 1 - \varepsilon.$$

Dann folgt für $0 < |t' - t| < \delta$

$$P(\{\omega \in \Omega : |X_{t'}(\omega) - X_t(\omega)| \geq \eta\}) = 1 - \int_{-\eta}^{\eta} \frac{1}{\sqrt{2\pi\sigma^2|t'-t|}} e^{-x^2/2\,\sigma^2|t'-t|} dx$$

$$\underset{(y=x/\sigma\sqrt{|t'-t|})}{=} 1 - \int_{-\eta/\sigma\sqrt{|t'-t|}}^{\eta/\sigma\sqrt{|t'-t|}} \frac{1}{\sqrt{2\pi}} e^{-y^2/2} dy$$

$$< 1 - \int_{-\eta/\sigma\sqrt{\delta}}^{\eta/\sigma\sqrt{\delta}} \frac{1}{\sqrt{2\pi}} e^{-y^2/2} dy, \quad \text{da } |t'-t| < \delta$$

$$\leq \varepsilon \quad \text{nach der Wahl von } \delta. \qquad \square$$

Etwas überraschend ist, daß auch alle (homogenen) Poisson-Prozesse stetig nach W. sind, obwohl sie doch als Modelle für „Zählvorgänge" eingeführt wurden:

(10.7) Anmerkung

X_T sei ein homogener Poisson-Prozeß (mit dem Parameter λ). Dann ist X_T stetig nach W. auf T.

Beweis: Es seien $\varepsilon > 0$ und $\eta > 0$ gegeben. Es werde $\delta > 0$ so klein gewählt, daß $1 - e^{-\lambda\delta} \leq \varepsilon$ gilt; dies ist möglich, da $\lim_{\delta\to 0} e^{-\lambda\delta} = 1$ ist. Für $t, t' \in T$ mit $|t - t'| < \delta$ folgt dann:

$$\begin{aligned} P(\{\omega \in \Omega : |X_{t'}(\omega) - X_t(\omega)| \geq \eta\}) &= P(\{\omega \in \Omega : X_{|t-t'|}(\omega) \geq \eta\}) \\ &\leq P(\{\omega \in \Omega : X_{|t-t'|}(\omega) \geq 1\}) = 1 - P(\{\omega \in \Omega : X_{|t-t'|}(\omega) = 0\}) \\ &= 1 - e^{-\lambda|t-t'|} \leq 1 - e^{-\lambda\delta} \leq \varepsilon. \qquad\square \end{aligned}$$

Wenn man einen stochastischen Prozeß X_T auf fast sichere Stetigkeit hin untersuchen will, so stößt man auf dieselbe Schwierigkeit wie am Ende von Abschnitt 9b): Da bei der Bildung von $\overline{\lim}_{t'\to t} X_{t'}(\omega)$ bzw. $\underline{\lim}_{t'\to t} X_{t'}(\omega)$ überabzählbar-unendlich viele Parameterwerte $t' \in T$ eine Rolle spielen, ist man ohne Zusatzvoraussetzungen nicht sicher, daß die betrachtete Menge $\{\omega : \lim_{t'\to t} X_{t'}(\omega) = X_t(\omega)\}$ überhaupt meßbar ist; im allgemeinen ist es also sinnlos, die W. dafür, daß X_T in t stetig ist, berechnen zu wollen.

Es fragt sich nun, ob man durch „geringfügige" Modifikation der stochastischen Prozesse erreichen kann, daß auch solche Grenzübergänge sinnvoll durchgeführt und somit analytische Eigenschaften von Pfaden (Stetigkeit, Differenzierbarkeit usw.) untersucht werden können: Es wurde bereits mehrfach angemerkt, daß es im allgemeinen bei einem stochastischen Prozeß $(\Omega, \mathcal{S}, P, (X_t)_{t\in T})$ weniger auf die speziellen Abbildungen X_t (und den Wahrscheinlichkeitsraum $(\Omega, \mathcal{S}, P)$) als vielmehr auf das induzierte Maß P^{X_T} ankommt. Das folgende Beispiel zeigt nun, daß Prozesse mit völlig verschiedenartigem Pfadverhalten dasselbe induzierte Maß besitzen können:

(10.8) Beispiel

Es seien $(\Omega, \mathcal{S}, P) = ((0; 1], (0; 1] \cap \mathrm{I\!B}^1, \lambda_1|(0; 1] \cap \mathrm{I\!B}^1)$ und $T = [0; 1]$.

a) Für $t \in T$ sei $X_t(\omega) = 0$ für alle $\omega \in \Omega$.

Dann ist offensichtlich jeder Pfad $X^\omega : T \to \mathrm{I\!R}^1$ überall stetig; der stochastische Prozeß $X_T = (\Omega, \mathcal{S}, P, (X_t)_{t\in T})$ ist also (fast sicher) pfad-stetig. Die Abbildung

$$\sup_{t\in T} X_t : \Omega \to \mathrm{I\!R}^1$$

ist als Null-Abbildung sicherlich $(\mathcal{S} - \mathrm{I\!B}^1)$-meßbar. Für jedes $t \in T$ ist P^{X_t} gleich dem Punktmaß δ_0 in 0 (Dirac-Maß); entsprechend ist für jedes $J \in \mathcal{H}(T)$ die $|J|$-dimensionale Randverteilung von P^{X_T} auf $(\mathrm{I\!R}^J, \mathrm{I\!B}^J)$ gleich dem Punktmaß in $(0, \ldots, 0) \in \mathrm{I\!R}^J$. Es sei jedoch angemerkt, daß P^{X_T} *kein* Punktmaß in $(0)_{t\in T}$ ist, da nach (4.5) $\{(0)_{t\in T}\} \notin \mathrm{I\!B}^T$ gilt (es gilt aber $P^{X_T}(B) = 1_B((0)_{t\in T})$ für alle $B \in \mathrm{I\!B}^T$).

b) Für $t \in T$ sei

$$Y_t(\omega) = \begin{cases} 1 & \omega = t \\ & \text{falls} \\ 0 & \omega \neq t. \end{cases}$$

Dann besitzt jeder Pfad $Y^\omega : T \to \mathbb{R}^1$ genau eine Unstetigkeitsstelle, nämlich einen Sprung in $t = \omega$. Der Prozeß $Y_T = (\Omega, \mathcal{S}, P, (Y_t)_{t \in T})$ ist also *nicht* fast sicher pfad-stetig; Y_T ist jedoch fast sicher stetig auf T. Die Abbildung

$$\sup_{t \in T} Y_t : \Omega \to \mathbb{R}^1$$

ist die konstante Abbildung auf 1 und somit $(\mathcal{S} - \mathcal{B}^1)$-meßbar, jedoch völlig verschieden von $\sup_{t \in T} X_t$. Da sich Y_t für jedes $t \in T$ nur auf der (ein-punktigen) λ^1-Nullmenge $\{t\}$ von X_t unterscheidet, gilt $P^{Y_t} = P^{X_t} = \delta_0$; entsprechend gilt für jedes $J \in \mathcal{H}(T)$ $P^{Y_J} = P^{X_J} = \delta_{(0,\ldots,0)}$ und somit (nach dem Satz von Kolmogoroff (4.11)) auch $P^{Y_T} = P^{X_T}$.

c) Es sei A eine nicht-Borelsche Teilmenge von $(0; 1]$, d.h. $A \notin \mathcal{S}$. Für $t \in T$ sei

$$Z_t(\omega) = \begin{cases} 1 & \omega = t \text{ und } t \in A \\ & \text{falls} \\ 0 & \text{sonst.} \end{cases}$$

Dann sind alle Pfade $Z^\omega : T \to \mathbb{R}^1$ mit $\omega \in A$ unstetig, die übrigen sind stetig; die Menge der $\omega \in \Omega$ mit stetigen Pfaden Z^ω ist also nicht $\mathcal{S}$-meßbar. Wegen

$$\sup_{t \in T} Z_t(\omega) = \begin{cases} 1 & \omega \in A \\ & \text{falls} \\ 0 & \omega \notin A \end{cases}$$

ist die Abbildung $\sup_{t \in T} Z_t : \Omega \to \mathbb{R}^1$ ebenfalls *nicht* meßbar. Dennoch gilt wie bei b), da sich Z_t von X_t höchstens an dem einen Punkt t unterscheidet, $P^{Z_t} = P^{X_t} = \delta_0$ für alle $t \in T$ und entsprechend für jedes $J \in \mathcal{H}(T)$

$$P^{Z_J} = P^{X_J} = \delta_{(0,\ldots,0)},$$

so daß wieder aus (4.11) folgt $P^{Z_T} = P^{X_T}$.

X_T, Y_T und Z_T sind also drei verschiedene stochastische Prozesse mit „völlig" verschiedenen Eigenschaften der Pfade, aber demselben induzierten W-Maß. Von diesen drei Prozessen besitzt X_T offensichtlich die einfachsten und „angenehmsten" Pfade.   □

Es fragt sich nun, ob man stets von einem vorgegebenen stochastischen Prozeß $Y_T = (\Omega, \mathcal{S}, P, (Y_t)_{t \in T})$ durch Abänderung auf P-Nullmengen N_t – und somit unter Beibehaltung des induzierten W-Maßes P^{Y_t} – zu einem Prozeß $X_T = (\Omega, \mathcal{S}, P, (X_t)_{t \in T})$ übergehen kann, bei dem zumindest die Bildung von Supremum und Infimum jeweils auf meßbare Funktionen führt.

Um für die Abänderung auf P-Nullmengen N_t eine einfache Bezeichnung zu haben, wird definiert:

(10.9) Definition
> *Zwei stochastische Prozesse $X_T = (\Omega, \mathcal{S}, P, (X_t)_{t \in T})$ und $Y_T = (\Omega, \mathcal{S}, P, (Y_t)_{t \in T})$ heißen äquivalent, wenn für alle $t \in T$ gilt $X_t = Y_t$ P-f.s..*

Da bei zwei äquivalenten stochastischen Prozessen X_T, Y_T für alle $J \in \mathcal{H}(T)$ folgt $P(X_J \neq Y_J) \leq P(\cup_{t \in J} N_t) = 0$, gilt aufgrund von (4.11) auch $P^{X_T} = P^{Y_T}$.

10.2 Separabilität von stochastischen Prozessen

Die Definition der Meßbarkeit von numerischen Funktionen (vgl. (A.57)) ist so eingerichtet, daß die Menge der meßbaren, numerischen Funktionen (auf einem Meßraum $(\Omega, \mathcal{S})$) gegenüber den üblichen Grenzübergängen

$$\sup_{n \in \mathbb{N}} f_n, \quad \inf_{n \in \mathbb{N}} f_n, \quad \overline{\lim} f_n, \quad \underline{\lim} f_n,$$

bei denen also jeweils die *abzählbare* Indexmenge $\mathbb{N}$ auftritt, abgeschlossen ist. Die Schwierigkeit, daß man – wie im Beispiel (10.8)c) – für überabzählbare Indexmengen T bei der Bildung von $\sup_{t \in T} X_t$ zu nicht-meßbaren Funktionen gelangt, kann also nicht auftreten, wenn die X_t in dem Sinne miteinander „zusammenhängen", daß es eine abzählbare Teilmenge $S = \{s_1, s_2, \ldots\}$ von T gibt mit

$$\sup_{t \in T} X_t(\omega) = \sup_{s \in S} X_s(\omega) \qquad (\omega \in \Omega);$$

dann ist nämlich die rechte Seite und somit auch die linke Seite meßbar. Da man bei „lokalen" Untersuchungen, z.B. bei der Bildung von $\overline{\lim}_{\tau \to t} X_\tau$, nicht stets die gesamte Indexmenge T, sondern auch Teilmengen $T' \subset T$ betrachtet, wird man eine derartige Zurückführung auf abzählbare Indexmengen auch für solche Teilmengen benötigen.

(10.10) Definition

Ein eindimensionaler stochastischer Prozeß $X_T = (\Omega, \mathcal{S}, P, (X_t)_{t\in T})$
mit $T \subset \mathrm{IR}^1$ *heißt* separabel, *wenn es eine abzählbare Menge* $S \subset T$
gibt, so daß für alle $\omega \in \Omega$ *und* $t \in T$ *gilt* [3]

$$(\star) \qquad X_t(\omega) \in \bigcap_{J \in \mathcal{J}_t} \overline{\{X_s(\omega) : s \in J \cap S\}},$$

wobei $\mathcal{J}_t := \{J : J \text{ offenes Intervall mit } t \in J\}$. S *heißt dann* separierende Menge.

X_T *heißt* fast sicher separabel [4], *wenn es eine P-Nullmenge* N *gibt,
so daß die Eigenschaft* $(\star)$ *für alle* $\omega \notin N$ *zutrifft.*

Diese Definition präzisiert das, was wir oben als „Zusammenhängen der
X_t" beschrieben hatten: Bei einem separablen Prozeß existiert für jedes
$\omega \in \Omega$ und jedes $t \notin S$ eine gegen t konvergente Folge $(s_i)_{i\in\mathrm{IN}}$ aus S mit

$$X_t(\omega) = \lim_{i \to \infty} X_{s_i}(\omega)$$

(zu $\omega \in \Omega, t \notin S$ und $i \in \mathrm{IN}$ gibt es nämlich ein $s_i \in S \cap (t - \frac{1}{i}; t + \frac{1}{i})$ mit
$|X_t(\omega) - X_{s_i}(\omega)| < 1/i$).

Zu jedem *fast sicher separablen* stochastischen Prozeß X_T gibt es offensichtlich einen äquivalenten *separablen* stochastischen Prozeß $\tilde{X}_T$, nämlich
z.B. den durch $\tilde{X}_t := X_t \cdot I_{N^c}$ definierten Prozeß.

Mit Hilfe des folgenden Satzes werden wir beweisen können, daß man bei
separablen Prozessen die üblichen Grenzübergänge durchführen darf, ohne
daß Meßbarkeitsschwierigkeiten auftreten:

(10.11) Satz:

Es seien $X_T = (\Omega, \mathcal{S}, P, (X_t)_{t\in T})$ *ein* separabler[5] *stochastischer Prozeß und* S *eine (für* X_T*) separierende Menge. Dann gilt für jedes*

---

[3] Für $B \subset \overline{\mathrm{IR}^1}$ bezeichne $\overline{B}$ den Abschluß von B in $\overline{\mathrm{IR}^1}$.

[4] Häufig wird auch die fast sichere Separabilität bereits als Separabilität bezeichnet;
vgl. z.B. NEVEU.

[5] Man kann eine entsprechende Aussage auch für fast sicher separable Prozesse beweisen (vgl. NEVEU, S. 111) mit dem Resultat

$$\{\omega \in \Omega : X_t(\omega) \in K \; \forall t \in J \cap T\} \triangle \{\omega \in \Omega : X_s(\omega) \in K \; \forall s \in J \cap S\} \subset N,$$

wobei $P(N) = 0$; um dieses jedoch ausnutzen zu können, muß man dann die
Vollständigkeit von P (vgl. (A. 42)) voraussetzen.

$J \in \mathcal{J} := \{J : J \text{ offenes Intervall}\}$ *und jede abgeschlossene Menge* $K \subset \mathbb{R}^1$

$$\{\omega \in \Omega : X_t(\omega) \in K \quad \forall t \in J \cap T\} = \{\omega \in \Omega : X_s(\omega) \in K \quad \forall s \in J \cap S\}.$$

Beweis: Es seien K eine abgeschlossene Teilmenge des $\overline{\mathbb{R}^1}$ und $J \in \mathcal{J}$. Dann gilt einerseits für jede Teilmenge $T' \subset T$

$$\omega' \in \{\omega \in \Omega : X_t(\omega) \in K \quad \forall t \in T'\}$$

genau dann, wenn $\overline{\{X_t(\omega') : t \in T'\}} \subset K$ ist. Andererseits folgt aus der Separabilität von X_T für jedes $t \in J \cap T$

$$X_t(\omega) \in \overline{\{X_s(\omega) : s \in J \cap S\}},$$

d.h.

$$(\star) \qquad \overline{\{X_t(\omega) : t \in J \cap T\}} = \overline{\{X_s(\omega) : s \in J \cap S\}}.$$

Setzt man also für T' einerseits $J \cap T$ ein und andererseits $J \cap S$, so erhält man insgesamt die Behauptung. $\qquad \square$

Hieraus folgern wir nun

(10.12) Satz:
> *Es seien $X_T = (\Omega, \mathcal{S}, P, (X_t)_{t \in T})$ ein separabler stochastischer Prozeß und S eine separierende Menge. Dann gilt* [6] *für alle $\omega \in \Omega$ und $J \in \mathcal{J}$*
>
> *(i)* $\displaystyle \inf_{t \in J \cap T} X_t(\omega) = \inf_{s \in J \cap S} X_s(\omega), \quad \sup_{t \in J \cap T} X_t(\omega) = \sup_{s \in J \cap S} X_s(\omega)$
>
> *(ii)* $\displaystyle \varliminf_{\substack{\tau \in T \\ \tau \to t}} X_\tau(\omega) = \varliminf_{\substack{s \in S \\ s \to t}} X_s(\omega), \quad \varlimsup_{\substack{\tau \in T \\ \tau \to t}} X_\tau(\omega) = \varlimsup_{\substack{s \in S \\ s \to t}} X_s(\omega).$

Beweis: (i) Aus $(\star)$ folgt für jedes $\omega \in \Omega$

$$\inf_{t \in J \cap T} X_t(\omega) = \inf \overline{\{X_t(\omega) : t \in J \cap T\}} = \inf \overline{\{X_s(\omega) : s \in J \cap S\}} = \inf_{s \in J \cap S} X_s(\omega)$$

(analog für sup).
(ii) Wegen

$$\varliminf_{\substack{\tau \in T \\ \tau \to t}} X_\tau(\omega) = \lim_{n \to \infty} \inf_{\tau \in T \cap (t-1/n; t+1/n)} X_\tau(\omega)$$

---

[6] Bei einem schwächeren Separabilitätsbegriff fordert man nur die Eigenschaften (i) (vgl. z.B. LOEVE).

$$\overline{\lim_{\substack{\tau \in T \\ \tau \to t}}} \; X_\tau(\omega) \;=\; \lim_{n \to \infty} \; \sup_{\tau \in T \cap (t-1/n; t+1/n)} X_\tau(\omega)$$

folgt die Behauptung aus Teil (i). $\qquad\qquad\qquad\qquad\qquad\qquad\qquad\qquad$ $\square$

Der folgende Satz enthält nun das fundamentale Resultat über die Existenz von separablen stochastischen Prozessen:

(10.13) Satz (von Doob)

$Y_T = (\Omega, \mathcal{S}, P, (Y_t)_{t \in T})$ sei ein eindimensionaler stochastischer Prozeß mit $T \subset \mathrm{I\!R}^1$. Dann gibt es einen zu Y_T äquivalenten separablen eindimensionalen stochastischen Prozeß $X_T = (\Omega, \mathcal{S}, P, (X_t)_{t \in T})$.

Zum Beweis dieses Satzes (vgl. NEVEU, S. 112/114) verwenden wir die folgende Hilfsaussage

(10.14) Hilfssatz

Zu jedem eindimensionalen stochastischen Prozeß Y_T mit $T \subset \mathrm{I\!R}^1$ existiert eine abzählbare Teilmenge S von T und eine Familie $\{N_t : t \in T\}$ von P-Nullmengen, so daß für jedes $t \in T$ für alle $\omega \notin N_t$ gilt

$$Y_t(\omega) \in \bigcap_{J \in \mathcal{J}_t} \overline{\{Y_s(\omega) : s \in S \cap J\}}.$$

Beweis: Zunächst merken wir an, daß

$$Y_t(\omega) \in \bigcap_{J \in \mathcal{J}_t} \overline{\{Y_s(\omega) : s \in S \cap J\}} \quad \forall \omega \notin N_t, t \in T$$

äquivalent ist mit

$$\omega \notin N_t, t \in T, J \in \mathcal{J}_t \Rightarrow Y_t(\omega) \in \overline{\{Y_s(\omega) : s \in S \cap J\}}$$

und dies wieder (vgl. den Beweis zu (10.11)) mit

$$\{\omega \in \Omega : Y_s(\omega) \in K \; \forall s \in J \cap S\} \subset \{\omega \in \Omega : Y_t(\omega) \in K\} \cup N_t$$

$$\forall t \in T, \; J \in \mathcal{J}_t, \; K \text{ abgeschlossen.}$$

Um die Behauptung von (10.14) nun in dieser Form zu beweisen, betrachten wir für jedes $J \in \mathcal{J}$ und jedes abgeschlossene $K \subset \overline{\mathrm{I\!R}}^1$ das Infimum von $P(\{\omega \in \Omega : Y_t(\omega) \in K \; \forall t \in U\})$ über alle abzählbaren Teilmengen $U \subset J \cap T$. Wegen der Stetigkeit von W-Maßen (vgl. (A.34)) existiert jeweils eine abzählbare Teilmenge

$S_{J,K}$ von $J \cap T$, so daß für $S_{J,K}$ das Infimum angenommen wird. Für jedes $t \in J \cap T$ ist dann

$$N_{t;J,K} := \{\omega \in \Omega : Y_t(\omega) \notin K,\ Y_s(\omega) \in K\ \forall s \in S_{J,K}\}$$

eine P-Nullmenge (sonst brauchte man nur t zu $S_{J,K}$ hinzuzunehmen und erhielte ein kleineres Infimum). Es sei $\mathcal{J}_0$ die Familie aller offenen Intervalle J_r mit rationalen Endpunkten und $\mathcal{K}_0$ die Familie der Komplemente J_r^c dieser Intervalle – jede abgeschlossene Menge K läßt sich dann als Durchschnitt

$$K = \bigcap_{J_r^c \supset K} J_r^c$$

schreiben, da für die offene Menge K^c gilt $K^c = \cup_{J_r \subset K^c}\, J_r$.
Definieren wir nun

$$S := \bigcup_{\substack{J \in \mathcal{J}_0 \\ K \in \mathcal{K}_0}} S_{J,K} \quad \text{und} \quad N_t := \bigcup_{\substack{t \in J \in \mathcal{J}_0 \\ K \in \mathcal{K}_0}} N_{t;J,K} \quad (t \in T)$$

so ist S wieder abzählbar, wobei wir S überdies ohne Einschränkung als dicht in T voraussetzen können (sonst vergrößern wir S noch entsprechend), und N_t ist jeweils wieder eine P-Nullmenge. Es gilt dabei

$$\{\omega \in \Omega : Y_s(\omega) \in K\ \forall s \in J \cap S\} \subset \bigcap_{\substack{J_0 \in \mathcal{J}_0 \\ J_0 \subset J}}\ \bigcap_{\substack{K_0 \in \mathcal{K}_0 \\ K_0 \supset K}} \{\omega \in \Omega : Y_s(\omega) \in K_0\ \forall s \in S_{J_0,K_0}\}$$

und

$$\{\omega \in \Omega : Y_t(\omega) \in K\} = \bigcap_{\substack{K_0 \in \mathcal{K}_0 \\ K_0 \supset K}} \{\omega \in \Omega : Y_t(\omega) \in K_0\}.$$

Da für $t \in J_0 \cap T$, $J_0 \in \mathcal{J}_0$ und $K_0 \in \mathcal{K}_0$ aus

$$\{\omega \in \Omega : Y_s(\omega) \in K_0\ \forall s \in S_{J_0,K_0}\} \subset$$
$$\{\omega \in \Omega : Y_t(\omega) \in K_0\} \cup \underbrace{(\{\omega \in \Omega : Y_s(\omega) \in K_0\ \forall s \in S_{J_0,K_0}\} \cap \{\omega \in \Omega : Y_t(\omega) \notin K_0\})}_{=N_{t;J_0.K_0}}$$
$$\subset \{\omega \in \Omega : Y_t(\omega) \in K_0\} \cup N_t$$

folgt

$$\bigcap_{\substack{K_0 \in \mathcal{K}_0 \\ K_0 \supset K}} \{\omega \in \Omega : Y_s(\omega) \in K_0\ \forall s \in S_{J_0,K_0}\} \subset$$

$$\bigcap_{\substack{K_0 \in \mathcal{K}_0 \\ K_0 \supset K}} \{\omega \in \Omega : Y_t(\omega) \in K_0\} \cup N_t = \{\omega \in \Omega : Y_t(\omega) \in K\} \cup N_t,$$

ergibt sich schließlich für alle $t \in T$, $J \in \mathcal{J}_t$ und alle abgeschlossenen K

$$\{\omega \in \Omega : Y_s(\omega) \in K \ \forall s \in J \cap S\} \subset \{\omega \in \Omega : Y_t(\omega) \in K\} \cup N_t,$$

d.h. mit den oben definierten S und N_t ist der Hilfssatz bewiesen. $\square$

Beweis von (10.13): Mit Hilfe der abzählbaren Teilmenge S von T und der Familie $\{N_t : t \in T\}$ aus (10.14) definieren wir nun einen stochastischen Prozeß $X_T = (\Omega, \mathcal{S}, P, (X_t)_{t\in T})$ dadurch, daß wir setzen

$$X_t(\omega) := \begin{cases} Y_t(\omega) & \text{falls } t \in S \text{ oder } \omega \notin N_t \\ \limsup_{s \to t, s \in S} Y_s(\omega) & \text{falls } t \in T - S \text{ und } \omega \in N_t. \end{cases}$$

Dann gilt für jedes $t \in T$

$$X_t = Y_t \quad \text{P.-f.ü.,}$$

nach der Festlegung der X_t ist somit X_T ein zu Y_T äquivalenter stochastischer Prozeß. Da für alle $s \in S$ gilt $X_s(\omega) = Y_s(\omega) \ \forall \omega \in \Omega$, folgt auch

$$\overline{\{X_s(\omega) : s \in J \cap S\}} = \overline{\{Y_s(\omega) : s \in J \cap S\}}$$

für alle $\omega \in \Omega$ und alle $J \in \mathcal{J}$. Dann gilt aber auch für alle $\omega \in \Omega$ und $t \in T$

$$X_t(\omega) \in \bigcap_{J \in \mathcal{J}_t} \overline{\{X_s(\omega) : s \in S \cap J\}} :$$

(i)   Für $t \in S$ ist das unmittelbar klar.

(ii) Für $t \notin S$ und $\omega \notin N_t$ folgt das aus dem Hilfssatz (10.14) (d.h. aus der Wahl von S und $\{N_t : t \in T\}$).

(iii) Für $t \notin S$ und $\omega \in N_t$ ergibt sich das aus der Wahl von X_t, da

$$\lim_{n \to \infty} \sup_{\substack{s \in (t - 1/n; t + 1/n) \\ s \in S}} Y_s(\omega) \in \bigcap_{J \in \mathcal{J}_t} \overline{\{Y_s(\omega) : s \in S \cap J\}}.$$

X_T ist also ein zu Y_T äquivalenter, separabler stochastischer Prozeß. $\square$

Aufgrund dieses Satzes (10.13) kann man also, ohne eine Einschränkung bei den induzierten Maßen P^{X_T} vornehmen zu müssen, bei eindimensionalen stochastischen Prozessen mit $T \subset \mathrm{IR}^1$ die Separabilität voraussetzen.

Andererseits wurden beispielsweise beim homogenen Poisson-Prozeß (s. Abschnitt 9b)) und beim Wiener-Prozeß (s. Abschnitt 9c)) stochastische Prozesse $X_T = (\Omega, \mathcal{S}, P, (X_t)_{t\in T})$ mit vorgeschriebenen Eigenschaften so konstruiert, daß die Zufallsgrößen X_t gerade die Projektionen π_t waren (vgl. S. 311 und S. 321). Wenn man nun den obigen Übergang zu einem äquivalenten separablen Prozeß vornimmt, so ändert man die Zufallsgrößen ab – die neuen Zufallsgrößen sind also i.a. nicht mehr die Projektionen.

Zu dem Satz (10.13) gibt es jedoch eine Variante, bei der man den gegebenen stochastischen Prozeß

$$X_T = (\mathrm{I\!R}^T, \mathrm{I\!B}^T, P, (\pi_t)_{t \in T})$$

durch eine Einschränkung des Definitionsbereichs der π_t separabel macht – dann bleibt also die Interpretation der π_t als Koordination des Ausgangsraumes erhalten.

(10.15) Satz:
> $X_T = (\mathrm{I\!R}^T, \mathrm{I\!B}^T, P, (\pi_t)_{t \in T})$ *sei ein stochastischer Prozeß mit* $T \subset \mathrm{I\!R}^1$. *Dann existiert eine Teilmenge* D *von* $\mathrm{I\!R}^T$ *mit der äußeren*[7] *Wahrscheinlichkeit* $P^\star(D) = 1$, *so daß die Einschränkung von* X_T *auf den Spur-W-Raum* $(D, D \cap \mathrm{I\!B}^T, \hat{P})$ *mit* $\hat{P}(D \cap B) = P^\star(D \cap B)$ *ein separabler stochastischer Prozeß ist.*

Beweis (vgl. NEVEU, S. 114/115): Es sei

$$Z_T = (\mathrm{I\!R}^T, \mathrm{I\!B}^T, P, (Z_t)_{t \in T})$$

ein zu X_T äquivalenter, separabler stochastischer Prozeß, wie er nach Satz (10.13) existiert; wir nehmen dabei ohne Einschränkung an, daß die P-Nullmengen N_t gerade die Mengen derjenigen $\omega \in \mathrm{I\!R}^T$ sind, für die

$$\omega_t = \pi_t(\omega) \notin \bigcap_{J \in \mathcal{J}_t} \overline{\{\omega_s : s \in J \cap S\}}$$

gilt, so daß also für $\omega \in \mathrm{I\!R}^T - N_t$ gilt $Z_t(\omega) = \pi_t(\omega) = \omega_t$.
Da Z_T separabel ist, so gilt für beliebiges $\omega \in \mathrm{I\!R}^T$ und $t \in T$:

$$Z_t(\omega) \in \bigcap_{J \in \mathcal{J}_t} \overline{\{Z_s(\omega) : s \in J \cap S\}}.$$

Für $\bar{\omega} := Z^\omega \in \mathrm{I\!R}^T$ besagt dies gerade

$$\pi_t(\bar{\omega}) = Z_t(\omega) \in \bigcap_{J \in \mathcal{J}_t} \overline{\{\pi_s(\bar{\omega}) : s \in J \cap S\}},$$

---

[7] $P^\star : \mathcal{P}(\Omega) \to [0; 1]$ mit $P^\star(A) := \inf\{P(B) : B \in \mathcal{S}, A \subset B\}$ heißt das zu P gehörige äußere Maß.

also, da $N_t = \{\omega \in \mathbb{R}^T : \pi_t(\omega) \notin \cap_{J \in \mathcal{J}_t} \overline{\{\pi_s(\omega) : s \in J \cap S\}}\}$ gemäß obiger Anmerkung ist, gilt für beliebiges $t \in T$

$$\tilde{\omega} = Z^\omega \in \mathbb{R}^T - N_t,$$

und damit

$$Z^\omega \in \mathbb{R}^T - \bigcup_{t \in T} N_t.$$

Wir definieren nun $D := \{\omega \in \mathbb{R}^T : Z^\omega = \omega\}$. Offensichtlich gilt $D \subset \{Z^\omega : \omega \in \mathbb{R}^T\}$. Ferner gilt $Z^\omega \in \mathbb{R}^T - \cup_{t \in T} N_t$ und damit $Z_t(\tilde{\omega}) = \tilde{\omega}_t$ für beliebiges $t \in T$, also $Z^{\tilde{\omega}} = \tilde{\omega}$. Daraus folgt nun $\{Z^\omega : \omega \in \mathbb{R}^T\} \subset D$, und somit insgesamt $D = \{Z^\omega : \omega \in \mathbb{R}^T\}$. Im folgenden zeigen wir, daß D die äußere W. 1 besitzt. Dazu haben wir zu beweisen, daß jedes $B \in \mathbb{B}^T$ mit $B \supset D$ die W. 1 trägt. Nach Lemma (4.5) gibt es zu jedem $B \in \mathbb{B}^T$ eine abzählbare Teilmenge T_B von T, so daß B durch die Komponenten aus T_B festgelegt ist. Es sei nun $B \in \mathbb{B}^T$ mit $B \supset D$. Wie oben bewiesen gehören alle Pfade Z^ω zu B. Gilt nun $\omega \in \mathbb{R}^T - \cup_{t \in T_B} N_t$, so folgt

$$\pi_t(Z^\omega) = Z_t(\omega) = \omega_t \qquad \forall t \in T_B.$$

Da Z^ω in B liegt und B durch die Komponenten aus T_B festgelegt ist, in den Z^ω und ω übereinstimmen, so liegt auch ω in B. Es folgt

$$B \supset \mathbb{R}^T - \bigcup_{t \in T_B} N_t,$$

und da $\cup_{t \in T_B} N_t$ eine P-Nullmenge ist,

$$P(B) = 1. \qquad\qquad\qquad \square$$

Bisher stört bei den *Separabilitätssätzen* (10.13) und (10.15) noch, daß nur Existenzaussagen über separierende Mengen S gemacht werden. Aus der Bemerkung (im Anschluß an (10.10)), daß bei einem separablen Prozeß für jedes $\omega \in \Omega$ und jedes $t \notin S$ eine gegen t konvergente Folge $(s_i)_{i \in \mathbb{N}}$ aus S mit

$$X_t(\omega) = \lim_{i \to \infty} X_{s_i}(\omega)$$

existiert, folgt zwar auch noch, daß jede separierende Menge S in T dicht liegen muß. Damit weiß man aber noch nicht, welche Teilmengen von T man zur Separierung benutzen kann. Von der „Anschauung" her wird man erwarten, daß man *jede* in T dichte abzählbare Menge zur Separierung verwenden kann. Das folgende einfache Beispiel zeigt jedoch, daß die „Anschauung" hier trügt:

(10.16) Beispiel (vgl. Beispiel (10.8)):
Es seien $(\Omega, \mathcal{S}, P) = ((0;1], (0;1] \cap \mathbb{B}^1, \lambda_1|(0;1] \cap \mathbb{B}^1), T = [0;\infty)$ und für $t \in T$

$$X_t(\omega) = \begin{cases} 0 & t \in \mathbb{Q} \\ & \text{falls} \\ 1 & t \notin \mathbb{Q}. \end{cases}$$

Dann gilt für die abzählbare Menge $S = \{t : t \in \mathbb{Q} \cap T\} \cup \{t : t\sqrt{2} \in \mathbb{Q} \cap T\}$, für jedes $\omega \in \Omega$ und jedes $t \in T$

$$\bigcap_{J \in \mathcal{J}_t} \overline{\{X_s(\omega) : s \in J \cap S\}} = \{0,1\} \text{ und somit } X_t(\omega) \in \bigcap_{J \in \mathcal{J}_t} \overline{\{X_s(\omega) : s \in J \cap S\}};$$

der stochastische Prozeß $X_T = (\Omega, \mathcal{S}, P, (X_t)_{t \in T})$ ist also separabel, wobei S eine separierende Menge ist. Für die in T dichte Menge $T \cap \mathbb{Q}$ gilt jedoch für alle irrationalen $t \in T$ und alle $\omega \in \Omega$

$$X_t(\omega) = 1 \notin \{0\} = \bigcap_{J \in \mathcal{J}_t} \overline{\{X_s(\omega) : s \in T \cap \mathbb{Q}\}};$$

$T \cap \mathbb{Q}$ kann also nicht zur Separierung des separablen Prozesses X_T benutzt werden. $\square$

Es zeigt sich jedoch, daß die obige Vermutung zumindest bis auf eine Nullmenge für stochastische Prozesse X_T zutrifft, die auf T stetig nach Wahrscheinlichkeit sind (s. (10.1)):

(10.17) Satz:
> $X_T = (\Omega, \mathcal{S}, P, (X_t)_{t \in T})$ *sei ein auf* T *nach Wahrscheinlichkeit steti-ger, separabler stochastischer Prozeß. Dann separiert jede abzählbare, dichte Teilmenge* T' *von* T *den Prozeß* X_T *fast sicher.*

Beweis (vgl. NEVEU, S. 111/112):
(i) Da X_T in jedem Punkt $t \in T$ stetig nach Wahrscheinlichkeit ist, folgt aus (5.6), daß für jedes $t \in T$ und jede gegen t konvergente Folge $(t_i)_{i \in \mathbb{N}}$ aus T eine Teilfolge $(t_{i_j})_{j \in \mathbb{N}}$ von $(t_i)_{i \in \mathbb{N}}$ existiert, so daß

$$X_{t_{i_j}} \to X_t \qquad P\text{-f.s..}$$

Ist also T' dicht in T, so gibt es zu jedem $t \in T$ eine P-Nullmenge N_t, so daß

$$X_t(\omega) \in \bigcap_{J \in \mathcal{J}_t} \overline{\{X_{t'}(\omega) : t' \in J \cap T'\}} \quad \forall \omega \notin N_t.$$

(ii) Ist nun S eine für X_T separierende Menge und T' eine abzählbare, dichte Teilmenge von T, so gilt nach (i) für alle $\omega \notin N := \cup_{s \in S} N_s$

$$\overline{\{X_s(\omega) : s \in J \cap S\}} \subset \overline{\{X_{t'}(\omega) : t' \in J \cap T'\}}$$

und wegen der Separabilität von X_T weiter $X_t(\omega) \in \overline{\{X_{t'} : t' \in J \cap T'\}}$ $\forall J \in \mathcal{J}_t$. Da N als abzählbare Vereinigung von P-Nullmengen wiederum eine P-Nullmenge ist, ist T' fast sicher separierend für X_T. $\qquad\qquad\square$

10.3 Eigenschaften der Pfade von separablen Poisson-Prozessen, Zwischenankunftszeiten

In dem Lemma (10.7) hatte sich ergeben, daß jeder homogene Poisson-Prozeß X_T stetig nach Wahrscheinlichkeit ist. Das kann man nun in der folgenden Weise ausnutzen: Nach Satz (10.13) gibt es zu X_T einen äquivalenten, separablen stochastischen Prozeß $\tilde{X}_T$. Wählt man eine beliebige abzählbare, dichte Teilmenge S von $T = \mathrm{I\!R}^1_+$ – beispielsweise die Menge der nicht-negativen rationalen Zahlen – so wird $\tilde{X}_T$ nach dem Satz (10.17) durch S fast sicher separiert. Aufgrund der Anmerkung von S. 334 existiert daher ein zu $\tilde{X}_T$ äquivalenter, separabler Prozeß mit S als separierender Menge. Wir können also festhalten:

(10.18) Anmerkung
Es seien $Y_T = (\Omega, \mathcal{S}, P, (Y_t)_{t \in T})$ ein homogener Poisson-Prozeß und S eine abzählbare, dichte Teilmenge von T. Dann existiert ein zu Y_T äquivalenter, separabler Poisson-Prozeß $X_T = (\Omega, \mathcal{S}, P, (X_t)_{t \in T})$, für den S eine separierende Menge ist.

Für separable Poisson-Prozesse lassen sich nun auch Aussagen über das (analytische) Verhalten der Pfade machen. Aufgrund des ersten „Axioms" für Poisson-Prozesse (s. S. 303) sind P-fast alle Pfade X^ω monoton nicht-fallend. Entsprechend unserer Vorstellung von Zählprozessen besitzt also P-fast jeder Pfad X^ω eines (separablen) Poisson-Prozesses nur abzählbar viele Unstetigkeitsstellen – und zwar Sprünge. Für diese Sprünge ergibt sich:

(10.19) Satz:
> *Bei jedem (separablen) homogenen Poisson-Prozeß sind bei P-fast allen Pfaden alle auftretenden Sprünge von der Höhe 1.*

Beweis: Für $k \in \mathbb{N}$ werde das Intervall $[0; k]$ in n Teilintervalle gleicher Länge unterteilt. Dann gilt für das Auftreten von Sprüngen der Höhe > 1 bei Pfaden X^ω mit ω außerhalb der in Axiom (1) genannten P-Nullmenge N

$$\{\omega \in \Omega - N : \exists r \in [0; k] \ \text{mit} \ \lim_{r' \downarrow r} X_{r'}(\omega) - \lim_{r' \uparrow r} X_{r'}(\omega) > 1\}$$

$$\subset \bigcap_{n=1}^{\infty} \bigcup_{j=0}^{n-1} \{\omega \in \Omega : X_{\frac{j+1}{n} \cdot k}(\omega) - X_{\frac{j}{n} \cdot k}(\omega) > 1\}.$$

Dabei können wir abschätzen

$$P(\bigcup_{j=0}^{n-1} \{\omega \in \Omega : X_{\frac{j+1}{n} \cdot k}(\omega) - X_{\frac{j}{n} \cdot k}(\omega) > 1\})$$

$$\leq \sum_{j=0}^{n-1} P(\{\omega \in \Omega : X_{\frac{j+1}{n} \cdot k}(\omega) - X_{\frac{j}{n} \cdot k}(\omega) \geq 2\})$$

$$= n(1 - e^{-\lambda/n} - \frac{\lambda k}{n} e^{-\lambda k/n}).$$

Da dieser Ausdruck für $n \to \infty$ gegen 0 strebt, ergibt sich für

$$N_k := \bigcap_{n=1}^{\infty} \bigcup_{j=0}^{n-1} \{\omega \in \Omega : X_{\frac{j+1}{n} \cdot k}(\omega) - X_{\frac{j}{n} \cdot k}(\omega) > 1\},$$

daß $P(N_k) = 0$ gilt. Daher folgt auch $P(\cup_{k \in \mathbb{N}} N_k) = 0$, d.h. es treten P-fast sicher keine Pfade mit Sprüngen um mehr als 1 auf. Da andererseits die Sprünge P-fast sicher ganzzahlig sein müssen, folgt die Behauptung. $\square$

Die folgende Aussage zeigt nun, daß Unstetigkeitsstellen nicht an *festen* Zeitpunkten $t \in T$ vorliegen können, sondern mit den Pfaden X^ω „wandern" müssen.

(10.20) Satz:

> *Jeder separable homogene Poisson-Prozeß X_T ist fast sicher stetig auf T.*

Beweis: Nach der Definition (10.2) ist zu zeigen, daß zu jedem $t \in T$ eine P-Nullmenge N_t existiert, so daß für alle $\omega \notin N_t$ gilt $\lim_{t' \to t} X_{t'}(\omega) = X_t(\omega)$. Da jedoch P-fast alle Pfade von X_T monoton nicht-fallend sind, folgt (mit der Ausnahmemenge N aus (10.19)) für jedes $t \in T$ und beliebige $\varepsilon, \delta > 0$

$$\{\omega \in \Omega : |X_t(\omega) - X_r(\omega)| \leq \varepsilon \ \forall r \in (t - \delta; t + \delta)\} \supset$$

$$\supset \{\omega \in \Omega - N : X_t(\omega) - X_{t-\delta}(\omega) \leq \varepsilon \ \text{und} \ X_{t+\delta}(\omega) - X_t(\omega) \leq \varepsilon\}.$$

In der Abschätzung

$$P(\{\omega \in \Omega : X_t(\omega) - X_{t-\delta}(\omega) \le \varepsilon \text{ und } X_{t+\delta}(\omega) - X_t(\omega) \le \varepsilon\})$$
$$\ge 1 - P(\{\omega \in \Omega : X_t(\omega) - X_{t-\delta}(\omega) > \varepsilon\})$$
$$- P(\{\omega \in \Omega : X_{t+\delta}(\omega) - X_t(\omega) > \varepsilon\})$$

streben jedoch die beiden letzten Summanden für $\delta \to 0$ gegen 0, da X_T nach (10.7) stetig nach Wahrscheinlichkeit auf T ist. Daraus folgt

$$P(\{\omega \in \Omega : \lim_{t' \to t} X_{t'}(\omega) = X_t(\omega)\}) = 1$$

(die Meßbarkeit ergibt sich aus (10.12)).   □

Dieses Resultat scheint zunächst der anschaulichen Vorstellung von „Zähl-prozessen" mit Sprüngen der Höhe 1 zu widersprechen; es besagt jedoch lediglich, daß für jedes *feste* $t \in T$ nur mit der W. 0 ein Sprung an dieser Stelle t eintritt. Die *Pfadstetigkeit* ist jedoch – wie zu erwarten – bei separablen Poisson-Prozessen (fast sicher) nicht mehr gegeben:

(10.21) Satz:
> X_T *sei ein separabler homogener Poisson-Prozeß mit dem Parameter* $\lambda > 0$. *Dann sind P-fast alle Pfade* X^ω *unstetig.*

Beweis: Für jedes $k \in \mathrm{IN}$ gilt für eine geeignete P-Nullmenge N

$$\{\omega \in \Omega - N : \lim_{r \to t} X_r(\omega) = X_t(\omega) \quad \forall t \in [0; k]\} \subset \{\omega \in \Omega : X_k(\omega) = X_0(\omega)\}.$$

Da jedoch

$$P(\{\omega \in \Omega : X_k(\omega) = X_0(\omega)\}) = e^{-\lambda k}$$

gilt und dieser Term für $k \to \infty$ gegen 0 strebt, folgt die Behauptung.   □

Weil jeder separable homogene Poisson-Prozeß X_T nach (10.20) für jedes $t \in T$ nur auf einer P-Nullmenge N_t eine Unstetigkeitsstelle – und zwar einen Sprung der Höhe 1 – besitzt und weil man bei dem Übergang zu äqui-valenten (separablen) stochastischen Prozessen ohnehin auf P-Nullmengen $\tilde{N}_t$ abändert, kann man bei separablen homogenen Poisson-Prozessen ohne Einschränkung der Allgemeinheit voraussetzen, daß der Prozeß mit der W. 1 rechtsseitig stetige Pfade besitzt (ebenso gut könnten wir auch linksseitig stetige Versionen betrachten). Anschaulich bedeutet dies, daß sich mit dem Eintreten eines Sprunges (Eintreffen eines Anrufs, Ankunft eines Kunden, Auftreten eines Zerfalls o.ä.) die „Zählung" auf der höheren Stufe befindet.

Die bisherigen Ergebnisse besagen also insgesamt, daß man bei einem homogenen Poisson-Prozeß X_T stets ohne Beschränkung der Allgemeinheit zu einem äquivalenten *Standardprozeß* der folgenden Art übergehen kann:

(10.22) Definition:

> *Ein homogener Poisson-Prozeß* $X_T = (\Omega, \mathcal{S}, P, (X_t)_{t \in T})$ *heißt* Standard-Poisson-Prozeß, *wenn gilt*
>
> (i) $X_t : \Omega \to \mathbb{N}_0$ *für alle* $t \in T$; $X_0(\omega) = 0$ *für alle* $\omega \in \Omega$.
>
> (ii) *Alle Pfade* $X^\omega : T \to \mathbb{R}^1$ *sind rechtsseitig stetige, monoton nicht-fallende Funktionen.*
>
> (iii) *Alle Pfade* X^ω *besitzen nur Sprünge der Höhe 1.*

Wegen der rechtsseitigen Stetigkeit der Pfade ist jeder Standard-Poisson-Prozeß X_T separabel; jede abzählbare dichte Teilmenge S von T ist separierend für X_T.

Für solche Standard-Poisson-Prozesse können wir nun auch recht leicht die am Ende des Abschnitts 9.b) angesprochene Frage behandeln, welcher Verteilung der Zeitabstand zwischen zwei aufeinander folgenden „Ankünften" genügt. Dazu bezeichnen wir

(10.23) Definition:

> X_T *sei ein Standard-Poisson-Prozeß. Dann heißt*
>
> $$\tau_j(\omega) := \inf\{t \in T : X_t(\omega) \geq j\}$$
>
> *die* j-te Ankunftszeit, $j \in \mathbb{N}$, *wobei* $\inf \emptyset = \infty$; *für* $\tau_{j-1}(\omega) < \infty$ *heißt*
>
> $$Y_j(\omega) := \tau_j(\omega) - \tau_{j-1}(\omega)$$
>
> *die* j-te Zwischenankunftszeit *(dabei ist* $\tau_0 = 0$).

$Y_1 = \tau_1$ ist also die Wartezeit bis zur ersten „Ankunft". Hierfür ergibt sich

(10.24) Satz:

> *Bei einem Standard-Poisson-Prozeß mit dem Parameter* λ *besitzt die erste Ankunftszeit* Y_1 *(Wartezeit bis zur ersten Ankunft) eine Exponentialverteilung mit dem Parameter* λ.

Beweis: Wegen der rechtsseitigen Stetigkeit der Pfade gilt für jedes $t \in T$, daß $Y_1(\omega) \leq t$ genau dann, wenn $X_t(\omega) \geq 1$; Y_1 ist also tatsächlich eine Zufallsgröße. Für die Verteilungsfunktion F^{Y_1} von Y_1 folgt

$$F^{Y_1}(t) = P(\{\omega \in \Omega : Y_1(\omega) \leq t\}) = P(\{\omega \in \Omega : X_t(\omega) \geq 1\}) = 1 - e^{-\lambda t}. \quad \square$$

Damit ist auch die noch offene Frage aus dem Abschnitt 9b) beantwortet. In völlig analoger Weise kann man auch für $j > 1$ die Verteilung der j-ten Ankunftszeit bestimmen: Für die Verteilungsfunktion G_j der j-ten Ankunftszeit τ_j gilt

$$G_j(t) = 1 - \sum_{i=0}^{j-1} e^{-\lambda t} \frac{(\lambda t)^i}{i!}, \ j \in \mathbb{N}, \ t \in T.$$

τ_j ist also für jedes $j \in \mathbb{N}$ eine P-fast sicher endliche $(\mathcal{S} - \overline{\mathbb{B}^1}-)$ Zufallsgröße. Für alle ω außerhalb einer P-Nullmenge N wird daher durch (10.23) eine reelle Folge $(Y_j(\omega))_{j \in \mathbb{N}}$ definiert. Setzen wir die $Y_j(\omega)$ für $\omega \in N$ (willkürlich) gleich 0, so erhalten wir also eine Folge $(Y_j)_{j \in \mathbb{N}}$ von reellen Zufallsgrößen. Für diese Y_i gilt:

(10.25) Satz:

> *Bei einem Standard-Poisson-Prozeß mit dem Parameter λ sind die Zwischenankunftszeiten Y_j stochastisch unabhängig und jeweils exponentialverteilt mit dem Parameter λ:*

$$P^{Y_j} = Exp(\lambda).$$

Um den Schreibaufwand in erträglichen Grenzen zu halten, *beweisen* wir die Behauptung nur für den Fall zweier Zwischenankunftszeiten, indem wir die Verteilungsfunktion von (Y_1, Y_2) berechnen:

$$\begin{aligned} F^{(Y_1,Y_2)}(t_1,t_2) &= P(\{\omega \in \Omega : Y_1(\omega) \le t_1, Y_2(\omega) \le t_2\}) \\ &= P(\{\omega \in \Omega : \tau_1(\omega) \le t_1, \tau_2(\omega) - \tau_1(\omega) \le t_2\}). \end{aligned}$$

Für den offensichtlich einzig interessanten Fall $t_1, t_2 > 0$ „schachteln" wir nun die Menge $C := \{\omega \in \Omega : \tau_1(\omega) \le t_1, \tau_2(\omega) - \tau_1(\omega) \le t_2\}$ ein: Für $n \in \mathbb{N}$ mit $t_1/n < t_2$ seien

$$A_n := \bigcup_{j=0}^{n-1} \{\omega \in \Omega : \frac{j}{n}t_1 < \tau_1(\omega) \le \frac{j+1}{n}t_1 < \tau_2(\omega) \le t_2 + \frac{j}{n}t_1\},$$

$$A'_n := \bigcup_{j=0}^{n-1} \{\omega \in \Omega : \frac{j}{n}t_1 < \tau_1(\omega) \le \frac{j+1}{n}t_1 < \tau_2(\omega) \le t_2 + \frac{j+1}{n}t_1\},$$

$$B_n := \bigcup_{j=0}^{n-1} \{\omega \in \Omega : \frac{j}{n}t_1 < \tau_1(\omega) < \tau_2(\omega) \le \frac{j+1}{n}t_1\};$$

dann gilt (da nur Sprünge der Höhe 1 eintreten) $A_n \subset C \subset A'_n \cup B_n$ für alle $n \in \mathbb{N}$. Dabei gilt nach den Eigenschaften eines Standard-Poisson-Prozesses (10.22)

$$B_n = \sum_{j=0}^{n-1} \{\omega \in \Omega : X_{\frac{j}{n}t_1}(\omega) = 0, X_{\frac{j+1}{n}t_1}(\omega) \geq 2\},$$

und somit folgt nach (9.11)

$$\begin{aligned}
P(B_n) &= \sum_{j=0}^{n-1} e^{-\lambda j t_1/n}[1 - e^{-\lambda t_1/n} - \frac{\lambda t_1}{n}e^{-\lambda t_1/n}] \\
&= \frac{1 - e^{-\lambda t_1}}{1 - e^{-\lambda t_1/n}}[1 - e^{-\lambda t_1/n} - \frac{\lambda t_1}{n}e^{-\lambda t_1/n}] \\
&= (1 - e^{-\lambda t_1})[1 - \frac{\lambda t_1}{n(e^{\lambda t_1/n} - 1)}].
\end{aligned}$$

Es ergibt sich daher $\lim_{n \to \infty} P(B_n) = 0$. In analoger Weise folgt für A_n bzw. A'_n

$$A_n = \sum_{j=0}^{n-1} \{\omega \in \Omega : X_{\frac{j}{n}t_1}(\omega) = 0, X_{\frac{j+1}{n}t_1}(\omega) = 1, X_{t_2 + \frac{j}{n}t_1}(\omega) \geq 2\},$$

$$\begin{aligned}
P(A_n) &= \sum_{j=0}^{n-1} e^{-\lambda j t_1/n} e^{-\lambda t_1/n} \frac{\lambda t_1}{n}(1 - e^{-\lambda(t_2 - t_1/n)}) \\
&= \frac{1 - e^{-\lambda t_1}}{1 - e^{-\lambda t_1/n}} e^{-\lambda t_1/n} \frac{\lambda t_1}{n}(1 - e^{-\lambda(t_2 - t_1/n)}) \\
&= (1 - e^{-\lambda t_1})(1 - e^{-\lambda(t_2 - t_1/n)}) \frac{\lambda t_1 e^{-\lambda t_1/n}}{n(1 - e^{-\lambda t_1/n})},
\end{aligned}$$

$$\begin{aligned}
P(A'_n) &= \sum_{j=0}^{n-1} e^{-\lambda j t_1/n} e^{-\lambda t_1/n} \frac{\lambda t_1}{n}(1 - e^{-\lambda t_2}) \\
&= (1 - e^{-\lambda t})(1 - e^{-\lambda t_2}) \frac{\lambda t_1 e^{-\lambda t_1/n}}{n(1 - e^{-\lambda t_1/n})}
\end{aligned}$$

und somit $\lim_{n \to \infty} P(A_n) = \lim_{n \to \infty} P(A'_n) = (1 - e^{-\lambda t_1})(1 - e^{-\lambda t_2})$. Insgesamt folgt also

$$F^{(Y_1, Y_2)}(t_1, t_2) = P(C) = \lim_{n \to \infty} P(A_n) = (1 - e^{-\lambda t_1})(1 - e^{-\lambda t_2});$$

und somit:

(i) $F^{Y_1}(t_1) = F^{(Y_1, Y_2)}(t_1, \infty) = 1 - e^{-\lambda t_1}$ vgl. (10.24),

(ii) $F^{Y_2}(t_2) = F^{(Y_1, Y_2)}(\infty, t_2) = 1 - e^{-\lambda t_2}$,

d.h. $P^{Y_i} = Exp(\lambda)$,

(iii) $f(t_1, t_2) = \begin{cases} \lambda e^{-\lambda t_1} \lambda e^{-\lambda t_2} & \text{für } t_1, t_2 > 0 \\ 0 & \text{sonst} \end{cases}$

ist eine Dichte von (Y_1, Y_2), d.h. die Y_i sind nach (4.49) stochastisch unabhängig. $\square$

Umgekehrt charakterisieren die in (10.25) angegebenen Eigenschaften der „Zwischenankunftszeiten" bereits den Poisson-Prozeß:

(10.26) Satz:
   Es seien $Y_j : (\Omega, \mathcal{S}, P) \to ((0; \infty), (0; \infty) \cap \mathbb{B}^1)$ für $j \in \mathbb{N}$ stocha-
   stisch unabhängige Zufallsgrößen, die jeweils exponentialverteilt sind
   mit dem Parameter λ, und $Y_0(\omega) := 0 \; \forall \omega \in \Omega$. Definiert man dann[8]
   für $t \in T := \mathbb{R}_+^1$

$$X_0(\omega) = 0 \quad \text{für alle } \omega \in \Omega,$$

$$X_t(\omega) = k \; \text{falls} \; \sum_{j=0}^{k} Y_j(\omega) \leq t < \sum_{j=0}^{k+1} Y_j(\omega),$$

   so ist $X_T = (\Omega, \mathcal{S}, P, (X_t)_{t \in T})$ ein Poisson-Prozeß mit dem Parameter λ.

Beweis: (i) Nach ihrer Definition nehmen die X_t mit der W. 1 nur Werte in $\mathbb{N}_0$ an, es gilt $X_0 = 0$, und auch die Zuwächse $X_t - X_s, s, t \in \mathbb{R}_+^1, s < t$, nehmen mit der W. 1 nur Werte in $\mathbb{N}_0$ an, d.h. „Axiom" (1) aus (9.2) ist erfüllt.
(ii) Mit der Bezeichnung $S_k := \sum_{j=0}^{k} Y_j, k \in \mathbb{N}$, gilt nach der Definition der X_t

$$\{\omega \in \Omega : X_t(\omega) \leq k - 1\} = \{\omega \in \Omega : S_k(\omega) > t\},$$

wobei nach (6.6)b)

$$P(\{\omega \in \Omega : S_k(\omega) > t\}) = \int_t^\infty \lambda^k \frac{y^{k-1}}{(k-1)!} e^{-\lambda y} dy = 1 - F_{\lambda,k}(t)$$

($F_{\lambda,k}$ bezeichne dabei die Verteilungsfunktion der $\Gamma_{\lambda,n}$-Verteilung.) Also ergibt sich für $k \in \mathbb{N}$

---

[8]Da $\sum_{j=1}^{k} Y_j(\omega)$ für alle ω außerhalb einer P-Nullmenge N divergiert, kann man X_t auf N willkürlich festlegen, ohne daß dies Einfluß auf die Verteilung hat.

$$P(\{\omega \in \Omega : X_t(\omega) = k\}) = 1 - F_{\lambda,k+1}(t) - (1 - F_{\lambda,k}(t))$$

$$= \int_t^\infty \lambda(\lambda^k \frac{y^k}{k!} - \lambda^{k-1}\frac{y^{k-1}}{(k-1)!})e^{-\lambda y}dy = -\frac{(\lambda y)^k}{k!}e^{-\lambda y}|_t^\infty = e^{-\lambda t}\frac{(\lambda t)^k}{k!}$$

sowie $P(\{\omega \in \Omega : X_t(\omega) = 0\}) = 1 - F_{\lambda,1}(t) = e^{-\lambda t}$, d.h. X_t besitzt eine $P(\lambda t)$-Verteilung, $t \in T$. Insbesondere gilt also

$$p_0(t) = e^{-\lambda t} > 0 \ \text{ für alle } \ t \geq 0, \ \lim_{t \to 0}\frac{p_1(t)}{1 - p_0(t)} = \lim_{t \to 0}\frac{\lambda t e^{-\lambda t}}{1 - e^{-\lambda t}} = 1,$$

d.h. die „Axiome" (4) und (5) aus 9.2 sind erfüllt.

(iii) Es seien $n \geq 2, 0 =: t_0 < t_1 < \ldots < t_n$ und $Z_j := X_{t_j} - X_{t_{j-1}}$, $1 \leq j \leq n$, die zugehörigen Zuwächse. Wir wollen zeigen, daß für beliebige $(z_1, \ldots, z_n) \in \mathbb{N}_0^n$ gilt

$$P(Z_j = z_j, \ 1 \leq j \leq n) = \prod_{j=1}^n P(Z_j = z_j),$$

d.h. daß „Axiom" (2) erfüllt ist. Dazu seien $k_j := \sum_{i=1}^j z_1, 1 \leq j \leq n$, und für $z_n \geq 1$

$$
\begin{aligned}
P_n &:= P(Z_j = z_j, \ 1 \leq j \leq n-1; Z_n \geq z_n) \\
&= P(X_{t_j} = k_j, 1 \leq j \leq n-1; \ X_{t_n} \geq k_n) \\
&= P(S_{k_j} \leq t_j < S_{k_j+1}, 1 \leq j \leq n-1; S_{k_n} \leq t_n).
\end{aligned}
$$

Wegen der stochastischen Unabhängigkeit der $Y_j, j \in \mathbb{N}$, sind hierbei auch die beiden Zufallsvektoren

$$(S_1, \ldots, S_{k_{n-1}}) \ \text{ und } \ (Y_{k_{n-1}+1}, \sum_{j=k_{n-1}+1}^{k_n} Y_j)$$

stochastisch unabhängig.

(a) Für $k_{n-1} > 0$ folgt daher aus dem Satz von Fubini (A.99)b)

$$P_n = \int_B P(t_{n-1} < s_{k_{n-1}} + Y_{k_{n-1}+1}, s_{k_{n-1}} + \sum_{j=k_{n-1}+1}^{k_n} Y_j \leq t_n)$$

$$dP^{(S_1,\ldots,S_{k_{n-1}})}(s_1, \ldots, s_{k_{n-1}})$$

mit

$$B = \{(s_1, \ldots, s_{k_{n-1}}) \in \mathbb{R}_+^{k_{n-1}} : \begin{array}{l} s_{k_1} \leq t_1 < s_{k_1+1,\ldots}, s_{k_r} \leq t_r < s_{k_r+1} \\ s_{k_{r+1}} \leq t_{r+1}, \ldots, s_{k_{n-1}} \leq t_{n-1} \end{array} \},$$

wobei $k_1 \leq \ldots \leq k_r < k_{r+1} = \ldots = k_{n-1}$. Da für $k_n \geq k_{n-1} + 2$ auch $Y_{k_{n-1}+1}$ und $\sum_{j=k_{n-1}+2}^{k_n} Y_j$ stochastisch unabhängig sind, folgt wiederum mit dem Satz von Fubini für den Integranden

$$P(t_{n-1} < s_{k_{n-1}} + Y_{k_{n-1}+1}, s_{k_{n-1}} + \sum_{j=k_{n-1}+1}^{k_n} Y_j \leq t_n)$$

$$= \int_{(t_{n-1}-s_{k_{n-1}}; t_n-s_{k_{n-1}})} P(\sum_{j=k_{n-1}+2}^{k_n} Y_j \leq t_n - s_{k_{n-1}} - y) \, dP^{Y_{k_{n-1}+1}}(y)$$

$$\underset{(6.6)\text{b})}{=} \int_{t_{n-1}-s_{k_{n-1}}}^{t_n-s_{k_{n-1}}} F_{\lambda, z_n-1}(t_n - s_{k_{n-1}} - y) \lambda e^{-\lambda y} dy$$

$$= \int_0^{t_n-t_{n-1}} F_{\lambda, z_n-1}(t_n - t_{n-1} - x) \, \lambda e^{-\lambda(x+t_{n-1}-s_{k_{n-1}})} dx$$

$$= e^{-\lambda(t_{n-1}-s_{k_{n-1}})} \int_0^{t_n-t_{n-1}} F_{\lambda, z_n-1}(t_n - t_{n-1} - x) \, \lambda e^{-\lambda x} dx$$

$$\underset{(6.5)}{=} P(Y_{k_{n-1}+1} > t_{n-1} - s_{k_{n-1}}) F_{\lambda, z_n}(t_n - t_{n-1})$$

(für $k_n = k_{n-1} + 1$, d.h. $z_n = 1$, gilt ebenfalls

$$P(t_{n-1} < s_{k_{n-1}} + Y_{k_{n-1}+1} \leq t_n) = e^{-\lambda(t_{n-1}-s_{k_{n-1}})} - e^{-\lambda(t_n-s_{k_{n-1}})}$$

$$= e^{-\lambda(t_{n-1}-s_{k_{n-1}})}(1 - e^{-\lambda(t_n-t_{n-1})})$$

$$= P(Y_{k_{n-1}+1} > t_{n-1} - s_{k_{n-1}}) F_{\lambda,1}(t_n - t_{n-1})).$$

Insgesamt ergibt sich also

$$P_n = F_{\lambda, z_n}(t_n - t_{n-1}) \int_B P(Y_{k_{n-1}+1} > t_{n-1} - s_{k_{n-1}})$$

$$dP^{(S_1,\ldots,S_{k_{n-1}})}(s_1, \ldots, s_{k_{n-1}})$$

$$= F_{\lambda, z_n}(t_n - t_{n-1}) P(S_{k_j} \leq t_j < S_{k_j+1}, 1 \leq j \leq n-1)$$

$$= P(Z_j = z_j; 1 \leq j \leq n-1) \, F_{\lambda, z_n}(t_n - t_{n-1}).$$

(b̲) Für $k_{n-1} = 0$, d.h. $z_1 = \ldots = z_{n-1} = 0$, folgt entsprechend

$$P_n \;=\; P(Z_j = 0, 1 \leq j \leq n-1; Z_n \geq z_n) = P(t_{n-1} < Y_1; \sum_{j=0}^{k_n} Y_j \leq t_n)$$

$$\begin{aligned}
&= P(Y_1 > t_{n-1})\, F_{\lambda,z_n}(t_n - t_{n-1}) \\
&= P(Z_j = 0,\ 1 \le j \le n-1)\, F_{\lambda,z_n}(t_n - t_{n-1}).
\end{aligned}$$

Summiert man hierbei über alle $(z_1,\dots,z_{n-1}) \in \mathbb{N}_0^{n-1}$, so folgt

$$P(Z_n \ge z_n) = F_{\lambda,z_n}(t_n - t_{n-1})$$

und somit

$$P(Z_j = z_j,\ 1 \le j \le n-1; Z_n \ge z_n) = P(Z_j = z_j,\ 1 \le j \le n-1)\, P(Z_n \ge z_n).$$

Dies ergibt

$$\begin{aligned}
P(Z_j = z_j, 1 \le j \le n) &= P(Z_j = z_j, 1 \le j \le n-1; Z_n \ge z_n) \\
&\quad - P(Z_j = z_j, 1 \le j \le n-1; Z_n \ge z_n + 1) \\
&= P(Z_j = z_j; 1 \le j \le n-1) \cdot P(Z_n = z_n)
\end{aligned}$$

und somit induktiv die Behauptung (wegen $P(Z_n \ge 0) = 1$ ist der Fall $z_n = 0$ trivial).

(iv) Da aus (i) (für $n = 1$) bzw. (iii) (für $n \ge 2$) folgt

$$\begin{aligned}
P(Z_n = z_n) &= P(Z_n \ge z_n) - P(Z_n \ge z_n + 1) \\
&= F_{\lambda,z_n}(t_n - t_{n-1}) - F_{\lambda,z_n+1}(t_n - t_{n-1})
\end{aligned}$$

ist auch das „Axiom" (3) aus 9.2 erfüllt. Die Anmerkung (9.15) liefert also die gewünschte Aussage. $\qquad\square$

10.4 Bemerkungen zum Pfad-Verhalten von separablen Wiener-Prozessen

Ebenso wie im Falle des Poisson-Prozesses darf man auch beim Wiener-Prozeß aufgrund der (in Satz (10.6) bewiesenen) Stetigkeit nach Wahrscheinlichkeit bei beliebiger Wahl einer abzählbaren dichten Teilmenge S von $\mathbb{R}^1_+$ davon ausgehen, daß es sich um einen separablen Wiener-Prozeß mit S als separierender Menge handelt (vgl. (10.17)). Für diese Prozesse kann man nun ebenfalls Aussagen über das Pfadverhalten machen: Wie man es von einem Modell für die Brownsche Molekularbewegung erwartet (vgl. S. 327) ergibt sich:

(10.27) Satz:

> X_T *sei ein separabler Wiener-Prozeß mit dem Parameter* σ^2. *Dann gilt:* X_T *ist fast sicher pfad-stetig und somit fast sicher stetig auf* T.

Beweis[9]: Entsprechend der Anmerkung (10.5) genügt es, die Pfadstetigkeit zu zeigen. Hierfür wiederum reicht es zu zeigen, daß zu jedem $m \in \mathbb{N}$ eine P-Nullmenge N_m mit der Eigenschaft existiert, daß für $\omega \notin N_m$ der Pfad X^ω auf $[0; m]$ (gleichmäßig) stetig ist – dann sind nämlich für alle ω außerhalb der P-Nullmenge $N := \cup_{m \in \mathbb{N}} N_m$ die Pfade X^ω auf ganz $T = \mathbb{R}^1_+$ stetig. Dazu betrachten wir die abzählbare dichte Teilmenge $S := \{j/2^n : j \in \mathbb{N}_0, n \in \mathbb{N}\}$ von T und ohne wesentliche Einschränkung den Fall $m = 1$ (sonst sind im folgenden nur entsprechend mehr Summanden zu berücksichtigen). Für das 2^{-k}-Gitter ($k \in \mathbb{N}$)

$$0/2^k, 1/2^k, 2/2^k, \ldots, (2^k - 1)/2^k, 2^k/2^k$$

des Einheitsintervalls $[0; 1]$, für $b_k > 0$ und für $n \in \mathbb{N}$ mit $n > k$ gilt dann nach (8.15) (ohne Einschränkung werde $\sigma^2 = 1$ angenommen)

$$
\begin{aligned}
P(\{ \max_{1 \leq j \leq 2^{n-k}} X_{j/2^n} \geq b_k \}) \;&\leq\; 2P(\{X_{1/2^k} \geq b_k\}) \\[2mm]
&=\; 2P(\{X_1 \geq \sqrt{2^k} b_k\}) \quad \text{nach (9.24)/(3.9)} \\[2mm]
&\leq\; \sqrt{\frac{2}{\pi}} \frac{\exp(-2^{k-1} b_k^2)}{\sqrt{2^k} b_k} =: \beta_k \qquad \text{nach (III.5)}
\end{aligned}
$$

und somit wegen der Symmetrie der Verteilungen $P^{X_j/2^n}$

$$
\begin{aligned}
P(\{ \max_{1 \leq j \leq 2^{n-k}} |X_{j/2^n}| \geq b_k \}) \;&\leq \\[2mm]
\leq P(\{ \max_{1 \leq j \leq 2^{n-k}} X_{j/2^n} \geq b_k \}) &+ P(\{ \max_{1 \leq j \leq 2^{n-k}} (-X_{j/2^n}) \geq b_k \}) \leq 2\beta_k.
\end{aligned}
$$

Für das Ereignis

$$A(i,k,n) := \{\omega \in \Omega : \max_{1 \leq j \leq 2^{n-k}} |X_{i/2^k + j/2^n}(\omega) - X_{i/2^k}(\omega)| \geq b_k\}$$

($0 \leq i \leq 2^k - 1$) gilt daher wegen der Stationarität der Zuwächse $P(A(i,k,n)) \leq 2\beta_k$. Für

$$A(k,n) := \bigcup_{i=0}^{2^k-1} A(i,k,n)$$

---

[9]Die Idee dieses Beweises entstammt dem Buch D. FREEDMAN: Brownian Motion and Diffusion. Holden-Day, San Francisco, 1971.

folgt somit $P(A(k,n)) \leq 2^{k+1}\beta_k$. Da hier einerseits die rechte Seite nicht von n abhängt und da andererseits für $n \to \infty$

$$A(k,n) \uparrow \bigcup_{n \geq k} A(k,n) =: A_k$$

(es kommen stets nur Unterteilungspunkte hinzu), ergibt sich daraus $P(A_k) \leq 2^{k+1}\beta_k$. Wählen wir nun die b_k als $b_k = \sqrt{k/2^{k-1}}$, so gilt (z.B. nach dem Quotientenkriterium)

$$\sum_{k \in \mathbb{N}} 2^{k+1}\beta_k = \sum_{k \in \mathbb{N}} \frac{2}{\sqrt{k\pi}}\left(\frac{2}{e}\right)^k < \infty,$$

und somit folgt nach dem Lemma von Borel-Cantelli (4.34)

$$P(\limsup_k A_k) = 0 \quad \text{bzw.} \quad P(\liminf_k (A_k)^c) = 1.$$

Es gibt also eine P-Nullmenge N_1, so daß für $\omega \notin N_1$ gilt

$$\omega \in \liminf_k (A_k)^c.$$

Nach der Definition der A_k folgt andererseits

$$\liminf_k (A_k)^c \subset \{\omega \in \Omega : X^\omega \text{ gleichmäßig stetig auf } S \cap [0;1]\};$$

für $\omega \notin N_1$ und $\varepsilon > 0$ existiert also ein $\delta > 0$, so daß für alle $t \in [0;1]$ gilt

$$\sup_{s_1,s_2 \in S \cap [0;1] \cap (t-\delta;t+\delta)} |X_{s_1}(\omega) - X_{s_2}(\omega)| < \varepsilon.$$

Da schließlich S eine separierende Menge für X_T ist, folgt wie behauptet für $\omega \notin N_1$, daß zu jedem $\varepsilon > 0$ ein $\delta > 0$ existiert, so daß für alle $t \in [0;1]$ gilt

$$\sup_{t_1,t_2 \in [0;1] \cap (t-\delta;t+\delta)} |X_{t_1}(\omega) - X_{t_2}(\omega)| < \varepsilon,$$

d.h. daß X^ω auf $[0;1]$ gleichmäßig stetig ist. $\qquad\square$

Die P-f.s. Pfadstetigkeit des Wiener-Prozesses stimmt also mit der Vorstellung überein, daß sich die Teilchen bei der Brownschen Molekularbewegung „stetig" bewegen (vgl. S. 327). Während man jedoch überdies erwartet, daß den einzelnen Teilchen auch jeweils eine Geschwindigkeit (als Ableitung des

Pfades nach der Zeit) zugeordnet ist, zeigt der folgende Satz, daß P-fast alle Pfade nirgends differenzierbar sind – hierauf insbesondere bezog sich die Bemerkung zu Beginn des Abschnitts 10.1, daß der Wiener-Prozeß für die „lokale" Beschreibung der Brownschen Bewegung nicht völlig adäquat ist.

(10.28) Satz:

P-fast jeder Pfad X^ω eines Wiener-Prozesses X_T ist an keiner Stelle differenzierbar.

Beweis (in Anlehnung an FREEDMAN (l.c. S. 40/41)): Es seien

$$D_1 := \{\omega \in \Omega : \exists t' \in [0;1) \text{ mit } dX^\omega/dt \text{ existiert in } t'\}$$

und für $j, k \in \mathbb{N}$

$$A(j,k) := \{\omega \in \Omega : \exists t \in [0;1) : |X^\omega(t+h) - X^\omega(t)| \le jh \ \forall h \in [0;1/k]\}$$

Dann gilt

$$\bigcup_{j\in\mathbb{N}} \bigcup_{k\in\mathbb{N}} A(j,k) =$$

$$= \left\{ \omega \in \Omega : \exists t' \in [0;1) : \begin{array}{l} -\infty < \liminf_{h\downarrow 0} \frac{1}{h}(X^\omega(t'+h) - X^\omega(t')) \\[2mm] \le \limsup_{h\downarrow 0} \frac{1}{h}(X^\omega(t'+h) - X^\omega(t')) < \infty \end{array} \right\} \supset D_1 .$$

Der Beweis ist also erbracht, wenn es uns gelingt, zu jedem $A(j,k)$ eine Menge $C(j,k) \in \mathcal{S}$ zu finden mit $C(j,k) \supset A(j,k)$ und $P(C(j,k)) = 0$ – dann ist nämlich $\cup_{j\in\mathbb{N}} \cup_{k\in\mathbb{N}} C(j,k)$ eine P-Nullmenge, die D_1 umfaßt. Es sei also $A(j,k)$ fest gewählt und für $i, n \in \mathbb{N}$ definiert

$$B(i,n) := \left\{ \omega \in \Omega : \begin{array}{l} |X^\omega(\frac{i+1}{n}) - X^\omega(\frac{i}{n})| \le 8j/n \\[1mm] |X^\omega(\frac{i+2}{n}) - X^\omega(\frac{i+1}{n})| \le 8j/n \\[1mm] |X^\omega(\frac{i+3}{n}) - X^\omega(\frac{i+2}{n})| \le 8j/n \end{array} \right\} .$$

Wir zeigen nun, daß für alle $n \ge 4k$ gilt $A(j,k) \subset \cup_{i=1}^n B(i,n)$: Für $\omega \in \Omega$ gebe es ein $t \in [0;1)$ mit $|X^\omega(t+h) - X^\omega(t)| \le jh$ für alle $h \in [0;1/k]$; i sei so gewählt, daß $(i-1)/n \le t < i/n$ gilt. Dann folgt für $\nu = 0, 1$ und 2

$$|X^\omega(\frac{i+\nu+1}{n}) - X^\omega(\frac{i+\nu}{n})|$$

$$\le |X^\omega(\frac{i+\nu+1}{n}) - X^\omega(t)| + |X^\omega(\frac{i+\nu}{n}) - X^\omega(t)| \le j \cdot \frac{2\cdot 4}{n},$$

da $0 < \frac{i \pm \nu}{n} - t \le \frac{i \pm \nu + 1}{n} - t \le \frac{4}{n} \le \frac{1}{k}$. Daher gilt $\omega \in B(i,n)$; insgesamt also

$$(\star) \qquad A(j,k) \subset \bigcup_{i=1}^{n} B(i,n) \quad \text{für alle } n \ge 4k.$$

Ist andererseits σ^2 der Parameter des betrachteten Wiener-Prozesses und sind $t \in [0;1), c \in \mathrm{IR}_+^1$, so folgt wegen

$$\int_{-c}^{c} \frac{1}{\sqrt{2\pi\sigma^2 t}} e^{-x^2/2\sigma^2 t} dx \le \frac{1}{\sqrt{2\pi\sigma^2 t}} \int_{-c}^{c} dx = \frac{2}{\sqrt{2\pi}} \frac{c}{\sigma\sqrt{t}} < \frac{c}{\sigma\sqrt{t}}$$

aus (9.23)(2), daß

$$P(|X_{1/n} - X_0| \le c) \le \frac{c}{\sigma} n^{1/2}.$$

Daher ergibt sich mit $c = 8j/n$ aus der Unabhängigkeit und Stationarität der Zuwächse des Wiener-Prozesses

$$P(B(i,n)) \le \left(\frac{8j}{n} \frac{n^{1/2}}{\sigma}\right)^3 = \left(\frac{8j}{\sigma}\right)^3 n^{-3/2}.$$

Definiert man also

$$C(j,k) := \bigcap_{n=4k}^{\infty} \bigcup_{i=1}^{n} B(i,n),$$

so gilt einerseits nach $(\star)$ $C(j,k) \supset A(j,k)$, andererseits für alle $n \ge 4k$

$$P(C(j,k)) \le P\left(\bigcup_{i=1}^{n} B(i,n)\right) \le \sum_{i=1}^{n} P(B(i,n)) \le \left(\frac{8j}{\sigma}\right)^3 n^{-1/2},$$

d.h. $P(C(j,k)) = 0$. Damit ist der Beweis für das Intervall $[0;1)$ erbracht; analog behandelt man den Fall $[0;M)$ mit $M \in \mathrm{IN}$. Somit ist auch

$$D := \{\omega \in \Omega : \exists t' \in T \text{ mit } dX^\omega/dt \text{ existiert in } t'\}$$

Teilmenge einer P-Nullmenge. $\qquad\qquad\qquad\qquad\qquad\qquad\qquad\qquad\square$

Der Satz (10.28) zeigt, daß man hier an die Grenzen der Verwendbarkeit des Wiener-Prozesses als Modell für die Brownsche Bewegung gestoßen ist – den Teilchen läßt sich P-fast sicher zu *keinem* Zeitpunkt eine Geschwindigkeit zuordnen. Um diesen „Nachteil" auszugleichen, wurden andere stochastische Prozesse definiert, die sich „makroskopisch" ähnlich wie der Wiener-Prozeß verhalten, „mikroskopisch" jedoch so beschaffen sind, daß die Pfade Ableitungen besitzen (z.B. der Ornstein-Uhlenbeck-Prozeß, s. etwa Breiman: Probability, S. 347 ff.).
Wenngleich P-fast alle Pfade von Wiener-Prozessen nirgends differenzierbar sind, so gilt doch für die Dichte der Verteilung der Zuwächse:

(10.29) Lemma:

> X_T *sei ein Wiener-Prozeß mit dem Parameter* σ^2. *Dann gilt für die*
> *W-Dichte f von X_t die „Diffusions-Gleichung"*
>
> $$\frac{\partial f}{\partial t} = D\frac{\partial^2 f}{\partial x^2} \quad mit \ D = \sigma^2/2.$$

Beweis: Nach (9.24) gilt

$$f(x,t) := f_t(x) = \frac{1}{\sqrt{2\pi\sigma^2 t}}e^{-x^2/2\sigma^2 t},$$

und somit folgt durch direktes Nachrechnen

$$\frac{\partial f}{\partial t} = \frac{1}{\sqrt{2\pi\sigma^2}}e^{-x^2/2\sigma^2 t}\left[\frac{x^2}{2\sigma^2 t^2\sqrt{t}} - \frac{1}{2t\sqrt{t}}\right] = \frac{\sigma^2}{2}\frac{\partial^2 f}{\partial x^2}. \qquad \square$$

Man kann überdies zeigen, daß durch die Forderungen

$$\frac{\partial f}{\partial t} = D\frac{\partial^2 f}{\partial x^2}, \ \lim_{x\to\pm\infty} f(x,t) = 0, \ \lim_{x\to\pm\infty}\frac{\partial}{\partial x}f(x,t) = 0$$

an die Dichte der Zuwächse eines stochastischen Prozesses mit stationären und stochastisch unabhängigen Zuwächsen sowie die Forderung $X_0 = 0$ bereits der Wiener-Prozeß mit dem Parameter $2D$ festgelegt wird.

10.5 Aufgaben

(X.1) $X_T = (\Omega, \mathcal{S}, P, (X_t)_{t\in T})$ sei ein separabler stochastischer Prozeß mit $T \subset \mathrm{IR}^1$ offen und dem Zustandsraum $(\mathrm{IR}^1, \mathrm{IB}^1)$. Zeigen Sie:
   a) Für $t_0 \in T$ ist die Menge $\{\omega \in \Omega : t \to X_t(\omega)$ ist stetig in $t_0\}$ meßbar.
   b) Die Menge $\{\omega \in \Omega : s \to X_s(\omega)$ ist gleichmäßig stetig $\}$ ist meßbar.

(X.2) $X_T = (\mathrm{IR}^T, \mathrm{IB}^T, P, (\pi_t)_{t\in T})$ mit $T \subset \mathrm{IR}^1$ offen sei ein stochastischer Prozeß („kanonische Realisierung"). Zeigen Sie, daß X_T nicht separabel ist.

(X.3) Es seien X_T der stochastische Prozeß aus (10.8) und $\tilde{X}_t(\omega) := 1_\phi(\omega - t)$ für alle $\omega \in \Omega, t \in T$. Zeigen Sie, daß für den stochastischen Prozeß $\tilde{X}_T$ gilt
   a) $P^{\tilde{X}_T} = P^{X_T}$.
   b) Alle Pfade von $\tilde{X}_T$ sind überall unstetig.

(X.4) $X_T = (\Omega, \mathcal{S}, P, (X_t)_{t \in T})$ sei ein separabler stochastischer Prozeß mit dem Zustandsraum $(\mathbb{R}^1, \mathbb{B}^1)$. Zeigen Sie, daß X_T genau dann fast sicher stetig in $t_0 \in T$ ist, wenn für alle $\varepsilon > 0$ gilt

$$\lim_{h \downarrow 0} P(\sup_{t:|t-t_0|<h} |X_t - X_{t_0}| > \varepsilon) = 0.$$

(X.5) Es sei $((\Omega, \mathcal{S}, P), X_T)$ mit $T \subset \mathbb{R}^1_+$ ein stochastischer Prozeß mit stochastisch unabhängigen, stationären Zuwächsen. Weiter sei für jedes $u \in \mathbb{R}$ die charakteristische Funktion $\varphi_t(u)$ von X_t an der Stelle u (in Abhängigkeit von $t \in T$) stetig in $t = 0$. Zeigen Sie:
a) $\varphi_t(u) = (\varphi_1(u))^t$ für alle $t \in T, u \in \mathbb{R}$.
b) Der Prozeß X_T ist stetig nach Wahrscheinlichkeit.
(Hinweis zu a): Benutzen Sie die Funktionalgleichung der Exponentialfunktion.)

(X.6) $X_T = (\Omega, \mathcal{S}, P, (X_t)_{t \in T})$ sei ein separabler stochastischer Prozeß mit $T = [0; 1]$ und dem Zustandsraum $(\mathbb{R}^1, \mathbb{B}^1)$. Zeigen Sie, daß X_T fast sicher pfad-stetig ist, wenn gilt

$$\lim_{h \downarrow 0} \frac{1}{h} \sup_s P(\sup_{t:|t-s|<h} |X_s - X_t| > \varepsilon) = 0 \qquad \forall \varepsilon > 0.$$

(X.7) An einer Bushaltestelle, an der die Busse so unregelmäßig ankommen, daß man die Situation durch einen Standard-Poisson-Prozeß (mit dem Parameter $\lambda > 0$) beschreiben kann, treffen A. und B. zum Zeitpunkt $t > 0$ ein, um auf den nächsten Bus zu warten. A. und B. wissen nicht, wann der letzte Bus abgefahren ist, und überlegen daher, mit welcher mittleren Wartezeit EW_t sie zu rechnen haben. A. meint, der Zeitpunkt ihrer Ankunft sei zufällig in einem Zeitintervall zwischen zwei aufeinanderfolgenden Bussen gewählt, daher müsse aus Symmetriegründen $EW_t = \frac{1}{2} \cdot \frac{1}{\lambda}$ sein. B. entgegnet, die mittlere Wartezeit müsse unabhängig von t sein und deshalb $EW_t = EW_0 = \frac{1}{\lambda}$ gelten. Bestimmen Sie EW_t.

(X.8) X_T sei ein Wiener-Prozeß mit dem Parameter σ^2. Für $n \in \mathbb{N}$ werde Z_n definiert durch

$$Z_n := \sum_{i=1}^{2^n} |X_{i/2^n} - X_{(i-1)/2^n}|.$$

Zeigen Sie, daß gilt: $Z_n \xrightarrow[n \to \infty]{} \infty\, P\text{-f.s.}$
[Dies bedeutet, daß der Wiener-Prozeß P-f.s. von unbeschränkter

Variation auf $[0; 1]$ ist.]

(<u>Hinweis:</u> Überlegen Sie, daß $E(Z_n) = 2^{n/2} \cdot a$ mit einer Konstanten $a > 0$ gilt, während $Var(Z_n)$ konstant ist.

11 Martingale

11.1 Adaptierende Familien von σ-Algebren

Wie schon die Beispiele des Poisson- und des Wiener-Prozesses zeigten, liegen bei allgemeinen stochastischen Prozessen $X_T = (\Omega, \mathcal{S}, P, (X_t)_{t \in T})$ mit der Parametermenge $T \subset \mathrm{I\!R}^1$ i.a. stochastische Abhängigkeiten zwischen den Zufallsgrößen X_t vor. Für jeden "Zeitpunkt" $t \in T$ hängt somit die künftige Entwicklung des Prozesses i.a. davon ab, wie sich der Prozeß bis dahin verhalten hat – die Kenntnis der Entwicklung bis zum (gegenwärtigen) Zeitpunkt t liefert dann also Informationen über den zukünftigen Verlauf des Prozesses. Diese Anmerkungen deuten bereits darauf hin, daß die Gesamtheit der Ereignisse, die in relevantem Zusammenhang mit dem Verlauf von X_T bis zum Zeitpunkt t stehen, für die Untersuchung der künftigen (stochastischen) Entwicklung von X_T wichtig sein wird. Im folgenden geht es zunächst darum, diese noch vagen Vorstellungen mathematisch zu präzisieren und besonders wichtige Spezialfälle zu untersuchen. Als erstes soll die anschauliche Vorstellung über die *Gesamtheit sämtlicher bis zum Zeitpunkt t relevanten Ereignisse* in das mathematische Modell stochastischer Vorgänge übersetzt werden. Von einer Familie von Mengensystemen $\mathcal{S}_t$, welche diese Gesamtheiten beschreiben, werden wir *verlangen*:

(i) Für jedes $t \in T$ ist $\mathcal{S}_t$ eine Unter-σ-Algebra von $\mathcal{S}$ mit
$$\sigma\Big(\bigcup_{\tau \in T, \tau \le t} X_\tau^{-1}(\mathcal{B})\Big) \subset \mathcal{S}_t.$$

Dies besagt, daß $\mathcal{S}_t$ zumindest alle Ereignisse enthält, die durch das Verhalten von X_T bis zum Zeitpunkt t bestimmt sind; es wird hier aber nicht ausgeschlossen, daß in $\mathcal{S}_t$ weitere, bis t beobachtbare und für das zukünftige Verhalten von X_T relevante Ereignisse liegen – so wird man z.B. bei der Untersuchung der Kursentwicklung einer bestimmten Aktie/Aktiensorte nicht nur den bisherigen Verlauf dieser einen Aktiensorte, sondern auch weitere Informationen, wie z.B. den bisherigen Kursverlauf anderer Aktien, heranziehen.

(ii) Für $s, t \in T$ mit $s < t$ gilt $\mathcal{S}_s \subset \mathcal{S}_t$.

Diese Forderung besagt, daß man keine früher erhaltenen Informationen verliert oder vergißt, sondern alle einmal gewonnenen Kenntnisse behält.

Eine Familie $(\mathcal{S}_t)_{t\in T}$ von σ-Algebren, die der Bedingung (ii) genügt, wird im folgenden als *isoton* (oder *monoton nicht-fallend*) bezeichnet; eine isotone Familie $(\mathcal{S}_t)_{t\in T}$ von Unter-σ-Algebren von $\mathcal{S}$ heißt auch *Filtration*.

Da Ereignissysteme mit den Eigenschaften (i), (ii) im folgenden von besonderer Bedeutung sind, führen wir dafür eine eigene Bezeichnung ein:

(11.1) Definition

> *Es seien $X_T = (\Omega, \mathcal{S}, P, (X_t)_{t\in T})$ ein stochastischer Prozeß mit dem Zustandsraum $(\mathcal{X}, \mathcal{B})$ und der Parametermenge $T \subset \mathbb{R}^1$ und $\mathcal{S}_T := (\mathcal{S}_t)_{t\in T}$ eine Familie von Unter-σ-Algebren von $\mathcal{S}$. $\mathcal{S}_T$ heißt adaptierende Familie für X_T, falls gilt:*
>
> *(i) $\sigma(\bigcup_{s\in T, s\leq t} X_s^{-1}(\mathcal{B})) \subset \mathcal{S}_t \quad \forall t \in T;$ (ii) $\mathcal{S}_T$ ist isoton.*

Aus dieser Definition ergibt sich sofort

(11.2) Anmerkung

Ist $X_T = (\Omega, \mathcal{S}, P, (X_t)_{t\in T})$ ein stochastischer Prozeß mit dem Zustandsraum $(\mathcal{X}, \mathcal{B})$ und der Parametermenge $T \subset \mathbb{R}^1$, so gilt

a) $(\sigma(\bigcup_{s\in T, s\leq t} X_s^{-1}(\mathcal{B})))_{t\in T}$ ist adaptierend für X_T; d.h. die Existenz von adaptierenden Familien ist stets gegeben. Diese spezielle adaptierende Familie heißt auch *kanonische Filtration* zu X_T.

b) Eine isotone Familie $\mathcal{S}_T$ von Unter-σ-Algebren von $\mathcal{S}$ ist genau dann adaptierend für X_T, wenn für jedes $t \in T$ die Zufallsgröße X_t $(\mathcal{S}_t - \mathcal{B})$-meßbar ist.

Beweis zu b): Ist $\mathcal{S}_T$ adaptierend für X_T, so gilt für jedes $t \in T$

$$X_t^{-1}(\mathcal{B}) \subset \sigma\Big(\bigcup_{s\in T, s\leq t} X_s^{-1}(\mathcal{B}) \Big) \subset \mathcal{S}_t;$$

X_t ist also $(\mathcal{S}_t - \mathcal{B})$-meßbar. Zum Beweis der Umkehrung sei $t \in T$ beliebig. Dann gilt nach der Voraussetzung für jedes $s \in T$ mit $s \leq t$ $X_s^{-1}(\mathcal{B}) \subset \mathcal{S}_s \subset \mathcal{S}_t$; also folgt $\bigcup_{s\in T, s\leq t} X_s^{-1}(\mathcal{B}) \subset \mathcal{S}_t$ und somit die Behauptung. $\qquad \square$

Bei reellen Zufallsgrößen stellt der Erwartungswert eine wichtige Kenngröße (den "Schwerpunkt der Wahrscheinlichkeitsmasse"; vgl. (3.17)) dar, die einen ersten groben Eindruck von der Verteilung vermittelt. Im folgenden wollen wir den in Abschnitt 4.5 bereitgestellten Begriff des bedingten Erwartungswertes heranziehen, um für einen stochastischen Prozeß X_T und eine adaptierende Familie $\mathcal{S}_T$ von σ-Algebren erste (grobe) Aussagen über die Art der Abhängigkeit der Zufallsgrößen X_t von $\mathcal{S}_s$ zu gewinnen ($t > s$). Dies sei zunächst an einigen Beispielen demonstriert:

(11.3) Beispiel

Zwei Spieler A und B spielen das folgende – nicht gerade geistreiche – Glücksspiel: Es wird jeweils eine "faire" Münze (mit "Kopf" und "Wappen") geworfen; wenn "Kopf" fällt, erhält A eine Mark von B, wenn "Wappen" fällt, muß A an B eine Mark bezahlen. Mit X_n werde der (möglicherweise negative) "Gewinn" von Spieler A nach n Münzwürfen bezeichnet. Jedes X_n ist offenbar eine Zufallsgröße, welche die $n + 1$ Werte $-n, -n + 2, \ldots, n - 2, n$ annehmen kann. Entsprechend der Definition ist X_n andererseits die Summe von n stochastisch unabhängigen Zufallsgrößen Z_i mit

$$P(Z_i = 1) = P(Z_i = -1) = 1/2, \quad \text{für alle } i : 1 \leq i \leq n,$$

(Z_i beschreibt dabei den "Gewinn" von Spieler A beim i-ten Münzwurf); $X_n = \sum_{i=1}^n Z_i$. Die $X_n, n \in \mathbb{N}$, bilden aber natürlich keine stochastisch unabhängige Folge von Zufallsgrößen; es liegen vielmehr starke Abhängigkeiten vor: Wenn z.B. X_{n-1} den Wert i_{n-1} annimmt, so kommen für $X_n = X_{n-1} + Z_n$ von den zunächst möglichen Werten nur noch $i_{n-1} - 1$ und $i_{n-1} + 1$ in Frage, und diese beiden Werte ergeben sich dann mit jeweils der Wahrscheinlichkeit $1/2$. Andererseits ist es dabei jedoch gleichgültig, *wie* man zu dem Wert $X_{n-1} = i_{n-1}$ gelangt ist – die weiter zurückliegenden X_i haben (bei festliegendem X_{n-1}) keinen Einfluß mehr auf X_n. Die $X_n, n \in \mathbb{N}$, bilden also eine Folge von Zufallsgrößen mit einer speziellen Art von stochastischer Abhängigkeit (s. auch Beispiel (4.92)(2)).

Hier liegt es nahe, als Gesamtheit der bis zum Zeitpunkt n beobachtbaren und relevanten Ereignisse die σ-Algebra

$$\mathcal{S}_n := \sigma(\bigcup_{j=1}^n Z_j^{-1}(\mathbb{B}^1))$$

zu wählen, die gerade alle möglichen Ausgänge der Münzwürfe bis zum Zeitpunkt n repräsentiert. $(\mathcal{S}_n)_{n \in \mathbb{N}}$ ist dann die kanonische Filtration zu $(Z_n)_{n \in \mathbb{N}}$ und zu $(X_n)_{n \in \mathbb{N}}$. Für den bedingten Erwartungswert von X_{n+1} unter $\mathcal{S}_n$ erhält man

$$E(X_{n+1}|\mathcal{S}_n) = E(X_n + Z_{n+1}|\mathcal{S}_n) =$$

$$= E(X_n|\mathcal{S}_n) + E(Z_{n+1}|\mathcal{S}_n) \quad \text{(nach (4.77)c))}$$
$$= X_n + E(Z_{n+1}) = X_n \quad P\text{-f.s.} \qquad \text{(nach (4.76)/(4.82))}.$$

Dies besagt, daß der bedingte Erwartungswert des Gewinnstandes von Spieler A nach dem $(n+1)$-ten Münzwurf – bei Kenntnis der Ausgänge der ersten n Münzwürfe – gleich dem Gewinnstand nach dem n-ten Münzwurf ist. Da in diesem Sinne weder eine Verbesserung noch eine Verschlechterung des Gewinnstandes zu erwarten ist, wird man dieses Glücksspiel als "fair" bezeichnen – so wurde auch schon in (2.3) die geworfene Münze "fair" genannt.

Durch vollständige Induktion folgt, daß bei beliebigem $n \in \mathbb{N}$ auch für jedes $k \in \mathbb{N}$

$$E(X_{n+k}|\mathcal{S}_n) = X_n \qquad P\text{-f.s.}$$

gilt: Für $k = 1$ ist dies gerade bewiesen worden; der Induktionsschluß von k auf $k+1$ ergibt sich nach (4.77)c) aus

$$
\begin{aligned}
E(X_{n+k+1}|\mathcal{S}_n) &= E(E(X_{n+k+1}|\mathcal{S}_{n+k})|\mathcal{S}_n) \\
&= E(X_{n+k}|\mathcal{S}_n) = X_n \ P\text{-f.s.} \quad \text{(nach Ind.vor.)}. \qquad \square
\end{aligned}
$$

In diesem Beweis wurde nur die Tatsache $E(Z_n) = 0$, nicht jedoch die spezielle Gestalt der Z_n, d.h. $P(Z_n = 1) = P(Z_n = -1) = 1/2$ benutzt; man erhält daher:

(11.4) Anmerkung

$(Z_n)_{n\in\mathbb{N}}$ sei eine stochastisch unabhängige Folge von reellwertigen, integrablen Zufallsgrößen auf dem W-Raum $(\Omega, \mathcal{S}, P)$ mit $E(Z_n) = 0$ $(n \in \mathbb{N})$. Ferner seien

$$\mathcal{S}_n := \sigma(\bigcup_{j=1}^{n} Z_j^{-1}(\mathbb{B}^1)) \ \text{ und } \ X_n := \sum_{j=1}^{n} Z_j \quad (n \in \mathbb{N}).$$

Dann gilt für jedes $n \in \mathbb{N}$ und jedes $k \in \mathbb{N}$

$$E(X_{n+k}|\mathcal{S}_n) = X_n \quad P\text{-f.s..}$$

Nimmt man nun an, der Spieler A habe durch geschickte Manipulation der Münze erreicht, daß sich beim Münzwurf der Ausgang "Kopf" mit der W. $p > 1/2$ ergibt, so erhält man für beliebiges $n \in \mathbb{N}$

$$E(Z_n) = 2p - 1 > 0$$

und

$$E(X_{n+1}|\mathcal{S}_n) = X_n + E(Z_{n+1}) > X_n \quad P\text{-f.s..}$$

Ebenso wie oben folgt, daß dann auch für jedes $k \in \mathbb{N}$

$$E(X_{n+k}|\mathcal{S}_n) > X_n \quad P\text{-f.s.}$$

gilt. Das in dieser Weise abgeänderte Glücksspiel wird man sicherlich als *günstig* für den Spieler A (unfair zugunsten von A) bezeichnen. $\quad\square$

Im Beispiel (11.3) wurde ein ganz einfacher stochastischer Prozeß mit diskretem Parameter betrachtet. Entsprechende Überlegungen wollen wir nun auch für zwei Prozesse mit kontinuierlichem Parameter anstellen, nämlich für den homogenen Poisson-Prozeß und für den Wiener-Prozeß. Dazu wird die folgende Aussage über Prozesse mit stochastisch unabhängigen Zuwächsen, zu denen ja auch der Poisson- und der Wiener-Prozeß gehören (vgl. (9.14)/ (9.28)), benötigt:

(11.5) Satz

> *Es seien $X_T = (\Omega, \mathcal{S}, P, (X_t)_{t \in T})$ ein eindimensionaler stochastischer Prozeß mit stochastisch unabhängigen Zuwächsen und $\mathcal{S}_T$ die kanonische Filtration zu X_T. Sämtliche X_t seien integrierbar, und es sei $X_0 = 0$ P-f.s.. Dann gilt für $s, t \in T, s < t$:*
>
> $$E(X_t|\mathcal{S}_s) = X_s + E(X_t - X_s) \qquad P - f.s..$$

Beweis: Es seien $s, t \in T$ mit $s < t$; gemäß (4.77)/(4.82) gilt dann

$$\begin{aligned} E(X_t|\mathcal{S}_s) &= E(X_s + (X_t - X_s)|\mathcal{S}_s) = E(X_s|\mathcal{S}_s) + E(X_t - X_s|\mathcal{S}_s) \\ &= X_s + E(X_t - X_s|\mathcal{S}_s) \qquad P\text{-f.s..} \end{aligned}$$

Zum Beweis der Behauptung genügt es also zu zeigen, daß gilt

$$E(X_t - X_s|\mathcal{S}_s) = E(X_t - X_s) \quad P\text{-f.s..}$$

Dazu sei zunächst $J \in \mathcal{H}(\{r \in T : r \leq s\}), J = \{t_1, \ldots, t_n\}$ mit $t_1 < \ldots < t_n \leq s$. Da X_T stochastisch unabhängige Zuwächse besitzt mit $X_0 = 0$ P-f.s., sind die Zufallsgrößen

$$X_{t_1}, X_{t_2} - X_{t_1}, \ldots, X_{t_n} - X_{t_{n-1}}, X_t - X_s$$

stochastisch unabhängig (vgl. (9.15)). Da andererseits für jedes $j \leq n$ gilt $X_{t_j} = X_{t_1} + \sum_{i=2}^{j}(X_{t_i} - X_{t_{i-1}})$, folgt

$$\sigma\left(\bigcup_{j=1}^{n} X_{t_j}^{-1}(\mathbb{B}^1)\right) = \sigma\left(X_{t_1}^{-1}(\mathbb{B}^1) \cup \bigcup_{j=2}^{n}(X_{t_j} - X_{t_{j-1}})^{-1}(\mathbb{B}^1)\right).$$

Unter Benutzung von (4.82) ergibt sich daraus

$$E\left(X_t - X_s \,\middle|\, \sigma\left(\bigcup_{j \in J} X_j^{-1}(\mathbb{B}^1)\right)\right) = E(X_t - X_s) \qquad P\text{-f.s..}$$

Da dies für beliebiges $J \in \mathcal{H}(\{r \in T : r \leq s\})$ gilt, folgt für jedes $A \in \bigcup_{J \in \mathcal{H}(\{r \in T : r \leq s\})} \sigma(\bigcup_{j \in J} X_j^{-1}(\mathbb{B}^1))$

$$\int_A (X_t - X_s)\, dP = \int_A E(X_t - X_s)\, dP.$$

Nach (4.4) ist

$$\bigcup_{J \in \mathcal{H}(\{r \in T : r \leq s\})} \sigma\left(\bigcup_{j \in J} X_j^{-1}(\mathbb{B}^1)\right)$$

ein durchschnittstabiles Erzeugendensystem von $\mathcal{S}_s$, und damit ergibt sich für jedes $A \in \mathcal{S}_s$

$$\int_A (X_t - X_s)\, dP = \int_A E(X_t - X_s)\, dP.$$

Da $E(X_t - X_s)$ als konstante Abbildung sicherlich $(\mathcal{S}_s - \mathbb{B}^1)$-meßbar ist, besagt dies gerade, daß $E(X_t - X_s | \mathcal{S}_s) = E(X_t - X_s)$ P-f.s. gilt, womit die Behauptung bewiesen ist. $\qquad \square$

Mit Hilfe dieses Satzes kann man nun die angekündigten Aussagen für den Poisson-Prozeß und den Wiener-Prozeß machen:

(11.6) Beispiele

a) Es seien $X_T = (\Omega, \mathcal{S}, P, (X_t)_{t \in T})$ ein homogener Poisson-Prozeß mit dem Parameter $\lambda > 0$ und $\mathcal{S}_T$ die kanonische Filtration zu X_T. Dann gilt (nach (9.14) und (11.5)) für $s, t \in T$ mit $s < t$

$$E(X_t | \mathcal{S}_s) = X_s + E(X_t - X_s) = X_s + \lambda(t - s) > X_s \quad P\text{-f.s..}$$

b) Es seien $X_T = (\Omega, \mathcal{S}, P, (X_t)_{t \in T})$ ein Wiener-Prozeß und $\mathcal{S}_T$ die kanonische Filtration zu X_T. Dann ergibt sich mit (9.28)(4) und (11.5)

$$E(X_t | \mathcal{S}_s) = X_s + E(X_t - X_s) = X_s \quad P\text{-f.s..} \qquad \square$$

11.2 Martingale

In (11.4) und (11.6) wurden Beispiele von stochastischen Prozessen X_T mit adaptierenden Familien $\mathcal{S}_T$ angegeben, bei denen für $s, t \in T$ mit $s < t$ stets P-f.s. $E(X_t|\mathcal{S}_s) = X_s$ bzw. $> X_s$ galt. Es wird sich zeigen, daß man zum einen für stochastische Prozesse, die eine Bedingung von diesem Typ erfüllen, bereits interessante allgemeine Aussagen beweisen kann und daß zum anderen solche Prozesse auch als Hilfsmittel zur Untersuchung anderer Klassen von stochastischen Prozessen von großer Bedeutung sind. Dies legt es nahe, für stochastische Prozesse dieses Typs eine eigene Bezeichnung einzuführen:

(11.7) Definition

Es seien X_T ein eindimensionaler stochastischer Prozeß mit der Parametermenge $T \subset \mathrm{I\!R}^1$ und $\mathcal{S}_T = (\mathcal{S}_t)_{t \in T}$ eine Familie von Unter-σ-Algebren von $\mathcal{S}$. Dann heißt $(X_T, \mathcal{S}_T)$ ein Submartingal [1], *falls gilt:*

(i)   *$\mathcal{S}_T$ ist eine adaptierende Familie für X_T.*

(ii) *X_t ist integrierbar für jedes $t \in T$.*

(iii) *Für alle $s, t \in T$ mit $s < t$ gilt $E(X_t|\mathcal{S}_s) \geq X_s$ P-f.s..*

$(X_T, \mathcal{S}_T)$ heißt ein Supermartingal, *wenn $(-X_T, \mathcal{S}_T)$ ein Submartingal ist; $(X_T, \mathcal{S}_T)$ heißt ein* Martingal, *falls $(X_T, \mathcal{S}_T)$ und $(-X_T, \mathcal{S}_T)$ Submartingale sind.*

Offenbar ist ein Submartingal ein Martingal, falls für alle $s, t \in T$ mit $s < t$ gilt $E(X_t|\mathcal{S}_s) = X_s$ P-f.s..

Die essentielle Bedingung (iii) läßt sich folgendermaßen charakterisieren:

(11.8) Satz

Es seien X_T ein eindimensionaler stochastischer Prozeß mit $T \subset \mathrm{I\!R}^1$ und $\mathcal{S}_T$ eine adaptierende Familie für X_T; sämtliche X_t seien integrierbar $(t \in T)$. Dann sind äquivalent:

(i) Für alle $s, t \in T$ mit $s < t$ gilt $E(X_t|\mathcal{S}_s) \geq X_s$ P-f.s..

(ii) Für alle $s, t \in T$ mit $s < t$ und jedes $A \in \mathcal{S}_s$ gilt

$$\int_A X_t \, dP \geq \int_A X_s \, dP.$$

---

[1] Zu der (nicht ganz eindeutigen) Herkunft der Bezeichnung „Martingal" s. BAUER "Wahrscheinlichkeitstheorie", S. 144.

Ist $T = \mathbb{N}$, so ist ferner äquivalent:
(iii) Für jedes $n \in \mathbb{N}$ gilt $E(X_{n+1}|\mathcal{S}_n) \geq X_n$ P-f.s..

Beweis: „(i) $\Rightarrow$ (ii)" Für jedes $A \in \mathcal{S}_s$ gilt

$$\int_A X_t \, dP = \int_A E(X_t|\mathcal{S}_s) \, dP \geq \int_A X_s \, dP.$$

„(ii) $\Rightarrow$ (i)" Wir definieren $A := \{X_s - E(X_t|\mathcal{S}_s) > 0\}$. X_s und $E(X_t|\mathcal{S}_s)$ sind $(\mathcal{S}_s - \mathbb{B}^1)$-meßbar; daher folgt $A \in \mathcal{S}_s$. Gemäß (ii) gilt $\int_A X_t \, dP \geq \int_A X_s \, dP$, also

$$\int_A E(X_t|\mathcal{S}_s) \, dP = \int_A X_t \, dP \geq \int_A X_s \, dP,$$

d.h. $\int_A (X_s - E(X_t|\mathcal{S}_s)) \, dP \leq 0$. Nach der Definition von A muß dann aber $P(A) = 0$ gelten, also $E(X_t|\mathcal{S}_s) \geq X_s$ P-f.s..

Ist nun $T = \mathbb{N}$, so impliziert (i) offensichtlich (iii). Daß umgekehrt für beliebiges $k \in \mathbb{N}$ und $n \in \mathbb{N}$ gilt $E(X_{n+k}|\mathcal{S}_n) \geq X_n$ P-f.s., folgt mittels vollständiger Induktion wie in (11.3). $\qquad\qquad\qquad\qquad\qquad\qquad\qquad$ $\square$

Die folgende Aussage liefert eine einfache Möglichkeit zur Konstruktion von speziellen Martingalen:

(11.9) Satz

> *Es seien X eine auf dem W-Raum $(\Omega, \mathcal{S}, P)$ definierte, reellwertige integrierbare Zufallsgröße und $\mathcal{S}_T = (\mathcal{S}_t)_{t \in T}$ eine isotone Familie von Unter-σ-Algebren von $\mathcal{S}$; für $t \in T$ sei X_t eine Version des bedingten Erwartungswertes von X unter $\mathcal{S}_t$ und $X_T := (\Omega, \mathcal{S}, P, (X_t)_{t \in T})$. Dann ist $(X_T, \mathcal{S}_T)$ ein Martingal.*

Beweis: Für jedes $t \in T$ ist X_t als bedingter Erwartungswert $(\mathcal{S}_t - \mathbb{B}^1)$-meßbar, also ist gemäß (11.2)b) $\mathcal{S}_T$ adaptierend für X_T, und wegen $EX_t = E(E(X|\mathcal{S}_t)) = EX$ sind sämtliche X_t integrierbar; s. (4.77)d). Ferner gilt für beliebige $s, t \in T, s < t$, gemäß (4.77)e)

$$E(X_t|\mathcal{S}_s) = E(E(X|\mathcal{S}_t)|\mathcal{S}_s) = E(X|\mathcal{S}_s) = X_s \quad P - f.s.. \qquad \square$$

Es gibt vielfältige Möglichkeiten, aus Submartingalen bzw. Martingalen durch Transformation weitere Submartingale bzw. Martingale zu konstruieren. Die folgende Aussage gibt ein Beispiel für diesen Sachverhalt:

(11.10) Satz

(a) *Ist $(X_T, \mathcal{S}_T)$ ein Submartingal, so ist [2] auch $(X_T^+, \mathcal{S}_T)$ ein Submartingal.*

(b) *Ist $(X_T, \mathcal{S}_T)$ ein Martingal, so ist $(|X_T|, \mathcal{S}_T)$ ein Submartingal.*

Beweis: Offensichtlich sind in beiden Fällen die Bedingungen (11.7)(i),(ii) erfüllt, so daß es genügt, (11.7)(iii) nachzuweisen.

(a): Es ist $X_t^+ = \max\{X_t, 0\}$, also gemäß (4.77)b)

$$E(X_t^+|\mathcal{S}_s) \geq E(X_t|\mathcal{S}_s) \geq X_s \ \text{ und } \ E(X_t^+|\mathcal{S}_s) \geq E(0|\mathcal{S}_s) = 0 \quad P-f.s..$$

Damit folgt $E(X_t^+|\mathcal{S}_s) \geq \max\{X_s, 0\} = X_s^+$ P-f.s..

(b): Unter Benutzung von (4.78)c) ergibt sich

$$E(|X_t|\,|\mathcal{S}_s) \geq |E(X_t|\mathcal{S}_s)| = |X_s| \qquad P-f.s..$$

Benutzen wir die in Definition (11.7) eingeführten Bezeichnungen, so können wir die in den Beispielen (11.3) und (11.6) gewonnenen Aussagen folgendermaßen formulieren:

(11.11) Anmerkungen

a) Im Beispiel (11.3) bilden die Gewinnstände X_n zusammen mit den σ-Algebren $\mathcal{S}_n$ ein Martingal (bzw. ein Submartingal), falls $EZ_n = 0$ (bzw. $EZ_n > 0$) gilt. In diesem Sinn kann also ein Martingal (bzw. ein Submartingal) als Modell für ein „faires" Spiel (bzw. ein für den Spieler günstiges Spiel) angesehen werden.

Mit den Bezeichnungen $\mathcal{S}_T = (\mathcal{S}_t)_{t \in T}, \mathcal{S}_t = \sigma(\bigcup_{r \in T, r \leq t} X_r^{-1}(\mathbb{B}^1))$ gilt

b) Für jeden homogenen Poisson-Prozeß X_T ist $(X_T, \mathcal{S}_T)$ ein Submartingal.

c) Für jeden Wiener-Prozeß X_T ist $(X_T, \mathcal{S}_T)$ ein Martingal.

---

[2] X_T^+ bzw. $|X_T|$ bezeichnen die durch $(\Omega, \mathcal{S}, P, (X_t^+)_{t \in T})$ bzw. $(\Omega, \mathcal{S}, P, (|X_t|)_{t \in T})$ definierten stochastischen Prozesse.

11.3 Stopregeln

Im Beispiel (11.3) möge der Spieler A entscheiden können, das Spiel in einem (z.B. ihm „günstig" erscheinenden) Zeitpunkt zu beenden. Diese Entscheidung wird dann i.a. von dem bisherigen (zufallsbedingten) Spielverlauf oder von anderen spielbeeinflussenden Ereignissen abhängen. Regeln zur Festlegung des Spielendes werden wir dabei *Stopregeln* nennen.

(11.12) Beispiele

(1) Der Spieler entschließt sich zu Beginn, das Spiel nach n_0 „Runden" zu beenden. Hier ist also der „Stopzeitpunkt" $\tau_{(1)}$ unabhängig vom Spielverlauf stets gleich n_0.

(2) Der Spieler gibt sich einen Betrag G vor und beschließt, das Spiel zu beenden, sobald sein Gewinnstand zum ersten Mal mindestens G beträgt, spätestens jedoch – falls er also nicht vorher den Betrag G erreicht hat – zum Zeitpunkt n_0 aufzuhören. Hier ist der Stopzeitpunkt $\tau_{(2)}$ zufällig; er hängt ab von den während des Spielverlaufs eintretenden Gewinnständen.

(3) Der Spieler besitze zu Beginn einen für das Spiel verfügbaren Geldbetrag $C \in \mathrm{I\!N}$. Dann wird er (gezwungenermaßen) das Spiel spätestens dann beenden müssen, wenn sein Gewinnstand auf $-C$ gefallen ist. Gibt er sich außerdem einen Betrag $G \in \mathrm{I\!N}$ vor, nach dessen Erreichen oder Überschreiten er das Spiel beenden will, so ergibt sich in diesem Fall – wenn überhaupt gestoppt wird – als (zufälliger) Stopzeitpunkt $\tau_{(3)}$ der erste Zeitpunkt, in dem sein Gewinnstand entweder auf mindestens G ansteigt oder auf $-C$ absinkt. $\square$

In diesen Beispielen ist klar, daß die Entscheidung, das Spiel gemäß der gewählten Stopregel im Zeitpunkt n zu beenden, nur von Ereignissen abhängt, die bis zu diesem Zeitpunkt n eintreten können: Bezeichnet man den zugrundeliegenden Ereignisraum mit Ω, so ergibt sich formal für die in (11.12) betrachteten Stopregeln

(1) $\tau_{(1)}(\omega) = n_0$ für alle $\omega \in \Omega$.
(2) $\tau_{(2)}(\omega) = \min\{n_0, \inf\{n \in \mathrm{I\!N} : X_n(\omega) \geq G\}\}$, wobei $\inf \emptyset = \infty$.
(3) $\tau_{(3)}(\omega) = \inf\{n \in \mathrm{I\!N} : X_n(\omega) \geq G$ oder $X_n(\omega) \leq -C\}$.

$\tau_{(1)}$ und $\tau_{(2)}$ sind also Abbildungen von Ω in $\mathrm{I\!N}$, während $\tau_{(3)}$ auch den Wert ∞ annehmen kann.

Da man generell davon ausgehen muß, daß man nicht in die Zukunft sehen und daher seine *gegenwärtigen* Entscheidungen nicht von dem Resultat *zukünftiger* Erfahrungen abhängen lassen kann, wird man allgemein von Stopzeiten fordern, daß sie nur von den bis zum Stopzeitpunkt möglichen Ereignissen abhängen dürfen. Diese Bemerkungen legen die folgende allgemeine Definition nahe:

(11.13) Definition

> *Es seien $(\Omega, \mathcal{S}, P)$ ein W-Raum, $T \subset \mathbb{R}^1$ und $\mathcal{S}_T = (\mathcal{S}_t)_{t \in T}$ eine isotone Familie von Unter-σ-Algebren von $\mathcal{S}$.*
>
> a) *Eine Abbildung $\tau : \Omega \to T \cup \{\infty\}$ heißt Stopzeit (bzgl. $\mathcal{S}_T$), wenn für alle $t \in T$ gilt $\{\tau \leq t\} \in \mathcal{S}_t$.*
>
> b) *Eine Stopzeit τ heißt Stopregel, falls $P(\{\tau < \infty\}) = 1$ gilt.*
>
> c) *Eine Stopregel τ heißt beschränkt, wenn ein $k \in \mathbb{N}$ existiert mit $\{\tau \leq k\} = \Omega$.*

Die in der Definition einer Stopzeit τ auftretende Bedingung $\{\tau \leq t\} \in \mathcal{S}_t$ ist die mathematische Präzisierung dessen, daß die Entscheidung, spätestens im Zeitpunkt t zu stoppen, nur von dem bis zu diesem Zeitpunkt möglichen Geschehen – das ja durch $\mathcal{S}_t$ repräsentiert wird – abhängen darf, daß also in diesem Sinne *kein Vorgriff auf die Zukunft* stattfindet. An dieser allgemeinen Interpretation erkennt man auch, daß Stopregeln nicht nur bei so nebensächlichen Beispielen wie (11.3), sondern auch bei wichtigen Anwendungsproblemen wie z.B. sequentiellen Verfahren auftreten.

Da es für die Praxis kaum sinnvoll ist, ein Experiment unendlich oft zu wiederholen, liegt die bei einer Stopregel gestellte Bedingung nahe, daß (mit der W. 1) nach endlich vielen Schritten gestoppt wird. Im folgenden werden wir uns hauptsächlich mit Stopregeln beschäftigen.

Aus der Definition (11.13) ergeben sich sofort einige einfache Folgerungen:

(11.14) Anmerkungen
Es seien $(\Omega, \mathcal{S}, P)$ ein W-Raum, $T \subset \mathbb{R}^1, \mathcal{S}_T = (\mathcal{S}_t)_{t \in T}$ eine isotone Familie von Unter-σ-Algebren von $\mathcal{S}$ und τ eine Abbildung von Ω in $T \cup \{\infty\}$.

a) Ist τ eine Stopzeit, so ist τ $(\mathcal{S} - \overline{\mathbb{B}^1})$-meßbar.

b) Im Fall $T = \mathbb{N}$ gilt: τ ist eine Stopzeit genau dann, wenn für alle $n \in \mathbb{N}$ gilt $\{\tau = n\} \in \mathcal{S}_n$.

Beweis: a) Für jedes $t \in T$ gilt $\{\tau \leq t\} \in \mathcal{S}_t \subset \mathcal{S}$. Im Fall $\sup\{t \in T\} \notin T$ (sonst ist man ohnehin fertig) gilt für eine beliebige Folge $(t_i)_{i \in \mathbb{N}}$ in T mit $\lim_{i \to \infty} t_i = \sup\{t \in T\}$:

$$\{\tau < \infty\} = \bigcup_{i \in \mathbb{N}} \{\tau \leq t_i\} \in \mathcal{S}$$

und somit $\{\tau = \infty\} = \Omega \backslash \{\tau < \infty\} \in \mathcal{S}$. Daraus folgt die behauptete $(\mathcal{S} - \overline{\mathbb{B}^1})$-Meßbarkeit.

b) Ist τ eine Stopzeit, so folgt für jedes $n \in \mathbb{N}$

$$\{\tau = n\} = \{\tau \leq n\} \cap \{\tau \geq n\} = \{\tau \leq n\} \cap \{\tau \leq n - 1\}^c \in \mathcal{S}_n,$$

da $\{\tau \leq n\} \in \mathcal{S}_n$ und $\{\tau \leq n - 1\} \in \mathcal{S}_{n-1} \subset \mathcal{S}_n$.

Ist umgekehrt $\{\tau = n\} \in \mathcal{S}_n$ für jedes $n \in \mathbb{N}$, also auch $\{\tau = n\} \in \mathcal{S}_m$ für alle $m \in \mathbb{N}, m \geq n$, so ergibt sich

$$\{\tau \leq n\} = \bigcup_{j=1}^{n} \{\tau = j\} \in \mathcal{S}_n. \qquad \qquad \Box$$

Die folgende Aussage liefert eine Fülle von Beispielen von Stopregeln:

(11.15) Satz

Es seien $(\Omega, \mathcal{S}, P)$ ein W-Raum, $T \subset \mathbb{R}^1$ und $\mathcal{S}_T = (\mathcal{S}_t)_{t \in T}$ eine isotone Familie von Unter-σ-Algebren von $\mathcal{S}$.

a) *Für beliebiges $t_0 \in T$ gilt: Durch $\tau^{(t_0)}(\omega) = t_0 \; \forall \omega \in \Omega$ ist eine Stopregel $\tau^{(t_0)}$ definiert.*

b) *Sind τ und ρ Stopzeiten (bzw. Stopregeln), so sind auch $\min\{\tau, \rho\}$ und $\max\{\tau, \rho\}$ Stopzeiten (bzw. Stopregeln).*

c) *Es seien $T = \mathbb{N}$ und X_T ein stochastischer Prozeß mit dem Zustandsraum $(\mathcal{X}, \mathcal{B})$, so daß $\mathcal{S}_T$ adaptierend für X_T ist. Für jedes $B \in \mathcal{B}$ wird dann durch*

$$\tau_B(\omega) := \inf\{n \in \mathbb{N} : X_n(\omega) \in B\} \quad (\omega \in \Omega)$$

eine Stopzeit definiert [3].

---

[3] $\tau_B(\omega)$ gibt gerade den ersten Zeitpunkt an, in dem sich $X_n(\omega)$ in B befindet, und wird auch als ,,(Erst-)Eintrittszeit in B" bezeichnet.

Beweis: a) Aufgrund der Definition gilt $\tau^{(t_0)}(\omega) < \infty$ für alle $\omega \in \Omega$ und $\{\tau^{(t_0)} \leq t\} = \emptyset \in \mathcal{S}_t$ für $t < t_0$, $\{\tau^{(t_0)} \leq t\} = \Omega \in \mathcal{S}_t$ für $t \geq t_0$.
b) Für jedes $t \in T$ gilt:

$$\{\min\{\tau, \rho\} \leq t\} = \{\tau \leq t\} \cup \{\rho \leq t\}, \quad \{\max\{\tau, \rho\} \leq t\} = \{\tau \leq t\} \cap \{\rho \leq t\}.$$

Daraus folgt die Behauptung für Stopzeiten; für Stopregeln ergibt sie sich daraus, daß außerdem gilt $\{\min\{\tau, \rho\} < \infty\} = \{\tau < \infty\} \cup \{\rho < \infty\}$, $\{\max\{\tau, \rho\} < \infty\} = \{\tau < \infty\} \cap \{\rho < \infty\}$.

c) Für jedes $n \in \mathbb{N}$ gilt $\{\tau_B \leq n\} = \bigcup_{j=1}^{n} X_j^{-1}(B) \in \sigma(\bigcup_{j=1}^{n} X_j^{-1}(\mathcal{B})) \subset \mathcal{S}_n$. $\square$
Dieser Satz zeigt u.a., daß die in (11.12) eingeführten Zufallsgrößen tatsächlich Stopzeiten bzw. Stopregeln im Sinne unserer Definition sind. Mit den in (11.15) eingeführten Bezeichnungen gilt nämlich

$$\tau_{(1)} = \tau^{(n_0)}, \tau_{(2)} = \min\{\tau^{(n_0)}, \tau_{[G;\infty)}\}, \ \tau_{(3)} = \tau_{(-\infty;-C]\cup[G;\infty)}.$$

$\tau_{(1)}$ und $\tau_{(2)}$ sind beschränkte Stopregeln, während $\tau_{(3)}$ i.a. nur eine Stopzeit ist (es sei bereits bemerkt, daß in (11.26) eine hinreichende Bedingung dafür angegeben wird, daß $\tau_{(3)}$ eine Stopregel ist).

Nimmt man in der Situation des eingangs betrachteten Glücksspiels an, daß der Spieler eine bestimmte Stopregel τ gewählt hat, gemäß der er das Spiel abbricht, und beendet er daraufhin das Spiel in dem zufallsabhängigen Zeitpunkt $\tau(\omega) = n$, so beträgt sein endgültiger Gewinnstand $X_n(\omega)$. Die Benutzung der Stopregel S führt also zu

$$X_\tau(\omega) := \sum_{n=1}^{\infty} 1_{\{\tau=n\}}(\omega) \, X_n(\omega)$$

als zufälligem Gewinnstand bei Beendigung des Spiels; X_τ ist gleich X_n auf der Menge $\{\tau = n\}$; auf der Menge $\{\tau = \infty\}$, die ja für eine Stopregel ohnehin nur die W. 0 trägt, ist X_τ gleich 0.

(11.16) Anmerkung

$X_{\mathbb{N}}$ sei ein eindimensionaler stochastischer Prozeß mit der adaptierenden Familie $\mathcal{S}_{\mathbb{N}}$. Dann gilt für jede Stopregel τ (bzgl. $\mathcal{S}_{\mathbb{N}}$), daß

$$X_\tau(\omega) = \sum_{n=1}^{\infty} 1_{\{\tau=n\}}(\omega) \cdot X_n(\omega)$$

$(\mathcal{S} - \mathbb{B}^1)$-meßbar ist.

Beweis: Für beliebiges $B \in \mathbb{B}^1$ ergibt sich

$$X_\tau^{-1}(B) = \begin{cases} \bigcup_{n\in\mathbb{N}}(\{\tau = n\} \cap X_n^{-1}(B)) \cup \{\tau = \infty\} & \text{falls } 0 \in B \\ \bigcup_{n\in\mathbb{N}}(\{\tau = n\} \cap X_n^{-1}(B)) & \text{falls } 0 \notin B \end{cases}$$

Gemäß (11.4) gilt $\{\tau = \infty\} \in \mathcal{S}$; da ferner $\{\tau = n\} \cap X_n^{-1}(B) \in \mathcal{S}_n \subset \mathcal{S}$ für jedes $n \in \mathbb{N}$ gilt, folgt $X_\tau^{-1}(B) \in \mathcal{S}$. $\qquad\qquad\Box$

Für die konstanten Stopregeln $\tau^{(n)}$ gilt natürlich $X_{\tau^{(n)}} = X_n$ für jedes $n \in \mathbb{N}$. Ist also das Spiel „fair", so erhält der Spieler, falls er zu einem festen Zeitpunkt das Spiel beendet (d.h. eine Stopregel $\tau^{(n)}$ benutzt), als erwartete Auszahlung $E(X_{\tau^{(n)}}) = E(X_n) = 0$. Es stellt sich nun die Frage, ob der Spieler durch geschickte Wahl einer geeigneten Stopregel τ eine erwartete Auszahlung $E(X_\tau) > 0$ erreichen kann, was ja bedeuten würde, daß er durch geeignetes Beenden des Spiels im Erwartungswert einen Gewinn erzielen könnte.

11.4 · Gestoppte Martingale

Der folgende Satz behandelt dieses Problem im allgemeineren Rahmen der Submartingale; Aussagen dieses Typs werden auch als Sätze über „optional sampling/stopping" bezeichnet - damit wird darauf hingewiesen, daß die Beobachtungsanzahl im „Belieben" des Beobachters steht.

(11.17) Satz (Optional sampling-Theorem für beschränkte Stopregeln)
    $(X_{\mathbb{N}}, \mathcal{S}_{\mathbb{N}})$ *sei ein Submartingal; τ sei eine beschränkte Stopregel (bzgl. $\mathcal{S}_{\mathbb{N}}$). Dann ist X_τ integrierbar, und für jede Stopregel ρ mit $\rho \leq \tau$ gilt*

$$E(X_\rho) \leq E(X_\tau).$$

Beweis: Es sei $k \in \mathbb{N}$ mit $\{\tau \leq k\} = \Omega$ gewählt. Dann gilt $|X_\tau| = \sum_{j=1}^{k} 1_{\{\tau = j\}} \cdot |X_j| \leq \sum_{j=1}^{k} |X_j|$, also $E(|X_\tau|) \leq \sum_{j=1}^{k} E(|X_j|) < \infty$, da sämtliche X_j integrierbar sind. Wegen $\rho \leq \tau$ ist auch ρ eine beschränkte Stopregel, und somit ist X_ρ integrierbar.

(i) Der Fall $\tau - \rho \leq 1$: Für $j \leq k - 1$ gilt

$$A_j := \{\rho = j\} \cap \{\tau > j\} = \{\rho = j\} \cap \{\tau = j + 1\};$$

daher folgt

$$E(X_\tau) - E(X_\rho) = \int (X_\tau - X_\rho)\, dP = \int_{\tau > \rho} (X_\tau - X_\rho)\, dP$$

$$= \sum_{j=1}^{k-1} \int_{A_j} (X_\tau - X_\rho)\, dP = \sum_{j=1}^{k-1} \int_{A_j} (X_{j+1} - X_j)\, dP.$$

Nun gilt $\{\rho = j\} \in \mathcal{S}_j$ gemäß (11.14)(b) und $\{\tau > j\} = \{\tau \le j\}^c \in \mathcal{S}_j$ nach der Definition einer Stopzeit, also $A_j \in \mathcal{S}_j$. Daraus folgt

$$\int_{A_j} X_{j+1}\, dP = \int_{A_j} E(X_{j+1}|X_j)\, dP \ge \int_{A_j} X_j\, dP,$$

da $X_{\mathbb{N}}$ ein Submartingal ist, also $\sum_{j=1}^{k-1} \int_{A_j} (X_{j+1} - X_j)\, dP \ge 0$. Dies beweist die Behauptung im Fall (i).

(ii) Definiert man im allgemeinen Fall für $j \le k$ $\rho_j := \min\{\tau, \rho + \tau^{(j)}\}$, so ist jedes ρ_j eine beschränkte Stopregel. Offensichtlich gilt $\rho \le \rho_1 \le \rho_2 \le \ldots \le \rho_k \le \tau$ und $\rho_1 - \rho \le 1$, $\tau - \rho_k \le 1$, $\rho_{j+1} - \rho_j \le 1$, $1 \le j \le k - 1$. Es läßt sich also der Fall (i) anwenden und es ergibt sich

$$E(X_\rho) \le E(X_{\rho_1}) \le E(X_{\rho_2}) \le \ldots \le E(X_{\rho_k}) \le E(X_\tau). \qquad \square$$

Dieser Satz erlaubt es nun, für Martingale eine erste Antwort auf die anfangs gestellte Frage zu geben:

(11.18) Korollar

$(X_{\mathbb{N}}, \mathcal{S}_{\mathbb{N}})$ sei ein Martingal. Dann gilt für jede beschränkte Stopzeit τ

$$E(X_\tau) = E(X_1).$$

Beweis: Nach der Definition (11.7) sind $(X_{\mathbb{N}}, \mathcal{S}_{\mathbb{N}})$ und $(-X_{\mathbb{N}}, \mathcal{S}_{\mathbb{N}})$ Submartingale, ferner gilt $\tau^{(1)} \le \tau$. Aus (11.17) folgt daher $E(X_1) = E(X_{\tau^{(1)}}) \le E(X_\tau)$ und $-E(X_1) = -E(X_{\tau^{(1)}}) \le -E(X_\tau)$, also $E(X_1) = E(X_\tau)$. $\qquad \square$

Hiermit ist insbesondere gezeigt, daß bei einem „fairen Spiel" für jede beschränkte Stopregel τ gilt $E(X_\tau) = 0$. Zwar dürften wohl nur diese beschränkten Stopzeiten von praktischem Interesse sein, da einem „Spieler" (Experimentator) nur eine beschränkte Zeit zur Durchführung von „Spielen" (Experimenten) zur Verfügung steht, es sei jedoch angemerkt, daß es Beispiele für Martingale $(X_{\mathbb{N}}, \mathcal{S}_{\mathbb{N}})$ und $-$ notwendigerweise nicht beschränkte - Stopregeln τ mit $E(X_\tau) \ne E(X_1)$ gibt:

(11.19) Beispiel („Petersburger Paradoxon")

Es wird ein einfaches „faires Roulette" betrachtet: $Z_n, n \in \mathbb{N}$, seien stochastisch unabhängige, $\mathcal{B}(1, 1/2)$-verteilte Zufallsgrößen (wobei $Z_n = 0$ als „Rouge" und $Z_n = 1$ als „Noir" in der n-ten Spielrunde interpretiert werde). Bei Einsatz des Betrags C_n (auf „Noir") sei die Auszahlung 0, falls $Z_n = 0$, und $2C_n$, falls $Z_n = 1$, d.h. der jeweilige Gewinn ist

$$
Y_n = \begin{cases} -C_n & Z_n = 0 \\[1mm] & \text{falls} \\[1mm] C_n & Z_n = 1. \end{cases}
$$

Es werden nun die Stopzeit $\tau := \inf\{n \in \mathbb{N} : Z_n = 1\}$, ($\tau = \infty$, falls $\{\ldots\} = \emptyset$) und die Einsätze $C_n := 2^{n-1}, n \in \mathbb{N}$, betrachtet (d.h. man verdoppelt jeweils den Einsatz). Dann gilt zum einen

$$
P(\tau < \infty) = \sum_{n=1}^{\infty} 2^{-n} = 1,
$$

d.h. τ ist eine Stopregel, zum anderen ergibt sich für $\mathcal{S}_n = \sigma(\bigcup_{j=1}^{n} Y_j^{-1}(\mathbb{B}^1))$ wegen der stochastischen Unabhängigkeit der Z_n

$$
E(Y_{n+1}|\mathcal{S}_n) = 0 \qquad \forall n \in \mathbb{N}
$$

und somit für die Gewinnstände $X_n := \sum_{j=1}^{n} Y_j$

$$
E(X_{n+1}|\mathcal{S}_n) = E(X_n|\mathcal{S}_n) + E(Y_{n+1}|\mathcal{S}_n) = X_n \qquad P\text{-f.s.},
$$

d.h. $(X_{\mathbb{N}}, \mathcal{S}_{\mathbb{N}})$ ist ein Martingal mit $E(X_1) = 0$. Es folgt aber

$$
E(X_\tau) = E(\sum_{n=1}^{\infty} X_n \cdot 1_{\{\tau=n\}}) = \sum_{n=1}^{\infty} E(\sum_{j=1}^{n} Y_j \, 1_{\{\tau=n\}}),
$$

wobei auf $\{\tau = n\}$

$$
\sum_{j=1}^{n} Y_j = -\sum_{i=1}^{n-1} 2^{i-1} + 2^{n-1} = 1
$$

gilt, und somit $E(X_\tau) = 1 > E(X_1)$. $\qquad\qquad\qquad\qquad\qquad\qquad\qquad$ □

Um die Nützlichkeit des Satzes (11.17) zu illustrieren, werden im folgenden als Anwendungen zwei Ungleichungen bewiesen, welche wesentliche Verschärfungen der Markoff'schen Ungleichung (s. (3.29)) darstellen.

(11.20) Satz (Extremumsungleichungen von Doob)

Es seien $(X_{\mathbb{N}}, \mathcal{S}_{\mathbb{N}})$ ein Submartingal und $\lambda > 0$. Dann gilt für jedes $n \in \mathbb{N}$:

(i) $P(\{\max_{1 \le j \le n} X_j \ge \lambda\}) \le \dfrac{1}{\lambda} E(X_n^+)$

(ii) $P(\{\min_{1 \le j \le n} X_j \le -\lambda\}) \le \dfrac{1}{\lambda}(E(X_n^+) - E(X_1))$.

Beweis: (i) Durch $\tau := \min\{\tau^{(n)}, \tau_{[\lambda;\infty)}\}$, d.h. $\tau(\omega) = \min\{n, \inf\{j \in \mathbb{N} : X_j(\omega) \ge \lambda\}\}$ wird gemäß (11.15) eine (durch n) beschränkte Stopregel definiert. (11.17) angewandt auf τ und $\tau^{(n)}$ ergibt $E(X_\tau) \le E(X_{\tau^{(n)}}) = E(X_n)$. Nach der Definition von τ gilt $X_\tau(\omega) \ge \lambda$ für $\omega \in \{\max_{1 \le j \le n} X_j \ge \lambda\} =: A$ und $\tau(\omega) = n$ für $\omega \in \{\max_{1 \le k \le n} X_j < \lambda\} = A^c$. Daraus folgt

$$E(X_\tau) = \int_A X_\tau dP + \int_{A^c} X_\tau dP \ge \lambda \cdot P(A) + \int_{A^c} X_n \, dP.$$

Insgesamt ergibt sich $\lambda \cdot P(A) \le E(X_n) - \int_{A^c} X_n \, dP = \int_A X_n \, dP \le E(X_n^+)$, also

$$P(\{\max_{1 \le j \le n} X_j \ge \lambda\}) \le \frac{1}{\lambda} E(X_n^+).$$

(ii) Ähnlich wie in (i) werde eine Stopzeit τ' durch $\tau' := \min\{\tau^{(n)}, \tau_{(-\infty;\lambda]}\}$ definiert. τ' ist wiederum eine beschränkte Stopregel, und (11.17) angewandt auf $\tau^{(1)}$ und τ' ergibt $E(X_1) = E(X_{\tau^{(1)}}) \le E(X_{\tau'})$. Nach der Definition von τ' gilt $X_{\tau'}(\omega) \le -\lambda$ für $\omega \in \{\min_{1 \le j \le n} X_j \le -\lambda\} =: A'$ und $\tau'(\omega) = n$ für $\omega \in \{\min_{1 \le j \le n} X_j > -\lambda\} = (A')^c$. Daraus folgt

$$\begin{aligned} E(X_{\tau'}) &= \int_{A'} X_{\tau'} dP + \int_{(A')^c} X_{\tau'} dP \le -\lambda \cdot P(A') + \int_{(A')^c} X_n \, dP \\ &\le -\lambda \cdot P(A') + E(X_n^+), \end{aligned}$$

also insgesamt $E(X_1) \le E(X_{\tau'}) \le -\lambda \cdot P(\{\min_{n \in \mathbb{N}_n} X_j \le -\lambda\}) + E(X_n^+)$, und somit die Behauptung. $\square$

Aus dieser Aussage erhält man u.a. einen weiteren Beweis für die Ungleichung von Kolmogoroff (5.7):

(11.21) Satz (Ungleichung von Kolmogoroff)

Es sei $(X_n)_{n \in \mathbb{N}}$ eine stochastisch unabhängige Folge von reellwertigen Zufallsgrößen mit $E(X_n) = 0, E(X_n^2) < \infty (n \in \mathbb{N})$; setzt man

$S_n := \sum_{j=1}^n X_j$, so gilt für jedes $\lambda > 0$ und $n \in \mathbb{N}$

$$P(\{\max_{1 \leq j \leq n} |S_j| \geq \lambda\}) \leq \frac{1}{\lambda^2} \sum_{j=1}^n E(X_j^2).$$

Beweis: Gemäß (11.4) ist $(S_n)_{n \in \mathbb{N}}$ ein Martingal bzgl. der kanonischen Filtration; aus (11.8)(iii) folgert man, daß $(S_n^2)_{n \in \mathbb{N}}$ ein Submartingal bzgl. dieser Familie von σ-Algebren ist. Wendet man nun (11.20) auf dieses Submartingal an, so ergibt sich:

$$P(\{\max_{1 \leq j \leq n} S_j^2 \geq \lambda^2\}) \leq \frac{1}{\lambda^2} E((S_n^2)^+) = \frac{1}{\lambda^2} E(S_n^2).$$

Wegen $\{\max_{1 \leq j \leq n} S_j^2 \geq \lambda^2\} = \{\max_{1 \leq j \leq n} |S_j| \geq \lambda\}$ und $E(S_n^2) = Var S_n = \sum_{j=1}^n Var X_j = \sum_{j=1}^n E(X_j^2)$ folgt somit die Behauptung.   □

Als eine weitere Folgerung aus (11.18) ergibt sich

(11.22) Satz (Spezialfälle der Waldschen Gleichungen)
Es seien $(Z_n)_{n \in \mathbb{N}}$ eine stochastisch unabhängige Folge von identisch verteilten integrablen Zufallsgrößen, $X_n := \sum_{i=1}^n Z_i$ und τ eine beschränkte Stopregel bzgl. der kanonischen Filtration. Dann gilt:

(i) X_τ ist integrabel und besitzt den Erwartungswert

$$E(X_\tau) = E(\tau)\, E(Z_1). \qquad \text{(1. Waldsche Gleichung)}.$$

(ii) Existiert überdies $E(Z_1^2)$ und gilt $E(Z_1) = 0$, so existiert auch $E(X_\tau^2)$ und es gilt

$$E(X_\tau^2) = E(\tau)\, E(Z_1^2) \qquad \text{(2. Waldsche Gleichung)}.$$

Beweis: (i) Nach (11.3) bilden die $X_n - nE(Z_1), n \in \mathbb{N}$, ein Martingal; das Korollar (11.18) liefert daher

$$0 = E(X_1 - E(X_1)) = E(X_\tau - \tau\, E(Z_1)) = E(X_\tau) - E(\tau)\, E(Z_1).$$

(ii) Wegen der Existenz von $E(Z_1^2)$ existieren die $E(X_n^2), n \in \mathbb{N}$, wobei wegen der stochastischen Unabhängigkeit der Z_n und $E(Z_1) = 0$ folgt

$$E(X_n^2) = n\, E(Z_1^2);$$

die $X_n^2 - nE(Z_1^2)$ bilden somit ein Martingal, und (11.18) liefert die gewünschte Aussage. $\qquad\square$

Es sei angemerkt, daß man mit anderen Methoden die o.a. Waldschen Gleichungen allgemeiner für beliebige integrable Stopregeln τ beweisen kann (vgl. Aufgabe XI.5).

Will man auch für unbeschränkte Stopregeln ein Optional sampling-Theorem beweisen, so benötigt man – wie das Beispiel (11.19) zeigt – geeignete Zusatzvoraussetzungen. Die folgende Aussage enthält eine solche Voraussetzung.

(11.23) Satz (Optional sampling-Theorem)

$(X_{\mathrm{IN}}, \mathcal{S}_{\mathrm{IN}})$ sei ein Submartingal, τ sei eine Stopregel, für die $E(X_\tau)$ existiert, und es gelte

$$\lim_{n\to\infty} \int_{\{\tau>n\}} |X_n| dP = 0.$$

Dann folgt $E(X_\tau) \geq E(X_1)$.

Beweis: Für die beschränkte Stopregel $\min\{\tau,n\}$ kann man (11.17) anwenden; man erhält daher

$$E(X_1) \leq E(X_{\min\{\tau,n\}}) = \int_{\{\tau\leq n\}} X_\tau dP + \int_{\{\tau>n\}} X_n \, dP$$

$$\xrightarrow[n\to\infty]{} \int_{\{\tau<\infty\}} X_\tau dP + 0 = EX_\tau. \qquad\square$$

Insbesondere folgt also, daß unter den Voraussetzungen aus (11.23) für *Martingale* gilt

$$E(X_\tau) = E(X_1).$$

Im „Petersburger Paradoxon" (11.19) gilt einerseits $P(\{\tau>n\}) = 2^{-n}$ und andererseits $X_n = -2^n + 1$ auf $\{\tau>n\}$; wegen

$$\int_{\{\tau>n\}} |X_n| dP = 1 - 2^{-n} \xrightarrow[n\to\infty]{} 1$$

ist also die zweite Bedingung aus (11.23) nicht erfüllt.

Aufgrund des Optional sampling-Theorems (11.23) liegt es nahe, nach Bedingungen an die Folge X_{IN} zu fragen, die für *jede* Stopregel die Voraussetzungen von (11.23) sichern. Hierzu erweist sich die folgende Begriffsbildung als nützlich:

(11.24) Definition

Eine Folge $(X_n)_{n\in\mathbb{N}}$ von Zufallsgrößen heißt gleichgradig integrierbar, *falls gilt*

$$\sup_{n\in\mathbb{N}} \int |X_n|\, 1_{\{|X_n|\geq c\}}\,dP \xrightarrow[c\to\infty]{} 0.$$

Es gilt nämlich

(11.25) Satz

Es seien $X_{\mathbb{N}}$ ein eindimensionaler, gleichgradig integrabler stochastischer Prozeß und $S_{\mathbb{N}}$ eine adaptierende Familie für $X_{\mathbb{N}}$. Dann gilt für jede Stopregel τ

(i) $E(X_\tau)$ existiert   *(ii) $\lim_{n\to\infty}\int_{\{\tau>n\}}|X_n|\,dP = 0$.*

Beweis: (i) Es gilt für jedes $c\in\mathbb{R}$

$$\begin{aligned}
E(|X_\tau|) &= \sum_{n=1}^{\infty}\int_{\{\tau=n\}}|X_n|\,dP\\[2mm]
&= \sum_{n=1}^{\infty}\int_{\{\tau=n,|X_n|<c\}}|X_n|dP + \sum_{n=1}^{\infty}\int_{\{\tau=n,|X_n|\geq c\}}|X_n|dP\\[2mm]
&\leq \sum_{n=1}^{\infty}\int_{\{\tau=n\}}c\,dP + \sum_{n=1}^{\infty}\int_{\{\tau=n\}}|X_n|\,1_{\{|X_n|\geq c\}}dP\\[2mm]
&\leq c + \sup_{n\in\mathbb{N}}\int |X_n|\,1_{\{|X_n|\geq c\}}dP,
\end{aligned}$$

wobei der letzte Term für hinreichend großes c endlich ist; also folgt (i).
(ii) Für beliebiges $\varepsilon>0$ gilt

$$\int_{\{\tau>n\}}|X_n|dP \leq \int_{\{\tau>n\}}|X_n|\,1_{\{|X_n|<c\}}dP + \sup_{n\in\mathbb{N}}\int |X_n|\,1_{\{|X_n|\geq c\}}dP,$$

wobei der letzte Term wegen der gleichgradigen Integrierbarkeit für hinreichend großes $c = c(\varepsilon)$ kleiner als $\varepsilon/2$ ist

$$\leq c(\varepsilon)\,P(\tau>n) + \varepsilon/2.$$

Da τ eine Stopregel ist, gilt $P(\tau>n(\varepsilon)) \leq \frac{\varepsilon}{2c(\varepsilon)}$ für hinreichend großes $n(\varepsilon)$; also folgt

$$\lim_{n\to\infty}\int_{\{\tau>n\}}|X_n|\,dP = 0. \qquad\qquad \square$$

Beim „Petersburger Paradoxon" (11.19) ist die gleichgradige Integrierbarkeit (natürlich) nicht gegeben. Diese Eigenschaft liegt jedoch insbesondere dann vor, wenn die $|X_n|$ durch eine integrable Funktion X majorisiert werden; dann gilt nämlich

$$\sup_{n \in \mathbb{N}} \int |X_n|\, 1_{\{|X_n| \geq c\}}\, dP \leq \int X\, 1_{\{X \geq c\}}\, dP \xrightarrow[c \to \infty]{} 0.$$

Daher sind z.B. alle *beschränkten* Folgen $(X_n)_{n \in \mathbb{N}}$ gleichgradig integrierbar.

Für eine Anwendung des Optional sampling-Theorems greifen wir nochmals die eingangs (in (11.3)/(11.12)) betrachteten Gewinnstände bei einem fairen Glücksspiel auf[4]:

(11.26) Beispiel („Ruinwahrscheinlichkeiten")

Wie in (11.3)/(11.12) seien $(Z_n)_{n \in \mathbb{N}}$ eine stochastisch unabhängige Folge von identisch verteilten Zufallsgrößen mit

$$P(Z_n = 1) = P(Z_n = -1) = 1/2 \qquad \text{für alle } n \in \mathbb{N},$$

$X_n := \sum_{i=1}^{n} Z_i$ der Gewinnstand nach dem n-ten Spiel und $(\mathcal{S}_n)_{n \in \mathbb{N}}$ die kanonische Filtration. Gemäß (11.3)/(11.4) ist $(X_{\mathbb{N}}, \mathcal{S}_{\mathbb{N}})$ ein Martingal. Es wird nun die Stopzeit

$$\tau_{(3)} = \inf\{n \in \mathbb{N} : X_n \geq G \text{ oder } X_n \leq -C\}, \ \inf \emptyset = \infty,$$

untersucht, bei der gestoppt wird, wenn entweder das Anfangskapital C aufgebraucht oder der Zielbetrag G erreicht ist. Hier liegen die Fragen nahe

(1) Wird der Gewinnstand (mit der W. 1) jemals entweder mindestens den Betrag G erreichen oder auf $-C$ (oder weniger) absinken, d.h. ist $\tau_{(3)}$ eine Stopregel?

(2) Mit welcher W. wird der Spieler ruiniert, d.h. das Spiel mit $\tau_{(3)} = -C$ beendet?

Entsprechende Fragen ergeben sich auch bei anderen Irrfahrten mit *absorbierenden Grenzen* (hier G und $-C$).

Der folgende allgemeine Satz zeigt, daß die Frage (1) positiv zu beantworten ist:

---

[4]Mit diesem „Glücksspiel" behandeln wir einen (besonders anschaulichen) Spezialfall von *Irrfahrts-* bzw. *Verzweigungsprozessen*, die in der Physik und in den Biowissenschaften eine wichtige Rolle spielen.

(11.27) Satz (Ch. Stein)

*Es seien $(Z_n)_{n \in \mathbb{N}}$ eine stochastisch unabhängige Folge identisch ver-
teilter Zufallsgrößen mit $EZ_1 = 0$ und $P(\{Z_1 > 0\}) > 0$, $X_n :=
\sum_{j=1}^{n} Z_j$ für $n \in \mathbb{N}$ und $\alpha, \beta \in \mathbb{R}_+^1$ mit $\alpha \leq 0 \leq \beta$; ferner sei
$\tau := \tau_{(-\infty;\alpha] \cup [\beta;\infty)}$, d.h. $\tau = \inf\{j \in \mathbb{N} : X_j \leq \alpha \text{ oder } X_j \geq \beta\}$.
Dann existieren $\gamma \in \mathbb{R}^1$ mit $0 < \gamma < 1$ und $c \in \mathbb{R}_+^1$, so daß für alle
$n \in \mathbb{N}$ gilt*

$$(\star) \qquad P(\tau > n) \leq c \cdot \gamma^n,$$

und es ist $P(\tau < \infty) = 1$.

Beweis: Wegen $P(\{Z_1 > 0\}) = \lim_{\varepsilon \downarrow 0} P(\{X_1 \geq \varepsilon\})$ existiert ein $\varepsilon > 0$ mit
$P(X_1 \geq \varepsilon) =: \delta > 0$. Für alle $m, n \in \mathbb{N}$ gilt nun

$$\{|Z_n + Z_{n+1} + \ldots + Z_{n+m-1}| \geq m \cdot \varepsilon\} \supset \bigcap_{j=n}^{n+m-1} \{Z_j \geq \varepsilon\};$$

da die $Z_n (n \in \mathbb{N})$ stochastisch unabhängig und identisch verteilt sind, folgt
somit

$$P(\{|Z_n + Z_{n+1} + \ldots + Z_{n+m-1}| \geq m \cdot \varepsilon\})$$
$$\geq P(\bigcap_{j=n}^{n+m-1} \{Z_j \geq \varepsilon\}) = \prod_{j=n}^{n+m-1} P(Z_j \geq \varepsilon) = \delta^m.$$

Es werde nun ein $m^\star \in \mathbb{N}$ mit $m^\star \cdot \varepsilon \geq \beta - \alpha$ gewählt. Da für jedes $n \in
\mathbb{N}$ die Vektoren $(X_1, \ldots, X_{n \cdot m^\star})$ und $(Z_{n \cdot m^\star + 1}, \ldots, Z_{(n+1)m^\star})$ stochastisch
unabhängig sind, folgt durch vollständige Induktion

$$P(\bigcap_{j=1}^{n \cdot m^\star} \{X_j \in (\alpha, \beta)\}) \leq (1 - \delta^{m^\star})^n.$$

Setzt man also $\gamma := \max\{(1 - \delta^{m^\star})^{1/m^\star}, 1/2\}$ und $c := \gamma^{-m^\star}$, so gilt $0 <
\gamma < 1$ und $c \in \mathbb{R}_+^1$ und es folgt

$$P(\tau > n) = P(\bigcap_{j=1}^{n} \{X_j \in (\alpha, \beta)\}) \leq c\gamma^n,$$

da für $n \leq m^\star$ gilt $c\gamma^n = \gamma^{n-m^\star} \geq 1$ und für $n > m^\star$

$$P(\bigcap_{j=1}^{n} \{X_j \in (\alpha, \beta)\}) \leq P(\bigcap_{j=1}^{[\frac{n}{m^\star}]m^\star} \{X_j \in (\alpha, \beta)\})$$
$$\leq (1 - \delta^{m^\star})^{[\frac{n}{m^\star}]} \leq \gamma^{[\frac{n}{m^\star}]m^\star} \leq \gamma^{n-m^\star} = c\gamma^n.$$

Hieraus erhält man insbesondere

$$P(\tau < \infty) = 1 - \lim_{n \to \infty} P(\tau > n) \geq 1 - \lim_{n \to \infty} c\gamma^n = 1. \qquad \square$$

Stopregeln τ mit der Eigenschaft $(\star)$ heißen auch *exponentiell beschränkt*; diese sind zwar i.a. *nicht* beschränkt, „große" Werte von τ treten aber mit so kleinen W. auf, daß sogar beliebige Momente von τ existieren:

(11.28) Satz

Es seien τ eine exponentiell beschränkte Stopregel und $k \in \mathbb{N}$ beliebig. Dann existiert $E(\tau^k)$.

Beweis: Da die Potenzreihe $\sum_{n=1}^{\infty} \gamma^n$ für $|\gamma| < 1$ beliebig oft differenzierbar ist, ergibt sich

$$\begin{aligned} E(\tau^k) &= \sum_{n=1}^{\infty} n^k \, P(\tau = n) \leq \sum_{n=1}^{\infty} n^k \, P(\tau > n - 1) \\ &\leq c \sum_{n=1}^{\infty} n^k \, \gamma^{n-1} < \infty. \qquad \square \end{aligned}$$

In dem Beispiel (11.26) erfüllen die Z_n offensichtlich die Voraussetzung von (11.27), und somit folgt $P(\tau_{(3)} < \infty) = 1$; mit der W. 1 erreicht der Spieler entweder den angestrebten Gewinn G oder verliert vorher sein Anfangskapital C.

Zur Beantwortung der Frage (2) merken wir an, daß einerseits $X_{\tau(3)}$ und andererseits $|X_n|1_{\{\tau(3)>n\}}$ durch $\max\{C, G\}$ beschränkt ist; aufgrund des Optional sampling-Theorems (11.23) folgt also

$$E(X_{\tau(3)}) = E(X_1) = 0.$$

Dabei gilt

$$E(X_{\tau(3)}) = G \cdot P(X_{\tau(3)} = G) - C \cdot P(X_{\tau(3)} = -C).$$

Insgesamt erhält man also

$$0 = G(1 - P(X_{\tau(3)} = -C)) - C\, P(X_{\tau(3)} = -C),$$

d.h. bei einem Startkapital C ist der Spieler mit der Wahrscheinlichkeit $G/(G + C)$ vor dem Erreichen des angestrebten Gewinnstands G *ruiniert*, mit der Wahrscheinlichkeit $C/(G + C)$ gelingt es ihm, G zu erreichen.

11.5 Konvergenz von Martingalen

Im Satz (11.9) wurde eine spezielle Klasse von Martingalen angegeben: Sind X eine auf dem W-Raum $(\Omega, \mathcal{S}, P)$ definierte reellwertige integrierbare Zufallsgröße, $\mathcal{S}_T = (\mathcal{S}_t)_{t \in T}$ eine isotone Familie von Unter-σ-Algebren von $\mathcal{S}$ und X_t eine Version des bedingten Erwartungswertes von X unter $\mathcal{S}_t$, so ist $(X_T, \mathcal{S}_T)$ mit $X_T = (\Omega, \mathcal{S}, P, (X_t)_{t \in T})$ ein Martingal. Nach der Interpretation von bedingten Erwartungswerten sind die X_t hierbei "Vergröberungen" von X, die bzgl. der Mengen aus $\mathcal{S}_t$ dieselben "Mittelwerte" (Integrale) liefern wie X. Da $\mathcal{S}_T$ eine isotone Familie von Unter-σ-Algebren von $\mathcal{S}$ ist, wird die "Vergröberung" mit wachsendem $t \in T$ immer geringer. Man wird daher vermuten, daß die X_t der Ausgangsfunktion X mit wachsendem t immer "ähnlicher" werden. Zur Illustration sei ein einfaches Beispiel angegeben, in dem man die X_t explizit bestimmen kann:

(11.29) Beispiel

Es seien $(\Omega, \mathcal{S}, P) = ([0; 1), [0; 1] \cap I\!\!B^1, \lambda^1 | [0; 1) \cap I\!\!B^1), T = I\!\!N$ und $\mathcal{S}_{I\!\!N} = (\mathcal{S}_n)_{n \in I\!\!N}$ definiert durch $\mathcal{S}_n := \sigma(\{[(k-1) \cdot 2^{-n}; k \cdot 2^{-n}) : 1 \leq k \leq 2^n\})$; dann ist $\mathcal{S}_{I\!\!N}$ offensichtlich eine isotone Familie von Unter-σ-Algebren $\mathcal{S}_n$ von $\mathcal{S}$. Es sei ferner $X : \Omega \to I\!\!R^1$ eine stetige, beschränkte Funktion. In diesem Fall kann man recht leicht Versionen von $E(X|\mathcal{S}_n)$ angeben: Entsprechend zu (4.73) ergibt sich nämlich

$$
\begin{aligned}
E(X|\mathcal{S}_n) &= \sum_{k=1}^{2^n} E(X|[(k-1) \cdot 2^{-n}; k \cdot 2^{-n})) \cdot 1_{[(k-1)\cdot 2^{-n}; k \cdot 2^{-n})} \\
&= \sum_{k=1}^{2^n} 2^n \left[\int_{(k-1)\cdot 2^{-n}}^{k \cdot 2^{-n}} X(z)dz \right] 1_{[(k-1)\cdot 2^{-n}; k \cdot 2^{-n})} =: X_n.
\end{aligned}
$$

Da aber die Intervalle $[(k-1) \cdot 2^{-n}; k \cdot 2^{-n})$ alle disjunkt sind und positives λ^1-Maß besitzen, ist für $n \in I\!\!N$ die durch diese Summe definierte Funktion X_n die einzige Version von $E(X|\mathcal{S}_n)$.

Behauptung: Für alle $x \in [0; 1)$ gilt $\lim_{n \to \infty} X_n(x) = X(x)$.

Beweis: Es sei $x \in [0; 1)$. Für jedes $n \in I\!\!N$ existiert dann genau ein $k_n(x) \in \{1, \ldots, 2^n\}$ mit $x \in [(k_n(x) - 1) \cdot 2^{-n}; k_n(x) \cdot 2^{-n})$, und es gilt dann

$$
X_n(x) = 2^n \int_{(k_n(x)-1)\cdot 2^{-n}}^{k_n(x)\cdot 2^{-n}} X(z)dz.
$$

Wendet man auf dieses (Riemann-) Integral den Mittelwertsatz der Integralrechnung an, so folgt die Existenz eines $x_n \in [(k_n(x) - 1) \cdot 2^{-n}; k_n(x) \cdot 2^{-n})$ mit

$$\int_{(k_n(x)-1) \cdot 2^{-n}}^{k_n(x) \cdot 2^{-n}} X(z)dz = X(x_n) \cdot 2^{-n},$$

d.h. $X_n(x) = X(x_n)$. Da andererseits für $n \in \mathbb{N}$ gilt $|x_n - x| \leq 2^{-n}$, folgt aus der Stetigkeit von X

$$\lim_{n \to \infty} X_n(x) = \lim_{n \to \infty} X(x_n) = X(x). \qquad \square$$

In diesem speziellen Beispiel ließ sich also auf direktem Wege die Konvergenz von $E(X|\mathcal{S}_n)$ gegen X nachweisen. Im folgenden wollen wir allgemein die Frage der Konvergenz von Submartingalen untersuchen. Dafür benötigen wir allerdings zunächst noch einige "technische" Hilfsmittel. Das Resultat von (11.29) wird sich dabei als ein Spezialfall der erheblich allgemeineren Aussage (11.35) ergeben.

Es sei zunächst $(x_n)_{n \in \mathbb{N}}$ eine Folge von reellen Zahlen; später werden die $X_n(\omega)$ die Rolle der x_n übernehmen. Die Folge $(x_n)_{n \in \mathbb{N}}$ ist genau dann konvergent (in $\mathbb{R}^1$), wenn gilt $\underline{\lim}_{n \to \infty} x_n = \overline{\lim}_{n \to \infty} x_n$, und genau dann *nicht* konvergent (in $\mathbb{R}^1$), wenn $\underline{\lim}_{n \to \infty} x_n < \overline{\lim}_{n \to \infty} x_n$ gilt. Im Fall, daß keine Konvergenz vorliegt, existieren also reelle Zahlen α, β mit $\alpha < \beta$, so daß $\underline{\lim}_{n \to \infty} x_n < \alpha < \beta < \overline{\lim}_{n \to \infty} x_n$ gilt (hierbei kann man offensichtlich o.E. annehmen, daß α und β rational sind). Es existieren dann unendlich viele Indizes m, so daß $x_m \leq \alpha$ gilt, und unendlich viele Indizes r, so daß $x_r \geq \beta$ gilt. Betrachtet man also die Folge $(x_n)_{n \in \mathbb{N}}$ als einen "Pfad" in $\mathbb{R}^{\mathbb{N}}$, so "überquert" dieser Pfad unendlich-oft das Intervall $[\alpha; \beta]$, und die Anzahl der *"absteigenden Überquerungen"* und die der *"aufsteigenden Überquerungen"* ist unendlich. Mit Hilfe dieser "Überquerungen" wird man daher das Konvergenzverhalten von reellen Folgen beschreiben können:

Es seien also $(x_n)_{n \in \mathbb{N}}$ eine Folge reeller Zahlen und $\alpha, \beta \in \mathbb{R}^1$ mit $\alpha < \beta$. Zu $k \in \mathbb{N}$ werden die Zahlen $x_1, \ldots, x_k$ betrachtet und dazu induktiv Indizes $s_0^{(k)}, s_1^{(k)}, \ldots, s_k^{(k)}$ definiert: $s_0^{(k)} := 1$ und für $n \in \{0, \ldots, k-1\}$

$$s_{n+1}^{(k)} := \begin{cases} \min\{k, \inf\{j \leq k : j \geq s_n^{(k)}, x_j \leq \alpha\}\} & \text{falls } n \text{ gerade ist} \\ \min\{k, \inf\{j \leq k : j \geq s_n^{(k)}, x_j \geq \beta\}\} & \text{falls } n \text{ ungerade ist.} \end{cases}$$

Offensichtlich gilt dann $s_0^{(k)} \leq s_1^{(k)} \leq \ldots \leq s_k^{(k)}$. Dabei gibt $s_{2n-1}^{(k)}$ entweder den Index an, in dem $(x_1, \ldots, x_k)$ zum n-ten Mal von einem Wert $\geq \beta$ bis auf einen Wert $\leq \alpha$ abgefallen ist, oder es gilt $s^{(k)}_{2n-1} = k$, falls ein derartiger Index nicht existiert; ebenso gibt $s^{(k)}_{2n}$ entweder an, wenn zum n-ten Mal von einem Wert $\leq \alpha$ mindestens β erreicht wird, oder es gilt $s^{(k)}_{2n} = k$, falls dies nicht erfolgt. Wenn $s^{(k)}_{2n} < k$, gilt $s^{(k)}_{2n-1} < s^{(k)}_{2n}$, da $\alpha < \beta$ vorausgesetzt ist und somit nicht $x_j \leq \alpha$ und $x_j \geq \beta$ gleichzeitig eintreten kann, und

$$x_{s^{(k)}_{2n}} - x_{s^{(k)}_{2n-1}} \geq (\beta - \alpha);$$

es tritt dann also eine aufsteigende Überquerung zwischen $s^{(k)}_{2n-1}$ und $s^{(k)}_{2n}$ auf. Diese Überlegung ergibt auch, daß $s^{(k)}_k = k$ gilt.

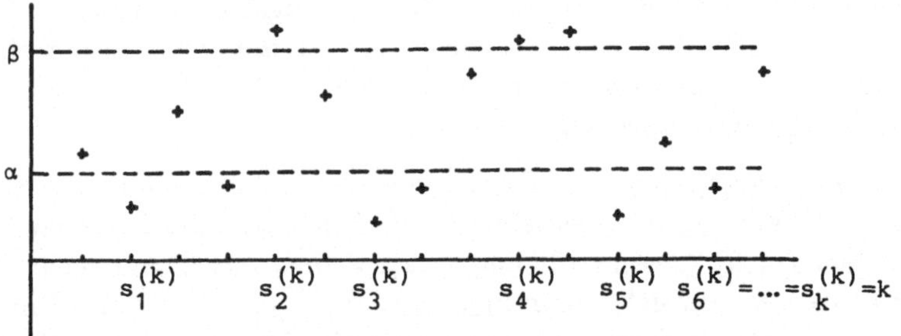

Die Anzahl der aufsteigenden Überquerungen von $[\alpha; \beta]$ durch $(x_1, \ldots, x_k)$ wird also gegeben durch das größte $j \leq k$, so daß $x_{s^{(k)}_{2j-1}} \leq \alpha$ und $x_{s^{(k)}_{2j}} \geq \beta$ gilt, bzw. ist gleich 0, falls kein solches j existiert. Offensichtlich ist diese Anzahl monoton nicht-fallend in k und höchstens gleich $[k/2]$. Eine ähnliche Argumentation könnte man für die Anzahl der absteigenden Überquerungen durchführen; man kann diese aber auch auf den Fall aufsteigender Überquerungen zurückführen, denn offensichtlich ist die Anzahl der absteigenden Überquerungen von $[\alpha; \beta]$ durch $(x_1, \ldots, x_k)$ gleich der Anzahl der aufsteigenden Überquerungen von $[-\beta; -\alpha]$ durch $(-x_1, \ldots, -x_k)$. Wir fassen die bisherigen Betrachtungen in einer Definition zusammen:

(11.30) Definition

 Es seien $(x_n)_{n \in \mathbb{N}}$ eine Folge reeller Zahlen und $\alpha, \beta \in \mathbb{R}^1$ mit $\alpha < \beta$. Dann heißt

$$U^{(k)}((x_n)_{n \in \mathbb{N}}; [\alpha; \beta]) := \begin{cases} \max\{j \leq k : x_{s^{(k)}_{2j-1}} \leq \alpha \ \text{ und } \ x_{s^{(k)}_{2j}} \geq \beta\} \\ 0 \ , \ \text{falls obige Menge } \emptyset \text{ ist} \end{cases}$$

Anzahl der aufsteigenden Überquerungen von $[\alpha;\beta]$ durch $(x_n)_{n\in\mathbb{N}}$ bis zum Zeitpunkt k $(k \in \mathbb{N})$ *und*[5]

$$U((x_n)_{n\in\mathbb{N}};[\alpha;\beta]) := \lim_{k\to\infty} U^{(k)}((x_n)_{n\in\mathbb{N}};[\alpha;\beta])$$

Anzahl der aufsteigenden Überquerungen von $[\alpha;\beta]$ durch $(x_n)_{n\in\mathbb{N}}$.

$D^{(k)}((x_n)_{n\in\mathbb{N}};[\alpha;\beta]) := U^{(k)}((-x_n)_{n\in\mathbb{N}};[-\beta;-\alpha])$ und $D((x_n)_{n\in\mathbb{N}};[\alpha;\beta])$ $:= U((-x_n)_{n\in\mathbb{N}};[-\beta;-\alpha])$ bezeichnen analog die absteigenden Überquerungen. Es gilt stets $\left\{ \binom{U^{(k)}}{D^{(k)}} \right\} ((x_n)_{n\in\mathbb{N}};[\alpha;\beta]) \leq [\frac{k}{2}]$ $(k \in \mathbb{N})$.

Der eingangs angesprochene Zusammenhang zwischen dem Konvergenzverhalten und der Anzahl der Überquerungen besteht also darin, daß eine Folge $(x_n)_{n\in\mathbb{N}}$ reeller Zahlen genau dann konvergent in $\mathbb{R}^1$ ist, wenn für alle $\alpha,\beta \in \mathbb{Q}, \alpha < \beta$, gilt $U((x_n)_{n\in\mathbb{N}};[\alpha;\beta]) < \infty$. Offensichtlich kann man entsprechende Begriffsbildungen für stochastische Prozesse mit diskretem Parameter einführen: Zur weiteren Untersuchung solcher Überquerungen wird benötigt, daß die so definierten $U^{(k)}(X_{\mathbb{N}};[\alpha;\beta])$ bzw. $U(X_{\mathbb{N}};[\alpha;\beta])$ Zufallsgrößen sind:

(11.31) Lemma

Es seien $X_{\mathbb{N}} = (\Omega,\mathcal{S},P,(X_n)_{n\in\mathbb{N}})$ ein stochastischer Prozeß und $\alpha,\beta \in \mathbb{R}^1$ mit $\alpha < \beta$. Dann gilt: $U^{(k)}(X_{\mathbb{N}};[\alpha;\beta])$ $(k \in \mathbb{N})$ und $U(X_{\mathbb{N}};[\alpha;\beta])$ (betrachtet als Abbildungen von Ω in $\mathbb{R}^1$ bzw. $\overline{\mathbb{R}^1}$) sind $(\mathcal{S} - \mathbb{B}^1$ bzw. $\overline{\mathbb{B}^1})$-meßbar.

Beweis: Offensichtlich reicht es, die Behauptung für $U^{(k)}(X_{\mathbb{N}};[\alpha;\beta]), k\in\mathbb{N}$, zu zeigen, denn dann ist $U(X_{\mathbb{N}};[\alpha;\beta])$ als Supremum einer Folge meßbarer Funktionen meßbar. Da $U^{(k)}(X_{\mathbb{N}};[\alpha;\beta])$ nur Werte in $\mathbb{N}_0$ annimmt, genügt es zu zeigen, daß gilt $\{U^{(k)}(X_{\mathbb{N}};[\alpha;\beta]) \geq m\} \in \mathcal{S}$ für alle $m \in \mathbb{N}$. Für $m \geq [\frac{k}{2}] + 1$ gilt $\{U^{(k)}(X_{\mathbb{N}};[\alpha;\beta]) \geq m\} = \emptyset$ und für $m \leq [\frac{k}{2}]$ folgt aus der Definition

$$\{U^{(k)}(X_{\mathbb{N}};[\alpha;\beta]) \geq m\} = \bigcup_{i_1<...<i_{2m}\leq k} \bigcap_{p=1}^{m} (\{X_{i_{2p-1}} \leq \alpha\} \cap \{X_{i_{2p}} \geq \beta\}) \in \mathcal{S}.$$

$\square$

$U^{(k)}(X_{\mathbb{N}};[\alpha;\beta])$ und $U(X_{\mathbb{N}};[\alpha;\beta])$ sind also Zufallsgrößen, deren Erwartungswerte im weiteren Sinn existieren, da sie nicht-negativ sind. Bei Submartingalen kann man diese Erwartungswerte mit Hilfe von X_1 und X_k abschätzen:

---

[5]Da die $U^{(k)}((x_n)_{n\in\mathbb{N}};[\alpha;\beta])$ monoton nicht-fallend (in k) sind, ist die Definition von $U((x_n)_{n\in\mathbb{N}};[\alpha;\beta])$ sinnvoll.

(11.32) Satz (Ungleichung von Doob für aufsteigende Überquerungen)
*Es seien $(X_{\mathrm{IN}}, \mathcal{S}_{\mathrm{IN}})$ ein Submartingal und $\alpha, \beta \in \mathrm{IR}^1$ mit $\alpha < \beta$.
Dann gilt für jedes $k \in \mathrm{IN}$*

$$E(U^{(k)}(X_{\mathrm{IN}}; [\alpha; \beta])) \leq \frac{E((X_k - \alpha)^+) - E((X_1 - \alpha)^+)}{\beta - \alpha}$$

Beweis: Wir merken zunächst an, daß $((X_n - \alpha)_{n \in \mathrm{IN}}, \mathcal{S}_{\mathrm{IN}})$ ein Submartingal
ist und damit nach (11.10) auch $(((X_n - \alpha)^+)_{n \in \mathrm{IN}}, \mathcal{S}_{\mathrm{IN}})$. Es sei nun $k \in \mathrm{IN}$.
Für jedes $\omega \in \Omega$ definieren wir wie oben Indizes $\tilde{S}_0^{(k)}(\omega), \ldots, \tilde{S}_k^{(k)}(\omega)$ bzgl.
$\tilde{X}_i(\omega) := (X_i(\omega) - \alpha)^+$ und $[0; \beta - \alpha]$. Dann gilt $\tilde{S}_0^{(k)} = 1$ und für $0 \leq n \leq$
$k - 1$

$$\tilde{S}_{n+1}^{(k)} = \begin{cases} \min\{k, \inf\{j \leq k : j \geq \tilde{S}_n^{(k)}, \tilde{X}_j \leq 0\}\} & \text{falls } n \text{ gerade ist} \\ \min\{k, \inf\{j \leq k : j \geq \tilde{S}_n^{(k)}, \tilde{X}_j \geq \beta - \alpha\}\} & \text{falls } n \text{ ungerade ist.} \end{cases}$$

Durch vollständige Induktion folgt, daß die $\tilde{S}_n^{(k)}, 0 \leq n \leq k$, Stopregeln
sind: Für $\tilde{S}_0^{(k)}$ ist das klar (s. (11.15)); ist $\tilde{S}_n^{(k)}$ für $n \geq k - 1$ eine Stopregel,
so folgt für $j \in \{0, \ldots, k - 1\}$

$$\{\tilde{S}_{n+1}^{(k)} \leq j\} = \begin{cases} \cup_{i=1}^{j}(\{\tilde{S}_n^{(k)} \leq i\} \cap \{\tilde{X}_i \leq 0\}) & \text{falls } n \text{ gerade ist} \\ \cup_{i=1}^{j}(\{\tilde{S}_n^{(k)} \leq i\} \cap \{\tilde{X}_i \geq \beta - \alpha\}) & \text{falls } n \text{ ungerade ist} \end{cases}$$

und $\{\tilde{S}_{n+1}^{(k)} \leq j\} = \Omega$ für $j \in \mathrm{IN}, j \geq k$, also $\{\tilde{S}_{n+1}^{(k)} \leq j\} \in \mathcal{S}_j$ für jedes
$j \in \mathrm{IN}$. Die $\tilde{S}_n^{(k)}, 0 \leq n \leq k$, sind überdies beschränkt. Wegen $\tilde{S}_0^{(k)} \leq \tilde{S}_1^{(k)} \leq$
$\ldots \leq \tilde{S}_k^{(k)}$ folgt daher aus (11.17)

$$(\star) \qquad E(\tilde{X}_{\tilde{S}_0^{(k)}}) \leq E(\tilde{X}_{\tilde{S}_1^{(k)}}) \leq \ldots \leq E(\tilde{X}_{\tilde{S}_k^{(k)}}).$$

Wegen $\tilde{X}_{\tilde{S}_0^{(k)}} = \tilde{X}_1$ und $\tilde{X}_{\tilde{S}_k^{(k)}} = \tilde{X}_k$ gilt:

$$\tilde{X}_k - \tilde{X}_1 = \sum_{j=1}^{k}(\tilde{X}_{\tilde{S}_j^{(k)}} - \tilde{X}_{\tilde{S}_{j-1}^{(k)}})$$

$$= \sum_{j=1}^{[\frac{k}{2}]}(\tilde{X}_{\tilde{S}_{2j}^{(k)}} - \tilde{X}_{\tilde{S}_{2j-1}^{(k)}}) + \sum_{j=1}^{[\frac{k}{2}]}(\tilde{X}_{\tilde{S}_{2j-1}^{(k)}} - \tilde{X}_{\tilde{S}_{2j-2}^{(k)}}) + (\tilde{X}_{\tilde{S}_k^{(k)}} - \tilde{X}_{\tilde{S}_{2 \cdot [k/2]}^{(k)}})$$

$$\geq (\beta - \alpha)U^{(k)}(X_{\mathrm{IN}}; [\alpha; \beta]) + \sum_{j=1}^{[\frac{k}{2}]}(\tilde{X}_{\tilde{S}_{2j-1}^{(k)}} - \tilde{X}_{\tilde{S}_{2j-2}^{(k)}}) + (\tilde{X}_{\tilde{S}_k^{(k)}} - \tilde{X}_{\tilde{S}_{2[k/2]}^{(k)}}),$$

da für jedes $\omega \in \Omega$ gilt

$$(\beta - \alpha)U^{(k)}((X_n(\omega))_{n\in\mathbb{N}};[\alpha,\beta]) \leq \sum_{j=1}^{[k/2]}(\tilde{X}_{\tilde{S}_{2j}^{(k)}} - X_{\tilde{S}_{2j-1}^{(k)}}).$$

Es folgt

$$E((X_k - \alpha)^+) - E((X_1 - \alpha)^+) = E(\tilde{X}_k) - E(\tilde{X}_1)$$

$$\geq (\beta - \alpha)E(U^{(k)}(X_{\mathbb{N}};[\alpha;\beta])) + \sum_{j=1}^{[k/2]}(E(\tilde{X}_{\tilde{S}_{2j-1}^{(k)}}) - E(\tilde{X}_{\tilde{S}_{2j-2}^{(k)}})) +$$

$$E(\tilde{X}_{\tilde{S}_k^{(k)}}) - E(\tilde{X}_{\tilde{S}_{2[k/2]}^{(k)}})$$

$$\geq (\beta - \alpha)E(U^{(k)}(X_{\mathbb{N}};[\alpha;\beta])),$$

da die weiteren auftretenden Summanden nach $(\star)$ sämtlich nicht-negativ sind. $\qquad\square$

Mit Hilfe dieser Ungleichung kann man eine allgemeine Aussage über die Konvergenz von Submartingalen mit der Parametermenge $\mathbb{N}$ beweisen:

(11.33) Satz (Konvergenz für Submartingale)
  $(X_{\mathbb{N}}, S_{\mathbb{N}})$ *sei ein Submartingal mit der Eigenschaft*

$$\sup_{n\in\mathbb{N}}(E(X_n^+)) < \infty.$$

Dann existiert eine reellwertige integrable Zufallsgröße $X^\star$ (definiert auf (Ω, S, P)) mit $\lim_{n\to\infty} X_n = X^\star$ P-f.s..

Beweis: Für $\alpha, \beta \in \mathbb{R}^1$ mit $\alpha < \beta$ und jedes $k \in \mathbb{N}$ folgt unter Benutzung von (11.32)

$$E(U^{(k)}(X_{\mathbb{N}};[\alpha;\beta])) \leq \frac{E((X_k - \alpha)^+) - E((X_1 - \alpha)^+)}{\beta - \alpha} \leq \frac{E((X_k - \alpha)^+)}{\beta - \alpha}$$

$$\leq \frac{E(X_k^+ + \alpha^-)}{\beta - \alpha} \leq \frac{\sup_{n\in\mathbb{N}} E(X_n^+) + \alpha^-}{\beta - \alpha} =: \gamma < \infty.$$

Die $U^{(k)}(X_{\mathbb{N}};[\alpha;\beta])$ bilden eine Folge nicht-negativer Zufallsgrößen, die monoton nicht-fallend gegen $U(X_{\mathbb{N}};[\alpha;\beta])$ konvergieren. Mit dem Satz von der monotonen Konvergenz (A.80) folgt daher

$$E(U(X_{\mathbb{N}};[\alpha;\beta])) = \lim_{k\to\infty} E(U^{(k)}(X_{\mathbb{N}};[\alpha;\beta])) \leq \gamma < \infty.$$

Daraus ergibt sich insbesondere $P(\{U(X_{\mathrm{IN}};[\alpha;\beta]) < \infty\}) = 1$; also gilt für $K := \{\underline{\lim}_{n\to\infty}X_n = \overline{\lim}_{n\to\infty}X_n\}$

$$P(K) = P(\bigcap_{\alpha,\beta\in\mathbb{Q},\alpha<\beta} \{U(X_{\mathrm{IN}};[\alpha;\beta]) < \infty\}) = 1.$$

Für $\omega \in K$ existiert daher $\lim_{n\to\infty} X_n(\omega)$ (in $\overline{\mathrm{IR}^1}$); definiert man also

$$X'(\omega) := \begin{cases} \lim_{n\to\infty} X_n(\omega) & \text{falls } \omega \in K \\ 0 & \text{falls } \omega \in K^c, \end{cases}$$

so erhält man eine $(\mathcal{S} - \overline{\mathrm{IB}^1})$-meßbare Abbildung $X' : \Omega \to \overline{\mathrm{IR}^1}$ mit $\lim_{n\to\infty} X_n = X'$ P-f.s.. Wendet man das „Optional sampling"-Theorem (11.17) auf die Stopzeit $S^{(k)} = k$ an, so ergibt sich

$$E(|X_k|) \leq 2E(X_k^+) - E(X_1) \leq 2\sup_{n\in\mathrm{IN}} E(X_n^+) - E(X_1) =: \gamma' < \infty,$$

und somit folgt aus dem Lemma von Fatou (s. (A.84))

$$E(|X'|) \leq \underline{\lim}_{n\to\infty}E(|X_n|) \leq \gamma' < \infty,$$

d.h. X' ist integrierbar; insbesondere gilt daher $P(\{X' < \infty\}) = 1$. Definiert man also $X^\star := X' \cdot 1_{\{X'<\infty\}}$, so ist $X^\star : \Omega \to \mathrm{IR}^1$ eine $(\mathcal{S} - \mathrm{IB}^1)$meßbare Abbildung mit $E(|X^\star|) = E(|X'|) < \infty$ und $\lim_{n\to\infty} X_n = X^\star$ P-f.s.. $\square$

Dieser Konvergenzsatz ist eine der zentralen Aussagen der Theorie der Martingale; er hat vielfältige Anwendungen innerhalb der Wahrscheinlichkeitstheorie. Als eine Anwendung wollen wir den allgemeinen Sachverhalt, der hinter der Aussage des Beispiels (11.29) steht, erklären:

(11.34) Satz

Es seien X eine auf dem W-Raum $(\Omega, \mathcal{S}, P)$ definierte integrierbare Zufallsgröße, $\mathcal{S}_{\mathrm{IN}} = (\mathcal{S}_n)_{n\in\mathrm{IN}}$ eine isotone Familie von Unter-σ-Algebren von $\mathcal{S}$ mit $\sigma(\bigcup_{n\in\mathrm{IN}} \mathcal{S}_n) = \mathcal{S}$ und $X_n, n \in \mathrm{IN}$, Versionen von $E(X|\mathcal{S}_n)$. Dann gilt

$$\lim_{n\to\infty} X_n = X \quad P-f.s. \quad \text{und} \quad \lim_{n\to\infty} E(|X_n - X|) = 0.$$

Beweis: Nach (4.77)/(4.78) gilt

$$E(X_n^+) \leq E(|X_n|) \leq E(E(|X||\mathcal{S}_n)) = E(|X|) < \infty$$

und somit $\sup_{n\in\mathbb{N}} E(X_n^+) < \infty$. Gemäß (11.9) ist $(X_{\mathbb{N}}, \mathcal{S}_{\mathbb{N}})$ ein Martingal, und aus (11.33) folgt, daß eine reellwertige integrierbare Zufallsgröße $X^\star$ existiert mit $\lim_{n\to\infty} X_n = X^\star$ P-f.s..

Wir wollen zunächst zeigen, daß $\lim_{n\to\infty} E(|X_n - X^\star|) = 0$ gilt. Es sei $\varepsilon > 0$ beliebig vorgegeben. Da bei jeder integrierbaren Zufallsgröße Z zu jedem $\varepsilon > 0$ ein $\delta > 0$ existiert mit

$$\sup\{\int_A |Z|dP : A \in \mathcal{S}, \ P(A) \le \delta\} \le \varepsilon,$$

wählen wir $\tilde{\delta} > 0$ mit

$$\sup\{\int_A (|X| + |X^\star|)dP : A \in \mathcal{S}, P(A) \le \tilde{\delta}\} \le \varepsilon$$

und $a > 0$ mit $\frac{E(|X|)}{a} \le \tilde{\delta}$. Für $\delta := \min\{\tilde{\delta}, \frac{\varepsilon}{a}\}$ und $A \in \mathcal{S}$ mit $P(A) \le \delta$ gilt dann für jedes $n \in \mathbb{N}$:

$$
\begin{aligned}
\int_A |X_n|dP &= \int_{A\cap\{|X_n|<a\}} |X_n|dP + \int_{A\cap\{|X_n|>a\}} |X_n|dP \\
&\le a \cdot P(A) + \int_{\{|X_n|>a\}} |E(X|\mathcal{S}_n)|dP \\
&\le \varepsilon + \int_{\{|X_n|>a\}} E(|X||\mathcal{S}_n)dP \\
&= \varepsilon + \int_{\{|X_n|>a\}} |X|dP, \ \text{da} \ \{|X_n| > a\} \in \mathcal{S}_n \\
&\le 2\varepsilon, \ \text{da} \ P(\{|X_n| > a\}) \le \frac{E(|X_n|)}{a} \le \frac{E(|X|)}{a} \le \tilde{\delta}.
\end{aligned}
$$

Es gilt also

$$\sup_{n\in\mathbb{N}} \sup\{\int_A |X_n|dP : A \in \mathcal{S}, P(A) \le \delta\} \le 2\varepsilon.$$

Aus $\lim_{n\to\infty} X_n = X^\star$ P-f.s. folgt andererseits (vgl. (5.4)), daß ein $n_0 \in \mathbb{N}$ existiert, so daß für alle $n \in \mathbb{N}$ mit $n \ge n_0$ gilt $P(\{|X_n - X^\star| > \varepsilon\}) \le \delta$. Daher ergibt sich für jedes $n \in \mathbb{N}$ mit $n \ge n_0$

$$
\begin{aligned}
E(|X_n - X^\star|) &= \int_{\{|X_n - X^\star|\le\varepsilon\}} |X_n - X^\star|dP + \int_{\{|X_n - Y^\star|>\varepsilon\}} |X_n - X^\star|dP \\
&\le \varepsilon + \int_{\{|X_n - X^\star|>\varepsilon\}} |X_n|dP + \int_{\{|X_n - X^\star|>\varepsilon\}} |X^\star|dP \le 4\varepsilon,
\end{aligned}
$$

d.h. $\lim_{n\to\infty} E(|X_n - X^\star|) = 0$. Somit gilt auch $\lim_{n\to\infty} \int_A X_n dP = \int_A X^\star dP$ für alle $A \in \mathcal{S}$. Insbesondere folgt für $m \in \mathbb{N}$ und $A \in \mathcal{S}_m$

$$\int_A X^\star dP = \lim_{n\to\infty} \int_A X_n dP =$$

$$= \lim_{n\to\infty} \int_A E(X_n|\mathcal{S}_m) dP = \int_A X_m dP = \int_A X\, dP,$$

d.h.

$$\int_C X^\star dP = \int_C X\, dP \text{ für alle } C \in \bigcup_{m\in\mathbb{N}} \mathcal{S}_m.$$

Da $\bigcup_{m\in\mathbb{N}}\mathcal{S}_m$ ein durchschnittsstabiles Erzeugendensystem von $\mathcal{S}$ ist, folgt also $\int_A X\, dP = \int_A X^\star dP$ für alle $A \in \mathcal{S}$ und somit die Behauptung. $\square$

Aus dem Satz (11.33) ergibt sich insbesondere sofort die Aussage von Beispiel (11.29), da dort $\sigma(\bigcup_{n\in\mathbb{N}}\mathcal{S}_n) = \mathbb{B}^1 \cap [0;1)$ gilt.

11.6   Aufgaben

(XI.1) a) Es seien $(X_T, \mathcal{S}_T)$ und $(Y_T, \mathcal{S}_T)$ Martingale (bzw. Submartingale), $\alpha, \beta \in \mathbb{R}^1$ (bzw. $\in \mathbb{R}^1_+$), $Z_t := \alpha X_t + \beta Y_t (t \in T)$ und $Z_T := (\Omega, \mathcal{S}, P, (Z_t)_{t\in T})$. Zeigen Sie, daß $(Z_T, \mathcal{S}_T)$ ein Martingal (bzw. Submartingal) ist.

b) Es seien $(X_T, \mathcal{S}_T)$ und $(Y_T, \mathcal{S}_T)$ Submartingale, $Z_t := \max\{X_t, Y_t\}$ $(t \in T)$ und $Z_T := (\Omega, \mathcal{S}, P, (Z_t)_{t\in T})$. Zeigen Sie, daß $(Z_T, \mathcal{S}_T)$ ein Submartingal ist.

(XI.2) $(X_\mathbb{N}, \mathcal{S}_\mathbb{N})$ sei ein quadratisch integrierbares Martingal. Zeigen Sie:

a) $(X^2_\mathbb{N}, \mathcal{S}_\mathbb{N})$ ist ein Submartingal.

b) $E((X_n - X_{n-1}) \cdot (X_m - X_{m-1})) = 0$ für alle $n \neq m$.

c) $(V_\mathbb{N}, \mathcal{S}_\mathbb{N})$ mit $V_n := X_1 \cdot Y_1 + \sum_{i=2}^n (X_i - X_{i-1})Y_i$ ist ein Martingal, falls Y_n für jedes $n \in \mathbb{N}$ eine quadratisch integrierbare, $\mathcal{S}_{n-1}$-meßbare Zufallsgröße ist ($\mathcal{S}_0 := \{\emptyset, \Omega\}$).

(XI.3) $(X_\mathbb{N}, \mathcal{S}_\mathbb{N})$ sei ein Submartingal. Zeigen Sie, daß es Folgen $(X'_n)_{n\in\mathbb{N}}$, $(X''_n)_{n\in\mathbb{N}}$ von Zufallsgrößen gibt mit
a) $X_n = X'_n + X''_n$
b) $0 \le X''_n \le X''_{n+1}$ P-f.s. $\forall n \in \mathbb{N}$
c) $(X'_n, \mathcal{S}_n)_{n\in\mathbb{N}}$ ist ein Martingal.

(XI.4) Es sei $(X_\mathbb{N}, \mathcal{S}_\mathbb{N})$ ein Martingal mit $\sup_{n\in\mathbb{N}} E|X_n| < \infty$.

a) Beweisen Sie, daß $Y_n := \lim_{k\to\infty} E(X_k^+|\mathcal{S}_n)$ fast sicher erklärt ist und daß $(Y_{\mathbb{N}}, \mathcal{S}_{\mathbb{N}})$ ein Martingal bildet.

b) Zeigen Sie, daß sich $(X_{\mathbb{N}}, \mathcal{S}_{\mathbb{N}})$ als Differenz zweier fast sicher nicht-negativer Martingale darstellen läßt.

(XI.5) Es seien $(X_n)_{n\in\mathbb{N}}$ eine Folge von Zufallsgrößen mit $E|X_n| < \infty \ \forall n \in$ $\mathbb{N}$ und $\mathcal{S}_n = \sigma(X_1, \ldots, X_n)$. Zeigen Sie, daß $(X_{\mathbb{N}}, \mathcal{S}_{\mathbb{N}})$ ein Martingal ist, falls für jede beschränkte Stopzeit τ bzgl. $(\mathcal{S}_n)_{n\in\mathbb{N}}$ gilt:

$$E(X_\tau) = E(X_1).$$

(XI.6) Es seien X eine integrierbare Zufallsgröße und $(\mathcal{S}_n)_{n\in\mathbb{N}}$ eine antitone Folge von σ-Algebren $\mathcal{S}_1 \supset \mathcal{S}_2 \supset \ldots$ Zeigen Sie, daß für $\mathcal{S}_\infty := \cap_{n\in\mathbb{N}} \mathcal{S}_n$ gilt

$$\lim_{n\to\infty} E(X|\mathcal{S}_n) = E(X|\mathcal{S}_\infty) \quad P\text{-f.s..}$$

Hinweis:

Betrachten Sie für alle $n \in \mathbb{N}$ die Folgen $E(X_n|\mathcal{S}_n), \ldots, E(X_n|\mathcal{S}_1)$.

(XI.7) *Ein starkes Gesetz der großen Zahlen:*
Es seien $X_{\mathbb{N}} = (\Omega, \mathcal{S}, P, (X_n)_{n\in\mathbb{N}})$ ein eindimensionaler stochastischer Prozeß und $\mathcal{S}_{\mathbb{N}}$ eine adaptierende Familie für $X_{\mathbb{N}}$. Sämtliche X_n seien integrierbar, und es gelte $E(X_{n+1}|\mathcal{S}_n) = 0$ P-f.s. für alle $n \in \mathbb{N}$ und $\sup_{n\in\mathbb{N}} E(|\sum_{j=1}^n X_j/j|) < \infty$. Zeigen Sie, daß dann gilt:

$$\lim_{n\to\infty} \frac{1}{n} \sum_{j=1}^n X_j = 0 \quad P\text{-f.s..}$$

Anhang: Maßtheoretische Hilfsmittel

A.1 Indikatorfunktionen, Limiten von Mengenfolgen

(A.1) Definition: Es seien Ω eine (fest vorgegebene) Menge und $A \subset \Omega$. Dann heißt die durch

$$1_A(\omega) := \begin{cases} 1 & \omega \in A \\ & \text{falls} \\ 0 & \omega \notin A \end{cases}$$

definierte Abbildung $1_A : \Omega \to \{0,1\}$ die *Indikatorfunktion* der Menge A.

Mengenalgebraische Operationen mit Teilmengen einer festen Grundmenge spiegeln sich in analytischen Operationen mit den zugehörigen Indikatorfunktionen wider:

(A.2) Eigenschaften von Indikatorfunktionen: Für alle $\omega \in \Omega$ gilt:

(i) $1_\Omega(\omega) = 1, 1_\emptyset(\omega) = 0$ \qquad (ii) $1_{A^c}(\omega) = 1 - 1_A(\omega)$

(iii) $1_{A_1 \cap A_2}(\omega) = 1_{A_1}(\omega) \cdot 1_{A_2}(\omega)$

(iv) $1_{A_1 \cup A_2}(\omega) = \max(1_{A_1}(\omega), 1_{A_2}(\omega)); 1_{A_1 + A_2}(\omega) = 1_{A_1}(\omega) + 1_{A_2}(\omega)$

(v) $1_{\bigcup_{i=1}^\infty A_i}(\omega) = \sup_{i \in \mathbb{N}} 1_{A_i}(\omega); 1_{\bigcap_{i=1}^\infty A_i}(\omega) = \inf_{i \in \mathbb{N}} 1_{A_i}(\omega)$

(vi) $1_{\bigcap_{i=1}^\infty \bigcup_{n \geq i} A_n}(\omega) = \limsup_{i \to \infty} 1_{A_i}(\omega); 1_{\bigcup_{i=1}^\infty \bigcap_{n \geq i} A_n}(\omega) = \liminf_{i \to \infty} 1_{A_i}(\omega)$

(vii) Für $A_1 \triangle A_2 := A_1 \cap A_2^c + A_1^c \cap A_2$ gilt:

$$1_{A_1 \triangle A_2}(\omega) = |1_{A_1}(\omega) - 1_{A_2}(\omega)| = 1_{A_1}(\omega) + 1_{A_2}(\omega) - 2 \cdot 1_{A_1}(\omega) \cdot 1_{A_2}(\omega).$$

Die Eigenschaften (v) und (vi) legen folgende Bezeichnungen nahe:

(A.3) Definition: Es sei $(A_i)_{i \in \mathbb{N}}$ eine Folge von Teilmengen von Ω. Dann bezeichne

$$\sup\nolimits_{i \in \mathbb{N}} A_i := \bigcup_{i=1}^{\infty} A_i; \qquad \inf\nolimits_{i \in \mathbb{N}} A_i := \bigcap_{i=1}^{\infty} A_i;$$

$$\limsup_{i \to \infty} A_i := \bigcap_{i=1}^{\infty} \bigcup_{n \geq i} A_n; \quad \liminf_{i \to \infty} A_i := \bigcup_{i=1}^{\infty} \bigcap_{n \geq i} A_n.$$

$$A = \lim_{i \to \infty} A_i \text{ bedeute, daß } A = \limsup_{i \to \infty} A_i = \liminf_{i \to \infty} A_i \text{ gilt.}$$

Existiert $\lim\limits_{i \to \infty} A_i$, so gilt $1_{\lim_{i \to \infty} A_i}(\omega) = \lim\limits_{i \to \infty} 1_{A_i}(\omega) \; \forall \omega \in \Omega$.

(A.4) Anmerkung: Es gilt

$$\limsup_{i \to \infty} A_i = \{\omega \in \Omega : \omega \in A_i \text{ für unendlich viele } i\},$$
$$\liminf_{i \to \infty} A_i = \{\omega \in \Omega : \omega \in A_i \text{ für fast alle } i\},$$
$$\liminf_{i \to \infty} A_i \subset \limsup_{i \to \infty} A_i.$$

(A.5) Bezeichnungen:

(i) $(A_i)_{i \in \mathbb{N}}$ heißt *isoton* (schwach monoton wachsend; Bez. $A_i \uparrow$), falls $A_i \subset A_{i+1} \; \forall i \in \mathbb{N}$.

(ii) $(A_i)_{i \in \mathbb{N}}$ heißt *antiton* (schwach monoton fallend; Bez. $A_i \downarrow$), falls $A_i \supset A_{i+1} \; \forall i \in \mathbb{N}$.

(A.6) Anmerkung:

(i)   Ist $(A_i)_{i \in \mathbb{N}}$ eine isotone Mengenfolge, so gilt $\lim\limits_{i \to \infty} A_i = \bigcup_{i=1}^{\infty} A_i$.

(ii) Ist $(A_i)_{i \in \mathbb{N}}$ eine antitone Mengenfolge, so gilt $\lim\limits_{i \to \infty} A_i = \bigcap_{i=1}^{\infty} A_i$.

A.2   Mengenalgebren

(A.7) Definition: Es seien $\Omega \neq \emptyset$ und $\mathcal{A} \subset \mathcal{P}(\Omega)$. $\mathcal{A}$ heißt *Mengenalgebra* (Mengenkörper, Mengenring mit Eins) über Ω, wenn gilt

(i) $\Omega \in \mathcal{A}$,   (ii) $A \in \mathcal{A} \Rightarrow A^c \in \mathcal{A}$,

(iii) $A \in \mathcal{A}, B \in \mathcal{A} \Rightarrow A \cup B \in \mathcal{A}$.

Jede Mengenalgebra ist abgeschlossen gegenüber endlichen Vereinigungs-, Durchschnitts- und Komplementbildungen.

(A.8) Beispiele: Es sei $\Omega \neq \emptyset$ beliebig. Dann gilt

(i) $\mathcal{A}_1 := \mathcal{P}(\Omega)$ ist eine Mengenalgebra über Ω.

(ii) $\mathcal{A}_2 := \{\emptyset, \Omega\}$ ist eine Mengenalgebra über Ω (*triviale Mengenalgebra über* Ω).

(iii)   Für $A \subset \Omega$ mit $\emptyset \neq A \neq \Omega$ ist $\mathcal{A}_3 := \{\emptyset, A, A^c, \Omega\}$ eine Mengenalgebra über Ω (*von A erzeugte Mengenalgebra* über Ω); $\mathcal{A}_3$ ist die kleinste Mengenalgebra über Ω, die A enthält.

(A.9) Lemma: Zu jedem $t \in I$, I beliebige nicht-leere Indexmenge, sei eine Mengenalgebra $\mathcal{A}_t$ über Ω gegeben. Dann ist $\mathcal{A} := \bigcap_{t \in I} \mathcal{A}_t$ eine Mengenalgebra über Ω.

Hiermit kann man zeigen, daß es zu jedem (nicht-leeren) System $\mathcal{E} \subset \mathcal{P}(\Omega)$ eine kleinste Mengenalgebra $\alpha(\mathcal{E})$ mit $\alpha(\mathcal{E}) \supset \mathcal{E}$ gibt:

(A.10) Satz: Es sei $\mathcal{E} \subset \mathcal{P}(\Omega)$. Dann ist $\alpha(\mathcal{E}) := \bigcap_{\mathcal{A} \in I} \mathcal{A}$ mit
$$I := \{\mathcal{A} : \mathcal{A} \text{ Mengenalgebra über } \Omega \text{ mit } \mathcal{A} \supset \mathcal{E}\}$$
die kleinste Mengenalgebra über Ω, die $\mathcal{E}$ umfaßt.

(A.11) Definition: $\alpha(\mathcal{E})$ heißt die *durch $\mathcal{E}$ erzeugte Mengenalgebra* über Ω; $\mathcal{E}$ heißt ein *Erzeugendensystem* von $\alpha(\mathcal{E})$.

(A.12) Anmerkung: Aus $\mathcal{E}_1, \mathcal{E}_2 \subset \mathcal{P}(\Omega), \mathcal{E}_1 \subset \mathcal{E}_2$ folgt $\alpha(\mathcal{E}_1) \subset \alpha(\mathcal{E}_2)$.

$\alpha(\mathcal{E})$ läßt sich mit Hilfe der Elemente von $\mathcal{E}$ explizit angeben:

(A.13) Satz: Es seien $\mathcal{E} \subset \mathcal{P}(\Omega)$ mit $\mathcal{E} \neq \emptyset$ und $\mathcal{E}^\star := \{A : A \in \mathcal{E} \text{ oder } A^c \in \mathcal{E}\}$. Dann gilt

$$\alpha(\mathcal{E}) = \{A \in \mathcal{P}(\Omega) : \exists \begin{array}{l} k \in \mathrm{IN}, r_1, \ldots, r_k \in \mathrm{IN} \\ A_{ij} \in \mathcal{E}^\star \text{ für } 1 \leq i \leq k, 1 \leq j \leq r_i \end{array} : A = \sum_{i=1}^{k} \bigcap_{j=1}^{r_i} A_{ij}\}.$$

Liegt eine Mengenalgebra $\mathcal{A}$ über Ω vor, so ist damit auch für jedes $T \subset \Omega$ eine *Spur-Mengenalgebra* über T gegeben durch

$$\mathcal{A}_{|T} := \{A \cap T : A \in \mathcal{A}\}.$$

(A.14) Lemma: Es seien $\mathcal{E} \subset \mathcal{P}(\Omega)$ und $\emptyset \neq T \subset \Omega$ gegeben und $\mathcal{E}_{|T} := \{E_T = E \cap T : E \in \mathcal{E}\}$. Dann gilt $\alpha_\Omega(\mathcal{E})_{|T} = \alpha_T(\mathcal{E}_{|T})$.

Für die Anwendung besonders wichtig ist der Fall, daß Ω ein IR^n (oder eine Teilmenge $T \subset \mathrm{IR}^n$) ist, da der IR^1 häufig als Modell für die Zeit oder für räumliche Koordinaten dient. Im folgenden bezeichne

$$\overline{\mathrm{IR}^1} := \mathrm{IR}^1 + \{-\infty, \infty\},$$

wobei $-\infty < x < \infty \; \forall x \in \mathrm{IR}^1$; zu Rechenregeln vgl. (A.25).

(A.15) Definition:

  (i) Es seien $a = (a_1, \ldots, a_n), b = (b_1, \ldots, b_n) \in \overline{\mathbb{R}^n}$ mit $a < b$, d.h. $a_i, b_i \in \overline{\mathbb{R}^1}$, $a_i < b_i, 1 \leq i \leq n$. Dann heißt

$$(a; b]_{(n)} := \{x = (x_1, \ldots, x_n) \in \mathbb{R}^n : a_i < x_i \leq b_i, 1 \leq i \leq n\}$$

ein n-dimensionales, linksseitig offenes, rechtsseitig abgeschlossenes Intervall[6] (für die $b_i = +\infty$ reduziert sich die Bedingung $a_i < x_i \leq b_i$ auf $a_i < x_i$).

  (ii) $\mathcal{E}^n := \{(a; b]_{(n)} : a, b \in \overline{\mathbb{R}^n}, a < b\} \cup \{\emptyset\}$.

(A.16) Satz: $\alpha(\mathcal{E}^n) = \{\sum_{j=1}^{k}(a^j; b^j]_{(n)} : k \in \mathbb{N}_0, (a^j; b^j]_{(n)} \in \mathcal{E}^n\} =: \mathcal{A}^n$.

A.3 σ-Algebren

(A.17) Definition: Es seien $\Omega \neq \emptyset$ und $\mathcal{S} \subset \mathcal{P}(\Omega)$. $\mathcal{S}$ heißt *σ-Algebra* (*σ-Körper*) über Ω, wenn gilt

  (i) $\mathcal{S}$ ist eine Mengenalgebra über Ω

  (ii) Aus $A_i \in \mathcal{S} \; \forall i \in \mathbb{N}$ folgt $\bigcup_{i=1}^{\infty} A_i \in \mathcal{S}$.

(A.18) Beispiel: Es seien $\Omega = \mathbb{N}$ und

$$\mathcal{A} := \{A \in \mathbb{N} : |A| < \infty \;\; \text{oder} \;\; |A^c| < \infty\}.$$

Dann ist $\mathcal{A}$ eine Mengenalgebra über Ω, aber keine σ-Algebra.

Analog zu (A.9)/(A.10) gilt:

(A.19) Satz: (i) Zu jedem $t \in I, I$ beliebige nicht-leere Indexmenge, sei eine σ-Algebra $\mathcal{S}_t$ über Ω gegeben. Dann ist $\mathcal{S} := \bigcap_{t \in I} \mathcal{S}_t$ eine σ-Algebra über Ω.

  (ii) Es sei $\mathcal{E} \subset \mathcal{P}(\Omega)$. Dann ist

$$\sigma(\mathcal{E}) := \bigcap_{\mathcal{S} \in I} \mathcal{S} \;\; \text{mit} \;\; I := \{\mathcal{S} : \mathcal{S} \;\; \text{σ-Algebra über } \Omega \text{ mit } \mathcal{S} \supset \mathcal{E}\}$$

die kleinste σ-Algebra über Ω, die $\mathcal{E}$ umfaßt.

(A.20) Bezeichnung: $\sigma(\mathcal{E})$ heißt die *durch $\mathcal{E}$ erzeugte σ-Algebra* über Ω oder die *Borelsche Erweiterung von $\mathcal{E}$*; $\mathcal{E}$ heißt ein *Erzeugendensystem* von $\sigma(\mathcal{E})$. Gilt $\mathcal{S} = \sigma(\mathcal{E})$, wobei $\mathcal{E}$ abzählbar ist, so heißt $\mathcal{S}$ *abzählbar erzeugt*.

---

[6]Eindimensionale Intervalle, welche die Endpunkte a und b nicht notwendig enthalten, werden mit $\langle a; b \rangle$ bezeichnet.

(A.21) Anmerkungen (analog zu (A.12)/(A.14)):

(i)   Aus $\mathcal{E}_1, \mathcal{E}_2 \subset \mathcal{P}(\Omega), \mathcal{E}_1 \subset \mathcal{E}_2$ folgt $\sigma(\mathcal{E}_1) \subset \sigma(\mathcal{E}_2)$.

(ii) Es seien $\mathcal{E} \subset \mathcal{P}(\Omega)$ und $\emptyset \neq T \subset \Omega$ gegeben. Dann gilt für die Spur-σ-Algebren

$$\sigma_\Omega(\mathcal{E})|_T = \sigma_T(\mathcal{E}_{|T}).$$

(A.22) Definition: $\mathrm{I\!B}^n := \sigma(\mathcal{E}^n)$, die kleinste σ-Algebra, die das System der Intervalle $(a; b]_{(n)}$ umfaßt, heißt (n-dimensionale) *Borelsche σ- Algebra* oder *Borelscher σ-Körper*. Die Elemente von $\mathrm{I\!B}^n$ heißen *Borelsche Mengen* (des $\mathrm{I\!R}^n$).

(A.23) Satz: a) $\sigma(\{U \subset \mathrm{I\!R}^n : U \text{ offen}\}) = \mathrm{I\!B}^n$.
                b) $\mathrm{I\!B}^n$ ist abzählbar erzeugt.

(A.24) Definition: Ein Paar $(\Omega, \mathcal{S})$, wobei $\Omega \neq \emptyset$ und $\mathcal{S}$ eine σ-Algebra über Ω sind, heißt *meßbarer Raum* oder *Meßraum*; die Elemente $A \in \mathcal{S}$ heißen *meßbare Mengen* (genauer $\mathcal{S}$-meßbare Mengen).

A.4   Inhalte und Maße

(A.25) Rechnen mit $\pm\infty$
$\pm\infty + a = \pm\infty$ für alle $a \in \mathrm{I\!R}^1, \infty + \infty = \infty, -\infty - \infty = -\infty,$
$\infty - \infty$ wird *nicht* definiert,
$(\pm a)\infty = \pm\infty, (\pm a)(-\infty) = \mp\infty$ für alle $a > 0,$
$0 \cdot (\pm\infty) = 0, \infty \cdot \infty = \infty, \infty \cdot (-\infty) = -\infty, (-\infty)(-\infty) = \infty,$
$a/(\pm\infty) = 0$ für alle $a \in \mathrm{I\!R}^1, \pm a/0 = \pm\infty$ für alle $a > 0.$

(A.26) Definition: Es sei $\mathcal{E} \subset \mathcal{P}(\Omega)$. Eine Abbildung $\varphi : \mathcal{E} \to \overline{\mathrm{I\!R}^1}$ heißt

    a) *nicht-negativ*, wenn für alle $A \in \mathcal{E}$ gilt $\varphi(A) \geq 0$.

    b) *isoton (monoton nicht-fallend)*, wenn für $A, B \in \mathcal{E}$ mit $A \subset B$ folgt $\varphi(A) \leq \varphi(B)$.

    c) *additiv*, wenn für alle $A, B \in \mathcal{E}$ mit $A \cap B = \emptyset$ und $A + B \in \mathcal{E}$ auch $\varphi(A) + \varphi(B)$ definiert ist und gilt $\varphi(A + B) = \varphi(A) + \varphi(B)$.

    d) *σ-additiv*, wenn für alle Folgen $(A_n)_{n \in \mathrm{I\!N}}$ in $\mathcal{E}$ mit $A_i \cap A_j = \emptyset$ für alle $i \neq j$ und $\sum_{n=1}^{\infty} A_n \in \mathcal{E}$ die Reihe $\sum_{n=1}^{\infty} \varphi(A_n)$ unabhängig von der Summationsreihenfolge definiert ist und gilt $\varphi(\sum_{n=1}^{\infty} A_n) = \sum_{n=1}^{\infty} \varphi(A_n)$.

    e) *endlich*, wenn $|\varphi(A)| < \infty$ für alle $A \in \mathcal{E}$.

f) σ-*endlich* auf $\mathcal{E}$, wenn es eine isotone Folge $(A_n)_{n\in\mathbb{N}}$ gibt mit $A_n \in \mathcal{E}, \bigcup_{n=1}^{\infty} A_n = \Omega$ und $|\varphi(A_n)| < \infty$ für alle $n \in \mathbb{N}$.

(A.27) Definition: Es seien $\mathcal{A}$ eine Mengenalgebra über Ω und $\mathcal{S}$ eine σ-Algebra über Ω.

a) $\mu : \mathcal{A} \to \overline{\mathbb{R}^1}$ heißt *Inhalt*, wenn μ nicht-negativ und additiv ist und $\mu(\emptyset) = 0$ gilt.

b) $\mu : \mathcal{A} \to \overline{\mathbb{R}^1}$ heißt *Prämaß*, wenn μ nicht-negativ und σ-additiv ist und $\mu(\emptyset) = 0$.

c) $\mu : \mathcal{S} \to \overline{\mathbb{R}^1}$ heißt *Maß*, wenn μ nicht-negativ und σ-additiv ist und $\mu(\emptyset) = 0$.

d) Ein Maß auf $\mathcal{S}$ mit $P(\Omega) = 1$ heißt *Wahrscheinlichkeitsmaß*.

(A.28) Satz: Es sei $\mu : \mathcal{A} \to \overline{\mathbb{R}^1}$ ein Inhalt. Dann gilt

a) μ ist monoton.

b) Für $A, B \in \mathcal{A}$ mit $A \subset B$ gilt $\mu(B) = \mu(A) + \mu(B - A)$; falls $\mu(A) < \infty$ ist, gilt außerdem $\mu(B - A) = \mu(B) - \mu(A)$.

c) Falls $\mu(\Omega) < \infty$ ist, gilt für alle $A \in \mathcal{A}$ $\mu(A^c) = \mu(\Omega) - \mu(A)$.

(A.29) Korollar *(Überdeckungssatz)*: Ist $\mu|\mathcal{A}$ ein Prämaß, so ist μ σ-*sub-additiv*, d.h. es gilt für alle Folgen $(A_n)_{n\in\mathbb{N}}, A_n \in \mathcal{A}$, mit $\bigcup_{n=1}^{\infty} A_n \in \mathcal{A}$

$$\mu(\textstyle\bigcup_{n=1}^{\infty} A_n) \leq \sum_{n=1}^{\infty} \mu(A_n).$$

(A.30) Beispiele:

a) Für beliebiges $\Omega, \Omega_0 = \{\omega_0, \ldots, \omega_n\} \subset \Omega$ mit $n \in \mathbb{N}_0$ und $g : \Omega_0 \to \overline{\mathbb{R}^1_+} := \{x \in \overline{\mathbb{R}^1} : x \geq 0\}$ wird durch

$$\mu_g(A) := \textstyle\sum_{\omega_i \in A} g(\omega_i) = \sum_{i=0}^{n} g(\omega_i) 1_A(\omega_i)$$

ein Maß auf $\mathcal{P}(\Omega)$ definiert *(endlich-diskretes Maß)*.

b) Analog erhält man für abzählbar unendliches $\Omega_0 \subset \Omega$ ein Maß μ_g auf $\mathcal{P}(\Omega)$ *(diskretes Maß)*.

c) Gilt dabei (in a) bzw. b)) $\sum_{\omega_i \in \Omega_0} g(\omega_i) = 1$, so ist μ_g ein Wahrscheinlichkeitsmaß.

d) Das durch $\Omega_0 = \{\omega_0\}, g(\omega_0) = 1$ definierte (Wahrscheinlichkeits-)Maß heißt *Dirac-Maß* (auf ω_0).

e) Es seien $\Omega \neq \emptyset$ und $\mathcal{S} := \{A \subset \Omega : A$ oder A^c abzählbar $\}$. Durch

$$\mu_a(A) := \begin{cases} n & |A| = n,\ n \in \mathbb{N}_0 \\ & \text{falls} \\ \infty & \text{sonst} \end{cases}$$

wird ein Maß μ_a auf $\mathcal{S}$ definiert *(abzählendes Maß)*.

(A.31) Lemma: Es seien $F : \overline{\mathbb{R}^1} \to \overline{\mathbb{R}^1}$ mit $F(x) \in \mathbb{R}^1$ für alle $x \in \mathbb{R}^1$ eine monoton nicht-fallende Funktion und μ_F die durch
$$\mu_F((a;b]) := F(b) - F(a),\ (a,b) \in \mathcal{E}^1;$$
$$\mu_F(\textstyle\sum_{j=1}^{k}(a^j;b^j]) := \sum_{j=1}^{k}\mu_F((a^j;b^j]),\ k \in \mathbb{N}_0,$$
definierte Abbildung $\mu_F : \mathcal{A}^1 \to \mathbb{R}^1 \cup \{+\infty\}$. Dann ist μ_F ein Inhalt auf $\mathcal{A}^1$ *(Lebesgue-Stieltjesscher Inhalt bzgl. F)*. μ_F ist σ-endlich (auf $\mathcal{A}^1$).

(A.32) Beispiel/Bezeichnung:
Der zu $F = id$ gehörende Lebesgue-Stieltjessche Inhalt auf $\mathcal{A}^1$ heißt auch *Lebesguescher Inhalt* (Bezeichnung λ^1); λ^1 stimmt mit dem elementargeometrischen Inhalt überein. $\lambda^1 | \mathcal{A}^1$ ist ein Prämaß.

(A.33) Definition: μ sei ein Inhalt auf $\mathcal{A}$.

    a) μ heißt *stetig von unten*, wenn für jede isotone Folge $(A_n)_{n \in \mathbb{N}}$ mit $A_n \in \mathcal{A}$ und $\lim_{n\to\infty} A_n \in \mathcal{A}$ gilt $\mu(\lim_{n\to\infty} A_n) = \lim_{n\to\infty} \mu(A_n)$ (wobei bestimmte Divergenz zugelassen ist).

    b) μ heißt *stetig von oben*, wenn für jede antitone Folge $(A_n)_{n \in \mathbb{N}}$ mit $A_n \in \mathcal{A}$ und $\lim_{n\to\infty} A_n \in \mathcal{A}$ gilt $\mu(\lim_{n\to\infty} A_n) = \lim_{n\to\infty} \mu(A_n)$.

    c) μ heißt *stetig*, wenn μ stetig von unten und stetig von oben ist.

    d) μ heißt *stetig in $\emptyset$*, wenn $\lim_{n\to\infty} \mu(A_n) = 0$ für jede Folge $(A_n)_{n \in \mathbb{N}}$ mit $A_n \in \mathcal{A}$ und $A_n \downarrow \emptyset$.

Der folgende Satz zeigt die enge Beziehung zwischen der σ-Additivität und der Stetigkeit eines Inhalts:

(A.34) Satz *(Stetigkeitssatz)*:

    a) Ein Inhalt ist genau dann ein Prämaß, wenn er stetig von unten ist.

b) Ein endlicher Inhalt ist genau dann ein Prämaß, wenn er stetig von oben ist.

c) Ein endlicher Inhalt ist genau dann ein Prämaß, wenn er stetig in $\emptyset$ ist.

(A.35) Folgerungen:

a) Ein endlicher Inhalt ist genau dann stetig von oben, wenn er stetig von unten ist.

b) Jedes Prämaß und somit jedes Maß ist stetig von unten.

c) Jedes endliche Prämaß und somit jedes endliche Maß ist stetig.

(A.36) Lemma: Ein Lebesgue-Stieltjesscher Inhalt μ_F bzgl. F ist genau dann ein Prämaß, wenn F rechtsseitig stetig ist (insbesondere $\lim_{x \to -\infty} F(x) = F(-\infty)$) und $F(+\infty) = \lim_{x \to \infty} F(x)$.

A.5 Maßfortsetzung

(A.37) Definition: $\mathcal{E} \subset \mathcal{P}(\Omega)$ heißt *durchschnittsstabil* (kurz $\cap$-stabil), wenn mit $E_1, E_2 \in \mathcal{E}$ auch $E_1 \cap E_2 \in \mathcal{E}$ gilt.

(A.38) Satz (*Eindeutigkeitssatz*): Es sei $\mathcal{E} \subset \mathcal{P}(\Omega)$ $\cap$-stabil. μ_1 und μ_2 seien zwei Maße auf $\mathcal{S} := \sigma(\mathcal{E})$, die auf $\mathcal{E}$ übereinstimmen. Es gebe eine monoton wachsende Folge $(C_n)_{n \in \mathbb{N}}$ in $\mathcal{E}$ mit $\mu_1(C_n) = \mu_2(C_n) < +\infty$ für alle $n \in \mathbb{N}, \Omega = \bigcup_{n=1}^{\infty} C_n$. Dann stimmen μ_1 und μ_2 auf ganz $\mathcal{S}$ überein.

(A.39) Satz (*Maßerweiterungssatz*): Es seien $\mathcal{A}$ eine Mengenalgebra über Ω und μ ein Prämaß auf $\mathcal{A}$. Dann gilt:

(i) Es gibt mindestens ein Maß μ' auf $\sigma(\mathcal{A})$ mit $\mu'|\mathcal{A} = \mu|\mathcal{A}$.

(ii) Ist $\mu|\mathcal{A}$ σ-endlich, so gibt es genau ein Maß μ' auf $\sigma(\mathcal{A})$ mit $\mu'|\mathcal{A} = \mu|\mathcal{A}$; dieses Maß μ' ist ebenfalls σ-endlich.

(A.40) Folgerungen:

(i) $\mathcal{A}$ sei eine Mengenalgebra über Ω, und $\hat{P}$ sei eine additive, in $\emptyset$ stetige Abbildung $\hat{P} : \mathcal{A} \to [0; 1]$ mit $\hat{P}(\Omega) = 1$. Dann gibt es genau eine Fortsetzung von $\hat{P}$ zu einem Wahrscheinlichkeitsmaß P auf $\sigma(\mathcal{A})$.

(ii) Jeder Lebesgue-Stieltjessche Inhalt μ_F bzgl. einer rechtsseitig stetigen Funktion F mit $F(\infty) = \lim_{x \to \infty} F(x)$ läßt sich eindeutig fortsetzen zu einem Maß μ_F auf $\mathbb{B}^1 = \sigma(\mathcal{A}^1)$; $\mu_F|\mathbb{B}^1$ heißt das durch F induzierte *Lebesgue-Stieltjessche Maß*; die eindeutige Fortsetzung von $\lambda^1|\mathcal{A}^1$ auf $\mathbb{B}^1$ heißt das (eindimensionale) *Lebesgue-Maß*.

(A.41) Bemerkung: Zu einem nicht-σ-endlichen Prämaß $\mu|\mathcal{A}$ kann es verschiedene Fortsetzungen μ' auf $\sigma(\mathcal{A})$ geben.

(A.42) Definition: Ein Maß $\tilde{\mu}$ auf $\mathcal{S}$ heißt *vollständig*, wenn für jedes $M \in \mathcal{P}(\Omega)$, zu dem es ein $N \in \mathcal{S}$ mit $M \subset N$ und $\tilde{\mu}(N) = 0$ ($\tilde{\mu}$-*Nullmenge*) gibt, gilt $M \in \mathcal{S}$.

Tatsächlich ist die Vollständigkeit also eine Eigenschaft des Maßraumes $(\Omega, \mathcal{S}, \mu)$; dieser Vollständigkeitsbegriff hat nichts mit dem gleichnamigen topologischen Begriff zu tun.

(A.43) Satz: Es seien $\mathcal{S}$ eine σ-Algebra über Ω und μ ein Maß auf $\mathcal{S}$. Dann gilt

   (i) $\mathcal{S}_\mu := \{A + M : A \in \mathcal{S}, \; M \in \mathcal{P}(\Omega) : \exists N \in \mathcal{S} : \mu(N) = 0,$
        $N \supset M\}$ ist eine σ-Algebra über Ω mit $\mathcal{S}_\mu \supset \mathcal{S}$.

   (ii)   Es gibt genau eine Fortsetzung von $\mu|\mathcal{S}$ zu einem Maß $\tilde{\mu}|\mathcal{S}_\mu$, nämlich die durch $\tilde{\mu}(B) = \mu(A)$, falls $B = A + M \in \mathcal{S}_\mu$, definierte Mengenfunktion.

   (iii) $\tilde{\mu}|\mathcal{S}_\mu$ ist vollständig.

(A.44) Definition: $\tilde{\mu}|\mathcal{S}_\mu$ heißt *Vervollständigung* von $\mu|\mathcal{S}$; $\mathcal{S}_\mu$ heißt die bzgl. μ *vervollständigte σ-Algebra*, die Elemente von $\mathcal{S}_\mu$ heißen μ-*meßbar*; insbesondere heißen die Mengen der bzgl. $\lambda^1|\mathbb{B}^1$ vervollständigten σ-Algebra $\mathcal{L} := \mathbb{B}^1_{\lambda^1}$ *Lebesgue-meßbare Mengen*.

(A.45) Anmerkung: Es seien A eine Lebesgue-meßbare Menge und A' eine zu A kongruente Teilmenge des $\mathbb{R}^1$. Dann ist auch A' Lebesgue-meßbar, und es gilt $\lambda^1(A') = \lambda^1(A)$.

Daß

$$\mathbb{B}^1 \subset \mathcal{L}^1 \underset{\neq}{\subseteq} \mathcal{P}(\mathbb{R}^1)$$

gilt, zeigen die folgenden Aussagen:

(A.46) Satz (*Unlösbarkeit des klassischen Maßproblems*): Es gibt für kein $n \in \mathbb{N}$ eine Funktion $I_n : \mathcal{P}(\mathbb{R}^n) \to \overline{\mathbb{R}^1}$ mit den Eigenschaften

(i) $I_n(A) \geq 0$ für alle $A \in \mathcal{P}(\mathbb{R}^n)$ (ii) $I_n([0;1]^n) = 1$

(iii) $I_n(\sum_{j=1}^{\infty} A_j) = \sum_{j=1}^{\infty} I_n(A_j), A_j \in \mathcal{P}(\mathbb{R}^n)$

(iv) $I_n(A) = I_n(A')$, falls A und $A' \in \mathcal{P}(\mathbb{R}^n)$ kongruent sind.

(A.47) Satz (von Ulam): Es seien Ω eine Menge der Mächtigkeit $\aleph_1$ und μ ein endliches Maß auf $\mathcal{P}(\Omega)$. Falls $\mu(\{\omega\}) = 0$ für alle $\omega \in \Omega$, gilt $\mu \equiv 0$. Unter der Kontinuumshypothese ist also jedes endliche Maß μ auf $\mathcal{P}([0;1])$ mit $\mu(\{\omega\}) = 0$ für alle $\omega \in [0;1]$ identisch Null.

(A.48) Bemerkung: Es seien $(\Omega, \mathcal{S})$ ein meßbarer Raum, μ ein vollständiges, endliches Maß auf $\mathcal{S}, B \in \mathcal{P}(\Omega)$ mit $B \notin \mathcal{S}$ und $\mathcal{B} := \sigma(\mathcal{S} \cup \{B\})$. Dann gibt es mindestens zwei verschiedene Fortsetzungen von μ zu einem Maß auf $\mathcal{B}$.

(A.49) Bezeichnungen:

a) Ein Tripel $(\Omega, \mathcal{S}, \mu)$, wobei $(\Omega, \mathcal{S})$ ein meßbarer Raum und μ ein Maß auf $\mathcal{S}$ sind, heißt auch *Maßraum*.

b) $(\Omega, \mathcal{S}, \mu)$ sei ein Maßraum; A sei eine Aussage derart, daß für jedes $\omega \in \Omega$ definiert ist, ob die Aussage für ω zutrifft oder nicht. A gilt *μ-fast-überall* - Bezeichnung $A(\omega) [\mathcal{S}, \mu]$ oder A μ-f.ü. -, wenn es eine Menge $N \in \mathcal{S}$ gibt mit $\mu(N) = 0$, so daß A zutrifft für alle $\omega \in N^c$. Ist μ insbesondere ein Wahrscheinlichkeitsmaß, so sagt man auch „*A gilt $(\mu-)$ fast sicher*" – Bezeichnung A $(\mu-)$ f.s..

A.6   Meßbare Abbildungen

(A.50) Anmerkungen: Es seien $(\mathcal{X}, \mathcal{B})$ ein meßbarer Raum und X eine Abbildung von Ω nach $\mathcal{X}$. Dann gilt:

(i) Die durch $X^{-1}(B) := \{\omega \in \Omega : X(\omega) \in B\}$ definierte Abbildung $X^{-1} : \mathcal{P}(\mathcal{X}) \to \mathcal{P}(\Omega)$ ist *operationstreu*, d.h. für alle $B, B_1, B_2 \in \mathcal{P}(\mathcal{X})$ gilt
$$X^{-1}(B_1 \cap B_2) = X^{-1}(B_1) \cap X^{-1}(B_2),$$
$$X^{-1}(B_1 \cup B_2) = X^{-1}(B_1) \cup X^{-1}(B_2),$$
$$X^{-1}(B^c) = (X^{-1}(B))^c.$$

(ii) $X^{-1}(\mathcal{B}) := \{X^{-1}(B) : B \in \mathcal{B}\}$ ist eine σ-Algebra über Ω.

(A.51) Definition: Es seien $(\Omega, \mathcal{S})$ und $(\mathcal{X}, \mathcal{B})$ meßbare Räume und X eine Abbildung von Ω nach $\mathcal{X}$. X heißt eine *$(\mathcal{S}, \mathcal{B})$-meßbare Abbildung*, wenn gilt $X^{-1}(\mathcal{B}) \subset \mathcal{S}$. Bezeichnung: $(\Omega, \mathcal{S}) \xrightarrow{X} (\mathcal{X}, \mathcal{B})$.

(A.52) Anmerkungen:

(i)   Es seien $(\Omega, \mathcal{S})$ ein meßbarer Raum und X eine Abbildung von Ω nach $\mathcal{X}$. Dann ist $\mathcal{B}_X := \{B \subset \mathcal{X} : X^{-1}(B) \in \mathcal{S}\}$ eine σ-Algebra über $\mathcal{X}$.

(ii) $(\Omega, \mathcal{S})$ und $(\mathcal{X}, \mathcal{B})$ seien meßbare Räume. Dann gilt für jede $(\mathcal{S}, \mathcal{B})$-meßbare Abbildung $X : (\Omega, \mathcal{S}) \to (\mathcal{X}, \mathcal{B})$
   (a) $\mathcal{B} \subset \mathcal{B}_X$,   (b) $X^{-1}(\mathcal{B}) \subset X^{-1}(\mathcal{B}_X) \subset \mathcal{S}$.

(A.53) Satz: $\mathcal{E} \subset \mathcal{P}(\mathcal{X})$ sei ein Erzeugendensystem der σ-Algebra $\mathcal{B}$ über $\mathcal{X}$, $(\Omega, \mathcal{S})$ sei ein meßbarer Raum. Dann ist eine Abbildung $X : \Omega \to \mathcal{X}$ genau dann $(\mathcal{S}, \mathcal{B})$-meßbar, wenn gilt $X^{-1}(\mathcal{E}) \subset \mathcal{S}$.

(A.54) Folgerungen:

(i) $(\Omega, \mathcal{S})$ sei ein meßbarer Raum. Eine Abbildung $X : \Omega \to \mathrm{I\!R}^n, n \in \mathrm{I\!N}$, ist genau dann $(\mathcal{S}, \mathrm{I\!B}^n)$-meßbar, wenn eine der folgenden Bedingungen erfüllt ist:
   (a) $X^{-1}((-\infty; a]_{(n)}) \in \mathcal{S} \quad \forall a \in \mathbb{Q}^n$
   (b) $X^{-1}(B) \in \mathcal{S} \quad \forall B \subset \mathrm{I\!R}^n$, B offen.

(ii) Es seien $(\Omega, \mathcal{S})$ ein meßbarer Raum und $X_i, 1 \le i \le n$, Abbildungen von Ω nach $\mathrm{I\!R}^1$. Dann ist $X = (X_1, \ldots, X_n) : \Omega \to \mathrm{I\!R}^n$ genau dann $(\mathcal{S}, \mathrm{I\!B}^n)$-meßbar, wenn alle X_i $(\mathcal{S}, \mathrm{I\!B}^1)$-meßbar sind.

(iii) $X : \mathrm{I\!R}^k \to \mathrm{I\!R}^n, k, n \in \mathrm{I\!N}$, sei stetig. Dann ist X $(\mathrm{I\!B}^k, \mathrm{I\!B}^n)$-meßbar.

Für hintereinandergeschaltete Abbildungen ergibt sich:

(A.55) Lemma: Für $X : (\Omega, \mathcal{S}) \to (\mathcal{X}, \mathcal{B})$, $Z : (\mathcal{X}, \mathcal{B}) \to (\mathcal{Y}, \mathcal{C})$ gilt:
   $Y := Z \circ X : \Omega \to \mathcal{Y}$ ist $(\mathcal{S}, \mathcal{C})$-meßbar.

(A.56) Folgerung: Es seien $X_i : \Omega \to \mathrm{I\!R}^1, 1 \le i \le n$, $(\mathcal{S}, \mathrm{I\!B}^1)$-meßbar und $g : \mathrm{I\!R}^n \to \mathrm{I\!R}^1$ stetig. Dann ist die durch $Y(\omega) := g(X_1(\omega), \ldots, X_n(\omega))$ definierte Abbildung $Y : \Omega \to \mathrm{I\!R}^1$ $(\mathcal{S}, \mathrm{I\!B}^1)$-meßbar.

A.7   Numerische Funktionen

Ebenso wie man den Raum $\mathrm{I\!R}^n$ zu $\overline{\mathrm{I\!R}^n}$ kompaktifiziert (vgl. (A.25)), erweitert man die σ-Algebra $\mathrm{I\!B}^n$ zu $\overline{\mathrm{I\!B}^n} := \sigma_{\overline{\mathrm{I\!R}^n}}(\{(a; b]_{(n)} : a, b \in \overline{\mathrm{I\!R}^n}, a < b\})$.

(A.57) Definition:

(i)   Eine Abbildung $X : \Omega \to \overline{\mathrm{I\!R}^n}$ heißt (n-dimensionale) *numerische Funktion*.

(ii) Eine numerische Funktion heißt $(\mathcal{S}-)$*meßbar*, wenn sie $(\mathcal{S}, \overline{\mathbb{B}^n})$-meßbar ist.

Daß man auf diesem Weg einen „Abschluß gegenüber Grenzübergängen" erreicht, zeigt der

(A.58) Satz: $X_i : \Omega \to \overline{\mathbb{R}^1}$ seien meßbare numerische Funktionen, $i \in \mathbb{N}$. Dann gilt:

(i) $\sup_i X_i$, $\inf_i X_i$, $\limsup_i X_i$, $\liminf_i X_i$

sind meßbare numerische Funktionen.

(ii) Existiert $\lim_i X_i$, so ist $\lim_i X_i$ eine meßbare numerische Funktion.

(A.59) Lemma: X und Y seien meßbare (eindimensionale) numerische Funktionen, und $X \pm Y, X \cdot Y$ bzw. X/Y seien überall definiert. Dann sind auch $X \pm Y, X \cdot Y$ bzw. X/Y meßbare numerische Funktionen.

Im folgenden werden einige einfache Klassen von meßbaren numerischen Funktionen aufgeführt:

(A.60) Definition: Es seien $A_i \in \mathcal{S}, 1 \leq i \leq k$, $k \in \mathbb{N}$, mit $A_i \cap A_j = \emptyset$ für alle $i \neq j$ und $x_i \in \mathbb{R}^1$, $1 \leq i \leq k$. Dann heißt die durch

$$X(\omega) := \sum_{i=1}^{k} x_i \, 1_{A_i}(\omega)$$

definierte Abbildung $X : \Omega \to \mathbb{R}^1$ eine *primitive Funktion*.

(A.61) Bemerkungen:

(i) Jede primitive Funktion ist meßbar.

(ii) Jede numerische Funktion, die sich als Grenzwert primitiver Funktionen darstellen läßt, ist meßbar.

(iii) Jede Funktion X der Form

$$X(\omega) = \sum_{i=1}^{\infty} x_i \cdot 1_{A_i}(\omega)$$

mit $A_i \in \mathcal{S} \; \forall i \in \mathbb{N}$, $A_i \cap A_j = \emptyset \; \forall i \neq j$, $x_i \in \mathbb{R}^1 \; \forall i \in \mathbb{N}$ ist meßbar. (*Elementarfunktion*).

(iv) Zu jeder primitiven Funktion und zu jeder Elementarfunktion gibt es genau eine *Normaldarstellung* mit $x_i \neq x_j \; \forall i \neq j$, $\sum_i A_i = \Omega$.

Mit den Funktionen aus (A.61)(ii) ist bereits die Gesamtheit aller meßbaren numerischen Funktionen erfaßt:

(A.62) Satz:

   (i) Zu jeder nicht-negativen meßbaren numerischen Funktion X gibt es eine Folge $(X_i)_{i \in \mathbb{N}}$ nicht-negativer primitiver Funktionen mit $X_i \uparrow X$.

  (ii) Eine Abbildung $X : \Omega \to \overline{\mathbb{R}^1}$ ist genau dann eine meßbare numerische Funktion, wenn es eine Folge $(X_i)_{i \in \mathbb{N}}$ von primitiven Funktionen gibt mit $X = \lim_{i \to \infty} X_i$.

(A.63) Folgerung: Jede beschränkte meßbare numerische Funktion läßt sich als Grenzwert einer gleichmäßig konvergenten Folge primitiver Funktionen darstellen.

(A.64) Satz: $X : (\Omega, \mathcal{S}) \to (\mathcal{X}, \mathcal{B})$ sei meßbar, und μ sei ein Maß auf $\mathcal{S}$. Dann wird durch $\mu^X(B) := \mu(X^{-1}(B))$, $B \in \mathcal{B}$, ein Maß μ^X auf $\mathcal{B}$ definiert mit $\mu^X(\mathcal{X}) = \mu(\Omega)$.

(A.65) Bezeichnungen:

  (i) Das in (A.64) definierte Maß $\mu^X|\mathcal{B}$ heißt das durch X *induzierte Maß* (auf $\mathcal{B}$).

 (ii) Eine auf einem Maßraum $(\Omega, \mathcal{S}, \mu)$ definierte, $(\mathcal{S}, \mathcal{B})$-meßbare Abbildung $X : \Omega \to \mathcal{X}$ wird durch $X : (\Omega, \mathcal{S}, \mu) \to (\mathcal{X}, \mathcal{B}, \mu^X)$ bezeichnet.

A.8   Maß-Integrale

(A.66) Definition:

  (i) Es seien $A \in \mathcal{S}$ und $X = 1_A$. Dann heißt $\int X d\mu := \mu(A)$ das *μ-Integral von X* (über Ω).

 (ii) X sei eine nicht-negative primitive Funktion mit der Normaldarstellung

$$X = \sum_{i=1}^{k} x_i \cdot 1_{A_i}$$

mit $x_i \geq 0, x_i \neq x_j, A_i \cap A_j = \emptyset \ \forall i \neq j, \sum_{i=1}^{k} A_i = \Omega$. Dann heißt $\int X \, d\mu := \sum_{i=1}^{k} x_i \mu(A_i)$ das *μ-Integral von X* (über Ω).

Auch für Nicht-Normaldarstellungen primitiver Funktionen gilt eine entsprechende Darstellung:

(A.67) Lemma: Es sei $X = \sum_{j=1}^{m} z_j \cdot 1_{C_j}, z_j \geq 0, C_j \in \mathcal{S}$. Dann gilt

$$\int X \, d\mu = \sum_{j=1}^{m} z_j \mu(C_j).$$

(A.68) Anmerkung: X und Y seien nicht-negative primitive Funktionen mit $X \leq Y$. Dann gilt $\int X \, d\mu \leq \int Y \, d\mu$.

(A.69) Lemma:

(i) Sind $\bar{X}_i, i \in \mathbb{N}$, und Y nicht-negative primitive Funktionen derart, daß $X_i \uparrow \lim_{j \to \infty} X_j$ und $Y \leq \lim_{j \to \infty} X_j$, so gilt

$$\int Y \, d\mu \leq \lim_{i \to \infty} \int X_i \, d\mu.$$

(ii) Es seien X eine nicht-negative, meßbare Funktion und $(X_i)_{i \in \mathbb{N}}$, $(X_i')_{i \in \mathbb{N}}$ Folgen nicht-negativer primitiver Funktionen mit $X_i \uparrow X, X_i' \uparrow X$. Dann gilt $\lim_{i \to \infty} \int X_i d\mu = \lim_{i \to \infty} \int X_i' d\mu$.

Aufgrund von (A.62)(i) liegt somit die folgende Definition nahe:

(A.70) Definition: Es seien X eine nicht-negative, meßbare Funktion und $(X_i)_{i \in \mathbb{N}}$ eine Folge nicht-negativer primitiver Funktionen mit $X_i \uparrow X$. Dann heißt $\int X \, d\mu := \lim_{i \to \infty} \int X_i d\mu$ das *μ-Integral von X* (über Ω).

(A.71) Anmerkungen: X und Y seien nicht-negative, meßbare Funktionen. Dann gilt

(i) $\int cX \, d\mu = c \int X \, d\mu$ für alle $c \in [0; \infty]$,

(ii) $\int (X + Y) d\mu = \int X \, d\mu + \int Y \, d\mu$,

(iii) aus $X \leq Y$ folgt $\int X \, d\mu \leq \int Y \, d\mu$.

Während man das μ-Integral für alle nicht-negativen, meßbaren Funktionen definieren kann, ist bei beliebigen meßbaren Funktionen eine Einschränkung nötig:

(A.72) Definition:

(i) X sei eine meßbare numerische Funktion; $X^+ := \max(0, X)$, $X^- := \max(0, -X)$. Falls mindestens eine der Zahlen $\int X^+ \, d\mu$, $\int X^- \, d\mu$ endlich ist, heißt $\int X \, d\mu := \int X^+ \, d\mu - \int X^- \, d\mu$ das μ-*Integral von* X (über Ω).

(ii)   Eine meßbare numerische Funktion X heißt *quasiintegrabel* (integrierbar), falls $\int X \, d\mu$ existiert, sie heißt *integrabel*, falls $\int X \, d\mu$ endlich ist.

!   Im Falle $\int X^+ d\mu = \int X^- \, d\mu = +\infty$ ist $\int X \, d\mu$ *nicht* definiert.

Für eine (geringfügige) Erweiterung des Integralbegriffs wird angemerkt:

(A.73) Satz: X und Y seien meßbare numerische Funktionen. Dann gilt

(i)   Aus $X = 0$ μ-f.ü. folgt $\int X \, d\mu = 0$.

(ii)   Ist $X \geq 0$, so gilt $\int X \, d\mu = 0$ genau dann, wenn $X = 0$ μ-f.ü..

(iii)   Existiert $\int X \, d\mu$ und gilt $X = Y$ μ-f.ü., so existiert $\int Y \, d\mu$, und es gilt $\int X \, d\mu = \int Y \, d\mu$.

(iv)   Ist X μ-integrabel, so ist X μ-f.ü. endlich.

(A.74) Definition: X sei eine μ-f.ü. auf Ω definierte numerische Funktion, die μ-f.ü. mit einer quasiintegrablen, meßbaren numerischen Funktion Y übereinstimmt. Dann heißt $\int X \, d\mu := \int Y \, d\mu$ das μ-*Integral von* X (über Ω), X heißt *quasiintegrabel* bzw. – wenn Y integrabel ist – *integrabel*.

In Verallgemeinerung von (A.71) gilt:

(A.75) Satz (Eigenschaften des μ-Integrals):

(i)   Es seien X eine quasiintegrable numerische Funktion und $c \in \mathrm{IR}^1$. Dann ist cX quasiintegrabel, und es gilt $\int cX \, d\mu = c \int X \, d\mu$.

(ii) X und Y seien quasiintegrable numerische Funktionen, für die $X + Y$ μ-f.ü. definiert und $\int X \, d\mu + \int Y \, d\mu$ definiert ist. Dann ist $X + Y$ quasiintegrabel, und es gilt $\int (X + Y) d\mu = \int X \, d\mu + \int Y \, d\mu$.

(iii) X und Y seien quasiintegrable numerische Funktionen mit $X \leq Y$ μ-f.ü.. Dann gilt $\int X \, d\mu \leq \int Y \, d\mu$.

(A.76) Folgerungen: Sind X und Y μ-integrable Funktionen (auf Ω), so sind $X + Y$ und cX für alle $c \in \mathrm{IR}^1$ μ-integrable Funktionen, und es gilt

(i) $\int cX d\mu = c \int X d\mu \quad \forall c \in \mathbb{R}^1,$

(ii) $\int (X + Y) d\mu = \int X d\mu + \int Y d\mu.$

(iii) Aus $X \leq Y$ μ-f.ü. folgt $\int X d\mu \leq \int Y d\mu.$

Die Menge

$$\mathcal{L}_\mu^1 := \{X : X \text{ reellwertige } \mu\text{-integrable Funktion (auf } \Omega)\}$$

ist also (bzgl. $(X + Y)(\omega) = X(\omega) + Y(\omega), (cX)(\omega) = cX(\omega)$) ein Vektorraum über $\mathbb{R}^1$; $\mathcal{C} : \mathcal{L}_\mu^1 \to \mathbb{R}^1$ mit $\mathcal{C}(X) = \int X \, d\mu$ ist eine isotone Linearform auf $\mathcal{L}_\mu^1$.

(A.77) Definition: X sei quasiintegrabel. Dann heißt die durch

$$\psi_X(A) := \int_A X d\mu := \int X \cdot 1_A d\mu, \; A \in \mathcal{S},$$

definierte Abbildung $\psi_X : \mathcal{S} \to \overline{\mathbb{R}^1}$ das *unbestimmte Integral von X*.

(A.78) Anmerkung:
$\int X \, d\mu$ existiert genau dann, wenn $\psi_X(A)$ für alle $A \in \mathcal{S}$ existiert.

(A.79) Lemma:

(i) Für jedes quasiintegrable X gilt $\psi_X(A + B) = \psi_X(A) + \psi_X(B)$ für alle $A, B \in \mathcal{S}$ mit $A \cap B = \emptyset$.

(ii) Für jedes quasiintegrable, nicht-negative X gilt

$$0 \leq \psi_X(A) \leq \psi_X(B) \quad \text{für alle } A, B \in \mathcal{S} \quad \text{mit } A \subset B.$$

A.9   Vertauschungssätze für Maß-Integrale

(A.80) Satz (*von der monotonen Konvergenz ;* B. Levi):
Es seien $X_i, i \in \mathbb{N}$, meßbare Funktionen mit $X_i \uparrow X$ μ-f.ü. und $X_1 \geq Y$ μ-f.ü. mit μ-integrablem Y. Dann gilt

$$\int \lim_{i \to \infty} X_i \, d\mu = \lim_{i \to \infty} \int X_i \, d\mu.$$

(A.81) Folgerungen:

(i) Für jede Folge $(X_i)_{i\in\mathbb{N}}$ von μ-f.ü. nicht-negativen, meßbaren Funktionen X_i gilt

$$\int \sum_{i=1}^{\infty} X_i \, d\mu = \sum_{i=1}^{\infty} \int X_i \, d\mu.$$

(ii) $X \geq 0$ f.ü. sei quasiintegrabel. Dann gilt für $(A_i)_{i\in\mathbb{N}}$ mit $A_i \in \mathcal{S}$ und $A_i \cap A_j = \emptyset \; \forall i \neq j$

$$\psi_X(\sum_{i=1}^{\infty} A_i) = \sum_{i=1}^{\infty} \psi_X(A_i).$$

(ii) besagt also gerade, daß ψ_X für meßbares $X \geq 0$ μ-f.ü. σ-additiv und somit ein Maß auf $\mathcal{S}$ ist – X heißt eine *Dichte von ψ_X bzgl. μ.*

Die σ-Additivität des unbestimmten Integrals ist jedoch nicht auf μ-f.ü. nicht-negative Funktionen beschränkt:

(A.82) Lemma: Ist X quasiintegrabel, und ist $(A_i)_{i\in\mathbb{N}}$ eine Folge von Mengen aus $\mathcal{S}$ mit $A_i \cap A_j = \emptyset$ für alle $i \neq j$, so gilt

$$\psi_X(\sum_{i=1}^{\infty} A_i) = \sum_{i=1}^{\infty} \psi_X(A_i).$$

Dem engen Zusammenhang zwischen der σ-Additivität und der Stetigkeit eines Maßes (vgl. (A.34)) entsprechend ergibt sich

(A.83) Satz (Stetigkeit des unbestimmten Integrals):

(i)   Ist X quasiintegrabel und ist $(A_i)_{i\in\mathbb{N}}$ eine Folge von Mengen aus $\mathcal{S}$ mit $A_i \uparrow A$, so gilt

$$\lim_{i\to\infty} \int_{A_i} X d\mu = \int_A X d\mu.$$

(ii) X sei μ-integrabel. Dann existiert zu jedem $\varepsilon > 0$ ein $\delta(\varepsilon) > 0$, so daß für alle $A \in \mathcal{S}$ mit $\mu(A) < \delta(\varepsilon)$ gilt $\int_A |X| d\mu < \varepsilon$.

(iii)   Ist X μ-integrabel und ist $(A_i)_{i\in\mathbb{N}}$ eine Folge von Mengen aus $\mathcal{S}$ mit $\lim_{i\to\infty} \mu(A_i) = 0$, so gilt

$$\lim_{i\to\infty} \int_{A_i} |X| d\mu = 0.$$

Um auch für den nicht-monotonen Fall einen Vertauschungssatz für Maß-Integrale zu beweisen, benutzt man den folgenden Hilfssatz:

(A.84) Lemma (von Fatou): Es seien Y und Z μ-integrable und $X_i, i \in$ IN, meßbare numerische Funktionen. Dann gilt

(i) Falls $X_i \geq Y$ μ-f.ü. für alle $i \in$ IN, folgt

$$\int \liminf_{i \to \infty} X_i d\mu \leq \liminf_{i \to \infty} \int X_i d\mu.$$

(ii) Falls $X_i \leq Z$ μ-f.ü. für alle $i \in$ IN, folgt

$$\int \limsup_{i \to \infty} X_i d\mu \geq \limsup_{i \to \infty} \int X_i d\mu.$$

(A.85) Folgerungen:

(i) Für jede Folge $(A_i)_{i \in \text{IN}}$ von $A_i \in \mathcal{S}$ gilt $\mu(\liminf_{i \to \infty} A_i) \leq \liminf_{i \to \infty} \mu(A_i)$.

(ii) Ist $\mu(\Omega) < \infty$, so gilt für jede Folge $(A_i)_{i \in \text{IN}}$ von $A_i \in \mathcal{S}$
$\mu(\limsup_{i \to \infty} A_i) \geq \limsup_{i \to \infty} \mu(A_i)$.

(A.86) Satz (*von der majorisierten Konvergenz*; H. Lebesgue):
Es seien Y und Z μ-integrable und $X_i, i \in$ IN, meßbare numerische Funktionen mit $Y \leq X_i \leq Z$ μ-f.ü. für alle $i \in$ IN und $X_i \to X$ μ-f.ü.. Dann existiert $\lim_{i \to \infty} \int X_i d\mu$, und es gilt

$$\lim_{i \to \infty} \int X_i d\mu = \int \lim_{i \to \infty} X_i d\mu.$$

Die Frage nach dem Zusammenhang zwischen den Integralen $\int_\Omega g(X) d\mu$ und $\int_\mathcal{X} g d\mu^X$ bei hintereinandergeschalteten Funktionen beantwortet der

(A.87) Satz *(Transformationsformel):*
Für $X : (\Omega, \mathcal{S}, \mu) \to (\mathcal{X}, \mathcal{B}, \mu^X)$ und $g : (\mathcal{X}, \mathcal{B}) \to (\text{IR}^1, \text{IB}^1)$ gilt

$$\int_{X^{-1}(B)} g(X) d\mu = \int_B g \, d\mu^X \quad \text{für alle } B \in \mathcal{B},$$

falls mindestens eines der beiden Integrale existiert.

(A.88) Bezeichnung: Ein Maß-Integral $\int X \, d\mu$, bei dem μ ein Lebesgue-Stieltjessches Maß ist, heißt *Lebesgue-Stieltjessches Integral.* Ist insbesondere $\mu = \lambda^1$, so heißt $\int X \, d\lambda^1$ das (eindimensionale) *Lebesgue-Integral von X* (über $\mathbb{R}^1$).

Es bestehen enge Zusammenhänge zwischen dem Lebesgue-Integral und dem klassischen Riemann-Integral (für Intervalle $\langle a;b\rangle$):

(A.89) Satz:

(i) Existiert für $g : \mathbb{R}^1 \to \mathbb{R}^1$ und $a,b \in \mathbb{R}^1$ das Riemann-Integral $\int_a^b g(x)dx$, so ist g $(\mathcal{L}^1, \mathcal{B}^1)$-meßbar, es existiert das Lebesgue-Integral, und es gilt

$$\int_a^b g(x)dx = \int_{\langle a;b\rangle} g \, d\lambda^1.$$

(ii) Existiert für $g : \mathbb{R}^1 \to \mathbb{R}^1$ mit $g(x) \geq 0 \; \forall x \in \mathbb{R}^1$ das Riemann-Integral $\int_a^b g(x)dx$ für jedes endliche Intervall $[a;b]$, so gilt

  a) $\displaystyle \int_{-\infty}^{+\infty} g(x)dx := \lim_{\substack{a\to-\infty \\ b\to+\infty}} \int_a^b g(x)dx = \int_{\mathbb{R}^1} g \, d\lambda^1.$

  b) Es ist $\int_{-\infty}^{+\infty} g(x)dx < \infty$ genau dann, wenn g λ^1-integrabel ist.

A.10   Produkträume

(A.90) Definition: Es seien Ω_1, Ω_2 nicht-leere Mengen.

(i) $\Omega := \Omega \times \Omega_2 := \{\omega = (\omega_1, \omega_2) : \omega_i \in \Omega_i, i = 1,2\}$ heißt *kartesisches Produkt* von Ω_1 und Ω_2.

(ii) Mengen $A_1 \times A_2$ mit $A_i \subset \Omega_i, i = 1,2$, heißen *Rechteckmengen*; die A_i heißen *Seiten* der Rechteckmenge.

(iii) Die Rechteckmengen der Form $\Omega_1 \times A_2$ bzw. $A_1 \times \Omega_2$ heißen auch *Zylindermengen*.

(A.91) Definition:

(i) Ist $(\Omega_1 \times \Omega_2, \mathcal{S})$ ein meßbarer Raum, so heißen die σ-Algebren

$$\mathcal{S}_1 := \{A_1 \subset \Omega_1 : A_1 \times \Omega_2 \in \mathcal{S}\}, \; \mathcal{S}_2 := \{A_2 \subset \Omega_2 : \Omega_1 \times A_2 \in \mathcal{S}\}$$

die *Marginal-σ-Algebren* von $\mathcal{S}$.

(ii) Sind $(\Omega_i, \mathcal{S}_i)$, $i = 1, 2$, meßbare Räume, so heißt

$$\mathcal{S}_1 \otimes \mathcal{S}_2 := \sigma(\{A_1 \times A_2 : \ A_i \in \mathcal{S}_i, \ i = 1, 2\})$$

die *Produkt-σ-Algebra* von $\mathcal{S}_1$ und $\mathcal{S}_2$ (über $\Omega_1 \times \Omega_2$); $(\Omega_1 \times \Omega_2, \ \mathcal{S}_1 \otimes \mathcal{S}_2)$ heißt *Produktraum* der $(\Omega_i, \mathcal{S}_i)$.

(A.92) Anmerkungen:

(i) $\mathcal{S}_1 \otimes \mathcal{S}_2$ ist die kleinste σ-Algebra, so daß die beiden Projektionen $\pi_i : \Omega \to \Omega_i$ meßbar sind.

(ii) Für jedes $A \in \mathcal{S}_1 \otimes \mathcal{S}_2$ und jedes $\omega_1 \in \Omega_1$ bzw. $\omega_2 \in \Omega_2$ liegt der ω_1-*Schnitt*

$$A_{\omega_1} := \{\omega_2 \in \Omega_2 : (\omega_1, \omega_2) \in A\}$$

in $\mathcal{S}_2$ bzw. der ω_2-*Schnitt*

$$A_{\omega_2} := \{\omega_1 \in \Omega_1 : (\omega_1, \omega_2) \in A\}$$

in $\mathcal{S}_1$.

(iii) Sind $(\Omega_i, \mathcal{S}_i), i = 1, 2$, meßbare Räume, so gibt es eine kleinste σ-Algebra $\mathcal{S}$ über $\Omega_1 \times \Omega_2$, deren Marginal-σ-Algebren die $\mathcal{S}_i$ sind, nämlich $\mathcal{S} = \mathcal{S}_1 \otimes \mathcal{S}_2$.

(A.93) Lemma: Sind $(\Omega_i, \mathcal{S}_i)$ meßbare Räume und $\mathcal{E}_i$ Mengensysteme mit

(i) $\mathcal{S}_i = \sigma(\mathcal{E}_i)$,

(ii) es existieren Folgen $E_{i,k} \in \mathcal{E}_i$ mit $E_{i,k} \uparrow \Omega_i$, $i = 1, 2$,

so gilt

$$\sigma(\{E_1 \times E_2 : E_i \in \mathcal{E}_i, \ i = 1, 2\}) = \mathcal{S}_1 \otimes \mathcal{S}_2.$$

Für $(\Omega_i, \mathcal{S}_i) = (\mathbb{R}^1, \mathbb{B}^1)$, $i = 1, 2$, gilt beispielsweise

$$\mathbb{B}^1 \otimes \mathbb{B}^1 = \sigma(\{(a_1; b_1] \times (a_2; b_2] : (a_i, b_i] \in \mathcal{E}^1, \ i = 1, 2\}) = \mathbb{B}^2.$$

Alle Definitionen und Aussagen dieses Abschnitts lassen sich unmittelbar auf den Fall endlich vieler Faktoren $(\Omega_i, \mathcal{S}_i)$, $1 \leq i \leq n, n > 2$, übertragen.

A.11　Marginalmaße, Produktmaße

(A.94) Definition: $(\Omega_1 \times \Omega_2, \mathcal{S}, \mu)$ sei ein Maßraum. Die durch $\mu_1(A_1) :=$ $\mu(A_1 \times \Omega_2)$ auf $\mathcal{S}_1$ bzw. durch $\mu_2(A_2) := \mu(\Omega_1 \times A_2)$ auf $\mathcal{S}_2$ definierten Maße heißen *Rand-* oder *Marginalmaße* (von $\mu|\mathcal{S}$).

Ein Maß ist i.a. nicht durch seine Marginalmaße festgelegt.

(A.95) Satz: Es seien $(\Omega_i, \mathcal{S}_i)$ meßbare Räume, μ_i Maße auf $\mathcal{S}_i$ und $\mathcal{E}_i$ Mengensysteme mit den Eigenschaften

(i)　$\mathcal{S}_i = \sigma(\mathcal{E}_i)$, $i = 1, 2$,　　　　　(ii)　$\mathcal{E}_i$ ist $\cap$-stabil, $i = 1, 2$,

(iii) es gibt $(E_{i,k})_{k \in \mathbb{N}}$ aus $\mathcal{E}_i$ mit $\mu_i(E_{i,k}) < \infty$ für alle $k \in \mathbb{N}$ und $E_{i,k} \uparrow \Omega_i$, $i = 1, 2$.

Dann gibt es höchstens ein Maß $\mu^\star$ auf $\mathcal{S}_1 \otimes \mathcal{S}_2$ mit

$$\mu^\star(A_1 \times A_2) = \mu_1(A_1) \cdot \mu_2(A_2) \qquad \forall A_i \in \mathcal{S}_i, \ i = 1, 2.$$

(A.96) Lemma: $\mu_i|\mathcal{S}_i$ seien σ-endliche Maße, $i = 1, 2$. Dann gilt für jedes $A \in \mathcal{S}_1 \otimes \mathcal{S}_2$

(i) Die durch $\omega_1 \to \mu_2(A_{\omega_1})$ definierte Abbildung $S_1^A : \Omega_1 \to \mathbb{R}_+^1$ ist $\mathcal{S}_1$-meßbar.

(ii) Die durch $\omega_2 \to \mu_1(A_{\omega_2})$ definierte Abbildung $S_2^A : \Omega_2 \to \mathbb{R}_+^1$ ist $\mathcal{S}_2$-meßbar.

(A.97) Satz *(Produktmaßsatz):* Es seien $(\Omega_i, \mathcal{S}_i)$ meßbare Räume und μ_i σ-endliche Maße auf $\mathcal{S}_i$, $i = 1, 2$. Dann gibt es genau ein Maß $\mu^\star$ auf $\mathcal{S}_1 \otimes \mathcal{S}_2$ mit

$$\mu^\star(A_1 \times A_2) = \mu_1(A_1) \cdot \mu_2(A_2) \qquad \text{für alle} \quad A_i \in \mathcal{S}_i, \ i = 1, 2.$$

Für jedes $A \in \mathcal{S}_1 \otimes \mathcal{S}_2$ gilt

$$\mu^\star(A) = \int_{\Omega_1} \mu_2(A_{\omega_1}) d\mu_1 = \int_{\Omega_2} \mu_1(A_{\omega_2}) d\mu_2.$$

(A.98) Definition: Das für je zwei Maßräume $(\Omega_i, \mathcal{S}_i, \mu_i)$ mit σ-endlichen μ_i eindeutig bestimmte Maß $\mu^\star$ auf $\mathcal{S}_1 \otimes \mathcal{S}_2$ heißt *Produktmaß* von μ_1 und μ_2; Bezeichnung $\mu^\star = \mu_1 \otimes \mu_2$.

$\lambda^2 := \lambda^1 \otimes \lambda^1$ stimmt mit der elementargeometrischen Flächenmessung überein.

(A.99) Satz *(von Fubini):*

Es seien (Ω_i, S_i) meßbare Räume, μ_i σ-endliche Maße auf $S_i, i = 1, 2$, und $X : (\Omega_1 \times \Omega_2, S_1 \otimes S_2) \to (\overline{\mathbb{R}^1}, \overline{\mathcal{B}^1})$. Gilt

$$\text{a)} \quad X \geq 0 \quad \text{oder} \quad \text{b)} \quad \int_{\Omega_1 \times \Omega_2} |X| d(\mu_1 \otimes \mu_2) < \infty,$$

so folgt für die durch $X_{\omega_1}(\omega_2) := X(\omega_1, \omega_2)$, $X_{\omega_2}(\omega_1) := X(\omega_1, \omega_2)$ definierten Schnitte $X_{\omega_1} : \Omega_2 \to \overline{\mathbb{R}^1}$, $X_{\omega_2} : \Omega_1 \to \overline{\mathbb{R}^1}$, daß gilt

$$\int\limits_{\Omega_1 \times \Omega_2} X \, d(\mu_1 \otimes \mu_2) = \int\limits_{\Omega_1} (\int\limits_{\Omega_2} X_{\omega_1} d\mu_2) d\mu_1 = \int\limits_{\Omega_2} (\int\limits_{\Omega_1} X_{\omega_2} d\mu_1) d\mu_2.$$

Der Satz von Fubini besagt also, daß es unter den angegebenen einfachen Bedingungen nicht auf die Integrationsreihenfolge ankommt. Wiederum lassen sich die Definitionen und Aussagen dieses Abschnitts unmittelbar auf den Fall endlich vieler Faktoren übertragen.

A.12 Der Satz von Radon-Nikodym

(A.100) Definition: Es seien (Ω, S) ein meßbarer Raum und μ, ν Maße auf S.

  a) ν heißt *μ-stetig* (oder *dominiert durch* μ; Bezeichnung $\nu \ll \mu$), wenn aus $\mu(N) = 0$ folgt $\nu(N) = 0$.

  b) ν heißt *μ-singulär* (oder *orthogonal zu* μ), wenn es eine μ-Nullmenge N gibt mit $\nu(A) = \nu(A \cap N)$ für alle $A \in S$.

  c) ν und μ heißen äquivalent, wenn gilt: $\mu(N) = 0 \Leftrightarrow \nu(N) = 0$.

(A.101) Satz: Es seien μ und ν σ-endliche Maße über (Ω, S). Dann gibt es ein μ-stetiges Maß ν_c und ein μ-singuläres Maß ν_s, so daß

$$\nu(A) = \nu_c(A) + \nu_s(A) \qquad \forall A \in S.$$

Diese Zerlegung (*Lebesgue-Zerlegung*) von ν ist eindeutig.

(A.102) Satz *(von Radon-Nikodym):* Es seien μ, ν Maße über (Ω, S); μ sei σ-endlich. Dann gibt es genau dann eine nicht-negative, endliche, S-meßbare Funktion f mit

$$\nu(A) = \int_A f \, d\mu,$$

wenn ν μ-stetig ist. f heißt dann Radon-Nikodym-Ableitung von ν bzgl. μ; Bezeichnung $f = d\nu/d\mu$.

(A.103) Satz (Kettenregel): Es seien μ und ν σ-endliche Maße über $(\Omega, \mathcal{S})$ mit $\nu \ll \mu$.

a) Ist X ν-quasiintegrabel, so gilt

$$\int_A X \, d\nu = \int_A X \frac{d\nu}{d\mu} d\mu \qquad \text{für alle } A \in \mathcal{S}.$$

b) Ist ρ ein ν-stetiges Maß über $(\Omega, \mathcal{S})$, so gilt

$$\frac{d\rho}{d\mu} = \frac{d\rho}{d\nu} \frac{d\nu}{d\mu} \qquad \mu\text{-f.ü.}.$$

A.13   Integralungleichungen

Es sei $J \subset \mathbb{R}$ ein beliebiges Intervall. Eine Abbildung $g : J \to \mathbb{R}$ heißt *konkav*, wenn für alle $x, y \in J$ und alle $\lambda \in [0,1]$ gilt

$$\lambda \, g(x) + (1 - \lambda) \, g(y) \leq g(\lambda x + (1 - \lambda)y).$$

(A.104) Satz (Jensensche Ungleichung): Es seien $(\Omega, \mathcal{S}, P)$ ein W-Raum, $J \subset \mathbb{R}$ ein beliebiges Intervall, $X : \Omega \to J$ eine meßbare Abbildung und $g : J \to \mathbb{R}$ eine konkave Abbildung. Falls X und $g \circ X$ integrabel sind, gilt

$$\int g \circ X \, dP \leq g(\int X dP);$$

insbesondere gilt $\int X dP \in J$.

(A.105) Satz (Höldersche Ungleichung): Es seien $(\Omega, \mathcal{S}, \mu)$ ein Maßraum, f und g meßbare Funktionen und $p, q > 0$ mit $\frac{1}{p} + \frac{1}{q} = 1$. Dann gilt

$$\int |f \cdot g| d\mu \leq (\int |f|^p d\mu)^{1/p} \, (\int |g|^q \, d\mu)^{1/q}.$$

(A.106) Satz (Minkowskische Ungleichung): Es seien $(\Omega, \mathcal{S}, \mu)$ ein Maßraum, f und g meßbare numerische Funktionen, für die $f + g$ überall definiert ist, und $p \geq 1$. Dann gilt

$$(\int |f + g|^p d\mu)^{1/p} \leq (\int |f|^p d\mu)^{1/p} + (\int |g|^p d\mu)^{1/p}.$$

Hinweise auf deutschsprachige Lehrbücher

1. Maß- und Integrationstheorie

Anger, B. und H. Bauer: Mehrdimensionale Integration.
de Gruyter, Berlin, 1976.

Bauer, H.: Maß- und Integrationstheorie.
de Gruyter, Berlin, 1990.

Behrends, E.: Maß- und Integrationstheorie.
Springer, Berlin, 1987.

Carathéodory, C.: Maß und Integral und ihre Algebraisierung.
Birkhäuser, Basel, 1956.

Floret, K.: Maß- und Integrationstheorie.
Teubner, Stuttgart, 1981.

Günzler, H.: Integration.
Bibliographisches Institut, Mannheim, 1985.

Henze, E.: Einführung in die Maßtheorie.
Bibliographisches Institut, Mannheim, 2. Aufl. 1985.

Hoffmann, D. und F.W. Schäfke: Integrale.
Bibliographisches Institut, Mannheim, 1992.

Mayrhofer, K.: Inhalt und Maß.
Springer, Wien, 1952.

Michel, H.: Maß- und Integrationstheorie I.
D. Verlag der Wiss., Berlin, 1978.

Oxtoby, J.C.: Maß und Kategorie.
Springer, Berlin, 1971.

Schmitz, N.: Einführung in die Maß- und Integrationstheorie.
Skripten zur Math. Statistik Nr. 14, Münster, 4. Aufl. 1994

Tolstow, G.P.: Maß und Integral.
Hanser, München, 1982.

2. Einführung in die Wahrscheinlichkeitstheorie

Bandelow, Chr.: Einführung in die Wahrscheinlichkeitstheorie.
Bibliographisches Institut, Mannheim, 1981.

416

Behnen, K. und G. Neuhaus: Grundkurs Stochastik.
Teubner, Stuttgart, 1984.

Bosch, K.: Elementare Einführung in die Wahrscheinlichkeitsrechnung.
Vieweg, Braunschweig, 1976.

Chung, K.L.: Elementare Wahrscheinlichkeitstheorie und stochastische Prozesse.
Springer, Berlin, 1978.

Dinges, H. und H. Rost: Prinzipien der Stochastik.
Teubner, Stuttgart, 1982.

Krengel, U.: Einführung in die Wahrscheinlichkeitstheorie und Statistik.
Vieweg, Braunschweig, 1988.

Krickeberg, K. und H. Ziezold: Stochastische Methoden.
Springer, Berlin, 4. Aufl. 1995.

Pfanzagl, J.: Elementare Wahrscheinlichkeitsrechnung.
de Gruyter, Berlin, 1988.

Plachky, D., L. Baringhaus und N. Schmitz: Stochastik I.
Akad. Verlagsgesellschaft, Wiesbaden, 1978.

Plachky, D.: Stochastik II.
Akad. Verlagsgesellschaft, Wiesbaden, 1981.

Rosanow, J.A.: Wahrscheinlichkeitstheorie.
Akademie-Verlag, Berlin, 1970.

Schmitz, N.: Vorlesungen über Stochastik.
Skripten zur Math. Statistik Nr. 21, Münster, 2. Aufl. 1993.

3. Wahrscheinlichkeitstheorie

Bauer, H.: Wahrscheinlichkeitstheorie.
de Gruyter, Berlin, 1991.

Fisz, M.: Wahrscheinlichkeitsrechnung und mathematische Statistik.
D. Verlag der Wiss., Berlin, 8. Aufl. 1976.

Gänssler, P. und W. Stute: Wahrscheinlichkeitstheorie.
Springer, Berlin, 1977.

Gnedenko, B.W.: Lehrbuch der Wahrscheinlichkeitsrechnung.
Akademie-Verlag, Berlin, 4. Aufl. 1965.

Gnedenko, B.W. und A.N. Kolmogoroff: Grenzverteilungen von Summen
unabhängiger Zufallsgrößen.
Akademie-Verlag, Berlin, 1960.

Hinderer, K.: Grundbegriffe der Wahrscheinlichkeitstheorie.
Springer, Berlin, 2. Aufl. 1980.

Kolmogoroff, A.: Grundbegriffe der Wahrscheinlichkeitsrechnung.
Springer, Berlin, 1933 (Reprint 1973).

Krickeberg, K.: Wahrscheinlichkeitstheorie.
Teubner, Stuttgart, 1963.

Morgenstern, D.: Einführung in die Wahrscheinlichkeitsrechnung und
mathematische Statistik.
Springer, Berlin, 2. Aufl. 1968.

Neveu, J.: Mathematische Grundlagen der Wahrscheinlichkeitstheorie.
Oldenbourg, München, 1969.

Rényi, A.: Wahrscheinlichkeitstheorie.
D. Verlag der Wiss., Berlin, 6. Aufl. 1979.

Richter, H.: Wahrscheinlichkeitstheorie.
Springer, Berlin, 2. Aufl. 1966.

Vogel, W.: Wahrscheinlichkeitstheorie.
Vandenhoeck & Ruprecht, Göttingen, 1970.

4. Stochastische Prozesse

Alsmeyer, G.: Erneuerungstheorie.
Teubner, Stuttgart, 1991.

Beyer, O., H.-J. Girlich und H.-U. Zschiesche: Stochastische Prozesse
und Modelle.
Teubner, Leipzig, 1978.

Dynkin, E.B. und A.A. Juschkewitsch: Sätze und Aufgaben über
Markoffsche Prozesse.
Springer, Berlin, 1969.

Fahrmeir, L., H. Kaufmann und F. Ost: Stochastische Prozesse.
Hanser, München, 1981.

Ferschl, F.: Markoffketten.
Springer, Berlin, 1970.

Heller, W.-D., H. Lindenberg, M. Nuske und K.-H. Schriever:
Stochastische Systeme.
de Gruyter, Berlin, 1978.

Heyer, H.: Einführung in die Theorie Markoffscher Prozesse.
Bibl. Institut, Zürich, 1979.

Jaglom, A.M.: Einführung in die Theorie der Stationären
Zufallsfunktionen.
Akademie-Verlag, Berlin, 1959.

König, D. und V. Schmidt: Zufällige Punktprozesse.
Teubner, Stuttgart, 1992.

Nollau, V.: Semi-Markovsche Prozesse.
Akademie-Verlag, Berlin, 1980.

Partzsch, L.: Vorlesungen zum eindimensionalen Wienerschen Prozeß.
Teubner, Leipzig, 1984.

Rosanov, J.A.: Stochastische Prozesse.
Akademie-Verlag, Berlin, 1975.

Schaßberger, R.: Warteschlangen.
Springer, Wien, 1973.

Schlittgen, R. und B. Streitberg: Zeitreihenanalyse.
Oldenbourg, München, 1984.

Sewastjanow, B.A.: Verzweigungsprozesse.
Oldenbourg, München, 1975.

Takács, L.: Stochastische Prozesse.
Oldenbourg, München, 1966.

Wentzell, A.D.: Theorie zufälliger Prozesse.
Birkhäuser, Basel, 1979.

Index